최신 지적측량

한국국토정보공사
(사)한국지적학회

도서출판
구미서관

머리말

2018년 한국국토정보공사(LX)는 지적(地籍)에 관한 학문적 정체성을 정립하고 학술적 성과를 체계화하기 위하여 관·산·학·연의 전문가들이 함께 머리를 맞대고 노력한 결과 지적학의 기본서인 「지적학 총론」을 펴내는 성과를 거두었습니다.

지적학 못지않게 학문적으로나 실무적으로 지속적인 발전이 필요한 분야가 지적측량이라고 생각됩니다. 지적측량은 국민의 토지소유권보호를 목적으로 수행되는 것으로, 토지 경계의 정확한 위치결정을 위한 가장 중요한 수단이 되기 때문입니다. 위치결정을 위한 기초 이론은 측량학과 동일하다고 볼 수 있으나 지적제도 운영을 위한 지적측량의 성격·특성 등이 일반 측지측량과는 전혀 다르기 때문에 고유 학문 영역으로서 이론 정립 및 기술적 해석이 필요하다는 것이 관·산·학·연의 공통된 견해인 것 같습니다.

지적 관련 학과가 설치된 후 40여간 학계에서 양질의 지적측량 교육으로 배출된 우수한 인재들이 지적제도 및 산업의 많은 발전을 이루었습니다. 그러나 초연결(hyperconnectivity)과 초지능(superintelligence)을 특징으로 하는 제4차 산업혁명은 우리 지적측량 분야에도 새로운 이론과 기술의 출현이라는 많은 변화를 가져다 주고 있습니다. 이와 같은 맥락에서 본 교재는 지적측량의 본질적 특성에 기초해 지적측량의 순수 이론 및 실무 응용이론을 집대성하고, 현재 기술발전 추세를 반영한 새로운 이론 및 기술을 담을 수 있는 최신 교재의 필요성에 따라 출판하게 되었습니다.

본「최신 지적측량」교재는 지적측량에 관한 이론 및 기술에 대해 단계적으로 학습할 수 있도록 다음과 같이 구성하였습니다.

제1장에서는 지적측량의 본질적 특성이나 성격을 새롭게 규명하여 정리하였습니다.

제2장에서는 지적측량의 오차에 관한 개념과 종류, 성질 등에 관하여 기술하였습니다.

제3장부터 제6장까지는 지적측량의 원점 및 좌표계, 기초측량, 세부측량 등 지적측량의 원점으로부터 전개되는 토지경계 위치결정 방법을 단계적이고 구체적으로 수록하였고, 지적측량분야에서 중요하게 다루어지고 있는 지적제도 및 면적측정에 대해 심도있게 고찰하였습니다.

제7장과 제8장에서는 지적측량을 비롯한 여러분야에서 위치취득 기술로 이용되고 있는 GNSS 측량과 해외의 선진화된 지적측량 제도를 소개하였습니다.

마지막으로 제9장에서는 드론측량 등 현재 지적측량분야에서 새롭게 도입되고 있는 신기술을 토대로 지적측량의 발전방향을 기술하였습니다.

이번 교재를 발간하며 한국국토정보공사(LX)는 (사)한국지적학회, (사)한국지적정보학회, 전국대학 지적학회 교수협의회 등 각 분야의 전문가로 구성된 편찬위원회를 운영하여 방대한 관련 자료를 수집·분석하고 이를 토대로 보다 정확하고 체계적인 지적측량 교재를 만들기 위해 노력하였습니다.

완성도 높은 교재를 만들기 위해 많은 노력을 기울였으나 이 후에 학자나 실무자들의 견해에 따라 부족한 부분이 나타날 수도 있을 것입니다. 이에 대하여 앞으로도 지속적인 보완·개정작업이 이루어질 수 있도록 한국국토정보공사에서 계속 관심을 기울일 것입니다.

모쪼록 이 교재가 학계나 실무 분야에서 널리 활용되어 지적측량의 이론적·기술적인 발전에 기여할 수 있기를 바랍니다.

끝으로 이 책이 발간되기까지 헌신의 노력을 다해주신 국토정보교육원, 집필위원, 검토위원, 감수위원, 자문위원을 포함한 편집진 모든 분들께 깊은 감사의 뜻을 전합니다.

2020년 1월 6일

한국국토정보공사 사장 **최 창 학**

목 차

CHAPTER 5 세부측량

CHAPTER 6 지적제도 및 면적측정

CHAPTER 7 GNSS에 의한 지적측량

CHAPTER 8 해외 지적측량 제도

CHAPTER 9 지적측량 신기술 및 미래발전 방향

CHAPTER

01

총 론

1 지적측량의 기초이론
2 지적측량의 제도적 운영
3 지적측량의 발달

CHAPTER 01

총 론

1 지적측량의 기초이론

1.1 측량의 정의와 역사

국문학 사전에서의 측량(測量)은 "지표의 각 지점 위치와 그 지점들 간의 거리를 구하고 지형의 높낮이, 면적 따위를 재는 것"으로 정의하고 있으며, 영문학 사전에서의 측량(surveying)은 "각 점들의 지상 또는 3차원 위치와 그 사이의 거리와 각도를 결정하는 기술, 직업, 예술 및 과학"으로 정의하고 있다.[1)]

측량학 전공 영역에서의 측량이란 "지구 및 우주공간에 존재하는 여러 점간의 위치관계와 그 특성을 해석하는 것"으로서 위치결정, 도면화와 도형해석, 생활공간의 개발과 유지관리에 필요한 자료제공, 정보의 정량화, 자연환경친화적인 경관의 관측 등을 포괄하고 있다.[2)] 즉, 측량은 "지구표면 및 우주공간에 존재하는 모든 점의 절대적·상대적 위치 또는 지구의 형상을 결정하고 결정된 위치를 지상에 표시하는 것"이며, 이와 같은 점간의 위치를 결정하기 위해서는 그들 점 사이의 거리(distance), 방향(direction) 및 높이(height)가 필요한데, 이를 측량의 3요소로 한다.[3)]

한편, 우리나라 법령상 측량의 정의는 "공간상에 존재하는 일정한 점들의 위치를 측정하고 그 특성을 조사하여 도면 및 수치로 표현하거나 도면상의 위치를 현지에 재현하는 것(측량용 사진의 촬영, 지도의 제작 및 각종 건설사업에서 요구하는 도면작성 등을 포함)"을 뜻

---

1) 보다 구체적으로 볼 때, 측량은 지구 표면에 있는 모든 점의 관계 위치를 결정하고 어떤 부분의 위치·형상·면적을 측정하여 이것을 도시(圖示)하는 기술을 말한다. 그러나 넓은 뜻으로는 지상에 정지(靜止)하고 있는 점뿐만 아니라 우주공간(천체), 자연환경, 바다와 강물의 흐름과 같이 움직이고 있는 물체의 위치와 각종 인공 시설물, 지하 매장물, 바다 밑의 상태 등의 측정도 이에 포함된다고 할 수 있다.(자연지리학사전, 2006. 5. 25., 한국지리정보연구회)

2) 유복모, 『디지털측량공학』, 박영사, 2002, p.3.

3) 최한영, 『지적공간정보론』, 도서출판 우리, 2008, p.449.

한다.[4] 이는 2009년 6월 9일 「측량·수로조사 및 지적에 관한 법률」이 제정되는 과정에서 새로이 규정된 내용이며, 그 이전까지 「측량법」에서 정의되었던 내용은 다음과 같다.

〈표 1-1〉 우리나라의 과거 측량법에서 규정한 측량의 정의

구 분	정 의
측량법(개정) 1997. 1. 13	• 지표면·지하·수중 및 공간의 일정한 점의 위치를 측정하여 그 결과를 도면 및 수치로 표시하고 거리·높이·면적·체적 및 변위의 계산을 하거나 도면 및 수치로 표시된 위치를 현지에 재현하는 것을 말하며, 지도의 제작, 연안해역의 측량과 측량용 사진의 촬영을 포함한다.
측량법(개정) 1986. 12. 31	• 토지 및 연안해역의 측량을 말하며 지도 및 연안해역기본도의 제작과 측량용 사진의 촬영을 포함한다.
측량법(개정) 1971. 1. 19	• 토지 및 해저지형의 측량을 말하며, 지도 및 해저지형도의 제작과 측량용사진의 촬영을 포함한다.
측량법(제정) 1964. 5. 2	• 토지의 측량을 말하며 지도의 조제와 측량용사진의 촬영을 포함한다.

서양의 경우, 측량의 역사는 B.C. 3000년경 나일강 하류의 이집트에서 매년 일어나는 대홍수로 범람하는 경작지를 정리하는 데 이용된 것으로부터 찾을 수 있으며, 동양의 경우는 B.C 1100년경 중국 주(周)나라에서 측천양지(測天量地) 즉, "땅을 재고 하늘을 헤아린다"는 '치산치수'의 수단에서부터 그 유래를 찾아 볼 수 있다.[5] 여기서 측천양지(測天量地)는 중국 전한(前漢)의 회남왕(淮南王) 유안(劉安)이 저술한 회남자(淮南子)에 나온다. 중국 고대 삼황오제 중의 초기 신에 해당하는 복회와 여와라는 남매신이 규(規: 콤파스)와 구(矩: 곱자)를 가지고 '하늘을 재고 땅을 헤아려' 세상을 만들었다는 천지창조에 관한 고사를 말한다.[6]

4) 「공간정보의 구축 및 관리 등에 관한 법률」 제2조제1호.
5) 유복모, 전게서, p.4.
6) 사기 하본기(夏本紀)에서는 중국 고대 요(堯), 순(舜)임금에 이어 등극한 우(禹)임금이 황하(黃河)의 홍수를 다스리기 위해 운하를 뚫는 과정에서 자신의 신장과 체중으로 길이와 질량의 표준으로 정하고, 동시에 규구준승(規矩準繩) 등 측량 도구를 사용하여 하늘과 땅을 측량하였으며, 이것이 바로 '측천양지'의 시초라고 기록하고 있다. 이에 대해서는 박종택, "측천양지(測天量地)에서 유비쿼터스 국토까지", 「국토연구」, 통권 제324호, 국토연구원, 2008, p.71 참조.

자료 : 대한지적공사, 『지적100년사』

[그림 1-1] 테베의 벽화(고대 이집트 측량의 역사)

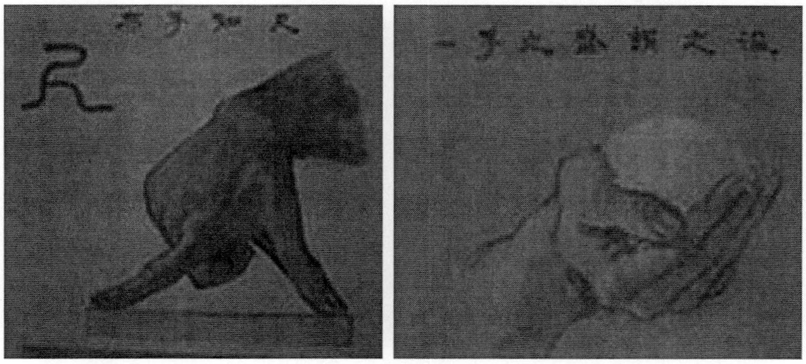

고대 중국인들이 측정도구로 사용했던 신체의 특정 부분

고대 중국인들이 정도, 수량 등을 측정하기 위해 사용했던 도구

자료 : 陈建源, "由中国古代度量衡发展探索未来科学方向", 2005年台湾未来科学文化研讨会, 2005.6.25. (http://www.zhengjian.org/node/32863)

[그림 1-2] 측천양지와 관련된 자료

한편, 우리나라의 측량사에 따르면, 삼국사기와 삼국유사에서 그 역사를 찾아볼 수 있는데, 6세기 중엽부터 7세기 초에 이르는 동안 통일신라시대의 경덕왕 때 옛 삼국이 각각 3개주를 신설하고 주를 군, 현으로 나눈 지형도인 '신라구주현총도(新羅九州縣總圖)'를 제작한 이후부터 측량이 발달한 것으로[7] 나타나고 있다.[8]

자료 : 나무위키(https://namu.wiki/w/9%EC%A3%BC%205%EC%86%8C%EA%B2%BD)

[그림 1-3] 계림주대도독과 신라구주

7) 유복모, 전게서, p.5.

8) 신라는 6세기 후반부터 주군현제(州郡縣制)를 실시했고, 삼국통일 이후에는 행정 체계를 중국식으로 바꾸고 9주로 정비하였다. 이는 삼국을 통일한 신라가 확대된 영토와 인구를 재정리하고 좀 더 효율적으로 지배하기 위한 지방통치체제 정비의 일환이었다.

1.2 지적측량의 정의 및 역사

지적(Cadastre)이란 "국토전반에 걸쳐 일정한 사항을 국가 또는 국가의 위임을 받은 기관이 등록하여 비치하는 기록",[9] 혹은 "자기영토의 토지현상을 공적으로 조사하여 체계적으로 등록한 데이터로써 모든 토지활동의 계획 관리에 이용되는 토지정보원"[10]을 의미한다. 이러한 일반 문헌상의 지적에 대한 정의 외에도 우리나라 헌법재판소는 지적이란 "국가가 토지에 대한 물리적·인위적·권리적 현황을 공시할 목적으로 필지단위로 등록한 기록 내지 정보체계를 말한다" 라고 판시하였다.[11]

결국 지적은 "토지에 대한 제반 현황을 조사하여 등록하고 그 등록된 데이터의 관리·운영을 총칭"하는 제도라고 할 수 있는데, 이와 같은 지적제도에서 토지의 조사단계는 토지의 등록 또는 관리단계에 우선하는 시발점이며, 그 과정에서 토지의 물리적 현황을 조사·등록하기 위해 반드시 필요한 수단이 바로 지적측량인 것이다.

우리나라에서 지적측량이란 "일필지[12] 토지의 경계와 소유권의 범위를 공적 장부에 등록하기 위하여 인위적으로 일정한 규칙과 방식에 맞추어 권리를 확정하는 측량"으로 이해되고 있다.[13] 외국의 경우도 지적측량은 "토지경계의 확정과 복원을 전문으로 하는 지적 및 측량의 하위 분야이며, 토지소유권의 법적인 창설에 대한 중요 구성요소"로 이해되거나 "지적 결정을 일차적으로 사용하여 그 결과를 산출하기 위해 지적의 증거를 활용하거나 생성하는 활동"으로 이해되고 있다.[14]

한편, 우리나라 법령상 지적측량의 정의는 "토지를 지적공부에 등록하거나 지적공부에 등록된 경계점을 지상에 복원하기 위하여 필지의 경계 또는 좌표와 면적을 정하는 측량"을 뜻한다.[15] 즉, 지적측량은 토지에 대한 물권이 미치는 한계를 밝히기 위하여 실시하는 측량이라는 것에 그 주된 의미가 있으며, 이는 개인 토지소유권을 구분하는 경계획정의 수단

9) 원영희, 『지적학원론』, 홍익문화사, 1979, p.25.
10) 최용규, "지적이론의 발생설과 개념정립", 「도시행정연구」, 제5집, 서울시립대학교, 1990, p.167.
11) 헌법재판소, 지적법 제28조 제2항 위헌확인(전원재판부 2002.5.30. 2000헌마81).
12) 필지는 토지조사의 기본단위, 토지등록의 기본단위, 토지공시의 기본단위, 토지이용·관리의 기본단위로서의 기능을 수행한다.
13) 강태석, 『지적측량학』 형설출판사, 2007, p.10.
14) 미국에서 지적측량은 토지의 필지에 대한 법적 경계를 정의하기 위해 요구되는 정보를 의미하기 때문에 경계표(monumentation), 방위각(bearings), 거리(distances) 및 면적(area)이 포함된다(Barry F. Kavanagh & S. J. Glenn Bird, Surveying Principles and Applications, 3rd ed., Prentice-Hall, Englewood Cliffs, New Jersey, 1992, p.541.).
15) 공간정보의 구축 및 관리 등에 관한 법률 제2조제4호.

이 됨과 동시에 국가의 토지행정에 제공되는 기초자료를 위한 원초적 과정이 되기 때문에 공・사법적인 측면에서 매우 큰 비중을 차지하고 있다.

지적측량은 인류문화의 발상지인 나일강, 티그리스강, 유프라테스강의 농경 정착지에서 그 유래를 찾아볼 수 있는데, B.C. 3000년경의 바빌론(Babylon)과 고대 이집트(Egypt)에서 만들어졌던 토지소유권에 관한 기록에서 구체적인 사항을 확인할 수 있다.

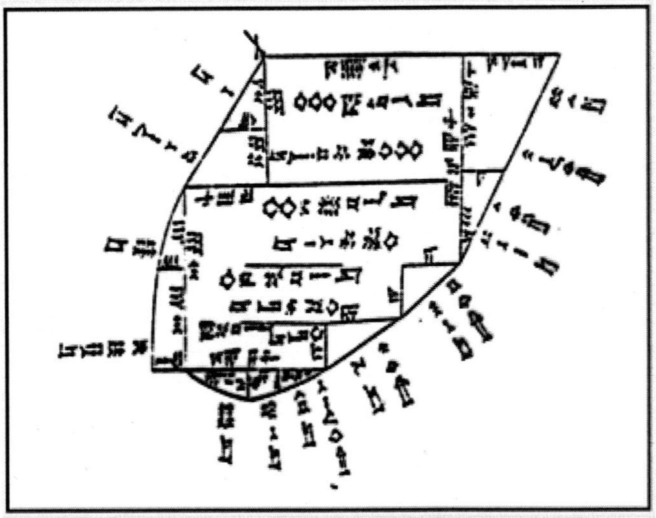

Le cadastre chaldéen environ 2300 ans avant J.C
[D'après (La Nature) du 3 juillet 1920].

[그림 1-4] B.C. 2300년경의 바빌로니아 지적도

역사학자들은 고대 이집트문화에 대하여, 이미 이집트인들은 토지소유권을 가지고 있었으며, 토지가 부의 척도로 여겨지고 있었다고 생각하였다. 초기의 이집트는 국왕 파라오와 성직자들의 재정을 주로 토지세에 의존하였다. 이러한 과세 목적을 위하여 경계를 표시하고 토지를 측량하였으며, 수메르(Sumer) 지방의 유적에서 발굴된 점토판(clay tablet)을 보면, B.C. 1200년경 메소포타미아에서의 토지과세기록과 마을지도, 넓은 면적의 토지도, 면적계산 그리고 토지소유 및 경계분쟁에 대한 법정판결 등이 주목을 끌고 있다.[16)]

---

16) 강태석, 전게서, p.11.

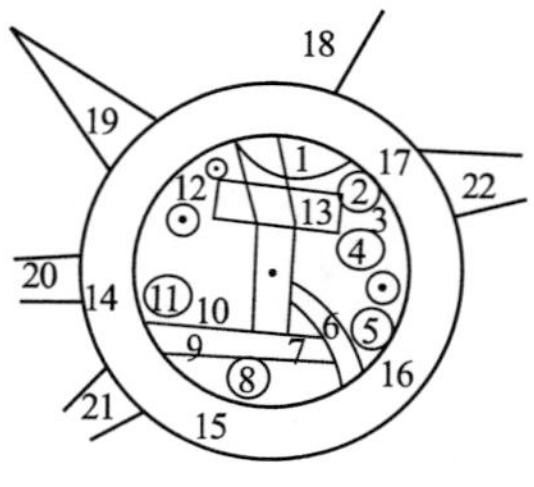

바빌론 세계지도

점토판의 지도(메소포타미아 주변 지도)

자료 : 구글 포털사이트(https://www.google.co.kr/)

[그림 1-5] 외국의 고대 지적측량에 관한 자료

우리나라 지적측량의 기원은 상고시대에서부터 찾아볼 수 있다. 고조선시대에는 균형 있는 촌락의 설치와 토지분급 및 수확량의 파악을 위해 정전제(井田制)가 시행되었다. 정전법을 시행했다는 내용은 단기고사(檀奇古史)에 나오는데, 그에 따르면 단군 조선의 최고 관직의 하나인 풍백(風伯)의 아래에 봉가(鳳加)가 있었으며, 그 아래에 박사(博士)가 토지를 측량하고 지도를 제작하였다고 기록되어 있다. 또한 전토(田土)와 산야(山野)를 측량하여 조세율을 정하거나, 오경박사(五經博士) 우문충(宇文忠)이 토지를 측량하여 지도를 제작하였다는 기록이 있다.

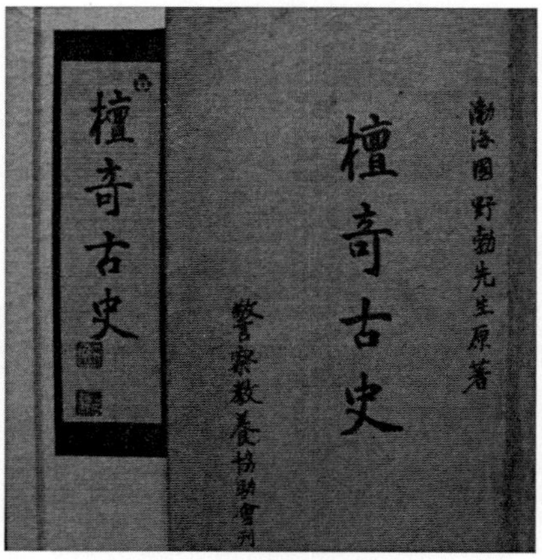

자료 : 구글 포털사이트(https://www.google.co.kr/)

[그림 1-6] 고조선시대의 정전법 시행을 기록한 단기고사

1.3 지적측량의 특징 및 효력

1) 지적측량의 특징

지적측량은 토지에 대한 물권이 미치는 한계를 밝히기 위한 측량으로서 토지의 물리적 현황과 법적 권리관계를 지적공부에 등록하고 관리하는 것에 그 의의가 있다.

이와 같은 지적측량은 ① 토지경계를 확정하기 위한 필요정보의 수집, ② 토지경계 내의 정보분석, ③ 지상에의 토지경계 설정과 보호, ④ 토지경계의 도해 및 수치 등록, ⑤ 토지경계 내의 정보 보존 및 관리, ⑥ 토지 일필지별 정보의 토지행정 기초자료 제공, ⑦ 토지경계의 법률적 보장 등의 기능을 갖고 있다는 점에서 일반측량과는 구별될 수밖에 없다.

지적측량과 일반측량을 구분하는 요인으로는 여러 가지가 있겠으나, 기본적으로 다음과 같이 요약할 수 있다.

〈표 1-2〉 지적측량의 특징(일반측량과의 구별)

구 분	지적측량	일반측량
기술상	• 인위적, 1필지에 맞추는 측량	• 현황대로 하는 측량
성질상	• 토지소유권을 확보하기 위한 측량	• 공사를 하기 위한 측량
이익관계상	• 토지소유자의 입장에서 토지소유자를 대신하여 시행하는 측량	• 기업자의 입장에서 하는 측량
신뢰상	• 독자적인 체제로써 일반측량과 분리되어 오랜 역사를 가진 측량	• 측량학의 일반원칙에 의하여 행하는 측량
효력상	• 영속적인 법적 효력을 갖는 측량	• 기본측량을 제외하고는 공사의 완료와 동시에 측량성과가 불필요한 측량
예 시		

자료 : 강태석, 『지적측량학』, 형설출판사, 2007, p.9.

2) 지적측량의 효력

법적 의미에서의 '효력'이라 함은 법률·규칙 따위의 작용을 뜻한다. 지적측량의 효력은 일필지와 관계된 토지소유권[17] 범위의 확정과 직결되는데, 특정된 1필지를 대상으로 비로소 물권성립이 가능하게 되며, 이를 토대로 공·사적 영역에서의 각종 부동산활동이 수반된다.

지적측량은 법규정에 따라 구체적이고 사실적인 실행에 의해 이루어지는 행위이기 때문에, 그 행위가 성립된 경우 구속력, 공정력, 확정력 및 강제력 등의 효력이 발생한다.

(1) 구속력

행정법 영역에서 구속력이란 "어떠한 행정행위가 그 내용에 따라 행정청이나 그 행정행위의 상대방 기타관계인을 구속하는 효력"을 말한다. 행정행위가 유효하게 존재하는 한, 행정청은 물론 행정행위의 상대방 및 관계인은 그 효력에 의하여 구속을 받는다. 또한 그 효력발생이 불확정한 상태에 놓여 있는 경우를 제외하고는 모든 행정행위는 성립과 동시에 구속력이 생긴다는 것이 원칙으로 되어 있다.

지적측량에 있어서 구속력이란 지적측량의 내용에 대하여 지적측량을 실시한 자를 포함한 소유자 및 이해관계인을 기속하는 효력을 말한다. 지적측량을 시행한 경우에는 그 결과에 대하여 정당한 절차 없이 그 존재를 부정하거나 효력을 부인할 수 없다.

지적측량에 명백한 착오가 있다는 점이 인정된 경우라도 이를 정정하기 위해서는 법 규정에 따라야 하며, 이미 발생한 구속력은 그대로 존재되고 특별한 경우로 효력발생이 불확정된 경우를 제외하고 모든 지적측량은 완료와 동시에 구속력이 발생한다.

우리나라의 경우, 대법원에서 "지적도상의 경계를 실지에 복원하기 위하여 행하는 경계복원측량은 등록할 당시의 측량 방법과 동일한 방법으로 하여야 하므로, 첫째 등록 당시의 측량 방법에 따르고, 둘째 측량 당시의 기준점을 기준으로 하여야 하며, 비록 등록 당시의 측량 방법이나 기술이 발전하지 못하여 정확성이 없다 하더라도 경계복원측량을 함에 있어서는 등록 당시의 측량 방법에 의하여야 하는 것이지 보다 정밀한 측량 방법이 있다 하여 곧바로 그 방법에 의하여 측량할 수는 없다."라고 판결함으로써 지적측량의 구속력을 인정하고 있다.[18]

---

17) 토지소유권이란 일정한 범위에 걸친 지면에 정당한 이익이 있는 범위 내에서 그 수직의 상하를 포함하는 것을 말한다. 어떠한 토지가 1필지의 토지로 지적공부에 등록되면 그 토지는 특별한 사정이 없는 한 그 등록으로써 특정되고 그 소유권의 범위는 현실의 경계와 관계없이 지적공부상의 경계에 의하여 확정되는 것이다.

18) 대법원 1998.3.27.선고 96다34283판결

(2) 공정력

공정력은 행정행위에 하자가 있는 경우 그것이 중대하고 명백하여 당연 무효가 아닌 한, 권한 있는 기관(처분청, 행정심판위원회 또는 수소법원)에 의하여 취소될 때까지 상대방 또는 이해관계인들이 그의 효력을 부인할 수 없는 힘이다. 행정행위의 잠정적 통용력 혹은 적법성 추정력이라고도 한다.

지적측량을 실시한 결과에 착오가 발생한 경우에도 그 효력이 무효가 되는 경우를 제외하고는 그 내용이 취소되기 전까지는 적법성을 추정 받는 효력을 말한다.

(3) 확정력

일단 유효하게 성립된 지적측량에 대해서는 일정 기간이 경과한 뒤 상대방이나 기타 이해관계인이 그 효력을 다툴 여지가 없이 확정력을 가진다.

우리나라의 경우, 대법원에서 "지적측량에 의하여 어떤 토지가 지적공부에 1필의 토지로 등록되면 그 토지의 경계는 다른 특별한 사정이 없는 한 이 등록으로써 특정되고, 지적공부를 작성함에 있어 기점을 잘못 선택하는 등의 기술적인 착오로 말미암아 지적공부상의 경계가 진실한 경계선과 다르게 잘못 작성되었다는 등의 특별한 사정이 있는 경우에는 그 토지의 경계는 지적공부에 의하지 않고 실제의 경계에 의하여 확정하여야 한다."라고 판결함으로써 지적측량의 확정력을 인정하고 있다.[19)]

(4) 공증력

공증력은 특정한 사실 또는 법률관계의 존재를 공적으로 증명하는 행정행위를 말하며, 준법률행위적 행정행위에 속한다.[20)]

우리나라의 경우, 지적측량성과에 따라 지적공부에 등록된 경계의 정확성을 확보하고, 공부상의 경계와 현실 경계상 통일성을 유지하기 위하여 지적직 공무원은 지적검사측량을 실시한다. 이러한 지적검사측량에 대한 대법원 판례는, 지적측량성과검사는 지적측량 대행법인이 지적측량을 하여 지적공부의 소관청에게 제출한 측량성과(측량부, 측량원도, 면적측정부 등)에 관한 자료의 정확성을 검사하는 행위로써 측량성과에 의하여 지적공부를 정리하기 위한 것이라 밝히고 있다.[21)]

---

19) 대법원 2000.5.26.선고 98다15446판결

20) 공증은 행정청에 의한 효과의사(效果意思)의 표시가 아니라는 점에서 '확인'과 같으나, 확인은 다툼을 전제로 하여 그 다툼을 해결하는 판단의 표시인 것에 대하여 공증은 다툼이 없는 것을 전제로 특정한 사항의 존재를 인정하는 인식의 표시라는 점이 다르다.

1.4 지적측량의 분류

지적측량은 그 목적, 실시단계, 성과 등록방법, 범위, 사용기기 및 내용(대상) 등에 따라 다양하게 분류할 수 있다. 이하에서는 각각의 사항에 대한 유형을 설명하기로 한다.

1) 지적측량의 목적에 따른 분류

지적측량의 목적은 토지를 지적공부에 등록하거나 지적공부에 등록된 경계점을 지상에 복원하기 위하여 필지의 경계 또는 좌표와 면적을 정하기 위함이다. 따라서 토지를 지적공부에 등록하기 위해 실시하는 지적측량은 특정 필지의 생성 또는 변경측량이며, 등록된 경계점을 지상에 복원하는 것은 특정 필지의 현지 재현측량을 의미한다.

2) 지적측량의 실시단계에 따른 분류

지적측량은 그 실시단계에 따라 측량의 골격을 형성하는 기초측량과 그와 같은 골격을 바탕으로 실시하는 세부측량으로 나뉜다.

지적측량을 실시할 경우, 보다 정확한 위치결정을 위하여 우선적으로 그 기준으로 삼기 위한 지적기준점을 설치하고, 각 기준점의 위치를 파악하기 위해 국가기준점을 기준으로 기초측량을 실시한다. 반면, 세부측량은 그러한 지적기준점에 기초하여 일필지마다의 형상을 측량하는 것으로 일필지 경계 또는 좌표를 결정하여 지적공부를 작성한다.

기초측량 세부측량

[그림 1-7] 기초측량과 세부측량

21) 대법원 1997.3.28선고 96누19000판결

3) 지적측량성과의 등록방법에 따른 분류

지적측량은 그 결과의 등록방법에 따라 도해지적측량과 수치지적측량으로 구분할 수 있다.

도해지적측량은 각 필지의 경계점을 측량하여 지적도면에 일정한 축척[22]의 그림으로 묘화하는 방식으로 토지경계의 효력을 도면상에 등록된 경계선에 의존한다. 반면, 수치지적측량은 도해지적측량과는 달리 현장에서 측량하여 얻어진 토지의 경계점에 대한 평면직각종횡선수치(x, y)를 수치지적부(우리나라의 경우 경계점좌표등록부)에 등록·관리하는 것을 말한다.

〈표 1-3〉 도해지적측량과 수치지적측량의 비교

<table>
<tr><th colspan="2">구분</th><th>도해지적측량</th><th>수치지적측량</th></tr>
<tr><td colspan="2">장점</td><td>• 육안으로 판별하기가 쉬움
• 도면작성이 간편
• 측량기간이 짧고 장비가 저렴하여 경제적, 고도의 기술을 요하지 않음</td><td>• 자동제도방식에 의한 지적도 작성 가능
• 측량 신속, 컴퓨터를 이용한 내업이 간편
• 축척 제한 없이 도면 작성이 가능
• 도해지적에 비해 정밀도가 높음</td></tr>
<tr><td colspan="2">단점</td><td>• 축척에 따라 허용오차가 다름
• 도면의 신축 방지와 보관관리 곤란
• 인위적, 기계적, 자연적 오차가 많이 발생
• 수치지적에 비해 정밀도가 낮음</td><td>• 등록 당시 기준점에 따라 정확도에 영향을 받음
• 측량장비가 고가
• 측량사의 전문 지식이 요구됨</td></tr>
<tr><td rowspan="4">우리 나라의 경우</td><td>도입 시기</td><td>• 1910년</td><td>• 1975년</td></tr>
<tr><td>기준</td><td>• 지적도, 임야도 기준</td><td>• 경계점좌표등록부 기준</td></tr>
<tr><td>오차</td><td>• 3/10 × M(mm), M은 축척분모수</td><td>• 10㎝</td></tr>
<tr><td>방법</td><td>• 평판측량(방사법, 광선법, 도선법, 교회법, 지거법, 비례법 등)</td><td>• 경위의측량, 위성측량, 전자평판측량 등</td></tr>
</table>

22) 축척(縮尺, scale)이란 지표상의 실제 거리와 도면상에 나타낸 거리와의 비율을 말한다. 즉, 현장의 실제 상황을 있는 그대로 도면에 표시할 수 없기 때문에 일정한 크기로 줄여서 등록하기 위해 사용되는 것이 축척인 것이다. 축척은 일반적으로 분자를 1로 하는 분수형 또는 비례형으로 표시되며, 축척을 나타내는 분모의 수가 작을수록 축척은 커지며, 축척에는 1/1 정도부터 수천만 분의 1까지 있다. 현재 우리나라의 지적제도에서 사용하고 있는 축척의 종류는 지적도의 경우 1/500, 1/600, 1/1,000, 1/1,200, 1/2,400, 1/3,000, 1/6,000이고, 임야도의 경우 1/3,000과 1/6,000로 구분된다.

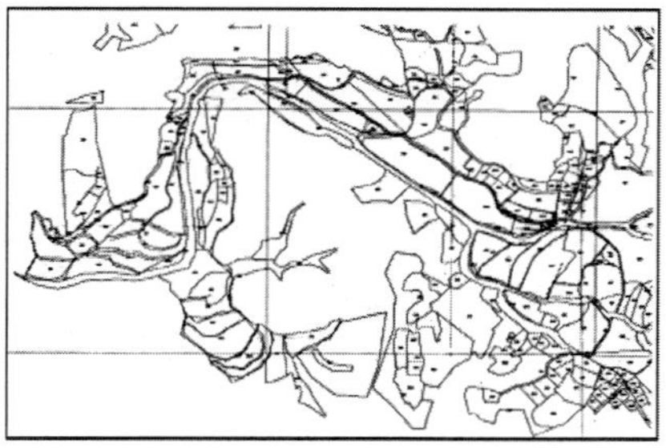

도해지적측량으로 등록된 지적도면

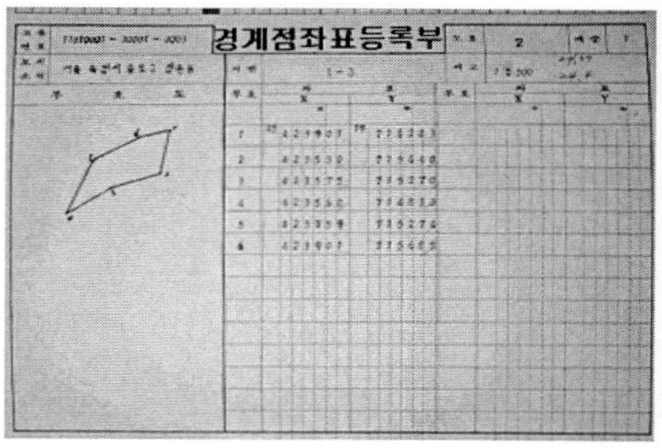

수치지적측량으로 등록된 지적도면

[그림 1-8] 기초측량과 세부측량

4) 지적측량의 범위에 따른 분류

지적측량을 실시하는 필지의 상하 범위에 따라 2차원지적측량과 3차원지적측량으로 구분된다.

2차원지적측량은 지표상의 필지를 측량하고 이를 평면상에 도시하여 등록하는 지적측량을 뜻하며, 이는 토지의 입체적 현황을 고려하지 않고 평면적 위치관계만을 고려하는 것이다. 반면, 3차원지적측량이란 토지에 대한 지표 및 지표와 일정한 권리관계를 달리하는 지상과 지하 부분에 대한 물리적인 현황과 소유자 및 기타 권리관계 등을 지적 공부에 등록·관리하기 위해 실시하는 지적측량을 말한다.[23)]

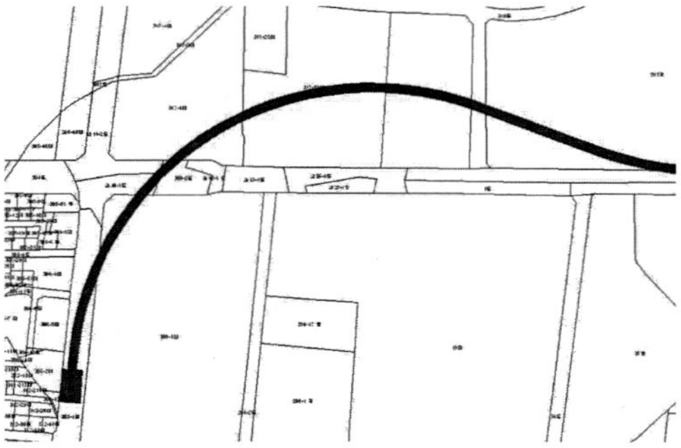

2차원지적측량을 통한 필지 등록

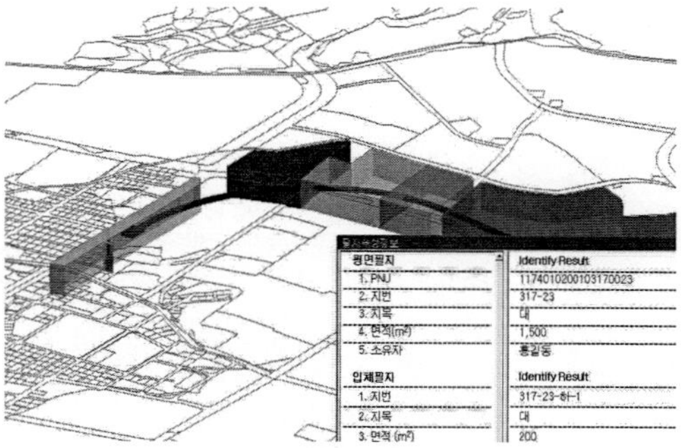

3차원지적측량을 통한 필지 등록

[그림 1-9] 2차원지적측량과 3차원지적측량

23) 김감래·황보상원, "3차원 지적제도 도입을 위한 지적측량 및 지적등록 방안 연구", 대한지적공사, 2007; 보다 넓은 의미에서의 3차원지적측량은 토지에 대한 지표 및 지상과 지하에 존재하는 물리적인 현황과 소유자 및 기타 권리관계 등을 필지단위로 지적공부에 등록·관리하기 위해 실시하는 지적측량을 의미한다.

5) 지적측량의 사용기기에 따른 분류

지적측량은 어떠한 기기(器機)를 사용하는지 여부에 따라 평판(平板) 측량, 전자평판측량, 경위의(經緯儀) 측량, 전파기(電波機) 또는 광파기(光波機) 측량, 사진측량 및 위성측량 등으로 구분할 수 있다.

(1) 평판측량 및 전자평판측량

평판측량방법은 평판에 도면용지를 붙여 조준의로 목표물의 방향과 거리를 관측하여 현장에서 지점의 도면상 위치를 직접 결정하는 측량 방법이며, 전자평판측량은 도면용지가 아닌 노트북에 지적도 파일을 탑재하여 토털스테이션(T/S)과 연동하여 측량하는 방법을 말한다. 최근 실무에서는 특별한 경우를 제외하고는 평판측량방법을 사용하지 않고, 전자평판측량을 이용하여 지적측량을 실시하고 있다.

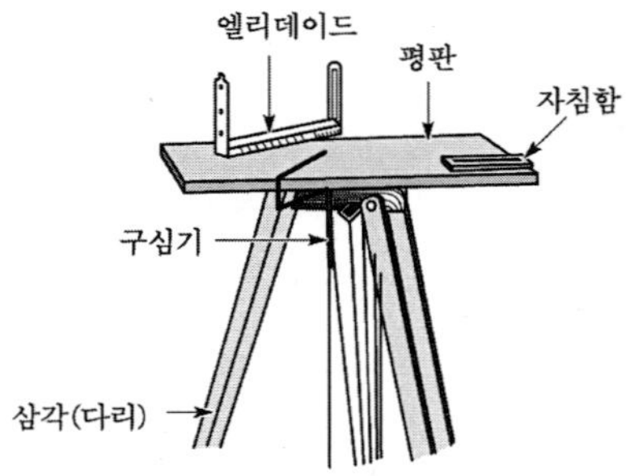

평판 측량기

평판 측량

전자 평판 측량기

전자 평판 측량

[그림 1-10] 평판측량과 전자평판측량

(2) 경위의측량

경위의는 측각용 트랜싯이나 데오돌라이트를 말하는데, 이와 같은 경위의는 주로 수평각과 연직각을 정밀하게 관측하는 데에 사용되는 장비이며, 필요시 스타디아측량도 할 수 있다. 즉, 경위의를 사용하는 측량을 경위의측량이라고 한다.

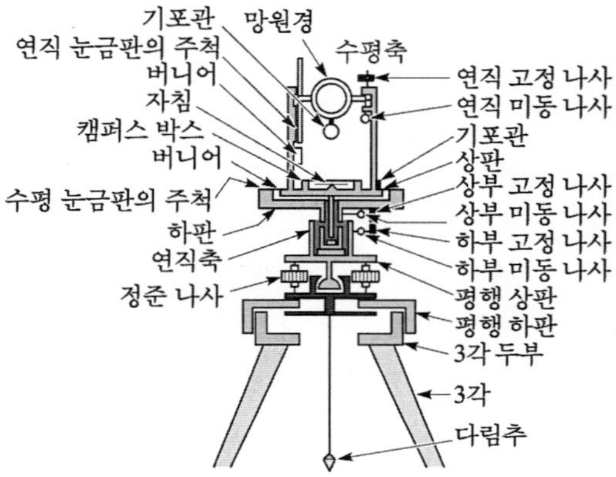

트랜싯

데오돌라이트 측량

[그림 1-11] 경위의측량

(3) 전파기 또는 광파기측량

전파측거기 또는 광파측거기를 이용하여 거리를 측정하는 전파기 또는 광파기측량은 기초측량과 세부측량에서 점간 거리측정에 주로 이용되고 있다.

[그림 1-12] 전파기 또는 광파기측량

(4) 사진측량

지상 또는 항공에서 사진을 촬영하여 지점의 위치를 결정하는 사진측량 방법은 지상사진측량 방법과 항공사진측량 방법으로 구분된다. 지적측량에서는 주로 항공사진측량 방법이 기초측량과 세부측량에 이용된다.

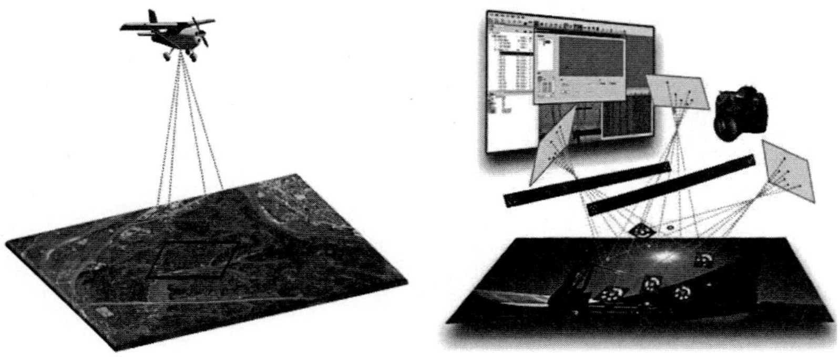

[그림 1-13] 사진측량

(5) 위성측량 방법

위성측량은 인공위성으로부터 송신되는 전파 신호를 지상의 수신기로 수신하여 점의 3차원 위치를 결정하는 측량 방법으로 지적측량에서는 주로 기초측량에 이용된다.

[그림 1-14] 위성측량

6) 지적측량의 내용(대상)에 따른 분류

필지를 대상으로 어떠한 내용에 중심을 두고 지적측량을 실시하는지 여부에 따라 다양한 분류가 가능하다. 이와 같은 개별 지적측량은 그 특성에 따라 지적공부의 등록사항에 변경을 가져오는 것과 그렇지 아니한 경우도 있다.

우리나라의 경우, 지적측량의 내용(대상)에 따른 분류는 다음과 같이 요약할 수 있다.

〈표 1-4〉 우리나라의 지적측량 대상

<table>
<tr><th>구 분</th><th>내 용</th><th>비 고</th></tr>
<tr><td>경계복원측량</td><td>• 지적공부상에 등록된 경계를 지표상에 복원하는 측량(경계점 표지설치 의무화)으로써, 건축물을 신축·증축·개축하거나 인접한 토지와의 경계를 확인하고자 할 때 주로 하는 측량</td><td rowspan="2">지적공부에 영향을 미치지 않음</td></tr>
<tr><td>지적현황측량</td><td>• 지상구조물 또는 지형·지물이 점유하는 위치현황을 지적도 또는 임야도에 등록된 경계와 대비하여 그 관계 위치를 표시하기 위한 측량으로써, 건축물을 신축하고 준공검사를 신청할 때 주로 하는 측량</td></tr>
<tr><td>분 할 측 량</td><td>• 지적공부에 등록된 1필지의 토지를 2필지 이상으로 나누기 위해 실시하는 측량</td><td rowspan="9">지적공부의 정리를 수반함</td></tr>
<tr><td>등록전환측량</td><td>• 임야대장 및 임야도에 등록된 토지가 형질이 변경되어서 토지대장 및 지적도에 등록하기 위한 측량</td></tr>
<tr><td>신규등록측량</td><td>• 지적공부에 등록되지 않은 토지를 새로이 등록하기 위하여 실시하는 측량</td></tr>
<tr><td>축척변경측량</td><td>• 지적도 또는 임야도의 축척을 변경할 때 실시하는 측량</td></tr>
<tr><td>지적확정측량</td><td>• 각종 토지개발사업 등을 완료하고 토지의 지번·지목·면적 및 경계 또는 좌표 등을 지적공부에 새로이 등록하기 위하여 실시하는 측량</td></tr>
<tr><td>지적재조사측량</td><td>• 지적재조사사업에 따라 토지의 표시를 새로 정하기 위하여 실시하는 측량</td></tr>
<tr><td>지적복구측량</td><td>• 지적공부의 전부 또는 일부가 멸실·훼손되어 이를 복구할 때 실시하는 측량</td></tr>
<tr><td>지적말소측량</td><td>• 지적공부의 등록사항을 말소할 때 실시하는 측량</td></tr>
<tr><td>지적검사측량</td><td>• 행정청이 지적측량을 실시한 자의 측량성과를 검사할 때 실시하는 측량</td></tr>
</table>

2 지적측량의 제도적 운영

2.1 지적측량의 운영방식

1) 개요

지적사무는 국가의 행정사무로서 지적측량은 원래 국가가 직접 행함이 바람직하나, 행정관청이 지니는 제약을 탈피하고 경영의 합리성과 효율성을 기하기 위하여 행정주체로부터 분리된 독자적 기관(단체) 또는 일정요건을 갖춘 업체에 지적측량을 대행시킬 수 있다.[24]

지적측량업무의 운영체제는 ① 국가직영체제, ② 경쟁체제, ③ 전담대행체제, ④ 국가직영과 경쟁체제의 혼합 형태를 들 수 있는데, 우리나라는 과거 지적제도가 창설된 1910년부터 현재에 이르기까지 여러 형태의 운영체제를 채택했던 경험이 있으며, 현재에는 경쟁체제를 도입하여 지적측량업무를 운영하고 있다.

외국의 경우에도 국가직영체제, 경쟁체제 및 혼합체제 형태 등 각 나라마다 각기 다른 지적측량 운영체제를 채택하고 있다.

대륙법계 국가의 경우 프랑스는 대규모의 국가사업에 수반되는 측량(지적재조사 · 구획정리 · 경지정리 등)은 국가직영으로 하고 소규모 측량 등은 국가로부터 면허를 받은 개인측량사의 측량성과를 국가가 검사하는 경쟁체제를 취하여 양자를 병행하고 있다. 이탈리아도 프랑스와 유사한 혼합형태를 취하며, 독일의 경우 일부 주에서는 모든 측량을 공무원이 직접 수행하는 예외도 있으나 대부분의 주는 공공측량사 및 개인측량사 제도를 두어 대체로 프랑스와 유사한 형태로 운영하고 있다. 한편 네덜란드는 지방지적청에 소속되어 있는 공무원 신분의 측량사가 직접 측량을 실시하고 지적도면을 정리하는 업무를 담당하고 있다.

반면, 영국 · 미국 · 호주 등 영미법계 국가에서는 대륙법계 국가와는 달리 지적제도와 토지등기제도가 일원화되어 있는데, 토지를 등록하여 그 권리관계와 물리적 현황을 공시하게 되는 토지등록제도인 토렌스시스템(Torrens System)을 시행하는 결과 지적측량은 허가된 개인측량사가 토지소유자와의 계약에 의하여 실시하는 경쟁체제이다. 단, 미국의 경우 주에 따라 토렌스시스템을 사용하기도 하며 리코딩시스템(Recording System)을 사용하기도

---

24) 이러한 측면에서 지적측량업무는 행정법상 위임 또는 위탁행정이라 할 수 있다. '위임 또는 위탁행정'이란 국가 또는 공공단체가 자기의 사무를 다른 공공단체나 그 기관 또는 사인에게 위임 또는 위탁하여 행하게 하는 것을 말한다. 사인은 보통 행정객체의 지위에 서지만, 사인이 특히 국가 또는 공공단체로부터 위임 또는 위탁받은 행정사무를 집행할 때에는 그 범위 내에서 행정주체의 지위에 서게 되는데, 이를 공무수탁사인(公務受託私人; Beliehener)이라 한다. 이에 대해서는 석종현, 『행정법강의Ⅰ』, 삼영사, 1998. p.16. 참조.

한다.[25)]

한편, 이웃나라 일본은 지적공부와 등기부가 일원화되어 있고 부동산등기법에 의한 지적측량 외에 국토조사법에 의한 지적측량이 별도로 존재하는데, 부동산등기법에 의한 통상의 소규모 지적측량(토지가옥조사측량)은 토지가옥조사사에 의한 경쟁체제로, 국토조사법에 기한 지적재조사를 위한 지적측량(국토조사측량)은 국가직영과 일반측량사에 의한 경쟁체제를 혼합한 형태로 운영하고 있다.

이와 같은 내용을 종합해 볼 때, 국가가 어떠한 운영방식으로 지적측량을 수행하는 것이 필요한지는 상대적인 것이라 볼 수 있으며, 결국 지적측량업무는 각 국가의 현실과 정비수준에 가장 잘 부합할 수 있는 형식으로 운영되어야 할 것이고, 따라서 현행 우리나라의 대행체제는 이러한 점들이 감안되어 채택되어진 것이라 평가할 수 있다.

2) 우리나라 지적측량 운영의 변천과정

우리나라는 본격적인 지적측량조직의 체계를 갖춘 구 한국정부부터 지금에 이르기까지 국가직영체제, 경쟁체제, 전담대행체제 등 여러 방식을 택하여 운영한 바 있고, 각각의 제도운영상에 나타난 문제점과 모순의 개선과정을 거치면서 현재는 부분 경쟁체제를 도입하여 지적측량업무를 운영하고 있다.

1924년부터 1938년까지, 그리고 1945년부터 1949년까지 각각 두 차례의 단기간에 걸쳐 '지정측량자제도'를 운영하였다. 1923년에 도입되었던 지정측량자제도는 道에서 민간인 지적측량기술자를 지정하여 이동지측량도를 시세령시행규칙 또는 시가지세령시행규칙의 규정에 의하여 제출한 경우에 부·군·도에서 실지측량의 일부를 생략하도록 하는 제도였다. 한편 1945년부터 1949년까지 약 4년간 시행되었던 지정측량자제도는 광복과 함께 미군정이 실시됨에 따라 도입된 제도로서 당시 재무부에서 지적업무를 담당하면서 군정청과 지정측량자간에 용역계약으로 측량 업무를 처리하였던 것을 의미한다.[26)]

---

25) 리코딩시스템은 부동산에 대한 권원(title)을 보호하는 방법의 일종으로써 동부 13개 주의 영국식민지 시대 이후부터 미국에서 실행되고 있는 제도이다. 1634년 메사추세츠만법(Massachusett Bay Act)은 토지이전(land transfer)에 대한 기록을 법원에서 보관·관리할 것을 요청하였고, 그 결과 토지소유권에 대한 정확한 기록이 지금도 유지될 수 있었던 바, 이러한 초창기 법들은 권리이전에 관한 모든 문서(instrument)를 복사해 두는 부수작업 규정을 요구했다. 한편, 토렌스시스템은 리코딩시스템을 대신하여 이용되는 또 다른 형태의 권원보호 수단인데, 이는 1858년 호주에서 이 시스템을 처음으로 소개한 Robert Torrens경에 의해 명명되었다. 토렌스시스템은 토지권원 등록의 일종으로써 토지이전에 대한 서류들이 기록되는 것이 아니라 소유자 중심의 등기가 이루어짐으로써 토지에 권원이 기록되는 것이다. 이에 대해서는 Marianne M. Jennings, Real Estate Law, 3rd ed., Pws-Kent Publishing Company, Boston, 1992, pp.287-297 참조.

26) 장한영, "지적측량조직의 변천과정", 「지적」, 제34권 제3호, 대한지적공사, 2004.7. pp.28-29.

〈표 1-5〉 우리나라 지적측량 운영의 변천과정

지적측량 조직	기 간	감독기관	운 영 목 적
국가직영 (판적국, 양지아문)	1894 ~ 1910	내무아문	• 토지측량과 지계발급 • 토지조사사업 추진
국가직영 (임시토지조사국)	1910 ~ 1924	농상공부	• 토지조사사업 및 임야조사사업 완료에 따른 지적업무 총괄
기업자측량제도 및 지정측량자제도	1924 ~ 1938	재무국	• 토지이동의 정확·신속한 정리
재단법인 역둔토협회	1931 ~ 1938	재무국	• 국가기관에 대신할 기관으로 설립 • 역둔토에 대한 토지이동측량 전담
재단법인 조선지적협회	1938 ~ 1945	재무국	• 지적측량전담대행 • 이동지의 조사 및 토지에 관한 신고·신청수속의 대행
국가직영 (지정측량사제도)	1945 ~ 1949	재무국	• 귀속대지 측량업무 등 종사
재단법인 대한지적협회	1949 ~ 1977	재무부 내무부	• 국가 유일한 지적측량 대행기관으로 지적측량업무 및 이동지 조사·신청의 대행 • 지적과 토지제도의 연구
재단법인 대한지적공사	1977 ~ 2003	내무부 행정자치부	• 법인격을 갖춘 대한지적공사로 재편 • 지적법에 의한 지적측량 대행 • 지적관계 도면조제
특수법인 대한지적공사 및 지적측량업자	2004 ~ 2008	행정자치부	• 대한지적공사 특수법인화 • 지적측량업자 일부 지적측량 수행 가능
공공기관 한국국토정보공사 및 지적측량업자	2009 ~ 현재	국토교통부	• 대한지적공사의 명칭 변경

우리나라에서 현재 사용되고 있는 '지적측량수행자'라는 용어는 지적측량업무가 기존 대한지적공사를 통한 전담대행체제에서 법률에서 정한 일정요건을 갖춘 일반에게도 일부 개방되어 경쟁체제로 운영됨에 따라 법에서 새로이 추가된 내용이다.

지적측량수행자는 현재 공공기관인 한국국토정보공사와 일정한 기술자격 · 기술능력 · 설비 등의 등록기준을 갖추어 시 · 도지사에게 지적측량업의 등록을 하고 지적측량업을 영위하는 자를 말한다.

3) 지적측량에 따른 지적측량수수료

우리나라에서 지적측량수수료는 지적측량수행자가 국가(지적소관청)를 대행하여 토지소유자 등의 신청을 받아 지적측량을 수행한 후, 그 공적·인적 역무에 대한 반대급부로서 징수하는 금전을 뜻하며, 이는 행정수수료에 해당한다.[27)]

그럼에도 불구하고, 특정 지적측량에 있어서는 지적측량의 의뢰인과 지적측량수행자 간의 계약이 수반되는 경우가 있기 때문에, 그와 같은 지적측량에서 지급되는 금전은 수수료가 아닌 용역대가로 볼 수 있다는 주장이 있다.

용역대가란 물질적 재화의 형태를 취하지 아니하고 생산과 소비에 필요한 노무를 제공하고 받는 대가를 말한다. 일반측량의 대가체계와 지적측량수수료체계를 비교해 볼 때 그 산출과정 등에 있어서는 유사한 측면도 있으나, 지적측량수수료체계는 실질적인 업무에 대한 용역대가를 지불받는 것이라기보다는 행정사무로서 제공된 서비스에 대한 공공요금적 성격의 비용을 변상 받는 것으로 이해할 필요가 있다.

〈표 1-6〉 외국의 지적측량수수료

국 가	내 용
일 본	• 민간 측량사인 토지가옥조사사들이 토지가옥조사사연합회를 구성하여 지적측량 수행 • 완전한 민간 위탁의 방식(경쟁체제방식) 운영 • 토지가옥조사사 보수액(기준)표를 기준으로 산정 → 조사업무, 측량업무, 신청수속, 심사, 상담, 서류작성, 기타로 나누어 정함 → 각 항목마다 업무 형태를 상술하고, 실태조사를 시행한 후 그 결과를 바탕으로 표준 소요시간을 계산한 다음 이것을 하루 단위로 계산하여 조사사의 하루 보수액에 합산해 산정(경비율 40% 가산)
스위스	• 각주마다 다르게 징수하다가 2002년부터 전국적으로 통일 • 수수료체계는 경계변경, 건물변경, 지형변경, 재건축업무에 따른 최초수수료가 있고, 토지와 건물의 측량에 따른 외업과 내업을 기준점, 경계점, 지형점을 요소로 확인, 재구축, 검사, 설치, 관측, 계산 등의 공정별로 구분하여 계산한 금액과 면적측정 필지, 현장까지 이동거리 가산수수료 합산액으로 산정 • 지형의 경사도 등도 고려하고 특히 수수료의 수납 후 작업과정에서의 여러 가산요인이나 변동사항을 고려하여 정산하는 방법 채택

27) 행정수수료란 "국가·지방자치단체 기타 공공단체나 이들의 기관이 특정인을 위하여 공적·인적 역무(公的·人的 役務)를 제공하는 경우 그 역무에 대한 반대급부로서 징수하는 요금"을 말하며, 이는 사인 간 계약에 따라 주고받는 보수와는 차이가 있다.

국 가	내 용
독 일	• 지가와 건축물의 가격에 연동하여 운영되는 점이 특징으로서 수수료의 산정요인은 필지별 가격, 면적, 측량 소요시간, 거리 등이 있음 • 특히 측량대상물의 가치나 지가에 따라 측량수수료를 차등 적용하는 제도를 채택 • 지적측량수수료 결정요인은 측량방법, 필지별 가격, 건축물 가격, 필지면적, 측량소요 시간, 측량작업, 인력, 경계점간 거리, 작업 난이도 등이 지적측량수수료 적용시 결정요인으로 적용 → 분할측량 : 지가, 면적, 작업 소요시간이 부분 수수료의 산정 기준 → 경계확정측량 : 경계점 수, 경계의 길이, 토지가격, 현장 작업에 소요되는 시간이 기준으로 적용
미 국	• 미국의 지적측량수수료는 공공토지와 민간토지를 구별하여 시행 → 공공토지 : 예산에 의해서 집행, 수수료에 비용개념이 반영되기보다 어떤 지역을 어떤 순서로 어떤 시기에 측량할 것인지 일정한 계획에 의해서 추진 → 민간토지 : 변호사 수임료와 같이 계약에 의해서 결정, 측량관련 업무의 내용과 측량업자의 능력과 명성 등에 의해서 수수료 결정 → 수수료 산정시 건축의 용도, 면적, 측량의 용도 등에 관한 표준지침 적용

2.2 지적측량성과에 대한 법적 분쟁 해결

지적측량성과에 대한 불복 등 당사자간의 갈등이 발생한 경우, 그 해결과정은 여러 가지 측면에서 접근해볼 수 있다.

1) 행정심판

행정심판은 위법·부당한 행정행위로 권익을 침해당한 사람이 행정기관에 시정을 구하는 행정쟁송절차를 의미한다.[28)]

우리나라에서는 지적측량성과로 인하여 개인의 권익을 침해당하였다 하면서 이를 근거로 행정심판위원회에 해당 사건에 관한 행정심판을 청구하는 경우 그 자체는 부적법한 청구로서 받아들여지지 않고 있으며, 관계 법령에 따른 지적위원회의 지적측량적부심사 또는 재심사 절차를 거치도록 하고 있다. 즉, 지적측량성과에 불복할 경우, 그 적부 여부에 대하여는 행정심판위원회에 청구하는 것이 아니라, 지적측량업무를 관장하는 행정청에 그 심사를 청구하는 것이 원칙이다.

28) 행정소송은 법원에서 관장하고 사실문제를 포함한 법률문제 판단을 대상으로 정식소송절차에 의해(구술심리주의) 국민의 권리를 구제함이 그 목적임에 반하여, 행정심판은 행정기관에 의하고 공익문제 또는 재량문제를 대상으로 약식쟁송 절차(서면심리주의)에 의하며 자율적 행정통제와 사법기능 보충에 중심을 두고 있다.

2) 경계확정의 소와 경계감정측량

'경계확정의 소'라 함은 소유자를 달리하여 서로 인접하는 토지의 경계선이 객관적으로 명확하지 않거나, 이에 관하여 인접한 소유자간에 다툼이 있는 경우에 그 경계선을 명확히 확정해 줄 것을 법원에 청구하는 소송을 말한다.[29)]

통설이나 판례의 견해에 따르면 경계확정의 소는 다음과 같은 점에서 소유권확인의 소와 구별된다. 요컨대, 경계확정의 소는 당사자간의 승소・패소 문제가 없기 때문에 법원은 당사자가 주장하는 경계선에 구속됨 없이 스스로 그 진실이 인정되는 바에 따라 합리적인 경계선을 정함으로써 분쟁해결을 도모한다.

따라서 법원은 당사자 적격과 경계설정에 관한 소의 이익이 인정되는 한, 원고가 주장하는 경계선보다 불리한 판단을 하더라도 청구기각의 판결을 하여서는 아니 되며, 반드시 경계를 확정해 주는 판결을 하여야 한다. 예컨대, 원고가 일정한 경계선을 지시하여 신청한 경우에도 이것은 단순히 판결의 자료가 될 사실상의 진술에 불과하다. 결국, 경계확정의 소는 토지의 경계가 불명한 때에 재판으로써 이를 확정해 줄 것을 바라는 청구로서, 재판으로 정해진 것이 곧 경계선이므로 토지의 소유권에 대해 기판력은 생기지 아니한다.

이와 같은 경계확정의 소가 제기된 경우, 법원은 경계감정측량을 실시한다. 재판을 담당한 법원 또는 수석판사는 재판상 필요한 경우에 민사소송법에 의거 "감정인"을 지정하여 "감정사항"을 지시하게 되는데, 경계와 관련된 소송에 있어서도 재판상 필요한 경우에는 감정측량사의 토지경계감정측량이 행해진다.

현행「측량감정에 있어서 감정방법과 감정인 선정 등에 관한 예규」에 따르면, 수치지역의 지적측량 경우에는 한국국토정보공사에 감정을 촉탁하거나 지적측량업자 또는 그 소속 지적측량기술자 중에서 감정인을 선정・감정하도록 되어 있고, 도해지역의 지적측량인 경우에는 한국국토정보공사에 감정을 촉탁하여 감정하도록 규정되어 있다.

경계감정측량은 이해관계인이 지적측량에 불복하여 최종적으로 법원의 판결에 그 진위를 맡기는 것이므로 토지경계문제와 관련한 소송에 있어 판결에 지대한 영향을 미치게 되는 것은 감정측량기술자들이 행한 측량성과라 할 수 있다. 다시 말하면, 경계감정의 결과에 기초한 사법부의 최종적 판단 과정에는 일체의 오차도 허용되어서는 아니 된다는 것이다.

29) 현행 우리의 민사소송법상에는 '경계확정의 소'에 대한 명문 규정이 없기 때문에 학설상 이를 인정할 수 없다는 소극설과 인정하여야 한다는 적극설이 상존하고 있다. 적극설에도 소의 성질에 관하여, 확인소송에 속한다는 설과 형성소송에 속한다는 대립이 있으나 경계선을 창설적으로 확정해 줄 것을 청구하는 소, 즉 형식적 형성소송의 하나라고 보는 것이 통설이다. 형식적 형성의 소는 공유물 분할의 소(민법 제268조), 부(父)를 정하는 소(민법 제845조) 등과 같이 법률상 형성요건의 규정이 없고, 법원의 구체적 재량에 일임되어 있으므로 실질적으로는 비송사건에 속하는 것이다.

그러나 이와 같은 막대한 비중에도 불구하고, 현행 도해지역에서의 경계감정측량 여건은 우리가 지금까지 논의해 온 도해측량의 한계를 크게 벗어나지 못한다는 점에 문제가 있다. 요컨대, 도해측량에서 문제되고 있는 기준점들 간의 위치오류, 상이한 축척에 따른 도면접합상의 불부합, 종이도면에 내재되는 신축·마모·뒤틀림 등 동일한 문제가 내재되어 있는 측량여건에서 경계감정측량이 행해지고 있는 실정인 것이다.

결국, 현행 경계감정측량은 경계분쟁의 종국적 해결을 위한 합리적 수단까지는 될 수 있지만, 그렇다고 그 자체가 진정한 경계를 복원·확정해 줄 수 있는 최적의 수단이라고 감히 장담하기 어려운 것이다. 오히려, 이러한 도해측량 여건 하에서 경계감정을 행하여야만 하는 지적측량기술자들로 하여금 적지 않은 업무수행 부담만을 가중시키게 된다는 문제가 있다.

경계감정인 내정·관리	사전절차로서 법원장 및 각급 지원장은 경계감정에 필요한 감정인을 효율적으로 지정하기 위하여 **매년 12월 20일**까지 한국국토정보공사의 본부·지사에서 추천한 지적기술사, 지적기사 또는 한국국토정보공사에 소속되지 않은 지적기술사, 지적기사 중 적절한 사람을 내정하여 관리
▼	
감정측량 신청	분쟁당사자의 경계감정측량의 신청 및 절차는 원칙적으로 증인신문 절차에 준함 → 따라서 감정결과에 의하여 자기 주장사실을 입증하려는 당사자의 신청에 의하여 행하는 것이 원칙이지만 법원이 직권으로 감정을 명하는 경우도 있음
▼	
감정인 선정	법원은 감정측량에 있어 감정방법을 합리화하고 감정인을 전산체계에 의하여 무작위로 선출함으로써 감정인 선출의 공정을 기하고 감정측량에 대한 신뢰성을 확보할 목적으로 감정측량에 있어 감정방법과 감정인의 선정에 관한 예규에 의해 감정인 선정
▼	
감정인 신문/감정지시	지정된 감정인을 소환하여 선서시킨 후 감정사항을 알려주고 감정 지시
▼	
감 정	지시받은 사항에 대하여 경계감정측량 실시
▼	
감정서 제출	감정인은 사실판단의 결과를 서면으로 기재한 감정서 제출 (구술에 의하여 공동 또는 개별로 의견진술 가능)
▼	
판결 또는 재감정 명령	제출된 감정결과서를 토대로 판결 (감정절차가 위법하였거나 감정의견이 신빙성이 없을 경우 동일 사항에 대하여 동일 감정인 또는 다른 감정인에게 재감정 명령)

[그림 1-15] 경계감정측량의 절차

3) 조정제도

소송절차의 엄격성, 과도한 해결기간 및 비용, 일도양단적 판결 선고에 의한 당사자 간의 갈등 등뿐만 아니라 분쟁형태의 다양화 및 양적 증가 등으로 인해 많은 제약이 있어왔다. 이러한 현실에서 국민들에게 분쟁해결수단에 대한 선택가능성을 제시하고 이를 통하여 국민의 권리구제의 적정화·신속화를 도모하기 위해 이른바 '소송절차이외의 대체적 분쟁해결수단(Alternative Dispute Resolution, ADR)'이[30] 활성화되고 있으며, 그 중 특히 '조정제도'가 큰 실효를 거두고 있다.[31]

행정상의 조정제도는 행정상 야기된 갈등에 대하여 양 법익을 이익형량하여 어느 하나를 우선시키기보다는 그 이전에 조정을 통하여 양 법익간의 조화를 모색하고자 하는데 그 취지가 있다.

행정상 갈등은 주로 공공사업을 둘러싸고 빈발하고 있는바, 우리사회에 있어서 그와 같은 갈등의 근본원인은 세계화, 민주화, 정보화, 사회의 분화와 다원화를 따라가지 못하는 행정의 권위적 행태, 신뢰성 부적, 행정의 투명성 미흡, 행정에 대한 참여제도의 미비 등에 있다고 하지 않을 수 없다. 이를 해결하기 위해서는 기존 행정의 명령적·통제적 그리고 경제적 유인을 제공하는 행정에서 벗어나 이해관계자 및 전문가의 참여와 협력 하에 정책결정과 집행을 하여 책임과 의무를 공유하는 방향으로 나아가야 한다는 지적이다.

지적측량성과로 인해 발생한 갈등에 대해서는 이해관계인들의 참여를 보장하고, 지적측량과정에서의 잘못된 측량 등의 문제를 주민들과 더불어 바로 잡아간다는 인식을 확산시키는 계기로 활용한다든지, 또는 사전적인 분쟁해결을 위하여 지적사무를 담당하는 행정청에 행정조정인을 두고, 그로 하여금 경계분쟁을 조정하거나 일정한 협상을 유도하게 한다든지 하는 등의 조정적인 성격을 띤 절차적 제도가 필요하다.

이와 관련하여, 일본의 경우에는 지적측량에 따른 경계분쟁에 관하여 별도의 조정위원회를 설치하고 적극적인 해결을 모색한다는 점을 참고할 수 있다.

---

30) 1982년 1월 24일 미국의 당시 대법원장이었던 Warren E. Burger가 미국변호사협회에서 행한 연설에서 소송의 폭증과 지연에 대한 효과적인 대응책으로 저정·중재와 같은 대체적 분쟁해결수단이 널리 활용되어야 한다고 주장한 이래 ADR은 미국에서는 물론 한국에서도 주목을 받고 있다. 이에 대해서는 강현중, "한국에서의 조정·화해의 실무", 고시연구 제18권 3호(204호), 1991.3. p. 133 참조.

31) ADR을 통해 분쟁을 해결할 경우, 신속성과 경제성 등을 도모할 수 있을 뿐 아니라 법원의 업무를 덜어주는 효과까지 얻을 수 있다는 장점이 있다. 그리고 판결과정에서 발생하게 되는 감정대립의 문제를 어느 정도 방지할 수 있으며, 당사자의 임의변제를 기대할 수 있기 때문에 집행법상의 문제를 수반하지 않으므로 채권의 종국적 만족이 용이하다는 점 등에서 그 실천적 의미가 크다고 할 수 있다. 이에 대해서는 이명우, "재판상 화해에 관한 연구", 건국대학교 박사학위논문, 1993. p. 7. 참조.

3 지적측량의 발달

3.1 지적측량 기술의 발달

1) 기초측량의 발달과정

(1) 토지조사 이전의 기초 측량

토지조사 이전에는 기초측량 중 삼각측량에 대한 특별한 규정은 없었으며, 도근측량만이 규정되어 있었다(1907년 대구시가지 측량 규정; 지적측량에 관한 최초 규정). 도선법에 있어 등급을 1등, 2등도선으로 구분한 결합도선과 왕복도선을 사용하였으며, 도근점의 배치는 주위 150m이내 시가지에서 5점 이상을, 야외에서 3점 이상을 배치하고, 각 측점간 거리는 1등도선 150m이내(측점수 40개 이내), 2등도선 100m이내(측점수 20개 이내)로 하였다. 평균방위각은 분 단위로 측정 하였으며, 소요되는 수 이하 수치는 사사오입으로 하였으며, 거리측정은 죽제 권척으로 2회 측정 하였고, 방위각오차는 1등도선 1.5 $\sqrt{n}$ 분, 2등도선 2 $\sqrt{n}$ 분 이내(n은 변수) 등이 측량규정의 주 내용으로 비교적 간략히 기술되어 있다.[32)]

(2) 임시토지조사국 측량규정

조선토지조사사업을 시행하기 위하여 임시토지조사국측량규정(조선총독부훈령 제21호, 1913. 4. 22)을 제정하여 토지조사를 위해 시행하는 토지측량은 본 규정에 준거하도록 하였다. 규정 내용을 살펴보면 측량업무를 크게 나누어 대삼각측량, 소삼각측량, 도근측량, 세부측도, 면적계산, 지적도 조제 및 일반도 측량의 7종류로 구분 하였다. 대삼각측량은 측량의 기점을 설치하기 위하여, 소삼각측량은 도근측량의 기점으로 제공하기 위해 대삼각점에 기초하고 다시 세밀하고 작은 망형을 설치하여 각 점의 위치를 결정하였다. 도근측량은 다각형에 의해 삼각점을 연결해서 필요한 점 및 선을 결정하고 세부측도의 기초로 제공 하였으며, 세부측도는 일필지마다 소요 사항을 실지에서 조사하고, 도근측량에 기초한 소정의 축척에 의해 지면을 세밀하게 측량해서 각 필지의 위치와 형상을 도면에 나타내도록 하였다. 면적계산은 세부측량에 기초하여 각 필지의 면적을 평수에 의해 산정하고, 지적도는 세부측도에 기초하여 지역의 경계선, 도로, 하천, 구거 등의 지물 및 지종(地種) 지목을 평면도에 표시하고 투영면은 중등해면을 이용하였다. 일반도 측량은 대삼각측량, 소삼각측량, 도근측량 및 세부측도의 원도에 기초하여 일반의 지모 지세를 측도하고 각 행정구획의

32) 대한지적공사, 「한국지적100년사(지료편 I: 지적관계법규)」, 2005, pp. 53-58.

상태를 명료하게 나타내는 것으로 하였으며, 삼각점 및 도근점의 위치는 전부 평면직각종횡선에 의해 가우스의 상사투영법에 기초하여 이를 산정한다고 규정 하였다. 임시토지조사국 측량규정은 지적측량규정들의 효시를 이룬다고 볼 수 있다.[33]

(3) 토지조사 당시의 기초측량

① 삼각측량

대삼각측량은 기선측량, 본점측량(30km) 및 보점측량(10km) 등 3가지로 구분하고, 삼각망 또는 삼각쇄로 측량을 하였다. 소삼각측량은 1등점측량(5.5km), 2등점측량(2.5km) 및 수준측량의 3가지로 하고, 축척1/600 지역은 점간거리를 평균 1.5km이하, 2등점의 위치결정은 교회법으로 하였으며 10만분의1 삼각망도를 작성하였다. 토지조사 당시의 자세한 삼각측량의 내용은 제4장에 기술되어 있다.

② 도근측량

도근측량은 정확한 세부측량을 시행하기 위하여 삼각점간을 연결하는 기초점들을 설치하기 위해 실시하는 측량이다. 세부측량은 측판측량법에 의하여 도해적(圖解的)으로 시행하는 것이므로 토지조사와 같은 전국적인 대규모의 세부측량을 거쳐 각 도면의 접합(接合)을 정밀하게 하기 위해, 미리 삼각점을 기초로 도근측량을 실시하여 각 측량원도에 도근점을 전개(展開)할 필요가 있다. 만일 세부측량에 도근측량을 수반하지 않으면, 오차(誤差)가 누적(累積)되어 그 측량 성과를 신뢰할 수 없게 되는 것이다.

가. 보통도근측량

㉠ 등급, 명호(名號), 번호

도선은 1등도선과 2등도선의 두 가지로 나누고, 1등 도선은 삼각점간 또는 삼각점과 1등 도선 점간을 연결하여 제1차점을 설정하였으며, 2등 도선은 삼각점 또는 1등도선과 2등도선 간, 혹은 부득이한 경우 교회점간을 연결하여 제2차점을 설정하였다. 만약 삼각점이 드문 관계로 1등도선을 설치하기 힘든 때에는 보조삼각점을 설치하여 그에 연결하도록 하였다.

1등 도선에는 Ⅰ, Ⅱ, Ⅲ 등의 로마숫자(數字)로써 명호를 붙이고, 2등 도선에는 A, B, C등의 글자로써 명호를 붙이었다. 각 도선점에는 1, 2, 3등의 아라비아숫자로써 번호를 붙이되 999에 달하면 1에 되돌아가게 하고, 명호는 한 번 되돌아 올 때마다 ′, ″ 의 부호를 붙이며, 교회점과 보조삼각점에는 a, b, c 등 이탈리아문자로써 명호를 붙였다.

33) 대한지적공사, 「한국지적100년사(지료편 I: 지적관계법규)」, 2005, pp. 114-117.

㉡ 점의 배치 및 표항 설치

도근점은 일필지 측량원도의 1도곽 내에 축척 $\frac{1}{1,200}$ 구역은 당초 4점 이상을 배치하였으나, 1913년 10월부터는 이를 6점 이상으로 고치고, 축척 $\frac{1}{600}$ 구역 중에서도 시가지에 속하는 부분은 8점 이상을 배치하도록 하였다.

그러나 1원도 내에 측량지역이 좁을 때에는 적당히 도근점 수를 감소할 수 있도록 하였다.

도선 점간 거리는 축척 $\frac{1}{1,200}$ 지역에서는 150m 이내, 축척 $\frac{1}{600}$ 지역에서는 100m 이내, 축척 $\frac{1}{2,400}$ 지역에서는 200m 이내로 하고, 1도선에 속하는 도근점 수는 당초 1등 도선은 40점 이내, 2등 도선은 20점 이내로 규정 하였으나, 오차의 누적을 방지하기 위하여 1등도선의 점수는 보통 30점 이내로 하도록 규정을 개정하였다. 이 후 도근측량작업이 점점 서북지방으로 진행됨에 따라 조사대상지는 산간부에 산재하는 예가 많고, 또 측량종사원의 기술은 숙달되었으므로, 1915년 6월 30일 부터는 1등도선은 50점 이내, 2등도선은 30점 이내로 하되 지형상 부득이한 경우에는 다소 그 점수를 증가할 수 있도록 규정을 고치었다.[34)]

출처: 한국지적백년사(역사편)

[그림 1-16] 도근표석 매설

34) LX한국국토정보공사, 「지적측량 성과결정 관련규정, 기초측량(도근)」, 2017, pp. 13-15.

㉢ 교회점의 설치

지형의 관계로 도선측량을 할 수 없는 경우에는 교회법에 따라 교회점을 설치하였는데, 일반적으로 삼각점 또는 도선점에 의하여 결정하게 하였으나 산간부에 산재하는 작은 면적의 조사대상지에 대하여서는 3차에 걸치지 않는 범위 내에서 교회점을 혼용할 수 있도록 하였다. 방향선의 길이는 500m 이내로서, 3방향 이상이 교회하도록 하고, 삼각형의 내각(內角)은 각기 30° 이상 120°이하로 제한하였다.

㉣ 관측

각도 관측은 삼각점, 도근점간의 기지방위각을 기초로 하여 도선점 및 교회점의 방위각을 측정하는 작업으로서, 각 도선에 있어서 방위각의 오차는 1등도선은 $1.5\sqrt{n}'$, 2등도선은 $2\sqrt{n}'$, 축척 $\frac{1}{600}$ 지역에서는 더욱 정밀한 측량을 하기 위하여 1등도선은 $\sqrt{n}'$, 2등도선은 $1.5\sqrt{n}'$으로 제한하고, 그 제한이내인 경우에는 도선의 각 변에서 똑같은 비율로 오차가 발생되었다고 가정한 다음, 오차를 각 변의 측정방위각에 배부한 후 개정방위각을 산정하였다.

축척 $\frac{1}{1,200}$ 또는 $\frac{1}{2,400}$ 지역에서의 거리 측정은 주로 경위의에 장치된 상하의 측거사와 양거척을 아울러 사용하여 시거측량을 실시하였다.

축척 $\frac{1}{1,200}$ 지역에서는 강풍 및 기타의 사유로 양거척에 의한 관측을 하기 곤란한 때에는 죽제권척으로써 직접 거리를 측정하였으나, 축척 $\frac{1}{600}$ 지역에서는 대부분 죽제권척으로 2회 측량하되 5cm까지 독정한 평균값을 채용하도록 하였다. 거리측정에 있어서 2개의 독수 교차가

- 축척 $\frac{1}{1,200}$ 지역에서, 평탄지는 $\frac{1}{300}$, 경사 10°이상의 토지는 $\frac{1}{200}$
- 축척 $\frac{1}{600}$ 지역에서, 평탄지 및 기복이 적은 토지는 $\frac{1}{600}$, 기복이 심한 토지는 $\frac{1}{400}$
- 축척 $\frac{1}{2,400}$ 지역에서, 평탄지 및 기복이 적은 토지는 $\frac{1}{200}$, 기복이 심한 토지는 $\frac{1}{150}$

의 범위를 넘을 때에는 개측(改側)시키고, 그렇지 않을 때에는 이를 평균한 값을 측정거리로 채용하도록 하였다.[35)]

35) LX한국국토정보공사, 「지적측량 성과결정 관련규정, 기초측량(도근)」, 2017, pp. 15-25.

나. 특별도근측량

우리나라 서북지방(함경도, 평안도 등지)에 있는 산간부(山間部) 및 도서지방(島嶼地方)은 지반(地盤)이 연속된 보통 조사구역과는 그 지형을 달리하여, 조사 대상지가 산재(散在)하고, 집단화 되었다 하더라도 그 규모가 매우 작으며, 도서지방의 경우 육지와 멀리 떨어져있어 삼각점을 설치하지 않은 곳이 있고, 삼각점이 있다하더라도 다른 삼각점을 시준 할 수 없는 것들이 있었다.

이러한 토지에 대하여는 기 설치된 삼각점을 기초로 하여 도근측량을 실시하기에 애로(隘路)가 많을 뿐만 아니라, 그 당시의 정황(情況)으로서는 보통의 일반조사 지역과 산간부 혹은 도서지방을 연결할 필요를 느끼지 않았기에, 삼각점에 근거하지 않고 단독으로 도근측량을 시행하였는데, 이것을 특별도근측량이라 하였다. 또 경우에 따라서는 도근측량을 전연 생략(省略)한 지역도 간혹 있었다.

특별도근측량을 시행할 구역은 함경북도의 전부, 함경남도의 전부, 평안북도의 전부, 강원도의 전부, 평안남도(강동군, 순천군, 양덕군, 개천군, 덕천군, 맹산군, 영원군), 황해도(수안군, 곡산군, 신계군) 및 각 도에 산재한 도서지방으로서 산간부(山間部)에 있는 조사지 중 삼각측량 또는 도근측량을 시행하는 조사지역으로 부터 약 300간 이상 떨어지며 조사지 이외의 토지로서 포위 되고, 그 집단 면적이 축척 $\frac{1}{1,200}$ 지역에서는 약 200,000평, 축척 $\frac{1}{2,400}$ 지역에서는 약 500,000평을 넘지 않을 때, 도서지방에서 도내(島內)에 삼각점이 없을 때, 또는 삼각점이 있어도 다른 삼각점을 시준 할 수 없을 때에 해당하며, 조사지역내 또는 그 부근에 보조삼각점을 설정하기 곤란한 경우에만 이를 시행하였다.[36]

다. 도근측량 생략지역

보통 도근측량이나 특별 도근측량을 시행하는 조사지로부터 약 300간 이상 떨어져서 조사지역 이외의 토지로써 포위 되고, 그 집단지의 면적이 축척 $\frac{1}{1,200}$ 지역에서 약 100,000평, 축척 $\frac{1}{2,400}$ 지역에서 약 300,000평을 넘지 않는 토지는 도근측량을 생략하도록 하였다.

36) LX한국국토정보공사, 「지적측량 성과결정 관련규정, 기초측량(도근)」, 2017, pp. 48-50.

라. 시가지 도근점표석 설치 및 관계도부(圖簿)

임시토지조사국의 도근측량은 그 점의 위치를 목항(木杭)으로써 표시하였지만, 시일이 경과함에 따라 자연 부패 혹은 매몰되어 그를 찾아 볼 수 없게 될 것을 예상하여, 특별히 토지의 이동이 빈번한 서울을 필두로 25개소의 시가지에 대하여, 도근점 표석을 매설함으로써 영원히 위치를 보존하고, 도근점의 감시는 경무부(현재의 경찰청)에서 맡기로 하고, 특히 서울은 경무총장이 직접 감시를 맡도록 규정하였다(1915.1.15. 토지측량표규칙, 조선총독부령 제1호). 측량표식 관리 이상 시에는 경찰서장이 임시토지조사국에 보고 하도록 하였다.

임시토지조사국에서 매설한 도근점은 화강암재 사각주로써 꼭대기 중앙에 점의 위치를 표시하는 구멍을 파고, 그 구멍의 양쪽에 걸쳐 TP(Traverse Point의 머리글자)의 2자를 새겼다.

위치표 및 일람도는 관할 도지사에게 인계하기로 되어, 전라남도 및 전라북도는 1917년 5월에, 충청남도, 충청북도, 경상남도 및 경상북도는 그 해 6월에, 기타의 도는 그해 11월에 인계를 완료하였으며, 표석점 위치도는 당해 부, 군청에 각기 인계하였다.[37)]

(4) 토지조사이후의 기초측량

조선토지조사사업이 완료된 이후에 새롭게 토지대장에 등록하는 토지(신규등록지) 또는 토지대장에 등록한 토지(기등록지)측량, 면적산정 또는 지적도 정리를 위하여 토지측량규정(조선총독부 훈령 제10호, 1921.3.18.제정)을 제정 하였는데 해방 후 1954년 11월 까지 이를 준용하였다.

제2조에서는 토지측량을 신규측량, 이동측량, 도근측량으로 구분하고, 신규측량에 있어 도근측량 실시 기준을 집단지의 면적이 축척1/600 지역에서 약 15,000평 이상, 1/1200지역 약 60,000평 이상, 2400/1지역에서 240,000평 이상일 때로 규정하였다. 도근측량 시, 1도선의 점수는 50점 이하로 하였으며, 지형상 부득이 할 경우 15점을 추가 할 수 있었고, 지적도 1매에 해당하는 지역에 약 6점을 배치하도록 규정하였다. 또한 1도선의 각 점간거리를 제한하였는데, 축척 1/600지역에서 100m, 1/1200지역에서 150m, 2400/1 지역에서 200m 이내로 하였다. 도선점간의 거리측정은 스타디아 법에 의해 정반 점시(覘視)를 하고 죽제권척을 사용하여 2회 실시하였으며 단, 축척1/600지역에서는 죽제권척을 사용하는 것으로 하였다.[38)]

37) 지적기술연수원, 「조선토지조사사업보고서」, 대한지적공사, 1993, pp. 238-251.

(5) 지적법제정 이후(1950.12.1. 법률제165호)의 기초측량

지적측량규정(1954.11.12.대통령령 제951호)에서 삼각측량은 토지측량표령의 규정에 의한 삼각점 또는 설치된 삼각점을 기준으로 한다고 규정하였으며, 보조삼각점측량 규정을 최초로 제정하였다. 보조삼각점은 삼각점을 기초로 하여 전방교회법 또는 후방교회법에 의하여 이를 설치하되, 부득이 한 경우에는 기설 보조삼각점을 혼용할 수 있으며(동 규정 50조), 관측은 10초독 또는 20초독의 경위의를 사용하고, 단, 시가지와 준시가지(읍 및 이에 준할만한 지역)이외의 지역에는 1분독을 사용하며, 관측은 2대회(윤곽도 0도, 90도)로 하였다. 각 삼각형의 협각은 30도이상 120도 이하로, 각 교회선장은 3킬로미터 이하로 하고, 단, 10초독 또는 20초독 경위의를 사용하였을 때에는 5킬로미터 이하로 하였다. 교회법에 의한 결정선은 3방향 이상을 원칙으로 하고, 각도계산은 초 단위, 대수는 5위 이상으로 규정하였다.

지적측량규정(1970. 6. 19. 대통령령 제5101호, 전부개정)에서는 삼각측량은 측량법에 의한 삼각점 또는 이 규정에 의하여 설치된 삼각점을 기준으로 하여 시행한다고 규정 하였다.

도근측량에 있어 도선법의 결합도선에 지형상 부득이한 경우 회귀도선(왕복도선)으로 할 수 있게 하였으며, 1도선의 점수는 40점 이하로 하고, 지형상 부득이 한 경우 15점까지 추가 할 수 있었고, 점간거리는 1/600지역에서 100m, 1/1200지역에서 120m, 1/2400 지역에서 200m, 1/3000지역에서 250m, 1/6000에서 300m 이내로 하였다.[39]

(6) 지적법 1차 전문개정 이후(1975.12.31. 법률제2801호)의 기초측량

기존의 측판측량, 경위의측량으로만 실시하던 지적측량 방법에, 전파기 또는 광파기 측량 및 사진측량을 포함시켰다(법 제26조).

"기초측량은 이를 지적삼각측량·지적삼각보조측량 및 도근측량으로 구분한다"(1976. 5. 7. 지적법시행령 제27조)고 규정 함으로써, 삼각점에 "지적" 이라는 용어가 처음으로 사용하게 되었다. 또한 지적삼각점의 측량성과는 서울특별시장·부산시장 또는 도지사가, 도근점의 측량성과는 소관청이 보관하며(동령 24조), 기초점 표지의 관리는 소관청에서 관리하도록 규정 하였다(동령 25조). 도지사는 지적삼각점의 성과를 건설부장관에게 통보하도록 하여(동령 24조②항), 기존의 측량법 규정에 의하던 삼각점과는 별도로 지적삼각점 관리 규정을 명확히 하여 이원적 관리를 하게 되었다.

---

38) 대한지적공사, 「한국지적100년사(지료편 I: 지적관계법규)」, 2005, pp. 169-175.

39) 국가법령정보센터 http://www.law.go.kr/

이후 소관청에서만 관리하던 기초점 표석 또는 표지를 지적측량업무를 대행하게 한 비영리법인에게 위탁하여 관리하게 할 수 있도록 하였다(1986. 11. 3. 지적법시행령, 대통령 제11998호).

기초점의 망구성은 지적삼각점은 유심다각망, 삽입망, 사각망, 삼각쇄 또는 삼각망으로, 지적삼각보조점은 교회망, 교점다각망으로 구성하고, 도근점의 망 구성은 결합도선, 폐합도선, 왕복도선, 교회망 또는 교점다각망으로 구성하도록 규정하여 교점다각망을 새로이 추가하였다(1986.11.15. 지적법 시행규칙 27, 28조). 또한, 측량성과의 인정범위를 규정하여 측량 성과와 검사성과의 연결오차 이내의 측량성과는 잘못이 없는 것으로 인정하여 지적삼각점 0.20미터이내, 지적삼각보조점 0.25미터이내, 도근점은 수치지적부 시행지역은 0.15미터 이내로, 기타지역은 0.25미터 이내, 경계점은 수치지적부시행지역 0.10미터 이내로, 기타지역은 10분의 3M 밀리미터 이내(M은 축척 분모)로 규정하였다(동 규칙 34조).

또한 당시로서는 최신 측량 방식인 위성측량방법을 지적측량에 도입하여 기초측량에 활용하도록 하였다(1995. 1. 5. 개정, 지적법 제26조 법률 제4869호).[40]

(7) 지적법 2차 전문개정 이후(2001.1.26전문개정. 법률제6389호)의 기초 측량

"지적측량기준점"이라 함은 지적삼각점 · 지적삼각보조점 · 지적도근점 및 지적위성기준점을 말한다(제2조).라고 규정하여 기존의 도근점을 지적도근점으로 명칭을 변경하고, 지적위성기준점을 새로이 추가하여 규정하였다.

소관청은 지적측량의 편의를 위하여 그 동안 기초점 표지만을 위탁관리 하던 대행법인에게 지적측량기준점표지의 설치 및 그 측량성과의 관리를 위탁할 수 있도록 하였다.(2002. 1. 26 개정 지적법시행령 43조, 대통령령 제17497호), 또한, GPS에 의한 지적측량 규정 제정을 통하여 GPS측량기를 사용하여 실시하는 지적측량에 필요한 측량방법 및 절차 등을 세부적으로 규정하였다.(2003.12.30. 행정자치부 예규 제126호)[41]

(8) 통합법 이후(2009. 6. 9. 측량 · 수로조사 및 지적에 관한 법률, 법률 제9774호 제정)의 기초 측량

측량법, 지적법, 수로업무법을 통합하여 측량의 기준과 절차를 일원화함으로써 측량성과의 신뢰도 및 정확도를 높여 국토의 효율적 관리, 항해의 안전 및 국민의 소유권 보호에 기

40) 국가법령정보센터 http://www.law.go.kr/
41) 국가법령정보센터 http://www.law.go.kr/

여하고자 법을 제정하였다. 측량을 기본측량, 공공측량, 지적측량, 수로측량, 일반측량으로 측량을 구분하고(법2조), 측량기준 일원화에 따라 측량기준점은 국가기준점, 공공기준점, 지적기준점으로 구분하였다.(법7조)

지적측량기준점의 용어를 변경하였는데 지적측량기준점을 지적기준점으로, 지적삼각측량, 지적삼각보조측량, 지적도근측량을 지적삼각점측량, 지적삼각보조점측량, 지적도근점측량으로 변경하였다.

또한, 세계측지계 도입에 따른 측량기준에 대한 경과조치(부칙 제5조)를 두어 확정측량을 실시하지 않는 도해 지적측량 지역의 경우에는 2020년12월31일 까지 종전의 지적기준인 가우스 상사 이중투영법으로 표시하도록 하였다.

측량기준점표지의 설치 및 관리에 있어서 특별자치시장, 특별자치도지사, 시장・군수 또는 구청장은 국토교통부령으로 정하는 바에 따라 매년 관할 구역에 있는 측량기준점표지의 현황을 조사하고 그 결과를 시・도지사를 거쳐(특별자치시장 및 특별자치도지사의 경우는 제외한다) 국토교통부장관에게 보고하도록 하였다.(2014. 6. 3. 공간정보의 구축 및 관리 등에 관한 법률, 법률 제12738호 개정)[42)]

2) 세부측량의 발달과정

(1) 토지조사 당시의 세부측량

세부측량에 관한 측량규정은 우리나라 지적측량에 관한 최초 규정이라 할 수 있는 대구시가지 측량규정(1907. 5. 16) 제2장 세부측량 규정에 "세부측량은 도근측량점을 기초로 하여 500분의 1 축척의 도해법에 의해 시행한다."로 되어 있으며, 세부측량에 필요한 기기와 도근점 전개, 보점측량, 원도조제 등에 관한 사항을 규정하고 있다.[43)][44)]

세부측량은 경우에 따라서는 "일필지측량"이라고도 부르는 것으로서, 일필지 조사를 마친 토지의 강계 및 지역을 측정, 측량원도를 조제하여, 지적도 조제의 근본으로 하고, 아울러 도면상에서 면적을 측정하여 토지대장의 조제에 사용하는 업무라고 할 수 있다.

세부측량은 삼각점 또는 도근점에 근거하여 도해법으로 이를 시행하며 토지의 경계는 직선으로써 연결하고, 지번, 지목, 소유자의 명의 등을 기입한 측량원도를 조제하였다.

---

42) 국가법령정보센터 http://www.law.go.kr/
43) 대한지적공사, 「한국지적100년사(지료편 I: 지적관계법규)」, 2005, pp. 57-60.
44) LX한국국토정보공사, 「지적측량 성과결정 관련규정, 토지조사사업측량」, 2017, pp. 7-15.

측량원도의 크기는 동서 1척3촌7푼5리, 남북 1척1촌으로 수정하였다.(1척 30.3cm, 1촌 3.03cm, 1푼 0.303cm, 1리 0.0303cm) 이 도곽 내에 포용되는 토지는 빠짐없이 전부 그려 넣고, 1필의 토지가 도곽선에 걸치는 것은 한쪽의 도곽선의 여백에 전부를 그려 성필(成筆 ; 일필지의 도형을 완성하는 것)하였다. 그 어느 쪽 도면용지에도 모두 그릴 수 없는 것은 도곽선으로써 끊어 2개 이상의 도면용지에 그려가며 점차 연속적으로 측량을 하여, 1동 리마다 각 필지에 지번을 붙인 후, 원도접속일람도를 첨부함으로써 찾기에 편리하도록 하였다.

① 축척의 결정

세부측량원도의 축척은 바로 지적도의 축척이 되는 것으로서, 이는 $\frac{1}{600}$, $\frac{1}{1,200}$, $\frac{1}{2,400}$의 3종을 사용하기로 하였는데, 시가지와 같이 정밀하게 그 강계(경계)를 나타내며 정확한 면적을 산정할 필요가 있는 구역에는 $\frac{1}{600}$로 하고, 서북지방과 같이 일필지의 면적이 큰 지역에는 $\frac{1}{2,400}$로 하였으며, 기타 우리나라의 대부분의 지역은 $\frac{1}{1,200}$로 하였다.

특별히 $\frac{1}{2,400}$지역 내에서도 대지가 집단되어 시가지를 형성하고 있는 지역들은 $\frac{1}{1,200}$로 측량하였다.

② 세부측량의 방법

가. 준비작업과 사용기구

세부측량은 토지소유자, 지목 및 강계의 조사가 끝난 후에 시행하는 것으로서 우선 준비조사를 할 때에 조제한 면, 동, 리 강계약도를 근거로 그 강계 및 지형을 답사하여, 작업의 순서를 결정한 후, 방안지로 된 원도용지에 도곽을 그리고 도근점을 전개한 것을 측판에 붙이어 현지에 가지고 가서 작업을 시작하는 것이다.

세부측량에 사용한 기구는 측판·측각, 측사조준의(側斜照準儀), 방광나침(方筐邏針), 표간(폴), 죽제권척 또는 측쇄(側鎖), 측침, 포제(布製)권척, 제도기구 등으로서 측량원도용지 상에 전개된 삼각점, 보조삼각점 및 도근점에 의거하여 강계(경계) 및 지역선을 측정함을 원칙으로 하였는데, 기초점 중 가장 많이 사용된 것은 도근점이었다.

나. 도곽선

세부측량원도의 도곽은 축척 $\frac{1}{1,200}$ 에서는 실지 거리가 동서 275간(500m), 남북 220간(400m)이 되는 것인데, 이를 그리려면 도곽 형성 제도를 위해 특별히 제작된 도곽정규(圖郭定規)라는 기구를 사용하였다.

세부측량원도에 있어 도곽선의 크기는, 당초에 간을 단위로 한 관계상 동서 1척2촌5푼, 남북 1척으로 결정하였지만, 그 후 도근측량을 미터(m) 단위로 실시하게 됨으로, 도곽의 크기는 동서 1척3촌7푼5리, 남북 1척1촌으로 수정하였다.

다. 도근점의 전개

우선 도근망도에서 해당 원도 내에 포함하는 도근점의 번호를 알아내고, 도근점성과표에 기록된 당해 도근점의 종선치를 하부횡선으로부터 상부(上部)에 측정하여, 좌우 양 종선상에 2개의 점으로 표시하였다. 이 2개의 점을 연결하는 직선상 상당위치(相當位置)에 단선을 그은 다음, 횡선치를 좌측종선으로부터 우측에 측정하여, 상하 양 횡선상에 2개의 점으로 표시하며 역시 이 2개의 점을 연결하면 종선의 단선과 교차하는 점이 바로 그 도근점의 도상위치인 것이다.

도근점의 도상위치가 결정되면 세침으로써 찌른 다음, 연필로 동그라미를 그리고 또한 점의 번호를 기입하여 원도상의 도근점을 찾기 쉽도록 하였다.

또 측량원도용지는 다소의 신축이 있는 것이므로 도곽선을 그은 직후에 도근점을 전개할 때에만 규정된 길이를 유지하지만, 시일이 경과할 때에는 오차가 발생되어 도근점의 전개에 불편이 있기 때문에 임시토지조사국에서는 '도근점전개기' 라는 기구를 고안하여 도곽선을 그리는 것과 동시에 도근점을 전개할 수 있도록 함으로써 많은 편리와 능률을 향상시켰다.

③ 면적측정

면적은 측량부문에서 최종과정으로 시행하는 내업으로 지구표면상에 연하는 지표면상의 면적이 아니고, 이것을 기준면상에 투영한 것으로 평균해면(Mean Sea Level)에 의한 수평면적을 말한다.

면적계산은 보통 적산(積算)이라고도 하며, 토지조사부(토지대장의 모체)에 등록할 일필지의 면적을 결정하는 업무로, 면적계산에는 계적기(구적기)를 사용하여 그 기구상에서 얻은 독수(讀數)를 다시 평수(坪數)로 환산하는 것이므로 기구의 취급, 독정(讀定), 검정 및 평수의 환산 등은 치밀한 수학적 두뇌와 숙달한 기술을 요하게 된다.

그러나, 면적계산업무는 일필지의 조사 및 측량을 거친 원도에 의하여 집행하는 것이므로, 1914년도 이전에는 측량이 부진하여 예상했던 성과를 거두지 못하였으나, 1915년 이후는 측량원도가 속속 조제되었고, 점차 종사인원도 제대로 배치됨으로써 예상 이외의 성과를 올려 1917년 9월에 업무를 모두 완료하였다.

출처: 지적기술연수원, 조선토지조사사업보고서

[그림 1-17] 면적산정 광경

가. 계적기에 의한 면적의 산정

면적의 계산은 도상에서 계적기를 사용하는 것을 원칙으로 하고, 소면적의 토지에 대하여서는 특별히 삼사법(三斜法)을 사용하였다.

계적기는 원도의 축척 및 일필지 면적의 대소에 따라 그 단위를 축척 $\frac{1}{600}$ 지역에서는 1분획 1평, 축척 $\frac{1}{1,200}$ 지역에서는 101평 이하 1분획 1평, 102평 이상 1분획 3평, 축척 $\frac{1}{2,400}$ 지역에서는 3,000평 이하 1분획 5평, 3,001평 이상 1분획 10평으로 정한 후, 원도상에서 매회 측정자를 달리하여 3회 측정한 것을 면적일람부에 기입하였다.

그런데 면적계산에서 계적기를 사용할 때에는, 먼저 적산한 결과를 후에 적산하는 자가 알지 못하도록 봉합하였기 때문에, 적산자 들이 선입관념(先入觀念)에 사로잡히지 않고 적산함으로써, 과오를 미연에 방지하게 되어 가장 정확하게 업무를 수행할 수 있었다.

나. 삼사법에 의한 산정

축척 $\frac{1}{1,200}$ 지역에서 일필지의 면적이 약 10평 이하, 축척 $\frac{1}{2,400}$ 지역에서 일필지의 면적이 약 30평 이하, 또는 일필지의 형상에 따라 계적기를 사용하는 것이 부적당하다고 인정되는 것은 삼사법에 의하여 측정하였다. 삼사법이라 함은 삼각형의 저변과 수선의 길이를 곱한 것을 2로써 나누어 면적을 산출하는 방법이다.

다. 독수의 처리

면적산정에서 교차가 허용면적 이내일 경우에는, 각 독수의 중수를 구하여 이를 평수로 환산하고, 평 이하의 소수는 사사오입법(四死五入法)을 써서 모두 평 위에 그치며(1필지의 면적이 1평 미만인 것은 홉위에 그침), 만약 교차가 제한을 초과하는 경우에는 다시 면적을 측정하여 이를 정정하기로 하고, 환산한 평수는 집계하여 검산을 하는 순서로 업무를 집행하였다.[45)46)]

(2) 토지조사사업 이후

조선토지조사사업이 완료된 이후에 새롭게 토지대장에 등록하는 토지(신규등록지) 또는 토지대장에 등록한 토지(기등록지)측량, 면적산정 또는 지적도 정리를 위하여 토지측량규정(조선총독부 훈령 제10호, 1921.3.18.)을 제정하였는데, 세부측량의 내용으로 토지의 경계는 교회법, 도선법, 광선법 또는 종횡법에 의하여 측정하고, 교회법은 전방교회 또는 측방교회에 의하고, 3방향 교회에 의하며, 방향선의 교각은 30도 이상 150도 이하로 하였다. 도선법에 의할 때는 도선의 변장은 3촌 이하로, 변수는 20변 이하로 폐색오차는 $\sqrt{n}$ 리 이하(n은 변수)로 하였다(규정 15조).

1지번의 면적이 축척1/600도에 있어서 약 3평 이하, 축척1/1200분의 도에 있어서 약 30평 이하가 될 때, 기타 토지의 형상이 넓고 길어서 계적기에 의해 면적측정을 하기 곤란하다고 인정되는 것에 대해서는 원도 여백에 별도의 2배의 축척으로 이를 측량하고 또는 삼사법에 의한 측도 및 경계선의 길이를 게재한 약도를 묘화하도록 하였다(19조).

이동측량을 하려고 하는 때에는 이동지의 경계선이 소도와 실지가 일치 하는지를 사핵(査覈)해야 하며, 사핵은 삼각점, 도근점 또는 다음 각호의 점에 기초하여 시행하였다.

- 삼각점, 도근점 기타 지상위치가 명확하다고 인정되는 지적도상의 기지점에 의해 도해삼점법 또는 후방교회법을 수행하여 도상위치를 결정한 점.
- 삼각점, 도근점 기타 지상위치가 명확하다고 인정되는 지적도상의 기지점으로부터 1지점에 이르는 거리를 측정하여 이를 도상거리화하여 도상에서 원호를 그리고 그 교회에 의해 도상위치를 결정한 점.
- 지상위치가 명확하다고 인정되는 지적도상의 기지점 상호간의 지상거리를 측정하여 도상거리와의 일치에 의해 지상위치를 확인한 점.

45) 지적기술연수원, 「조선토지조사사업보고서」, 대한지적공사, 1993, pp. 265-275.
46) LX한국국토정보공사, 「지적측량 성과결정 관련규정, 토지조사사업측량」, 2017, pp. 95-120.

- 지상위치가 명확하다고 인정되는 지적도상의 기지점으로부터 지상위치가 명확하다고 인정되는 다른 기지점에 이르는 도상거리를 지상거리화하여 지상에 원호를 그리고 그 교회에 의해 지상위치를 확인한 점(26조).

면적측정은 극식계적기를 이용하고, 도상에서 측정하였으며, 필요가 있다고 인정되는 것에 한해 삼사법에 의할 수 있었다.

면적은 1지번 마다 이를 측정하고, 분할지 중 1지번의 면적이 원면적의 8할 이상일 때에는 원면적으로 부터 다른 면적을 공제한 것으로서 그 면적으로 할 수 있었다.

면적측정은 계적기를 이용할 때 3회 독정하고, 삼사법에 의할 때 2회 산출하여 그 교차이내 일 때 중수에 의해 결정하였다.[47)]

(3) 지적법제정 이후(1950.12.1. 법률제165호)

지적측량규정(1954.11.12.대통령령 제951호)에서 세부측량은 신규측량, 이동측량, 확정측량으로 구분하였으며(2조), 신규측량과 이동측량은 측판측량법에 의하고, 확정측량은 경위의 측량법과 측판측량법을 혼용하도록 하였다. 거리측정의 단위는 신규측량과 이동측량은 간(間)을 사용하고, 확정측량에는 간(間)과 미터를 혼용하였다. 이동측량을 시행하고자 할 때에는 이동의 경계선이 소도와 실지와의 적합여부를 확인하고, 분할 측량의 경우에는 실지의 상황에 의하여 분할지 전부의 경계선을 사핵할 필요가 없다고 인정될 때에는 그 일부의 사핵을 생략할 수 있었다. [48)]

(4) 지적법 1차 전문개정 이후(1975.12.31. 법률제2801호) 의 세부측량

토지대장, 지적도, 임야대장, 임야도로 규정된 기존의 지적공부에 수치지적부가 새로이 지적공부에 포함(2조)되었으며, 수치지적부를 비치한 지역에 있어서는 토지의 경계결정과 지표상의 복원은 좌표에 의하고(11조②항), 점 위치를 평면직각종횡선 수치인 좌표로 등록하도록 하였다. 세부측량에 사진측량법이 처음 도입되었다(1976. 5. 7. 지적법시행령 제27조).

측량계산의 단수처리에 있어 기존의 사사오입에서 방위각의 각치, 종횡선의 수치 또는 거리의 계산에 있어서, 구하고자 하는 자리수의 다음 숫자가 5를 초과하는 경우에는 올리고, 5미만인 경우에는 버리며, 5인 경우에는 구하고자 하는 끝자리 수가 0 또는 짝수인 때에는 버리고 홀수인 때에는 올리는 오사오입법을 적용하였다(동령 20조).

---

47) LX한국국토정보공사, 「지적측량 성과결정 관련규정, 토지·임야조사사업 이후 세부측량」, 2017, pp. 2-9.
48) LX한국국토정보공사, 「지적측량 성과결정 관련규정, 토지·임야조사사업 이후 세부측량」, 2017, pp. 20-40.

동일한 경계가 축척이 다른 도면에 각각 등록되어 있는 때에는 축척이 큰 것에 따른다는 축척 종대의 원칙이 규정되었고(21조②항), 수치지적의 도입에 따라 세부측량의 실시를 경위의 측량법과 측판측량법으로 실시하며, 경위의 측량법의 기준으로 수평각은 1대회의 방향관측법이나 2배각 이상의 배각법에 의하고, 거리는 수평거리를 2회 측정하며, 측각기기는 20초독 이상의 정밀한 경위의로서 10초위로 독정하였다. "측판측량법으로 실시할 때에는 교회법 · 도선법 및 방사법으로만 규정하였다(동 규칙43조). 세부측량의 실시기준으로는 거리측정 단위는 지적도 시행지역에는 5센티미터, 임야도 시행지역에는 50센티미터로 하며, 세부측량 시 경계위치는 기지점을 기준으로 하여 지상경계선과 도상경계선의 부합여부를 현형법 · 도상원호교회법 · 지상원호교회법 · 지리비교확인법 등으로 확인하여 정하며, 확정측량은 기초점을 기준으로 하여 지구계 · 가구계 및 필지별 경계를 측정하여야 하였다.(동령38조)

또한 측판측량법에 있어서 도상에 영향을 미치지 않는 지상거리의 축척별 한계는 L=1/10M밀리미터(L은 실장, M은 축척의 분모임)로 하였다. 경계를 실지에 복원하기 위하여 행하는 측량은 등록할 당시의 측량방법과 동일한 방법으로 시행하여야 하였으며(동령40조), 필지별 면적의 측정은 좌표면적계산법, 삼사법, 푸라니미터 또는 전자면적계 등에 의하도록 규정하여, 전자면적계와 수치지적도입에 따른 좌표면적계산법이 추가 되었다.[49)]

(5) 지적법 2차 전문개정 이후(2001.1.26전문개정. 법률제6389호)의 세부측량

수치지적부를 경계점좌표등록부로 명칭변경(11조)하고, 면적측정방법에 있어 기존의 삼사법이 제외되고 좌표면적계산법, 전자면적측정기 만으로 규정(2002.2.26. 지적법시행규칙) 하였으며, 측판측량방법에 의한 세부측량에서도 기존의 지거법과 비례법이 제외되고, 교회법 · 도선법 및 방사법으로 만 규정하였다(동 규칙43조).

토털측량 방식인 디지털 측량방식을 세부측량에 새롭게 도입함으로써 도해측량방법의 문제점을 해결하고 신속, 정확한 측량성과를 제공하기 위하여 전자평판측량을 도입, 시범운영을 거쳐 2006년부터 전국적으로 확대하고, 전자평판측량방법으로 실시하는 지적측량에 대한 작업 기준 등을 정함으로써 지적측량업무를 원활히 수행할 수 있도록 하였다(2007. 12. 28 제정, 전자평판측량 운영규정 행정자치부 예규 제263호).

49) LX한국국토정보공사, 「지적측량 성과결정 관련규정, 토지 · 임야조사사업 이후 세부측량」, 2017, pp. 50-62.

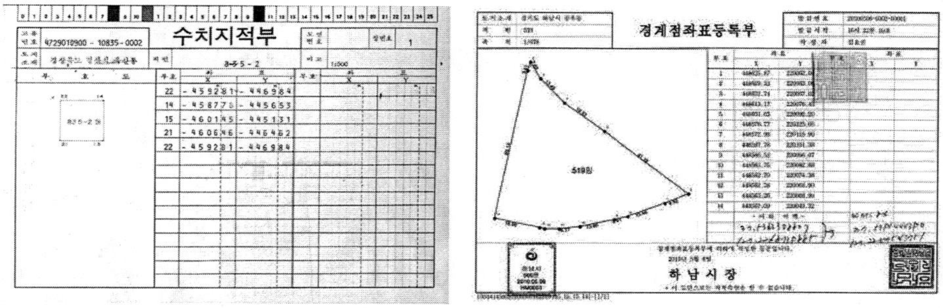

[그림 1-18] 수치지적부(1975년 도입)와 경계점좌표등록부(2001년 명칭 변경)

(6) 통합법 이후의 세부측량

2009년 6월 9일 측량법, 수로업무법, 지적법 등 3법을 통합해 법률 제9774호로 제정된 「측량·수로조사 및 지적에 관한 법률」에 따라 구 지적법 시행령 및 지적법 시행규칙에서 규정하였던 지적측량규정은 지적측량시행규칙을 새로이 제정하여 이관하였으며, "지적측량은 평판(平板)측량, 전자평판측량, 경위의(經緯儀)측량, 전파기(電波機) 또는 광파기(光波機)측량, 사진측량 및 위성측량 등의 방법에 따른다."(2009. 12. 14, 제정 지적측량 시행규칙 5조, 국토해양부령 제192호),라고 구분하고, 세부측량방법은 위성기준점, 통합기준점, 지적기준점 및 경계점을 기초로 하여 경위의측량방법, 평판측량방법, 위성측량방법 및 전자평판측량방법에 따를 것으로 규정(동 규칙 7조)하여 그동안 전자평판운영규정에 의하여 운영되던 전자평판측량을 법규에 의한 세부측량방법으로 추가하게 되었다.[50]

3.2 지적측량장비의 발달

1) 조선토지조사사업 시기의 측량장비

1910년 한일합방 이전에도 일제는 육지측량부를 시켜서 한반도 침탈을 목적으로 전국 주요도시를 측량하여 지형도를 간행했으며, 아울러 1900년대 초부터 경부선, 경의선, 경원선, 경목선(호남선) 철도부설을 위해서 선로측량을 실시하였다. 1910~1918년에는 한반도에서 조선토지조사 사업을 실시하면서 경위의, 평판, 회광기, 조준의, 크로노미터, 죽척, 나침반, 구적기 등의 측량도구가 일반화 되었고 이러한 측량기기들은 1970년대 까지도 사용되었다.

50) 국가법령정보센터 http://www.law.go.kr/

(1) 평판(平板)

평판은 삼각(三脚)의 위에 고정된 평평한 판(板)으로 측판(測板)이라고도 부른다. 측판은 소측판(두께 2㎝, 가로세로 30×40㎝), 중측판(두께 2㎝, 가로세로40×50㎝), 대측판(두께 2㎝, 가로세로 60×60㎝) 3종류가 있다.

구한말인 1898년 7월 6일 양지아문직원 및 처무규정이 제정되었고 제9조에 따라 초청된 최초의 외국인 측량기사 미국인 크럼(Raymond Edward Leo Krumm)이 조준의와 함께 평판을 한성에 갖고 왔고, 1899년 4월 1일 한성부 숭례문(남대문)앞에서 학생들을 실습시켰다. 크럼이 한성에서 측량하다 추를 잃어버린 사실이 황성신문에 실렸는데, 신문에 '양지아문은 새문안에서 측량하다가 주석으로 만든 추를 잃어버려 찾아주면 4원을 주겠다'는 광고가 있는 것으로 보아 크럼이 한성시내를 측량할 때 평판, 조준의, 구심기, 수구, 삼각 등을 사용한 것으로 보이며, 이것이 근대적인 서구 측량기기의 효시이다.

토지조사 사업당시 측판은 측량용지보다 약간 큰 규격이 가로 1척 7촌, 세로 1척 4촌, 두께 6푼인 측판과 두부(頭部)에 이심장치가 없는 할족삼각을 주로 사용하였다. 측각은 직연식(直延式) 혹은 절첩식(折疊式)을 사용하였다.[51)]

(2) 표간(標桿)

측점 상에 세워져 측점의 위치를 나타내거나, 측선의 방향을 결정하거나 또는 측선의 연장, 단거리의 스타디아 측정 등에 사용되는 봉(棒)이다. 길이는 2~5m, 직경 3㎝로, 매 20㎝마다 적색과 흰색을 번갈아 칠하여 멀리서 잘 보이게 했으며, 끝은 쇠로 뾰족하게 만들어 땅에 꼽기 편리하도록 되어 있다. 토지조사기간에는 직경 약 1촌 5분, 길이 약 6척~1장쯤 되는 목봉(木棒)에 1척 또는 6촌 간격으로 홍백색의 칠을 한 표간을 사용하고, 특수한 경우에는 죽목류로 제조한 보조 표간을 사용하였다.[52)]

(3) 표척(標尺)

표척은 레벨이나 트랜싯으로 수준측량을 할때 레벨의 망원경 수평시준선의 높이를 나타내기 위한 지점에 수직으로 세우는 자이다. 표척은 연직으로 세워야 하기에 통상 간단한 수준기가 부착되어 있다. 일반적으로 수준측량에 많이 사용되어 수준표척(水準標尺), 함척(函尺) 또는 스타프(staff)라 한다. 일제는 임야조사때 이 표척을 사용하여 간접거리를 측정하였으며, 재질은 목척, 금속척 등이 있다.[53)]

---

51) 서울특별시, 「서울지적연혁지」, 1993, p. 305.
52) 상게서, p. 305.
53) 정영동, 『측량용어해설』, 구미서관, 1998, pp. 332

(4) 경위의(經緯儀)

1898년 9월 15일 내한한 우리나라 최초의 근대 측량기사인 미국인 크럼의 한성부 측량 사진에 트랜싯이 나타나는 것으로 보아, 이미 구한말에 평판과 경위의(Theodolite)가 사용되었다. 경위의는 수평각 또는 고도각을 정밀 측정할 때 사용하는 측량도구이다. 용도나 측정 정밀도에 따라 여러 종류가 있다. 보통 중정밀도 이하로 일반 측량에 사용하면 트랜싯(Transit)라 호칭하는데, 이것은 이용자들의 관습적 호칭이다. 경위의는 망원경을 수평축 주위를 360°회전시킬 수 있는 구조로, 각측량 이외에도 측선연장, 시거측량, 수준측량, 컴퍼스 측량 등에도 사용된다.

1910년 6월 대마도 일등삼각점 아리아케산(有明山)과 온타케(御岳)를 기선으로 소구점인 거제도와 절영도에 설치할 때 사용된 기계는 독일 칼반베르히(Carl Bemberg)제품 경위의로 독일제 칼반베르히(Carl Bemberg) 1등 경위의였으며, 성능은 다음과 같았다.

a. 망원경의 길이 : 45.4cm
b. 대물경의 직경: 4.1cm
c. 대안경의 직경 : 0.4cm
d. 배율 : 35×40
e. 수평분도반 직경 : 21cm
f. 주도분획 (主度分劃) : 5′
g. 측미경의 최소독정 : 0.5″
h. 수준의의 감도 : 5″~7″/1분획

도근측량에는 주로 20초독이 도근측량에 사용되었다.[54]

평판

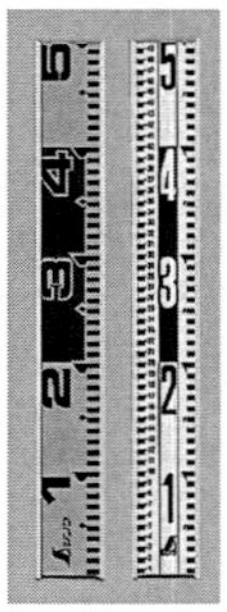

표척

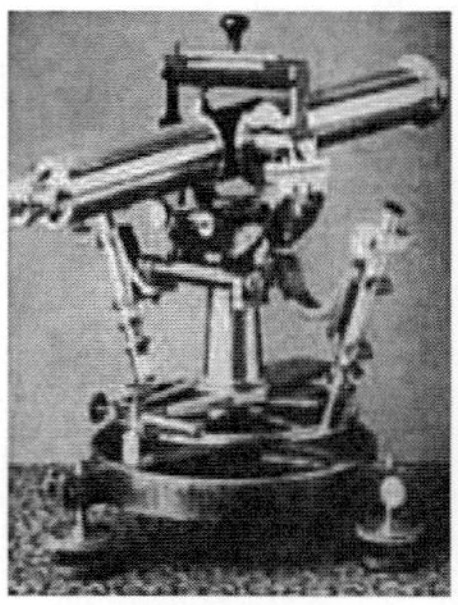

경위의(Carl Bemberg제)

출처: 한국지적백년사(역사편)

[그림 1-19] 토지조사당시 측량 장비

54) 일본측량협회, 「측량학사전」 1990, p. 336.

(5) 회조기(回照器)

대삼각측량 등과 같이 삼각점간의 거리가 원거리여서 측표가 직접 시준이 되지 않을 때 원거리 관측목표점에 설치하여 태양광선을 반사시켜서 관측자에게 다시 보내어 측표의 위치를 알리는 반사경을 갖춘 간편한 각측량의 보조장치이다.

1910년 6월 일본 대마도 아리아케산(有明山)과 부산 절영도 사이의 99.3㎞에 연락 사각망 측량때 이 회조기로 관측하여 좋은 성과를 거두었다. 그 후 스스로 빛을 내는 회광기(回光器)가 발명되어 야간 관측용으로 사용되었으며 회광등 이라고도 불렸다.[55)]

(6) 죽척(竹尺)

1910년대부터 1970년대까지 우리나라에서 사용된 대나무로 만든 자로 둥글게 말은 다음 휴대하기 편하게 8자 형태로 비틀어 어깨에 메고 다니며 측량을 하였다. 둥글게 말아서 가지고 다니기에 죽제권척(竹製倦尺)이라고도 부른다. 일반적으로 3년생 청죽(靑竹)을 재료로 사용했고 도근과 세부측량에 사용되었으며, 70년대 에스론 테이프가 수입되자 현장에서 더 이상 사용하지 않았다. 농경지등에서 장거리를 측정하는 경우에는 전장 30간 또는 40간인 죽척에 5분 간격으로 눈금을 새겨서 사용하였다.

(7) 간승(間繩)

토지조사시 줄자가 귀했던 시절 중요한 거리 측정도구의 하나로 굵은 마사(痲絲) 또는 금속선을 심지로 하고 외부를 가느다란 망사로 조밀하게 감고 밀랍을 먹인 줄자이다. 꼰줄에 일정간격(1간)으로 금속 파편을 붙인 눈금이 새겨져 숫자를 읽기에 편리하게 했다. 길이는 20간, 40간, 60간(間), 직경은 약3분 정도이고 보통 손잡이가 달린 목제의 원통 속에 감겨져 있다. 간승은 신축이 크고 길이가 짧아 정밀한 측량이나 먼 거리를 측정할 수 없지만 보관 및 이동이 편리하여 널리 사용되었다.[56)]

(8) 권척(卷尺)

권척은 거리의 측정에 사용되는 도구로 포권척(布卷尺)과 강권척(鋼卷尺)이 있다. 포권척은 시가지 등에서 비교적 짧은 거리를 측정하는 경우에 사용되었다. 강권척(鋼卷尺)은 폭 1㎝ 가량의 엷은 강철 줄자에 잣눈을 그린 것으로 가죽 원통의 속에 감아서 보관하였다. 신

55) 최한영, 『지적측량원론』, 구미서관, 2012, pp. 324-325.
56) 김추윤, 「지적측량장비의 변천」 〈지적〉제348호, 대한지적공사, 2004, p. 75.

축의 정도가 적어 양거척, 죽제권척 등 다른 거리측정용 기구를 검정하거나 정밀을 요하는 거리측량에 사용하며 또 포권척의 정확도 여부를 검정하는데도 사용하였다. 최소 눈금은 1 ㎜이고 길이는 10, 20, 30, 50, 100, 200, 300m 등이 있다.[57)]

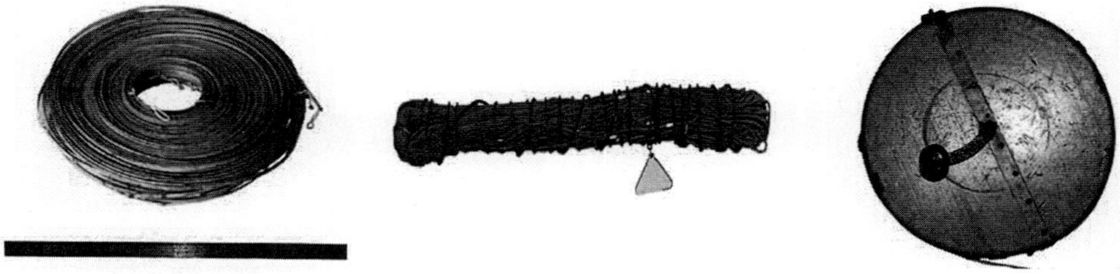

죽제권척과 보조척 간승

출처: 한국지적백년사(역사편)

[그림 1-20] 토지조사당시 측량 장비

(9) 인바척(Invar 尺)

인바(Invar)는 Invariable 즉 '불변'이란 뜻이다. 인바척은 습도에 대한 신축이 거의 없는 불변의 금속자로 프랑스의 만국 도량형국 기사 기욤(Guillaume)이 1896년 개발한 니켈 36%, 미량의 탄소를 함유한 강(鋼) 64%의 합금으로 만든 자로 기선측량에 사용하였다. 1910년 8월 대전기선에서 안동기선에 이르기까지 측량부터는 토지 조사 측량을 위한 기선측량을 할 때 일본 육지측량부에서 공차(公借)한 25m 프랑스의 카펜터(Firma Carpenter) 회사 제품을 사용하였고, 그 후부터는 토지조사국에서 구입한 에데린 기선척(Jaderlin's baseline tape)을 사용하였다.

당시 일반적으로 쓰이는 기선측량용 기선척은 25m 길이의 인바 선조기선척(invar tape)으로서, 프랑스의 물리학자인 기욤(Guillaume)이 발명한 인바(invar ; 강철 약63.5%, 니켈 약36.5%의 합금으로 정밀기계나 시계 테엽 등에 사용)라는 특수 니켈 강철로 만든 자로서 열에 대한 팽창률이 매우 적을 뿐 아니라(보통 강철자의 1/30~1/60정도), 장력에 대한 신축도 극히 작은 매우 정밀한 줄자이기 때문에 기선 측량과 같은 높은 정밀도의 측정에 주로 사용되었다.[58)]

57) 김추윤, 「지적측량장비의 변천」〈지적〉제348호, 대한지적공사, 2004, p. 74.
58) 지적기술연수원, 「조선토지조사사업보고서」, 대한지적공사, 1993, p. 242.

(10) 시진의(時辰儀)

경선의(經線儀), 크로노미터(Chronometer)라고도 부른다. 크로노는 크로노스(Chronos)라는 시간신(時間神)에서 유래되었다. 시진의는 천문측량으로 경도측정, 배가 항해할 때 쓰는 온도변화에 거의 영향을 받지 않는 태엽을 감는 표준시계로 일제강점기의 조선토지조사사업시 기선측량을 할 때 사용되었다.[59)]

에데린(Jaderlin)식 인바(invar) 기선척

크로노미터

출처: 지적기술연수원, 조선토지조사사업보고서

[그림 1-21] 토지조사당시 측량 장비

(11) 수준의(水準儀)

수평면 또는 연직면을 정하든가 수평면으로 부터의 근소한 경사각을 측정하는데 사용하는 도구로 관형수준의와 환영수준의가 있다. 토지조사사업을 할 때 삼각측량을 위해 미국의 거리(W.&L.E. Gurey)회사 제품인 Y형 18인치 수준의가 사용되었다.[60)]

(12) 측풍기(測風器)

풍속, 풍향, 풍압을 측정하는 도구로 일제강점기인 1911년 안동 기선장 측량 중 강풍으로 측량결과가 불량으로 나오자 당시 쓰지야(土屋) 측량과장의 명에 따라 여러 종류의 측량 및 기상기구를 참착하여 만들었다.[61)]

(13) 구적기(求積器)

도면 위에서 면적을 재는데 쓰는 측정도구로 폐곡선상의 외곽을 따라 측침을 일주하여

---

59) 대한지적공사 「한국지적백년사(역사편)」 2005, p. 489.
60) 상게서, p. 488.
61) 리진호, 『한국지적사』, 도서출판 바른길, 1999, p. 644.

메모리에 나타난 숫자로 소요면적을 구하는 장비이다. 구적기는 1908년 탁지부 토지측량견습소에서 사용된 교재에 푸라니미터에 대한 설명이 있는 것으로 보아 한말 국지측량(토지조사)때 이미 들어온 것으로 사료된다. 일제강점기 초 토지조사를 위하여 635명의 적산수를 양성하여 측량원도상에서 계적기를 사용하여 토지면적을 측정하는 것을 원칙으로 하였고, 토지면적이 적거나 토지현상이 협장하여 계적기 사용이 곤란할 때에는 원도상에서 삼사법으로 면적을 측정했다. 이 때 사용된 구적기는 토지용이고 1916년 임야조사 시험사업 때부터는 임야용을 사용하였다. 일제시 1910년대 우리나라는 일본 소키사(SOKKISA) 제품의 보정식 구적기가 많이 사용되었다.62)

구적기

Y형 레벨

출처: 지적기술연수원, 조선토지조사사업보고서

[그림 1-22] 토지조사당시 측량 장비

(14) 축척(縮尺)

지적도, 임야도에서 실제의 도면을 신(伸), 축도(縮圖)하여 그릴 때 그 신축시킬 비례의 척도를 나타낸 자이다. 일제시대에는 대나무로 만든 1/600m와 1/1,200m, 1/1,200m와 1/6,000m, 1/600간과 1/600m, 1/1,200간과 1/1,200m, 1/3,000간, 1/6,000간 등의 축척자가 사용되었다.

(15) 나침반(羅針盤)

나침반, 나반(羅盤), 콤파스(compass) 측량에 사용하는 측정도구이다. 일제시 삼림지 측량에 나침반을 사용했는데 측판의 방위표정에 사용될 방향선의 길이가 짧은(나침의 반장 이하) 경우에는 방광나침을 사용하였다. 우리나라는 조선시대는 자침, 패철을 측량에 사용해왔고 토지, 임야조사사업시 본격적으로 방광나침을 측량에 사용했다.

---

62) 대한지적공사, 전게서, p. 490.

(16) 측쇄(測鎖)

거리의 측정을 위해서 직경이 보통 1분(分) 미만의 가는 철심 여러 개를 작은 고리로 연결시켜 만든 것을 측쇄라 한다. 이 측쇄는 둥근 작은 철환(轍環)을 가진 측침(測針)이나 측시(測矢)에 연결시켜 사용하였다. 토지조사사업시에는 전체 길이 10간(間)인 강철쇄에 1간 간격으로 황동제지표(黃銅製指標)를 붙여서 눈금을 표시한 십간쇄(十間鎖)를 사용했다. 양쪽 끝에서 측쇄를 잡아당겨 팽팽하게 해서 사용하였다. 중량이 무거워서 휴대가 불편하고 팽팽하게 당기는 것이 어려워 평탄지, 도로 등의 측량에 사용하였다.[63)]

축척 방광나침 측쇄

출처: 지적기술연수원, 조선토지조사사업보고서

[그림 1-23] 토지조사당시 측량 장비

2) 현대의 측량장비

1975년 이후 한국의 측량장비는 눈부신 발전을 가져와 광파측거기, 토털스테이션, 광파조준의 등의 최신 측량기기가 등장・이용되었다. 최근에는 GPS가 새로운 측량장비로 등장하여 측량기기 분야에도 눈부신 발전을 가져왔다. 더 나아가 과거 종이도면을 이용한 측판측량에서 탈피하여 디지털화된 지적도면을 이용하여 세부측량을 할 수 있는 전자평판이 도입되어 이용되고 있다. 이러한 지적측량 장비의 발전은 측량작업의 편리성, 신속성, 높은 정확성을 제공해 준다.

(1) 전자파 거리측정기(EDM ; Electromagnetic Distance Measurements)

우리나라는 거리 측량 시 고대에는 새끼줄이나 먹줄 등을 이용하였고 일제 시에는 죽척을 비롯하여 체인, 쇠줄자, 인바줄자, 베줄자 등을 이용하였다. 현대에 와서도 일제시 사용하던 많은 기기를 계속 사용해왔으며, 더 나아가 최근에는 유리 섬유 줄자를 비롯한 전자파거리 측량기기가 발달되었다.

---

63) 대한지적공사, 전게서, pp. 480-495.

'전자파 거리측정기(EDM ; Electromagnetic Distance Measurements)는 적외선, 레이져 광선, 극초단파 등의 전자파를 이용하여 수 km 떨어진 두 지점간의 거리를 신속하고 정밀하게 측정할 수 있는 기기이다. 우리나라에서는 1975년 EDM이 도입되어 토털스테이션이 도입되기 이전까지 많이 사용되었다. 64)

(2) 토털스테이션(Total Station)

토털스테이션은 각측량과 EDM을 이용한 거리측량을 동시에 할 수 있는 장비로써 컴퓨터 시스템과 간단한 소프트웨어가 내장되어 있기 때문에 각과 거리가 측정되는 측점에 대한 좌표계산 등 필요한 사항이 실시간으로 계산되며 입력 자료를 포함한 모든 자료가 별도의 저장장치에 보관되어 주 컴퓨터에 의한 추가적인 계산에 활용할 수 있는 특징을 가지고 있다. 토털스테이션의 측각장치가 갖는 측각방법과 정밀도는 보통 초 단위로 되어 있으며 장비에 따라 0.5초까지 측정할 수 있는 정밀도를 가지고 있다. 거리측정장치는 보통의 전자파 거리측정기와 똑같이 적외선 또는 레이저광과 같은 광파를 매개 전자파로 사용하고 있다. 측정거리는 일반적으로 약 3~5km정도이며, 측정 정밀도는 제작회사 및 장비의 종류에 따라 다르며 약 $\pm(2+2ppm \times D)mm$정도의 값을 갖는다. 기준점측량의 경우 과거에는 주로 경위의 측량이나 토털스테이션을 많이 사용하였다. 최근에는 지적법에 위성기준점측량을 새로 추가하여 기준점 측량(지적삼각측량/지적삼각보조측량)은 GPS측량을 많이 사용하고 있다.

(3) 광파앨리데이드

기존 앨리데이드는 줄자에 의하여 거리를 측정하므로 정확도가 낮고 시간이 많이 소요되었으나, 광파 앨리데이드는 앨리데이드에 광파기가 부착되어 수평거리, 경사거리, 고저차를 직접 측정 할 수 있어 신속하고 정확하게 측량을 진행 할 수 있다. 이러한 광파앨리데이드는 전자평판이 도입되기 이전까지 지적세부측량에 사용되었다.

토털스테이션

광파조준의

[그림 1-24] 현대의 측량 장비

64) 강태석, 『지적측량학』, 형설출판사, 1994, pp. 229-330.

(4) GPS

GPS란 Global Positioning System 의 약어로 범지구 위치결정시스템이다. 공식적인 명칭은 NAVSTAR GPS(NAVigation Satellite Timing and Ranging GPS)로서 위성을 이용한 항법시스템이며 미 국방성에서 관리한다.

GPS는 초기 군사적 목적으로 항법 지원용으로 출발했으나 현재는 1/100만 이상의 높은 정확도를 가지고 있어, 지구상 제지점간의 상대적 위치를 측정할 수 있어 선박, 항공기, 자동차의 위치 측정과 정밀 측량에 이 시스템이 사용되고 있다. 또 국내에서는 지도제작, 측량, 토목공사, GIS의 기반 구축 등에 GPS의 활용이 널리 확산되고 있다.

지적측량분야에서는 1994년에 창원시 지적재조사 실험측량에 도입을 시작으로 1996년 지적기술연수원에 RTK장비가 도입되었고, GPS교육 과정이 개설되어 교육이 실시되었다. 그리고 2000년 실무에 GPS측량을 보급하여 현재는 지적삼각기준점 측량 등에 거의 사용하고 있다.

GPS 수신기

[그림 1-25] 현대의 측량 장비

(5) 전자평판

우리나라의 지적측량은 일제 강점기 때 작성된 낡고 마모된 지적도면을 그대로 사용하고 있으며, 기준점도 일본의 도쿄에서부터 시작되어 근본적인 문제점을 내포하고 있다. 더욱이 종이위에 수작업으로 하는 평판측량은 정확도가 떨어져, 급속한 경제발전으로 토지의 경제적 가치가 상승하고 국민의 토지 소유에 대한 욕구가 높아진 현대에 있어, 낙후된 지적제도와 측량기술은 그 기대를 충족하지 못하여 국민 불신을 유발, 그로 인한 경계분쟁은 해마다 늘어나는 추세이다.

따라서, 지적도면의 장기간 사용에 따른 신축 · 훼손 · 마모와 다양한 축척에서 오는 축척별 도면 상호간의 불일치에 의한 오차를 비롯하여 측량사별로 도면상에서 읽어내는 경계선의 눈금 판독에 의한 오차 발생 등, 도해(圖解)지역의 근원적인 문제점 해결과 현지측량 시 수작업에 의한 준비도 작성 및 현실 경계를 도면으로 옮기는 과정에서 발생할 수 있는 측량자의 주관적인 오차를 최소화 할 수 있는 방안이 필요하게 되었다.

지적측량 분야에서는 지적도면이 전산화됨에 따라 기존 종이도면이 아닌 디지털화된 지적도면을 직접 이용하여 세부측량을 할 수 있는 최신의 전자평판 측량 방법이 도입되었다. 전자평판 측량방법은 2003년에 개발에 착수하여, 2004년 시범운영을 거쳐, 2005년부터 전국적으로 확산 · 이용되고 있다.

전자평판 측량방법은 토털스테이션과 컴퓨터를 연결하여 측량을 실시하게 되는 방식이다. 토털스테이션은 측판측량방법에 비해 상대적으로 높은 정밀측량을 시행할 수 있는 장점이 있으며, 컴퓨터 · 토털스테이션 · 플로터 등의 장비와 자료의 처리를 위한 소프트웨어가 결합되어 정확하고 효율적이다. 또한 내업에 있어서는 측량준비도, 측량결과도, 측량성과도, 현지 측량 등 일련의 작업 과정들이 컴퓨터 속에 저장된 자료에 의하여 처리하므로 수작업에서와는 달리 반복작업을 일괄(Batch)처리함으로써 업무처리의 시간 단축과 소요인력을 줄일 수 있다는 장점이 있다.

그리고 평판측량방법에 의한 성과의 결정은 측량을 할 때마다 측량기하적을 작성하여야 하나, 전자평판에 의한 측량방법은 측량결과를 좌표로 관리함으로써 위치 정밀도면에서 우수하고 후속 측량자가 좌표로 위치를 확인하여 측량할 수 있어 높은 정밀도로 측량정확도를 유지할 수 있다.[65)]

평판측량과 전자평판측량

전자평판 현장 측량 모습

[그림 1-26] 현대의 측량 장비

65) 최한영, 『지적측량원론』, 구미서관, 2012, p. 421.

(6) 지상라이다(LiDAR)

최근 지적분야에서는 국토의 입체적인 관리를 위해 기존 2차원을 발전시킨 3차원 지적관리체계의 도입을 진행하고 있다. 3차원 지적관리체계의 도입을 위해서는 건축물에 대한 3차원 측량 및 등록이 필수적이다.

지상라이다는 고해상도의 3차원 영상을 제공하고 레이저 빔을 현장이나 대상물에 발사하여 짧은 시간에 수백만점의 3차원좌표를 취득할 수 있는 최신 측량장비로서 건물모델링, 구조물이나 철골보의 변위계측 및 안전성 모니터링, 문화재 복원, 골프장 및 건설공사 등의 설계 등 다양한 분야에서 활용되고 있다. 지적분야에서도 3차원적인 건물 경계선 등록을 위해 지상라이다 기술이 연구되고 있다.

지상라이다로 취득한 X, Y, Z 측정값들은 상용소프트웨어인 CAD나 3차원 응용소프트웨어에서 처리될 수 있고, 단일색상, 그레이스케일(gray-scale), 적외선 사진이나 실제색상으로 조합된 측점군들이 컴퓨터 모니터에 디스플레이 될 수 있다. 이 장비는 높은 데이터 측정횟수, 높은 공간데이터 밀도와 정확도, 그리고 무타겟 시스템 등의 장점을 가지고 있어 향후 여러 응용분야에서 활용이 기대되고 있는 장비이다.[66)]

[그림 1-27] 현대의 측량 장비(지상라이다)

66) 이강원외, 『드론·원격탐사·사진측량』, 구미서관, 2017, pp. 288-293.

(7) GPS/INS 항공사진 측량

항공사진측량은 현재 지적측량 분야에서 폭넓게 이용되지 않고 있지만, 향후 지적재조사 사업 등을 감안한다면 현재 보다 더 폭넓은 활용이 기대되는 측량 방법이다. 항공사진측량은 사진으로부터 얻어진 측정값을 정량적으로 해석하는 것으로 대상물의 촬영, 사진 상에서 대상물의 측정, 지도제작 등에 사용되는 기술이다. 이 기술은 비교적 넓은 지역을 대상으로 짧은 시간에 촬영된 항공사진으로부터 해석도화기나 수치도화기를 이용하여 3차원 정보를 획득하는데 사용되고 있다. 그러나 항공사진 촬영은 항공사진용 필름의 아날로그 형태로 진행되기 때문에 복잡한 작업과정과 수작업 등으로 인한 소요비용의 문제점이 발생하고 있다. 최근에는 이러한 문제점을 해결하는 방안으로 촬영용 항공기에 GPS와 INS를 부착하여 항공사진의 촬영과 동시에 각 사진의 외부표정요소(X, Y, Z, ω, φ, κ)를 직접 취득함으로써 작업시간의 단축과 소요비용을 절감하고 있다. 또한, 항공기에 탑재하여 디지털 방식으로 취득할 수 있는 항공사진촬영용 디지털 카메라의 개발로 인하여 아날로그 형태에 비교하여 혁신적으로 작업공정과 비용을 절감하고 있다.[67)]

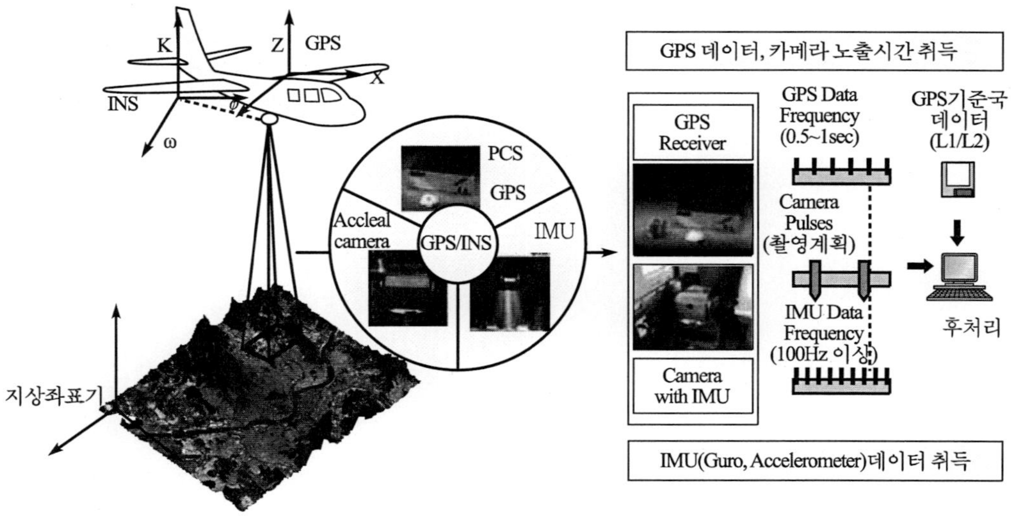

GPS/INS를 이용한 항공사진측량

[그림 1-28] 현대의 측량 장비

67) 이강원외, 『지형공간정보체계 용어사전』 구미서관, 2016, p. 366.

(8) UAV(Unmanned Aerial Vehicle) System

조종사가 비행체에 직접 탑승하지 않고 지상에서 원격조정 혹은 사전 프로그램된 경로에 따라 자율비행하거나 인공지능을 탑재하여 자체 판단에 따라 임무를 수행하는 비행체와 이를 통제하는 S/W 등의 전체 시스템을 말하는데, 회전익과 고정익 무인항공기로 분류할 수 있다. 미국에서는 흔히 드론(Drone)이라고 부른다. 2000년대 들어 항공촬영 등 전문분야와 상업적 용도에 활용되고 있다. 지적분야에서도 UAV로 촬영한 영상으로 정사영상 등을 제작하여 지적재조사사업 추진 시 주민 설명회 등에 적극 이용하고 있다.[68]

회전익 Drone

고정익 Drone

[그림 1-29] 현대의 측량 장비

68) 이강원외, 상게서, p. 243.

참고문헌

1. 강태석, 『지적측량학』, 형설출판사, 1994.
2. 국토지리정보원, 「 측량기준점 통합활용 방안에 관한 연구」, 2008.
3. ---------, 「국토지리정보원 30년사」, 2004.
4. 대한지적공사, 「한국지적100년사(역사편)」, 2005.
5. --------, 「한국지적100년사(지료편 I: 지적관계법규)」, 2005.
6. 리진호, 『삼각측량작업결료 보고서』, 도서출판 우물, 2001.
7. ----, 『한국지적사』, 바른길, 1999.
8. 서울특별시, 「서울지적연혁지」, 1993.
9. 원영희, 『한국 지적사』, 신라출판사, 1977.
10. 이강원외, 『드론 · 원격탐사 · 사진측량』, 구미서관, 2017.
11. 이강원외, 『지형공간정보체계 용어사전』, 구미서관, 2016.
12. 일본측량협회, 「측량학사전」 1990.
13. 정영동, 『측량용어해설』, 구미서관, 1998.
14. 조규전, 『측량정보공학』, 양서각, 2003.
15. 조선총독부 임시토지조사국, 「조선토지조사사업 보고서」, 1918.
16. 지적기술연수원, 「조선토지조사사업보고서」, 1993.
17. 최한영 『지적측량원론』, 구미서관, 2012.
18. 한국건설기술연구원, 「국가기준점망의 효율적인 구축 및 유지관리방안 연구」, 2001.
19. LX한국국토정보공사, 「지적측량 성과결정 관련규정, 기초측량(도근)」, 2017.
20. ------------, 「지적측량 성과결정 관련규정, 기초측량(삼각)」, 2017.
21. ------------, 「지적측량 성과결정 관련규정, 토지 · 임야조사사업 이후 세부측량」, 2017.
22. 국가법령정보센터 http://www.law.go.kr/
23. 국토지리정보원 http://www.ngii.go.kr
24. 국가통계포털 http://www.kosis.kr/

단 원 학 습 평 가

1. 측량의 3요소가 아닌 것은?
   ① 거리　② 방향(각)　③ 높이　④ 도면

2. 일반측량과 구별되는 지적측량의 특징으로 옳지 않은 것은?
   ① 기술상으로는 인위적, 1필지에 맞추는 측량　② 성질상으로는 토지소유권을 확보하기 위한 측량
   ③ 이익관계상으로는 기업자의 입장에서 하는 측량　④ 효력상으로는 영속적인 법적 효력을 갖는 측량

3. 지적측량의 법률적 효력으로 옳지 않은 것은?
   ① 구속력　② 공정력　③ 확정력　④ 임의력

4. 지적공부의 전부 또는 일부가 멸실·훼손되어 이를 복구할 때 실시하는 지적측량으로 옳은 것은?
   ① 지적복구측량　② 경계복원측량　③ 지적현황측량　④ 지적재조사측량

5. 수치지적부를 경계점좌표등록부로 명칭을 변경·시행한 연도는?
   ① 1981년　② 1991년　③ 2001년　④ 2011년

6. (　　)는 대삼각측량 등과 같이 삼각점간의 거리가 원거리 여서 직접 시준이 되지 않을 때 원거리 관측목표점에 설치하여 태양광선을 반사시켜 관측자에게 다시 보내어 측표의 위치를 알리는 반사경을 갖춘 간편한 각측량의 보조장치이다.

7. 지적측량의 사용기기에 따른 분류에 대하여 설명하시오.

8. 지적측량의 업무의 운영 방식에 대하여 설명하시오.

9. 지적측량시장의 특성에 대하여 설명하시오.

10. 측풍기에 대하여 설명하시오.

정답 1. ④　2. ③　3. ④　4. ①　5. ③　6. 회조기　7-10. 본문 참조

CHAPTER

02

측량오차 및 조정

CHAPTER 02

측량오차 및 조정

1 측량오차

우리가 측량을 통해 위치정보를 취득할 때 아무리 숙달된 사람이 정밀한 기계를 사용하여 측량을 한다고 하더라도 그 값은 항상 오차가 포함된 관측값을 얻게 된다. 즉, 측량에 의한 어떤 양의 정확한 값(참값)은 존재하지 않으며, 관측에 아무리 주의해도 정확성에는 한계가 있다. 따라서 우리는 참값을 얻기 위해 오차가 포함된 관측값을 동일조건하에 여러 번 관측하여 보정함으로써 최확값(most probable value)을 계산한다. 이렇게 최확값과 관측값을 비교하여 오차를 해석하는 학문이 오차론이다.

일반적으로 오차(error)란 참오차를 말하며 참값과 관측값의 차이를 뜻한다. 지적측량에서 참값은 관측장비나 측량자의 영향으로 사실상 존재하지 않으며, 참값과 가장 근사한 의미로 최확값 혹은 평균값을 사용한다. 참값(τ)과 관측값의 차이가 참오차(ε, 관측값-참값)가 되며 참값(τ)과 최확값(평균값)의 차이가 편의(β)가 된다. 또한 최확값(평균값)과 관측값의 차이를 잔차(v, 관측값-최확값)라고 한다.

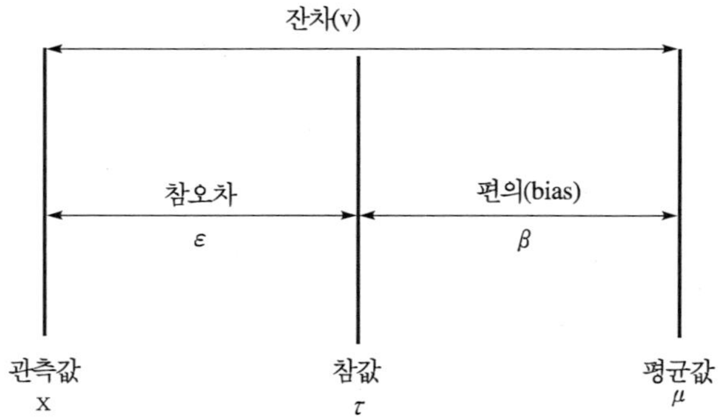

[그림 2-1] 참값, 관측값, 최확(평균)값 사이의 관계

2 오차의 종류

오차의 종류는 성질에 의한 오차, 원인에 의한 오차 그리고 수치해석에 의한 오차로 구분된다.

2.1 성질에 의한 오차

1) 착오(mistakes) 또는 과대오차(gross error)

착오는 관측자의 실수나 부주의로 인해 발생하는 오차로서 과실이라고도 한다. 착오는 보통 판단 부족에서 발생하는 오차로서 장기간의 측량으로 눈이 피로하여 관측값을 잘못 읽는 오독(誤讀)이나 관측자가 잠깐 다른 생각을 하여 관측값을 잘못 기록하는 오기(誤記) 등이 여기에 해당된다. 착오는 반복관측을 통해 차이가 크게 발생하는 관측값(과대오차)을 제거하는 과정에서 오차를 소거할 수 있다. 따라서 착오를 먼저 제거한 후 정오차와 부정오차를 보정하게 된다.

2) 정오차(constant error)

정오차는 오차의 크기와 방향을 알 수 있는 오차로서 계통적 오차(systematic error)라고도 한다. 지적측량을 수행하는 담당자가 일정한 조건에서 측량시 발생하는 원인을 정확히 알 수 있다면 크기와 방향을 반복 관측하여 최확값을 계산할 수 있다. 정오차는 관측횟수와 1회 관측한 오차를 반복하여 계산되어지므로 누차(累差) 또는 누적오차(累積誤差) 라고도 한다.

관측횟수에 비례하여 계산되어지는 정오차는 식 (2.1)과 같이 계산되어진다.

- 정오차 $= n \times \delta$ ························ (2.1)

여기서, n은 관측횟수이며 δ는 1회 관측시 발생하는 오차를 의미한다.

거리측량에서 정오차를 유발하는 대표적인 원인은 줄자의 길이가 표준줄자와 다를 경우이다. 또한 측량현장에서의 온도변화에 따른 줄자의 신축을 비롯하여 줄자를 서로 당겼을 때의 장력의 차이, 지오이드와 지표면 사이의 표고차이, 측점과 측점 사이의 물체로 인한 고저 차이 그리고 장거리 관측시 줄자간의 처짐으로 인해 오차가 발생하게 된다. 따라서 거리측량시 온도보정, 경사보정, 표고보정, 장력보정, 처짐보정 등을 수행하게 된다.

(1) 줄자의 길이가 표준길이 보다 짧거나 길 때

거리측량에서 장거리 관측시 줄자를 여러번 관측하여 거리를 측정하게 된다. 이 경우 줄자가 표준길이에 비해 길거나 짧을 경우 식 (2.2)를 활용하여 보정하게 된다.

- $C_i = (\frac{\Delta l}{l})L$ ······ (2.2)

여기서 C_i는 거리 보정량, Δl은 늘어나거나 준 길이, l은 표준길이, L은 관측거리를 나타낸다.

예를 들어 50m당 30mm가 긴 줄자를 이용하여 5km의 거리를 관측한다고 할 때, 표준길이에 따른 오차와 최확값은 아래와 같이 계산되어 진다.

- $C_i = (\frac{\Delta l}{l})L = \frac{0.03}{50} \times 5000m = 3m$
- 최확값$(\overline{L}) = L + C_i = 5000 + 3 = 5003m$

(2) 온도보정

측정온도가 표준온도와 다를 경우 줄자의 신축이 발생하게 되므로 식 (2.3)을 활용하여 보정하게 된다.

- $C_t = \alpha \cdot L(t - t_0)$ ······ (2.3)

여기서 C_t는 온도 보정량, α는 줄자의 열팽창계수, t는 관측시의 온도, t_0는 표준온도 (15℃), L은 관측거리를 나타낸다.

예를 들어 열팽창계수 0.000012/℃, 관측온도 10℃ 조건에서 AB 거리를 관측하여 200m의 값을 얻었다고 하자. 온도에 따른 오차와 최확값은 아래와 같이 계산되어 진다.

- $C_t = \alpha \cdot L(t - t_0) = 0.000012 \times 200(10 - 15) = -0.012m$
- 최확값$(\overline{L}) = L + C_t = 200 - 0.012 = 199.988m$

(3) 경사보정

측정온도가 표준온도와 다를 경우 줄자의 신축이 발생하게 되므로 식 (2.4)를 활용하여 보정하게 된다.

- $C_g = -\frac{h^2}{2L}$ ······ (2.4)

여기서 C_g는 경사 보정량, h는 고저차, L은 관측거리를 나타낸다.

예를 들어 AB 거리를 관측하는데 중간에 13.40m의 나무로 인해 경사거리 1,513.20m를 얻었다고 하자. 경사에 따른 오차와 최확값은 아래와 같이 계산되어 진다.

- $C_g = -\dfrac{h^2}{2L} = -\dfrac{13.40^2}{2\times 1,513.20} = -0.06m$
- 최확값$(\overline{L}) = L + C_g = 1,513.20 - 0.06 = 1513.14m$

(4) 표고보정

기선은 평균해수면을 따라 관측한 거리로 정의된다. 따라서 지표면에서 관측한 거리를 평균해수면을 기준으로 관측한 거리로 환산하기 위해서는 식 (2.5)를 활용하여 보정하게 된다.

- $C_h = -\dfrac{LH}{R}$ ························ (2.5)

여기서 C_H는 표고 보정량, H는 표고, R은 지구반경, L은 관측거리를 나타낸다.

예를 들어 지구반경이 6,370km 이고 표고값이 206m 일 때 기선의 길이가 800m 라고 하자. 표고에 따른 오차와 최확값은 아래와 같이 계산되어 진다.

- $C_h = -\dfrac{LH}{R} = -\dfrac{800\times 206}{6,370\times 1000} = -0.026m$
- 최확값$(\overline{L}) = L + C_H = 800 - 0.026 = 799.974m$

(5) 장력보정

거리관측시 줄자를 당기는 장력의 차이로 인해 신축이 발생하게 된다. 따라서 아래의 식 (2.6)을 활용하여 장력보정을 수행하게 된다.

- $C_p = \dfrac{(P - P_0)}{AE}L$ ························ (2.6)

여기서 C_p는 장력 보정량, P는 장력, P_0는 표준장력, A는 단면적, E는 표고, R은 지구반경, L은 관측거리를 나타낸다.

예를 들어 스틸테이프의 표준장력이 10kg, 단면적이 0.04㎠, 탄성계수가 2.1×106kg/㎠인 조건에서 스틸테이프를 장력 6.5kg으로 기선을 측정하여 122m를 얻었다고 하자. 장력에 따른 오차와 최확값은 아래와 같이 계산되어 진다.

- $C_p = \dfrac{L}{AE}(P - P_{0)} = \dfrac{12,200}{0.04\times 2,100,0000}(6.5-10) = -0.51cm$
- 최확값$(\overline{L}) = L + C_p = 122 - 0.0051 = 121.9949m$

(6) 처짐보정

두 점간의 거리를 측정하기 위해 장력을 가할 때 측점거리가 길어질 경우 처짐현상이 발생하게 된다. 따라서 아래의 식 (2.7)을 활용하여 처짐보정을 수행하게 된다.

- $C_s = -\frac{L}{24}(\frac{wl}{P})^2$ .... (2.7)

여기서 C_s는 처짐 보정량, l은 지지 말뚝의 간격, w는 줄자의 단위길이 무게, P은 장력, L은 관측거리를 나타낸다.

예를 들어 강철줄자의 단위길이중량 $w = 0.00101kg/cm$ 조건에서 50m의 강철줄자를 이용하여 $l = 5m$ 간격으로 지지한 후 장력 15kg으로 기선 180m를 관측하였다고 하자. 처짐에 따른 오차와 최확값은 아래와 같이 계산되어 진다.

- $C_s = -\frac{L}{24}(\frac{wl}{P})^{2} = -\frac{18,000}{24}(\frac{0.00101 \times 500}{15})^2 = -0.85cm$

- 최확값$(\overline{L}) = L + C_s = 180 - 0.0085 = 179.9915m$

3) 부정오차(accidental or random error)

착오와 정오차를 제외하고 남는 오차로, 오차발생의 원인을 알 수 없는 것을 부정오차(random error)라 한다. 따라서 오차의 크기와 방향이 매우 불규칙적이다. 부정오차는 우연오차라고도 하며 오차발생의 방향을 예측할 수 없기 때문에 ±와 같이 양(+)과 음(−)의 부호를 모두 붙여 사용하게 된다. 부정오차는 측량을 수행하는 담당자의 숙련도에 따라 영향을 받게 되지만, 오차 발생의 원인을 특별히 규정지을 수 없고 정오차와 같이 오차가 일정한 방향으로 누적되지 않는 특성을 가진다. 또한 관측과정에서 부분적으로 상쇄되어 없어지기도 하기 때문에 상차(compensating error)라고도 한다. 부정오차는 정확한 장비를 사용하고, 올바른 계획에 의하여 반복 관측함으로써 최소화할 수 있다.

예를 들면 최근 지적측량시 현장에서 주로 활용하는 토털스테이션 장비의 경우 조종나사 및 축의 미세한 변위를 비롯하여 거리측량시 쇠줄자로 미세하게 측량을 할 경우, 나사, 축 등의 미소한 변위, 정오차로서 소거되지 않은 분도원의 불완전성, 스틸테이프에 의한 거리 측량 시에 시시각각으로 변하는 온도변화, 관측자 시력이 불완전하여 눈금의 끝수를 정확히 읽을 수 없을 때 등의 원인이 있으며 중복적으로 생길 수 있다.

부정오차는 확률론이나 최소제곱법을 활용하여 보정하게 된다. 많은 관측을 통해 얻어지는 부정오차는 정규분포의 형태를 나타내므로 확률법칙을 따르게 된다. 따라서 최소제곱법을 이용하여 최확값을 구할 수 있으며, 거리측량의 경우 부정오차는 다음과 같이 계산되어진다.

- 부정오차 $= \pm \delta \sqrt{n}$ .... (2.8)

여기서, n은 관측횟수이며 δ는 1회 관측시 발생하는 오차를 의미한다.

예를 들어 거리측량에서 1회 관측시 ±4㎜의 부정오차가 발생할 경우 10회 관측시 발생하는 부정오차는 $\pm \delta \sqrt{n} = \pm 4\sqrt{10} = 12.65$㎜가 된다.

오차론에서 부정오차는 다음과 같은 오차법칙을 갖는다.

- 양(+)의 오차와 음(−)의 오차가 발생할 확률은 거의 같다.
- 작은 오차가 발생할 확률은 큰 오차가 발생할 확률보다 크다.
- 매우 큰 오차는 거의 발생하지 않는다.

실제 측량 현장에서는 앞에서 살펴본 착오, 정오차, 부정오차가 독립적으로 나타나는 것이 아니라 매우 복합적으로 발생하게 된다. 따라서 정오차와 부정오차를 함께 검토하여 계산하는 사례를 살펴보자.

예를 들어 120m의 측선을 20m의 줄자로 관측하였다. 만약 1회 관측시 5㎜의 누적오차와 ±6㎜의 우연오차가 발생하였다면 정확한 거리는 아래와 같이 계산되어 진다.

- 정오차

  20m 줄자 1회 관측시 오차(δ) $= 5mm = 0.005m$

  $n = \dfrac{120\ m}{20m} = 6$회

  정오차 $= n \times \delta = 6$회 $\times 0.005m = 0.03m$

- 부정오차

  부정오차 $= \pm \delta \sqrt{n} = \pm 0.005\sqrt{6} = \pm 0.015m$

- 최확값 $= 120.03m \pm 0.015m = 120.03m$

2.2 원인에 의한 오차

원인에 의한 오차는 크게 개인오차(personal error), 기계오차(constant error) 그리고 자연오차(natural error)로 구분된다. 개인오차는 관측자의 습관에 의해 발생하는 오차로서 관측방법과 관측자를 변경함으로서 보정이 가능하다. 두 번째 기계오차는 사용하는 관측기기에 의한 오차로서 기계 제작시 불량인 경우를 비롯하여 기계 조정의 불완전 그리고 눈금의 부정확 등에 의해 발생하게 된다. 예를 들어 데오돌라이트나 토털스테이션 등에서 구심에 대한 편심, 망원경의 불완전, 자침이동의 편차 그리고 기포관의 불량 등이 있다. 세 번째 자연오차는 주위환경 및 자연현상의 조건에 따른 오차로서 예를 들어 온도변화에 따른 줄자의 신축으로 발생하는 오차가 대표적이다.

2.3 수치해석에 의한 오차

수치해석상의 오차는 크게 마무리오차 및 유효숫자, 절단오차, 입력오차, 변환오차 등이 있다. 먼저 마무리오차를 살펴보면 덧셈과 뺄셈에서 유효숫자는 가장 큰 수의 자릿수로 정하며 소수점이 있는 경우는 소수점 이하 자리수가 가장 작은수의 자리수로 정하게 된다. 또한 곱셈에서는 곱하는 인자중 유효숫자의 최소자릿수가 유효숫자가 된다. 이와 같이 어떤수를 유효한 자릿수로 나타내기 위해 마무리 작업(반올림, 끊어올림, 끊어버림)을 하게 되며 여기서 발생되는 오차를 마무리오차라고 한다. 두 번째 절단오차는 수치처리과정에서 무한급수를 유한급수로 처리될 때 발생되는 오차를 의미한다. 세 번째 입력오차는 무한한 수를 입력하기 위해 유한한 수로 처리하기 때문에 발생되는 오차이다. 마지막으로 변환오차는 전산기의 기억장치에서 진법 변환시 발생되는 오차를 의미한다.

3 오차론

3.1 확률곡선과 정규분포

연속확률변수 x가 분포할 때 평균값 μ와 표준편차 σ가 이루는 분포를 정규분포(normal distribution)라고 하며, 이 때의 곡선을 오차곡선(error curve)이라고 한다.

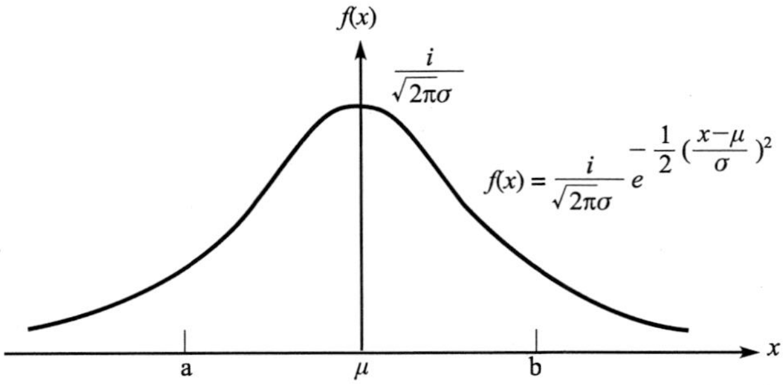

[그림 2-2] 정규분포곡선

- $f(x)=\dfrac{1}{\sqrt{2\pi}\,\sigma}e^{-\frac{1}{2}(\frac{x-\mu}{\sigma})^2}$ ··························· (2.9)

여기서 $\dfrac{1}{\sigma\sqrt{2}}=h,\ (X-\mu)=\varepsilon$ 으로 하면

- $y=\dfrac{h}{\sqrt{\pi}}e^{-h^2v^2}$ ··························· (2.10)

여기서 h는 관측 정밀도 계수이며 v는 잔차이다.

따라서 위 식은 아래와 같은 특징을 갖는다.

① $\varepsilon\to\pm\infty$ 이 되면 $y\to 0$ 이 된다.
② $\varepsilon\to 0$ 이 되면 $y\to\dfrac{h}{\sqrt{\pi}}$ 이 된다.
③ ε의 모든 확률에 대한 값은 1(100%)이다.
④ h가 증가함에 따라 $y_{\max}$도 증가한다.
⑤ 확률곡선과 X축으로 둘러싸인 면적은 1이다.
⑥ 확률곡선이 하향하는 모양이 급경사이면 정밀도가 높고 완경사일수록 정밀도는 낮아진다.
⑦ 정밀한 측정일수록 ε이 0일 확률이 높다.

X의 정규분포는 $N(\mu, \sigma^2)$으로 표기하며 X가 a와 b값 사이에 있을 확률은 다음과 같다.

- $P(a \le X \le b) = \int_a^b \frac{1}{\sqrt{2\pi\sigma}} e^{-\frac{1}{2}(\frac{x-\mu}{\sigma})^2} dx$ ······ (2.11)

X가 $\mu = 0$ 이고 $\sigma^2 = 1$인 분포를 할 때 X는 표준정규분포(standard normal distribution)을 이루게 된다. 표준정규분포함수는

- $f(x) = \frac{1}{\sqrt{2\pi}} e^{-\frac{x^2}{2}}$ ······ (2.12)

- $P(a \le X \le b) = \int_a^b \frac{1}{\sqrt{2\pi}} e^{-\frac{x^2}{2}} dx$ ······ (2.13)

다음의 확률은 측량에서 많이 이용되는 확률이다.

- $P(-0.6745\sigma \le (x-\mu) \le +0.6745\sigma) = 0.5(50\%)$ ······ (2.14)

  $P(-\sigma \le (X-\mu) \le \sigma) = 0.6826(68.27\%)$

  $P(-2\sigma \le (X-\mu) \le 2\sigma) = 0.9545(95.45\%)$

  $P(-3\sigma \le (X-\mu) \le 3\sigma) = 0.9973(99.73\%)$

  $P(-4\sigma \le (X-\mu) \le 4\sigma) = 1.0000(100\%)$

정규분포곡선에서 변곡점에 해당하며 전체 면적의 68.27%인 지점을 표준편차라고 한다. 또한 전체 면적의 50%가 되는 지점을 확률오차라고 하며, 이는 표준편차의 0.6745배가 된다. 또한 그림 2-3과 같이 $E_{95.45}\% = r_{95.45} = 2\sigma$, $E_{99.73}\% = r_{99.73} = 3\sigma$ 이 된다.

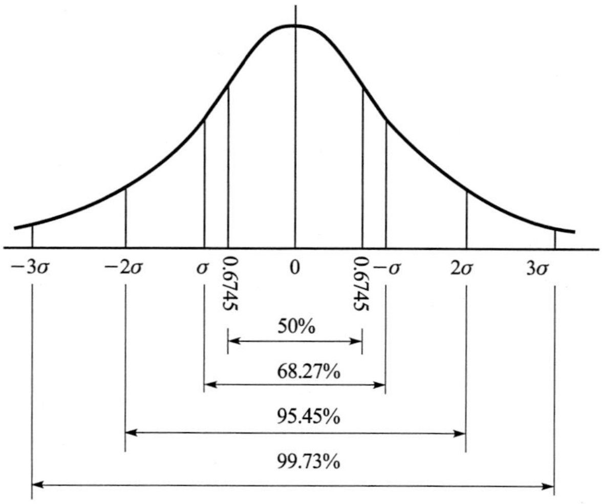

[그림 2-3] 정규분포곡선의 오차범위와 면적

이에 대해 보다 자세히 살펴보면 아래와 같다.

관측값이 정규분포를 보인다고 가정하면 부정오차는 밀도함수(density function)를 갖는 확률변수 X로 표시할 수 있다. 만약 평균 μ를 0으로 하면 식 (2.9)는 식 (2.15)와 같이 정리할 수 있다.

- $$f(x) = \frac{1}{\sigma\sqrt{2\pi}} exp\left\{-\frac{x^2}{2\sigma^2}\right\} \quad \cdots\cdots (2.15)$$

식 (2.15)에서 정규분포는 관측값의 부정오차에 대한 확률모델이며 이로부터 표준편차는 정밀도를 나타내는 척도이며 정밀도는 반복 관측일 경우 각 관측값간의 편차를 의미한다. 관측값이 $\mu-\sigma$와 $\mu+\sigma$ 사이에 있을 확률은 확률곡선식으로부터 식 (2.16)과 같이 유도되어 진다.

- $$P[\mu-\sigma< X< \mu+\sigma] = \int_{\mu-\sigma}^{\mu+\sigma} \frac{1}{\sigma\sqrt{2\pi}} exp\left\{-\frac{(x-\mu)^2}{2\sigma^2}\right\} dx \quad \cdots\cdots (2.16)$$

식 (2.16)에 의해 식 (2.17)을 정리할 수 있다.

- $$\begin{aligned} P[\mu-\sigma< X< \mu+\sigma] &= P\left[\frac{(\mu-\sigma)-\mu}{\sigma} < \frac{X-\mu}{\sigma} < \frac{(\mu+\sigma)-\mu}{\sigma}\right] \quad \cdots\cdots (2.17) \\ &= P[-1< Z< 1] \\ &= \psi(1)-\psi(-1) \\ &= 0.8413-0.1587 = 0.6826 \end{aligned}$$

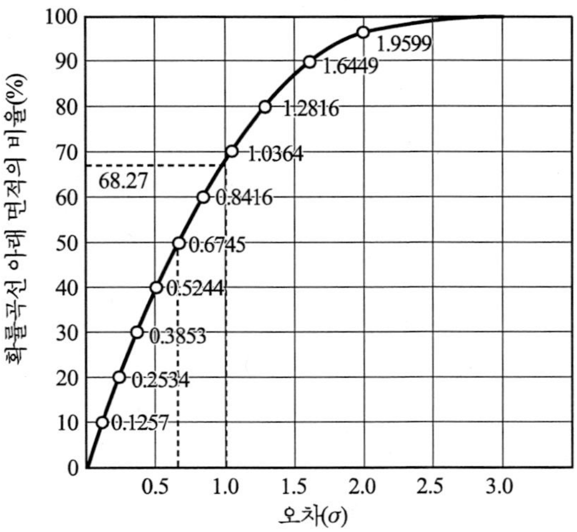

[그림 2-4] 확률오차 그래프

평균값 중 개개 측정치가 동일 조건에서 얻어진 것이라면 산술평균값이며, 다른 조건에서 얻어진 것이라면 개개 측정치의 신뢰도를 감안하여 평균값을 계산한다. 이러한 부정오차는 정규분포를 이루므로 확률법칙에 의해 처리되는데, 잔차의 제곱의 합이 최소가 되도록 조정하는 최소제곱법의 원리를 이용하여 참값을 추정하게 된다.

3.2 정확도와 정밀도

1) 정확도

정확도(accuracy)는 참값과 관측값의 편차를 나타내는 것으로 부정오차 뿐만 아니라 보정되지 않은 정오차 또는 과오에 의해 발생하는 편의에 의해 영향을 받는다. 정확도는 참값과의 일치여부를 나타내며 그 지표로 평균제곱근오차(M^2)를 사용한다. 즉 관측값들이 참값에 가깝게 근접해 있으면 높은 정확도를 갖는다고 말할 수 있고 관측된 값이 균일한지와는 무관하다.

평균제곱근오차(M^2)는

- $M^2 = E[(X-\tau)^2]$ ························ (2.18)

로 나타낼 수 있다. 여기서 X는 관측값이고 τ는 참값이다.

편의(bias β)는 다음과 같이 정의된다.

- $\beta = \mu - \tau$ ························ (2.19)

기대값 정의를 적용하면

- $M^2 = \sigma^2 + \beta^2$ ························ (2.20)

따라서 σ가 증가하면 정밀도는 감소하고 β가 증가하면 정확도는 감소한다. σ가 감소하고 β가 증가하면 정밀도는 높으나 정확도는 낮아지는 것을 의미하며 $\beta = 0$인 경우 평균제곱오차는 분산이 되며 정밀도의 척도가 정확도의 척도와 같게 된다.

2) 정밀도

정밀도(precision)는 어느 관측값에 대한 균질성을 나타내는 척도이며 부정오차와 매우 밀접한 관계를 갖는다. 따라서 표준편차 혹은 평균제곱근오차를 나타내는 지표이다. 관측값들 사이의 편차가 크면 정밀하지 못하며 편차가 적으면 정밀하다고 평가할 수 있다.

연속적인 확률변수 X가 분포할 때 평균(μ)와 분산(σ^2)을 갖는 정규분포라 하며 이 분포 곡선을 확률곡선이라 한다.

- $f(x) = \frac{1}{(\sqrt{2\pi}\,\sigma)} e^{-1/2(\frac{(x-\mu)}{\sigma})^2}$ ············ (2.21)

여기서 $\frac{1}{\sigma\sqrt{\pi}} = h$, $(X-\mu) = \nu$로 하면

- $f(x) = \frac{h}{\sqrt{\pi}} e^{-h^2\nu^2}$ ············ (2.22)

그림 2-5에서 $\sigma_1 < \sigma_2$ 이면 σ_1은 높은 정밀도를 나타내며, σ_2는 낮은 정밀도를 나타낸다. 표준편차는 정밀도를 나타내는 척도이며, 정밀도는 반복관측일 경우 각 관측값의 편차를 의미한다.

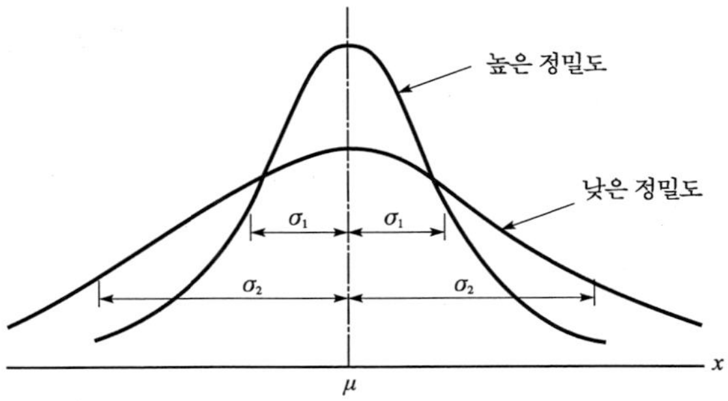

[그림 2-5] 정밀도의 비교

3) 정확도와 정밀도의 표현

정확도와 정밀도는 보통 아래 그림과 같이 설명되어 진다. 그림 2-6과 같은 과녁이 있다고 할 때 (a)는 정확도와 정밀도가 모두 높은 경우이며, (b)는 정밀도는 높으나 정확도는 낮은 경우이다. 또한 (c)는 정밀하지는 않지만 정확한 경우이며, (d)는 정확하지도 정밀하지도 않은 경우이다.

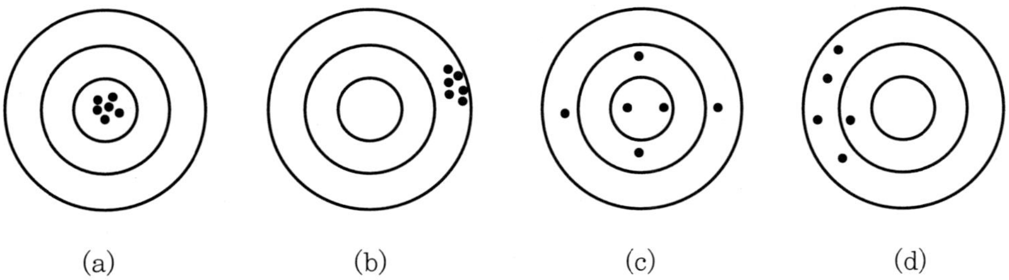

[그림 2-6] 정확도와 정밀도의 표현

3.3 최확값

최확값을 이해하기 위해서는 먼저 몇 가지 용어를 살펴봐야 한다. 측량에서 잉여관측값은 어떤 값을 결정하기 위한 최소의 측량값을 제외한 나머지를 의미한다. 같은 측량장비와 방법을 사용하여 하나의 거리를 측량할 경우 하나의 측량값을 제외한 나머지가 잉여관측값이 된다. 이 경우 최확값은 간단히 산술평균을 하면 된다.

- $\overline{M}= \dfrac{\Sigma M}{n}$ ······ (2.23)

여기서, $\overline{M}$은 최확값, $\sum M$은 관측값의 합, n은 관측값의 개수이다.

그러나 지적측량을 수행하는 현장에서는 측량장비나 측량방법이 서로 다를 수 있기 때문에 앞에서 제시한 산술평균으로 최확값을 구해서는 안된다. 이 경우 측량의 중요도, 즉 경중(가중치)을 고려해야 하며 이러한 측량의 중요도를 경중률(weight)이라고 한다. 따라서 경중률은 관측값의 신뢰도를 결정하는 척도가 된다.

예를 들어 1회 관측하여 결정된 측량값보다는 여러 번 관측하여 결정된 측량값이 더 높은 경중률을 가지게 되며, 정밀도가 높은 측량장비를 사용하여 결정된 측량값이 그렇지 않은 측량값에 비해 더 높은 경중률을 가지게 된다.

측량에서는 일반적으로 아래와 같은 경우에 경중률을 고려하고 있다.

- 경중률은 관측횟수에 비례한다. ($W_1 : W_2 = N_1 : N_2$)
- 경중률은 관측거리에 반비례한다. ($W_1 : W_2 = \dfrac{1}{S_1} : \dfrac{1}{S_2}$)
- 경중률은 부정오차의 제곱에 반비례한다. ($W_1 : W_2 = \dfrac{1}{\epsilon_1^2} : \dfrac{1}{\epsilon_2^2}$)

지금부터는 다양한 상황을 고려하여 최확값을 결정하는 것을 살펴보자.

1) 경중률이 같은 관측값의 경우

측량에서 측량장비나 측량방법의 조건이 동일할 경우 최확값은 산술평균을 통해 결정할 수 있다.

만약 n회 관측을 수행하여 관측된 값을 각각 $l_1, l_2, l_3, \ldots\ l_{n.}$ 이라고 하면 최확값은 식 (2.24)와 같이 정리되어 진다.

- 최확값 $\overline{M}= \dfrac{l_1 + l_2 + \ldots\ldots + l_n}{n} = \dfrac{\Sigma l}{n}$ ······ (2.24)

2) 경중률이 다른 관측값의 경우

경중률은 관측횟수, 관측거리 그리고 부정오차의 정도에 따라 달라진다. 각각의 측량값에 대한 경중률을 각각 이 $W_1, W_2, W_3 \cdots\cdots W_n$이라고 하면, 최확값은 식 (2.25)와 같이 정리되어 진다.

$$\bullet\ \overline{M}=\frac{W_1 l_1 + W_2 l_2 + \ldots\ldots + W_n l_n}{W_1 + W_2 + \ldots\ldots = W_n} = \frac{\Sigma(Wl)}{\Sigma W} \quad \cdots\cdots (2.25)$$

경중률은 크게 관측횟수, 관측거리 그리고 부정오차의 정도에 따라 달라지게 되며, 유형별로 경중률과 최확값을 계산하는 방법을 살펴보자.

(1) 경중률(W)은 관측횟수(N)에 비례

만약 갑, 을, 병 세 사람이 동일 조건하에서 한 각을 관측한 결과, 갑은 1회 관측하여 47° 37′ 21″, 을은 4회 관측하여 47° 37′ 20″, 병은 5회 관측하여 47° 37′ 18″을 얻었다고 하자. 이 경우 경중률과 최확값은 아래와 같이 계산되어 진다.

$$\bullet\ W_1 : W_2 : W_3 = N_1 : N_2 : N_3 = 1 : 4 : 5$$

$$\bullet\ \overline{M}=\frac{W_1\alpha_1 + W_2\alpha_2 + W_3\alpha_3}{W_1 + W_2 + W_3}$$

$$= 47°\ 37' + \frac{(1\times 21'') + (4\times 20'') + (5\times 18'')}{(1+4+5)} = 47°\ 37'\ 19.1''$$

(2) 경중률(W)은 관측거리(S)에 반비례

만약 A, B, C, D점에서 출발하여 직접수준측량을 통해 P점의 표고값을 계산한 결과가 아래 표와 같다고 하자.

노 선	거 리(S)	관측값(H)
A→P	1 km	45.348 m
B→P	2 km	45.370 m
C→P	3 km	45.351 m
D→P	4 km	45.362 m

이 경우 경중률과 최확값은 아래와 같이 계산되어 진다.

- $W_1 : W_2 : W_3 : W_4 = \frac{1}{S_1} : \frac{1}{S_2} : \frac{1}{S_3} : \frac{1}{S_4} = 12 : 6 : 4 : 3$

- $\overline{M} = \frac{W_1 H_1 + W_2 H_2 + W_3 H_3 + W_4 H_4}{W_1 + W_2 + W_3 + W_4}$

$$= \frac{(12 \times 45.348'') + (6 \times 48.370'') + (4 \times 45.351'') + (3 \times 45.362)}{(12 + 6 + 4 + 3)}$$

$$= 45.355m$$

(3) 경중률(W)은 부정오차 정도(m)의 제곱에 반비례

갑, 을, 병 세 사람이 내각을 관측하여 갑($68° \ 26' \ 32'' \pm 3.2''$), 을($68° \ 26' \ 27'' \pm 2.9''$), 병($68° \ 26' \ 25'' \pm 3.6''$)을 얻었다고 하자.

이 경우 경중률과 최확값은 아래와 같이 계산되어 진다.

- $W_1 : W_2 : W_3 = \frac{1}{m_1^2} : \frac{1}{m_2^2} : \frac{1}{m_3^2} = 1 : 1.2 : 0.8$

- $\overline{M} = \frac{W_1 \alpha_1 + W_2 \alpha_2 + W_3 \alpha_3}{W_1 + W_2 + W_3}$

$$= 68° \ 26' + \frac{(1 \times 32'') + (1.2 \times 27'') + (0.8 \times 25'')}{(1 + 1.2 + 0.8)}$$

$$= 68° \ 26' \ 28.1''$$

3) 조건부 관측값의 경우

삼각형 내각을 측량하거나 하나의 거리를 몇 개의 구간으로 나누어 측량할 경우에는 값들 사이에 서로 영향을 미치게 된다. 이러한 경우를 종속된 조건부 관측이라 한다. 즉 관측된 몇 개의 값은 수학적 조건을 만족시켜야 한다. 이 경우 경중률이 같은 경우와 다른 경우로 나누어 생각해야 한다.

(1) 경중률이 같은 경우

먼저 경중률이 같은 경우의 최확값을 계산하는 방법에 대해 알아보자. 조건에 의해 오차를 구하고 경중률이 같으므로 각각의 관측값에 등배분하면 된다.

예를 들어 삼각형 △ABC의 내각을 관측하여 아래와 같은 결과를 얻었을 때 최확값을 계산하는 과정을 살펴보자.

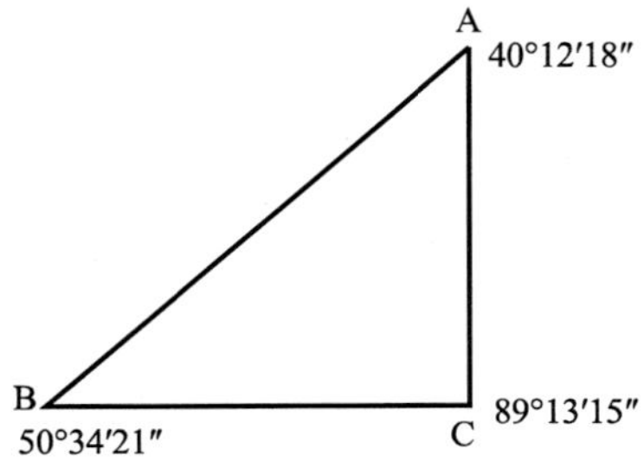

$\angle A = 40°\ 12'\ 18''$

$\angle B = 50°\ 34'\ 21''$

$\angle C = 89°\ 13'\ 15''$

$\angle A + \angle B + \angle C = 179°\ 59'\ 54''$

△ABC의 내각의 합은 180° 이므로

$\angle A, \angle B, \angle C$에 각각 2″씩 더하면

$\angle A = 40°\ 12'\ 20''$

$\angle B = 50°\ 34'\ 23''$

$\angle C = 89°\ 12'\ 17''$ 가 된다.

(2) 경중률이 다른 경우

이번에는 경중률이 다른 측량값이 수학적인 조건에 구속되어 있는 경우의 최확값을 살펴보자.

이 경우 오차배분율은 경중률이 높을수록 신뢰도가 높아 오차가 적게 포함되었을 확률이 높다고 할 수 있다. 그러므로 경중률과 오차배분율은 반비례 관계에 있다.

- 오차배분율 $C_1 : C_2 \cdots = \dfrac{1}{W_1} : \dfrac{1}{W_2} \cdots$ ········· (2.26)

예를 들어 $\angle AOB$와 $\angle BOC$를 관측하고 같은 조건으로 $\angle AOC$를 관측한 결과가 아래와 같을 때 최확값을 계산하는 과정을 살펴보자.

각	관측값	측정횟수
$\angle AOB$	23°46'00"	1
$\angle BOC$	59°14'27"	4
$\angle AOC$	83°01'07"	6

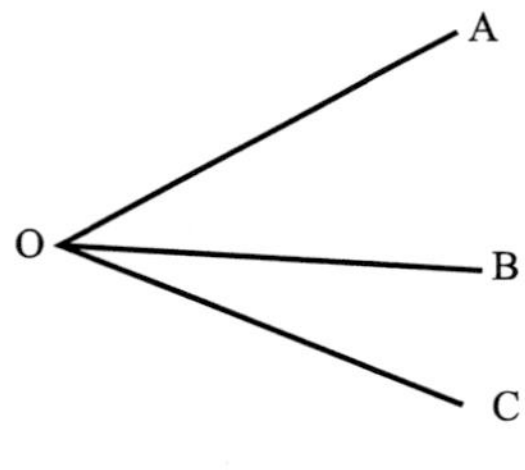

수학적 조건에 의해 $\angle AOB + \angle BOC = \angle AOC$이 성립해야 한다. 그러나 관측값을 대입해 보면 $\angle AOB + \angle BOC - \angle AOC = -40''$가 되어 $\angle AOB + \angle BOC$가 $\angle AOC$ 보다 작게 나타난 것을 알 수 있다.

경중률과 관측횟수는 비례 관계를 가지므로 오차배분률 $C_1 : C_2 : C_3 = \frac{1}{W_1} : \frac{1}{W_2} : \frac{1}{W_3} = \frac{1}{1} : \frac{1}{4} : \frac{1}{6} = 12 : 3 : 2$가 된다.

- $\text{조정량}(d) = \text{오차} \times \frac{\text{조정할각의 경중률}}{\text{경중률의 합}}$이므로

$$\therefore \angle AOB \text{조정량} = 40'' \times \frac{12}{17} = 28''$$

$$\therefore \angle BOC \text{조정량} = 40'' \times \frac{3}{17} = 7''$$

$$\therefore \angle AOC \text{조정량} = 40'' \times \frac{2}{17} = 5''$$

$\angle AOB$와 $\angle BOC$는 작으므로 (+), $\angle AOC$는 (−)를 보정하게 된다.

따라서 최확값은 다음과 같이 계산되어 진다.

$\therefore \angle AOB = 23° \ 46' \ 00'' + 28'' = 23° \ 46' \ 28''$

$\therefore \angle BOC = 59° \ 14' \ 27'' + 7'' = 59° \ 14' \ 34''$

$\therefore \angle AOC = 83° \ 01' \ 07'' - 5'' = 83° \ 01' \ 02''$

최종적으로 $23° \ 46' \ 28'' + 59° \ 14' \ 34'' = 83° \ 01' \ 02''$가 되어 $\angle AOB + \angle BOC = \angle AOC$를 만족하게 된다.

3.4 평균제곱근오차와 확률오차

1) 평균제곱근오차(표준편차)

측량의 정밀도를 결정하는데 있어서 표준편차(standard deviation)와 분산(variance)이 주로 이용된다. 측정값으로부터 최확값을 구하고 측정자료를 평가하는 방법으로 쓰인다. 표준편차는 확률밀도함수에서 전체면적의 68.27%에 해당하는 오차를 의미한다.

1회 관측(개개의 관측값)시 평균제곱근오차(표준편차)는 다음과 같이 나타내어진다.

- $\sigma = \pm\sqrt{\frac{\sum v^2}{n-1}}$ ············ (2.27)

여기서, $\sum v^2$은 잔차의 제곱의 합이며 n은 관측횟수를 나타낸다.

표준편차는 관측값들간 상호간의 편차를 의미한다. 일반적으로 오차란 관측값과 최확값의 차이를 의미하며 관측값들간의 상호 비교는 표준편차를 통해 평가된다.

몇 회 관측한 최확값에 대한 표준편차의 추정치(평균제곱근오차)는 독립관측값의 평균제곱근오차)를 관측횟수의 제곱근으로 나누어 표시하게 되며 이 값을 표준오차라라고 한다.

• $\sigma_m = \dfrac{\sigma_s}{\sqrt{n}} = \pm\sqrt{\dfrac{\Sigma v^2}{n(n-1)}}$ ············ (2.28)

표준편차는 독립관측값의 정밀도를 의미하고 최확값에 대한 신뢰도의 기준이 된다면

표준오차는 최확값의 정확도를 의미하며 참값에 대한 신뢰도를 의미한다. 표준편차와 표준오차는 넓은 의미에서 같이 사용되어 진다.

1회 관측값에 대한 표준편차는 식 (2.29), (2.30)과 같이 계산되어 진다.

▪ 경중률이 같을 때

$$\sigma_s = \pm\sqrt{\frac{\Sigma v^2}{n-1}} \quad \cdots\cdots (2.29)$$

▪ 경중률이 다를때

$$\sigma_s = \pm\sqrt{\frac{\Sigma (Wv^2)}{n-1}} \quad \cdots\cdots (2.30)$$

또한 최확값에 대한 표준편차는 식 (2.31), (2.32)와 같이 계산되어 진다.

▪ 경중률이 같을 때

$$\sigma_m = \pm\sqrt{\frac{\Sigma v^2}{n(n-1)}} \quad \cdots\cdots (2.31)$$

▪ 경중률이 다를때

$$\sigma_m = \pm\sqrt{\frac{\Sigma (Wv^2)}{\Sigma W(n-1)}} \quad \cdots\cdots (2.32)$$

사례를 들어 평균제곱근오차(표준편차)를 계산하는 방법을 소개하면 다음과 같다.

(1) 경중률 같은 경우

만약 AB 구간을 네 사람이 1회씩 관측하여 갑(100.44m), 을(100.85m), 병(100.73m), 정(100.22m)의 결과를 얻었다고 하자.

이 경우 최확값과 최확값에 대한 평균제곱근오차는 아래와 같이 계산되어 진다.

- 최확값 계산

$$\overline{M}=\frac{l_1+l_2+l_3+l_4}{n}=\frac{100.44+100.85+100.73+100.22}{4}=100.56m$$

- 평균제곱근오차

구 분	관측값(m)	최확값(m)	v	v^2
갑	100.44	100.56	−0.12	0.014
을	100.85	100.56	+0.29	0.084
병	100.73	100.56	+0.17	0.029
정	100.22	100.56	−0.34	0.116
계				0.243

$$\sigma_m=\pm\sqrt{\frac{\sum v^2}{n(n-1)}}=\pm\sqrt{\frac{0.243}{4(4-1)}}=\pm 0.142m$$

(2) 경중률 다른 경우

만약 A, B, C, D점에서 수준측량을 실시하여 다음과 같은 결과를 얻었다고 할 때 P점 표고의 최확값과 평균제곱근오차를 계산해 보자.

노 선	거리(km)	고저차(m)	표고(m)
A→P	1	−7.124	A=43.933 B=39.845 C=30.070 D=46.238
P→C	1.5	−8.012	
B→P	3	−1.931	
P→D	4.5	+8.374	

- 표고 계산

$$H_{AP}=43.933-7.124=36.809m$$

$$H_{OP}=39.845-1.931=37.914m$$

$$H_{CP}=30.070+8.012=38.082m$$

$$H_{DP}=46.238-8.374=37.864m$$

• 최확값 계산

$$W_1 : W_2 : W_3 : W_4 = \frac{1}{L_1} : \frac{1}{L_2} : \frac{1}{L_3} : \frac{1}{L_4} = 9 : 3 : 6 : 2$$

$$\overline{M} = \frac{W_1 H_1 + W_2 H_2 + W_3 H_3 + W_4 H_4}{W_1 + W_2 + W_3 + W_4}$$

$$= \frac{(9 \times 36.809'') + (3 \times 37.914'') + (6 \times 38.082'') + (2 \times 37.864)}{(9+3+6+2)}$$

$$= 37.462m$$

• 평균제곱근오차 계산

노선	관측값(m)	최확값(m)	W	v	Wv^2
A→P	36.809	37.462	9	0.653	3.837
B→P	37.914	37.462	3	−0.452	0.613
C→P	38.082	37.462	6	−0.620	2.306
D→P	37.864	37.462	2	−0.402	0.323
계			20		7.080

$$\sigma_m = \pm \sqrt{\frac{\Sigma(Wv^2)}{\Sigma W(n-1)}} = \pm \sqrt{\frac{7.080}{20(4-1)}} = \pm 0.344m$$

2) 확률오차

확률오차는 확률밀도함수에서 전체면적의 50% 범위에 해당하는 오차로서 표준편차의 약 0.6745배를 가진다. 따라서 확률오차는 다음과 같이 정리되어 진다.

1회 관측값에 대한 확률오차는 식 (2.33), (2.34)와 같이 계산되어 진다.

• 경중률이 같을 때

$$\gamma_s = \pm 0.6745 \sqrt{\frac{\Sigma v^2}{n-1}} \qquad (2.33)$$

• 경중률이 다를때

$$\gamma_s = \pm 0.6745 \sqrt{\frac{\Sigma(Wv^2)}{n-1}} \qquad (2.34)$$

또한 최확값에 대한 확률오차는 식 (2.35), (2.36)과 같이 계산되어 진다.

• 경중률이 같을 때

$$\gamma_m = \pm 0.6745\sqrt{\frac{\Sigma v^2}{n(n-1)}} \quad \cdots\cdots (2.35)$$

• 경중률이 다를때

$$\gamma_m = \pm 0.6745\sqrt{\frac{\Sigma (Wv^2)}{\Sigma W(n-1)}} \quad \cdots\cdots (2.36)$$

지금부터는 예를 들어 확률오차를 계산하는 방법을 소개하고자 한다.

(1) 경중률 같은 경우

만약 두 점의 거리를 10회 관측한 결과가 아래와 같다고 할 때 최확값, 평균제곱근오차 그리고 확률오차는 다음과 같이 계산되어 진다.

번호	거리(m)	잔차(v)	v^2
1	100.24	−0.040	0.0016
2	100.21	−0.070	0.0049
3	100.35	+0.070	0.0049
4	100.19	−0.090	0.0081
5	100.25	−0.030	0.0009
6	100.42	+0.140	0.0196
7	100.37	+0.090	0.0081
8	100.32	+0.040	0.0016
9	100.18	−0.100	0.0100
10	100.27	−0.010	0.0001
계	1002.80	0.000	0.0598

• 최확값 계산

$$\overline{M} = \frac{\sum l}{n} = \frac{1002.80}{10} = 100.28m$$

• 평균제곱근오차 계산

– 각 관측값에 대한 평균제곱근오차

$$\sigma_s = \pm\sqrt{\frac{\Sigma v^2}{n-1}} = \pm\sqrt{\frac{0.0598}{10-1}} = \pm 0.0815m$$

– 최확값에 대한 평균제곱근오차

$$\sigma_m = \pm\sqrt{\frac{\Sigma v^2}{n(n-1)}} = \pm\frac{\sqrt{0.0598}}{10(10-1)} = \pm 0.0561m$$

• 확률오차 계산

– 각 관측값에 대한 확률제곱근오차

$$\gamma_s = \pm 0.6745\sqrt{\frac{\Sigma v^2}{n-1}} = \pm 0.6745\times 0.0815 = \pm 0.0549m$$

– 최확값에 대한 확률제곱근오차

$$\gamma_m = \pm 0.6745\sqrt{\frac{\Sigma v^2}{n(n-1)}} = \pm 0.6745\times 0.0561 = \pm 0.0378m$$

(2) 경중률 다른 경우

만약 어떤 측선의 길이를 관측하여 아래와 같은 결과를 얻었다고 할 때 최확값, 평균제곱근오차 그리고 확률오차는 다음과 같이 계산되어 진다.

측정군	관측값(m)	관측횟수(N)
I	100.352	4
II	100.348	2
III	100.354	3

• 최확값 계산

– $W_1 : W_2 : W_3 = N_1 : N_2 : N_3 = 4:2:3$

– $\overline{M} = \dfrac{W_1 L_1 + W_2 L_2 + W_3 L_3}{W_1 + W_2 + W_3}$

$$= 100 + \frac{(4\times 0.352)+(2\times 0.348)+(3\times 0.354)}{(4+2+3)} = 100.352m$$

• 평균제곱근오차 계산

측정군	관측값(m)	최확값(m)	W	v	v^2	Wv^2
I	100.352	100.352	4	0	0.000000	0.000000
II	100.348	100.352	2	−0.004	0.000016	0.000032
III	100.354	100.352	3	+0.002	0.000004	0.000012
계			9		0.000020	0.000044

– 각 관측값에 대한 평균제곱근오차

$$\sigma_s = \pm \sqrt{\frac{\Sigma\,(Wv)^2}{(n-1)}} = \pm\,0.00469m$$

– 최확값에 대한 평균제곱근오차

$$\sigma_m = \pm \sqrt{\frac{\Sigma\,(Wv^2)}{\Sigma\,W(n-1)}} = \pm\,0.00156m$$

• 확률오차 계산

– 각 관측값에 대한 확률제곱근오차

$$\gamma_s = \pm\,0.6745\sqrt{\frac{\Sigma\,(Wv^2)}{(n-1)}} = \pm\,0.003m$$

– 최확값에 대한 확률제곱근오차

$$\gamma_m = \pm\,0.6745\sqrt{\frac{\Sigma\,(Wv^2)}{\Sigma\,W(n-1)}} = \pm\,0.001m$$

4 오차의 전파

측량 관측시 현장 조건, 측량장비의 정밀도 그리고 업무자의 전문성에 따라 다양한 형태의 오차가 발생하게 되며 이로 인해 참값을 얻기는 현실적으로 불가능하다. 오차는 참값과 관측값의 차이로서 그 오차는 여러구간 혹은 각으로 전파되므로 각각의 오차에 대한 전파값을 계산하고 관측오차가 허용오차 범위에 있음을 확인하는 것이 매우 중요하다.

4.1 정오차의 전파

정오차는 크기와 방향이 일정한 오차로서 관측 횟수에 비례하여 누적된다. 아래 그림에서 관측값의 총합(L)은 $L = l_1 + l_2 + \ldots + l_n$ 가 되며, 정오차의 총합(E)은 $E = \epsilon_1 + \epsilon_2 + \ldots + \epsilon_n$ 으로 계산되어진다. 따라서 관측값과 오차를 고려한 최확값은 식 (2.37)로 나타내어진다.

- $L + E = (l_1 + l_2 + \ldots + l_n) + (\varepsilon_1 + \varepsilon_2 + \ldots + \varepsilon_n)$ ………… (2.37)

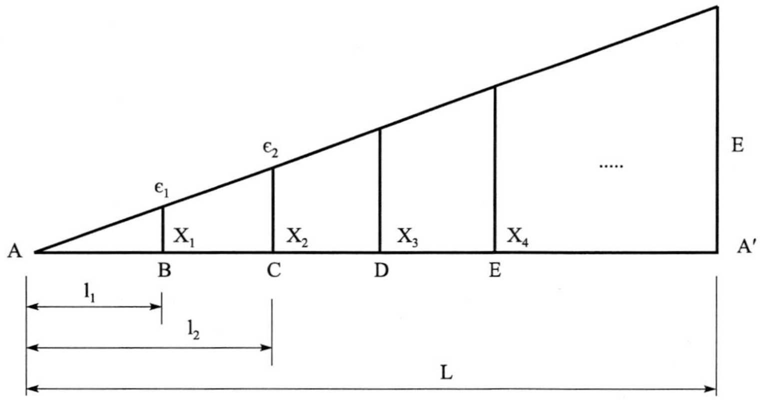

[그림 2-7] 정오차의 오차전파

4.2 부정오차의 전파

측량에서 y가 $x_1, x_2, \cdots, x_n$ 의 함수로 표시되고 각 관측값들의 평균제곱근 오차를 각각 $m_1, m_2, \cdots, m_n$이라 하면 $y = f(x_1, x_2, \cdots, x_n)$ 에서 부정오차의 총합의 일반식은

$$M = \pm\sqrt{\left(\frac{\partial y}{\partial x_1}\right)^2 m_1^2 + \left(\frac{\partial y}{\partial x_2}\right)^2 m_2^2 + \cdots + \left(\frac{\partial y}{\partial x_n}\right)^2 m_n^2} \quad \cdots\cdots (2.38)$$

로 나타낼 수 있다.

부정오차 전파의 몇 가지 응용사례를 아래와 같이 소개하고자 한다.

- $y = ax$

$$M = \pm \sqrt{(\frac{\partial y}{\partial x})^2 m^2} = \pm am \quad \cdots\cdots (2.39)$$

- $y = x_1 + x_2 + \ldots\ldots + x_n$

$$M = \pm \sqrt{(\frac{\partial y}{\partial x_1})^2 m_1^2 + (\frac{\partial y}{\partial x_2})^2 m_2^2 + \ldots + (\frac{\partial y}{\partial x_n})^2 m_n^2} \quad \cdots\cdots (2.40)$$

$$= \sqrt{m_1^2 + m_2^2 + \ldots + m_n^2}$$

- $y = x_1 \cdot x_2$

$$M = \pm \sqrt{(\frac{\partial y}{\partial x_1})^2 m_1^2 + (\frac{\partial y}{\partial x_2})^2 m_2^2} = \sqrt{x_2^2 \cdot m_1^2 + x_1^2 \cdot m_2^2} \quad \cdots\cdots (2.41)$$

- $y = \frac{x_1}{x_2} = x_1 \cdot x_2^{-1}$

$$M = \pm \sqrt{(\frac{\partial y}{\partial x_1})^2 m_1^2 + (\frac{\partial y}{\partial x_2})^2 m_2^2} \quad \cdots\cdots (2.42)$$

$$= \pm \sqrt{(\frac{1}{x_2})^2 m_{x1}^2 + (-1 \cdot \frac{x_1}{x_2^2})^2 m_{x2}^2}$$

$$= \pm \sqrt{\frac{x_1^2}{x_2^2}(\frac{m_{x1}^2}{x_1^2} + \frac{m_{x2}^2}{x_2^2})}$$

$$= \pm \frac{x_1}{x_2} \sqrt{(\frac{m_{x1}}{x_1})^2 + (\frac{m_{x2}}{x_2})^2}$$

- $y = x^n$

$$M = \pm \sqrt{(\frac{\partial y}{\partial x_1})^2 \cdot m_1^2} \quad \cdots\cdots (2.43)$$

$$= \pm \sqrt{(n \cdot x^{n-1})^2 m_1^2}$$

$$= \pm n \cdot x^{n-1} \cdot m_1$$

- $y = \sqrt{x_1^2 + x_2^2}$

$$M = \pm \sqrt{(\frac{\partial y}{\partial x_1})^2 m_1^2 + (\frac{\partial y}{\partial x_2})^2 m_2^2} \quad \cdots\cdots (2.44)$$

$$= \pm \sqrt{(\frac{x_1}{\sqrt{x_1^2 + x_2^2}} m_1)^2 + (\frac{x_2}{\sqrt{x_1^2 + x_2^2}} m_2)^2}$$

지금부터는 부정오차의 전파식을 활용하는 방법을 다양한 유형별로 사례를 통해 살펴보고자 한다.

(1) 거리관측에 대한 부정오차 전파

먼저 거리관측에 있어서의 활용사례를 살펴보자. 만약 거리 관측에 있어서 구간거리가 다르고 각 구간별 평균제곱근오차가 아래와 같을 때, 전체길이와 평균제곱근오차를 계산해 보자.

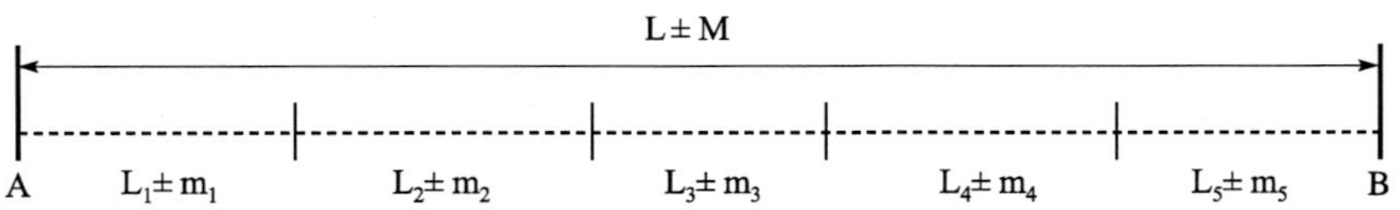

$$L_1 \pm m_1 = 20m \pm 0.2m \ , \ L_2 \pm m_2 = 26m \pm 0.3m \ , \ L_3 \pm m_3 = 18m \pm 0.2m$$

$$L_4 \pm m_4 = 40m \pm 0.5m \ , \ L_5 \pm m_5 = 36m \pm 0.4m$$

- $L = L_1 + L_2 + L_3 + L_4 + L_5 = 120m$

- 평균제곱근오차(M)

$$M = \pm \sqrt{(\frac{\partial L}{L_1})^2 m_1^2 + (\frac{\partial L}{L_2})^2 m_2^2 + (\frac{\partial L}{L_3})^2 m_3^2 + (\frac{\partial L}{L_4})^2 m_4^2 + (\frac{\partial L}{L_5})^2 m_5^2}$$

$$= \pm \sqrt{m_1^2 + m_2^2 + m_3^2 + m_4^2 + m_5^2}$$

$$= \pm \sqrt{0.2^2 + 0.3^2 + 0.2^2 + 0.5^2 + 0.4^2} = \pm 0.54m$$

(2) 사각형 면적관측에 대한 부정오차 전파

이번에는 사각형의 토지를 측량할 때 면적에 따른 부정오차 전파에 관한 활용사례를 살펴보자.

사각형의 토지를 측량할 때 x와 y방향의 길이를 관측하여 $x = 60.26m \pm 0.016m$, $y = 38.54m \pm 0.005m$를 얻었다고 하자.

- 면적$(A) = x \times y = 2{,}322.42m^2$
- 평균제곱근오차(M)

$$M = \pm \sqrt{(\frac{\partial A}{x})^2 m_1^2 + (\frac{\partial A}{y})^2 m_2^2} = \pm \sqrt{(ym_1)^2 + (xm_2)^2}$$

$$= \pm \sqrt{(38.54 \times 0.016)^2 + (60.26 \times 0.005)^2} = \pm 0.69m^2$$

(3) 삼각형 면적관측에 대한 부정오차 전파

부정오차의 전파식은 삼각형의 면적을 계산할 때도 활용될 수 있다.

만약 삼각형의 두 변과 교각이 각각 $b = 250.56m \pm 0.03m$, $c = 300.13m \pm 0.04m$, 그리고 $\alpha = 45°12'00'' \pm 30''$ 라고 하자.

- 면적$(A) = \frac{1}{2} bc\sin\alpha$
- b, c, α의 평균제곱근오차를 각각 m_1, m_2, m_3 라 하면

$$M = \pm \sqrt{(\frac{\partial A}{\partial b})^2 m_1^2 + (\frac{\partial A}{\partial c})^2 m_2^2 + (\frac{\partial A}{\partial \alpha})^2 m_3^2}$$

$$\therefore \frac{\partial A}{b} = \frac{1}{2} c\sin\alpha$$

$$\therefore \frac{\partial A}{c} = \frac{1}{2} b\sin\alpha$$

$$\therefore \frac{\partial A}{\alpha} = \frac{1}{2} bc\cos\alpha$$

$$M=\pm\sqrt{(\frac{\partial A}{\partial b})^2 m_1^2+(\frac{\partial A}{\partial c})^2 m_2^2+(\frac{\partial A}{\partial \alpha})^2 m_3^2}$$

$$=\sqrt{(\frac{1}{2}c\sin\alpha)^2 m_1^2+(\frac{1}{2}b\sin\alpha)^2 m_2^2+(\frac{1}{2}bc\cos\alpha)^2 m_3^2}$$

$$=\sqrt{(\frac{1}{2}\times 300.13\times \sin 45°12'00'')^2\times 0.03^2+\sim}$$

$$=\sqrt{\sim+(\frac{1}{2}\times 250.56\times \sin 45°12'00'')^2\times 0.04^2+\sim}$$

$$=\sqrt{\sim\ +(\frac{1}{2}\times 250.56\times 300.13\times \cos 45°12'00'')^2\times(\frac{30''}{206,265''})^2}$$

$$=\pm 6m^2$$

(4) 체적관측에 대한 부정오차 전파

이번에는 직육면체 체적을 계산시 발생하는 부정오차의 전파식에 대해 살펴보자.

직육면체의 밑변 a, b와 높이 h에 대한 아래와 같은 관측 결과가 있다고 하자.

- $a=40m\pm 0.05m$
- $b=20m\pm 0.03m$
- $h=15m\pm 0.02m$

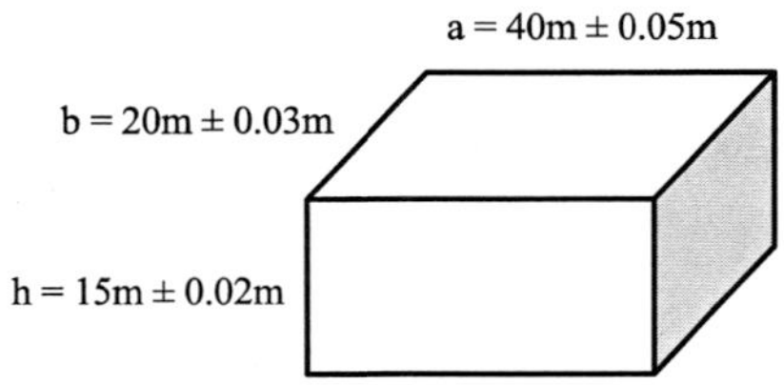

- 체적 $(V)=a\times b\times h$
- a, b, h의 평균제곱근오차를 각각 m_1, m_2, m_3 라 하면

$$M=\pm\sqrt{(\frac{\partial V}{\partial a})^2 m_1^2+(\frac{\partial V}{\partial b})^2 m_2^2+(\frac{\partial V}{\partial h})^2 m_3^2}$$

$$\therefore \frac{\partial V}{a}=b\times h \qquad \therefore \frac{\partial V}{b}=a\times h \qquad \therefore \frac{\partial V}{h}=a\times b$$

$$M=\pm\sqrt{(\frac{\partial V}{\partial a})^2 m_1^2+(\frac{\partial V}{\partial b})^2 m_2^2+(\frac{\partial V}{\partial h})^2 m_3^2}$$

$$=\pm\sqrt{(b\times h)^2 m_1^2+(a\times h)^2 m_2^2+(a\times b)^2 m_3^2}$$

$$=\pm\sqrt{(20.00\times 15.00)^2\times 0.05^2+(40.00\times 15.00)^2\times 0.03^2+(40.00\times 20.00)^2\times 0.02^2}$$

$$=\pm 28m^3$$

5 최소제곱법에 의한 관측값 조정

5.1 개요

측량을 수행함에 있어 정오차 조정을 위해 보정량을 적용하여 계산을 해도 폐합이 되지 않는 것처럼 부정오차가 존재하게 된다. 예를 들어 폐합 다각형의 내각의 합이 $180°(n-2)$가 되어야 한다든지 또는 수준측량망의 폐합오차, 다각(트래버스)측량에서 위경거 오차에 의한 폐합오차 등이 대표적이다. 이러한 폐합오차를 계산하기 위해서는 기하학적 조정이 요구되며 그 중 대표적인 조정법이 최소제곱법이다.

최소제곱법은 1700년대에 개발되었지만 컴퓨터 등 자동화된 계산기가 상용화되지 않아 널리 활용되지는 못하였다. 현재는 컴퓨터의 대중화로 최소제곱법이 측량에서 일반화된 계산방식이 되었으며 거리, 높이오차, 수평각, 수직각 등 모든 측량값을 조정하는데 활용되고 있다.

최소제곱법이 가지는 장점으로는 수학적인 확률론에 기초하고 있기 때문에 조정과정에서 가장 정확성을 보인다. 이는 모든 측량값이 조정과정에 포함되어 지며 각각의 관측값은 그들의 추정되는 정밀도에 따라 경중률을 고려할 수 있다. 또한 최소제곱법은 조정계산 결과에 대한 통계분석이 가능하다는 장점도 있다. 즉 모든 조정값에 대한 정밀도를 평가할 수 있다.

최소제곱법은 정규분포곡선에 대한 방정식으로부터 유도되어 진다. 경중률이 동일한 관측값 그룹에 대한 최소제곱 방정식은 잔차의 제곱의 합이 최소라는 기본 가정을 가지고 있다. 즉 동일한 경중률을 가지는 m개의 값이 $v_1^2, v_2, v_3 ... v_m$의 잔차를 가지고 있다고 하면 기본적인 최소제곱법의 기본 조건은 다음과 같다.

- $\sum_{i=1}^{m} v_i^2 = v_1^2 + v_2^2 + v_3^2 + ... + v_m^2 =$ 최소 ······ (2.45)

최소제곱법을 이용하여 최확값을 계산하는 프로세스는 그림 2-8과 같다.

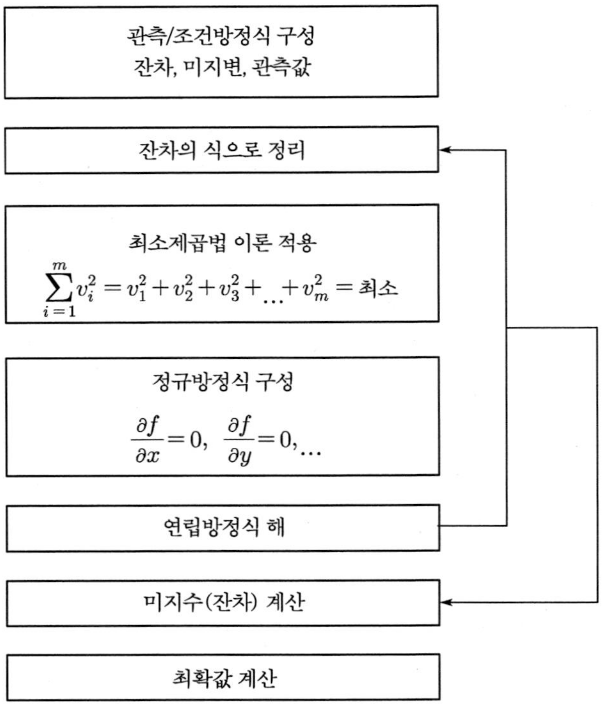

[그림 2-8] 최소제곱법에 의한 최확값 계산 프로세스

각 관측값의 경중률은 상대적인 중요도 또는 가능하다면 관측값의 표준편차로부터 얻는다. 표준편차(σ)와 경중률(w)의 관계는 다음과 같다.

- $w_i = \dfrac{1}{\sigma_i^2}$ ······ (2.46)

여기서 w_i는 i번째 관측값의 경중률이며, σ_i^2은 분산을 의미한다. 아래 식은 경중률을 고려한 최소제곱 방정식을 나타낸다.

- $\sum_{i=1}^{m} w_i v_i^2 = w_1 v_1^2 + w_2 v_2^2 + w_3 v_3^2 + \cdots + w_m v_m^2 = $ 최소 ······ (2.47)

최소제곱법의 기본 가정은 다음과 같다.

- 관측값 그룹에서 과오와 정오차는 완전히 제거되고 부정(우연)오차만이 남아 있다.
- 조정되어질 관측값의 수는 크다.
- 오차의 분산빈도는 정규분포를 따른다.

측량에서는 일반적으로 엄밀한 참값을 얻기 어려우므로 여러번 관측하여 얻은 관측값으로부터 최확값을 구하여 참값 대신 이용하고 있다. 우리는 앞에서 최확값($\overline{X}$)와 관측값(X)과의 차이를 잔차(v)라고 정의한 바 있다.

$$\bullet \left.\begin{aligned} X_1 - \overline{X} &= v_1 \\ X_2 - \overline{X} &= v_2 \\ \vdots \quad & \quad \vdots \\ X_n - \overline{X} &= v_n \end{aligned}\right\} \cdots\cdots (2.48)$$

잔차 $v_1, v_2, \cdots, v_n$이 발생할 확률 P_i 는 확률곡선으로부터 구할 수 있다.

$$\bullet\ P_i = \frac{h}{\sqrt{\pi}} e^{-h^2v^2} = Ce^{-h^2v^2} \cdots\cdots (2.49)$$

여기서 h는 관측정밀도계수이다.

각 잔차가 일어날 확률 $P_1, P_2, \cdots, P_n$

$$\bullet \left.\begin{aligned} P_1 &= Ce^{-h_1^2v_1^2} \\ P_2 &= Ce^{-h_2^2v_2^2} \\ \vdots \quad & \quad \vdots \\ P_n &= Ce^{-h_n^2v_n^2} \end{aligned}\right\} \cdots\cdots (2.50)$$

이들 확률이 동시에 일어날 확률 P는

$$\bullet\ P = P_1 \times P_2 \times P_3 \times \cdots \times P_n \cdots\cdots (2.51)$$

$$\bullet\ P = Ce^{-(h_1^2v_1^2 + h_2^2v_2^2 + \cdots + h_n^2v_n^2)} \cdots\cdots (2.52)$$

$$= \frac{C}{e^{h_1^2v_1^2 + h_2^2v_2^2 + \cdots + h_n^2v_n^2}}$$

이 식에서 P가 최대로 되기 위해서는 분모항이 아래와 같이 최소가 되어야 한다.

$$\bullet\ h_1^2v_1^2 + h_2^2v_2^2 + \cdots + h_n^2v_n^2 = \text{최소} \cdots\cdots (2.53)$$

만약 관측정밀도계수인 h가 같을 경우에는 "$v_1^2+\ v_2^2+\cdots+\ v_n^2=$ 최소 "가 된다. 최소제곱법은 크게 관측방정식과 조건방정식에 의한 계산법으로 구분된다.

5.2 최소제곱법에 의한 관측값 조정

최소제곱법은 크게 관측방정식과 조건방정식에 의한 계산법으로 구분된다.

1) 관측방정식에 의한 조정

관측방정식에 의한 최소제곱법의 조정은 "$h_1^2v_1^2+h_1^2v_1^2+\ldots\ldots+h_1^2v_1^2=$ 최소" 조건을 만족하는 관측값들의 상호관계를 이용하여 방정식을 풀게 된다. 만약 정밀도가 동일할 경우에는 $\phi=v_1^2+v_2^2+\ldots\ldots v_n^2=\sum_{i=1}^{n}v_i^2$을 이용하며, 정밀도가 동일하지 않을 경우에는 $\phi=w_1v_1^2+w_2v_2^2+\ldots\ldots w_nv_n^2=\sum_{i=1}^{n}w_iv_i^2$을 이용하게 된다. 여기서 $w_1,w_2,\ldots\ldots,w_n$은 경중률이다.

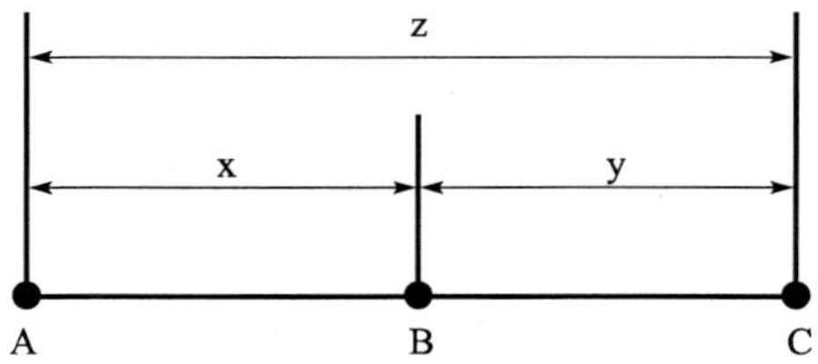

관측방정식을 활용하여 문제를 해결하는 예는 아래와 같다.

$\overline{z}=\overline{x}+\overline{y}$에서 $\overline{x}=x+v_x$,

$\overline{y}=y+v_y$, $\overline{z}=z+v_z$이므로

잔차에 대해 정리하면

$$\begin{aligned} v_x &= \overline{x}-x \\ v_y &= \overline{y}-y \\ v_z &= \overline{z}-z \end{aligned} \quad \cdots\cdots (2.54)$$

가 된다.

잔차의 제곱의 합이 최소가 된다는 최소제곱법에 의해 "$\phi=v_x^2+v_y^2+v_z^2=$ 최소"가 되므로 이를 정리하면

$$\phi=(\overline{x}-x)^2+(\overline{y}-y)^2+(\overline{x}+\overline{y}-z)^2=\text{최소} \quad \cdots\cdots (2.55)$$

가 된다.

그리고 $\bar{x}, \bar{y}$에 대하여 편미분하면 아래 방정식을 통해 $\bar{x}$, $\bar{y}$, $\bar{z}$을 계산할 수 있다.

- $\frac{\partial \phi}{\partial \bar{x}} = 2(\bar{x} - x) + 2(\bar{x} + \bar{y} - z) = 0$ ………… (2.56)

  $\frac{\partial \phi}{\partial \bar{y}} = 2(\bar{y} - y) + 2(\bar{x} + \bar{y} - z) = 0$

관측방정식을 활용한 관측값 조정에 대한 예를 살펴보자.

(1) 각 관측에 대한 조정

그림과 같이 세 각을 관측하여 아래의 결과를 얻었을 때, 최소제곱법을 이용하여 세 각의 최확값을 계산해보자.

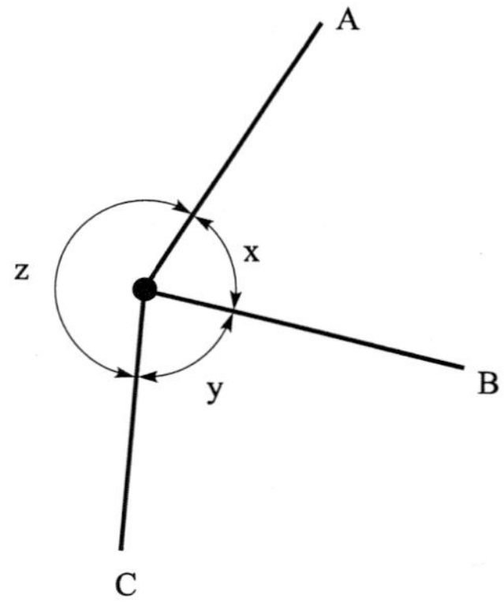

- $x = 60°45'24''$
- $y = 64°'42'28''$
- $z = 234°32'11''$

- 관측방정식 구성하면 다음과 같다.

  x, y, z의 참값을 각각 $\bar{x}, \bar{y}, \bar{z}$라 하면

  $\bar{x} = x + v_1 = 60°45'24'' + v_1$

  $\bar{y} = y + v_2 = 64°'42'28'' + v_2$

  $\bar{z} = z + v_3 = 234°32'11'' + v_3$

- 세 각의 합은 360°가 되어야 하는 조건을 이용한다.

  $\bar{x} + \bar{y} + \bar{z} = 360°$

  $(60°45'24'' + v_1) + (64°'42'28'' + v_2) + (234°32'11'' + v_3) = 360°$

  $v_3 = -3'' - v_1 - v_2$

- 최소제곱 조건에 따라

  $\sum v^2 = v_1^2 + v_2^2 + v_3^2 = v_1^2 + v_2^2 + (-3'' - v_1 - v_2)^2$으로 정리할 수 있다.

- 위 식을 $v_1\ v_2$로 각각 편미분하여 정리한다.

  $\frac{\partial \sum v^2}{\partial v_1} = 2v_1 + 2(-3'' - v_1 - v_2)(-1) = 0 \qquad \therefore\ 4v_1 + 2v_2 = -6''$

$$\frac{\partial \sum v^2}{\partial v_2} = 2v_2 + 2(-3'' - v_1 - v_2)(-1) = 0 \qquad \therefore 2v_1 + 4v_2 = -6''$$

연립방정식을 풀면 $v_1 = -1''$, $v_2 = -1''$ 가 된다.

$v_3 = -3'' - v_1 - v_2$ 이므로 $\therefore v_3 = -1''$가 된다.

• 따라서 최확값을 정리하면 다음과 같다.

$\overline{x} = x + v_1 = 60°45'24'' - 1'' = 60°45'23''$

$\overline{y} = y + v_2 = 64°'42'28'' - 1'' = 64°'42'27''$

$\overline{z} = z + v_3 = 234°32'11'' - 1'' = 234°32'10''$

$\therefore \overline{x} + \overline{y} + \overline{z} = 360°00'00'' \qquad \therefore OK$

(2) 거리 관측에 대한 조정

그림과 같이 AB와 BC의 거리를 관측하였을 때 최소제곱법을 이용하여 세 구간의 최확값을 계산해 보자.

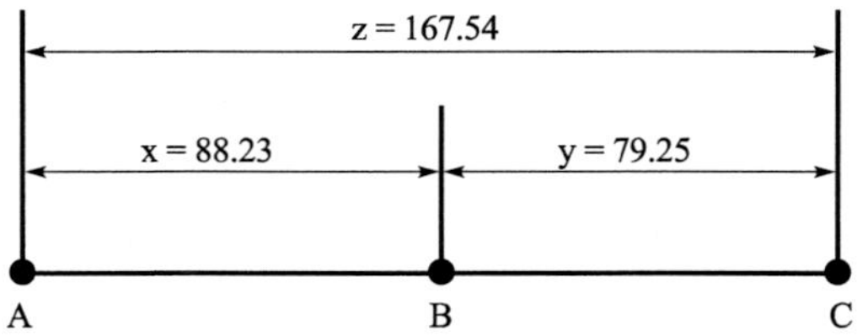

• 관측방정식 구성하면 다음과 같다.

x, y, z 의 참값을 각각 $\overline{x}, \overline{y}, \overline{z}$ 라 하면

$\overline{x} = x + v_1 = 88.23 + v_1$

$\overline{y} = y + v_2 = 79.25 + v_2$

$\overline{z} = z + v_3 = 167.54 + v_3$

• AB와 BC의 거리의 합은 AC와 같아야 된다는 조건을 이용한다.

$\overline{x} + \overline{y} = \overline{z}$

$(88.23 + v_1) + (79.25 + v_2) = (167.54 + v_3)$

$v_3 = v_1 + v_2 - 0.06$

• 최소제곱 조건에 따라

$\sum v^2 = v_1^2 + v_2^2 + v_3^2 = v_1^2 + v_2^2 + (v_1 + v_2 - 0.06)^2$ 으로 정리할 수 있다.

- 위 식을 $v_1\ v_2$로 각각 편미분하여 정리한다.

  $$\frac{\partial \sum v^2}{\partial\ v_1} = 2v_1 + 2(v_1 + v_2 - 0.06) = 0 \qquad \therefore\ 4v_1 + 2v_2 = 0.12$$

  $$\frac{\partial \sum v^2}{\partial\ v_2} = 2v_2 + 2(v_1 + v_2 - 0.06) = 0 \qquad \therefore\ 2v_1 + 4v_2 = 0.12$$

  연립방정식을 풀면 $v_1 = 0.02$, $v_2 = 0.02$가 된다.

  $v_3 = v_1 + v_2 - 0.06$ 이므로 $\therefore\ v_3 = -0.02$ 가 된다.

- 최확값을 정리하면 다음과 같다.

  $\overline{x} = x + v_1 = 88.23 + 0.02 = 88.25m$

  $\overline{y} = y + v_2 = 79.25 + 0.02 = 79.27m$

  $\overline{z} = z + v_3 = 167.54 - 0.02 = 167.52m$

  $\therefore\ \overline{x} + \overline{y} = \overline{z} \qquad \therefore OK$

(3) 삼각형 내각에 대한 조정

그림과 같이 삼각형의 내각을 관측하여 아래의 결과를 얻었을 때, 최소제곱법을 이용하여 세 각의 최확값을 계산해 보자.

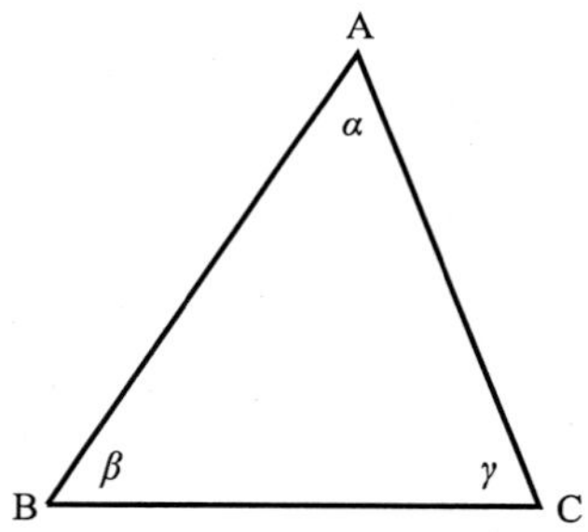

- $\alpha = 59°\,12'\,14''$
- $\beta = 52°\,'25'\,29''$
- $\gamma = 68°\,23'\,11''$

- 관측방정식 구성하면 다음과 같다.

  α, β, γ의 참값을 각각 $\overline{\alpha}$, $\overline{\beta}$, $\overline{\gamma}$라 하면

  $\overline{\alpha} = \alpha + v_1 = 59°\,12'\,14'' + v_1$

  $\overline{\beta} = \beta + v_2 = 52°\,'25'\,29'' + v_2$

  $\overline{\gamma} = \gamma + v_3 = 68°\,23'\,11'' + v_3$

- 삼각형의 내각의 합은 180°가 되어야 하는 조건을 이용한다.

  $\overline{\alpha}+\overline{\beta}+\overline{\gamma}=180°$

  $(59°12'14''+v_1)+(52°'25'29''+v_2)+(68°23'11''+v_3)=180°$

  $v_3=6''-v_1-v_2$

- 최소제곱 조건에 따라

  $\sum v^2=v_1^2+v_2^2+v_3^2=v_1^2+v_2^2+(6''-v_1-v_2)^2$ 으로 정리할 수 있다.

- 위 식을 $v_1\ v_2$로 각각 편미분하여 정리한다.

  $\dfrac{\partial\sum v^2}{\partial v_1}=2v_1+2(6''-v_1-v_2)(-1)=0 \qquad \therefore 4v_1+2v_2=12''$

  $\dfrac{\partial\sum v^2}{\partial v_2}=2v_2+2(6''-v_1-v_2)(-1)=0 \qquad \therefore 2v_1+4v_2=12''$

  연립방정식을 풀면 $v_1=2''$, $v_2=2''$ 가 된다.

  $v_3=6''-v_1-v_2$이므로 $\therefore v_3=2''$가 된다.

- 따라서 최확값을 정리하면 다음과 같다.

  $\overline{\alpha}=\alpha+v_1=59°12'14''+2''=59°12'16''$

  $\overline{\beta}=\beta+v_2=52°'25'29''+2''=52°'25'31''$

  $\overline{\gamma}=\gamma+v_3=68°23'11''+2''=68°23'13''$

  $\therefore\ \overline{\alpha}+\overline{\beta}+\overline{\gamma}=180°00'00'' \qquad \therefore OK$

2) 조건방정식에 의한 조정

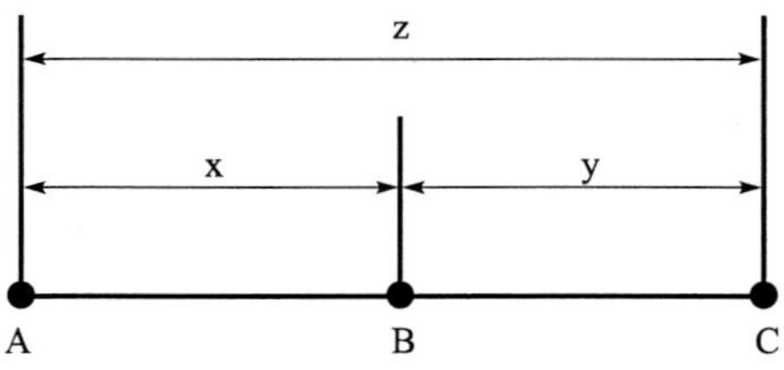

조건방정식에 의한 최소제곱법 조정은 n개의 관측값의 잔차에 대한 K개의 조건 방정식이다.

조건방정식을 활용하여 문제를 해결하는 과정은 아래와 같다.

$\overline{x}+\overline{y}=\overline{z}$에서 $x+v_1+y+v_2=z+v_3$이므로 $v_1+v_2-v_3+x+y-z=0$이 된다.

최소제곱법에 의해 "$\phi=v_1^2+v_2^2+v_3^2=$ 최소" 가 되어야 하므로

Lagrange 승수인 K값을 고려하여 정리하면

- $\phi' = v_1^2 + v_2^2 + v_3^2 - 2K(v_1 + v_2 - v_3 + x + y - z) =$ 최소 ………… (2.57)

가 된다.

- 잔차 v_1, v_2, v_3에 대하여 편미분하면

$$\frac{\partial \phi'}{\partial v} = 2v_1 - 2K = 0 \qquad v_1 = K$$

$$\frac{\partial \phi'}{\partial v_2} = 2v_2 - 2K = 0 \qquad v_2 = K \quad \text{되므로}$$

$$\frac{\partial \phi'}{\partial v_3} = 2v_3 + 2K = 0 \qquad v_3 = -K$$

$v_1 + v_2 - v_3 + x + y - z = 0$에 대입하면

$K + K + K + x + y - z = 0 \rightarrow 3K = -(x + y - z)$이므로

v_1, v_2, v_3을 구하여 $\bar{x}, \bar{y}, \bar{z}$을 계산한다.

5.3 행렬식을 활용한 관측값 조정

최소제곱법에 의한 관측값 조정에서 경중률이 다를 경우에는 매우 복잡한 수식을 갖게 되므로 행렬식을 사용하여 계산하는 것이 효율적이다. 일반적으로 관측방정식은 식 (2.58)과 같이 나타낼 수 있다.

- $mA^n \cdot nX^l = mL^l + mV^l$ ………… (2.58)

여기서, A는 미지수의 계수 행렬, X는 미지수 행렬, L은 관측값 행렬, V는 잔차행렬이다. 상세한 행렬 구조는 식 (2.59)와 같다.

- $$A = \begin{bmatrix} a_{11} & a_{12} & a_{13} & \dots & a_{1n} \\ a_{21} & a_{22} & a_{23} & \dots & a_{2n} \\ \vdots & \vdots & \vdots & \vdots & \vdots \\ a_{m1} & a_{m2} & a_{m3} & \dots & a_{mn} \end{bmatrix} \quad X = \begin{bmatrix} x_1 \\ x_2 \\ x_3 \\ \vdots \\ x_n \end{bmatrix} \quad L = \begin{bmatrix} l_1 \\ l_2 \\ l_3 \\ \vdots \\ l_n \end{bmatrix} \quad V = \begin{bmatrix} v_1 \\ v_2 \\ v_3 \\ \vdots \\ v_n \end{bmatrix}$$ ………… (2.59)

동일한 경중률의 관측값인 경우의 정규방정식은 식 (2.60)과 같다.

- $A^T A X = A^T L$ ………… (2.60)

여기서 A^TL는 미지수에 대한 정규방정식의 계수행렬이다. 양변에 $(A^TA)^{-1}$를 곱하여 정리하면 식 (2.61)과 같다.

- $X=(A^TA)^{-1}A^TL$ ………………………………………………………………………… (2.63)

W 행렬은 대각선 요소를 제외하고는 모두 0이다. 이는 각각의 관측값이 서로 관계없이 독립적인 경우를 의미한다.

그림과 같이 AB와 BC의 거리를 관측하였을 때 세 구간의 최확값을 행렬식을 이용하여 계산해 보자.

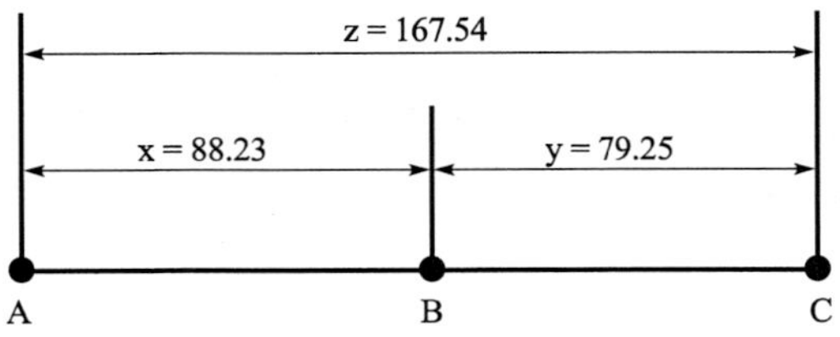

- 관측방정식 구성하면 다음과 같다.

  x, y, z의 참값을 각각 $\bar{x}, \bar{y}, \bar{z}$라 하면 $\bar{x}+\bar{y}=\bar{z}$ 가 된다.

  $\bar{x}=x+v_1=88.23+v_1$

  $\bar{y}=y+v_2=79.25+v_2$

  $\bar{z}=z+v_3=x+y+v_3=167.54+v_3$

- 행렬식을 구성하여 계산하면 다음과 같이 최확값을 구할 수 있다.

$$A=\begin{bmatrix}1&0\\0&1\\1&1\end{bmatrix}\quad X=\begin{bmatrix}\bar{x}\\\bar{y}\end{bmatrix}\quad L=\begin{bmatrix}88.23\\79.25\\167.54\end{bmatrix}\quad V=\begin{bmatrix}v_1\\v_2\\v_3\end{bmatrix}$$

계산하고자 하는 값에 대해 정리하면 $X=(A^TA)^{-1}A^TL$ 과 같다.

$$(A^TA)=\begin{bmatrix}1&0&1\\0&1&1\end{bmatrix}\begin{bmatrix}1&0\\0&1\\1&1\end{bmatrix}=\begin{bmatrix}2&1\\1&2\end{bmatrix},\ (A^TA)^{-1}=\frac{1}{3}\begin{bmatrix}2&-1\\-1&2\end{bmatrix}$$

$$A^TL=\begin{bmatrix}1&0&1\\0&1&1\end{bmatrix}\begin{bmatrix}88.23\\79.25\\167.54\end{bmatrix}=\begin{bmatrix}255.77\\246.79\end{bmatrix}$$

$$\therefore X=(A^TA)^{-1}A^TL=\frac{1}{3}\begin{bmatrix}2&-1\\-1&2\end{bmatrix}\begin{bmatrix}255.77\\246.79\end{bmatrix}=\begin{bmatrix}88.25\\79.27\end{bmatrix}$$

$\therefore\ \bar{x}=88.25m\quad \bar{y}=79.27m\quad \bar{z}=167.52m$

$\therefore\ \bar{x}+\bar{y}=\bar{z}\qquad \therefore OK$

참고문헌

1. 강영미·조성호, 『측량학』, 지우북스, 2017.
2. 강태석, 『지적측량학』, 형설출판사, 1994.
3. 강태석·유환희, "지적측량에 있어서 측량값의 최대오차 검출을 위한 통계적 기법", 한국지적학회지, 제1권 1호, 1993.
4. 김성규·이진녕·김동현·김용석·박병수·양승룡·엄재구·이동락, 『기본측량학』, 구미서관, 2014.
5. 박성규·신광렬·임수봉·송용희·민미란·이혜진·김민승, 『측량및지형공간정보(산업)기사 필기』, 예문사, 2019.
6. 양인태·최승필·김응남·이동하, 『측량정보공학』, 구미서관, 2017.
7. 유복모, 『측량공학』, 동명사, 1998.
8. 유복모, 『측량학 원론 I』, 박영사, 1995.
9. 유복모, 『측량학 원론 II』, 박영사, 1995.
10. 유복모·김갑진, "지형공간정보체계를 이용한 수치지적도의 오차전파해석", 대한토목학회논문집, 제19권 5호, 대한토목학회, 1999.
11. 이성익, "지적도근측량에서 측각오차의 계산과 배분방법에 관한 연구", 한국지적학회지, 제18권 2호, 한국지적학회, 2002.
12. 윤하수·최윤수·손종영·김재명, "우리나라 지적측량 정확도의 현황과 특성", 한국공간정보학회지, 제19권 5호, 한국공간정보학회, 2011.
13. 최한영, 『지적측량실무특론』, 구미서관, 2015.
14. 최한영, 『지적측량원론』, 구미서관, 2012.
15. 한승희, 『공간정보공학』, 구미서관, 2015.
16. Guobin Chang, Tianhe Xu, Qianxin Wang, Shubi Zhang, Guoliang Chen, "A generalization of the analytical least-squares solution to the 3D symmetric Helmert coordinate transformation problem with an approximate error analysis", Advances in Space Research, Vol. 59, No. 10, 2017.
17. Jerry Nathanson, P.E., Michael T. Lanzafama & Philip Kissam, Surveying Fundamentals and Practices, 5th Ed., 2006.
18. Paul R. Wolf & Charles D. Ghilani, Elementary Surveying An Introduction to Geomatices, 10th Ed., 2002.
19. Paul R. Wolf & Charles D. Ghilani, John Wiley & Sons, Adjustment Computation-Statistics and Least Squares in Surveying and GIS, 1997.

단원학습평가

1. 참값과 관측값의 차이를 뜻하는 것은?
① 참오차 ② 잔차 ③ 우연오차 ④ 최확값

2. 정오차에 관한 설명으로 옳지 않은 것은?
① 계통적 오차라고도 한다.
② 크기와 방향을 반복 관측하여 최확값을 계산할 수 있다.
③ 거리측량에서 줄자의 길이가 표준줄자와 다를 경우에 많이 발생한다.
④ 관측자의 실수나 부주의로 인하여 발생하는 경우가 대부분이다.

3. 부정오차의 특증에 관한 설명으로 틀린 것은?
① 양(+)의 오차와 음(−)의 오차가 발생할 확률은 거의 같다.
② 관측자 주의를 기울여 정확하게 측량한다면 발생하지 않는다.
③ 매우 큰 오차는 거의 발생하지 않는다.
④ 작은 오차가 발생할 확률은 큰 오차가 발생할 확률보다 크다.

4. 최소제곱법 조정의 대상이 되는 오차는?
① 과대오차 ② 정오차 ③ 부정오차 ④ 누적오차

5. ( )는 참값과의 일치여부를 나타내며 그 지표로 평균제곱근오차를 사용한다.

6. ( )는 어느 관측값에 대한 균질성을 나타내는 척도를 말한다.

7. 측량에서 측량장비나 측량방법의 조건이 동일할 경우 ( )은 산술평균을 통해 결정할 수 있다.

8. 평균제곱근오차와 확률오차에 대하여 설명하시오.

9. 오차의 전파에 대하여 설명하시오.

10. 관측방정식을 이용한 최소제곱법 조정 방식에 대하여 설명하시오.

정답 1. ① 2. ④ 3. ② 4. ③ 5. 정확도 6. 정밀도 7. 최확값 8-10. 본문 참조

CHAPTER

03

지적측량의 기준

CHAPTER 03

지적측량의 기준

1 투영 및 좌표계

1.1 투영법

지도투영(map projection)이란 3차원 구인 지구표면을 2차원인 평면상의 지도로 변환하여 나타내는 것을 말한다. 지도투영 과정은 일반적으로 물리학적 지구 형상인 지오이드(geoid)에 부합하는 준거타원체(reference ellipsoid)를 설정한 후 계산에 의한 준거타원체의 면적 변화를 최소화한 구형반경을 구하여 구형의 지구 모델을 생성한다. 구형의 지구는 다시 지도투영을 위해 축소시켜 준거지구본(reference globe)을 설정하고 투영과정을 거쳐 평면의 지도를 생성하고 있다. 구형 또는 타원체상의 지리적인 경도 및 위도 위치를 평면상의 위치로 변환하는 투영과정에서 경선 및 위선의 좌표체계가 변화되고 형상, 면적, 거리, 방향 등과 같은 특성 일부가 왜곡되거나 손실이 발생한다.

국가기본도 및 지형도를 제작하기 위해서는 정확도 및 축척뿐만 아니라 투영법의 선정도 매우 중요한 부분이라 할 수 있다. 우리나라의 경우 1910년부터 지적도는 TM투영법을 근간으로 계산식은 가우스상사이중투영법[74)](Gauss conformal projection)을 이용하였으며, 지형도의 경우는 삼각측량의 계산에 사용되어 국가기준삼각점의 평면직교좌표 투영법에 사용되었다. 1980년 이후부터는 남북으로 길게 펼쳐진 우리나라 지형 특성을 고려하여 가우스-크뤼거투영법(Gauss-Krüger's projection)에 의한 횡메르카토르도법(transverse mercator, TM projection)[75)]을 이용하고 있으며, 횡메르카토르투영법은 우리나라의 지도투영법이기도 하다.

---

74) 지구의 표면은 정확한 구체가 아닌 회전타원체이므로 지구의 표면을 도면으로 표현하기 위해서는 타원체에서 구체로 등각투영하고 이구체로부터 평면으로 투영하기 위해 원주에 메르카토르투영(등각원통투영)으로 투영하는 방식이다.

75) 원통의 축을 90° 회전하여 적도 대신 임의의 경선과 지구타원체가 접하도록 한 지도투영법이다. 원통이 지구타원체와 접하는 선을 원자오선이라 하며 축척은 직선으로 나타나는 원자오선에서 가장 정확하고 동서방향으로 멀어질수록 왜곡이 심하게 발생된다.

1) 투영 종류

평면위에 경선과 위선의 좌표체계를 나타내는 지도투영법은 간단히 도법이라고도 하며 투영성질 및 투영면에 따라 그 종류가 다양하며 정리하면 다음과 같다.

(1) 투영면(성질)에 따른 분류

① 등각도법(conformal projection)

지도상의 임의 점에서 그 주위의 소규모지역에 대한 방향각과 도형을 정확하게 표시하는 투영법으로 가우스이중투영법의 기초가 되었으며 지구상의 어느 곳에서나 각의 크기가 지도상에서 그대로 유지되도록 하는 투영법으로서 지도상의 경・위선의 교차각이 지구본과 동일하다.

② 등거도법(equi-distance projection)

투영중심에서 지도상의 어떤 지점이라도 그 방위가 정방위이며 원점으로부터 동심원의 길이를 같게 하여 하나의 중앙점으로부터 다른 한 지점까지의 거리를 같게 하는 투영법이다.

③ 등적도법(equivalent or equal-area projection)

지구상의 모든 지역 간의 면적관계가 지도상에서 그대로 유지되도록 하는 것으로 경선과 위선을 따라 축척을 조정하여 지구상의 면적과 지도상의 면적을 같도록 하는 투영법이다. 경선과 위 선이 등각으로 교차하지 않으며 왜곡이 발생한다.

(2) 투영면(형태)에 따른 분류

① 원통도법(cylindrical projection)

대표적인 메르카토르도법으로 지구에 원통을 씌워 이것을 투영면으로 하는 도법이다. 원통의 축을 지축과 일치시키면 위선과 경선을 모두 직교하는 평행직선군이 된다.

② 원추도법(conical projection)

모든 위선의 투영을 동심원호로 하고 그 중심을 지나는 반직선군을 경선의 투영으로 하는 도법이다. 축척의 변화는 동서방향은 일정하며 남북방향으로는 많은 차이가 발생하므로 남북이 좁고 동서가 긴 지역에 적합한 투영방법이다.

③ 방위도법(평면도법)(azimuthal projection)

지도의 길이나 면적의 왜곡이 크더라도 방위가 정확하게 표시되는 것을 요구할 경우에 사용되는 도법으로 지도면을 지구의(地球儀) 위의 한 점에 놓고 이에 접하는 지구의(地球儀) 위의 경위선을 지도면에 투영하는 도법으로 한 지점으로부터 모든 지점에 이르는 방위를 정확하게 나타낼 수 있다.

2) 우리나라의 투영

1910~1918년에 이루어진 우리나라 삼각측량의 계산은 가우스상사이중투영법을 이용하여 모든 삼각점의 평면직각좌표를 계산하였다. 가우스상사이중투영법은 회전타원체면상의 점을 구면에 투영하고 이것을 다시 평면에 투영하는 방법을 말하며, 이후 가우스크뤼거가 회전타원면에서 직접 평면에 투영하는 횡메르카토르투영법을 적용하여 1975년 및 1986년에 시작된 정밀1차 기준점측량 및 정밀2차 기준점측량을 계산 하였다. 또한 1/25,000과 1/5,000지형도에 횡메르카토르도법을 사용하고 있으므로 이들 지형도상에 표시된 좌표는 Gauss–Krüger 투영법에 의해 산정된 좌표이다. 현재 우리나라의 지도제작은 가우스크뤼거(Gauss–Krüger)투영법에 의해 제작되고 있다.

(1) 가우스상사이중투영법

가우스상사이중투영법(Gauss conformal projection)은 횡원통투영법에서 지구를 구체로 취급하는 것을 동일한 방법으로 회전타원체면상의 점을 구면에 등각 횡원통투영을 실시하고 다시 구체에서 평면으로 실시하는 투영방법을 말한다. 즉 타원체 위의 상을 구체위로 투영한 다음 이를 다시 평면으로 옮기는 이중투영방식이다. 이는 등각투영법의 하나로 1910년 우리나라 측량에 도입되어 지적측량에 사용하고 있는 투영법으로 지구의 표면을 도면으로 표현하기 위해서 타원체에서 구체로 등각 투영하고, 이 구체를 평면으로 투영하기 위하여 원주에 메르카토르 투영(등각 원통투영)으로 투영한다. 2회 투영한다고 하여 이중투영이라 하는데 이중투영을 하면 회전타원체로부터 평면으로 투영하는 것과 같은 결과를 얻게 된다. 이 투영법은 지구 전체를 구로 투영하는 방법과 일부를 구에 투영하는 방법이 있는데 전자는 소축척지도에 후자는 대축척지도에 적용한다. 지적도는 1912년 토지조사사업 당시 가우스상사이중투영법(Gauss conformal projection)을 적용하여 현재까지 활용되고 있다.

(2) 메르카토르투영법

메르카토르가 원통 도법을 개량한 것으로 선박의 항해용 지도 제작에 많이 이용되는 도법이다. 메르카토르투영법(Mercator map projection)은 수학적으로 경선과 위선이 직사각형으로 된 격자체계의 정각 도법으로 지구를 둘러싼 원통에 투영할 때 나타나는 모양대로 지구 표면을 표시하는 투영법으로 지구 위에서 방위가 일정한 선은 모두 직선으로 표시되는 지도투영법이다. 극 지역을 제외한 지구의 대부분을 장방형으로 나타낼 수 있기 때문에 세계전도로 널리 이용되고 있다. 또한 선박 항해 시 출발지점으로부터 도착지까지 그 경로 상에 있는 경선과 항상 일정한 각도로 교차되기 때문에 나침반의 방향을 그대로 유지하면서 항정선[76](rhumb line)을 따라 항해할 수 있는 특징이 있다.

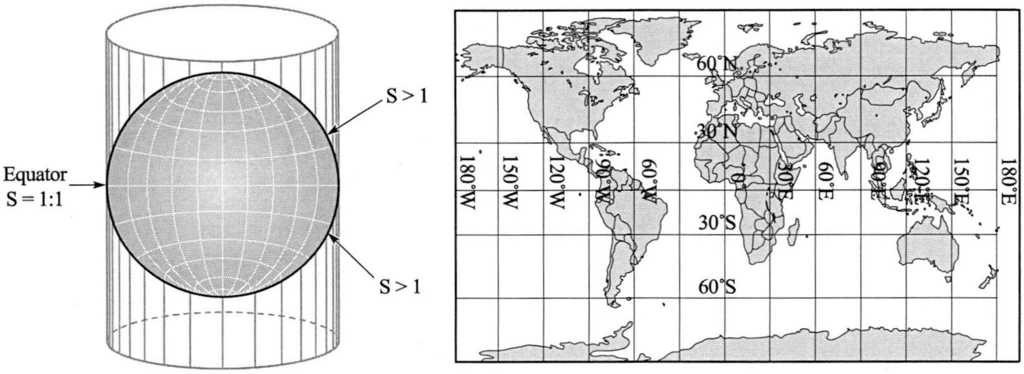

자료: 한승희, 『공간정보공학』, 구미서관, 2018.

[그림 3-1] 원통도법

(3) 횡축메르카토르투영법

우리나라에서 사용하고 있는 지도 투영법이며 전 세계적으로 가장 많이 사용하는 투영법이다. 원통의 축을 90° 회전해 적도 대신 임의의 경선과 지구타원체가 만나도록 한 지도 투영법으로 회전타원체로부터 직접 평면으로 횡축등각원통도법에 의한 투영방법을 가우스크뤼거투영법 또는 횡축메르카토르투영법(TM 투영법)(Transverse mercator projection, TM)이라 한다. 축척의 과장이 기준 경선에서 멀어질수록 커지므로 투영 범위는 중앙 경선으로부터 넓지 않은 범위에 한정하며 넓은 지역에 대해서는 지구를 분할하여 각각에 중앙 경선을 설정하여 투영한다. 기준 경선으로부터 멀어질수록 변형이 커지므로 대축척 또는

76) 자오선과 항상 일정한 각도로 유지하는 지표선으로 그 선내 각점에서 방위각이 일정한 곡선을 말한다.

측량좌표계로 이용할 경우 기준 경선을 중앙에 놓고 그 양측에 투영하는 범위를 한정한다. 우리나라의 경우에는 기준 경선 4개(125˚, 127˚, 129˚, 131˚)를 사용하고 그 범위를 2°간격으로 하고 있다.

현재 이 도법은 축척이 직선으로 나타나는 중앙자오선에서 가장 정확하고 동서방향으로 멀어질수록 왜곡이 심하게 발생하기 때문에 남북으로 길게 펼쳐진 지역에 주로 사용되며 우리나라의 지형도 제작에 널리 이용되고 있으며 UTM좌표계도 횡메르카토르 도법을 기본으로 하고 있다.

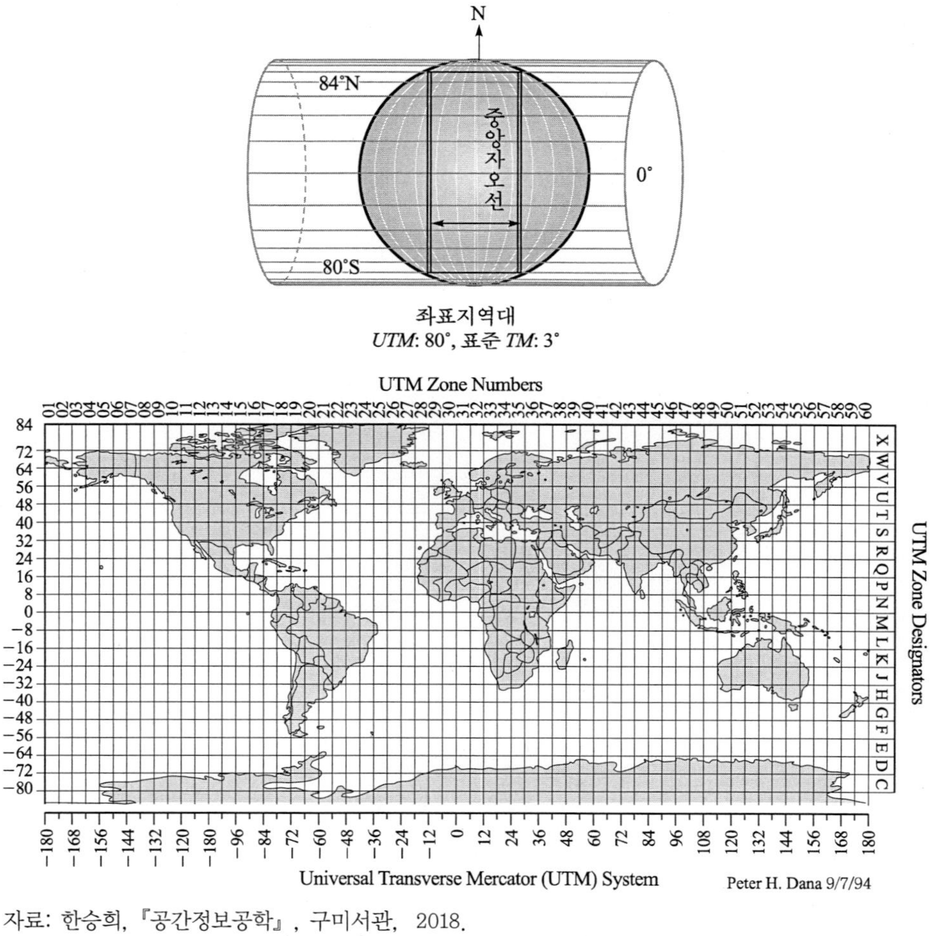

자료: 한승희, 『공간정보공학』, 구미서관, 2018.

[그림 3-2] UTM 좌표

1.2 좌표계

좌표계(coordinate system)란 공간상에서 점들 간의 기하학적 관계와 위치를 수학적으로 나타내기 위한 체계를 말한다. 지구를 포함한 공간상의 한 점의 위치는 일반적으로 좌표로 표시되며 지구 중심을 원점으로 하는 좌표계는 지구중심좌표계(geocentric coordinate system)이다. 특히 지표면에서의 위치결정은 원점을 정하고 천문측량, 위성측량 및 관성측량에 의해 위도(ϕ), 경도(λ) 및 방위각(α)을 결정한다. 국지적인 지역에서는 원점에서 자오선을 X축으로 하고 이에 직교하는 선을 Y축으로 하는 평면직각좌표(rectangular plane coordinate)를 사용한다. 지구상의 3차원위치는 경위도와 표고로 표현하며 최근에는 지구질량중심을 원점으로 하는 3차원 직교좌표(x, y, z)를 사용한다. 좌표계는 지구좌표계(earth coordinate system)와 천구좌표계(celestial coordinate system)로 구분된다. 지구좌표계의 종류로는 지구전체를 나타낼 수 있는 경・위도 좌표계와 UTM 좌표계가 있으며 일부 지역을 중심으로 이용되는 평면직각좌표계와 극좌표계 등이 있다. 또한 천구좌표계에는 지평좌표계, 적도좌표계, 황도좌표계, 은하좌표계(초은하좌표계) 등이 있다.

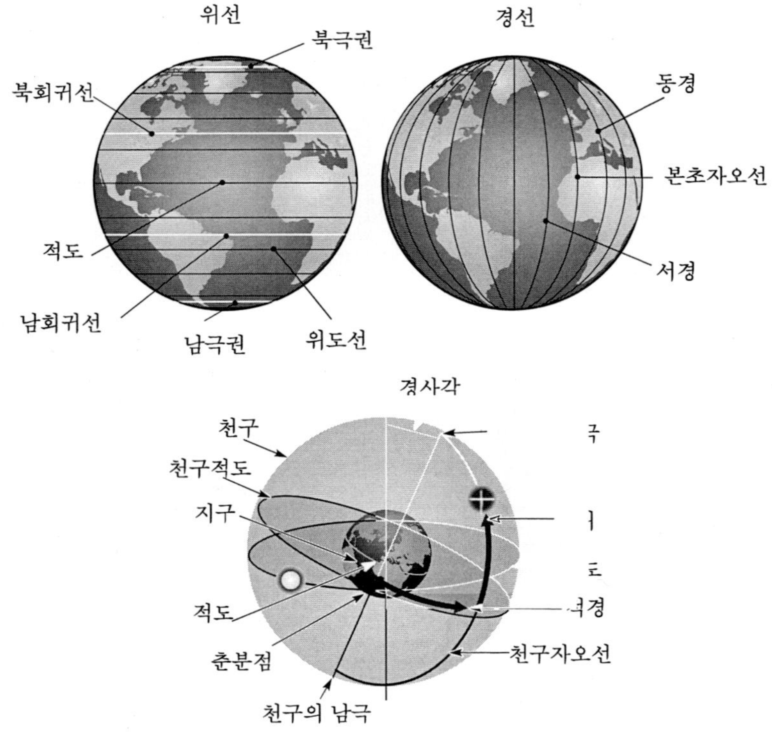

[그림 3-3] 지구좌표계와 천구좌표계

1) 경위도좌표계

지구상의 절대적 위치를 나타내는데 가장 보편적으로 사용되는 좌표계이다. 경위도좌표계(longitude and latitude coordinate system)는 경도(λ)와 위도(ϕ)에 의한 좌표(λ, ϕ)로 수평위치를 나타낸다. 경위도좌표는 천문측량으로 구할 수 있으며 이렇게 구한 것을 천문경도, 천문위도라고 한다. 그러나 모든 측점에서 천문측량으로 구하는 것이 어려우므로 경위도 원점을 정하고, 경위도원점에서의 경위도좌표는 천문측량으로 구하고 그 지역에 맞는 준거타원체를 설정한 후 천문측량이 아닌 방법으로 거리와 각을 구하고 준거타원체상의 경위도좌표를 구한 것을 측지경도, 측지위도라고 한다. 일반적으로 좌표계에서 임의의 점의 위치는 측지경도(λ), 측지위도(ϕ), 타원체고(h) 또는 표고(H)로 나타낸다.

여기서 경도(longitude)는 영국의 그리니치 천문대를 통과하는 본초자오선(prime meridian)[77]을 기준으로 하여 어떤 지점을 지나는 자오선까지의 적도호상의 각거리(λ)로 표시된다. 경도는 본초자오선을 기준으로 동서쪽으로 각각 0°~180°까지 표기하고 우측을 동경이라 하고 좌측을 서경이라 한다. 위도(latitude)는 자오선을 따라 적도에서 어떤 지점까지 관측한 각거리(ϕ)로 나타내며 자오선에 내린 수선의 연장이 적도면과 이루는 각이다. 북반구에서는 북위, 남반구에서는 남위라고 하며 적도를 위도 0°로 하고 남·북쪽으로 각각 0°~90°까지 표기하고 있다.

또한, 타원체고(ellipsoidal height)는 준거타원체상의 높이를 말하며 타원체면으로부터 지표상의 측점까지의 수직거리로 측정하며 측지고라고도 한다. 표고(elevation)는 평균해수면에서 그 점까지 이르는 연직거리이다. 우리나라에서는 인천만의 평균해수면(mean sea level)을 사용하며 이는 가상면임으로 수준원점을 세워 사용한다.

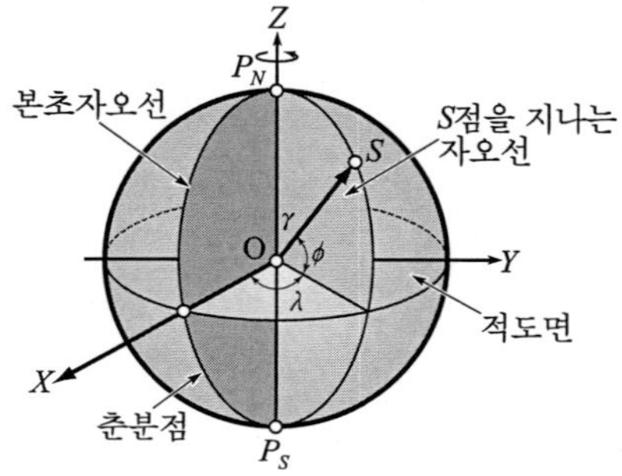

자료: 한승희, 『공간정보공학』, 구미서관, 2018.

[그림 3-4] 경위도좌표계(Geodesy 3rd. Wolfgang Torge 2001)

77) 자오선은 양극을 지나는 대원, 지축을 포함한 평면과 지표면과의 교선으로 적도와는 교차하는 선이며 본초자오선은 경도의 기준이 되는 자오선으로 경도 0°의 자오선이며 런던의 그리니치천문대를 지나는 자오선이다. 1884년 국제협정에 의해 지구의 경도원점으로 채용되었으며 1935년부터 이 자오선을 기준으로 그리니치시가 세계시로서 국제적 시간 계산에 쓰이게 되었다.

(1) 측지경위도(geodetic longitude and latitude)

경위도 좌표 체계는 전 세계적으로 가장 많이 사용되는 것으로 좌표체계(측지 또는 지리경위도)는 천구의 북극과 남극 및 관측자의 천정(zenith)과 천저를 잇는 대원인 자오선(meridian)과 적도와의 관계로 표시한다. 측지경위도는 측량에서 주로 사용하는 좌표로 기준타원체의 법선을 기준으로 한다. 기본측량과 공공측량에 있어 기준타원체에 대한 지점의 위치를 경도, 위도, 표고로 표시한 것을 측지 측량좌표((λ,ϕ, h)라 부르며 지리좌표라고도 한다. 측지경도(λ_g)는 적도면에서 본초자오선과 어느 지점의 타원체상 자오선까지의 각을 적도면을 따라 잰 각거리이며 측지위도(ϕ_g)는 어느 지점에서 준거타원체에 내린 법선이 적도면과 이루는 각거리이다.

(2) 천문경위도(astronomic longitude and latitude)

천문경위도는 천문측량을 통하여 구한 위도와 경도로 관측지점에 있어서 지오이드를 기준으로 한다. 천문경도(λ_a)는 본초자오선과 어느 지점의 천문자오선 사이의 각거리로 나타내며, 천문위도(ϕ_a)는 어느 지점의 지오이드의 법선인 연직선과 적도면이 이루는 각으로 나타낸다. 삼각측량에 의해 측지위도를 구하므로 천문위도는 연직선편차[78](deflection of the vertical)로 인해 다소 값이 다르나 연직선 편차의 차이는 실용상 무시할 수 있을 만큼 작다.

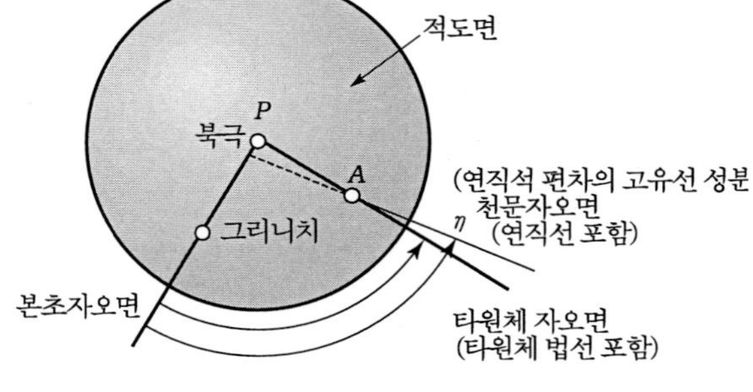

(a) 천문경도와 측지경도

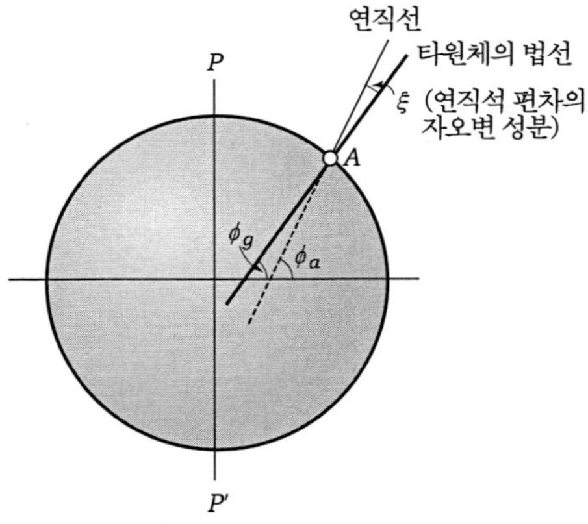

(b) 천문위도와 천문경도

자료: 한승희, 『공간정보공학』, 구미서관, 2018.

[그림 3-5] 측지경위도와 천문경위도

78) 타원체의 법선과 연직선이 이루는 차를 말하며 타원체 상의 법선을 수직선이라 하고 지오이드(등포텐셜면)에 직교하는 방향을 연직선이라 하는데 타원체와 지오이드가 일치하지 않으므로 이로 인해 편차가 발생하는데 지오이드를 기준으로 하는 경우에는 수직선편차, 타원체를 기준으로 하는 경우 연직선편차라고 한다.

2) 평면직각좌표계

평면직각좌표계(rectangular plane coordinate)는 측량지역이 넓지 않은 경우에 이용하는 좌표계이다. 타원체상의 경도, 위도는 지도투영을 통하여 평면좌표로 나타내며 소규모지역의 각종 측량계산에 사용하고 있다. 평면직각좌표계의 좌표축은 측량지역에 대해 적당한 한 점을 좌표의 원점으로 정하는데 미국의 경우 X축은 동쪽방향(+E)으로 Y축은 북쪽방향(+N)으로 하며, 우리나라 및 일본의 경우는 반대로 평면상에서 원점을 지나는 X축은 북쪽방향(+N)으로 Y축은 동쪽방향(+E)으로 표시하고 있다. 즉 자오선을 X축(남북)으로 하고 이에 직교하는 선을 Y축(동서)으로 하여 각 지점의 위치를 방향과 거리를 이용해 직각좌표(x, y) 값으로 표시한다. 평면직각좌표원점의 경우 우리나라는 서부원점, 중부원점, 동부원점, 동해원점이 있다.

- $P_1(x_1, y_1)$: $x_1 = S_1 \cos T_1$

  $y_1 = S_1 \sin T_1$
- $P_2(x_2, y_2)$: $x_2 = x_1 + S_2 \cos T_2$

  $y_2 = y_1 + S_2 \sin T_2$

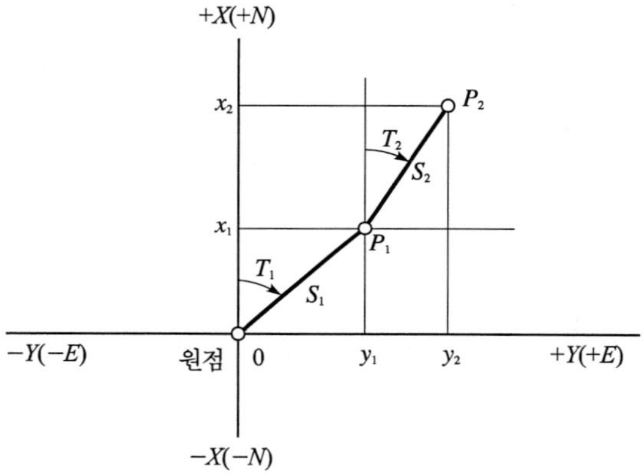

자료: 한승희, 『공간정보공학』, 구미서관, 2018.

[그림 3-6] 평면직각좌표

평면직각좌표에서 임의 지점에서 다른 지점을 표시하는 방향은 방향각[79](grid azimuth, direction angle)으로 표시하는데 이 방향각과 방위각[80](azimuth angle)은 좌표원점에서 일치하나 동서로 멀어질수록 그 차이는 커진다. 방향각은 X축과 평행한 축의 도북을 기준으로 시계방향으로 잰 각(T)이며 방위각은 자오선의 북방인 진북을 기준으로 시계방향으로 잰 수평각(α)이다. 여기서 지도상의 북쪽인 도북은 수평각 관측과 계산의 기준이 되며 실제 지구의 북극이 가리키는 방향인 진북과는 차이가 발생하는데 이를 자오선수차(meridian convergence)라 한다. 자오선수차는 자오선 방향을 기준으로 진북방향각은 좌표축 방향을 기준으로 나타낸 값이다. 따라서 자오선수차는 진북방향각과 절대치는 같고 부호는 반대로 된다.

- $\gamma = (\lambda - \lambda_0)\ \sin\phi$

여기서, $(\lambda - \lambda_0)$: 주자오선과 국지자오선 간의 경도차

---

79) 한 점에서 어떤 방향을 기준으로 다른 점의 방향까지의 각으로 보통 평면직각좌표계의 X축의 정방향을 기준으로 우회로 관측한 값이다.

80) 자오선상의 북점을 기준으로 수평면상에서 동쪽으로 돌아가며 잰 각이다. 최대값은 360°이다.

φ : 관측지점의 위도

[진북방향각} = −[자오선수차]

방위각(α) = 방향각(T) −진북방향각(± r)

지적측량에서 평면직각좌표계는 투영원점에 의한 좌표의 등록 방법으로 위성기준점, 지적기준점(지적삼각점, 지적삼각보조점, 지적도근점) 및 일필지의 경계점을 좌표(x, y)를 등록하는데 사용된다.

3) UPS 좌표계

국제극심입체좌표(universal polar stereographic coordinate; UPS)계는 양극지역의 좌표를 표시하는데 이용되는 좌표계로 UTM좌표에서 투영된 84°N~80°S이외의 부분에 해당되는 지역의 좌표를 표시하는데 사용한다. UPS좌표계는 구심 입체 투영법에 의한 것으로 양극을 원점으로 하는 평면직교좌표계를 사용하고 거리좌표는 m단위를 사용하며 종선좌표는 N으로 횡선좌표는 E로 표시한다.

① 좌표축 : 종축(남극은 경도 0°, 북극은 180°인 자오선), 횡축(90°W 및 90°E)

② 좌표원점 : 종좌표(2,000,000mN), 횡좌표(2,000,000mE)

③ 구역표기 : 남극부(A, B), 북극부(Y, Z)

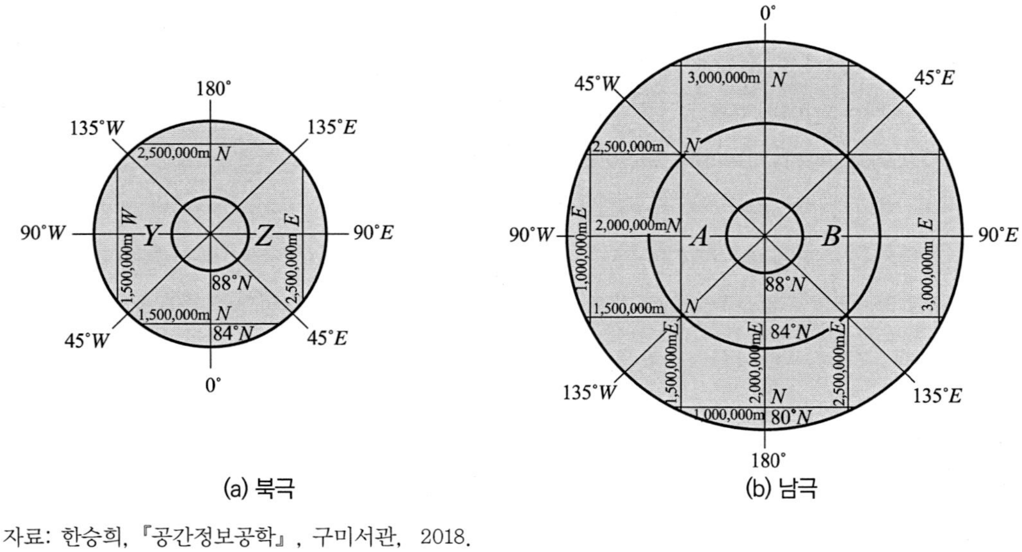

(a) 북극 (b) 남극

자료: 한승희, 『공간정보공학』, 구미서관, 2018.

[그림 3-7] UPS좌표계(DMA Technical Manual, 1986)

4) 천구좌표계

지구상의 임의의 점에서 천정[81](zenith)의 위치를 천문경위도로 나타낸 천구좌표계(celestial coordinate system)계는 위성, 행성, 항성, 은하 등 천체의 위치를 나타낼 때 사용하는 구면좌표계(spherical coordinates system)이다. 구면좌표계는 3차원 공간상에 존재하는 위치를 나타내는 좌표계 중 하나로 중심에서의 거리, 방위각, 위도를 이용하여 3차원 위치를 표시하는 방법이다. 천구좌표계의 종류로는 천체의 고도와 방위각으로 위치를 나타내는 지평좌표계(horizontal coordinate system), 적경과 적위로 천체의 좌표를 표시하는 적도좌표계(right ascension system), 황도[82]를 기준으로 천체의 위치를 나타내는 황도좌표계(ecliptic coordinate system), 은하적도를 기준으로 천체의 위치를 표시하는 은하좌표계(galactic coordinate system) 등이 있다.

(1) 지평좌표계

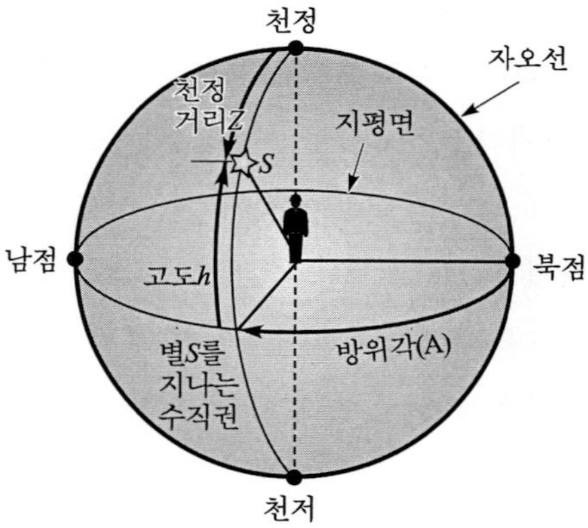

자료: 천문우주지식정보, 한국천문연구원

[그림 3-8] 지평좌표계

관측자를 중심으로 천구 상에서 천체의 위치를 표시하는 지평좌표(horizontal coordi-nate)는 천체를 지나는 수직권(vertical circles)[83]을 따라 지평면에서 천체까지 수직으로 잰 각인 고도(h)와 수직권과 자오선 사이를 북점을 기준으로 시계방향으로 잰 각인 방위각(A)으로 천체의 위치를 표시하는 좌표계를 말한다. 지평좌표에서 임의의 좌표는 고도각과 방위각이며 고도 대신에 고도의 여각에 해당하는 천정에서 천체까지의 각도인 천정각(천정거리+고도=90°)을 사용하기도 한다. 고도는 0°~90° 사이의 값을 가지며 방위각은 0°~360° 사이의 값을 갖는다. 북극성의 위치를 지평좌표로 나타내면 고도는 그 지방의 위도와 같으며 방위각은 0°가 된다.

---

81) 관측자를 지나는 연직선(중력의 방향)이 위쪽에서 천체와 교차하는 점을 말한다. 반대로 아래쪽에서 교차하는 점은 천저라 한다.

82) 1년 중 하늘에서 태양이 움직이는 겉보기 궤도를 황도라 하며 지구궤도면이 천구와 만나는 대원이다. 적도면과 황도면은 황도경사각 23°26.5'만큼 기울어져 있어서 오직 두 분점에서만 만난다.

83) 천구에서 관측자를 중심으로 할 때 천정과 천저를 지나는 무수히 많은 대원을 말하며 천정과 천저를 잇는 축은 천구의 지평선과 수직을 이루는데 이 대원을 수직권이라 한다. 따라서 수직권은 지평선과 수직하며 어떤 천체도 이 수직권에 나타낼 수 있게 된다.

지평좌표는 천체의 일주운동 때문에 시간에 따라 방위각과 고도가 변하며 관측자의 위치가 달라질 경우에도 좌표 값이 달라진다. 지평좌표의 측정은 경위의를 이용하여 측정할 수 있다.

(2) 적도좌표

적도좌표계(right ascension system)는 춘분점과 적도면을 기준으로 지구의 북극과 남극, 적도를 천구 상에 투영하여 만든 것으로 적경과 적위 또는 시간각과 적위로 천체의 위치를 표시하는 좌표계이다. 지구에서 경도와 유사한 적경(a)은 춘분점에서 반시계 방향인 지구자전 방향으로 천구의 적도면을 따라 천체의 시간권까지 잰 각으로 0h~24h의 시간으로 표시하며 적위(δ)는 천구의 적도면에서 시간권을 따라 천체까지 남북 방향으로 잰 각을 말하며 천구 적도를 기준으로 북반구는 (+)로 천구의 적도면에서 천구까지의 각거리이다. 또한 남반구는 (−)로 표시하며 적도면에서 천저까지의 각거리이다. 적위는 0~±90˚의 각도로 나타낸다.

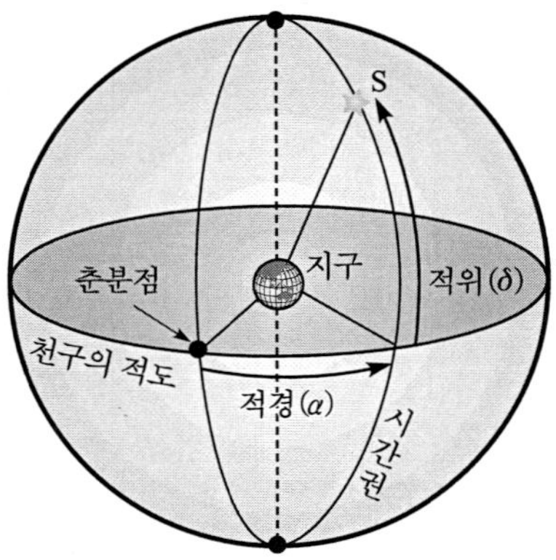

자료: 천문우주지식정보, 한국천문연구원

[그림 3-9] 적도좌표계

천구좌표계 중 가장 널리 이용되는 적도좌표계는 천구와 함께 회전함으로 시간과 장소에 따라 변하는 지평좌표계와는 달리 천체의 일주운동이나 관측자의 위치에 관계없이 천체의 위치를 일정하게 똑같이 표시할 수 있으므로 천체를 관측하는 데는 유용하게 사용된다.

(3) 황도좌표

황도좌표계(ecliptic coordinate system)란 지구 공전궤도면과 천구면이 만나서 만드는 황도를 기준으로 황도상에서 춘분점으로부터 동쪽으로 잰 각거리(0~360°)인 황경(λ)과 황도상에서 북극과 남극으로 잰 각거리(0~±90°)인 황위(β)로 천체의 위치를 표시하는 좌표계를 말한다. 황도좌표계는 적도좌표계를 23.5° 경사시킨 것과 같으며 두 분점인 춘분점과 추분점에서 만난다. 또한 절기에 상관없이 태양의 황위는 0°이며 황경은 계절에 따라 춘분(0°), 하지(90°), 추분(180°), 동지(270°)이다. 황도는 1년 중 하늘에서 태양이 움직이는 겉보기 궤도를 말하며 지구궤도면이 천구와 만나는 대원이다. 황도좌표계는 일반적으로 태양계 내의 천체의 위치를 표시하는데 편리하다.

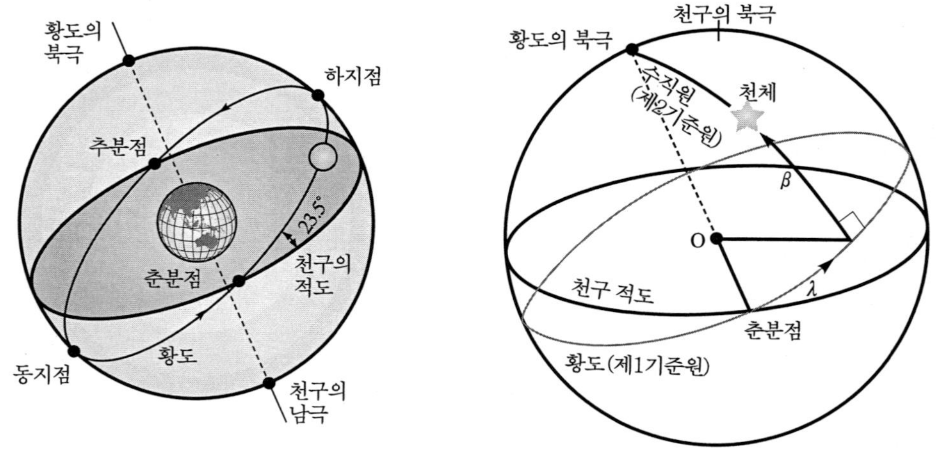

자료: 천문우주지식정보, 한국천문연구원

[그림 3-10] 황도좌표계

(4) 은하좌표

은하좌표계(galactic coordinate system)란 은하의 대원을 기준으로 천체의 위치를 나타낸 것으로 은하 중심 방향으로부터 은하적도를 따라 반시계 방향인 동쪽으로 잰 각(0~360°)인 은경(l)과 은하적도에서 은하북극과 은하남극 쪽으로 잰 각(0~±90°)인 은위(b)로 천체의 위치를 표시하는 좌표계를 말한다. 은하좌표계의 기준은 은하 적도면과 천구면이 만나는 은하적도를 기준으로 하며 천구적도에 대하여 63° 만큼 기울어져 있으며 은하적도의 두 극을 북은극(+), 남은극(−)이라 한다.

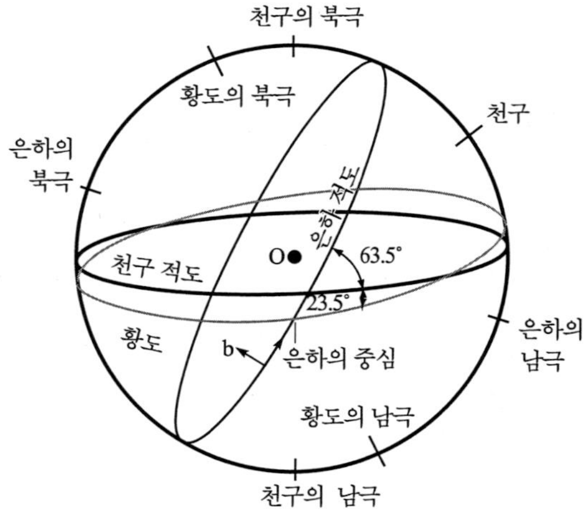

자료: 천문우주지식정보, 한국천문연구원

[그림 3-11] 은하좌표계

5) UTM좌표계

UTM 좌표계(universal transverse mercator coordinate system)는 1948년 미국 국방성지도국이 군사적인 목적으로 고안한 격자 좌표 체계로 적도를 횡축으로 자오선을 종축으로 하는 국제평면직각좌표이다. 일반적인 지리 좌표 체계는 극지방으로 갈수록 직사각형 모양이 작아지는 반면, UTM 좌표계는 직사각형 모양을 유지하면서 면적, 거리, 방향, 위치 등을 표현하기에 편리하다. 일반적인 지리좌표체계가 각 지점의 위치를 경도와 위도로 나타내는데 반하여, UTM 좌표계는 구역(zone)의 고유번호 숫자와 가상적인 원점으로부터 북과 동으로 떨어진 거리를 m로 나타낸다.

(1) 종대(column)

UTM 좌표 격자 중 종축은 180°W(서경) 자오선에서 시작하여 동쪽으로 경도 6°간격으로 총 60개의 종축을 형성하고 있으며 60개 구역 각 종대의 중앙자오선과 적도의 교점을 경도 원점으로 하여 자오선에 대하여 횡메르카토르투영법으로 등각 투영한다. 60개의 세로 구역에 대해 남북 방향으로 왜곡이 상대적으로 적은 횡단메르카토르 투영을 하는데 각 구역의 중앙 자오선의 축척 계수(k)는 0.9996(TM좌표의 축척계수는 1.0000)이다.

(2) 횡대(row)

UTM 좌표 격자 중 횡축은 적도를 기준으로 80°S(남위)부터 84°N(북위)까지 20개로 나누고 각각의 종대를 다시 20개의 가로 격자로 나눈다. 각 가로 격자는 위도 8° 간격이며 가장 북쪽의 격자(72~84°N)는 12°로 되어 있다. 각각의 직사각형 격자는 숫자와 알파벳으로 된 기호를 함께 써서 나타내는데 C(80°S~72°S)부터 X(72°N~80°N)까지 20개 알파벳으로 표기(I, O 제외)하여 종대와 횡대를 경도 6°× 위도 8°의 사각형 격자망을 형성하고 있다. 우리나라의 경우는 UTM 좌표계에서 51, 52 종대 및 S, T 횡대에 위치하며 1:50,000 군용지도에 사용하고 있다.

- 종대 51 : 120°~126°E (중앙자오선 123°), 횡대 S : 32°~40°N
- 종대 52 : 126°~132°E (중앙자오선 129°), 횡대 T : 40°~48°N

(3) 좌표표기

UTM 좌표의 표기는 세로 격자와 종·횡 좌표로써 표현된다. 각 구역의 중앙을 지나는 자오선과 적도가 만나는 점을 원점으로 하고 대상점의 종좌표와 횡좌표는 미터로 표시하며 종좌표는 대상점의 적도로부터의 투영거리이며 횡좌표는 대상점이 속한 구역의 중앙 자오선으로부터 대상점까지의 투영거리이다. 또한, 좌표가 음수로 표시되는 것을 방지하기 위해 북반구에서는 원점의 좌표를 횡선 500,000m, 종선 0m로 하고 남반구에서는 횡선 500,000m, 종선 10,000,000m로 한다. 따라서 적도는 북반구이면 0m N이고 남반구이면 10,000,000m N으로 나타내며 북반구에 위치한 지점들은 (500,000m E, 0m N), 남반구에서는 (500,000m E, 10,000,000m N) 내에서 표시된다.

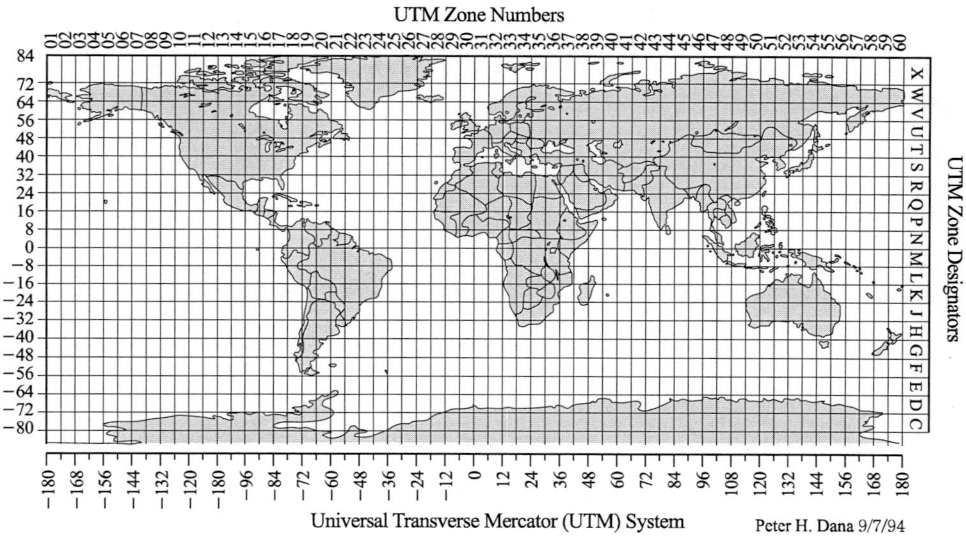

자료: 한승희, 『공간정보공학』, 구미서관, 2018.

[그림 3-12] UTM 좌표 및 원점

6) UTM-K 좌표계(한국형 UTM좌표계)

UTM-K 좌표계는 UTM 도법을 우리나라에 지역에 맞게 기준점을 옮긴 것으로 전국규모의 연속적인 자료구조를 가진 기본지리정보의 생산 및 구축에 활용하기 위한 단일평면직각좌표계로 한반도 전역을 적용구역으로 하여 원점의 경위도는 동경 127°30′00.000″ 위도 북위 38°00′00.000″로 설정 하였다. 사용한 투영법으로는 T.M으로 하고 축척계수는 기존의 TM에서는 1.0000이었지만, UTM-K에서는 UTM과 같이 0.9996으로 하였다. 투영원점의 수치는 기존 직각좌표와의 혼란방지와 차별화를 위해 투영원점의 수치를 X(N) 2,000,000m, Y(E) 1,000,000m로 정하였다.(건설교통부고시 제2004-131호) 현재 국가공간정보유통시스템(NSIC)에서 다운로드 받은 도로명주소의 좌표계는 GRS80 타원체의 UTM-K 좌표계이다.

2 측지계

2.1 지구의 형상

지구의 형상은 지구 외형에 대한 모양과 크기를 말하며 크게 실제의 물리적 지표면(physical earth surface), 지오이드(geoid) 및 타원체(ellipsoid)로 분류할 수 있다. 또한, 타원체는 타원의 중심축을 기준으로 회전할 때 생기는 입체타원체인 회전타원체(spheroid of revolution), 타원체 중 부피와 모양이 지구와 가장 가까운 형상을 가지고 있는 지구타원체(earth ellipsoid), 어느 지역의 지오이드와 가장 유사한 타원체로지역 측지측량의 기준이 되는 준거타원체(reference ellipsoid), 나라마다 상이하게 표현하는 지구타원체가 아닌 통일된 값을 통해 세계적으로 동일하게 표현하는 WGS84(world geodetic system 1984)와 GRS80(geodetic reference system 1980)과 같은 국제지구타원체(international earth ellipsoid)로 분류할 수 있다.

여기서, 물리적 지표면은 육지와 바다를 포함하여 매우 불규칙하고 복잡한 구조로 이루어져 있어 측지계 및 측량의 기준으로 사용하기에는 어려움이 있다. 따라서 지구의 형상을 정의하는데 있어 측지학적 관점에서 물리적인 지오이드와 기하학적인 타원체를 사용하고 있다. 측지계(geodetic reference system)는 지구상의 위치를 물리적인 지구에 가장 적합하도록 구현하고자 적당한 차원의 수량적 좌표로 표현하기 위한 체계를 말하며 지구의 형상을 결정하는 측량에는 천문측량(astronomical surveying), 측지측량(geodetic surveying), 중력측정(gravity measurement) 등이 있다.

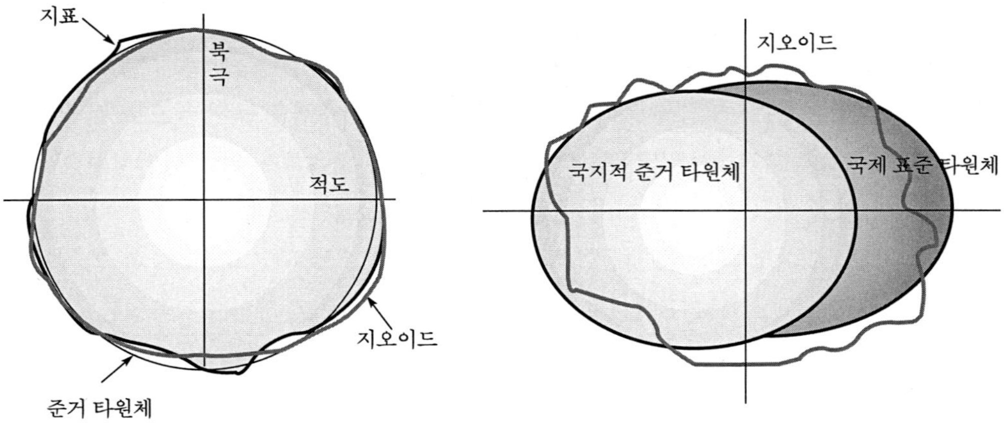

[그림 3-13] 지표면, 지오이드 및 타원체

1) 물리적지표면

물리적지표면(physical surface of the earth)은 실제 지형표면을 말하는 것으로 육지, 해양 등 자연 그대로의 상태를 말한다. 일반적으로 지표면은 형상이 복잡하여 수학적 계산의 기준으로 사용하기에는 어려움이 있고 그 형상을 수학적으로 표현하는데 한계가 있다. 복잡하고 불규칙한 지표면의 경우 타원체와 유사하지만 최대 8.5km차이가 있어 지도제작 및 측량의 기준면으로 사용하기 어렵다. 그러나 실제의 측량작업은 물리적 지표면상에서 이루어지며 이 면에 각종 측점이 설치되어 있으므로 중요하다. 이와 같이 지구의 물리적 형상을 그대로 사용할 수 없으므로 지표면의 형상을 표시하기 위해 기하학적 형상인 회전타원체(rotation ellipsoid)로 정리하여 측량에 활용하고 있다. 또한 실제 모양과 부피가 지구와 가장 유사하고 측량지역의 지오이드와 가장 가까운 지구타원체(earth ellipsoid) 모형을 규정하여 지도제작에 필요한 기준점측량, 경위도 결정, 투영계산의 기준으로 사용하고 있다.

2) 지구타원체

지구는 빠른 자전 속도로 인하여 완벽한 구면이 아니며 지구 형상은 단축 주위로 회전하는 타원체로 고려되며 적도 쪽이 좀 더 길쭉한 타원형의 입체로 수학적으로는 편평타원체(oblate ellipsoid)의 형상이다. 이는 적도반지름이 극반지름 보다 약 42.6km 큰 타원체의 형상을 이루고 서쪽에서 동쪽으로 회전하고 있으므로 회전타원체로 규정하고 있다. 기하학적 타원체는 굴곡이 없는 매끈한 면으로 되어 있으며 지구 반지름, 표면적, 경위도, 편평도, 표준중력, 삼각측량, 지도제작 등의 기준으로 활용하고 있다.

타원체는 지오이드와 가장 근접되는 간편한 수식으로 나타낸 것이므로 수학적인 형상을 나타낼 때 중요하며 지구상 임의의 지역의 대지측량계의 기준이 되는 타원체는 측지위치 계산의 근거가 된다. 그러나 타원체면은 지표면이나 지오이드와는 달리 물리적으로 존재하지 않으며 현재까지 많은 타원체가 제시되어 있다. 타원체를 정의하는 요소는 장반경(a), 단반경(b), 이심률(e), 편평률(f)이며 보통 장반경과 편평률로 특징지어진다.

지구 회전타원체의 곡률 반지름은 다음 식으로 계산된다.

지구를 구로 간주하고 사용하는 평균곡률반경(mean radius of curvature)은

- $r = \sqrt[3]{a^2 \cdot b} \fallingdotseq 6,370\text{km}$ 이다.

여기서, a : 적도반경, b : 극반경,

편심율 $(e) = \dfrac{\sqrt{a^2 - b^2}}{a}$ (제1이심율 : $(e_1^2) = \dfrac{a^2 - b^2}{a^2}$, 제2이심율 : $(e_2^2) = \dfrac{a^2 - b^2}{b^2}$)

편평율$(f) = \dfrac{a-b}{a} = 1 - \dfrac{a}{b} = 1 - \sqrt{1-e^2}$ 이다.

회전타원체의 매개변수 a와 b, e, f 중 1개가 정의하면 회전타원체의 크기를 정할 수 있다. 일반적으로 a와 f가 타원체를 정의하는데 사용된다. 이들 값들을 지표면 여러 방향에 대해 구하고 그 결과를 최소제곱법으로 처리하여 지구전체의 평균값으로 한다. 타원체면상에서 평균곡률반경은 자오선곡률반경(M)과 묘유선곡률반경(N)의 기하학적 평균을 말한다.

위도(Φ)의 크기에 따라 달라지는 자오선곡률반경(M)은

- $M=\frac{a(1-e^2)}{\sqrt{(1-e^2\sin^2\Phi)^3}}$

자오선에 직각방향 즉 횡방향의 곡률반경인 묘유선곡률반경(N)은

- $N=\frac{a}{\sqrt{1-e^2\sin^2\Phi}}$

자오선 곡률반경과 횡곡률반경을 평균한 평균곡률반경(r_m)은

- $r_m=\sqrt{M\cdot N}=\frac{a\sqrt{(1-e^2)}}{1-e^2\sin^2\Phi}$

임의 방향의 곡률반경(r_a)은

- $r_a=\frac{M\cdot N}{M\cdot\sin^2 a+N\cdot\cos^2 a}$ 이다.

회전타원체상에서 경위도의 길이를 구하려면 자오선곡률반경(radius of curvature of the meridian)과 횡 곡률반경(radius of curvature of the prime vertical)을 알아야 한다. 지구는 완전 구체가 아니고 타원체이므로 자오선상의 곡률반경이 다르게 되며, 자오선 곡률반경은 타원인 자오선의 곡률반경으로서 적도상에서는 장반경의 길이와 같으나 위도가 높아질수록 그 값도 커진다. 횡 곡률반경은 위도권의 접선에 수직하는 법선의 반경을 말하며 위도가 높아질수록 커져 극에서는 자오선 곡률반경과 같아진다.

지구는 지형에 따라 모양이 복잡하지만 가장 근사한 편구면(oblate spheroid)을 이용하여 지구타원체로 이해한다. 지구타원체상의 임의 점에 대한 타원체의 법선인 수직선(normal line)과 이를 통과하는 지오이드(등포텐셜면)에 직교하는 방향인 연직선(vertical line or plumbline)은 엄밀하게는 일치하지 않아서 미소한 차이를 보이는데 지오이드를 기준으로 하는 경우에는 수직선편차라고하며 타원체를 기준으로 하는 경우 연직선편차라고 한다. 그러나 그 차이가 극히 미소하여 일반적으로 연직선편차(deflection of the vertical)라고 하며 물리적으로 존재하는 유일한 선이다.

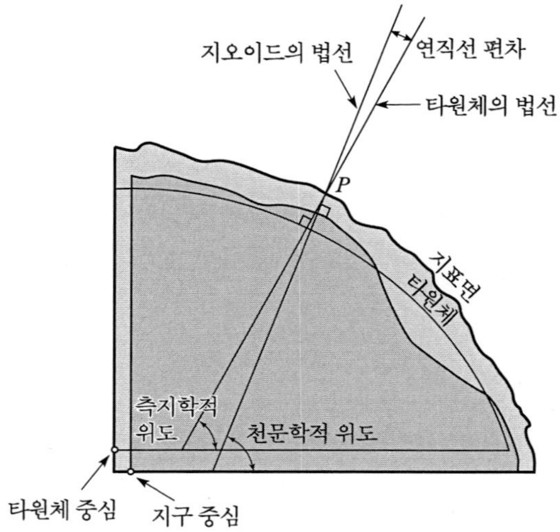

자료: 한승희, 『공간정보공학』, 구미서관, 2018.

[그림 3-14] 연직선 편차(Introduction to Geodesy James R.Smith 1997)

연직선의 방향은 천문관측에 의한 천문경위도 λa 및 ϕa에 의해서 구해지며 타원체의 법선은 측지측량으로 얻은 측지경위도 λg 및 ϕg에 의해서 주어지므로, 연직선편차는 ξ=ϕa−ϕg, η=(λa−λg) cosϕa로 표시한다.

여기서, η : 연직선편차의 위선 성분, λg, ϕg : 측지경위도, λa, ϕa : 천문경위도

지구타원체(earth ellipsoid)는 부피와 모양이 실제 지구와 가장 가까운 회전 타원체로 지표의 기복과 지하물질의 밀도분포 및 구조 등의 영향을 무시한 기하학적인 회전타원체이며 어느 지역의 대지측량의 기준이 되는 타원체로 기준타원체(reference ellipsoid) 또는 준거타원체(reference ellipsoid)라고도 한다. 측량의 결과를 가지고 지도를 제작할 경우 측량지역의 지오이드에 가장 가까운 지구타원체를 선정해야 하는데 기준타원체는 장반경(a), 단반경(b), 편평율(편평도; f), 편심율(이심율; e) 등으로 정의된다.

〈표 3-1〉 준거타원체의 종류

기준타원체	a(km)	b(km)	$f=\frac{a-b}{a}$	사용국가
Everest 1830	6,377.299	6,356.098	1/300.80	인도, 스위스
Bessel 1841	6,377.397	6,356.079	1/299.15	한국, 일본, 동남아, 러시아, 독일
Clarke 1866	6,378.206	6,356.584	1/294.98	북아메리카, 캐나다
Clarke 1880	6,378.249	6,356.515	1/293.47	프랑스, 남아프리카
Helmert 1906	6,378.200	6,356.818	1/298.30	이집트
Hayford 1909	6,378.388	6,356.912	1/297.00	남미, 영국, 서유럽, 호주 I.U.G.G.(1924) 국제타원체
International 1924	6,378,388	6,356.911	1/297.00	유럽
Krasovski1940	6,378.245	6,356.863	1/298.30	러시아, 동유럽, 루마니아
Australian National 1966	6,378,160	6,356.774	1/298.25	오스트레일리아
South American 1969	6,378,160	6,356.774	1/298.25	남아메리카
GRS 1980	6,378.137	6,356.752	1/298.257	I.U.G.G.(1979) 국제타원체
WGS 1984	6,378.137	6,356.752	1/298.257	국제 타원체 GPS
IERS 2003	6,378.136	6,356.751	1/298.256	-

국제타원체(international ellipsoid)는 각 나라마다 다른 지구타원체를 사용함으로서 전세계적으로 일관된 측지측량값을 사용하기가 곤란함으로 1924년 국제측지학지구물리학연합(international union of geodesy and geophysics: IUGG)이 통일된 지구타원체 값을 사용하기 위해 1909년 미국의 헤이포드가 발표한 지구타원체 값을 총회에서 채택한 타원체이다. 헤이포드 지구타원체는 유럽과 남아메리카에서 채택한 반면에 우리나라를 비롯한 일본과 독일은 베셀 지구타원체를 채용한 바 있다. 그러나 인공위성 측정에 의하여 결정된 편평률을 기초로 한 측위시스템이 적용되면서 많은 국가에서는 세계측지계(world geodetic system)로의 변환이 이루어지고 있으며, 1967년 중력자료 보정을 위하여 GRS67(geodetic reference system)이라 불리는 측지정수계를 채택하고 1979년 17차 총회에서 측지기준계로 GRS80을 선정하게 되었다. 우리나라는 2001년 12월 19일 측량법을 개정하여 측량의 기준으로서 세계측지계(GRS80)를 채택하고 있다. 한편 GPS측량에서는 지구중심좌표계인 WGS84(world geodetic system 1984)를 기준좌표계로 사용하여 지도학, 측지학, 항법 등에 활용하고 있다.

3) 지오이드

지구타원체는 기하학적으로 정의된 데 비하여 지오이드(geoid)는 평균해수면(mean sea level)을 이용하여 지구의 모양을 나타낸 것으로 중력장 이론에 의하여 물리적으로 정의한다. 또한 지구 내부의 질량분포에 의한 중력의 크기가 장소마다 다르기 때문에 모양이 불규칙적이고 각 지점에서 중력의 방향은 지오이드와 수직을 이룬다. 지오이드는 복잡한 지표면보다는 단순하며 회전타원체보다는 실제 지구와 가까운 모양을 나타내고 있다. 일반적으로 지오이드란 바다를 육지에 연결하여 지구의 전 표면이 정지한 해수면으로 덮였다고 가정한 곡면을 말한다. 정지하고 있는 수면은 어느 곳에서나 중력의 방향에 수직인 등포텐셜면(equipotential surface)을 이루고 있으며 중력 포텐셜은 지구와의 만유인력 포텐셜과 지구 자전에 의한 원심력 포텐셜의 합으로 표현된다. 지오이드는 지구의 평균 해수면과 가장 가까운 면이므로 등포텐셜면이라고 정의할 수 있고 수직위치의 기준면이 된다.

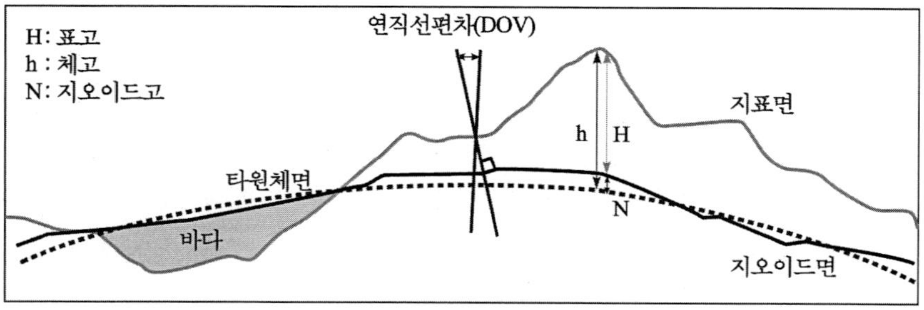

[그림 3-15] 지오이드, 타원체

수준 측량에서 정하는 표고는 평균해수면으로부터의 연직거리, 즉 지오이드로부터의 연직거리임으로 엄밀한 의미에서 지오이드의 실제 형상을 알아야 한다. 지오이드와 지구타원체 간의 높이차를 지오이드고(geoidal height)라고 한다.

- $N \fallingdotseq h - H$

여기서, h : 타원체고(ellipsoidal height), H : 정표고(orthometric height), N : 지오이드고(geoidal height)이다. 일반적으로 지구상 어느 한 점에서는 지구타원체의 법선과 지오이드의 법선이 일치하지 않으므로 두 법선간의 차이가 발생하는데 이 차이를 연직선편차라 한다.

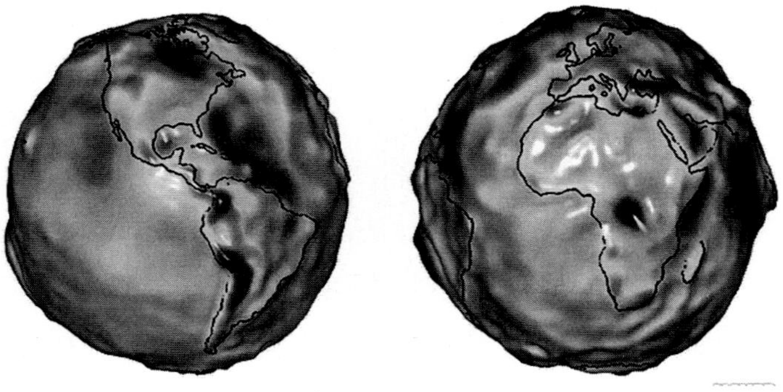

자료 : https://www.jpl.nasa.gov/spaceimages/details.php?id=PIA12132

[그림 3-16] 지구 모습(세계중력)

2.2 동경측지계(지역측지계)

측지계는 지구상의 제점 위치 및 지구의 형상을 표현하는 좌표계 및 타원체를 총칭한다. 측지계는 크게 지역측지계와 세계측지계로 구분할 수 있다. 우리나라의 경우 세계측지계 도입 이전 지역측지계인 동경측지계(Tokyo datum)가 기준이 되었다. 지적분야는 2019년 현재 동경측지계를 사용하고 있으며, 세계측지계의 전면 도입을 계획하고 있다..

동경측지계는 베셀(Bessel)1841 타원체를 채택하고, 원점을 동경의 구 동경천문대 내에 설치하였다. 그리고 천문관측에 의하여 결정된 경위도 원점의 값과 원방위각을 기준으로 구축되었다. 동경측지계는 1910년대 토지조사사업에서 지적도 제작을 위하여 채택된 측지계이며 동경원점을 기준으로 일본의 대마도 삼각점으로부터 해상 약 80km 떨어진 한국의 거제도와 절영도에 연결하여 전국을 관측하였다. 그렇기 때문에 실제로 대삼각본점인 거제도와 절영도 삼각점이 원점의 역할을 하였다.

1880년에 일본이 근대적 측지측량을 착수하기 위해 동경의 국토지리원 구내에 설치한 원점으로 1885년에 관측을 완료하여 결과를 발표하였다. 이후 경도는 1918년 문부성고시에 의하여 현재 경도값인 대자오중심의 값으로 변경하였으며 그 당시 대자오 중심의 경도와의 차가 +10.405″인 것으로 나타나 모든 삼각점의 경도에 +10.405″를 더하게 되었다.

〈표 3-2〉 우리나라 삼각점의 출발점 제원

위 치	북 위	동 경	비 고
동경원점	35°39′17.5148″	139°44′40.5020″	일본 동경의 국토지리원
원방위각	156°25′28.442″		녹야산 삼각점
거제도	34°50′56.7549″	128°41′31.1968″	
절영도	35°04′46.0656″	129°03′16.2544″	

우리나라 측지계의 기준이 되는 베셀타원체는 1841년 독일인이 발표한 타원체로 우리나라를 비롯하여 일본, 독일 등에서 사용하고 있다. 베셀타원체의 표면의 일부를 최대한 변형 없이 평면으로 변환하기 위해 지적도면의 투영법으로는 축척계수를 1.0000으로 하는 TM 투영법인 가우스상사이중투영을 사용하였다.

좌표계는 임의의 지역에 대한 기준 지점을 좌표의 원점으로 정하고, 원점을 중심으로 TM투영한 평면상에서 원점을 지나는 자오선을 X축, 동서방향의 위도선을 Y축으로 하여 각 지점의 위치를 m단위의 평면직각좌표계(TM)로 표시한다. 이것이 지적 분야에서 채택하고 있는 좌표계이다.

2.3 세계측지계

세계측지계는 좌표계의 원점을 지구의 질량 중심으로 하며 지구를 가장 근사한 준거타원체로 위치를 경도·위도 및 지구중심으로부터의 높이로 나타내며 세계 각국에서 공통으로 이용하는 것을 목적으로 구축된 것이다.

세계측지계는 우리나라를 비롯해 많은 국가가 육지부의 측지 기준좌표계로 사용하고 있는 ITRF[84]와 미 국방성의 GPS 위성체계로 항법에 채용하고 있는 WGS계 및 러시아가 채용하고 있는 PZ(PE)의 3가지가 있다.

ITRF 좌표계는 3차원 직교좌표계로 1991년에 국제측지학협회(IAG)에서 GPS 궤도 추적국의 관리와 정밀력 산정, 지상 관측점의 좌표 결정을 위해 IGS(international GPS service for geodynamics)를 설치하고 ITRS(international terrestrial reference system)

84) 국제지구회전사업(IERS)에서 구축한 지구중심좌표계를 기준으로 하는 3차원 직교좌표계로, 이 좌표에서는 지구 질량 중심에 원점을 두고, X축을 그리니치자오선과 적도와의 교점 방향에, Y축을 동경 90° 방향에, Z축을 북극 방향에 고정하였고, 공간상의 위치를 X, Y, Z의 수치로 표현한다. ITRF는 조석변위와 같은 지구의 순간 변화까지 고려하여 결정되고 정기적으로 수정, 보완된다. 현재 ITRF2000 (ITRF88, 89, 90, 91, 92, 93, 94, 96)을 사용하고 있다.

기준계에 근거하여 매년 결과를 발표하고 있다. 이 결과가 바로 국제지구기준좌표계인 ITRF 기준계이다. ITRF의 준거타원체는 GRS80으로 국제측지학회(IAG)와 국제측지학지구물리학연합(IUGG)이 1979년에 채택한 것으로 현재 지구의 형상을 가장 잘 나타내고 있는 타원체이다.

WGS 좌표계는 전 세계적으로 지구의 형상과 물성에 가장 가깝게 정의된 기준 좌표체계로 WGS84의 경우 GRS80을 기준으로 하여 제작한 GPS 위성체계를 위하여 정의한 좌표계이다. WGS 좌표체계는 지구 중심좌표계로 도플러 기준계의 원점(NSWC 9Z-2 ; a = 6,378.145m, f = 1/298.25), 축척, 회전량 등을 수정하고 기준자오선을 국제 시보국(BIH)에서 정의한 자오선과 일치시킨 관용지표좌표체계(CTS : conventional terrestrial system)이다. WGS84의 원점은 지구의 질량 중심이며 X축은 BIH에서 정의한 본초자오선에 평행한 기준 자오면과 적도면과의 교차선이고 Y축은 X축으로부터 적도면을 따라 동쪽으로 90° 위치에서 결정된다. 또한, Z축은 지구의 회전축인 관용지표좌표축(CTP ; conventional terrstrial pole)의 방향과 평행하며 WGS84 타원체의 회전축이다. WGS84 타원체의 적도 장반경은 6,378,137m이며, 극 단방경은 6,356,752.3142m, 평편율은 1/298.257223563이다. 특히, WGS84와 국제측지학회(IAG)에서 채택한 GRS80의 경우 단반경만 0.1mm의 차이를 가지기 때문에 통상적으로 구분 없이 사용하기도 한다.

PZ 좌표계는 지구중심 직교좌표계로 러시아가 군사적인 목적으로 구축한 위성체계인 GLONASS(global navigation sputnik system) 시스템에서 사용하고 있는 범지구좌표계이다. 기준좌표계로는 러시아의 정부지구회전서비스(GERS : governmental earth rotation service)의 지구모형을 근거로 하여 만들어진 PZ-90 좌표계(Parametry Zemli 1990 : PZ-90.11, Parameters of Earth-90 : PE-90)를 사용한다.

원점은 지구의 질량 중심이며 X축은 BIH에서 정의한 본초자오선과 적도면과의 교차선이고 Y축은 PZ-90 X축으로부터 적도면을 따라 동쪽으로 90° 위치에, Z축은 지구의 회전축 방향과 평행하다. PZ-90 좌표계에서 사용하는 적도 장반경은 6,378,136m이며, 평편율은 1/298.257839303이다.

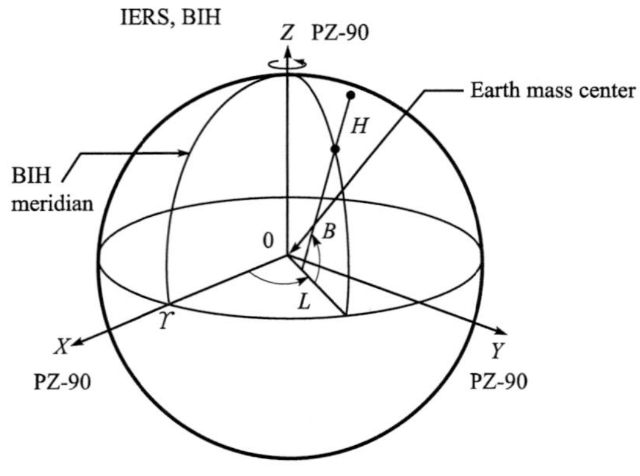

[그림 3-17] PZ-90 좌표계

지역측지계와 세계측지계 사이의 경위도 차이는 측량기술의 차이보다는 경위도를 결정하기 위한 기준의 변화 때문에 생긴 것으로 볼 수 있는데 이는 당시의 측량기술로는 지구 전체를 통일적으로 측량하는 것이 불가능하여 천문관측을 실시하여 나라마다 원점 경위도를 결정하고 그것을 기준으로 측량을 실시했다. 오늘날에는 인공위성을 이용해 지구 전체를 통일적으로 측량할 수가 있게 되어 세계적으로 통일된 기준인 세계측지계에 근거해 경위도를 결정할 수 있게 되었다. 한국측지계(korea geodetic reference system)는 2001년 측량법 개정을 통해 그동안 사용되었던 지역좌표계인 동경측지계를 폐기하고 2010년부터는 세계측지계를 도입하는 작업을 시작했으며 공공측량성과에 세계측지계 사용을 의무화했다. 지구중심 측지계인 한국측지계 2002(KGD2002)는 2002년 1월 1일 특정시점(epoch2002)에서 ITRF2000에 설정된 기준좌표계로서 준 이동측지계이다. 특정시점의 고정은 우리나라가 포함된 유라시아판(eurasian plate)이 해마다 남동쪽으로 약 3.5cm씩 이동하고 있기 때문이다. 한국측지계는 GPS에서 사용하는 WGS84와 거의 일치함으로 GPS 측량에서 생성되는 좌표를 직접 사용할 수 있게 되었다.

〈표 3-3〉 한국측지계 2002

기준계	한국측지계(KGD ; korea geocentric datum)
경위도좌표	한국측지계 2002(KGD2002 ; korea geocentric datum 2002)
평면직각좌표	한국평면좌표계2002(KNG2002 ; korea national grid 2002)
지구좌표계	ITRF2000
기준시점(epoch)	2002
타원체	GRS80
장반경	6,378,137.000m
편평률	1/298.257222101

동경원점을 기준으로한 동경측지계는 우리나라 및 일본 지형에 적합하도록 설정된 지역좌표계[85]로 세계측지계와 남동쪽으로 약 365m 편차가 발생한다. 동경측지계와 달리 세계측지계는 지구를 가장 잘 나타내고 있는 타원체로 지구중심좌표계를 사용하며 지구 질량중심을 원점으로 지역적 오차가 없는 국제표준의 3차원 직교좌표계를 이용하는 측지계이다. 또한 WGS84 좌표체계인 GPS 위성의 위치정보와도 일치하여 우리나라를 비롯한 대다수 국가에서 사용하고 있다.

85) 지역좌표란 베셀타원체를 기준으로 한 경도, 위도, 높이 또는 가우스상사이중투영에 의한 평면직각좌표와 구소삼각원점 등을 기준으로 한 평면좌표를 말한다.

〈표 3-4〉 동경측지계와 세계측지계의 차이

구분	동경측지계	세계측지계	차이
기준타원체	베셀 타원체(1841)	GRS80 타원체(1980)	
장반경	6,377,397.155m	6,378,137.000m	739.845m
단반경	6,356,078.963m	6,356,752.314m	673.378m
편평률	1/299.152812800	1/298.257222101	
데이텀	도쿄(Tokyo)데이텀	ITRF2000	

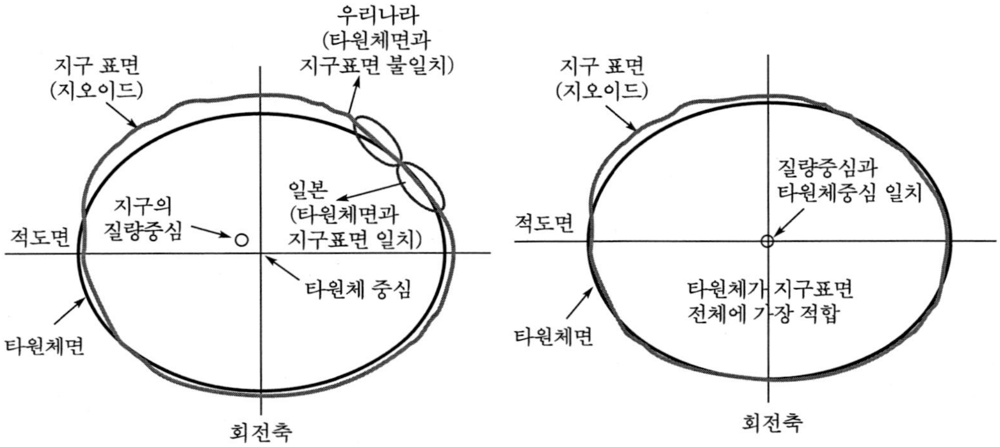

[그림 3-18] 동경측지계(좌)와 세계측지계(우)

3 지적측량의 원점

우리나라에서 측량의 기준으로 삼는 원점에는 경위도원점, 평면직각좌표원점, 구(舊)소삼각원점, 특별소삼각원점, 수준원점 등이 있다. 평면직각좌표원점은 지표상의 점을 도면상의 위치로 표시하는 평면직각좌표계에서 사용하는 원점으로 통일원점이라고도 한다.

3.1 경위도원점

지구상의 여러 점들의 수평 위치를 나타내는 방법 중에서 경위도좌표계로 표시할 때, 경도와 위도의 기준이 되는 점을 경위도 원점이라고 한다. 정밀 천문측량, 위성측량 등의 방법에 의해 결정하며, 경위도 원점은 한 나라에 있어서 모든 점들의 수평위치의 기준이 된다. 국토지리정보원은 1981년부터 1985년까지 5년에 걸쳐 대한민국 경위도원점 설치를 위한 정밀천문관측을 실시하여 국토지리정보원 고시 제57호(1985.12.27.)로 그 값을 정하였고, 2001년 12월 29일 측량법이 개정(법률 제6532호)되어 측량의 기준으로 세계측지계를 채용하고 시행령의 개정에 따라 최신 우주측지기술을 이용하여 새로운 경도, 위도 및 방위각을 결정하였다. 또한 세계측지계에 따른 우리나라 모든 측량 및 위치결정의 기준을 규정하여 새로운 측지계의 효율적 구현을 도모하였으며 국제측지 VLBI(Very Long Baseline Interferometry) 관측을 실시하여 2002년 경위도 원점의 세계측지계 좌표를 산출하였다.

〈표 3-5〉 우리나라의 경위도 원점의 제원

구 분	내 용
소재지	수원시 영통구 월드컵로 92 국토지리정보원 구내
경 도	127° 03′ 14.8913″E
위 도	37° 16′ 33.3659″ N
원방위각	165° 03′ 44.538″ : 원점으로부터 진북을 기준으로 우회측정, 우주측지관측센터에 있는 위성기준점 안테나 참조점 중앙
연 혁	1981년 08월~1985년 10월 : Wild T-4에 의한 천문측량 실시 1985년 12월 27일 : 측지원자 성과(Bessel) 고시 - 국립지리원 고시 제57호 경도 : 127° 03′ 05.1452″E 위도 : 37° 16′ 31.9034″N 방위각 : 179° 58′ 18.190″(동학산) 1995년 10월 16일 : 세계측지계 구현을 위한 VLBI 관측 2002년 06월 29일 : 경위도원점의 세계측지계 좌표 산출

3.2 평면직각좌표원점

평면직각좌표원점 서부, 중부, 동부원점은 1910년 토지조사사업을 위하여 정한 원점이고, 동해원점은 2003년 측량법에서 새로이 규정한 원점으로 TM투영평면상에서 원점을 지나는 자오선을 X축, 원점을 지나면서 X축에 직교하는 동서방향의 선을 Y축으로 하며, 지상에 표석이 없는 가상의 원점이다. 지표면상 각 점의 평면직각좌표는 TM(Transverse Mercator)투영방법으로 표시하고, X축은 좌표계 원점의 자오선에 일치하여야 하고, 진북방향을 정(+)으로 표시하며, Y축은 X축에 직교하는 축으로서 진동방향을 정(+)으로 한다. 세계측지계에 따르지 아니하는 지적측량의 경우에는 가우스상사이중투영법으로 표시하되, 직각좌표계 투영원점의 가산(加算) 수치를 각각 X(N) 500,000m(제주도지역 550,000m), Y(E) 200, 000m로 가산하여 사용하였으나 최근 전국에 대해 단일값으로 통합되어 지역에 관계없이 X(N) 600,000m, Y(E) 200,000m를 가산하여 사용하고 있다.

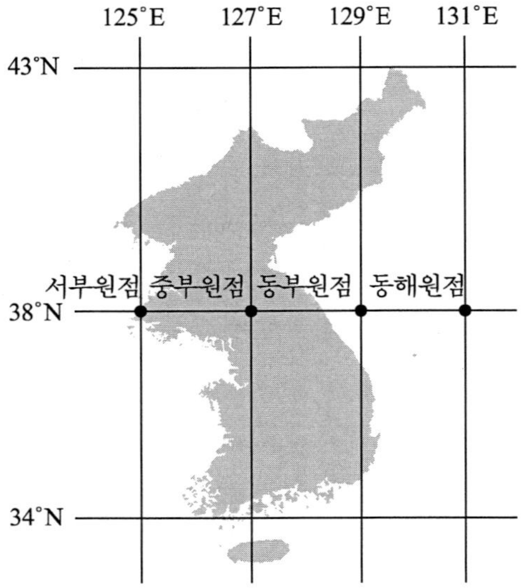

[그림 3-19] 평면직각좌표 원점

〈표 3-6〉 평면직각좌표계 원점(통일 원점)

명칭	원점의 경위도	투영원점의 가산(加算) 수치	원점축척계수	적용 구역
서부원점	동경 125° 북위 38°	X(N) 600,000m Y(E) 200,000m	1.0000	동경 124°~126°
중부원점	동경 127° 북위 38°	X(N) 600,000m Y(E) 200,000m	1.0000	동경 126°~128°
동부원점	동경 129° 북위 38°	X(N) 600,000m Y(E) 200,000m	1.0000	동경 128°~130°
동해원점	동경 131° 북위 38°	X(N) 600,000m Y(E) 200,000m	1.0000	동경 130°~132°

3.3 구소삼각원점

구 한국정부에서 대삼각측량을 거치지 못하고 독립적으로 일부지역에 한하여 소삼각측량을 실시하였는데, 경인 및 대구지역에 11개의 원점이 있으며, 측량지역으로는 27개 지역이다. 거리 단위는 간(間)과 미터(m)로 하였고, 원점은 측량지역의 중앙에 위치하고 좌표가 종선(X)=0, 횡선(Y)=0으로 하였기 때문에 종횡선 수치에 정·부(+, −)의 부호가 있으며, 1975년 지적법개정으로 전부 m 단위로 수정하였다. 천문측량을 바탕으로 삼각점에서 북극성의 최대이각(Elongation)을 측정하여 진자오선과 방위각을 결정하였다.

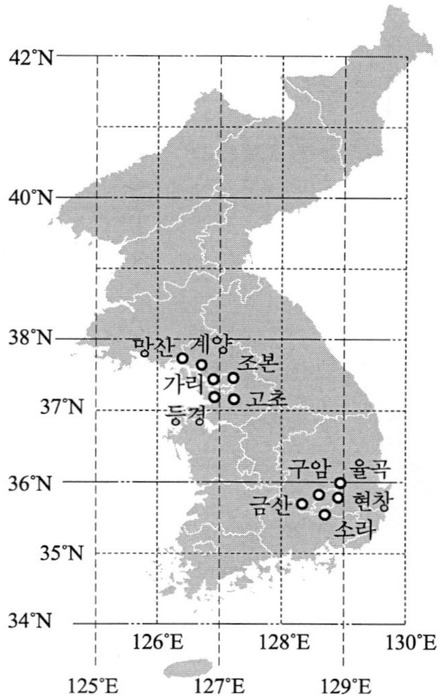

[그림 3-20] 구소삼각원점 위치

구소삼각원점을 이용한 지적측량성과를 사용할 경우에는 구소삼각원점을 사용하는 지역 중 조본원점·고초원점·율곡원점·현창원점 및 소라원점의 평면직각종횡선수치의 단위는 m로 한다. 그러나 구소삼각점을 사용하는 지역 중 망산원점·계양원점·가리원점·등경원점·구암원점 및 금산원점의 평면직각종횡선 수치의 단위는 간(間)[86]으로 한다.

〈표 3-7〉 구소삼각원점의 경위도 좌표

구분	원점 명	위 도	경 도	실시지역
미터 (m)	조본원점	37°26′35.262″N	127°14′07.397″E	경기(성남, 광주)
	고초원점	37°09′03.530″N	127°14′41.585″E	경기(용인, 안성)
	율곡원점	35°57′21.322″N	128°57′30.916″E	경북(영천, 경산)
	현창원점	35°51′46.967″N	128°46′03.947″E	대구, 경북(경산)
	소라원점	35°39′58.199″N	128°43′36.841″E	경북(청도)
	망산원점	37°43′07.060″N	126°22′24.596″E	인천(강화)
	계양원점	37°33′01.124″N	126°42′49.685″E	경기(부천, 김포), 인천

86) 길이의 경우는 1자(尺)를 10/33m인 30.30303cm로 정하였으며 자(尺)의 경우는 치(寸)와 푼(分)이 사용되는데 1치는 1/10자인 3.030303cm이며 1푼은 1/10치인 3.030303mm로서 10진법이 사용된다. 또한 1간(間)은 6자인 1.8181818m가 되며 1정(町)은 60간인 109.09091m가되고 1 리(里)는 36정으로 3.9272727km가 된다.

구분	원점 명	위 도	경 도	실시지역
간 (間)	가리원점	37°25′30.532″N	126°51′59.430″E	경기(안양, 시흥, 광명), 인천
	등경원점	37°11′52.885″N	126°51′32.845″E	경기(수원, 화성, 평택)
	구암원점	35°51′30.878″N	128°35′46.186″E	대구(달성)
	금산원점	35°43′46.532″N	128°17′26.070″E	대구(달성), 경북(고령)

3.4 특별소삼각원점

1912년 임시토지조사국에서 시가지 지세를 급히 징수하여 재정 수요를 충당할 목적으로 대삼각측량을 끝내지 못한 지역에 대하여 독립된 특별 소삼각측량을 실시하였으며, 나중에 이를 통일원점지역의 삼각점과 연결하였다. 천문측량을 실시하여 방위각을 결정하고 원점의 위치는 지역의 서남단에 위치하나 현재 성과표에 나타나있지 않는다. 원점의 좌표는 종선(X)=10,000m, 횡선(Y)=30,000m로 가산 수치를 적용하였고, 측정단위는 m 단위를 사용하고 구과량을 고려하여 실시하였다. 실시지역으로는 평양, 의주, 신의주, 진남포, 전주, 강경, 원산, 함흥, 청진, 경성, 나남, 회령, 마산, 진주, 광주, 목포, 나주, 군산, 울릉 등 19개 지역이다.

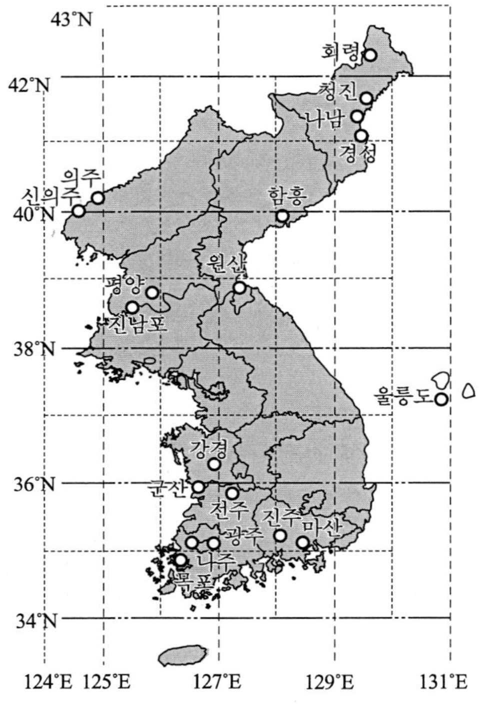

[그림 3-21] 특별소삼각점 위치

특별소삼각측량 실시 내용은 아래와 같다.

① 특별소삼각점의 1등점 점간거리는 2~4km, 2등점 점간거리는 1~2km로 하였다.

② 기선 길이는 0.4~1.0km로 하였으며, 사용기계는 20초독 경위의를 사용하였다.

③ 수평각의 관측은 1, 2등 모두 정반 3측회로 하였으며, 수직각의 관측(1등점)은 정·반 관측하여 평균치를 채택하고 공차를 40초로 하였다.

참고문헌

1. 강태석, 『지적측량학』, 형설출판사, 2007.
2. 강태환, 『지적세부측량』, 한올출판사, 2001.
3. 건설교통부 국토지리정보원, 『측량용어사전』, 씨아이알, 2003.
4. 김기성, 『측지지구물리총론』, 연문사, 2003.
5. 김욱남, 『21c 지적측량학』, 신성출판사, 2007.
6. 배상호, 『측량학』, 보문당, 2018.
7. 안철호·최재화, 『일반측량학』, 문운당, 1986.
8. 이강원·손호웅, 『지형 공간정보체계 용어사전』, 구미서관, 2016.
9. 이석배·김기원, "세계측지계 좌표기준으로 평가한 지역측지계 지적기준점의 정 확도 분석", 한국지적정보학회지, 제14권 제1호, 2012.
10. 이정화, "GPS와 GLONASS 인공위성측위시스템의 비교", 모스크바측지대학(박사과정).
11. 이희연, 『지도학』, 법문사, 2007.
12. 조규전, "TM투영에서의 좌표변환에 관한 연구", 한국측지학회지, 제14권 제2호, 1996.
13. 조규전, 『측량정보공학』, 양서각, 2019.
14. 지종덕, 『지적실무』, 신양사, 2006.
15. 최재화, "우리나라 평면직각좌표에 관한 연구", 한국측지학회지, 제1권 제2호, 1983.
16. 최재화·조재윤, "우리나라의 大縮尺地圖製作을 위한 最適地圖投影法의 選擇에 關 한 硏究", 한국측량학회지, 제5권 제1호, 1987.
17. 최한영, 『지적측량실무특론』, 구미서관, 2015.
18. 최한영, 『지적측량원론』, 구미서관, 2012.
19. 한승희, 『공간정보공학』, 구미서관, 2018.
20. http://www.law.go.kr/
21. https://www.ngii.go.kr

단 원 학 습 평 가

1. 투영면(성질)에 따른 투영법의 분류로 옳지 않은 것은?
① 등각도법　② 등거도법　③ 등적도법　④ 원추도법

2. 경위도좌표계에 관한 설명으로 옳은 것은?
① 지구상의 절대적 위치를 나타내는데 가장 보편적으로 사용되는 좌표계로 측지좌표계를 사용한다.
② 지구상의 임의의 점에서 천정의 위치를 천문경위도로 나타낸 것이다.
③ 양극지역의 좌표를 표시하는데 이용되는 좌표계이다.
④ 은하의 대원을 기준으로 천체의 위치를 나타내는 좌표계이다.

3. 한국측지계 2002와 관련성이 없는 것은?
① ITRF　② GRS80　③ KGD　④ WGS84

4. 우리나라 평면직각좌표원점을 나타내는 명칭으로 틀린 것은?
① 서부원점　② 남부원점　③ 중부원점　④ 동해원점

5. (　　　　)의 대표적인 메르카토르도법이며 지구에 원통을 씌워 이것을 투영면으로 하는 도법이다.

6. 대한민국수준원점은 (　　　) 앞바다의 평균해수면의 높이 값을 기준으로 하고 있다.

7. 횡메르카토르투영법에 대하여 설명하시오.

8. 투영면(형태)에 따른 투영법의 종류와 내용을 설명하시오.

9. 동경측지계의 세계측지계 변환에 대하여 설명하시오.

10. 지적위성기준점에 대하여 설명하시오.

정답　1. ④　2. ①　3. ④　4. ②　5. 원통도법　6. 인천　7-10. 본문 참조

CHAPTER

04

기초측량

CHAPTER 04

기초측량

1 측량기준점

1.1 개요

측량기준점은 측량의 정확도를 확보하고 효율성을 높이기 위하여 전 국토를 대상으로 주요 지점마다 정한 측량의 기본이 되는 측량기준점인 국가기준점, 공공측량시행자가 공공측량을 정확하고 효율적으로 시행하기 위하여 국가기준점을 기준으로 하여 따로 정하는 측량기준점인 공공기준점, 도지사나 지적소관청이 지적측량을 정확하고 효율적으로 시행하기 위하여 국가기준점을 기준으로 하여 따로 정하는 측량기준점인 지적기준점으로 구분된다.

〈표 4-1〉 측량기준점의 구분

구 분	기준점명	내 용
국가기준점	우주측지 기준점	국가측지기준계를 정립하기 위하여 전 세계 초장거리간섭계와 연결하여 정한 기준점
	위성기준점	지리학적 경위도, 직각좌표 및 지구중심 직교좌표의 측정 기준으로 사용하기 위하여 대한민국 경위도원점을 기초로 정한 기준점
	수준점	높이 측정의 기준으로 사용하기 위하여 대한민국 수준원점을 기초로 정한 기준점
	중력점	중력 측정의 기준으로 사용하기 위하여 정한 기준점
	통합기준점	지리학적 경위도, 직각좌표, 지구중심 직교좌표, 높이 및 중력 측정의 기준으로 사용하기 위하여 위성기준점, 수준점 및 중력점을 기초로 정한 기준점
	삼각점	지리학적 경위도, 직각좌표 및 지구중심 직교좌표 측정의 기준으로 사용하기 위하여 위성기준점 및 통합기준점을 기초로 정한 기준점
	지자기점(地磁氣點)	지구자기 측정의 기준으로 사용하기 위하여 정한 기준점
	수로기준점	수로조사 시 해양에서의 수평위치와 높이, 수심 측정 및 해안선 결정 기준으로 사용하기 위하여 위성기준점과 법 제6조제1항제3호의 기본수준면을 기초로 정한 기준점으로서 수로측량기준점, 기본수준점, 해안선기준점으로 구분한다.

구 분	기준점명	내 용
	영해기준점	우리나라의 영해를 획정(劃定)하기 위하여 정한 기준점
공공기준점	공공삼각점	공공측량 시 수평위치의 기준으로 사용하기 위하여 국가기준점을 기초로 하여 정한 기준점
	공공수준점	공공측량 시 높이의 기준으로 사용하기 위하여 국가기준점을 기초로 하여 정한 기준점
지적기준점	지적삼각점(地籍三角點)	지적측량 시 수평위치 측량의 기준으로 사용하기 위하여 국가기준점을 기준으로 하여 정한 기준점
	지적삼각보조점	지적측량 시 수평위치 측량의 기준으로 사용하기 위하여 국가기준점과 지적삼각점을 기준으로 하여 정한 기준점
	지적도근점(地籍圖根點)	지적측량 시 필지에 대한 수평위치 측량 기준으로 사용하기 위하여 국가기준점, 지적삼각점, 지적삼각보조점 및 다른 지적도근점을 기초로 하여 정한 기준점

〈표 4-2〉 국가측량기준점 현황(2018년 현재)

기준점 명	중력기준점	삼각점	통합기준점	수준점	자기점	영해기준점
수량	13,384	16,411	5,132	7,296	672	23

자료: 국가 통계포털(www.kosis.kr)

1.2 우리나라 기준점 체계

1) 국가기준점

국가기준점은 측량의 정확도를 확보하고 효용성을 높이기 위하여 전국토를 대상으로 주요 지점마다 정한 측량의 기본이 되는 측량기준점으로 우주측지기준점, 위성기준점, 수준점, 중력점, 통합기준점, 삼각점, 지자기점(地磁氣點), 수로기준점, 영해기준점으로 구분 하고 있다.

(1) 우주측지기준점

국가측지기준계를 정립하기 위하여 전 세계 초장거리간섭계와 연결하여 정한 기준점 이다. 수십억 광년에 있는 전파성 퀘이사(QUASAR)의 전파를 지구상의 2지점 이상에서 동시에 수신하여 수천Km이상의 거리를 mm수준으로 측정하는 우주측지 기술로, 퀘이사의 평면 전파가 지구상 2대의 안테나에 도달하는 시간차(지연시간)을 이용하여 두 지점간의 거리(Baseline)를 기하학적으로 산출한다. 이러한 전파 망원경의 위치 좌표치(안테나의 앙각

축과 수평방위각축의 교차점)가 VLBI관측점이며, 세계측지계인 ITRF상에서 경위도 원점을 구하는 기준점이 된다. 우리나라는 2012년 3월 세종시에 우주측지센터를 준공하여 직경 22m의 안테나와 수신기 등의 주요 관측 장비를 갖추고 있으며, 기존 국가기준점(위성기준점, 삼각점)과 VLBI를 통합 운영 함으로써 우리나라 측량원점의 좌표값을 보다 정밀하게 재측정 할 수 있게 되었다.[87)]

(2) 위성기준점

지리학적 경위도, 직각좌표 및 지구중심 직교좌표의 측정 기준으로 사용하기 위하여 대한민국 경위도원점을 기초로 정한 기준점으로 GNSS위성이 송신하는 신호를 실시간으로 수신하여 임의 지점의 위치 정보를 결정 할 수 있도록 지원하는 시스템을 포함한다. 1등기준점은 국토지리정보원에서 설치·운영하는 GNSS상시관측시설의 GNSS수신안테나 참조점을 말하며, 2등기준점은 1등기준점을 기지점으로 하여 GNSS측량을 실시한 정밀 1차기준점을 말한다. 3등기준점은 1등기준점 또는 2등기준점으로 부터 실용 성과를 산출한 기준점으로서 2등기준점을 제외한 기존의 정밀 1·2차 기준점을 말한다.[88)]

(3) 수준점

우리나라는 1910년대에 청진, 원산, 목포, 진남포, 인천 등 5개 검조장에서 조위관측을 실시하고 그 결과에 따라 각각의 평균해면을 산정하여 5개의 수준기점의 높이를 결정하였으며, 그 결과는 〈표 4-3〉과 같다.

〈표 4-3〉 1910년대 조위관측 성과

검조장	준공 년월일	관측기간	수준기점 표고
청진	1911. 7. 30	1911. 8 ~ 1915. 5	2.636m
원산	1911. 7. 31	1911. 9 ~ 1916. 3	1.931m
목포	1912. 6. 26	1912. 6 ~ 1916. 6	2.155m
진남포	1912. 12. 24	1912. 11 ~ 1916. 6	6.144m
인천	1914. 5. 29	1913. 12 ~ 1916. 6	5.477 m

87) 이강원 외, 『지형공간정보체계 용어사전』, 구미서관, 2016, p.936.
88) 상게서, p.359.

이후, 6.25 동란으로 거의 모든 수준점이 망실되어, 새로운 기준면의 설정과 수준망의 재구성이 필요하게 되었다. 이에 따라 1963년 12월 당시 국립건설연구소에서, 과거 1917년에 설치한 인천의 수준기점(인천시 항동 소재)을 인하공업대학 교정으로 이설하고 이를 수준원점으로 고시하였다. 이로써 현재 우리나라의 수직데이텀은 1913년 12월부터 1916년 6월까지 2년 7개월동안 관측한 인천만의 평균해면으로 정의된다.

수준원점의 위치 및 표고는 다음과 같다.

- 위치 : 인천광역시 미추홀구 인하로 100 인하공업전문대학 교내
- 표고 : 26.6871m(인천만의 평균해면상 높이)

일제시대부터 설치된 전국의 1, 2등수준점은 오랜 시간이 경과함에 따라 거의 파괴 및 망실되어, 1959년부터 조사 복구하여 1974년까지 1등수준점 875점, 2등수준점 2,828점을 복구하고, 1975년~1998년까지 1등수준점은 주요 국도 부근에 약 4km 간격으로 16개 노선에 총 2,030점을 설치하여 수준점측량으로 높이를 결정하였다. 1974년부터는 1등수준점의 정확도를 높이기 위해 정밀수준측량을 추진하였다. 국토지리정보원에서는 전국에 1등수준점(점간거리 4km)과 2등수준점(점간거리 2km)을 주요도로변에 설치하고 정밀수준측량을 실시하고 있고, 1987년의 1등수준망의 조정 및 1988년의 2 등수준망의 조정결과에 의거하여 1,2 등 수준점의 표고를 갱신 · 고시하였다.[89]

(4) 중력점

중력측량은 중력값의 분포나 시간에 따른 변화를 정밀하게 구하기 위해 실시하는 것으로, 중력가속도의 크기를 측정한다. 중력은 지구상의 위치나 높이에 따라 값이 다를 뿐만 아니라 지하의 광물이나 단층 등 지구 내부 구조의 차이에 의해 값이 다르다. 또 중력은 지진이나 화산활동에 의해 시간에 따라 변화한다.

관측된 성과는 중력도 작성에 이용되는 것과 동시에 지구의 형상(지오이드)에 관한 연구나, 지진예지, 화산분화 예지 등의 지각 활동에 관한 연구에 필요한 기초 자료가 된다. 중력측량에는 크게 절대측량과 상대측량의 2가지 방법이 있다.

절대측량은 어느 장소의 중력값을 단독으로 관측하여 구하는 방법으로 절대중력계에 의해 측량을 실시한다. 상대측량은 복수의 지점에 대한 중력값의 차이를 측량하는 방법으로, 어느 지점의 중력값을 구하기 위해서는 중력값을 알고 있는 다른 점으로부터 관측점까지의 중력값 차이를 스프링의 원리를 이용한 상대중력계에 의해 관측한다.

---

89) 조규전, 『측량정보공학』, 양서각, 2005, pp.35-37.; LX한국국토정보공사, 「지적측량 성과결정 관련 규정, 기초측량(삼각)」, 2017, pp.28-36.

우리나라에서의 중력측정은 1930년대에 일본에 의해 시행되었다고 하나 남겨진 기록이 없다. 이 외에 1970년에 지질조사소에서 세계중력망 설립을 위한 국제협동사업의 일환으로 U. Uotila 교수를 비롯한 미국 연구진과 공동으로 중력측정을 시도하였으며, 그결과가 IGSN71(International Gravity Standardization Net 1971)에 반영되었으나, 그 후 후속 작업이 거의 이루어지지 않았다.

국립지리정보원에서는 1974년 11월 일본 국토지리원의 중력기준점과 상대중력 측정방법으로 연결하여 당시 청사(서울시 동대문구 휘경동) 내에 중력기준점을 설치하고 중력값(979,943.000 mgal)을 결정하였다. 1975년부터 우리나라의 중력기준망완성을 위한 중력측정을 본격적으로 착수하여 전국에 7개의 중력보조기준점을 설치하고, 이를 바탕으로 전국 1·2등수준점 및 삼각점을 대상으로 지속적인 중력측정을 실시하고 있다. 한편 구청사 부지의 개발에 따라 1998년 중력기준점을 서울산업대학교(현 서울과학기술대학교)로 이전하였고, 1999년 한일협력사업으로 절대중력계 FG5에 의해 현 국토지리정보원 내에 절대중력기준점을 설치하게 되었으며, 그 수치는 979,918.775±0.0001 mgal이다.[90]

(5) 통합기준점

통합기준점은 개별적(삼각점, 수준점, 중력점 등)으로 설치·관리되어 온 국가기준점 기능을 통합하여, 편의성 등 측량능률을 극대화하기 위해 구축한 새로운 기준점이다. 같은 위치에서 GNSS측량(평면), 직접수준측량(수직), 상대중력측량(중력) 성과를 제공하기 위해 2007년 시범사업을 통해 통합기준점 설치를 시작하였고, 현재 전국 3~5km 간격으로 주요지점에 5,500점을 설치하여 관리하고 있다.[91]

(6) 삼각점

우리나라의 삼각점은 일본 대한제국 시대에 설치된 구소삼각점을 제외하고 전국적인 규모로는 1910년대 일제시대에 조선토지조사 사업 때에 실시된 기초측량에 의하여 처음 설치된 것이다. 당시의 삼각측량으로 대규모 망을 구성하고 이 망을 기준으로 하여 단계적인 삼각망을 구성하여 삼각점을 설치하였다. 좌표계산은 일본의 대삼각 본점망과 결합하기 위해 13 개의 기선과 기선망을 구성하였으며, 이를 위해 각 기선망에 대해 평균해수면상의 길이로 환산하기 위한 평균해수면 관측소를 전국 5 곳에 두어 수년간 관측을 통한 평균해

90) 이강원외, 전게서, pp.326-374.

91) 국토지리정보원(www.ngii.go.kr)

수면의 높이를 결정하였다. 기선망 및 대삼각본점의 계산은 일본 육지측량부의 계산방식을 따라 르장드르(Legendre)정리와 정방현 비례식에 의해 기지의 한 변과 관측각을 이용하여 점차로 다른 변을 계산하였으며 계산된 경위도를 이용하여 구과량을 구하고 평면상의 각으로 환산하였다. 그리고 좌표계산의 여러 가지 데이텀(datum)인 지구의 형상, 크기에 대한 값은 일본 육지측량부의 베셀타원체(Bessel ellipsoid)를 채택하고, 거제도와 절영도 삼각점을 기점으로 하여 남쪽에서 북쪽방향으로 전국을 23개의 단일망으로 구분하여 측량작업을 실시하였다. 대삼각보점은 대삼각본점의 측점 간의 거리가 매우 크므로 소삼각측량을 실시하기 위하여 경도 20분, 위도 15분의 방안 내에 대삼각본점을 포함하는 약 9점의 삼각점을 배치하고 측점간 거리는 대략 10km로 설치하였다.

소삼각점 측량은 구소삼각측량, 특별소삼각측량, 보통소삼각측량으로 나뉘어지며, 구소삼각측량에서 기선은 적당한 지점을 선정하여 죽제권척 또는 측쇄를 사용하여 관측하였고 기선장은 약 1.6km로 하였다. 1등점은 시행하지 못하였으며, 2등점은 점간 거리 약 5km, 3등점은 약 2.5km, 4등점은 약 1.25km로 하였다. 특별소삼각점은 소삼각 1등점을 설치하고 각점의 거리는 2～4km로 하였고, 그사이에 점간거리 1.2～2km로 소삼각 2등점을 선점하였다. 대삼각보점과 소삼각점은 가우스 상사투영법에 따라 평면직각 종횡선좌표(X, Y 좌표)의 조정계산을 실시해야 하므로 전국을 3 구역으로 나누어 독립된 가상의 평면직각좌표원점(현재의 서부, 중부, 동부원점)을 정하였다. 대삼각보점과 소삼각점의 측량은 방향관측법에 의해 각을 관측하였으며 소삼각점에저는 표고를 구하기 위한 수직각관측법이 병행되었다. 여기서, 대삼각보점과 소삼각 1등점의 경우에 평면좌표의 조정계산은 기지점의좌표와 미지점의 근사좌표 및 수평각의 관측결과로부터 관측방정식을 만들고, Schreiber 법에 따라 축약방정식과 정규방정식으로부터 미지점에 대한 평면좌표와 조정방향각 등을 구하였다.[92)]

① 기설 삼각점 복구

해방이후 설정된 대삼각점과 소삼각점은 해방 이후에 명칭을 변경하였는데 대삼각본점과 보점을 각각 1등삼각점과 2등삼각점으로 소삼각 1, 2등 점을 3등삼각점과 4등삼각점으로 변경하였다. 해방과 6.25 전쟁을 거치며 많은 삼각점이 망실, 파괴되었는데 그 내용은 남한지역의 삼각점 중에서 24%만이 온전하게 되었는데, 따라서 시급히 복구해야할 필요성을 인식하고 이 24%의 삼각점을 근거로 하여 3, 4등삼각점에 대한 "삼각점 복구" 사업이 이루어졌다.

92) 한국건설기술연구원, 「국가기준점망의 효율적인 구축 및 유지관리방안 연구」, 2001, pp.10-12.

② 정밀 삼각점망의 측량

정밀측지망은 높은 정확도를 갖는 새로운 방식으로 삼각점 복구과정을 거친 기설 1, 2 등 삼각점으로 구성되는 '정밀 1차 기준점망'과 3, 4등점으로 구성되는 정밀 2차 기준점망으로 구분되어 각각 1975년과 1986년부터 시행되었다.

정밀 1차 기준점 측량의 목적은 다음과 같다.

가. 1, 2 등 삼각점의 정확도 향상

나. 기본측량 및 지도제작과 공공측량에 정확도 높은 성과의 제공

다. 파괴 및 망실된 삼각점의 복구

정밀 2 차 기준점측량의 목적은 다음과 같다.

가. 정밀 1차 기준점측량과 병행

나. 동급의 정확도를 유지할 수 있는 3, 4등점의 정비

다. 공공측량 및 지적측량의 기준제공

이와 같은 작업은 광파거리관측기의 이용으로 측량방식이 각을 이용하던 방식에서 거리를 위주로 하는 방식으로 전환되었다. 정밀 1차 기준점 측량에서는 삼변방식을 채택하고, 정밀 2차 기준점 측량은 3변 또는 다각방식으로 하였다.

③ 삼각점망의 정확도

우리나라의 삼각점의 정확도는 일반적으로 평면위치는 약 ±10cm, 표고는 대략±15cm로 알려지고 있다. 1등 삼각점은 2등 삼각점용 측각기기를 사용하였지만 변장이 30km 로 각관측법을 사용하고 삼각형 폐합차는 5 "로 하였다. 2 등 삼각점은 삼각형 폐합차가 7"이므로 관측방법은 일본의 2등점과 비례관계에 의해 구하면 1 방향 오차는 1.12"이며, 3 등 삼각점의 경우에는 삼각형 폐합오차가 10"이다.[93]

(7) 지자기점

지자기측량은 지자기점이나 특정 지점에서 지자기 3요소(편각, 복각, 전자력)를 측정하여 측정지역에 대한 지자기의 지리적 분포와 그 경년변화를 조사, 분석하는 측량이고 국가기본도의 자침편차 자료와 지하자원 탐사, 지각내부 구조연구 및 지구물리학의 기초자료를 제공한다.

우리나라의 지자기측량은 국립지리원이 지자기의 수평적분포, 영년변화, 지역적인 자기이상 등을 조사할 목적으로 1975년부터 시작하였는데, 1975년부터 1978년까지는 Proton

93) 상게보고서, pp.15-17.

자력계를 도입하여 전자력(全磁力) 측정만 실시되었으며, 1978년에 GSI형 2등자기의와 1981년에 GSI형 1등자기의를 도입하여 지자기 3성분(편각, 복각, 수평분력)을 측정하게 되었다. 이후 매년 직영사업으로 일부 지자기점에 대해 측정을 실시하였으며 2010년에는 전국 30점의 지자기점을 일괄적으로 측정하여 우리나라 지자기분포도를 작성하였다. 1등 지자기측량은 약 3,500 ㎢에 1점씩 총 30점에서 매 5년마다 17시간 관측(매시 1회 관측)을 원칙으로 하고 그 평균값에 일변화의 보정을 한 다음 기준 년의 값으로 환산하였고, 편각 관측에는 북극성을 사용하였다. 2등 지자기측량은 1:25,000 도엽에 약 1점씩 800점을 선점하여 16~17시 사이에 4회 등 간격으로 실시하고 일변화, 영년변화의 보정을 한 다음, 기준 년 값으로 환산한 것을 성과로 하였으며, 편각산출을 위한 진북방향은 태양관측으로 결정하였다.[94]

[그림 4-1] 국가기준점(국토지리정보원)

(8) 수로기준점

수로조사 시 해양에서의 수평위치와 높이, 수심측정 및 해안선 결정 기준으로 사용하기 위하여 위성기준점과 기본 수준면을 기초로 정한 기준점으로서 수로측량기준점, 기본수준

94) 상게보고서, pp.10-20.

점, 해안선기준점으로 구분 한다. 수로측량기준점은 수로조사 시, 해양에서의 수평위치 측량의 기준으로 사용하기 위하여 위성기준점, 통합기준점 및 삼각점을 기초로 정한 국가기준점을 말하며, 기본수준점은 수로조사 시, 높이 측정의 기준으로 사용하기 위하여 조석관측을 기초로 정한 국가기준점을 말한다. 해안선기준점은 수로조사 시, 해안선의 위치 측량을 위하여 위성기준점, 통합기준점 및 삼각점을 기초로 정한 국가기준점을 말한다.[95)]

(9) 영해기준점

영해기준점은 영해를 획정하기 위하여 정한 기준점을 말하는데, 우리나라는 직선기선을 위한 영해기준점으로 23개 기점의 경위도를 법률로 정하고 있다.[96)]

2) 공공기준점

공공기준점이란 공공측량을 정확하고 효율적으로 시행하기 위하여 설치된 표지로써 위치(위도, 경도)에 관한 수치적인 성과를 갖는 것을 말하며, 기준점측량에 의하여 설치된 것을 기준점, 수준측량에 의하여 설치된 것을 수준점이라 한다. 도시기준점은 지자체에서 설치한 공공기준점을 통상적으로 지칭 한다.

- 공공삼각점: 공공측량 시 수평위치의 기준으로 사용하기 위하여 국가기준점을 기초로 하여 정한 기준점
- 공공수준점: 공공측량 시 높이의 기준으로 사용하기 위하여 국가기준점을 기초로 하여 정한 기준점

3) 지적기준점

지적기준점은 지적측량을 정확하고 효율적으로 시행하기 위하여 국가기준점을 기준으로 지적삼각점, 지적삼각보조점, 지적도근점으로 구분하고 있다.(1976. 5. 7. 지적법시행령 제27조) 1910년부터 1915년 까지 조선총독부에서 토지조사사업을 추진하기 위해 시행한 삼각측량과 시가지세를 급히 징수할 목적으로 독립된 특별소삼각측량 등을 실시한 삼각점들은 이후 6.25전쟁으로 국가삼각점 대부분이 손상을 입게 되어 응급 복구하는 과정에서

95) 「수로측량 업무규정」, 국립해양조사원 예규 제2012-5호, 2012.
96) 「공간정보의 구축 및 관리 등에 관한 법률 시행령」 제8조.

삼각점 성과가 맞지 않는 일이 발생하게 되었다. 따라서 기속성과 영속성에 기반한 지적측량의 시행을 위해 삼각측량은 토지측량표령의 규정에 의한 삼각점 또는 설치된 삼각점을 기준으로 한다고 규정(지적측량규정, 1954. 11. 12. 대통령령 제951호)하여 시행하였고, 이후에 1961년 측량법제정(1961. 12. 31, 법률 제938호)으로 삼각측량은 측량법에 의한 삼각점 또는 이 규정에 의하여 설치된 삼각점을 기준으로 하여 시행한다고 규정(지적측량규정, 1970. 6. 19. 대통령령 제5101호, 전부개정)하였다. 구 내무부에서 추진하여 전면 개정된 지적법(1975.12.31. 개정, 법률 제2801호)에 따라 삼각점에 "지적" 이라는 용어가 처음으로 사용하게 되었으며, 토지조사사업 당시의 성과와 표식을 기준으로 지적삼각점을 신설하여 그 성과를 별도로 등록·관리하도록 하여 현재까지 지적측량에 활용해 오고 있다. 지적삼각점의 측량성과는 도지사가 보관하며, 도근점의 측량성과는 소관청이 보관하고, 기초점 표지의 관리는 소관청에서 관리 하도록 규정하였다. 또한 도지사에게 지적삼각점의 성과를 건설부장관에게 통보하도록 하여(동령 24조 ②항), 기존의 측량법 규정에 의하던 삼각점과는 별도로 지적삼각점 관리규정을 명확히 하여 이원적 관리를 하게 되었다.

- 지적삼각점(地籍三角點): 지적측량 시 수평위치 측량의 기준으로 사용하기 위하여 국가기준점을 기준으로 하여 정한 기준점
- 지적삼각보조점: 지적측량 시 수평위치 측량의 기준으로 사용하기 위하여 국가기준점과 지적삼각점을 기준으로 하여 정한 기준점
- 지적도근점(地籍圖根點): 지적측량 시 필지에 대한 수평위치 측량 기준으로 사용하기 위하여 국가기준점, 지적삼각점, 지적삼각보조점 및 다른 지적도근점을 기초로 하여 정한 기준점[97]

지적삼각점 지적삼각보조점 지적도근점

[그림 4-2] 지적기준점

97) 국가법령정보센터(http://www.law.go.kr)

2 지적삼각점측량

지적삼각점측량은 위성기준점, 통합기준점, 삼각점 및 지적삼각점을 기초로 하여 경위의 측량방법, 전파기 또는 광파기측량방법, 위성측량방법으로 시행하고, 그 계산은 평균계산법이나 망평균계산법에 따르고 있다. 지적삼각점측량은 과거 기지변을 기초로 내각을 측정하여 거리를 계산하는 삼각측량 방법으로 실시하였으나 이후 광파기, TS(Total Station) 등의 거리측량 장비의 발달로 삼변측량 또는 삼변삼각결합측량에 의하여 많이 수행되었다. 2002년 이후 부터는 GNSS 측량 방법을 도입하여 대부분 위성측량방법으로 지적삼각점의 위치를 결정하고 있다.

2.1 토지조사사업 당시 삼각점측량

1) 기선측량

삼각측량에서 최소한 삼각형의 기지변이 있어야 계산할 수 있으므로 1변을 알기 위하여 시행하는 측량을 기선측량이라 한다. 기선의 경사와 높이는 기선과 가장 가까운 해면의 높이를 기초로 독일 갈레사에서 제작한 18인치(46cm) 레벨을 사용하여 왕복 2회 관측하고 평균값을 사용하며 측정 및 계산은 mm 단위로 하였다. 해면 높이는 간이 험조장을 해안에 설치하고 1개월 이상을 측정하여 계산하고 기선 길이의 측정은 인바르사 선조 기선척을 사용하여 측량을 시행할 때마다 온도를 수정하여 테이프의 평균 거리를 구한 후 mm 이하 2자리까지 계산하고 허용오차는 기선 전체 길이에 1/50만 이내로 하였다. 기선의 전체 길이를 평균해수면의 변화에 따라 계산하기 위하여 그 지방의 위도와 기선의 지각(지구의 표면을 구성하는 층)을 천문측량을 시행하여 구하되 관측 기계는 독일의 칼반베르히 회사에서 제작한 13cm 경위의를 사용하여 측량을 시행하였다.

기선측량의 시행은 1910년 6월에 최초로 대전 기선의 위치를 선정하면서부터 시작하여 1913년 10월 함경북도 고건원 기선까지 모두 완료되었다. 기선측량은 기선척의 길이에 해당하는 25m 지점마다 나무로 된 말뚝을 설치하고 약 400m마다 기선의 중간점을 두어 나무로 된 말뚝으로 표시하였다. 기선의 수는 13개로 측량 기술상의 적당한 장소에 설치한 것이었으

[그림 4-3] 기선측량작업 광경(평양시 대동강남안)

며 가장 긴 기선은 4,625.4777m이며 가장 짧은 기선은 2,000.41516m이다. 기선의 위치는 평탄하고 견고한 지반을 선정하고 길이는 2~5km이며 대삼각본점의 한 변의 크기는 약 30km까지 확대하였으며 확대할 삼각망은 꼭지각(頂角)이 33° 32′에 가깝게 구성한 이등변삼각형으로 하였다.

기선장 계산은 구직선(求直線) 계산, 경사보정수 계산, 온도보정수 계산, 기선척 전체 길이 계산, 중등해면상 화성수 계산, 천체측량 계산, 전체 길이 평균 계산 등의 7가지로 계산하였으며 대부분 일본 육지측량부 방식으로 계산하였다.

기선측량에서 기선의 길이는 2.0~4.6km이고 정도는 1/100mm 이상이며 기선측량의 허용오차는 기선 전체 길이에 대해 1/500,000 이내로 규정하였으나 토지조사국에서 시행한 기선측량의 성과는 매우 양호하였다. 고건원 기선이 가장 정밀하였는데 1/14,360,000이며, 가장 부정확한 기선은 강계 기선으로 1/1,250,000이었으며 기선척은 400회씩 비교 검정하였다.

2) 대삼각본점측량

대삼각점측량의 목적은 토지측량의 기초인 대삼각점의 위치를 정밀한 방법으로 측정하고 측지학상의 종횡선 및 방위각은 대마도(쓰시마; 對馬島)를 거쳐 1등 삼각본점에 연결하여 계산하였다. 대삼각본점의 평균법은 각과 변 방정식을 사용하고 최소방수법에 의하며, 대삼각보점의 평균법은 가우스상사 이중투영식을 사용하여 평면직각종횡선으로 계산하였다. 평면직각종횡선은 각 원점으로부터 계산한 값에 종선에는 500,000m(제주도 550,000m), 횡선에는 200,000m를 더하도록 하였다. 대삼각점측량은 기선측량, 기선망측량, 본점측량 및 보점측량을 말하며 삼각측량은 삼각망 또는 삼각쇄에 의하여 시행하며 기선의 양단 및 각 삼각점의 중심에는 각 등급에 따라 표석을 매설하여 영구보존하도록 하였다. 대삼각점에는 모두 소재지의 명칭을 부여하고 점표에는 “OO대삼각본(보)점”이라 기재한 표찰을 복판의 우측 모서리에 부착하도록 하였다.

대삼각본점측량은 거리 약 30km마다 1점의 비율로 삼각점을 선정하여 삼각망으로 구성하고 명칭은 대삼각점과 소삼각 1등 점은 소재지명, 2등 점은 번호로 표시하였다. 1등 삼각점은 일본과의 연결을 위하여 남부지방부터 선점하여 1등 삼각본점의 관측과 기선측량 6개소를 예정하고 1등 삼각 본점망이 형성되면 그에 따른 다른 점은 개략적으로 하였다. 그러므로 조선총독부에서 실시한 측량은 일본의 3등 삼각측량 이하의 측량에 해당하는 것으로 평가하였으며 대삼각본점을 답사하여 1등 삼각점 9점을 선정하고 이 당시 나주 기선망의 선정과 영산포 기선의 탐사도 시행하였다. 1938년 1등 삼각점의 선점과 의안 기선이 설정되었으며 육지측량부의 협력으로 관동군측량대가 관측한 결과 전체 길이는 5.8km이다.

대삼각본점측량은 정확한 측량기계를 사용하여 정밀관측법 및 계산법을 채택하고 임시토지조사국 사업의 목적에 맞게 측량기준점을 설치한 것이다. 업무수행의 순서는 적당한 위치에 기선을 설치하고 확대하기 위하여 4~8개의 증대 점을 선정하여 확대 변장을 기선으로 대삼각본점망을 구성하고 위치가 결정되면 조표에 착수하여 조표가 끝나는 부분부터 관측을 시작하고 한 망(網)의 관측이 완료된 것부터 계산에 착수하여 점차 다른 망으로 확대하였다. 전국에 13개소의 기선을 설치하고 대마도 연결망을 거쳐 구성한 대삼각점을 평균 점간거리 30km로 23개의 삼각망으로 구분하여 대삼각본점측량은 기선의 최종 확대변을 기초로 경도 20′, 위도 15′의 방안 내에 1점이 배치되도록 전국을 23개 삼각망으로 나누어 실시하였다. 이 측량에 사용된 기계는 데오돌라이트 0.5초독을 사용하였으며 관측은 기선망에서 12대회, 대삼각본점망에서는 6대회의 방향관측을 실시하고 블록별 망조정을 시행하였다. 또한, 폐합오차는 기선망에서 2″이내, 대삼각본점망에서는 5″이내로 하였다.

[그림 4-7] 대삼각점 관측광경

[그림 4-8] 칼반베르히 21cm 일등 경위의 점검 모습

자료: 지적기술연수원, 조선토지조사사업보고서

삼각망의 계산에서 각은 초 이하 2자리, 변은 대수 7자리까지 계산하고, 경위도는 초 이하 3자리, 자오선방향각은 초 이하 2자리까지, 평면직각좌표(X, Y)는 cm 단위까지 계산하였다. 1910년 6월~1914년 10월 경상남도로 시작하여 총수 400점을 측정하였다. 대삼각본점측량은 기선망과 대삼각본점망의 두 종류로 구분하며, 기선망은 기선을 확대하여 대삼각의 한 변이 되는 삼각망이다.

초기에는 우리나라 중앙에 기본점을 두고 남과 북으로 계산을 확대할 방침이었으나 시간과 경비관계로 일본의 1등 삼각점을 연결하여 대마도(對馬島)의 1등 삼각점 온다케(御岳: 어악)와 아리아께야마(有明山)의 삼각점에서 해상 99.3km가 떨어진 절영도(絶影島)와 거제도(巨濟島)에 대삼각망을 구성하였다.

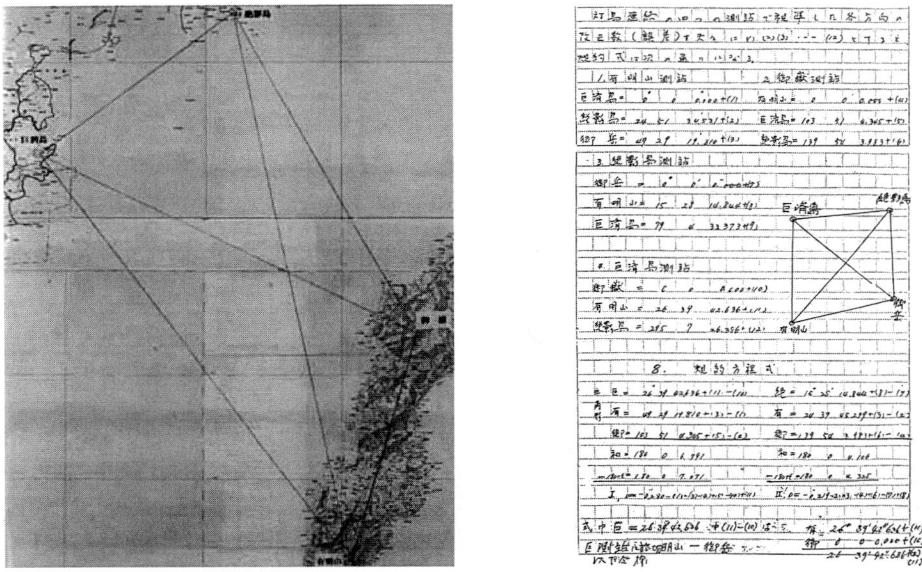

[그림 4-9] 대마연락망

계산은 남쪽에서 북쪽으로 진행하는 순서로 하였고, 계산은 Legendre정리에 의하여 구과량을 계산한 후 평면각으로 환산하여 대수 7자리까지 적용하였다. 선점은 측량을 시작하기 전에 실시하는 작업으로 모든 측량의 기본이 되는 삼각점을 선정하는 것이다. 선점작업에 사용하는 주된 기계는 조준의, 평판, 측각, 방광나침(方匡羅針; 현, 나침반), 망원경, 쌍안경 등이다.

거리가 멀어 시통이 명확하지 않으면 벨트럼씨의 회조기(回照器)를 사용하였다. 삼각점의 위치를 선정하였을 때는 말목을 박아 점표 중심 위치를 표시하고 각 방향에 말목을 세워 조표를 실시하면서 업무를 시작하였다. 기선망은 중표기로 홍상백하(紅上白下), 본점은 대표기로 홍상백하의 큰 깃발을 세워 시통이 잘되게 하고 1점마다 규정된 용지를 사용하여 그 소재, 시준 방향, 선정자, 순로(順路) 등을 각 난에 기재하고 조표, 매설, 관측 작업이 끝날 때마다 해당 사항을 기재하여 대삼각보점측량에 참고자료로 활용하였다. 선점 망도의 축척은 1/50만 기선망으로 하며 기선은 되도록 평탄하고 견고한 지반을 골라 그 길이는 2 ~5km로 하며 기선망은 기선으로 구성된 각 삼각형으로 이등변삼각형으로 하고 그 꼭지각을 33° 32′에 가깝도록 구성하였다. 본점 간의 간격은 약 30km로 하며 되도록 이등변삼각형으로 배치하고 본점의 선점은 경도 20′, 위도 15′의 방안 내에서 1점의 비율로 배치하였다. 장애 때문에 관측이 곤란할 때도 그 둔각은 120° 이내, 예각은 30° 이상으로 하며 삼각점의 위치를 결정한 때는 표찰을 붙이고 점망에 편리하게 번호를 붙이도록 하였다.

선점번호는 선점순서에 따라 붙여 각 측량원에 대하여 정해놓은 일정한 관자를 붙여 구별하며 접합부의 선점은 인접 측량원과 협의하여 약도를 붙이어 관계 측량원에게 통지하되 선점을 완료한 때에는 선점 망도를 작성하도록 하였다. 기선망의 증대(增大) 삼각형은 대부분은 이등변삼각형이 되었으며 꼭지각은 33° 25′이 되도록 구성하였다. 대삼각본점의 한 변이 30km로 규정되었지만, 산악지대 등으로 규정된 기선 길이를 얻기가 쉽지 않아 각각 다른 형상으로 본점 삼각형의 한 변을 계산하였다. 대삼각본점은 조선 전 국토 14,000여 방리(方里=118.3 ×118.3리 =46.5 ×46.5km)를 베셀이 산정한 타원체 일부라 가정하고 기선 확대 변을 기초로 위도 15′×경도 20′의 방안(方眼) 안에 삼각점 1개를 설정하는 비율로 확대하였다. 이를 23부로 나누고 1개 망(網)은 300방리(46km^2)의 소규모구역부터 1,200방리(186km^2)의 대규모 구역까지 영향을 미친다. 당초 계획은 대삼각본점을 조선 중앙에 설치하여 직접 측지학상의 위치를 결정하였지만, 경비 및 시간관계상 허용할 수 없어 일본 대삼각망에 연결하였다.

[그림 4-10] 대삼각본점망도

1910년 부산에서 대구까지의 간선으로 중경(中慶)망과 경충(京忠)망을 선점하고 대전 기선망, 노량진 기선망 및 충남, 경북 일부를 선점하였으며 안동 기선망 및 경북 일부를 선점한 총수는 74점이다. 1911년 기초가 점차 명확하게 되면서 경전(慶全), 전남망과 하동·영산포의 기선망에는 73점을 선점하고 경황(京黃), 장산(長山)망의 50점을 선점하였으며 의

주 기선망과 평서망(平西網), 강서망을 선점하였는데 총합계 184점을 완료하였다. 1912년 관측 작업을 진행하기 위해 풍도망(豊島網), 함남망, 강북망과 간선 기선망, 함평망과 함흥 기선망을 선점한 합계는 109점으로 대부분의 선점이 완료되었다. 1913년에는 함남망의 일부 및 함북망과 고건원 기선망 등을 선점하여 합계 31점을 완료하면서 대삼각본점과 기선망의 선점을 완료하였다. 작업이 점차 북쪽으로 진행함에 따라 지형은 점차 변하여 함경북도의 도계와 유명한 백두산맥은 산봉우리가 멀고 밀림이 울창하여 작업에 많은 어려움이 있었다. 기선망의 명칭과 점수는 〈표 4-4〉와 같고 대삼각본점망의 명칭 및 기지점, 신설점의 수는 〈표 4-5〉와 같이 선점 총수 400점이며 그중 기선 증대점 78점, 대삼각본점 322점이다.

〈표 4-4〉 13개의 기선망

명칭	점수	명칭	점수	명칭	점수	명칭	점수	명칭	점수
대전	6	함흥	4	영산포	6	안동	6	길주	6
하동	6	고건원	8	간성	6	평양	6	*	*
의주	6	노량진	4	혜산진	6	강계	8	계 13	78

〈표 4-5〉 대삼각본점망

<table>
<tr><th>명칭</th><th>기지점</th><th>신설점</th><th>계</th><th colspan="2">명칭</th><th>기지점</th><th>신설점</th><th>계</th></tr>
<tr><td>대마연락</td><td>2</td><td>2</td><td>4</td><td colspan="2">남해</td><td>7</td><td>6</td><td>13</td></tr>
<tr><td>경충</td><td>2</td><td>20</td><td>22</td><td colspan="2">전남</td><td>5</td><td>20</td><td>25</td></tr>
<tr><td>중경</td><td>3</td><td>21</td><td>24</td><td colspan="2">제주</td><td>5</td><td>11</td><td>16</td></tr>
<tr><td>경북</td><td>6</td><td>14</td><td>20</td><td colspan="2">평동</td><td>5</td><td>22</td><td>27</td></tr>
<tr><td>쌍양</td><td>6</td><td>8</td><td>14</td><td rowspan="2">함강</td><td>제1</td><td>6</td><td>7</td><td>13</td></tr>
<tr><td>경황</td><td>3</td><td>24</td><td>27</td><td>제2</td><td>7</td><td>6</td><td>13</td></tr>
<tr><td>평서</td><td>3</td><td>23</td><td>26</td><td rowspan="3">강남</td><td>제1</td><td>7</td><td>8</td><td>15</td></tr>
<tr><td>장산</td><td>5</td><td>8</td><td>13</td><td>제2</td><td>7</td><td>2</td><td>9</td></tr>
<tr><td>해주</td><td>7</td><td>6</td><td>13</td><td>제3</td><td>4</td><td>1</td><td>5</td></tr>
<tr><td>강북</td><td>4</td><td>14</td><td>18</td><td colspan="2">함평</td><td>11</td><td>14</td><td>25</td></tr>
<tr><td>풍도</td><td>10</td><td>12</td><td>22</td><td colspan="2">평북</td><td>8</td><td>11</td><td>19</td></tr>
<tr><td>함남</td><td>3</td><td>18</td><td>21</td><td colspan="2">함북</td><td>0</td><td>23</td><td>23</td></tr>
<tr><td>경전</td><td>8</td><td>13</td><td>21</td><td colspan="2">함중</td><td>12</td><td>8</td><td>20</td></tr>
</table>

조표는 각 삼각점으로부터 시통이 잘되고 표척은 쉽게 찾을 수 있어야 하며 중심 위치는 편차가 발생하지 않도록 견고하게 설치하여 점표는 세부측도가 끝날 때까지 유지되도록 하고 보존 기간은 3년으로 표석의 중심에 위치를 표시하였다.

조표에 필요한 목재는 보존 기간 내에는 부식되지 않은 나무를 선정하고 점표는 임시토지조사국 규정에 기선망 및 대삼각본점 상호의 거리를 참작하여 기선망 삼각점은 방추체형(方錐體刑: 피라미드 형태)으로 덮개 널판은 5단으로 하였다. 조표를 끝냈을 때 표석의 상면으로부터 최하단까지의 높이를 cm 단위까지 측정하고 시통에 장애가 되는 수목은 벌채하여 관측에 지장이 없도록 하였다.

표석은 사방 5치(寸), 길이 2자 4치의 주석과 사방 1자(30cm), 두께 3치(9cm)의 반석으로 구성하되 쇼도시마(小頭島; 일본의 행정구역)에서 생산되는 화강암을 썼으며, 주석의 위쪽 약 5치(15cm)를 지상에 노출한 부분의 한 측면에 "대삼각점"의 4자를 새겼다. 주석 및 반석의 윗면은 십자(十字)를 파고 십자의 교점에 판 작은 구멍을 바닥에 있는 표의 중심과 일치하도록 매설하되 방법은 먼저 점표의 중심에 길이 1m, 폭 0.8m, 깊이 0.7m의 구덩이를 파고 지상 약 1m 높이에 지지하는 경사 막대의 목재를 수평으로 못질하고 그 중앙에 사방 약 0.2m의 목판에 박는다. 그러나 강한 바람으로 점표가 흔들릴 때는 경사로 된 막대를 피하여 말목 측면에 못을 박고 말목 머리에 목재를 수평으로 걸치는 틀을 만들어 못을 박았다.

그리고 직간에 서로 교차하는 위치에 수직기(垂直器)를 설치하고 점표의 심정(心釘)을 목판 위에 투영하여 투영점에 작은 구멍을 파서 추를 수직으로 내렸다. 구덩이 바닥은 수평이 되도록 단단하게 한 후 독립 기포수준기로 반석을 수평으로 설치하고 반석 윗면에 새긴 십자의 교점을 추의 끝단과 일치시킨다. 점표 설치를 위해 배치된 조수는 선점작업과 동시 진행하였으며 1910년 60점, 1911년 195점, 1912년 109점, 1913년에는 32점을 설치하고 1914년에는 남은 4점을 설치하여 관측 종료와 동시에 매설이 완료되었다.

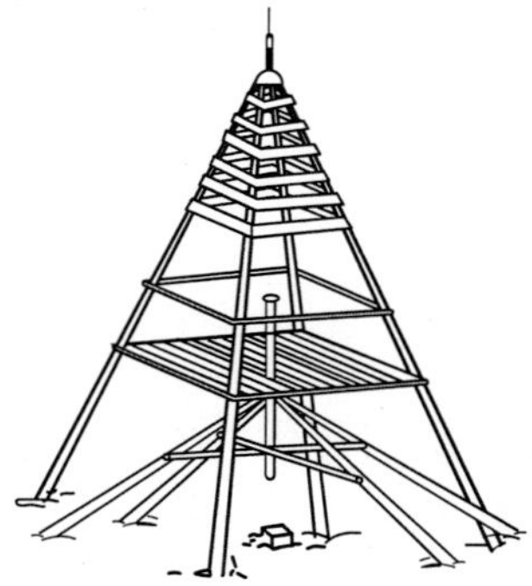

[그림 4-11] 대삼각본점 점표

관측은 기선망 및 본점은 모두 독일의 칼반베르히 회사에서 제작한 21cm 경위의를 사용하여 초 이하 5자리까지를 측정하였으며 보점은 17.5cm 경위의를 사용하여 초 단위까지 측정하였다. 경위의는 최초 수평윤곽의 기본분획을 측정하고 측미경의 보정 오차 검사 및 각종 장비를 점검한 후 관측을 시작하도록 하였다. 기선망 및 본점의 점표 관측은 주로 낮에 시준하면서 회조기를 사용하였으나 야간에는 회광등을 사용하여 실시하였으며 보점은 낮에 점표를 직접 시준하도록 하였다.

조선토지조사사업보고서에 별도의 측량원점을 설치하지 않고 일본 대마도에 있는 1등 삼각점을 이용하여 절영도와 거제도에 대삼각점측량을 실시할 때 대마도 연락망으로 중간에 육지가 없는 관계로 구점(求點)의 위치파악이 곤란하여 일광회조기(日光回照器)를 사용하여 관측하였으며 울릉도를 육지측량부에서 직접 관측할 당시 회조기를 사용하였다. 회조기는 태양광선을 반사하는 신호기구로 대삼각점측량 등 원거리 관측을 위하여 목표지점에 설치하는 반사경을 갖춘 각 측량의 보조 장치이다. 독일인 수학자인 동시에 측지학자인 가우스가 1810년대에 교회의 유리창에 태양이 반사되어 의외로 멀리까지 가는 것에 착안하여 사방 10cm의 거울을 사용하여 창안하였다. 회조기를 사용하는 방법은 망원경이 목표지점을 향하도록 하여 대좌(臺座)[98]를 고정하고 회조 거울을 이용하여 태양광을 시준통으로 보내는 역할을 한다.

[그림 4-12]의 왼쪽 부분은 태양의 일주운동과 일치하도록 막대기 등으로 두들겨 조금씩 조정하는 장치로 평면 반사경의 중앙부에 열려 있는 작은 구멍을 내다보고 그 반사경 앞에 설치된 시준 통의 십자선과 시준 방향이 목표 점과 일치하도록 그 방향을 회전하면서 조정할 수 있다.

[그림 4-12] 회조기의 구조

[그림 4-13] 회조기 반사 모습

회조기를 사용하면 기상조건이 좋을 때는 고성능 데오돌라이트로 60~70km의 거리에 대한 각 관측이 가능하며 1910년 6월 최초로 대마도와 연결한 사각망 측량에서 아리아케산(有明山)과 절영도 간의 거리가 99.3km이었지만 회조기를 이용하여 관측하면서 좋은 성과

98) 보통 나무를 이용하여 관측대를 만들어 놓고 그 위에 측량기계를 올려서 사용하였다.

를 거두었다고 한다.

그 후 스스로 빛을 보내는 회광기(回光器)를 발명하여 사용하였으며 대삼각본점 측량이 완료된 후에는 원거리 관측이 필요가 없게 되면서 지적측량 분야에서는 사용되지 않았으나 측지 분야에서는 1등 삼각점측량 시 회조기를 사용하였으며 [그림 4-13]은 회조기로 빛을 반사시키는 모습이다. 기선 및 본점의 귀심 원자는 편심 거리 1mm 이상을 취하고, 1cm 이하일 때에는 분도기를 사용하여 30분까지를 측정하며, 3dm(30cm)까지는 등각 삼각법으로 30초까지 계산하고 그 이상은 경위의를 사용하여 수평윤곽을 변환하고 2 대회의 관측으로 1초까지를 측정하도록 하였다.

표석을 매설할 때에는 반석 상면으로부터 주석 상면까지의 높이를 mm 단위까지 측정하고 표석 매설은 보존에 주의하고 통로 부근에 있을 때는 그 주위에 방충석으로 보호하였다. 관측은 각 관측법에 따라 방향 수 및 신구망의 연결을 고려하여 윤곽도에 적합하게 각도를 측정하고, 관측각은 수기로 기재하되 복창(復諗)한 후 야장에 기재하였다.

기선망 관측의 정도는 12 대회의 방향 관측으로 측정한 평균값과 같게 하고 본점의 관측은 6 대회의 방향 관측으로부터 측정한 평균값과 같게 하였다. 신구망(新舊網)연결은 반드시 구(舊)망의 2방향에 연결하고 삼각형의 관측 폐색오차는 기선망은 2초 이내, 본점망은 5초 이내로 제한하였다.

관측에서 가장 중요한 관측시각은 오전은 해뜰 때부터 약 10시까지이고 오후는 3시부터 황혼이 끝날 때까지이지만 비가 온 후 수증기가 많을 때는 관측을 시행하지 않았다. 측지학상 종횡선은 육지측량부의 측정에 관계된 대마도의 삼각점으로부터 연결한 측량은 우메지(梅津) 기사와 나카무라(中村) 기수가 담당하여 1910년 6월에 착수하고 대마도의 아리아케산(有名山)과 온다케(御嶽)의 1등 삼각점을 이용하여 경상남도 절영도와 거제도에 신설할 대삼각본점의 4점으로부터 형성되는 삼각망 사이를 왕복하여 각 점 12 대회의 각 관측을 시행하여 1910년 8월에 완료하였다.

계산은 대마도 연락망은 육지측량부 1등 삼각점에 연결하였고 관측 기계는 다르나 계산 방법은 육지측량부에 의거 계산하였다. 그 결과는 매우 양호하여 평균 계산 결과 오차가 가장 큰 것이라도 1초의 9/100에 달하며 계산한 삼각점의 측지학상의 종횡선과 거리는 41,758.98269m이다. 대삼각보점 및 소삼각점은 독일의 천문대장 겸 수학 교수인 가우스(Carl Friedrich Gaus; 1777~1855)가 초기에 사용한 것으로 상사 이중투영법에 의거 타원체로부터 구면상에 투영하고 다시 평면상에 투영해서 평면직각종횡선의 평균계산을 시행하여 각 대삼각본점의 평면 직각 수치에 사용하기 위해 미리 계산하였다. 기선망과 본점

삼각망의 계산은 육지측량부의 계산식에 준거한 것으로 토지조사국 사업의 목적과 요구의 완만에 따라 생략한 것이 있으며 착오를 적게 하려고 모두 부 계산자를 두고 정부 2통의 계산부를 작성하였다.

기선망 및 본점의 관측각은 각 관측법으로 얻은 각을 측참 평균법에 따라 계산하고 보점은 방향 관측으로 얻은 각 시준점의 각도에 기지점의 1개를 영 방향으로 한 각도로 환산하였다. 삼각형의 계산은 르장드르의 정리에 따라 정현 비례식에 의하되 기지의 한 변 및 각을 사용하며 7자리 대수표에 의하여 점차 다른 변을 구하고, 개략적인 경위도를 사용하여 구과량을 계산하고 평면상의 각에 환산하며 구과량의 계산은 기선망 및 본점에서는 대수 5자리, 보점은 대수 4자리를 사용하도록 하였다.

평면직각종횡선의 개략적 계산은 기선망, 본점 및 보점 모두 dm(10cm)까지 계산하도록 하였으며 기선망 및 본점의 삼각형은 각 밑변의 계산은 7자리 대수표를 사용하여 평균을 계산하고, 각은 초 이하 2자리, 변은 대수 7자리까지를 계산하며 경위도는 초 이하 3자리, 자오선방향각은 초 이하 2자리, 평면직각종횡선은 cm 단위까지 계산하도록 하였다. 계산을 완료한 경우에는 선점도, 점지기, 관측부 및 계산부를 정리하고 따로 성과표를 작성하여 함께 전달하도록 규정하였다.

3) 대삼각보점측량

대삼각보점의 선점방법은 기지점에서 나침자오선에 의하여 평판을 표정하고 도해법에 의거 위치를 결정하는 것으로 보점 간의 간격은 약 10km로 하고 되도록 이등변삼각형으로 하여 경도 6′40″, 위도 5′의 방안 내에 1점의 비율로 2,401점을 배치하였다. 장애 때문에 못 할 경우에도 그 둔각은 120° 이내, 예각은 30° 이상으로 하며 삼각점의 위치를 결정한 때는 표찰을 붙이고 점망에 편리하게 번호를 붙이도록 하였다. 또한, 주위의 본점만으로 기초하여 결정한 삼각점을 제1차점이라 하고 제 1차점 이상의 것을 기초로 결정한 삼각점을 제 2차점이라 하며 기지점의 등급이 내려감에 따라 제 3차, 제 4차점이라고 하는데 특별한 경우를 제외하고 제 5차 이내로 하였다. 제 2차점 이하일 때 지형이 좋지 않을 때는 2점 동차 평균을 하여 시통의 단절을 피하도록 하였으며 선점할 때 평균 계획을 고려하여 작업은 신속하게 진행하여 완전한 선점망도를 작성하였다.

조표는 삼각점의 위치가 결정되면 백상홍하(白上紅下)의 중표기(中標旗)를 세워 멀리서 볼 수 있도록 하고 말뚝을 박고 점표의 위치를 표시하고 삼각점에는 선점자의 관자(冠字)[99]번호와 그 지방의 이름으로 점명을 부여하였다. 선점이 완료되면 규정용지를 사용하

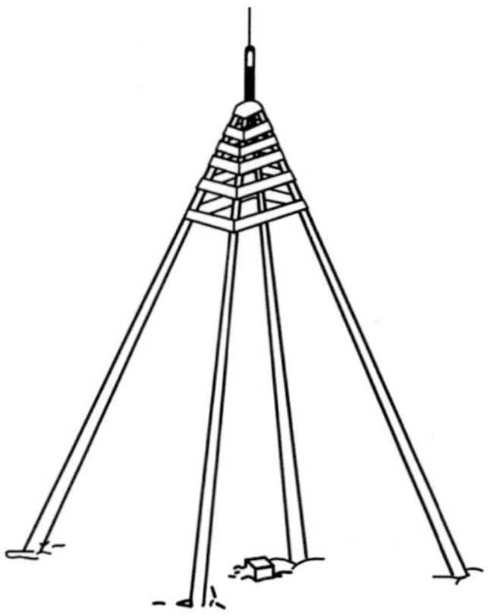

[그림 4-14] 대삼각보점 점표

여 각 점마다 점지기(點之記)를 작성하는 것은 대삼각본점과 같게 하였다.

표석은 사방 길이 66cm의 주석과 사방 27cm, 두께 9cm의 반석으로 구성되며 쇼도시마(小頭島)에서 생산된 화강암을 주석으로 하고 약 15cm를 지상에 노출되도록 하고, 반석과 주석의 위쪽에 십자(十字)를 파서 십자 교점을 점표의 중심과 일치하도록 묻고 매설방법은 대삼각본점과 동일하다.

관측을 위해 사용된 기계는 독일 칼반베루히 회사에서 제작한 17.5cm 경위의로 수평 분획은 측미경의 보조에 의거 5/10초까지 측정할 수 있다. 1911년 측량을 시작할 당시에는 기계를 구매하지 못해 옷드헨나루에서 제작한 17.5cm의 경위의로 수평각 10초, 수직 20초의 눈금으로 정도가 낮아 관측횟수를 늘려 사용하고 거리·방향 ·높이로부터 점표의 시준이 불가능한 경우에는 회조기를 사용하였다. 측량은 방향 관측에 의하고 칼반베루히에서 제작한 17.5cm 경위의로 6 대회를 실시하고 정도가 낮은 옷드헨나루 경위의는 9 대회를 관측하여 평균값을 채택하고 공차가 7″ 이상일 때는 재측량을 하였다. 윤곽도는 0°, 30°, 60°, 90°, 120°, 150°로 실시하고 옷드헨나루 경위의는 0°부터 20°까지 나누어 윤곽도를 정한 후 왼쪽 끝 시준점에서 오른쪽으로 차례대로 관측하여 오른쪽 끝 시준점 관측을 끝내면 망원경을 반전하여, 180° 회전하고 다시 오른쪽 끝에서 왼쪽으로 차례대로 관측하여 왼쪽 끝 시준점의 관측을 완료하면 1 대회로 하였다. 다음 윤곽도를 이용하는 방법으로 반복하여 6 대회까지 관측하고 관측점은 5점 이내로 하고 측정각은 초 단위로 하였다. 1910년부터 1914년 12월 외업 완성까지 모든 성과는 2,401점이다.

삼각 계산은 7자리 대수표를 사용하여 경위도는 초 이하 3자리까지, 방향각은 초 이하 1위까지 그리고 평면직각좌표는 cm까지 계산하였다. 각 점 관측의 결과에 대삼각본점의 성과를 기준으로 평면직각종횡선을 평균 계산하여 최확값의 방향각과 거리를 계산한 후 측지학상의 종횡선을 계산하였다. 대삼각보점측량은 1910년 6월부터 착수하였지만, 국권침탈 이전으로 조사국 사업의 기초가 명확하지 않았으며 기술자는 종전 육지측량부 또는 대만 임시토지조사국에서 사업의 경험이 있는 측량자가 담당하였다.

99) 삼각측량원 관자. 1911. 3. 3, 임시토지조사국 결정.

4) 소삼각점측량

소삼각점측량의 목적은 대삼각점에 의한 많은 삼각점을 설정하여 도근측량의 기초로 하고 있다. 소삼각점측량은 일반 소삼각점측량과 구소삼각점측량, 특별소삼각점측량으로 구분할 수 있으며 대삼각점을 기준으로 도근측량의 기초가 되는 것으로 대삼각점측량에 기초하여 실시하여야 하나 구한국 정부는 대삼각점측량을 시행할 기술이 없었다. 그래서 대만과 오키나와 등에서 사용한 측량법 중 최양법(最良法)의 측량규정을 참고하여 독립적으로 일부 지역만 소삼각점측량을 실시한 것을 "구소삼각점측량"이라 하였다. 2등 이하의 삼각측량은 점간거리가 평균 10km 이하로 평면직각좌표로 계산하였으며 가우스 상사이중투영법을 사용하였다.

대삼각점측량을 기초로 정상적으로 시행한 소삼각점측량을 보통 소삼각점측량이라 하며 1등 점과 2등 점 측량으로 구분되고 삼각점의 위치는 대삼각점에 의하여 각 측지원점에 대한 평면직각종횡선을 결정하는 것으로 경도 126° 및 128°의 좌우 각 5분 이내에 있는 삼각점은 양측의 원점에 따르는 종횡선을 계산한 것이다.

(1) 보통 소삼각점측량

1등 삼각점의 점간거리는 평균 5km, 2등 삼각점의 점간거리는 평균 2.5km(특히 지정하는 지역은 1.5km)로 하고 되도록 각각을 60°에 가깝게 하며 선점은 1등 점은 사방 5km의 방안 내에 1점, 2등 점은 사방 2.5km의 방안 내에 1점의 비율로 배치한다. 보통 소삼각점은 5km 방안 내에 1등 점은 1개, 2등 점을 3개의 비율로 배점하여 1등 점은 주위의 기지점만으로 결정한 것을 제 1차점이라 하며 기지점과 제 1차점으로 결정한 것을 제 2차점으로 하고 차례대로 등급을 낮게 하여 제4 차점까지 하며 2등 점은 기지점과 1등 점으로 결정한다. 지형상 부득이한 경우에는 삼각형의 내각은 25~130° 이하가 되도록 하며 삼각점의 위치를 결정한 때에는 말뚝을 박고 1등 점은 홍상백하, 2등 점은 백상홍하의 표기를 세우도록 하였다. 접합부의 선점은 인접 측량원과 협의하여 위치가 결정되면 약도를 첨부하여 관계 측량원에게 통지하였다.

1등 점은 기지 3점 이상으로 결정하고 차수는 1~4차까지 하며 2등 점은 1등 점 또는 대삼각점 3점에 의하여 결정하였다. 선점에 사용하는 기계는 평판, 삼각, 조준의, 방광나침(方筐羅針), 쌍안경, 망원경 등을 이용하였다. 보통 소삼각점은 미리 평판에 전개한 기지점에 나침을 표정하고 도해식에 의거 교회법을 사용하여 3방향 이상의 교차로 그 위치를 결정한다. 선점을 완료한 때에는 선점도 및 점지기를 작성하며 축척 1/10만의 선점도에는 각 삼각점의 명칭·번호·점명·소재·약도 및 도부군 및 산악, 임야 등의 경계선, 해안선, 섬 지역, 유명한 저수지, 하천, 소호 등을 선점과 동시에 기재하도록 하였다.

조표는 삼통나무와 삼판(杉板)을 사용하여 수목이 있는 지방은 긴 나무로 삼통나무를 대체하고 점표는 기선 양 끝점과 2등 점은 삼각추체형으로 널판을 3단으로 하고 점표는 그 보존기한을 2년으로 정하고 목재는 될수록 삼재(잎갈나무)를 선정하여 사용하였다. 점표는 기선 양 끝점과 1등 점의 점표는 4각 추체형(원뿔체형), 기타는 3각 추체형으로 한다. 2등 이하의 삼각측량은 점간거리가 평균 10km 이하로 평면직각좌표에 의하여 계산하고, 가우스 이중투영법이 사용되었다.

3등 점은 2등 점을 기지점으로 상호의 거리 1,400간 내외로 하고. 4등 점은 축척 1/600 도면을 작성할 지역만 2등 점을 기지점으로 2, 3등 삼각형 내에 설정하는 것으로 상호의 거리는 700간 내외로 하며 축척은 1/3만을 사용하였다.

[그림 4-15] 보통 소삼각점(앞 · 뒤)

표석은 사방 약 3치(9cm), 길이 2자의 주석과 사방 8치(24cm), 두께 2치 5푼(7cm)의 반석으로 형성되며 쇼도시마(小豆島)에서 생산된 화강암으로 주석과 반석의 상단에 십자를 새겨 그 교점을 중심으로 점표의 중심에 일치하도록 묻었다. 주석 위쪽의 지상에 노출된 측면에 "소삼각점"의 4자를 새기고 보통삼각점은 그 뒷면에 1등은 '一'자 2등은 イ(이), ロ(로), ハ(하) …까지의 히라가나를 1자씩 새겼으며 매설을 할 때 인접한 각 점에는 같은 문자의 표석을 사용하도록 규정하였다.

매설방법은 대삼각점측량의 경우와 같이 주석 높이와 주석 윗면으로부터 덮개 널판 또는 점판 밑변에 이르는 높이를 측정하여 점지기에 기재하였다. 표석을 매설할 때는 바닥을 충분히 다지고 점표의 중심 밑에 반석의 중심을 일치시키며 수평으로 정치하여 주위를 다진 후 반석 위에 주석을 세워 그 정면을 남방에 향하게 한 후에 견고하게 매설하였다. 점표 높이는 표석의 상면으로부터 복판 또는 점판의 최하단을 cm 단위까지 정확하게 측정하고 사방 8치~1자, 두께 2치 7푼~3치(9cm)의 반석을 배치하며 그 위에 사방 3치~5치(15cm), 길이 2자(60.6cm)~2자 4치(72.7cm)의 표석을 설치하고 반석과 표석의 상부 중앙에 "+"자를 파서 점의 위치를 표시하였다. 점의 시통과 관측을 편리하게 하도록 대삼각점과 소삼각 1등 점에는 방추체(方錐體), 소삼각 2등 점에는 곶(串)자형의 점표를 세웠다.

측량은 독일 칼반베히르에서 제작한 13.5cm의 20초독 데오돌라이트를 사용하고 수평각 관측은 10초독 경위의를 사용하여 방향관측법으로 10초까지 측정하며 1등 점 관측은 4 대회로 하였다. 1대회 시준은 5방향 이내로 하며 2등 점은 3 대회로 하고 1 대회는 7방향 이내로 하였으며 보통 소삼각 1등 점은 정·반 관측하여 평균값을 사용하고 공차는 40초로 하였다.

관측에서 망원경은 최초 좌측에서 우측으로 회전하고 다음 망원경을 반전하여 우측에서 좌측으로 회전하여 관측하였으며 수평윤곽은 대회마다 변경하되 윤곽도의 분획은 1등 점의 관측은 0°, 45°, 90°, 135°로 하고 2등 점의 관측은 0°, 60°, 120°로 하였다. 영 방향은 명확히 시준할 수 있는 위치와 고저차가 심하지 않은 기지점을 선택하며 각을 읽을 때는 기록에 편리하도록 말의 속도와 발음에 주의하고 기록을 마친 때는 복창하도록 하여 읽음 값을 확인하도록 하였다.

시준점 및 관측점은 표석의 중심에 일치하도록 하되 불가능할 때는 편심 거리 및 편심 각을 측정하여 귀심계산으로 관측각에 개정을 시행하되 편심 거리 2cm 이하에서는 계산을 생략하고 1방향각의 공차는 30초, 1측회의 폐색 공차는 20초, 1등 점의 삼각형 내각의 공차는 10초로 하였다. 계산은 6자리 대수표를 사용하여 경위도는 초 이하 3자리까지, 방향각은 초 이하 2자리까지이고 평면직각좌표는 cm까지 계산, 높이는 5자리 대수표를 사용하여 cm 단위까지 계산하였다. 수직각 관측은 망원경의 양 위치에서 2회씩 실시하며 시준점은 복판 또는 점판의 최하단으로 1등 점 이상의 삼각점에서는 정·반으로 관측하였다. 수직 각의 공차는 40″, 기계고는 표석의 상면으로부터 cm까지 측정하고 기선측량에 사용한 주된 기계는 준비 작업용으로 독일 칼반베히르에서 제작한 13cm 경위의, 수준의, 강권척·온도계, 시계 등이다.

계산은 구소삼각점측량, 보통 소삼각점측량, 특별 소삼각점측량은 각각 다르며 구소삼각과 특별 소삼각은 측지 업무의 요구를 충족시키고 변장, 방위각, 종횡선을 계산하며 보통 소삼각은 이외에 지형측량에 필요한 경위도 및 높이를 계산하여 구소삼각점의 값을 계산하였다. 관측각은 방향 관측에 따라 얻은 각에 의하여 초 단위까지 계산하되 방향각은 기지점의 1개를 영 방향으로 한 각도로 환산하였다. 삼각형의 개략적인 관측각에 의해 계산하여 각 변을 대수 5자리까지 계산하며 2등 점의 1각은 보각을 사용하였다.

1등 점의 계산은 6자리 대수표를 사용하고 종횡선 평균법에 따라 방향각은 초 단위, 평면직각종횡선은 cm 단위로 계산하였다. 2등 점의 계산은 6자리 대수표를 사용하고 3개의 기지점으로부터 도해 평균법에 따라 평면직각종횡선 및 각 변장은 cm 단위까지 계산하였다. 평균한 방향각 및 변에 의하여 경위도를 초 이하 3자리까지 계산하고, 높이 계산은 5자리 대수표를 사용하여 기차 및 구차를 고려한 기지 2점에 의하여 삼각점의 표고를 dm(10cm)까지 산정하였다. 또한, 2점으로부터 구하는 높이의 교차한계는 대삼각점 및 소삼각 1등 점에서는 0.5m 이하 2등 점은 0.8m 이하로 하고 계산을 완료한 경우에는 선점도, 점지기, 관측부 및 계산부를 정리하고 따로 성과표를 작성하여 함께 이를 송부하도록 하였다.

기지점 계산은 대삼각보점 성과표에 의하여 수평각관측부 기재의 관측각 평균으로 1등 점과 2등 점 삼각형을 구성하여 5자리 대수표를 사용하여 개략적으로 변을 계산하고 편심은 다시 귀심화수를 계산하여 야장의 평균각을 개정하고 영(零) 방향이 되는 기지점의 방향각을 표준각으로 더하여 소구점 방향각을 계산하였다. 그 방향각과 변장을 이용하여 기지 2점에서 각각 평면직각종횡선을 계산하였으며 각도는 초 단위까지 계산하고 구과량은 계산하지 않았다.

2등 점은 내각의 합을 180°로 하고 꼭지각(頂角)은 보각(補角)을 사용하고 1등 점 평균 계산은 육지측량부 3등 삼각점 평균법에 따라 계산하고 등급이 높은 점부터 차례로 계산하며 2등 점은 도해법에 따라 평균을 계산하였으며 1, 2등 점 모두 5자리와 6자리 대수표를 병용하여 사용하도록 하였다. 1913년 이후 지형측량과 동시에 경위도 및 높이 계산을 병행하여 1915년에 대부분 완료하였다. 1916년 6월 나머지 경위도 계산 1,980점과 높이 계산 3,020점을 완료하였다. 도해지는 제 1쪽이 계산란이고 제 2쪽은 종이의 중심을 종횡선의 개략적인 값에 상당하는 소구점의 위치로 정하고 그 윤측(輪側)에 0°~360°까지의 각도를 그릴 수 있는 1모(耗)의 방안지에 도해의 축척은 1/10로 한다.

경위도 계산은 평균 방향각과 거리로 기지점으로부터 계산하며 계산 방법과 서식은 육지측량부 3등 삼각점 경위도 계산법에 따른 6자리 대수표를 사용하여 1등 점과 2등 점은 경위도는 초 이하 3자리까지, 자오선방향각은 초 단위까지 2개의 기지점으로부터 별도로 계산하여 차이가 있을 때는 그 평균값을 사용하였다.

측량원은 임시토지조사국 양지과와 대구 · 평양출장소에서 양성한 조선인 기수가 많았다. 측량 시작 인원은 반장 경험이 있는 자 6명, 감사원 18명, 측량원 77명으로 일본인 41명과 조선인 36명이었으며 외업 연인원 합계는 64,144명이었다. 내업은 외업의 결과를 조사국에서 계산하고 정리하는 것으로 외업 종사자는 차기 출장까지 전담하였고 내업반에서 종사한 자를 합하여 내업 연인원은 65,749명이고 총점수 31,646점이다.

(2) 구소삼각점측량

구한국 정부에서 시행한 측량으로 도근측량 및 일필지 측량을 시행하기 위한 측량이며 소삼각점측량은 반드시 대삼각점측량을 실시하여 기초로 하도록 하였다. 그러나 처음 시행한 측량으로 규모가 큰 대삼각점측량부터 소삼각점측량 순서로 실시할 경우 많은 기간이 소요될 것으로 예상하였고, 당시에는 대삼각점측량을 시행할 기술이 없어 토지조사국에서 부평 군(현, 부평구)지역에서 시험적으로 토지조사를 시행한 후 일부 지역에 독립적으로 소삼각점측량을 시행한 것이 구소삼각점측량이다.

구한국 정부의 규정에는 삼각측량을 1~4등급으로 구분하여 계획하였으나 1등 삼각점은 대삼각점측량에 해당하고 2, 3, 4등은 소삼각점측량에 해당하는데 1등 삼각점측량은 시행하지 못하였다. 구소삼각점은 토지조사사업 이전에 한국 정부에서 당시 양전업무를 실시하고 국내 27개 지역에 대하여 독립적으로 삼각측량을 시행한 지역으로 대삼각점측량을 실시하지 아니하고 경인 지역 및 대구 경북지역에서 부분적으로 시행하였으며 총 11개의 원점(망산, 계양, 조본, 가리, 등경, 고초, 율곡, 현창, 구암, 금산, 소라)이 있다.

구소삼각점 지역은 5,000방리(약 800km^2)를 1구역으로 하며 중앙에 있는 삼각점에서 북극성의 최대이각(Greatest Elongation)을 측정하여 진자오선과 방위각을 결정하였으며 천문측량을 바탕으로 하였다. 구소삼각점측량은 1907년 구한국 탁지부 양지과에서 경성·평양 두 시가지를 시작으로 1월 관제개정의 결과 양지과는 임시재원조사국 양지과로 되었다.

1907년 12월 13일 칙령 제41호로 탁지부 관제를 개정하면서 임시재원조사국을 별도 설치하여 8월 다시 임시재산정리국으로 변경되었고 1910년 3월 토지조사국 업무 시작과 동시에 경성과 대구, 평양, 전주 각 출장소에서 필요에 따라 1지구마다 시행하였다. 구한국 정부에서 실시한 2~4등의 구소삼각점 수는 경기지역 821점, 경북지역 798점, 합계 1,619점이며, 그중에서 경기지역 40점, 경북지역 63점 합계 103점은 통일원점의 성과와 병기되었다.

임시토지조사국 이전의 성과는 선점·조표·관측 각 647점이고 면적은 170방리(方里=27.04km^2)로 전 국토의 12/1,000에 해당하였다. 구소삼각점은 1910년도 이전 경성과 대구 부근에서 시행한 것과 함께 1911년 조치원 부근을 마무리하여 점수 2,493점은 전기 총점수 중에 포함하였다. 그 면적은 940방리로 전 면적에 대하여 1/15에 불과하며 구한국 정부는 대삼각점측량은 생략하고 특정 구역에 대한 소삼각점측량을 실시하였다.

구소삼각의 각 기선 위치의 간격은 12,000간(間) 내외로 하고 평탄하여 넓고 단단한 지점을 선정하여 죽제권척(竹製券尺) 또는 측쇄(側鎖)로 측정하고 전체 길이는 900간(1,636m) 내외로 하되 부득이 한 경우에는 450간 이상으로 하였다. 2등 삼각측량은 1구역의 면적을 약 50방리(=7.8km^2)로 하고 축척은 1/60,000을 사용하며 2등 삼각점은 삼각쇄 또는 망의 형상으로 하여 각점 상호의 거리는 2,750간(5,000m) 내외로 하고 망은 3차수 이내로 확장하되 부득이 한 경우 4차까지 할 수 있도록 하였다.

삼각형을 선정하였을 때는 조표의 위치를 표시하기 위해 말뚝을 박고 구소삼각 2등 점은 홍상백하(紅上白下), 구소삼각 3, 4등 점은 백상홍하(白上紅下)의 표기를 세우고 선점한 자의 관자와 삼각점 번호를 붙였다. 구소삼각 3, 4등점은 십자형을 조립한 판(板)을 2단으로 못을 박은 곶자형(串字形)의 간점판(稈覘版)으로 하며 추체지주의 위치는 사방 약 2km로 하고 지상에서 조표 꼭대기까지의 높이는 약 4m로 하였으며 거리 단위는 간(間)으로 하였다.

구소삼각점측량에서 관측 기계는 독일 옷드헨나루사에서 제작한 17.5cm 경위의를 사용하였으며 기계의 제원은 수평 10초, 수직 20초의 눈금으로 측량규정에 적합하도록 하였다. 구소삼각점은 2등 삼각측량 1구역의 중앙부 삼각점은 자오선이 통과하는 북극성을 관측하여 방위각을 결정하고 수평각관측은 방향각관측법에 의하며 측정은 10초까지로 하였다. 3, 4등 수직각은 망원경의 좌우의 양 위치에서 각각 2회씩 관측하되 시준점은 덮개 널판 또는 점판의 제일 하단으로 하였다. 구소삼각의 2등점은 정반 관측하여 평균값을 사용하고 독수차의 공차는 40″로 하였다. 또한, 구소삼각점측량의 기선망에서는 4대회, 2등 삼각쇄망은 3대회, 3, 4등 삼각점은 2대회로 하고 1대회의 좌우 폐합 공차는 20초, 1방향각의 공차는 30초, 삼각형 내각의 합의 폐합차는 30초로 하였다.

계산은 전체 길이 계산, 기선삼각망 평균계산, 귀심계산, 극성(極星)의 최대방위각계산, 삼각쇄 또는 망의 각과 변의 계산, 종횡선의 계산으로 구분하며 계산은 6자리 대수표를 사용하고 경위도는 초 이하 3자리, 방향각은 초 이하 2자리, 평면직각좌표는 cm 단위까지 계산하였으며 높이는 5자리 대수표를 사용하였다. 수직각 관측을 끝냈을 때는 목제척으로 주석 윗면으로부터 망원경의 회전축까지 높이를 측정하였다.

기선 전체 길이의 계산은 기선 각 측선 거리로 두 점 간의 거리는 경사거리로 직접 수준측량에 의하여 측정한 두 점의 고도로 $d=\sqrt{L^2-h^2}$ 식으로 수평거리를 계산하였다. (L: 인접 두 말뚝 간의 측정거리, h^2: 두 말목 머리의 높이차, d는 수평거리) 강권척의 거리에 있는 표준온도와 팽창률을 조회하여 측정온도에 따라 수평거리를 환산하여 보정하였으며 그 환산은 각 측정의 거리 및 온도에 따라 일일이 환산하는 것이 적합하지만 계산이 복잡하고 편의상 기선의 총 수평거리와 각 측정온도의 평균값으로 실시하였다. 여기서, S: 기선 수평거리, T: 평균온도(섭씨 16°), t: 표준온도, e: 팽창률, B: 기선 거리로 $B=S[1+(T-t)\times e]$식으로 계산하며 공차는 $0.003\sqrt{\text{전체길이}}$ m로 하였다.

소삼각 기선망 평균 계산은 대삼각 기선망의 평균 계산과 동일하며 소삼각점측량에서 필요한 것으로 지표면을 평면으로 간주하고 구과량을 고려하지 않았다. 기선망 삼각형의 변을 계산하기 전에 삼각형의 내각의 합은 180°라는 규약의 방정식과 한 변의 길이를 순서에 따라 계산하여도 항상 일치하는 규약의 변방정식을 편성하여 최소제곱법에 따라 각 관측값의 평균 계산을 하고 7자리 대수표를 사용하였다. 귀심화수 계산식은 대삼각점과 같고 이 측량에는 귀심 원자를 기재하며 귀심계산수부에 6자리 대수로 초 이하 1자리까지 계산하고 방향개정용지의 귀심수란에 기재하였다. 북극성의 최대방위각계산은 자오선 제목이 있는 용지를 사용하여 A를 최대방위각으로 하여 δ를 적위로 하고 ϕ는 과거 지도의 개략 위도를 사용하여 $\sin A = \dfrac{\cos\delta}{\cos\phi}$ 식으로 계산하였다.

소삼각점 2등과 3등 삼각망의 각계산은 기선망 평균계산과 같은 원리에 기초하여 최소방수법의 응용에 의하지 않을 수 없지만, 그 계산이 복잡하고 이 측량에 기대하는 정도는 약근계산법(略近計算法)을 사용하였다. 기지 두 변이 있는 삼각쇄 또는 다른 망의 계산은 망의 약도와 기지를 기재하여 오차방정식 용지에 계산하고 제 1개정은 각 방정식 난에 제 2개정은 변 방정식 난에 계산하였다. 개정 수는 오차 배분과 변장 계산이라고 기재한 용지의 제 1개정, 제2개 정의 각 난에 기재하고 제 2개정각을 계산하여 기지변으로 sin 법칙에 따라 변장을 계산하고 7자리 대수표를 사용하여 각 도는 초 이하 1자리, 변장은 7자리까지로 하였다.

종횡선의 원점은 면적 약 50방리를 1구역으로 하여 측지의 중앙에서 방위각 관측을 시행한 점은 2등 삼각점으로 하며, 7자리 대수표를 사용하여 종횡선 계산용지의 원점부터 제 1차로 결정할 점 이외에 각 점은 모두 2방향부터 평균 각과 평균 거리로 대삼각보점 종횡선 계산과 같은 식으로 계산하였다.

$y_2 = y_1 + S \cdot \sin T_1$, $x_2 = x_1 + S \cdot \cos T_1$ 에 의하여 소수 이하 3자리까지를 계산하고 그 평균을 사용하였다. 구소삼각점을 사용하는 지역 중 조본, 고초, 율곡, 현창 및 소라원점의 평면직각종횡선 수치의 단위는 미터로 하였다. 구소삼각원점을 사용하는 지역 중 망산, 계양, 가리, 등경, 구암 및 금산원점의 평면직각종횡선 수치의 단위는 간(間)으로 하고. 각각의 원점에 대한 평면직각종횡선 수치는 0으로 하였으며 계산은 외업 용지에 바로 시행한 것으로 총점수 2,493점 중에서 임시토지조사국 이전에 완성한 것이 647점, 1910년에 1,069점을 완료하고 1911년에 나머지 777점의 계산을 완료하였다.

(3) 특별 소삼각점측량

1912년 임시토지조사국에서 시가지세를 시급하게 징수하여 재정수요를 충당할 목적으로 대삼각점측량을 생략하고 대삼각점측량 미 완료 지역과 멀리 떨어져 있는 섬으로 대삼각점과 연결할 수 없는 소규모지역에서 소삼각점측량을 실시하여 기선과 1, 2등 삼각점을 설치한 것을 특별 소삼각점측량이라 하였다.

1912년부터 일제강점기와 동시에 전국적인 기본측량이 시행되면서 대삼각점측량이 미 완료된 평양, 의주, 신의주, 진남포, 전주, 강경, 원산, 함흥, 청진, 경성, 나남, 회령, 마산, 진주, 광주, 나주, 목포, 군산 등 18개 지역과 울릉도에 독립적으로 기선을 설치하고 특별 소삼각점측량을 실시하여 후에 대삼각망과 연계하였다. 원점의 위치는 현재 성과표에 나타나지 않고 측정단위는 미터 단위를 사용하였으며 구과량을 고려하여 실시하였다. 울릉도는 1912년 강원도 지방 대삼각점측량 시행 때 거리가 너무 멀고 기타 여러 가지 원인으로 그 위치를 결정할 수 없어 독립 특별 소삼각점측량을 실시하기로 하여 기수 이케(池磯次)와 고원 1명이 6월 경성에서 출발하여 섬에서 특별소삼각점 23점을 선점, 조표, 관측을 완료하였다.

특별소삼각점은 기선의 서남단 한쪽 끝점에서 등고도법에 의하여 태양을 관측하여 방위각을 결정하였다. 수평각관측은 1, 2등 모두 3 대회로 하며 1점을 정하는 방향선은 반드시 3방향 이상으로 하고 수직각 관측은 망원경 좌우에서 각각 2회씩 하여 각각의 삼각형 내각의 합은 30~120°로 하였다. 특별 소삼각 1등 점은 정 · 반 관측하여 평균값을 사용하고 공차는 40초로 하였으며 1대회 폐합 공차는 20초, 1방향의 각 회의 공차는 30초, 삼각형 내각 합의 폐합차는 1등 점은 10초로 하였다. 특별 소삼각점측량은 독일 칼반베히르에서 제작한 13.5cm 경위의를 사용하였으며 기계의 제원은 수평 10초, 수직 20초의 눈금으로 측량규정의 정도에 적합하였다.

계산은 기선 계산과 특별소삼각점 계산으로 구분하였으며 기선의 서남쪽의 끝점의 종횡선을 원점으로 하고 가상으로 종선(남북)값을 10,000m, 횡선(동서)값을 30,000m로 원점을 정하여 시작하였다. 기선 계산은 소삼각점측량과 같으며 공차는 $0.05\sqrt{\frac{\text{전체길이}}{100}}$ 이며 특별소삼각점 계산은 6자리 대수표를 사용하고 경위도는 초 이하 3자리, 방향각은 초 이하 2자리, 평면직각좌표는 cm 단위까지 계산하고 높이는 5자리 대수표를 사용하여 계산하였다.

2.2 지적삼각측량

1) 개념 및 원리

일반적으로 삼각측량이란 토지측량의 기초가 되는 삼각점의 위치를 수학적인 삼각법에 의해 측량한다는데서 유래된 명칭이다. 삼각점들은 세월이 흐를수록 파손 · 멸실이 심하여 배점밀도가 낮아졌다. 이로 인하여 대규모의 지적측량을 함에 있어서 없어진 삼각점에 대신하는 점이 필요한 경우도 있고, 또는 새로운 삼각점을 설치해야 할 경우도 있다. 이런 경우에는 현재의 삼각점에 준하는 정밀도로서 새로이 삼각측량을 실시하는데 이러한 측량을 지적삼각측량이라 한다. 수학적으로는 삼각함수의 원리를 이용해 위치를 조정 결정하는 것이다.

삼각측량은 지구의 표면상에 있는 여러 점을 삼각형으로 연결하여 삼각형 내각을 관측하고 길이를 직접 또는 간접적으로 측정하여 상호관계 위치를 결정하기 위한 기초측량이다. 삼각측량은 측량의 범위에 따라서 평면 삼각측량과 측지삼각측량으로 구분되며 측지삼각측량은 천문측량과 삼각측량에 의하고 경도와 위도 및 평균해수면 상의 고도를 관측하여 지구상 점의 위치, 지구의 크기, 지구의 형상을 결정하는 측량이다. 평면삼각측량은 지구의 표면을 평면으로 간주할 수 있는 거리의 한계를 약 22km 이내와 면적의 한계를 400km^2 이내의 범위에서 실시하는 측량으로 주로 지적측량에서 많이 사용하고 있다. 삼각측량의 특징은 거리측정보다 각 관측이 더 중요하며 변의 관측보다 각의 관측에 더 정밀성이 필요하고 정밀한 각 관측장비가 있어야 하며 내각의 크기는 최소한 30° 이상 120° 이하가 되어야 한다. 삼각망은 최소한 한 점 이상의 기지점에 고정되고 출발 변의 방위각을 알아야 한다.

삼각측량의 기본원리는 삼각형의 세 각을 관측하여 그림과 같이 1개의 기지변을 이용하여 다른 두 개의 변을 계산하고 미지점의 위치를 계산하는 측량방법이다. α, β, γ각을 관측하고 AB(c)의 변 길이를 알고 있으므로 sin 법칙인 $\frac{a}{\sin\alpha}=\frac{b}{\sin\beta}=\frac{c}{\sin\gamma}$를 이용하여 a, b 의 변 길이는 $a=\frac{\sin\alpha \cdot c}{\sin\gamma}$, $b=\frac{\sin\beta \cdot c}{\sin\gamma}$ 와 같이 계산할 수 있다. AB, BC의 방위각은 $V_A^C = V_A^B - \alpha$, $V_B^C = V_B^A + \beta = V_A^B + 180° + \beta$이다. 계산된 방위각과 변 길이를 이용하여 AB 점에서 소구점(C)의 종횡선 좌표를 계산하고, 평균하여 최종 좌표를 얻는다.

A점에서 $Y_1 = Y_a + AC \cdot \sin V_A^C$, $X_1 = X_a + AC \cdot \cos V_A^C$

B점에서 $Y_2 = Y_b + BC \cdot \sin V_B^C$, $X_2 = X_b + BC \cdot \cos V_B^C$

$$Y = \frac{Y_1 + Y_2}{2},\ X = \frac{X_1 + X_2}{2}$$

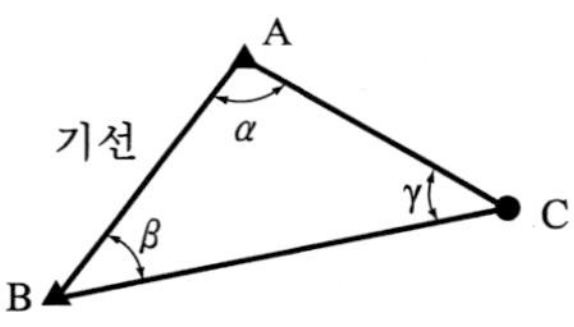

2) 작업절차

(1) 계획준비

삼각점 및 지적삼각점을 기초로 하여 축척 1/50,000 또는 1/25,000 지형도에서 작업계획의 수립 및 문제점을 파악하고 삼각점 성과를 열람하여 준비를 철저히 한다. 측량은 충분한 자료·시간적 여유 및 최소의 경비로 능률적이고 완전하게 할 수 있도록 사전에 치밀한 계획과 준비를 하여야 한다.

(2) 현지답사

삼각점의 위치를 전개한 지형도를 휴대하고 잃어버렸을 때는 반석을 찾을 수 있는 장비를 준비하여야 한다. 또한, 작업계획에 의하여 선정된 대상 지역 주위의 삼각점 또는 지적삼각점을 현지답사로 확인하고 수목, 고층건물, 스모그현상 등으로 시통에 장애 여부를 조사, 선점하여 계획 망도를 점검한다.

(3) 망의 구성

지적삼각점은 유심다각망・삽입망・사각망・삼각쇄 또는 삼각망으로, 지적삼각보조점은 교회망・교점다각망으로 구성한다. 유심다각망은 [그림 4-16]의 (a)와 같이 측량지역이 원형에 가까우며 넓은 지역(농지 등)의 측량에 적합한 방법으로 성과의 정밀도를 보장할 수 있는 지역에서 많이 사용된다. 또한 동일 측점수에 비하여 포함면적이 가장 넓고, 정확도는 삼각쇄보다 높으나 사각망보다는 낮다. 1개의 기선에서 확대하기 때문에 기선이 확고하고 삼각형의 기하학적 성질과 중심각 조건을 만족하는 각조건과 변조건에 대한 조정을 시행한다. 사각망은 이론적으로는 가장 이상적인 조직이고, 조건식의 수가 가장 많아 정확도가 가장 높다. 그러나 계산방식이 복잡하고, 포함면적이 적으며, 시간과 비용이 많이 소요된다는 단점이 있다. 또한 유심다각망의 경우처럼 기선이 확고해야 한다. [그림 4-16]의 (b)와 같이 사각형의 기하학적 성질을 이용하여 각조건과 변조건에 대한 조정을 시행한다.

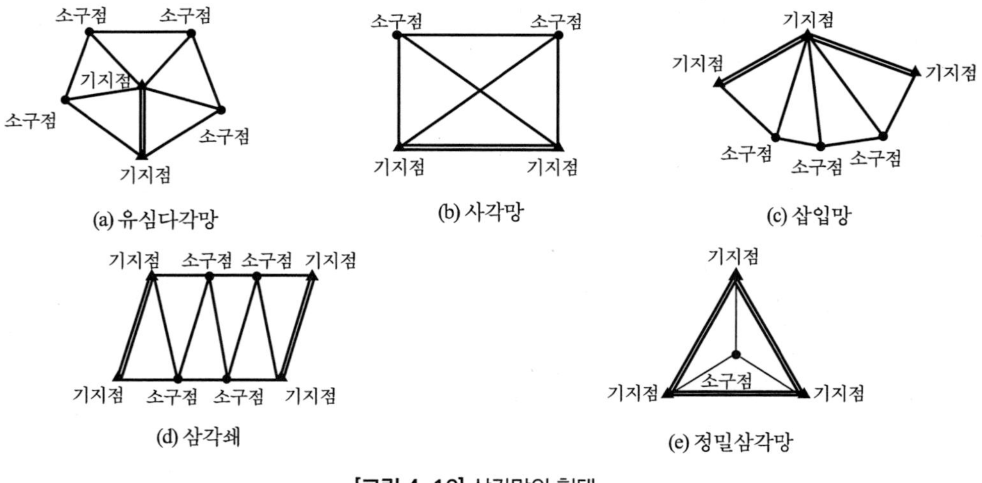

[그림 4-16] 삼각망의 형태

삽입망은 [그림 4-16]의 (c)와 같이 양쪽에 기선을 두는 것 외에 그 협각도 기지점이 되므로 관측결과의 평균 계산이 가장 합리적이고 기지경계점과의 부합을 목표로 하는 지적삼각점측량에 많이 사용되고 있다. 기지삼각점 3개에 의하여 소구점을 1개 또는 2개 이상 결정할 때 쓰이는 삼각망의 일종이다. 삼각쇄는 [그림 4-16]의 (d)와 같은 형태로 출발점에서 도착점을 직접 관측할 수 없으며 대부분이 원거리이므로 양쪽에 기선을 둔 망으로서 동일 측점 수보다 도달거리가 길어서 하천, 도로 등 좁고 긴 형상의 지형, 지물 측량에 쉬우며 이는 방향각 조건을 만족하는 각조건과 변조건에 대한 조정을 시행한다. 삼각쇄는 기지변에 폐색시켜 삼각점의 좌표를 계산하는 방법으로서 안전성이 있다. 그러나 거리에 비하여 관측수가 적으므로 측량이 신속하고, 비용이 적게 드나 조건식이 적기 때문에 정확도가 낮은 단점이 있다. 정밀삼각망은 [그림 4-16]의 (e)와 같이 소구점을 중앙에 두고 주변에 기지점을 두는 망방식으로서 엄밀조정을 필요로 할 때 적합한 망이다.

(4) 선점

선점은 측량의 목적과 정밀도, 정확도 등을 고려하여 지적삼각점을 배치할 위치를 선정하여야 한다. 선점 시의 유의할 사항으로는 삼각점 상호 간에 시통이 잘되는 곳, 지반이 견고하고 측점의 이동 염려가 없으며 장비의 설치가 편리한 곳, 교통의 장해를 받지 않는 곳, 삼각형의 내각을 모두 관측할 수 있도록 하여야 한다. 또한, 신설 삼각점은 3개 이상의 기지 삼각점과 연결되도록 하여야 하고 후속측량에 편리하며 영구적으로 보존할 수 있는 위치를 선정하고 삼각형의 형상은 정삼각형에 가깝게 하며 한 각의 크기가 30°~120°의 범위가 되도록 하여야 한다.

(5) 매설

표석은 반석과 주석의 2개 부분으로 구성되었으며 반석은 주석이 잃어버리거나 그 효용을 다할 수 없을 때 대비하여 설치하고 영구히 보존할 수 있도록 하여야 한다.

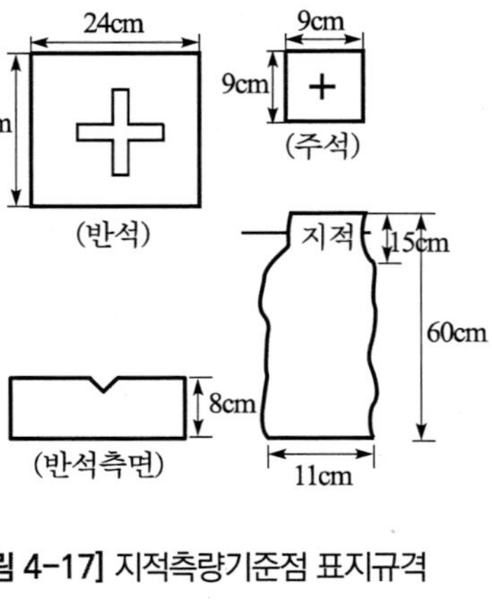

[그림 4-17] 지적측량기준점 표지규격

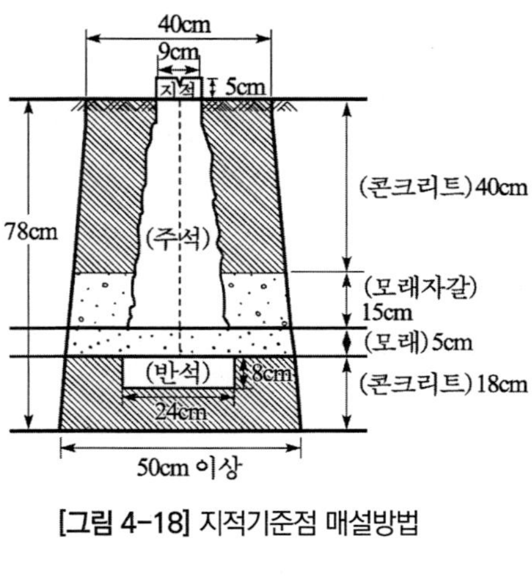

[그림 4-18] 지적기준점 매설방법

(6) 조표

조표는 점표를 세우는 것을 말하며 영구적인 조표와 일시적인 조표로 구분하여 설치할 수 있다. 과거 삼각측량을 시행할 때는 매우 중요한 역할을 하였지만, 최근에는 GNSS 측량 등 위성측량과 삼변측량 방식으로 실시하기 때문에 조표보다는 직접 반사경을 설치하거나 장비를 설치하여 관측을 시행함으로 조표에 대해서는 중요시하지 않고 있으나 각 관측을 실시할 때는 정확하게 설치하여야 한다. [그림 4-19]에서 P: 측표 중심, B: 기계 중심점, C: 표석 중심이다.

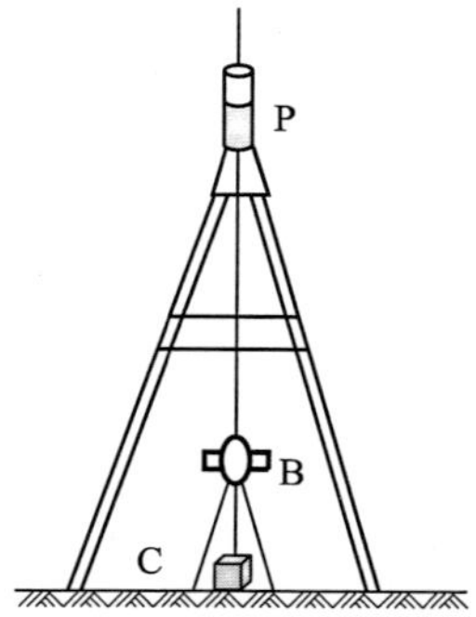

[그림 4-19] 영구조표

(7) 각 관측

수평각관측을 경위의 측량방법으로 실시하여 지적삼각점을 관측할 때는 10초독 이상의 경위의를 사용하고 관측은 3대회(윤곽도는 0°, 60°, 120°)의 방향관측법으로 실시한다. 이 경우 수평각의 측각공차는 1방향각은 30초 이내로 하고 1측회의 폐색차는 ±30초 이내, 삼각형 내각 관측값의 합과 180°와의 차는 ± 30초 이내, 기지각과 차는 ±40초 이내로 한다. 지적삼각점을 각 관측을 시행하여 계산할 때는 sin 법칙을 이용하여 계산하는데 주로 망조정 계산방법 등에서 활용하고 있으므로 삼각측량의 기본 원리라고 할 수 있다.

전파기 또는 광파기측량방법에 의한 지적삼각점의 관측에서 표준편차가 ±(5mm+5ppm) 이상인 정밀측거기를 사용한다. 점간거리는 5회 측정하여 그 측정치의 최대치와 최소치의 교차가 평균치의 10만분의 1 이하일 때는 그 평균치를 측정거리로 하고, 원점에 투영된 평면거리에 의하여 계산한다. 삼각형의 내각은 세 변의 평면거리에 의하여 계산한다.

연직각의 측정은 [그림 4-20]과 같이 망원경을 수평축 주위로 회전시켜 연직분도반에 의하여 측정하는 것이다. 연직각의 눈금은 0°~360°가 표시되어 있지만, 망원경이 수평일 경우 눈금이 90°와 270°를 나타내고 있다. 연직각의 관측은 수평각과 같이 망원경을 정반으로 관측하여 기계 오차를 소거하고 정반위의 관측값을 평균한다.

천정각의 관측은 망원경을 천정으로 향하게 하고 0°를 맞추어 아래 방향으로 관측한 값을 말한다. 천저각의 관측은 망원경을 천저로 향하게 하고 0°를 맞추어 윗방향으로 관측한 값을 말한다. 올려본 각은 망원경을 수평으로 향하게 하고 90°를 맞추어 윗방향으로 관측한 값을 말한다. 내려본 각은 망원경을 수평으로 향하게 하고 90°를 맞추어 아래방향으로 관측한 값을 말한다.

각 측점에서 정반으로 각 2회 관측하여야 한다. 관측치의 최대치와 최소치의 교차가 30초 이내일 때에는 그 평균치를 연직각으로 할 것, 2개의 기지점에서 소구점의 표고를 계산한 결과 그 교차가 0.05미터+ 0.05($S_1 + S_2$)미터 이하일 때에는 그 평균치를 표고로 할 것. 이 경우 S_1과 S_2는 기지점에서 소구점까지의 평면거리로서 킬로미터 단위로 표시한 수를 말한다.

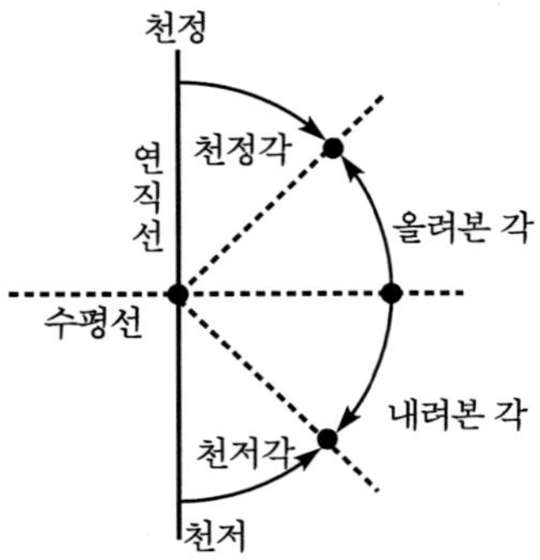

[그림 4-20] 연직각 관측

수 평 각 관 측 부

측점명 남산 10 점

시간	윤곽도	경위	순번	시준점	방 향 각							조 정												
												출발차			폐색차			결 과						
10:30	0°	정	1	서울 11			0°	0	0′	0	0″	′		″			″			0°	0	0′	0	0″
			2	서울 12		8	5	3	5	1	9								8	5	3	5	1	9
			3	서울 13	1	9	5	5	0	3	5							1	9	5	5	0	3	5
			4	서울 14	2	6	0	3	5	1	4							2	6	0	3	5	1	4
			5	서울 15	3	1	0	3	4	0	5							3	1	0	3	4	0	5
			1	서울 11	3	6	0	0	0	0	0							3	6	0	0	0	0	0
	180°	반	1	서울 11	1	8	0	0	0	0	1		−	1				3	6	0	0	0	0	0
			5	서울 15	1	3	0	3	4	0	6		−	1				3	1	0	3	4	0	5
			4	서울 14		8	0	3	5	1	6		−	1				2	6	0	3	5	1	5
			3	서울 13		1	5	5	0	3	6		−	1				1	9	5	5	0	3	5
			2	서울 12	2	6	5	3	5	2	0		−	1					8	5	3	5	1	9
			1	서울 11	1	8	0	0	0	0	1		−	1						0°	0	0′	0	0″
	60°	정	1	서울 11		6	0°	0	0′	0	0″									0°	0	0′	0	0″
			2	서울 12	1	4	5	3	5	1	8								8	5	3	5	1	8
			3	서울 13	2	5	5	5	0	3	5							1	9	5	5	0	3	5
			4	서울 14	3	2	0	3	5	1	5							2	6	0	3	5	1	5
			5	서울 15		1	0	3	4	0	6							3	1	0	3	4	0	6
			1	서울 11		6	0	0	0	0	0							3	6	0	0	0	0	0
	240°	반	1	서울 11	2	4	0	0	0	0	1		−	1				3	6	0	0	0	0	0
			5	서울 15	1	9	0	3	4	0	8		−	1				3	1	0	3	4	0	7
			4	서울 14	1	4	0	3	5	1	8		−	1		−	1	2	6	0	3	5	1	6
			3	서울 13		7	5	5	0	3	9		−	1		−	1	1	9	5	5	0	3	7
			2	서울 12	3	2	5	3	5	1	9		−	1		−	2		8	5	3	5	1	6
			1	서울 11	2	4	0	0	0	0	3		−	1		−	2			0°	0	0′	0	0″
	120°	정	1	서울 11	1	2	0°	0	0′	0	0″									0°	0	0′	0	0″
			2	서울 12	2	0	5	3	5	2	2								8	5	3	5	2	2
			3	서울 13	3	1	5	5	0	3	5							1	9	5	5	0	3	5
			4	서울 14		2	0	3	5	1	6							2	6	0	3	5	1	6
			5	서울 15		7	0	3	4	0	5							3	1	0	3	4	0	5
			1	서울 11	1	2	0	0	0	0	0							1	2	0°	0	0′	0	0″
	300°	반	1	서울 11	3	0	0	0	0	0	0									0°	0	0′	0	0″
			5	서울 15	2	5	0	3	4	0	5					+	1	3	1	0	3	4	0	6
			4	서울 14	2	0	0	3	5	1	5					+	1	2	6	0	3	5	1	6
			3	서울 13	1	3	5	5	0	3	4					+	2	1	9	5	5	0	3	6
			2	서울 12		2	5	3	5	1	8					+	2		8	5	3	5	2	0
			1	서울 11	2	9	9	5	9	5	7					+	3	3	6	0°	0	0′	0	0″

2020. 03 . 03 관측	관 측 자 : 홍 길 동	사용기계 : GTS-313	날 씨 : 맑 음	풍력 : 화풍

수 평 각 개 정 계 산 부

측점명	시준점	방향각 0° 정	0° 반	60° 정	60° 반	120° 정	120° 반	평균	중심각
남산 10	서울 11	0°00′00″	00′00″	00′00″	00′00″	00′00″	00′00″	0°00′00.0″	85°35′19.0″
	서울 12	85°35′19″	35′19″	35′18″	35′16″	35′22″	35′20″	85°35′19.0″	110°15′16.5″
	서울 13	195°50′35″	50′35″	50′35″	50′37″	50′35″	50′36″	195°50′35.5″	64°44′39.8″
	서울 14	260°35′14″	35′15″	35′15″	35′16″	35′16″	35′16″	260°35′15.3″	49°58′50.4″
	서울 15	310°34′05″	34′05″	34′06″	34′07″	34′05″	34′06″	310°34′05.7″	49°25′54.3″
	서울 11	360°00′00″	00′00″	00′00″	00′00″	00′00″	00′00″	360°00′00.0″	

210㎜×297㎜(보존용지(1종) 70g/㎡)

(8) 계산

지적삼각점의 계산은 진수를 사용하여 각규약과 변규약에 의한 평균계산방법 또는 망평균계산방법에 의하며 계산단위는 각은 초, 변의 길이와 좌표 또는 표고는 cm, 진수는 6자리 이상, 경위도는 초 아래 3자리, 자오선수차는 초 아래 1자리까지 계산한다. 방위각의 값, 종횡선의 수치 또는 거리의 계산에서 구하고자 하는 끝자리의 다음 숫자가 5 미만일 때에는 버리고, 5를 초과하는 때에는 올리며, 5일 때에는 구하고자 하는 끝자리의 숫자가 0 또는 짝수이면 버리고, 홀수이면 올린다. 다만, 전자계산기기에 의하여 계산한 경우에는 최종수치에 한하여 이를 적용한다.

지적삼각점의 계산은 지적삼각측량부에 기재하여야 하며, 지적삼각측량부는 기지점 방위각 및 거리계산부, 수평각관측부, 수평각개정계산부, 수평각측점귀심계산부, 수평각점표귀심계산부, 거리측정부, 평면거리계산부, 삼각형 내각 계산부, 연직각 관측부, 표고 계산부, 유심망 조정계산부, 삽입망 조정계산부, 사각망 조정계산부, 삼각쇄 조정계산부, 변장계산부, 종횡선 계산부, 좌표전환 계산부 및 지형도에 의하여 작성된 지적삼각점 망도 등을 포함한다. 지적측량성과를 전자계산기기로 계산한 때에는 그 계산 성과자료를 측량부 및 면적측정부로 본다.

(9) 지적삼각점의 명칭 및 기호

지적삼각점의 명칭은 〈표 4-6〉과 같이[100] 측량지역이 소재하고 있는 시 · 도의 명칭 중 두 글자를 선택하고 시 · 도 단위로 일련번호를 붙여서 정한다.[101]

〈표 4-6〉 지적삼각점의 명칭 부여

기관명	명 칭	기관명	명 칭	기관명	명 칭
서울특별시	서 울	울산광역시	울 산	전라북도	전 북
부산광역시	부 산	경기도	경 기	전라남도	전 남
대구광역시	대 구	강원도	강 원	경상북도	경 북
인천광역시	인 천	충청북도	충 북	경상남도	경 남
광주광역시	광 주	충청남도	충 남	제주특별자치도	제 주
대전광역시	대 전	세종특별자치시	세 종		

100) 지적업무처리규정 제7조 제1항
101) 지적측량시행규칙 제8조 제2항

3) 수평각 측점 및 점표 귀심

(1) 측점귀심

편심관측은 삼각점의 중심에 기계를 세울 수 없을 때 또는 시준점을 시준할 때 장애물 등으로 인하여 표척을 세우지 못하면 삼각점 또는 시준점의 가까운 거리(약 5.00m)에 이동하여 기계를 세우거나 표척을 세워서 관측한다. 이처럼 관측한 값을 이용하여 삼각점 또는 시준점의 위치를 계산하며 편심 관측방법으로는 측점의 위치에서 이동하여 기계를 설치하고 관측하는 측점 편심과 시준점의 위치를 이동한 폴을 관측하는 점표 편심이 있다. 수평각 측점 편심은 [그림 4-21]과 같이 중심삼각점에서 편심한 측점을 설치하여 기계로 각도를 관측하고 삼각점의 중심점에서 관측한 것과 같은 값을 계산하는데 이를 수평각의 측점 귀심이라 한다.

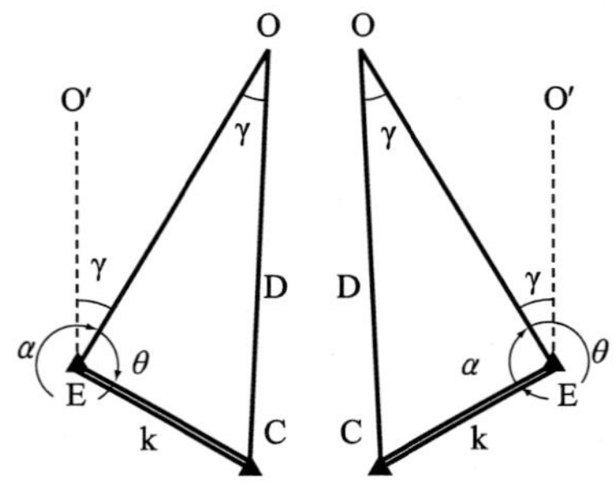

[그림 4-21] 측점 편심

중심삼각점과 편심 점과의 수평거리(편심 거리) 및 편심 점에서 중심점의 방위각을 측정하여야 한다. 편심 각(γ)은 △OEC에서 $\frac{\sin\gamma}{k} = \frac{\sin\alpha}{D}$ 이므로 $\sin\gamma = \frac{k \cdot \sin\alpha}{D}$ 이다. 대부분 편심 각(γ)은 미세한 각이므로 $\sin\gamma = \gamma \sin 1''$로 할 수 있다. 그러므로 $\sin\gamma = \frac{k \cdot \sin\alpha}{D \cdot \sin 1''}$, $\gamma'' = \sin^{-1}(\frac{k \cdot \sin\alpha}{D})$가 되며 여기서, $\frac{1}{\sin 1''} = \rho''$라하고 $\gamma'' = \frac{k \cdot \sin\alpha}{D} \cdot \rho''$이다.

여기서, C: 중심삼각점, E: 편심 측점, k: 편심 거리(mm 단위까지 2회 측정하여 평균), O: 시준점, D: 시준점과 삼각점 간 거리, θ: OEC의 내각, α: $360° - \theta$, γ: 편심 각이다.

또한, 편심 각($\rho'' = \frac{180 \times 60 \times 60}{\pi} = 206264.8''$로 $\sin 1''$ 값을 말한다.)은 초 단위의 차이라 할 수 있다.

예제 1 그림과 같이 C(10)점에서 수평각 및 거리를 관측한 결과를 서식에 의거 측점귀심을 계산하시오.

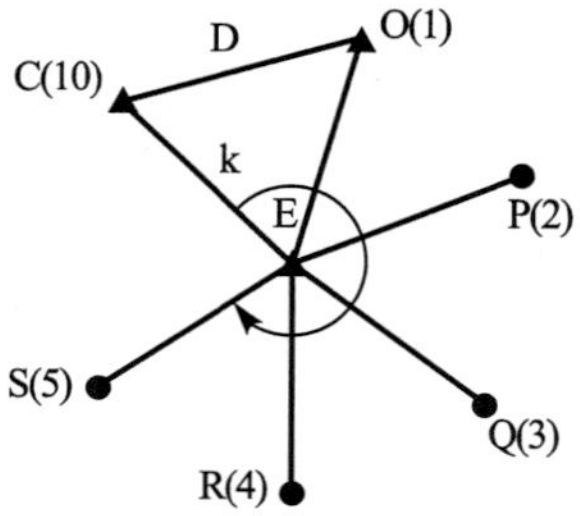

C: 중심삼각점
E: 편심 측점
k: 편심 거리(=4.545m)
θ =237°22′35.5″
360° $-\beta$ =122°37′24.5″

시준점	관측방향각	거 리
O =1	0°00′00.0″	3322.76m
P =2	65°45′43.5″	2536.43m
Q =3	158°13′16.8″	2818.10m
R =4	243°42′35.6″	2940.80m
S =5	310°23′22.6″	3026.55m

수평각측점귀심계산부

$\gamma'' = \dfrac{k \cdot \sin\alpha}{D \cdot \sin 1''}$

α: 관측방향각 + (360° $-\theta$)
k : 편심 거리
D : 삼각점 간 거리

측점명 경기 10점

k = 4.545 m

	360°00′00.0″
θ =	237°22′35.5″
360° $-\theta$ =	122°37′24.5″

시 준 점	O =1	P =2	Q =3	R =4	S =5
관측방향각	0°00′00.0″	65°45′43.5″	158°13′16.8″	243°42′35.6″	310°23′22.6″
360° $-\theta$ =	122 37 24.5	122 37 24.5	122 37 24.5	122 37 24.5	122 37 24.5
α	122 37 24.5	188 23 08.0	280 50 41.3	6 20 00.1	73 00 47.1
	(3322.76 m)	(2536.43 m)	(2818.10 m)	(2940.80 m)	(3026.55 m)
$\frac{1}{D}$	0.000301	0.000394	0.000355	0.000340	0.000330
$\frac{1}{\sin 1''}$	206264.8	206264.8	206264.8	206264.8	206264.8
k	4.545m	4.545m	4.545m	4.545m	4.545m
sinα	0.842232	−0.145834	−0.982140	0.110313	0.956371
γ''	+237.7″	53.9″	−326.9″	+35.2″	+295.9″
γ	+3′57.7″	53.9″	−5′26.9″	+35.2″	+4′55.9″
중심방향각	0°03′57.7″	65°44′49.6″	158°07′49.9″	243°43′10.8″	310°28′18.5″
C 점에서 O점을 0°로 한 중심방향각	0°00′00.0	65°40′51.9″	158°03′52.2″	243°39′13.1″	310°24′20.8″
중심각	60°40′51.9″	92°23′00.3″	85°35′20.9″	66°45′07.7″	
비고	D : 중심삼각점과 시준점간 거리 γ'' : 초를 단위로 한 귀심 화수 {부호는 sin α의 정, 부에 따라 붙임} γ : 분초를 환산한 귀심화수				

약도

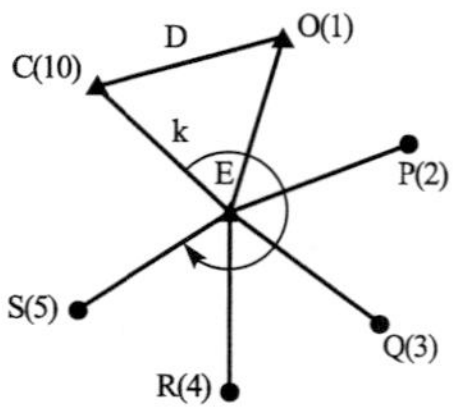

C : 중심삼각점
E : 편 심 측 점
K : 편 심 거 리

(2) 점표귀심

[그림 4-22]와 같이 ∠AOB를 측정하여야 하나 장애물이 있어 B점을 관측하지 못하고 이동된 B'점을 시준한 경우에는 ∠AOB′를 측정하여 ∠AOB의 각을 계산하는 방법이다. OB의 거리는 계산 거리이며 BB'의 거리가 적으면 약도에서 구한 거리를 사용하여도 관계없다. 그러나 B'O 선상에 BE의 거리를 지상에서 밀리미터 단위로 측정하거나 BB와 ∠BB'O에 의해 계산한 수치로 편심각 $\angle BOB'(\gamma) = \frac{BE}{BO \cdot \sin 1''}$ 을 계산할 수 있다. 단, γ각이 계산되면 중심방향선의 방향에 따라서 우측은 "−", 좌측은 "+"부호를 붙인다. 여기서, D : 기지점 간 계산 거리, BE : 측정거리이다.

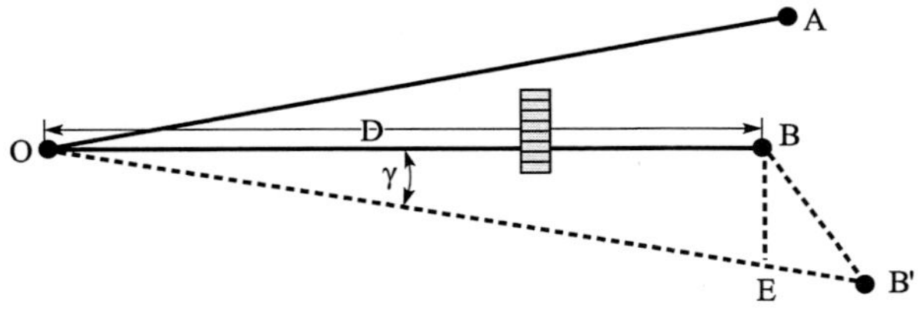

[그림 4-22] 수평각 점표귀심

예제 2 그림과 같이 C(경기 10)점에서 수평각 및 거리를 관측한 결과를 서식에 의거 점표귀심을 계산하시오.

$$\gamma'' = \frac{k}{D \cdot \sin 1''}$$

K : 편심거리

D : 삼각점 간 거리

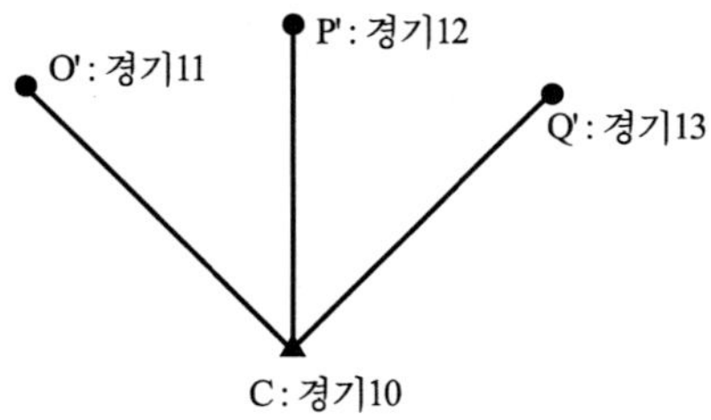

시준점	O′ =경기11	P′ =경기12	Q′ =경기13
관측방향각	15°30′45.5″	60°10′18.3″	87°56′30.7″
k	2.32m	2.46m	3.64m
거리	1613.80m	1465.28m	2207.06m

수평각점표귀심계산부

$$\gamma'' = \frac{k}{\text{D} \cdot \sin 1''}$$

K : 편심 거리

D : 삼각점 간 거리

측점 명 경기10 점

k =	2m · 32
=	2 · 46
=	3 · 64
D =	1613m · 80
=	1465 · 28
=	2207 · 06

편심시준점	O' =경기11	P' =경기12	Q' =경기13
관측방향각	15°30′45.5″	60°10′18.3″	87°56′30.7″
k	2 m. 32	2 m. 46	3 m. 64
$\frac{1}{\text{D}}$	0 · 000620	0 · 000682	0 · 000453
$\frac{1}{\sin 1''}$	206264 · 81	206264 · 81	206264 · 81
γ''	+ 296 · 7″	+ 346 · 1″	+ 340 .1″
γ	+ 4′56 · 7″	+ 5′46 · 1″	+ 5′40 .1″
중심방향각	15°35′42 · 2″	60°16′04. 4″	88°02′10 .8″

비고	
	γ : γ''를 분, 초로 환산하여 기재하고 편심 방향 관측이 중심 방향선의 좌측에 있는 때에는 (+), 우측에 있는 때에는 (−)부호를 붙인다. K : 5m 이내일 것 D : 약치라도 가함

약도

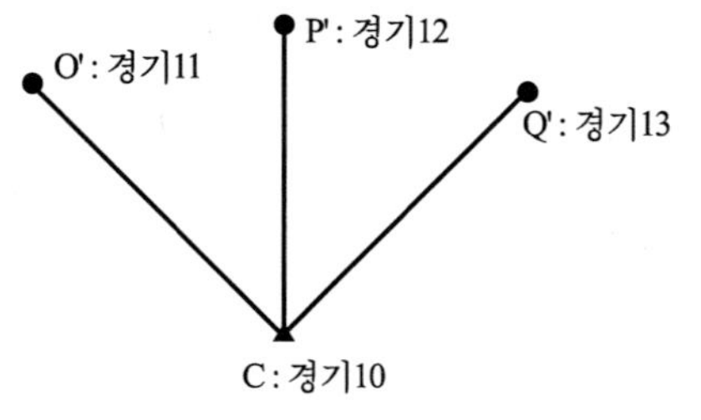

※ 중심방향선은 실지와 부합하도록 기재할 것

C =측 점

O', P', Q' =편심시준점

4) 근사법에 의한 지적삼각망 조정 계산

(1) 삼각망 조정 조건

삼각망 조정 조건에서 측점조정은 각 관측을 측점에서 실시하면 둘레 각의 합이 360°가 되는 조건을 측점규약이라고 하며 이 규약에 따라 조정하는 것을 말한다. 도형조정은 삼각망의 모양이 폐합된 형태로 망을 구성하는 삼각형 내각의 합이 180°가 되어야 한다는 조건에서 발생하는 도형규약으로 이 규약에 따라 조정하는 것을 말하며 이 조정에는 각도 조정과 변 조정이 있다. 각도 조정은 삼각 조정과 망 조정이 있으며 각 삼각형 내각의 합이 180°가 되어야 하나 관측 오차와 구과량 때문에 일치하지 않아 발생하는 오차를 조정하는 것을 삼각 조정이라고 하고, 삼각형이 2개 이상으로 망을 구성하는 경우에 조정하는 오차를 망 조정이라 한다.

변 조정은 기선을 기초로 하여 계산하는 변장이 계산경로와 관계없이 반드시 같은 값이 되도록 하는 조정이다. 지적삼각망 형성의 조건은 하나의 측점 주위에 있는 모든 각의 합은 360°가 되어야 하며 삼각망 중 임의의 한 변의 길이는 계산 순서와 관계없이 어느 변에서 계산하여도 같아야 하며, 삼각망 중 각 삼각형 내각의 합은 180°가 되어야 한다. 일반적으로 지적삼각측량에서 엄밀(정밀)조정법보다는 측점조정을 실시한 후 형태조정을 시행하는 근사조정법을 많이 사용하고 있다. 지적삼각측량에서 삼각망을 구성하기 위해 관측한 각도를 정밀하게 조정하려면 최소제곱법을 적용하여 측점조정과 형태조정을 동시에 시행하는 엄밀조정법을 실시하여야 한다. 이 방법은 계산이 복잡하고 시간이 많이 소요되나 성과에 미치는 영향은 매우 미소하여 잘 사용하지 않았으나 최근에는 컴퓨터의 발달로 많이 이용되고 있다.

근사조정법은 모두 소구점이 같은 망 내에 구성된 기지점에 부합이 되도록 조정이 이루어지나 주변에 다른 기지점 성과와의 차이는 어느 정도의 범위 안에서 피할 수가 없다. 근사조정법은 관측값에 포함된 오차도 있지만, 기지점 자체에도 오차가 포함되어 있다. 근사조정법에 따른 삼각망 형태로는 유심다각망, 삽입망, 사각망, 삼각쇄 망으로 구별할 수 있다. 근사조정법의 경우에는 삼각규약, 망규약, 변규약 등 삼각규약, 망규약, 변규약 등을 만족시키는 데 있어 규약마다 순차적으로 따로 조정 계산한다. 기지점과 소구점이 반대편에 있게 되는 망형태의 특색을 가지고 있다. 근사조정법은 각규약에 맞도록 조정한 내각이라도 변규약을 만족시키기 위해서는 다시 조정 변동시키게 되는바 결국 각규약과는 어긋난 결과를 초래하게 된다. 또한, 기지점 자체에도 오차가 포함되어 있으며 근사조정법은 계산이 간단하고 도해지역에서의 지적삼각점측량에 적용할 수 있다.

엄밀조정법은 망방식에 의한 삼각망 조정 계산으로 지적측량에서는 삼각규약, 망규약, 변규약 등에 대한 조정계산을 동시에 하는 방법이다. 최종 조정각은 이 모든 규약을 만족하여 얻어지므로 합리적인 산식이라 할 수 있다. 망형태는 소구점을 중앙에 두고 주변에 있는 기지 삼각점을 모두 포함하므로 이에 맞는 규약에 대한 조건식을 만족한다는 것은 주변 기지 삼각점의 성과에 부합할 수 있게 되는 것이다. 망방식에 의한 조정계산법은 소구점을 중앙에 두고 주변의 기지 삼각점을 대부분 포함하는 망형태로 구성하고 최소제곱법의 원리에 의해 각규약과 변규약을 동시에 만족할 수 있도록 조정 계산오차를 합리적으로 소거한다. 측량을 시행하기 위한 지역의 기초점의 배치와 좌표를 사전에 파악하여야 하므로 해당점에 대한 성과를 파악하기 위해서는 국토지리정보원에서 성과표를 받아 사용하여야 한다.

(2) 규약등식

지적삼각측량은 관측 각도와 기선의 길이에 의하여 모든 변의 길이를 sin 법칙으로 계산하고 또한 각 점의 평면직각종횡선 수치를 계산하며, 필요한 경우에는 각점의 높이와 경위도를 계산한다. 지적삼각망 조정은 관측값의 조정, 오차의 배분, 평균계산 등으로 부르기도 한다. 지적삼각망의 관측에는 오차가 발생하게 되며 이 오차를 소거하려면 여러 가지의 규약등식(規約等式)을 만들어 이를 조정하여야 한다. [그림 4-23]에서 AB를 기선으로 하고 ∠CAB와 ∠ABC를 이용하여 AC 및 BC의 거리 및 C점의 좌표를 계산으로 구할 수 있다. D점 또한 AB 기선과 ∠DAB와 ∠ABD의 각도를 이용하여 계산으로 위치를 구할 수 있으며 다른 방법으로는 C점의 위치를 계산하고 BC의 거리를 계산한 후 BC변을 기지변으로 ∠DCB와 ∠CDB를 이용하여 계산하는 방법도 있다.

그러나 1개의 변을 계산하는 데 있어 기선을 달리하여 계산하면 오차가 미세하게 발생할 수 있다. 규약의 등식으로 측점규약(국소규약)과 형태규약(일반규약)으로 분류할 수 있으며 형태규약은 각 규약과 변 규약으로 구분하고 변 규약은 다시 삼각 규약과 망 규약으로 구분한다.

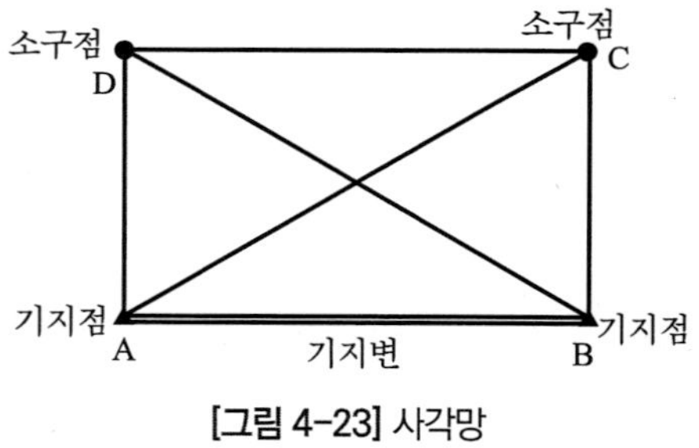

[그림 4-23] 사각망

각 규약은 삼각형 내각의 합이 180° + 구과량이 되고 기지각의 관측치 합계와 계산에 의한 기지 각도가 같게 된다는 규약을 말한다. 각규약은 형태조정에 사용되는 기하학상의 규약이라고 한다. 삼각형 3개의 내각의 합과 180°와의 차를 구과량이라 하고 이를 관측 오차라 한다. 지적삼각점측량에서는 특수한 목적이 있는 경우를 제외하고 구과량을 고려하지 않고 삼각형 3개의 내각 관측값의 경중률이 동일하다고 가정하여 각각의 관측각에 균일하게 배분한 것이다. 그러나 삼각형이 2개 이상 결합한 삼각망의 경우에는 이를 구성하는 각 삼각형은 삼각규약과 변규약을 충족시켜야 한다.

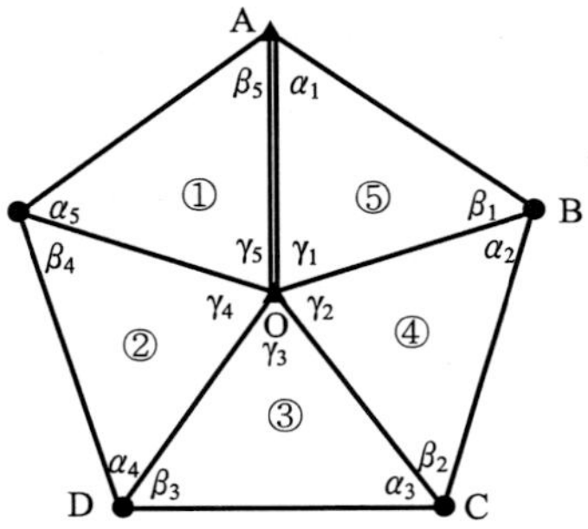

[그림 4-24] 유심다각망

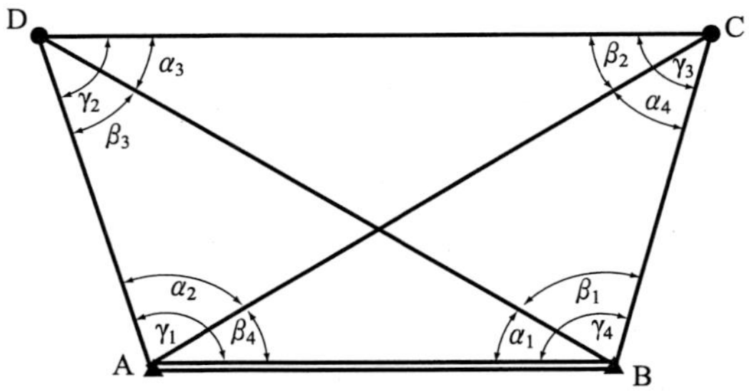

[그림 4-25] 사각망

[그림 4-24]는 유심다각망으로 기지변의 대각(對角)을 β, 미지변의 대각을 α, 나머지 한 각을 γ라고 한다. 유심다각망의 각 규약은 5개, 망 규약은 1개, 변 규약이 1개이다. [그림 4-25]의 사각망에서는 각 규약 4개, 망 규약 3개로 7개의 규약이 있으며 3개의 망 규약이 충족되면 다른 4개의 각규약은 자동으로 충족되기 때문에 망규약을 많이 이용하고 있다.

유심다각망의 삼각규약은

$\alpha_1+\beta_1+\gamma_1-180^\circ=0$

$\alpha_2+\beta_2+\gamma_2-180^\circ=0$

$\alpha_3+\beta_3+\gamma_3-180^\circ=0$

$\alpha_4+\beta_4+\gamma_4-180^\circ=0$

$\alpha_5+\beta_5+\gamma_5-180^\circ=0$이다.

유심다각망의 망 규약은 $\gamma_1+\gamma_2+\gamma_3+\gamma_4+\gamma_5-360^\circ=0$이고,

유심다각망의 변 규약은 $\alpha_1+\beta_1+\alpha_2+\beta_2+\alpha_3+\beta_3+\alpha_4+\beta_4+\alpha_5+\beta_5-180^\circ=0$식과 같이 계산한다.

사각망의 삼각규약은

$\alpha_1+(\alpha_2+\beta_4)+\beta_1-180^\circ=0$

$\alpha_2+(\alpha_3+\beta_1)+\beta_2-180^\circ=0$

$\alpha_3+(\alpha_4+\beta_2)+\beta_3-180^\circ=0$

$\alpha_4+(\alpha_1+\beta_3)+\beta_4-180^\circ=0$와 같이 나타낸다.

사각망의 망규약은 $\alpha_1+\beta_3+\alpha_2+\beta_4+\alpha_3+\beta_1+\alpha_4+\beta_2-360^\circ=0$이고, 사각망의 변규약은 $\alpha_1+\beta_4=\alpha_3+\beta_2$, $\alpha_2+\beta_1=\alpha_4+\beta_3$식과 같이 계산한다. 변규약은 기선에서 출발하여 삼각형의 순서에 따라 계산하는 임의의 변장은 계산 순서와 관계없이 모두 일치한다.

유심다각망 및 사각망의 각 삼각형에서 미지변의 대각(對角)을 $\alpha_1, \alpha_2, \alpha_3, \cdots \alpha_n$ 기지변의 대각을 $\beta_1, \beta_2, \beta_3, \cdots \beta_n$이라 한다.

싸인 법칙에 따라 $\sin\alpha_1\times\sin\alpha_2\times\cdots\times\sin\alpha_n=\sin\beta_1\times\sin\beta_2\times\cdots\times\sin\beta_n$은 $\frac{\sin\alpha_1\cdot\sin\alpha_2\cdot\sin\alpha_3\cdot\sin\alpha_4\cdot\sin\alpha_5}{\sin\beta_1\cdot\sin\beta_2\cdot\sin\beta_3\cdot\sin\beta_4\cdot\sin\beta_5}=1$와 같이 정리할 수 있다. $\sin\alpha, \sin\beta$값을 각각 곱한 결과의 합을 π로 표시하면 $\frac{\pi\cdot\sin\alpha}{\pi\cdot\sin\beta}=1$과 같다.

유심다각망 및 사각망에서는 하나의 변에서 출발하여 다시 동일 변으로 도착하므로 변에 대해 고려하지 않아도 된다. 삽입망 및 삼각쇄는 다른 변이 2개가 있으므로 이를 고려해야 하나 삽입망과 삼각쇄에서 하나의 변을 a, 다른 변을 b라 하면 삽입망 및 삼각쇄에서 변규약식은 $\frac{a\pi\cdot\sin\alpha_1}{b\pi\cdot\sin\beta_1}=1$로 표현할 수 있다.

변 규약 식에서 변 오차가 없을 때는 $\frac{\pi\cdot\sin\alpha}{\pi\cdot\sin\beta}-1=0$가 되지만 실제의 경우 각 오차 조정에 의한 α, β각의 삼각함수 값 결과에 대한 총합에는 미세한 오차가 포함되어 있다. 변 오차를 E_1이라 하면 $\frac{\pi\cdot\sin\alpha}{\pi\cdot\sin\beta}-1=E_1$가 되고, E_1을 조정하기 위해서는 sin 값의 표차(Δ)를 구하여 변 규약 오차를 조정한다.

표차(Δ)는 sin1″에 대한 삼각함수의 변화량으로 sin1″값은 너무 미세하여 sin10″에 대한 값으로 계산한다.

$\Delta=\sin10''\times\cos\alpha$(또는 β)$=48.4814\times\cos\alpha$(또는 β)이다.(단, 계수 48.4814는 sin10″값의 10^6한 값이다.)

$\sin\alpha_1$, $\sin\beta_1$값을 구하기 위해서는 $\sin\alpha, \sin\beta$에 각각 $\Delta\alpha$와 $\Delta\beta$의 배분에서 $\pi\sin\alpha < \sin\beta$일 경우 $\sin\alpha$에 $+\Delta\alpha$, $\sin\beta$에는 $-\Delta\beta$로 기재하고, $\pi\sin\alpha > \sin\beta$일 경우 $\sin\alpha$에 $-\Delta\alpha$, $\sin\beta$에 $+\Delta\beta$로 기재한다. $\sin\alpha, \sin\beta$값에 $\Delta\alpha$와 $\Delta\beta$을 부호에 따라 가감(加減)하고 $\sin\alpha_1$, $\sin\beta_1$의 값을 구한다.

변 규약 경정수(x_1'')를 결정하는 방법은 $\frac{\pi \cdot \sin\alpha_1}{\pi \cdot \sin\beta_1} = 1$에서 $\frac{\pi \cdot \sin\alpha}{\pi \cdot \sin\beta} - 1 = 0$로 정리할 수 있으나 여기서도 오차가 수반되어 있으므로 $\frac{\pi \cdot \sin\alpha}{\pi \cdot \sin\beta} - 1 = E_2$가 된다.

한 개의 삼각형 α, β각에 대해서는 10″ 사이에서 $E_1 - E_2$에서 E_1의 값만 보정한다. 즉, 10″를 E_1 또는 E_2에 배분하며, 변 규약 경정수(x_1'')가 된다.

따라서 $10'' : |E_1 - E_2|$이므로

$x_1'' = \frac{10'' \times E_1}{E_1 - E_2}$, $x_2'' = \frac{10'' \times E_2}{E_1 - E_2}$로 계산한다. 검산은 $|x_1'' - x_2''| = 10''$로서 변규약 조정각을 계산할 수 있다.

(3) 관측각의 조정

지적삼각망에서 관측각 조정에는 측점조정과 형태조정으로 크게 분류할 수 있으며 측점조정은 국소조정, 형태조정은 일반조정이라고도 한다. 형태조정은 각 조정과 변 조정으로 구분할 수 있으며 각 조정에는 삼각 조정과 망 조정으로 세분할 수 있다.

측점조정은 국소조정이라고도 하며 이는 각 측점에서 관측한 각도의 관계에서 측점규약을 규약에 따라 조정하는 것을 말한다. 또한, 다른 측점에서 관측한 각도와 관계없이 해당 측점에서 발생한 오차를 해당 측점에서 관측한 각도에 배분하는 것을 말한다. 측점조정은 한 측점의 둘레에서 같은 경중률(신뢰도)로서 여러 개의 각을 관측하였을 경우와 한 측점의 둘레에서 다른 경중률로 여러 개의 각을 관측하였을 경우로 2가지가 있다.

같은 경중률일 경우 관측각의 합계와 360°와의 차이는 각에 균등하게 배분하며 경중률이 다른 경우에는 반비례하여 그 차이를 배분하는 것이 적합하다. 지적삼각점측량에서는 관측의 경중률이 같다는 조건을 가정하고 오차를 관측각에 균등하게 배분하는 방식을 따르고 있다. 그 이유는 경중률의 판단이 매우 곤란하고 경중률에 의한 오차를 배분하여도 지적측량의 성과에는 미소하여 영향이 미치지 않기 때문에 편리한 방법인 경중률이 같은 방법을 택하고 있다.

[그림 4-26]과 같이 O점을 기준으로 A, B, C, D점의 관측값 α, β, γ, δ 의 합계는 360°가 되어야 한다. 그러나 α, β, γ, δ 의 합계가 359°59′59″이었을 경우에는 각 관측각에 1″씩 더해 주어야 하며 측점조정 방법은 출발차와 폐색차의 오차를 조정하는 것이다.

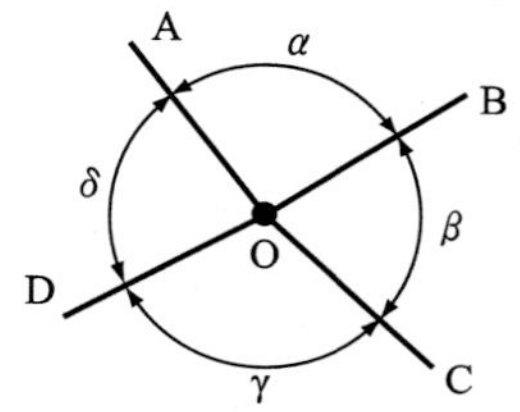

[그림 4-26] 측점조정

형태조정은 삼각망에서 모든 각도가 상관적으로 기하학상에서 생기는 오차를 조정하는 것이며, 측점조정이 끝난 후에 형태조정을 하는데 이를 다시 각조정과 변조정으로 분리하여 조정한다. 지적삼각측량에서 망을 구성하는 삼각형은 엄밀하게 말하면 구면삼각형이라 할 수 있어 평면삼각형의 각과의 차이인 구과량을 관측각에 $\frac{1}{3}$씩 균등하게 배분하여 계산한다.

지적삼각점 간의 거리가 5㎞ 이내이므로 측량성과에 미치는 영향이 매우 미소하고 평면삼각형으로 취급하여 계산하므로 간단하게 계산할 수 있다. 각 조정은 측점조정을 끝낸 관측각으로 삼각망을 구성하는데 필요한 규약을 계산하여야 하는 조정으로 삼각 조정과 망조정으로 구분한다. 삼각 조정은 관측한 각도(180°+구과량) 내각의 합계를 조정하고, 망조정은 한 점의 주위에 집결하는 여러 개의 관측각의 합계가 계산에 의한 기지각과 같아지도록 하는 조정을 말한다.

예를 들어 한 점 둘레의 각을 모두 관측하였을 때에는 그 합계가 360°가 되어야 하고 기지 내각을 몇 개로 분리하여 관측하였을 때는 그 관측값의 합계가 기지 각도와 동일하게 하는 조정이다. 변 조정은 기선을 기초로 하여 계산하는 변장이 계산경로와 관계없이 반드시 같은 값이 되도록 하는 조정이다.

1 유심다각망의 조정

유심다각망의 조정은 삼각망의 조정 계산 중에서 가장 기본적이며 간단하다고 하는 조정 방법이다. 망조정의 계산은 기선이 있는 삼각형을 ① 삼각형으로, 시계방향 순서로 ②, ③, ④, ⑤ 삼각형으로 구분하며 유심다각망의 유형은 [그림 4-27]과 같다.

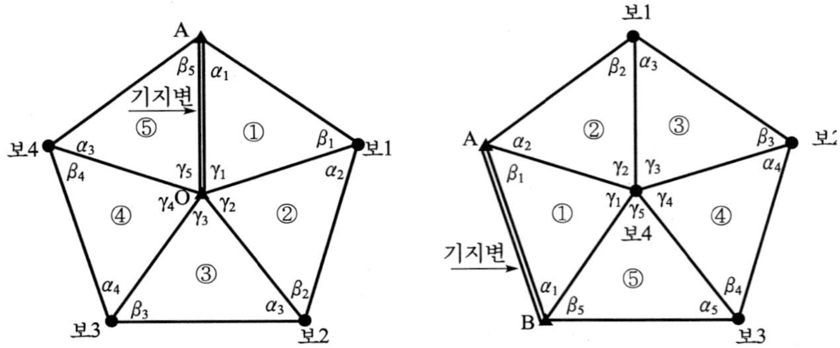

[그림 4-27] 유심다각망의 형태

(1) 각 규약 조정

망에서 각의 결정은 α(미지 변의 대각), β(기지변의 대각), γ(기타) 각을 관측하여 수평각개정계산부의 중심각을 관측각 란에 α, β, γ순서로 기재한다. 망을 구성하고 있는 각각의 삼각형 내각의 합은 180°가 되어야 하므로 삼각형 내각 관측값의 합계와 180°와의 차가 $\alpha_1+\beta_1+\gamma_1-180° = \epsilon_1$, $\alpha_2+\beta_2+\gamma_2-180° = \epsilon_2$, $\alpha_n+\beta_n+\gamma_n-180° = \epsilon_n$를 계산한다.

위의 식과 같이 각의 경중률이 같게 관측되었다고 보고 오차(ϵ)를 삼각규약의 등식에 따라 관측각에 균등하게 배분하여 각을 조정하여 기재한다.

각 규약의 조정이 끝나면 망 규약의 등식이 $\gamma_1+\gamma_2+\gamma_3+\gamma_4+\gamma_5-360° = 0$에 적용하면 미세한 오차(e)가 발생하는데 이를 삼각형의 수에 균일하게 배분하면 삼각규약과 맞지 않으므로 삼각규약 조정을 한 후 다시 망 규약 조정을 삼각형별로 하는 불편함이 있어 비능률적이다. 지적측량에서는 모든 각도가 같은 경중률로 관측되었다고 가정하기 때문에 삼각규약과 망 규약을 동시에 할 수 있게 하려면 삼각규약을 (Ⅰ)규약, 망 규약을 (Ⅱ)규약으로 하며 (Ⅰ)규약에 대한 잔차는 내각 α, β, γ에 균등하게 배분하고 (Ⅱ)규약에 대한 잔차는 각 삼각형의 γ각에 균등하게 배분하며 규약공식은 아래와 같다.

① 삼각규약(Ⅰ)

- $e_1 = \alpha_1+\beta_1+\gamma_1-180°$
- $e_2 = \alpha_2+\beta_2+\gamma_2-180°$
- $e_n = \alpha_n+\beta_n+\gamma_n-180°$

② 망 규약(Ⅱ)

- $\gamma_1+\gamma_2+\gamma_3+\gamma_4+\gamma_5-360° = e$

삼각규약(Ⅰ)을 구하는 식은 망 규약(Ⅱ)을 결정한 후 삼각규약(Ⅰ) $= \frac{-\epsilon - (\mathrm{II})}{3}$ 식을 이용하여 계산한다. 여기서, ϵ는 삼각규약에서 구한 각각의 삼각형 내각의 합과 180°와 차이다.

망 규약(Ⅱ)은 삼각규약(Ⅰ)을 구하기 전에 계산하며 망 규약 (Ⅱ) $= \frac{\Sigma\epsilon - 3e}{2n}$ 공식을 이용하여 계산한 값을 기재한다. 여기서, n: 삼각형의 수, e: 기지 내각의 오차, $\Sigma\epsilon$: 삼각형 내각 오차의 합이다. 기지 내각의 오차는 각 삼각형의 중심각(γ)의 합계와 360°와의 차를 말하며 기지 내각의 오차공식은 다음과 같다.

- 각 삼각형의 중심 내각의 합계: $\gamma_1 + \gamma_2 + \gamma_3 + \gamma_4 + \gamma_5 - 360° = 0$
- 기지 내각의 오차: $e = \Sigma\gamma - 360° = \gamma_1 + \gamma_2 + \gamma_3 + \gamma_4 + \gamma_5 - 360°$
- 기지 내각의 계산: $V_b^c - V_b^a \pm 180°$

(또는 제2 기선의 방위각−제 1기선의 방위각 ±180°)

삼각규약 공식에 의한 삼각형 각각의 각 오차를 합계한 공식($\Sigma\epsilon = \epsilon_1 + \epsilon_2 + \cdots\cdots + \epsilon_n$)로 계산하여 기재한다.

(2) 변 규약 조정

변 규약 식은 점간거리를 얻는 조건식으로서 미지변 대각(맞변의 각)의 sin 값을 모두 곱한 값과 기지변 대각의 sin 값을 모두 곱한 값은 항상 동일하다. 유심다각망의 각 삼각형에서 미지변의 대각을 $\alpha_1, \alpha_2, \alpha_3, \cdots, \alpha_n$, 기지변의 대각(맞변의 각)을 $\beta_1, \beta_2, \beta_3, \cdots, \beta_n$라고 한다.

싸인 법칙에 따라 $\sin\alpha_1 \times \sin\alpha_2 \times \cdots \times \sin\alpha_n = \sin\beta_1 \times \sin\beta_2 \times \cdots \times \sin\beta_n$은 $\frac{\sin\alpha_1 \cdot \sin\alpha 2 \cdot \sin\alpha_3 \cdot \sin\alpha_4 \cdot \sin\alpha_5}{\sin\beta_1 \cdot \sin\beta_2 \cdot \sin\beta_3 \cdot \sin\beta_4 \cdot \sin\beta_5} = 1$과 같이 정리할 수 있다. $\sin\alpha$, $\sin\beta$값을 각각 곱한 결과의 합을 수학적 기호인 π로 표시하면 $\frac{\pi \cdot \sin\alpha}{\pi \cdot \sin\beta} = 1$과 같고 오차가 발생할 경우에는 $E_1 = \frac{\pi \cdot \sin\alpha \cdot \ell_1}{\pi \cdot \sin\beta \cdot \ell_2} - 1$의 식을 유도할 수 있다.

(ℓ_1, ℓ_2는 제 1기선과 제 2기선)

(3) 변오차 조정

변 규약 식에서 변 오차가 없을 때는 $\frac{\pi \cdot \sin\alpha}{\pi \cdot \sin\beta} = 1$이 되지만 실제의 경우 각 오차 조정에 의한 α, β각의 삼각함수 값의 결과에 대한 총합에는 미세한 오차가 포함되어 있다.

변 오차를 E_1이라 하면 $\frac{\pi \cdot \sin\alpha}{\pi \cdot \sin\beta} - 1 = E_1$가 되고, E_1을 조정하기 위해서는 sin 값의 표차(Δ)를 구하여 변 규약 오차를 조정하여 기재한다. 표차(Δ)는 sin1″에 대한 삼각함수의 변화량으로 sin1″값은 너무 미세하여 sin10″에 대한 값으로 계산한다. $\Delta = \sin 10'' \times \cos\alpha$(또는 β) $= 48.4814 \times \cos\alpha$(또는 β)이다.(단, 계수 48.4814는 sin10″ 값의 10^6한 값이다.)

$\sin\alpha_1, \sin\beta_1$의 값을 구하기 위해서는 $\sin\alpha, \sin\beta$에 각각 $\Delta\alpha$와 $\Delta\beta$의 배분에서 $\pi\sin\alpha < \sin\beta$일 경우 $\sin\alpha$에 $+\Delta\alpha$, $\sin\beta$에는 $-\Delta\beta$로 기재하고, $\pi\sin\alpha > \sin\beta$일 경우 $\sin\alpha$에 $-\Delta\alpha$, $\sin\beta$에 $+\Delta\beta$로 기재한다. $\sin\alpha$, $\sin\beta$값에 $\Delta\alpha$와 $\Delta\beta$을 부호에 따라 가감(加減)하여 $\sin\alpha'$, $\sin\beta'$의 값을 계산하여 기재한다.

변 규약 경정수(x_1'')를 계산하기 위해서는 $\frac{\pi \cdot \sin\alpha_1}{\pi \cdot \sin\beta_1} = 1$에서 $\frac{\pi \cdot \sin\alpha}{\pi \cdot \sin\beta} - 1 = 0$로 정리할 수 있으며, 여기서도 오차가 수반되어 있으므로 $\frac{\pi \cdot \sin\alpha}{\pi \cdot \sin\beta} - 1 = E_2$가 된다. 따라서 1개의 삼각형 α, β각에 대해서는 10″ 사이에서 $|E_1 - E_2|$에서 E_1의 값만 보정한다. 즉 10″를 E_1 또는 E_2에 배분하며, E_1에 배분하면 변규약 경정수(x_1'')가 된다.

따라서 $10'' : |E_1 - E_2| = x_1 : E_1$이므로

$x_1'' = \frac{10'' \cdot E_1}{E_1 + E_2}$, $x_2'' = \frac{10'' \cdot E_2}{E_1 + E_2}$로 계산한다. 검산은 $|x_1''| + |x_2''| = 10''$로서 변규약 조정각을 계산할 수 있다.

(4) 변장 및 방위각 계산

각 조정과 변 조정이 모두 끝나면 조정각과 기지변에 의해 각 변의 거리를 구하는데 미지변의 계산은 sin 법칙에 따라 산출할 수 있다. sin 법칙은 $\frac{a}{\sin\alpha} = \frac{b}{\sin\beta} = \frac{c}{\sin\gamma}$에서 $a = \frac{b \cdot \sin\alpha}{\sin\beta} = \frac{c \cdot \sin\alpha}{\sin\gamma}$, $b = \frac{a \cdot \sin\beta}{\sin\alpha} = \frac{c \cdot \sin\beta}{\sin\gamma}$, $c = \frac{a \cdot \sin\gamma}{\sin\alpha} = \frac{b \cdot \sin\gamma}{\sin\beta}$을 계산할 수 있다.

즉, 소구변(미지변) $= \frac{\text{기지변} \times \text{소구(미지)변의 대각(마주보는 각)의 sin값}}{\text{기지변의 대각의 sin값}}$이다.

기지방위각의 산출방법은 기지점 방위각 및 거리계산을 참고한다. 소구점으로 향하는 방

위각은 그림을 참고하여 아래와 같이 산출한다[방위각 계산 방법은 도근점측량 부분 참고].

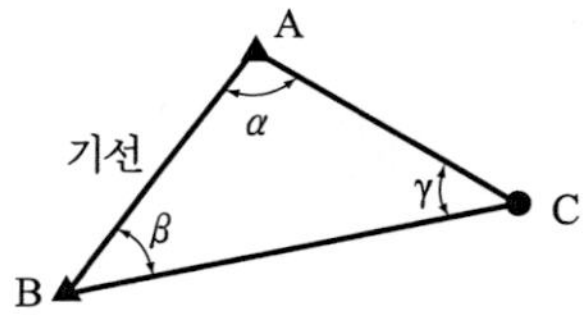

AC방위각 = 기지방위각 − α

BC방위각 = 기지방위각 ± 180° + γ

(5) 종횡선 좌표계산

미지점의 종횡선좌표를 구하기 위해서는 기지점에서 소구점을 향하는 방위각과 거리를 이용하여 아래와 같이 계산한 후 평균하여 X_c, Y_c값을 결정한다.

- A → C점의 종・횡선좌표 계산

  $X_c = X_A + \ell_1 \cdot \cos V_a^c$

  $Y_c = Y_A + \ell_1 \cdot \sin V_a^c$

- B → C점의 종・횡선좌표 계산

  $X_c = X_B + \ell_2 \cdot \cos V_b^c$

  $Y_c = Y_B + \ell_2 \cdot \sin V_b^c$

예제 3 지적삼각측량을 유심다각망으로 구성하여 관측한 결과 다음과 같을 경우 주어진 서식에 의거 소구점의 좌표를 계산하시오.

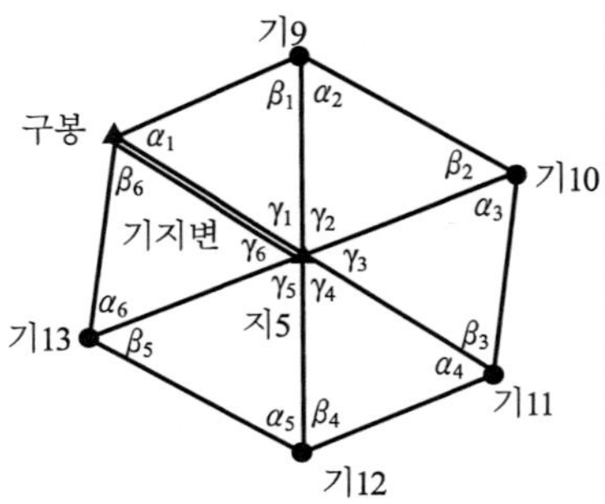

점 명	각명	관 측 각	점 명	각명	관 측 각
구봉	α_1	60°12′29.2″	기 11	α_4	52°01′38.5″
기 9	β_1	65°18′45.8″	기 12	β_4	63°00′56.2″
지 5	γ_1	54°28′36.6″	지 5	γ_4	64°57′32.9″
기 9	α_2	64°42′21.3″	기 12	α_5	57°26′31.8″
기 10	β_2	55°21′58.6″	기 13	β_5	57°40′53.5″
지 5	γ_2	59°55′42.8″	지 5	γ_5	64°52′29.1″
기 10	α_3	60°30′28.2″	기 13	α_6	65°39′45.9″
기 11	β_3	60°43′41.6″	구봉	β_6	57°20′11.4″
지 5	γ_3	58°45′44.4″	지 5	γ_6	56°59′54.2″

점 명	종 선 좌 표	횡 선 좌 표
지 5	46 4622.87	19 7395.42
구봉	46 4981.43	19 4264.47

2 사각망 조정

(1) 각 규약 조정

각 규약에서 e는 사각망 내부의 대칭 선에 의해 이루어진 각에 대한 차이로서 상하좌우로 구분되어 서로 대칭되는 각의 차를 계산하여 오차를 배분한다. 각 규약 조정값의 합계를 단수로 처리하기 때문에 각 오차와 같지 않을 때는 90°에 가까운 각에 0.1초를 더하거나 빼준다.

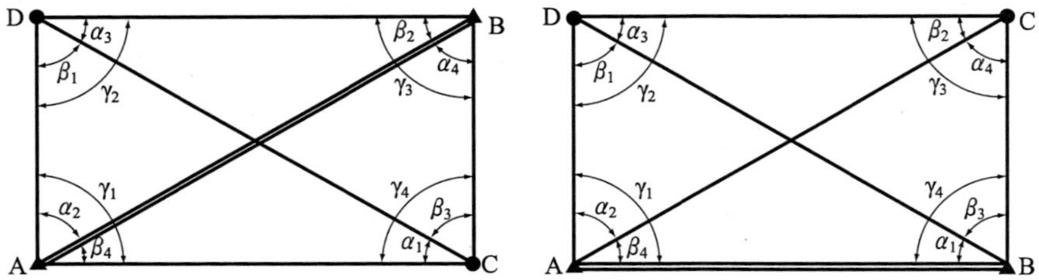

[그림 4-28] 사각망의 형태

사각망의 각 규약은 $(\alpha_1+\beta_4)-(\alpha_3+\beta_2)=0$, $(\alpha_2+\beta_1)-(\alpha_4+\beta_3)=0$

$\alpha_1+\beta_3+\alpha_2+\beta_4+\alpha_3+\beta_1+\alpha_4+\beta_2=0$와 같이 표시할 수 있다.

각 규약등식에 따라 미세한 오차가 발생하면 $(\alpha_1+\beta_4)-(\alpha_3+\beta_2)=e_1$,

$(\alpha_2+\beta_1)-(\alpha_4+\beta_3)=e_2$이고, $\alpha_1+\beta_3+\alpha_2+\beta_4+\alpha_3+\beta_1+\alpha_4+\beta_2-360^\circ=\epsilon$이다.

이를 다시 정리하면 $\alpha_1-\beta_2-\alpha_3+\beta_4=e_1$, $\beta_1+\alpha_2-\beta_3+\alpha_4=e_2$가 되고

$\alpha_1+\beta_1+\alpha_2+\beta_2+\alpha_3+\beta_3+\alpha_4+\beta_4-360^\circ=\epsilon$이다.

지적측량에서는 모든 각도가 같은 경중률로 관측되었다고 가정하고 있으므로 각도의 결합에서 발생하는 잔차를 모든 각도에 균등하게 배분하기 위한 식은 다음과 같다.

$$(\alpha_1-\frac{e_1}{4})-(\beta_2+\frac{e_1}{4})-(\alpha_3+\frac{e_1}{4})+(\beta_4-\frac{e_1}{4})=0$$

$$(\beta_1-\frac{e_2}{4})-(\alpha_2-\frac{e_2}{4})-(\beta_3+\frac{e_2}{4})+(\alpha_4+\frac{e_2}{4})=0$$

또한, ϵ는 8개의 각도에 균일하게 배분되어도 같은 배분 수가 가감되기 때문에 영향을 미치지 않는다.

$$\left\{\alpha_1-(\frac{\epsilon}{8}+\frac{e_1}{4})\right\}+\left\{\beta_1-(\frac{\epsilon}{8}+\frac{e_2}{4})\right\}+\left\{\alpha_2-(\frac{\epsilon}{8}+\frac{e_2}{4})\right\}+\left\{\beta_2-(\frac{\epsilon}{8}-\frac{e_1}{4})\right\}+\left\{\alpha_3-(\frac{\epsilon}{8}-\frac{e_1}{4})\right\}$$

$$+\left\{\beta_3-(\frac{\epsilon}{8}-\frac{e_2}{4})\right\}+\left\{\alpha_4-(\frac{\epsilon}{8}-\frac{e_2}{4})\right\}+\left\{\beta_4-(\frac{\epsilon}{8}+\frac{e_1}{4})\right\}-360^\circ=0$$

유 심 다 각 망조 정 계 산 부

삼각형	점명	각명	관측각 (° ′ ″)	각규약 I (″)	각규약 II	각규약 조정각 (° ′ ″)	$\frac{\sin\alpha}{\sin\beta}$		$\frac{\Delta\alpha}{\Delta\beta}$	$\frac{\sin\alpha'}{\sin\beta'}$	$\frac{\alpha-x''}{\beta+x''}$	변규약 조정각 (° ′ ″)
1	구봉	α_1	60 12 29.2	−3.3		60 12 32.5	0.867844	−	240	0.867820	−0.1	60 12 32.4
	기 9	β_1	65 18 45.8	−3.3		65 18 49.1	0.908608	+	200	0.908628	+0.1	65 18 49.2
	지 5	γ_1	54 28 36.6	−3.3	−1.5″	54 28 38.4					γ_1	54 28 38.4
		+	179 59 51.6			180 00 00.0						
		−	180 00 00.0									
		ϵ_1	− 8.4									
2	기9	α_2	64 42 21.3	−0.4		64 42 20.9	0.904126	−	210	0.904105	−0.1	64 42 20.8
	기 10	β_2	55 21 58.6	−0.4		55 21 58.2	0.822801	+	280	0.822829	+0.1	55 21 58.3
	지 5	γ_2	59 55 42.8	−0.4	−1.5″	59 55 40.9					γ_2	59 55 40.9
		+	180 00 02.7			180 00 00.0						
		−	180 00 00.0									
		ϵ_2	+ 2.7									
3	기 10	α_3	60 30 28.2	−2.4		60 30 30.6	0.870429	−	240	0.870405	−0.1	60 30 30.5
	기 11	β_3	60 43 41.6	−2.5		60 43 44.1	0.872316	+	240	0.872340	+0.1	60 43 44.2
	지 5	γ_3	58 45 44.4	−2.4	−1.5″	58 45 45.3					γ_3	58 45 45.3
		+	179 59 54.2			180 00 00.0						
		−	180 00 00.0									
		ϵ_3	− 5.8									
4	기 11	α_4	52 01 38.5	−2.0		52 01 36.5	0.788299	−	300	0.788269	−0.1	52 01 36.4
	기 12	β_4	63 00 56.2	−2.0		63 00 54.2	0.891126	+	220	0.891148	+0.1	63 00 54.3
	지 5	γ_4	64 57 32.9	−2.1	−1.5″	64 57 29.3					γ_4	64 57 29.3
		+	180 00 07.6			180 00 00.0						
		−	180 00 00.0									
		ϵ_4	+ 7.6									
5	기 12	α_5	57 26 31.8	−2.4		57 26 34.2	0.842855	−	260	0.842829	−0.1	57 26 34.1
	기 13	β_5	57 40 53.5	−2.4		57 40 55.9	0.845096	+	260	0.845122	+0.1	57 40 56.0
	지 5	γ_5	64 52 29.1	−2.3	−1.5″	64 52 29.9					γ_5	64 52 29.9
		+	179 59 54.4			180 00 00.0						
		−	180 00 00.0									
		ϵ_5	− 5.6									
6	기 13	α_6	65 39 45.9	−3.4		65 39 49.3	0.911142	−	200	0.911122	−0.1	65 39 49.2
	구봉	β_6	57 20 11.4	−3.3		57 20 14.7	0.841863	+	260	0.841890	+0.1	57 20 14.8
	지 5	γ_6	56 59 54.2	−3.3	−1.5″	56 59 56.0					γ_6	56 59 56.0
		+	179 59 51.5			180 00 00.0						
		−	180 00 00.0									
		$\epsilon_6=$	− 8.5									
		$\Sigma\gamma=$	360 00 00.0	제1기선 ℓ_1								
360° 또는 기지내각			360 00 00.0	제2기선 ℓ_2								
		e =	0.0									

	$\pi\cdot\sin\alpha\cdot\ell_1$		$\pi\cdot\sin\alpha'\cdot\ell_1$
	0.413460		0.413390
	$\pi\cdot\sin\beta\cdot\ell_2$		$\pi\cdot\sin\beta'\cdot\ell_2$
E_1	0.413458	E_2	0.413529

변 장 $a\times\frac{\sin\alpha(\gamma)}{\sin\beta}$	방위각	종횡선 좌표 X	종횡선 좌표 Y	점 명
지5 → 구봉 점	지5 점 → 구봉 점	464622.87	197395.42	지 5
3151.41	276 31 59.2	464981.43	194264.47	구봉
구봉 − 기9	구봉 − 기9	467255.77	195936.61	기 9
2822.88	36 19 26.8			
지5 − 기9	지5 − 기9	467255.76	195936.61	
3010.02	331 00 37.6			
평 균		467255.76	195936.61	
기9 − 기10	기9 − 기10	467459.80	199095.88	기 10
3165.85	86 18 16.9			
지 5 − 기10	지5 − 기10	467459.80	199095.88	
3307.53	30 56 18.5			
평 균		467459.80	199095.88	
기10 − 기11	기10 − 기11	464640.09	200695.75	기 11
3241.97	150 25 48.0			
지5 − 기11	지5 − 기11	464640.09	200695.75	
3300.37	89 42 03.8			
평 균		464640.09	200695.75	
기11 − 기12	기11 − 기12	461984.26	198644.99	기 12
3355.45	217 40 27.4			
지5 − 기12	지5 − 기12	461984.25	198644.99	
2919.54	154 39 33.1			
평 균		461984.26	198644.99	
기12 − 기13	기12 − 기13	462377.17	195541.96	기 13
3127.81	277 12 59.0			
지5 − 기13	지5 − 기13	462377.16	195541.95	
2911.80	219 32 03.0			
평 균		462377.16	195541.96	
기13 − 구봉	기13 − 구봉	464981.43	194264.48	구봉
2900.72	333 52 13.8			
지5 − 구봉	지5 − 구봉	464981.43	194264.46	
3151.42	276 31 59.0			
평 균		464981.43	194264.47	
−	−			

$\Sigma\epsilon = -18.0$

$(\mathrm{II}) = \frac{\Sigma\epsilon - 3e}{2n} = -1.5$

$(\mathrm{I}) = \frac{-\epsilon-(\mathrm{II})}{3} =$ (1) = +3.3, (2) = −0.4, (3) = +2.4, (4) = −2.0, (5) = +2.4, (6) = +3.3

(n : 삼각형수)

$E_1 = \frac{\pi\cdot\sin\alpha\cdot\ell_1}{\pi\cdot\sin\beta\cdot\ell_2} - 1 = +5$

$E_2 = \frac{\pi\cdot\sin\alpha'\cdot\ell_1}{\pi\cdot\sin\beta'\cdot\ell_2} - 1 = -336$

$|E_1 + E_2| = 341$

E_1, E_2의 10^6한 값의 합계

$\Delta\alpha, \Delta\beta = 10''$ 차임

$x_1'' = \frac{10''\times E_1}{|E_1+E_2|} = +0.1$

$x_2'' = \frac{10''\times E_2}{|E_1+E_2|} = -9.9$

검산: $|x_1'' - x_2''| = 10''$

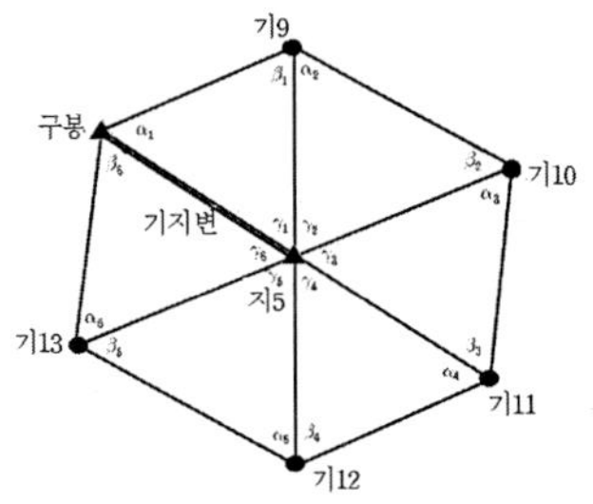

위의 식에서 ( )안의 값은 { }안의 각도에 대한 각 규약 보정량으로 이를 알아보기 쉽게 표로 정리하면 아래와 같다.

도형	삼각형 번호	α	β
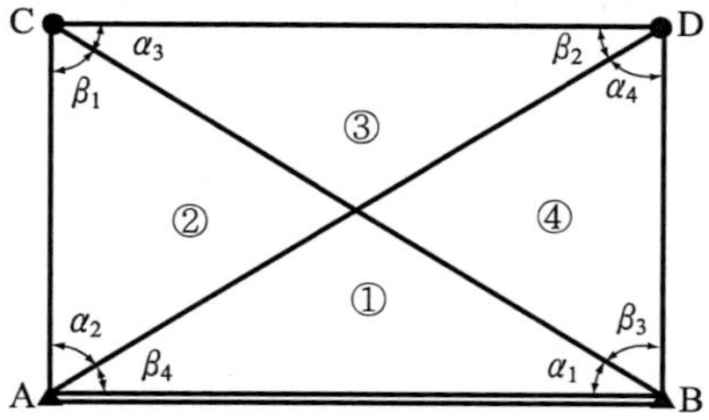	1	$-\frac{\epsilon}{8}-\frac{e_1}{4}$	$-\frac{\epsilon}{8}-\frac{e_2}{4}$
	2	$-\frac{\epsilon}{8}-\frac{e_2}{4}$	$-\frac{\epsilon}{8}-\frac{e_1}{4}$
	3	$-\frac{\epsilon}{8}-\frac{e_1}{4}$	$-\frac{\epsilon}{8}+\frac{e_2}{4}$
	4	$-\frac{\epsilon}{8}+\frac{e_2}{4}$	$-\frac{\epsilon}{8}-\frac{e_1}{4}$

(2) 변 규약 조정

변 규약 식은 점간거리를 얻는 조건식으로 미지변 대각의 sin 값을 모두 곱한 값과 기지변 대각의 sin 값을 모두 곱한 값은 항상 동일하며 각 삼각형에서 미지변의 대각은 $\alpha_1, \alpha_2, \alpha_3, \cdots, \alpha_n$, 기지변의 대각은 $\beta_1, \beta_2, \beta_3, \cdots, \beta_n$이라고 한다.

싸인 법칙에 따라 $\sin\alpha_1 \times \sin\alpha_2 \times \cdots \times \sin\alpha_n = \sin\beta_1 \times \sin\beta_2 \times \cdots \times \sin\beta_n$은 $\frac{\sin\alpha_1 \cdot \sin\alpha_2 \cdot \sin\alpha_3 \cdot \sin\alpha_4}{\sin\beta_1 \cdot \sin\beta_2 \cdot \sin\beta_3 \cdot \sin\beta_4} = 1$과같이 정리할 수 있다. $\sin\alpha, \sin\beta$값을 각각 곱한 결과의 합을 수학적 기호인 π로 표시하면 $\frac{\pi \cdot \sin\alpha}{\pi \cdot \sin\beta} = 1$과 같으며 오차가 발생하면 $E_1 = \frac{\pi \cdot \sin\alpha}{\pi \cdot \sin\beta} - 1$ 식을 유도할 수 있다.

(3) 변오차 조정

변 규약 식에서 변 오차가 없을 때는 $\frac{\pi \cdot \sin\alpha}{\pi \cdot \sin\beta} - 1 = 0$가 되지만 실제의 경우 각 오차 조정에 의한 α, β각의 삼각함수 값의 결과에 대한 총합에는 미세한 오차가 포함되어 있다.

변 오차를 E_1이라 하면 $\frac{\pi \cdot \sin\alpha}{\pi \cdot \sin\beta} - 1 = E_1$가 되고, E_1을 조정하기 위해서는 sin 값의 표차(Δ)는 sin1″에 대한 삼각함수의 변화량으로 sin1″의 값은 너무 미세하여 sin10″에 대한 값으로 계산한다.

$\Delta = \sin 10'' \times \cos\alpha$ (또는 β) $= 48.4814 \times \cos\alpha$ (또는 β)이다.(단, 계수 48.4814는 sin10″값의 10^6한 값) $\sin\alpha_1$, $\sin\beta_1$의 값을 구하기 위해서는 $\sin\alpha$, $\sin\beta$에 각각 $\Delta\alpha$와 $\Delta\beta$

의 배분에서 $\pi \cdot \sin\alpha < \sin\beta$일 경우 $\sin\alpha$에 $+\Delta\alpha$, $\sin\beta$에는 $-\Delta\beta$로 기재하고, $\pi \cdot \sin\alpha > \sin\beta$일 경우 $\sin\alpha$에 $-\Delta\alpha$, $\sin\beta$에 $+\Delta\beta$로 기재한다. 그러나 α 또는 β 값이 90° 이상이 되는 경우에는 $\Delta\alpha$ 또는 $\Delta\beta$ 값의 부호가 반대가 된다.

$\sin\alpha, \sin\beta$값에 $\Delta\alpha$와 $\Delta\beta$을 부호에 따라 가감(加減)하고 $\sin\alpha', \sin\beta'$의 값을 구한다. 변 규약 경정수(x_1'')를 계산하기 위해서 $\dfrac{\pi \cdot \sin\alpha_1}{\pi \cdot \sin\beta_1} = 1$에서 $\dfrac{\pi \cdot \sin\alpha}{\pi \cdot \sin\beta} - 1 = 0$로 정리할 수 있으며, 여기서도 오차가 수반되어 있으므로 $E_2 = \dfrac{\pi \cdot \sin\alpha' \cdot \ell_1}{\pi \cdot \sin\beta' \cdot \ell_2} - 1$이다. 따라서 한 개의 삼각형 α, β각에 대해서는 10″ 사이에서 $|E_1 - E_2|$에서 E_1의 값만 보정한다. 즉, 10″를 E_1 또는 E_2에 배분하며, E_1에 배분하면 변규약 경정수(x_1'')가 된다.

따라서 $10'' : |E_1 - E_2| = x_1 : E_1$이므로, $x_1'' = \dfrac{10'' \times E_1}{E_1 - E_2}$, $x_2'' = \dfrac{10'' \times E_2}{E_1 - E_2}$로 계산된다. 검산은 $|x_1'' - x_2''| = 10''$로서 변규약 조정각을 계산할 수 있다.

(4) 변 규약 조정각

변 규약 조정각에서 γ각 계산은 ①삼각형의 γ각은 $\alpha_2 + \beta_4$, ②삼각형의 γ각은 $\alpha_3 + \beta_1$, ③삼각형의 γ각은 $\alpha_4 + \beta_2$, ④삼각형의 γ각은 $\alpha_1 + \beta_3$로 한다. 변장 및 방위각 계산은 유심다각망 계산방법과 같다.

예제 4 **아래와 같이 지적삼각측량을 사각망으로 구성하여 내각을 관측하였다. 주어진 서식으로 계산하시오.**

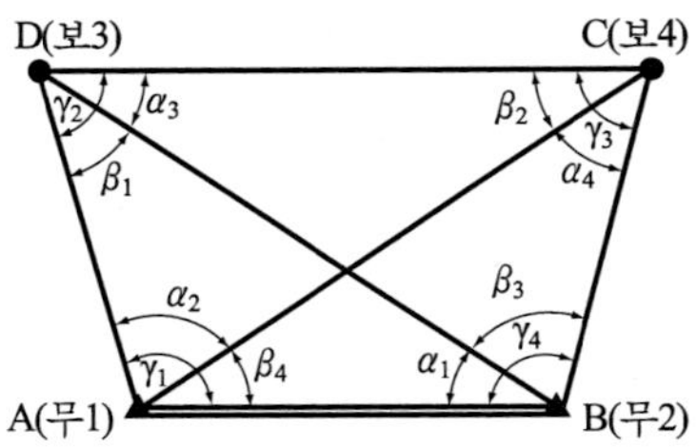

기호	관 측 각	기호	관 측 각
α_1	50°37′57.8″	α_3	54°13′10.2″
β_1	52°09′22.6″	β_3	51°49′09.8″
α_2	37°28′49.8″	α_4	37°49′11.5″
β_2	36°08′38.9″	β_4	39°43′42.9″

좌 표	X	Y
무1	46 1581.36	19 8279.45
무2	46 3738.38	19 8087.49

사 각 망 조 정 계 산 부

점 명	각 명	관측각	각규약 $\frac{\epsilon}{8}$	각규약 e	각규약 조정각	$\frac{\sin\alpha}{\sin\beta}$	$\frac{\Delta\alpha}{\Delta\beta}$	$\frac{\sin\alpha'}{\sin\beta'}$	$\frac{\alpha-x''}{\beta+x''}$	변규약 조정각
무 2	α_1	50° 37′ 57.8″	−0.4″	+2.1	50 37 59.5	0.773101	−31	0.773070	−0.1	50 37 59.4
보 3	β_1	52 09 22.6	−0.5	+2.2	52 09 24.3	0.789692	+30	0.789722	+0.1	52 09 24.4
									γ_1	77 12 36.2
무 1	α_2	37 28 49.8	−0.4″	+2.2	37 28 51.6	0.608498	−38	0.608460	−0.1	37 28 51.5
보 4	β_2	36 08 38.9	−0.4	−2.1	36 08 36.4	0.589809	+39	0.589848	+0.1	36 08 36.5
									γ_2	106 22 32.0
보 3	α_3	54 13 10.2	−0.5″	−2.1	54 13 07.6	0.811255	−28	0.811227	−0.1	54 13 07.5
무 2	β_3	51 49 09.8	−0.5	−2.2	51 49 07.1	0.786058	+30	0.786088	+0.1	51 49 07.2
									γ_3	73 57 45.3
보 4	α_4	37 49 11.5	−0.4″	−2.2	37 49 08.9	0.613171	−38	0.613132	−0.1	37 49 08.8
무 1	β_4	39 43 42.9	−0.4	+2.1	39 43 44.6	0.639158	+37	0.639195	+0.1	39 43 44.7
									γ_4	102 27 06.5

변 장 $a\times\frac{\sin\alpha(\gamma)}{\sin\beta}$	방위각	종횡선좌표 X	종횡선좌표 Y	점 명
무1 → 무2	무1 → 무2	46158 1.36 m	198279.45 m	무1
2165.54 m	354° 54′ 52.1″	463738.38	198087.49	무2
무1 → 보3	무1 → 보3	461685.58	196178.55	보3
2120.04	277 42 15 9			
무2 → 보3	무2 → 보3	461865.58	196178.54	
2674.22	225 32 51.5			
평균		461865.58	196178.54	
무1 → 보4	무1 → 보4	464027.79	195848.80	보4
3448.64	315 11 07.4			
보3 → 보4	보3 → 보4	464027.80	195848.79	
2187.22	351 19 43.9			
평균		464027.80	195848.80	
보3 → 무2	보3 → 무2	463738.38	198087.49	무2
2674.22	45 32 51.4			
보4 → 무2	보4 → 무2	463738.38	198087.50	
2257.33	97 21 58.6			
평균		463738.38	198087.50	
보4 → 무1	보4 → 무1	461581.36	198279.46	무1
3448.65	135 11 07.4			
무2 → 무1	무2 → 무1	461581.35	198279.45	
2165.55	174 54 52.1			
—		461581.36	198279.46	

$\Sigma\alpha+\beta$	00 00 03.5″
−	360 00 00 00.0
$\epsilon=$	+3.5
$\frac{\epsilon}{8}=$	+0.4

360° 00′ 00″

$\pi\cdot\sin\alpha$	$\pi\cdot\sin\alpha'$
0.234010	0.233963
$\pi\cdot\sin\beta$	$\pi\cdot\sin\beta'$
E_1 0.234009	E_2 0.234056

$\alpha_1+\beta_4 = 90°\,21'\,40.7''$

$\alpha_3+\beta_2 = 90°\,21'\,49.1''$

$e_1 = -8.4$ $\quad \frac{e_1}{4} = -2.1$

$\alpha_2+\beta_1 = 89°\,38'\,12.4''$

$\alpha_4+\beta_3 = 89°\,38'\,21.3''$

$e_2 = -8.9$ $\quad \frac{e_2}{4} = -2.2$

$E_1 = \frac{\pi\cdot\sin\alpha\cdot\ell_1}{\pi\cdot\sin\beta\cdot\ell_2} - 1 = +4$

$E_2 = \frac{\pi\cdot\sin\alpha'\cdot\ell_1}{\pi\cdot\sin\beta'\cdot\ell_2} - 1 = -397$

$|E_1+E_2| = 401$

E_1, E_2의 10^6한 값의 합계

$\Delta\alpha, \Delta\beta = 10''$ 차임

$x_1'' = \frac{10''\times E_1}{|E_1+E_2|} = +0.1$

$x_2'' = \frac{10''\times E_2}{|E_1+E_2|} = -9.9$

검산: $|x_1''-x_2''| = 10''$

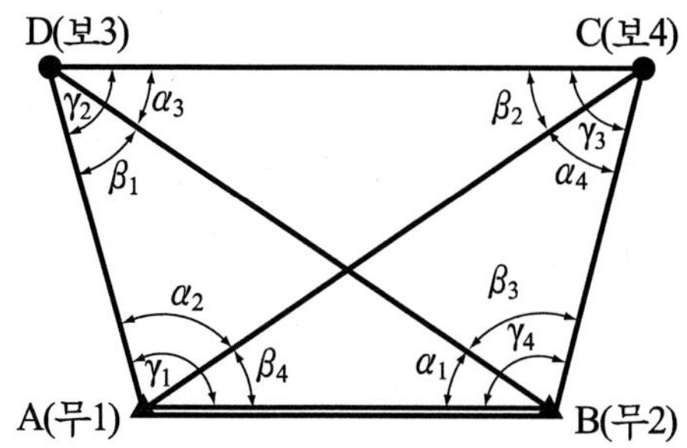

3 삽입망 조정

삽입망(插入網)은 기지 삼각점 3개를 이용하여 소구점을 결정할 때 사용하는 삼각망의 한 종류이다. 이는 지적삼각점측량에서 가장 일반적인 망구성으로 사용되고 있으며 가장 합리적인 방법이라 할 수 있다. 삽입망은 일반적으로 [그림 4-29]의 형태가 주로 사용되고 있으며 2개의 기선을 이용한다.

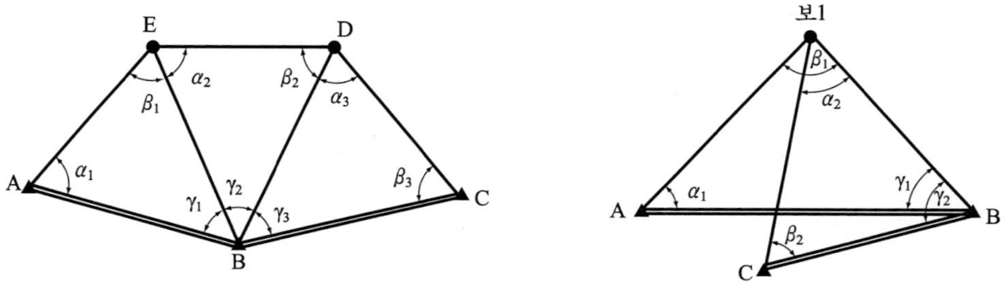

[그림 4-29] 삽입망의 형태

(1) 각 규약 조정

삽입망에서 각의 결정은 α(미지변의 대각), β(기지변의 대각), γ(나머지 각)으로 하며 수평각개정계산부의 중심각을 관측각 난에 α, β, γ순으로 기재한다. 망을 구성하고 있는 각각의 삼각형 내각의 합은 180°가 되어야 하며 삼각형 내각 관측치의 합계와 180°와의 차를 계산하는 식은 다음과 같다.

$$\epsilon_1 = \alpha_1 + \beta_1 + \gamma_1 - 180^\circ$$

$$\epsilon_2 = \alpha_2 + \beta_2 + \gamma_2 - 180^\circ$$

$$\epsilon_n = \alpha_n + \beta_n + \gamma_n - 180^\circ$$

위의 식과 같이 각각(各角)의 경중률이 같게 관측되었다고 보고 오차(ϵ)를 삼각규약의 등식에 따라 관측각에 균등하게 배분하여 각(角)을 조정한다. 지적측량에서는 모든 각도가 같은 경중률로 관측되었다고 가정하기 때문에 삼각규약 공식에 의한 삼각형 각각의 각 오차를 합계한 공식은 $\Sigma\epsilon = \epsilon_1 + \epsilon_2 + \cdots + \epsilon_n$이다.

기지 내각의 오차는 각 삼각형의 중심각(γ)의 합계와 기지 좌표를 이용하여 계산한 기지 내각과의 차를 말하며 기지 내각의 오차공식은 다음과 같다.

- 각 삼각형의 중심 내각의 합계 : $\Sigma\gamma = \gamma_1 + \gamma_2 + \cdots + \gamma_n$
- 기지 내각 계산: $V_b^c - V_b^a \pm 180^\circ$ 또는 제2기선의 방위각 - 제 1기선의 방위각 $\pm 180^\circ$ 이다.

각 규약(I) 계산식은 망 규약(II)을 결정한 다음에 계산할 수 있다.

$$(\text{I}) = \frac{-\epsilon - (\text{II})}{3}$$

여기서, n: 삼각형의 수, ϵ: 삼각규약에서 구한 삼각형 내각의 합과 180°와의 차이다. 망 규약(II)은 삼각규약(I)을 계산하기 전에 계산하며 식은 망 규약(II) $= \frac{\Sigma\epsilon - 3e}{2n}$ 와 같다.

여기서, n: 삼각형의 수, e: 기지 내각의 오차, $\Sigma\epsilon$: 삼각형 내각 오차의 합이다.

변형된 삽입망은 계산할 때 기지 오차(e) 계산과 각 규약 계산은 다음과 같다.

- 기지 오차 계산(e) $= (\gamma_1 + \gamma_2 - \gamma_3) \pm$ 기지내각
- 삼각형 ①의 각 규약 (I) $= \frac{-\epsilon_1 - (\text{II})}{3}$
- 삼각형 ②의 각 규약 (I) $= \frac{-\epsilon_2 - (\text{II})}{3}$
- 삼각형 ③의 각 규약 (I) $= \frac{-\epsilon_3 - (\text{II})}{3}$

여기서, ϵ_1, ϵ_2, ϵ_3는 삼각규약에서 구한 각각의 삼각형 내각의 합과 180 ° 와의 차이다.

(2) 변 규약 조정

변 규약 식은 점간거리를 얻는 조건식으로서 미지변 대각의 sin 값을 모두 곱한 값과 기지변 대각의 sin 값을 모두 곱한 값은 항상 같다. 삽입망의 각 삼각형에서 미지변의 대각을 $\alpha_1, \alpha_2, \alpha_3 \cdots \alpha_n$ 기지변의 대각을 $\beta_1, \beta_2, \beta_3, \cdots, \beta_n$이라고 한다. 싸인 법칙에 따라 $\sin\alpha_1 \times \sin\alpha_2 \times \cdots \times \sin\alpha_n = \sin\beta_1 \times \sin\beta_2 \times \cdots \times \sin\beta_n$ 은

$\frac{\sin\alpha_1 \cdot \sin\alpha_2 \cdot \sin\alpha_3}{\sin\beta_1 \cdot \sin\beta_2 \cdot \sin\beta_3} = 1$와 같이 정리할 수 있다.

$\sin\alpha, \sin\beta$값을 각각 곱한 결과의 합을 수학적 기호인 π로 표시하면 $\frac{\pi \cdot \sin\alpha \cdot \ell_1}{\pi \cdot \sin\beta \cdot \ell_2} = 1$과 같으며 오차가 발생하면 $E_1 = \frac{\pi \cdot \sin\alpha}{\pi \cdot \sin\beta} - 1$ 식을 유도할 수 있다.(ℓ_1, ℓ_2: 제 1기선과 제 2기선)

(3) 변오차 조정

변 규약 식에서 변 오차가 없을 때는 $\frac{\pi \cdot \sin\alpha}{\pi \cdot \sin\beta} - 1 = 0$가 되지만 실제의 경우 각 오차 조정에 의한 α, β각의 삼각함수 값의 결과에 대한 총합에는 미세한 오차가 포함되어 있다.

삼 입 망 조 정 계 산 부

삼각형	점명	각 명	관측각	각규약 I	각규약 II	조정각	$\frac{\sin\alpha}{\sin\beta}$	$\frac{\Delta\alpha}{\Delta\beta}$	$\frac{\sin\alpha'}{\sin\beta'}$	$\frac{\alpha-x''}{\beta+x''}$	변규약 조정각
1	용인 10	α_1	50°57′37.0″	−7.8		50°57′29.2″	0.776686	−31	0.776655	−1.3	50°57′27.9″
	보1	β_1	58°26′20.0″	−7.8		58°26′12.2″	0.852063	+25	0.852088	+1.3	58°26′13.5″
	용인 11	γ_1	70°36′20.0″	−7.7	+6.3	70°36′18.6″				γ_1	70°36′18.6″
		+	180°00′17.0″			180°00′00.0″					
		−	180°00′00.0″								
		ϵ_1	= + 17.0								
2	보 2	α_2	65°36′16.0″	−3.5		65°36′12.5″	0.910709	−20	0.910689	−1.3	65°36′11.2″
	보 1	β_2	52°55′18.0″	−3.4		52°55′14.6″	0.797802	+29	0.797831	+1.3	52°55′15.9″
	용인 11	γ_2	61°28′30.0″	−3.4	+6.3	61°28′32.9″				γ_2	61°28′32.9″
		+	180°00′04.0″			180°00′00.0″					
		−	180°00′00.0″								
		ϵ_2	= + 4.0								
3	보 2	α_3	57°17′51.0″	+0.9		57°17′51.9″	0.841490	−26	0.841464	−1.3	57°17′50.6″
	용인 12	β_3	58°35′13.0″	+0.9		58°35′13.9″	0.853434	+25	0.853459	+1.3	58°35′15.2″
	용인 11	γ_3	64°06′47.0″	+0.9	+6.3	64°06′54.2″				γ_3	64°06′54.2″
		+	179°59′51.0″			180°00′00.0″					
		−	180°00′00.0″								
		ϵ_3	= − 9.0								
4		α_4									
		β_4									
		γ_4								γ_4	
			180°00′00.0″								
		ϵ_4	=								
5		α_5									
		β_5									
		γ_5								γ_5	
			180°00′00.0″								
		ϵ_5	=								
		$\Sigma\gamma$=	196°11′37.0″	제1기선 ℓ_1	2826.05		$\pi\cdot\sin\alpha\cdot\ell_1$		$\pi\cdot\sin\alpha'\cdot\ell_1$		
360° 또는 기지내각			196°11′45.6″	제2기선 ℓ_2	2899.39		1682.108115		1681.952068		
		e=	− 8.6				$\pi\cdot\sin\beta\cdot\ell_2$		$\pi\cdot\sin\beta'\cdot\ell_2$		
							E_1 1682.067443		E_2 1682.227218		

변장 $a\times\frac{\sin\alpha(\gamma)}{\sin\beta}$	방위각	종횡선좌표 X (m)	종횡선좌표 Y (m)	점 명
용인 10 → 용인 11	용인 10 → 용인 11	253737.10	115571.11	용인 10
2826.05	322°46′30.6″	255987.39	113861.51	용인 11
용인 10 − 보1	용인 10 − 보1	253836.32	112444.19	보1
3128.49	271°49′02.7″			
용인 11 − 보1	용인 11 − 보1	253836.32	112444.20	
2576.02	213°22′49.2″			
평균		253836.32	112444.20	
보1 − 보2	보1 − 보2	256236.32	110931.51	보2
2836.94	327°46′38.0″			
용인 11 − 보2	용인 11 − 보2	256236.32	110931.51	
2940.56	274°51′22.1″			
평균		256236.32	110931.51	
보2 − 용인 12	보2 − 용인 12	258693.67	112821.11	용인 12
3099.86	37°33′31.5″			
용인 11 − 용인 12	용인 11 − 용인 12	258693.67	112821.10	
2899.38	338°58′16.3″			
평균		258693.67	112821.10	
−	−			
−	−			
평균				
−	−			
−	−			
평균				
용인 11 − 용인 12	용인 11 − 용인 12	258693.68	112821.10	용인 12
2899.39	338°58′16.2″			

$\Sigma\epsilon = +12.0$

$(\mathrm{II}) = \frac{\Sigma\epsilon - 3e}{2n} = +6.3$

$(\mathrm{I}) = \frac{-\epsilon-(\mathrm{II})}{3} =$ (1) = −7.8 (2) = −3.4 (3) = +0.9

(n : 삼각형수)

$E_1 = \frac{\pi\cdot\sin\alpha\cdot\ell_1}{\pi\cdot\sin\beta\cdot\ell_2} - 1 = +24$

$E_2 = \frac{\pi\cdot\sin\alpha'\cdot\ell_1}{\pi\cdot\sin\beta'\cdot\ell_2} - 1 = -164$

$|E_1 + E_2| = 188$

E_1, E_2의 10^6한 값의 합계

$\Delta\alpha, \Delta\beta = 10''$ 차임

$x_1'' = \frac{10''\times E_1}{|E_1+E_2|} = +1.3$

$x_2'' = \frac{10''\times E_2}{|E_1+E_2|} = -8.7$

검산 : $|x_1'' - x_2''| = 10''$

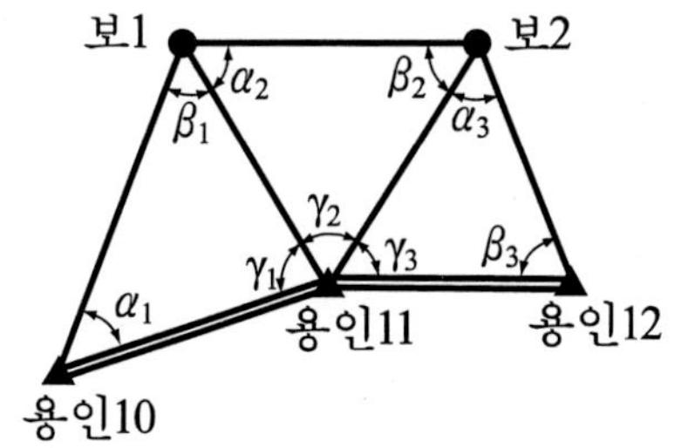

변 오차를 E_1이라 하면 $\dfrac{\pi \cdot \sin\alpha}{\pi \cdot \sin\beta} - 1 = E_1$가 된다.

E_1을 조정하기 위해서는 sin 값의 표차(Δ)를 구하여 변규약 오차를 조정한다. 표차(Δ)는 sin1″에 대한 삼각함수의 변화량으로 sin1″값은 너무 미세하여 sin10″에 대한 값으로 계산한다. $\Delta = \sin 10'' \times \cos\alpha$ (또는 β) $= 48.4814 \times \cos\alpha$ (또는 β)이다.

(48.4814는 sin10″값의 10^6한 값) $\sin\alpha_1, \sin\beta_1$의 값을 구하기 위해서는 $\sin\alpha, \sin\beta$에 각각 $\Delta\alpha$와 $\Delta\beta$의 배분에서 $\pi\sin\alpha < \sin\beta$일 경우 $\sin\alpha$에 $+\Delta\alpha$, $\sin\beta$에는 $-\Delta\beta$로 기재하고, $\pi\sin\alpha > \sin\beta$일 경우 $\sin\alpha$에 $-\Delta\alpha$, $\sin\beta$에 $+\Delta\beta$로 기재한다. $\sin\alpha, \sin\beta$값에 $\Delta\alpha$와 $\Delta\beta$을 부호에 따라 가감하고 $\sin\alpha', \sin\beta'$의 값을 구한다.

변 규약 경정수(x_1'')를 계산하기 위해서 $\dfrac{\pi \cdot \sin\alpha_1}{\pi \cdot \sin\beta_1} = 1$에서 $\dfrac{\pi \cdot \sin\alpha}{\pi \cdot \sin\beta} - 1 = 0$로 정리할 수 있으며 오차가 수반되어 있으므로 $E_2 = \dfrac{\pi \cdot \sin\alpha' \cdot \ell_1}{\pi \cdot \sin\beta' \cdot \ell_2} - 1$가 된다. 따라서, 한 개의 삼각형 α, β각에 대해서는 10″ 사이에서 $|E_1 - E_2|$에서 E_1의 값만 보정한다. 즉, 10″를 E_1 또는 E_2에 배분하며, E_1에 배분하면 변 규약 경정수(x_1'')가 된다.

따라서 $10'' : |E_1 - E_2| = x_1 : E_1$이므로, $x_1'' = \dfrac{10'' \times E_1}{|E_1 - E_2|}$, $x_2'' = \dfrac{10'' \times E_2}{|E_1 - E_2|}$로 계산한다. 검산은 $|x_1'' - x_2''| = 10''$로서 변규약 조정각을 계산할 수 있으며, 변장 및 방위각 계산은 유심다각망 계산방법과 같다.

예제 5 그림과 보기의 결과를 이용하여 삽입망을 조정 계산하시오.

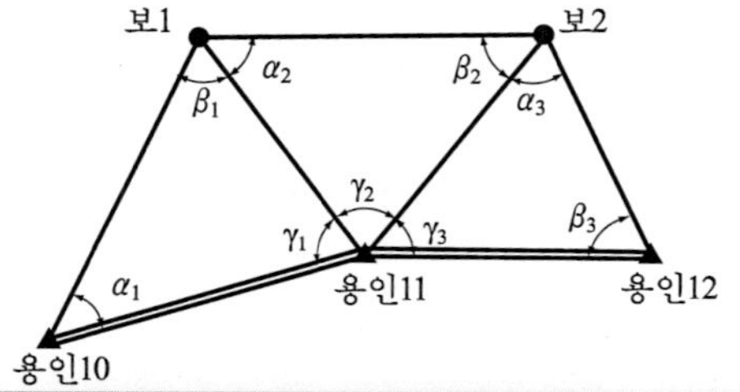

측 점	X	Y
A(용인 10)	25 3737.10	11 5571.11
B(용인 11)	25 5987.39	11 3861.51
C(용인 12)	25 8693.68	11 2821.10

각 명	관측각	각 명	관측각	각 명	관측각
α_1	50°57′37″	α_2	65°36′16″	α_3	57°17′51″
β_1	58°26′20″	β_2	52°55′18″	β_3	58°35′13″
γ_1	70°36′20″	γ_2	61°28′30″	γ_3	64°06′47″

4 삼각쇄 조정

삼각쇄는 [그림 4-30]과 같이 특정한 어느 한 기지변에서 출발해서 다른 기지변에 폐합하여 삼각점의 좌표를 구하는 방법이지만 출발점에서 도착점을 직접 관측할 수는 없으므로 지적측량과 같이 정밀측량에서는 많이 이용되지 않는다. 양단에 기선을 두어 하천, 도로 등 좁고 긴 형상의 지형도에 적합한 망 형태라 할 수 있다. γ각에 대한 방위각 차를 구하는 방법은 망의 구성에 따라 약간씩 달라진다.

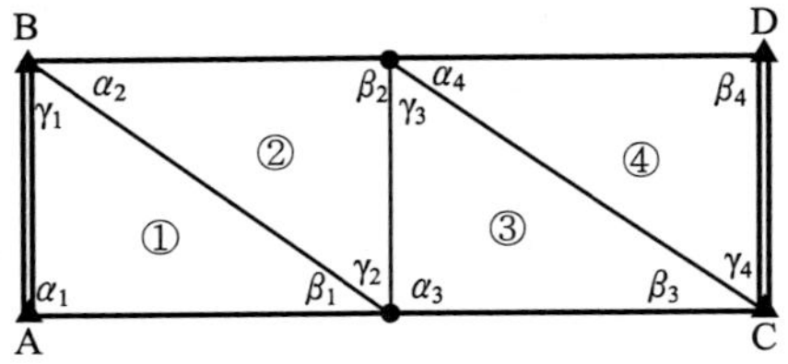

[그림 4-30] 삼각쇄 형태

(1) 각규약 조정

망에서 각의 결정은 α(소구변의 대각), β(기지변의 대각), γ(나머지 각)으로 하며 수평각개정계산부의 중심각을 관측각 난에 α, β, γ순으로 기재한다. 망을 구성하고 있는 각각의 삼각형 내각의 합은 180° 가 되어야 하며 삼각형 내각 관측치의 합계와 180° 와의 차를 다음과 같이 계산한다.

$\epsilon_1 = \alpha_1 + \beta_1 + \gamma_1 - 180°$

$\epsilon_2 = \alpha_2 + \beta_2 + \gamma_2 - 180°$

$\epsilon_n = \alpha_n + \beta_n + \gamma_n - 180°$

위의 식과 같이 각(角)의 경중률이 같이 관측되었다고 보고 오차(ϵ)는 내각을 합한 후 그 값을 180° 와의 차이를 계산하여 3으로 나눈 후 부호를 반대로 붙여 $\frac{\epsilon}{3}$난에 기재한다. 삼각규약 오차(ϵ)와 $\frac{\epsilon}{3}$을 합한 값과의 차이가 0.1″ 또는 0.2″일 경우 0.1″에 대하여는 3각의 내각 중 90° 에 가까운 각에 배분한다. 0.2″에 대하여는 90° 와 거리가 멀리 있는 2각에 $\frac{1}{2}$씩 배분하여 180° 가 되도록 하여 구과량 및 관측 오차에 대한 잔차를 없앤다. 이처럼 삼각규약에 따라 조정된 각도로서 BA의 기지방위각을 기초로 DC의 방위각을 산출한 값에서 DC의 기지방위각을 뺀 값을 q라 한다. 즉, q =DC의 산출방위각 - DC의 기지방위각이다. 이때 계산 진행 방향을 기준으로 왼쪽에 γ각이 있는 삼각형(그림의 ①, ②, ⑤삼각형)과 오른쪽에 γ각이 있는 삼각형(그림의 ③, ④, ⑥삼각형)에는 다음과 같이 배분함으로써 삼각쇄의 망규약 조정이 끝난다.

각 규약 경정수 계산 (n: 삼각형 수)

- γ각이 왼쪽에 있을 때

$$\alpha = -\frac{q}{2n}$$

$$\beta = -\frac{q}{2n}$$

$$\gamma = +\frac{q}{n}$$

- γ각이 오른쪽에 있을 때

$$\alpha = +\frac{q}{2n}$$

$$\beta = +\frac{q}{2n}$$

$$\gamma = -\frac{q}{n}$$

삼각형에 대하여 q값의 오차 배분은 방위각의 오차를 각 γ에 균일하게 배분하고 그로 인해 삼각규약에 따라 배분한 각의 흐트러짐을 방지하기 위해 부호를 반대로 하여 α, β각에 $\frac{1}{2}$씩 배분한다.

(2) 변 규약 조정

변 규약은 점간거리를 얻는 조건식으로서 미지변 대각의 sin 값을 모두 곱한 값과 기지변 대각의 sin 값을 모두 곱한 값은 항상 같다. 각 삼각형에서 미지변의 대각을 $\alpha_1, \alpha_2, \alpha_3 \cdots \alpha_n$, 기지변의 대각을 $\beta_1, \beta_2, \beta_3, \cdots, \beta_n$이라고 하면

$\sin\alpha_1 \times \sin\alpha_2 \times \cdots \times \sin\alpha_n = \sin\beta_1 \times \sin\beta_2 \times \cdots \times \sin\beta_n$은

$\dfrac{\sin\alpha_1 \cdot \sin\alpha_2 \cdot \sin\alpha_3 \cdot \sin\alpha_4 \cdot \sin\alpha_5}{\sin\beta_1 \cdot \sin\beta_2 \cdot \sin\beta_3 \cdot \sin\beta_4 \cdot \sin\beta_5} = 1$과 같이 정리할 수 있다.

$\sin\alpha, \sin\beta$값을 각각 곱한 결과의 합을 수학적 기호인 π로 표시하면 $\dfrac{\pi \cdot \sin\alpha}{\pi \cdot \sin\beta} = 1$과 같다. 변 규약 식에서 변 오차가 없을 때는 $\dfrac{\pi \cdot \sin\alpha}{\pi \cdot \sin\beta} - 1 = 0$가 되나 실제의 경우 각 오차 조정에 의한 α, β각의 삼각함수 값의 결과에 대한 총합에는 미세한 오차가 포함되어 있다. 변 오차를 E_1이라 하면 $\dfrac{\pi \cdot \sin\alpha}{\pi \cdot \sin\beta} - 1 = E_1$가 되며 E_1을 조정하기 위해서는 sin 값의 표차(Δ)를 계산하여 변 규약 오차를 조정한다. 여기서, ℓ_1, ℓ_2는 제 1기선과 제 2기선이다.

표차(Δ)는 sin1″에 대한 삼각함수의 변화량으로 sin1″값은 너무 미세하여 sin10″에

대한 값을 계산한다. $\Delta = \sin 10'' \times \cos\alpha$(또는 β) $= 48.4814 \times \cos\alpha$(또는 β)이다. (단, 계수 48.4814는 sin10″값의 10^6한 값) 여기서, $\sin\alpha', \sin\beta'$의 값을 구하기 위해서는 $\sin\alpha, \sin\beta$에 각각 $\Delta\alpha$와 $\Delta\beta$의 배분에서 $\pi \sin\alpha < \sin\beta$일 경우 $\sin\alpha$에 $+\Delta\alpha$, $\sin\beta$에는 $-\Delta\beta$로 기재하고, $\pi \sin\alpha > \sin\beta$일 경우 $\sin\alpha$에 $-\Delta\alpha$, $\sin\beta$에 $+\Delta\beta$로 기재한다. $\sin\alpha, \sin\beta$값에 $\Delta\alpha$와 $\Delta\beta$을 부호에 따라 가감하고 $\sin\alpha', \sin\beta'$의 값을 구한다.

변 규약 경정수(x_1'')를 계산하기 위해서 $\dfrac{\pi \cdot \sin\alpha_1}{\pi \cdot \sin\beta_1} = 1$에서 $\dfrac{\pi \cdot \sin\alpha}{\pi \cdot \sin\beta} - 1 = 0$로 정리할 수 있으며, 여기서도 오차가 수반되어 있으므로 $\dfrac{\pi \cdot \sin\alpha}{\pi \cdot \sin\beta} - 1 = E_2$가 된다. 따라서, 한 개의 삼각형 α, β각에 대해서는 10″ 사이에서 $|E_1 - E_2|$에서 E_1의 값만 보정한다. 즉, 10″를 E_1 또는 E_2에 배분하며, 변 규약 경정수(x_1'')가 된다.

따라서 $10'' : |E_1 - E_2| = x_1 : E_1$이므로, $x_1'' = \dfrac{10'' \cdot E_1}{|E_1 - E_2|}$, $x_2'' = \dfrac{10'' \cdot E_2}{|E_1 - E_2|}$로 계산한다.

검산은 $|x_1'' - x_2''| = 10''$로 변규약 조정각을 계산할 수 있으며, 변장계산 및 방위각 계산은 유심다각망 계산 방법과 같다.

예제 6 **다음은 삼각쇄 삼각망의 내각과 기선의 거리를 측량한 결과이다. 서식으로 내각을 조정하시오. (단, 각은 0.1″까지 한다.)**

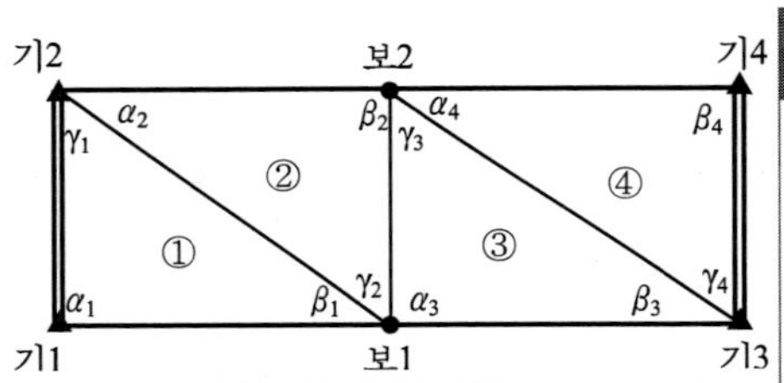

기지점명	X 좌표(m)	Y 좌표(m)
기 1	42 2168.19	15 4042.91
기 2	42 4290.06	15 3818.21
기 3	42 4852.90	15 8826.95
기 4	42 7943.96	15 8103.16

삼각형	각명	수 평 각	삼각형	각명	수 평 각
1	α_1	69°29′35.6″	3	α_3	80°23′08.0″
	β_1	40°17′35.5″		β_3	51°00′47.6″
	γ_1	70°12′46.3″		γ_3	48°36′02.7″
2	α_2	51°01′11.0″	4	α_4	61°12′26.5″
	β_2	75°58′51.4″		β_4	60°06′43.5″
	γ_2	52°59′58.5″		γ_4	58°40′49.4″

삼 각 쇄 조 정 계 산 부

삼각형	점명	각명	관측각	각규약 e/3	각규약 조정각	각규약 경정수	각규약 조정각	$\frac{\sin\alpha}{\sin\beta}$	$\frac{\Delta\alpha}{\Delta\beta}$	$\frac{\sin\alpha'}{\sin\beta'}$	$\frac{\alpha-x''}{\beta+x''}$	변규약 조정각
1	기 1	α_1	69°29′35.6″	+0.9	69°29′36.5″	−0.1	69°29′36.4″	0.936632	+17	0.936649	+0.1	69°29′36.5″
	보 1	β_1	40°17′35.5″	+0.9	40°17′36.4″	−0.1	40°17′36.3″	0.646702	−37	0.646665	−0.1	40°17′36.2″
	기 2	γ_1	70°12′46.3″	+0.8	70°12′47.1″	+0.2	70°12′47.3″				γ_1	70°12′47.3″
		+	179°59′57.4″	+2.6								
		−	180°00′00.0″									
		ϵ_1	− 2.6									
2	기 2	α_2	51°01′11.0″	−0.3	51°01′10.7″	+0.1	51°01′10.8″	0.777362	+30	0.777392	+0.1	51°01′10.9″
	보 2	β_2	75°58′51.4″	−0.3	75°58′51.1″	+0.1	75°58′51.2″	0.970215	−12	0.970203	−0.1	75°58′51.1″
	보 1	γ_2	52°59′58.5″	−0.3	52°59′58.2″	−0.2	52°59′58.4″				γ_2	52°59′58.0″
		+	180°00′00.9″	−0.9								
		−	180°00′00.0″									
		ϵ_2	+ 0.9									
3	보 1	α_3	80°23′08.0″	+0.5	80°23′08.5″	−0.1	80°23′08.4″	0.985954	+8	0.985962	+0.1	80°23′08.5″
	기 3	β_3	51°00′47.6″	+0.6	51°00′48.2″	−0.1	51°00′48.1″	0.777293	−31	0.777262	−0.1	51°00′48.0″
	보 2	γ_3	48°36′02.7″	+0.6	48°36′03.3″	+0.2	48°36′03.5″				γ_3	48°36′03.5″
		+	179°59′58.3″	+1.7								
		−	180°00′00.0″									
		ϵ_3	− 1.7									
4	보 2	α_4	61°12′26.5″	+0.2	61°12′26.7″	+0.1	61°12′26.8″	0.876369	+23	0.876392	+0.1	61°12′26.9″
	기 4	β_4	60°06′43.5″	+0.2	60°06′43.7″	+0.1	60°06′43.8″	0.867003	−24	0.866979	−0.1	60°06′43.7″
	기 3	γ_4	58°40′49.4″	+0.2	58°40′49.6″	−0.2	58°40′49.4″				γ_4	58°40′49.4″
		+	179°59′59.4″	+0.6								
		−	180°00′00.0″									
		ϵ_4	− 0.6									
5												
6												

변장 $a\times\frac{\sin\alpha(\gamma)}{\sin\beta}$	방위각	종횡선좌표 X	종횡선좌표 Y	점명
기 2 → 기 1	기 2 → 기 1	422168.19 m	154042.91 m	기 1
2133.73 m	173°57′18.3″	424290.06	153818.21	기 2
기1 − 보1	기1 − 보1	423555.95	156820.08	보1
3104.60	63°26′54.8″			
기2 − 보1	기2 − 보1	423555.95	156820.08	
3090.33	103°44′30″			
평균		423555.95	156820.08	
기2 − 보2	기2 − 보2	425830.79	155842.33	보2
2543.80	52°43′20.1″			
보1 − 보2	보1 − 보2	425830.79	155842.33	
2476.06	336°44′29.0″			
평균		425830.79	155842.33	
보1 − 기 3	보1 − 기 3	424852.92	158826.97	기 3
2389.51	57°07′37.5″			
보2 − 기 3	보2 − 기 3	424852.93	158826.97	
3140.75	108°08′25.5″			
평균		424852.92	158826.97	
보2 − 기 4	보2 − 기 4	427944.00	158103.16	기 4
3094.67	46°55′58.6″			
기 3 − 기 4	기 3 − 기 4	427943.98	158103.15	
3174.68	346°49′14.9″			
평균		427943.99	158103.16	
(5)				
평균				
(6)				
평균				
기 3 − 기 4	기 3 − 기 4	424852.90	158826.95	기 3
3174.67	346°49′16.6″	427943.96	158103.16	기 4

산출방위각	346°49′17.2″	제1기선 ℓ_1	2133.73
기지방위각	346°49′16.6″	제2기선 ℓ_2	3174.67
q	+0.6		

$\pi\cdot\sin\alpha\cdot\ell_1$	$\pi\cdot\sin\alpha'\cdot\ell_1$
1342.379842	1342.502138
$\pi\cdot\sin\beta\cdot\ell_2$	$\pi\cdot\sin\beta'\cdot\ell_2$
E_1 1342.382042	E_2 1342.197949

각규약 경정수계산

γ각이 좌측에 있을때	γ각이 우측에 있을때
$\alpha=-\frac{q}{2n}=-0.1$	$\alpha'=+\frac{q}{2n}=+0.1$
$\beta=-\frac{q}{2n}=-0.1$	$\beta'=+\frac{q}{2n}=+0.1$
$\gamma=+\frac{q}{n}=+0.2$	$\gamma'=-\frac{q}{n}=-0.2$

n : 삼각형수

$$E_1=\frac{\pi\cdot\sin\alpha\cdot\ell_1}{\pi\cdot\sin\beta\cdot\ell_2}-1=\frac{1342.379842}{1342.382024}-1=-2$$

$$E_2=\frac{\pi\cdot\sin\alpha'\cdot\ell_1}{\pi\cdot\sin\beta'\cdot\ell_2}-1=\frac{1342.502138}{1342.197949}-1=+227$$

$$|E_1+E_2|=2+227=229$$

E_1, E_2의 10^6한 값의 합계

$\Delta\alpha,\ \Delta\beta=10''$ 차임

$$x_1''=\frac{10''\times E_1}{|E_1+E_2|}=\frac{2\times10''}{227}=-0.1$$

$$x_2''=\frac{10''\times E_2}{|E_1+E_2|}=\frac{225\times10''}{227}=+9.9$$

검산: $|x_1''-x_2''|=10''$

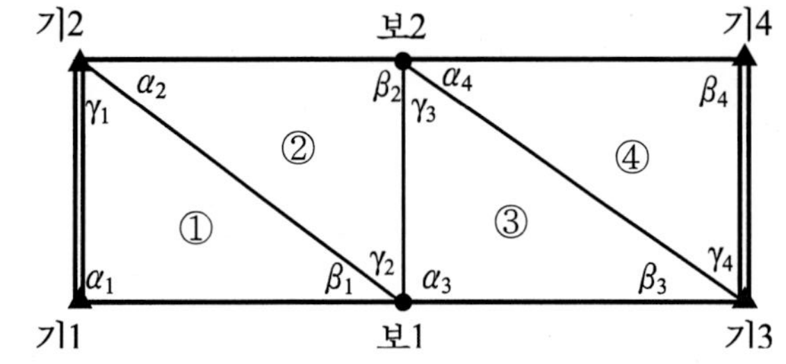

5) 엄밀법에 의한 지적삼각망 조정 계산

(1) 개념

엄밀조정법은 삼각망 조정계산을 정밀하게 수행하는 것을 말한다. 이는 측점조정과 도형조정을 관측방정식이나 조건방정식에 의한 최소제곱법을 적용하여, 이를 일괄적으로 동시에 계산하는 것이며, 계산이 복잡하고 시간과 노력이 많이 들어 지적측량에서는 환영받지 못하였다. 1975년 지적법 개정 이전까지는 도해지적 시행지역에 알맞은 방법인 삼각규약, 망규약 및 변규약의 순으로 분리하여, 조정 계산함으로써 각규약에 맞도록 조정한 각이 변규약 조정시 다시 변동이 되어 각규약과 어긋나는 결과를 초래하는 근사 조정방법을 이용하였다. 이러한 기초점의 성과가 도해지역 시행지역에는 만족되나, 지가의 상승과 토지의 이용도가 급격히 증가하고, 또한 법규에 수치지적측량방법의 도입 등으로 과거의 조정 방법에 의한 성과는 소기의 목적을 달성할 수 없게 되었다. 수치지적이 시행되는 지역은 종래의 도해지적을 위한 기초측량방법보다 높은 정밀도의 기준점이 요구됨으로써 망방식에 의한 조정계산을 동시(삼각규약, 망규약, 변규약 등)에 실시하는 엄밀조정법의 계산이 가장 합리적인 방법이라 할 수 있다. 또한 지적공부는 기지 기초점에 의하여 측량되어 토지등록이 완료되었으므로, 망형태는 소구점을 중앙에 두고 주변에 있는 기지삼각점을 모두 포함하여 규약에 대한 조건식을 구성하고 조정하는 방법이 주변 기지삼각점과 상호정밀도를 가장 정확하게 유지할 수 있는 방법이다. 그러나 아무리 훌륭한 조정방법을 사용하여도 현장에서 관측 및 측정된 값이 참값에 가까운 정확도를 유지하는 것이 가장 중요하다. 또한 유심다각망, 삽입망, 사각망 및 삼각쇄에서 계속적으로 사용하고 있는 근사조정법 대신에 앞으로 엄밀조정방법을 적용함으로써 좀 더 좋은 정밀도를 유지할 수 있을 것이다.

(2) 조건방정식을 이용한 조정

① 원리

삼각측량에 있어 관측치의 조정은 망형태마다 그에 필요한 조건부관측의 평균법을 택하는 것이 일반적이다. 조건부관측이란 관측치와 또 다른 상관 대상과 비교하여 일치되어야 하는 조건을 말한다. 삼각측량을 실시하기 위한 삼각망에는 이에 적합한 조건이 따르게 되므로 기하학적인 조건을 만족하는 방정식을 세운 다음 삼각망을 조정한다. 구하려는 값을 xi, 이에 대응하는 관측치를 li라 하고, 조건부관측으로서 상호간에 1차적인 3개 조건식이 있다고 가정한다. 이러한 가정에 따라서 조건식을 나타내면 다음과 같다.

$$a_0 + a_1x_1 + a_2x_2 + a_3x_3 + a_4x_4 = 0 \quad \cdots\cdots (4.1)$$
$$b_0 + b_1x_1 + b_2x_2 + b_3x_3 + b_4x_4 = 0$$
$$c_0 + c_1x_1 + c_2x_2 + c_3x_3 + c_4x_4 = 0$$

식(4.1)에 있는 xi에 대응하는 관측치 li를 대입하면 조건식은 만족되지 않고 다음 계산식처럼 오차(wi)가 나타나게 된다.

$$a_0 + a_1l_1 + a_2l_2 + a_3l_3 + a_4l_4 = w_1 \quad \cdots\cdots (4.2)$$
$$b_0 + b_1l_1 + b_2l_2 + b_3l_3 + b_4l_4 = w_2$$
$$c_0 + c_1l_1 + c_2l_2 + c_3l_3 + c_4l_4 = w_3$$

관측치(li)에는 오차가 포함되어 있으므로 이에 필요한 보정치(δ_i)를 더하게 되면 식(4.2)의 오차(w_i)는 소거되고 다음 식으로 된다.

$$a_0 + a_1(l_1+\delta_1) + a_2(l_2+\delta_2) + a_3(l_3+\delta_3) + a_4(l_4+\delta_4) = 0 \quad \cdots\cdots (4.3)$$
$$b_0 + b_1(l_1+\delta_1) + b_2(l_2+\delta_2) + b_3(l_3+\delta_3) + b_4(l_4+\delta_4) = 0$$
$$c_0 + c_1(l_1+\delta_1) + c_2(l_2+\delta_2) + c_3(l_3+\delta_3) + c_4(l_4+\delta_4) = 0$$

식(4.3)으로부터 식 (4.2)를 빼면

$$a_1\delta_1 + a_2\delta_2 + a_3\delta_3 + a_4\delta_4 + w_1 = 0 \quad \cdots\cdots (4.4)$$
$$b_1\delta_1 + b_2\delta_2 + b_3\delta_3 + b_4\delta_4 + w_2 = 0$$
$$c_1\delta_1 + c_2\delta_2 + c_3\delta_3 + c_4\delta_4 + w_3 = 0$$

이 되는데 이 식(4.4)는 원래 조건식인 식(4.1)부터 시작하여 보정치(δ_i)를 포함시켜 이루어진 식인데 이것을 오차방정식이라 한다. 이 오차량 (δ_i)는 최소제곱법에서 요구되는 기본조건식에 따라 계산하여 식(4.4)가 만족되도록 결정되어야 한다. 이 기본조건식은 식(4.5)와 같다.

$$\delta_1^2 + \delta_2^2 + \delta_3^2 + \delta_4^2 = \min \quad \cdots\cdots (4.5)$$

관측치를 조정한다는 것은 식(4.4)를 식(4.5)에 반영하여 풀이(정해)하고, 보정치(δ_i)를 구하여 관측치(li)에 보정함으로써 최확치(k_i)를 결정하는 것을 말한다. 이러한 오차방정식을 풀이하는 데는 미지수가 많을수록 식이 번거로워지기 때문에 일반적으로 미정계수법을 택한다. 미정계수법은 간접풀이법인데 이 중에서도 가우스의 상관법이 보편적으로 사용된다. 식(4.4)의 각 식에 위로부터 순서대로 미정계수인 $-2k_1, -2k_2, -2k_3$를 곱한 후에 식(4.5)에 더하면 식(4.6)이 된다.

$$F = \delta_1^2 + \delta_2^2 + \delta_3^2 + \delta_4^2 - 2k_1(a_1\delta_1 + a_2\delta_2 + a_3\delta_3 + a_4\delta_4 + w_1) - 2k_2(b_1\delta_1 + b_2\delta_2 + b_3\delta_3 + b_4\delta_4 + w_2) - 2k_3(c_1\delta_1 + c_2\delta_2 + c_3\delta_3 + c_4\delta_4 + w_3) = \min \quad \cdots (4.6)$$

또 식(4.6)에서 δi를 변수로 하여 편미분하고 편미분한 각 식을 각각 0으로 놓으면 식(4.7)과 같이 된다.

$$\begin{aligned} \delta_1 &= a_1k_1 + b_1k_2 + c_1k_3 \\ \delta_2 &= a_2k_1 + b_2k_2 + c_2k_3 \\ \delta_3 &= a_3k_1 + b_3k_2 + c_3k_3 \\ \delta_4 &= a_4k_1 + b_4k_2 + c_4k_3 \end{aligned} \quad \cdots (4.7)$$

식(4.7)은 보정치를 구하는 식으로서 상관식이라 한다. 보정치 δi는 방향오차, 각오차, 좌표오차, 거리오차를 포함하고 있으며, 이 상관식에서 k_i값이 정해지면 δ_i가 구해지고, δ_i가 정해지면 식(4.8)에 의해 최확치를 구하게 된다.

$$x_i = l_i + \delta_i \quad \cdots (4.8)$$

즉, 식(4.7)에서 k_i값을 구하기 위해 식(4.7)의 δ_i를 식(4.4)에 대입하고 가우스기호를 사용하여 정리하면 식(4.9)와 같다.

$$\begin{aligned} [aa]k_1 + [ab]k_2 + [ac]k_3 + w_1 &= 0 \\ [ab]k_1 + [bb]k_2 + [bc]k_3 + w_2 &= 0 \\ [ac]k_1 + [bc]k_2 + [cc]k_3 + w_3 &= 0 \end{aligned} \quad \cdots (4.9)$$

여기서,

$$\begin{aligned} [aa] &= a_1^2 + a_2^2 + a_3^2 + a_4^2 \\ [ab] &= a_1b_1 + a_2b_2 + a_3b_3 + a_4b_4 \\ [ac] &= a_1c_1 + a_2c_2 + a_3c_3 + a_4c_4 \\ [bb] &= b_1^2 + b_2^2 + b_3^2 + b_4^2 \\ [bc] &= b_1c_1 + b_2c_2 + b_3c_3 + b_4c_4 \\ [cc] &= c_1^2 + c_2^2 + c_3^2 + c_4^2 \end{aligned}$$

식(4.9)는 k_i를 미지수로 하는 3원 1차 연립방정식으로서 이것을 표준방정식(normal equation)이라 한다. 그런데 식(4.9)에서 계수관계를 보면 제 1식의 k_1, k_3의 계수는 제 2식, 제 3식에 있는 k_1의 계수와 같고, 또 제 2식의 k_3의 계수는 제 3식의 k_2계수와 같음을 알 수 있다. 이러한 중복을 피하기 위하여 가우스 상관법에 의하여 계산할 때는 식(4.10)으로 간략하게 나타낸다.

$$\begin{aligned}[aa]k_1+[ab]k_2+[ac]k_3+w_1&=0\\ [bb]k_2+[bc]k_3+w_2&=0\\ [cc]k_3+w_3&=0\end{aligned} \quad \cdots\cdots (4.10)$$

표준방정식은 정연한 연립방정식이므로 미지수를 구할 수가 있다. 풀이(정해)하는 방법은 여러 가지 방법이 존재할 수 있지만 계산과정에서 미지수가 많을 경우에는 계산할 때 잘못 계산할 우려가 많으므로 규칙적인 계산절차와 계산시 착오를 신속히 발견할 수 있는 서식을 사용하는 것이 바람직하다. 이러한 문제를 해결할 수 있는 계산법으로 가장 대표적인 방법이 가우스의 이체계산법이다. 풀이(정해)하여 미지수인 k_i 값이 정해지면 이를 상관식에 대입하여 보정량(δ_i)을 구하게 된다.

즉, Gauss-Doolittle의 계산식은 표준방정식(Normal Equation)인 식(4.9)의 해를 구하고 정해(Foreward Solution), 역해(Backward Solution)를 순차적으로 계산하여 최종적으로 보정량을 구한다. 식(4.9)의 미정계수 k_1, k_2, k_3는 다음과 같은 방법으로 계산된다.

$$k_1=\frac{\begin{vmatrix} w_1 & [ab] & [ac] \\ w_2 & [bb] & [bc] \\ w_3 & [bc] & [cc]\end{vmatrix}}{A}, \quad k_2=\frac{\begin{vmatrix} [aa] & w_1 & [ac] \\ [ab] & w_2 & [bc] \\ [ac] & w_3 & [cc]\end{vmatrix}}{A}, \quad k_3=\frac{\begin{vmatrix} [aa] & [ab] & w_1 \\ [ab] & [bb] & w_2 \\ [ac] & [bc] & w_3\end{vmatrix}}{A} \quad \cdots\cdots (4.11)$$

여기서, $A=\begin{vmatrix} [aa] & [ab] & [ac] \\ [ab] & [bb] & [bc] \\ [ac] & [bc] & [cc]\end{vmatrix}$

식(4.11)에서 계산된 ki를 식(4.7)에 대입하여 정리하면 보정치(δi)는 다음 식과 같다.

$$\delta_i=\frac{1}{A}\left\{a_i\begin{vmatrix} w_1 & [ab] & [ac] \\ w_2 & [bb] & [bc] \\ w_3 & [bc] & [cc]\end{vmatrix}+b_i\begin{vmatrix} [aa] & w_1 & [ac] \\ [ab] & w_2 & [bc] \\ [ac] & w_3 & [cc]\end{vmatrix}+c_i\begin{vmatrix} [aa] & [ab] & w_1 \\ [ab] & [bb] & w_2 \\ [ac] & [bc] & w_3\end{vmatrix}\right\} \quad \cdots\cdots (4.12)$$

② 적용 및 계산

가. 기지점 3개, 소구점 1개

㉠ 각도방정식

각도방정식수

: $A_1 = P + T - 1$ =3+3−1=5

[여기서 P : 기지점수, T : 삼각형수,

O : 소구점수]

[그림 4−31]에 의한 망도의 기하학 조건에 따른 각방정식은 다음과 같으며, 이는 한 측점에서 관측한 내각의 출발방향선(변)과 도착방향선(변)에 (　　)안에 아라비아 숫자로 표시하여 구분하였다.

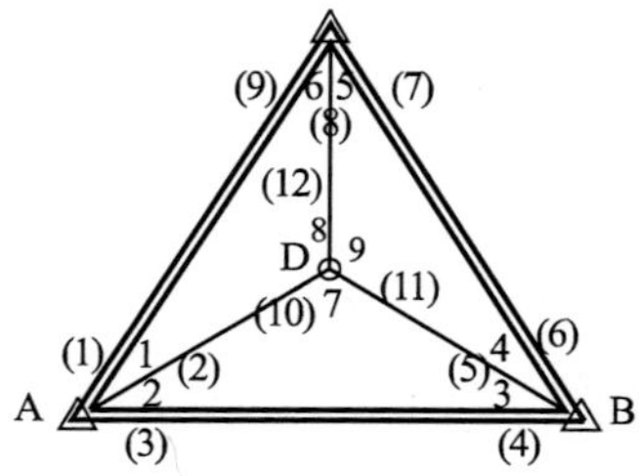

[그림 4−31] 삼각망(기지점 3, 소구점 1)

$-(2)+(3)-(4)+(5)+(10)-(11)=180°$ ······ (4.13)

$-(5)+(6)-(7)+(8)+(11)-(12)=180°$

$-(1)+(3)=A$점의 기지내각

$-(4)+(6)=B$점의 기지내각

$-(7)+(9)=C$점의 기지내각

㉡ 변방정식

변방정식 수 : $A_2 = P + O - 3$ = 3 + 1 − 3 = 1

[여기서 P : 기지점수, T : 삼각형수, O : 소구점수]

[그림 4−31]의 망도에 따른 변장계산에 있어, sin법칙에 의하여 변방정식을 만들면 다음과 같다.

$\triangle ABD$에서

$$\frac{AB}{\sin\angle 7} = \frac{BD}{\sin\angle 2} \rightarrow AB = \frac{\sin\angle 7 \cdot BD}{\sin\angle 2} \quad \cdots\cdots ①$$

$$\frac{AB}{\sin\angle 7} = \frac{AD}{\sin\angle 3} \rightarrow AB = \frac{\sin\angle 7 \cdot AD}{\sin\angle 3} \quad \cdots\cdots ②$$

①, ②식을 정리하면

$$\frac{\sin\angle 7 \cdot BD}{\sin\angle 2} = \frac{\sin\angle 7 \cdot AD}{\sin\angle 3}$$

$$\frac{\sin\angle 3 \cdot \sin\angle 7}{\sin\angle 2 \cdot \sin\angle 7} = \frac{AD}{BD} \rightarrow \frac{\sin\angle 3}{\sin\angle 2} = \frac{AD}{BD} \quad \cdots\cdots ③$$

$\triangle BCD$에서

$$\frac{BC}{\sin\angle 9} = \frac{CD}{\sin\angle 4} \rightarrow BC = \frac{\sin\angle 9 \cdot CD}{\sin\angle 4} \quad \cdots\cdots ④$$

$$\frac{BC}{\sin\angle 9} = \frac{BD}{\sin\angle 5} \rightarrow BC = \frac{\sin\angle 9 \cdot BD}{\sin\angle 5} \quad \cdots\cdots ⑤$$

④, ⑤식을 정리하면

$$\frac{\sin\angle 9 \cdot CD}{\sin\angle 4} = \frac{\sin\angle 9 \cdot BD}{\sin\angle 5}$$

$$\frac{\sin\angle 5 \cdot \sin\angle 9}{\sin\angle 4 \cdot \sin\angle 9} = \frac{BD}{CD} \rightarrow \frac{\sin\angle 5}{\sin\angle 4} = \frac{BD}{CD} \quad \cdots\cdots ⑥$$

$\triangle CAD$에서

$$\frac{CA}{\sin\angle 8} = \frac{AD}{\sin\angle 6} \rightarrow CA = \frac{\sin\angle 8 \cdot AD}{\sin\angle 6} \quad \cdots\cdots ⑦$$

$$\frac{CA}{\sin\angle 8} = \frac{CD}{\sin\angle 1} \rightarrow CA = \frac{\sin\angle 8 \cdot CD}{\sin\angle 1} \quad \cdots\cdots ⑧$$

⑦, ⑧식을 정리하면

$$\frac{\sin\angle 8 \cdot AD}{\sin\angle 6} = \frac{\sin\angle 8 \cdot CD}{\sin\angle 1}$$

$$\frac{\sin\angle 1 \cdot \sin\angle 8}{\sin\angle 6 \cdot \sin\angle 8} = \frac{CD}{AD} \rightarrow \frac{\sin\angle 1}{\sin\angle 6} = \frac{CD}{AD} \quad \cdots\cdots ⑨$$

③, ⑥, ⑨식을 다시 정리하면,

$$\frac{AD}{BD}\times\frac{BD}{CD}\times\frac{CD}{AD}=1 \quad \cdots\cdots ⑩$$

⑩식을 sin값으로 고쳐 정리하면,

$$\frac{\sin\angle 1\times\sin\angle 3\times\sin\angle 5}{\sin\angle 2\times\sin\angle 4\times\sin\angle 6}=1 \quad \cdots\cdots (4.14)$$

㉢ 오차방정식

망도를 구성하여 관측시, 자연현상 · 지형 · 기계 및 관측자의 숙련도 등에 의하여 경중률 및 오차가 각각 다르게 나타나 이를 보정하기 위하여 오차방정식을 구성하여 조정한다. 이때 오차방정식 수의 범위에서 관측각의 각명은 누락이 없도록 하여야 한다.

㉮ 각도방정식의 오차

식(13)의 각도방정식에서 구하여진다.

$$-(2)+(3)-(4)+(5)+(10)-(11)-180^{\circ}=\omega_1 \quad \cdots\cdots (4.15)$$

$$-(5)+(6)-(7)+(8)+(11)-(12)-180^{\circ}=\omega_2$$

$$-(1)+(3)-A\text{점의 기지내각}=\omega_3$$

$$-(4)+(6)-B\text{점의 기지내각}=\omega_4$$

$$-(7)+(9)-C\text{점의 기지내각}=\omega_5$$

㉯ 변방정식의 오차

식(4.14)의 변방정식에 의하여 구하여진다.

$$\frac{\sin\angle 1\times\sin\angle 3\times\sin\angle 5}{\sin\angle 2\times\sin\angle 4\times\sin\angle 6}-1=\omega_6 \quad \cdots\cdots (4.16)$$

이를 다시 고쳐 쓰면

$$\left(\frac{\Pi\sin A}{\Pi\sin B}-1\right)\rho''=\omega_6 \quad \cdots\cdots (4.17)$$

식(4.16)에서 각각의 보정 값을 δ, 분자를 A, 분모를 B라 하면(단 조건은 A〈B라 한다.)

$$A+\Delta A=\sin\angle(1+\delta)\cdot\sin\angle(3+\delta)\cdot\sin\angle(5+\delta) \quad \cdots\cdots ①$$

$$B-\Delta B=\sin\angle(2-\delta)\cdot\sin\angle(4-\delta)\cdot\sin\angle(6-\delta) \quad \cdots\cdots ②$$

여기서 δ는 미소한 값이므로, $\cos\delta=1$ 이고 $\sin\delta \fallingdotseq \delta$ 가 되므로

$$\sin\angle(1+\delta)=\sin\angle 1\cdot\cos\delta+\cos\angle 1\cdot\sin\delta=\sin\angle 1+\delta\cos\angle 1$$

가 된다. ①식을 다시 고쳐 쓰면

$$A+\Delta A=(\sin\angle 1+\delta\cos\angle 1)(\sin\angle 3+\delta\cos\angle 3)(\sin\angle 5+\delta\cos\angle 5) \quad \cdots\cdots ③$$

③식의 양변을 A로 나누면

$$\frac{A}{A}+\frac{\Delta A}{A}=\frac{(\sin\angle 1+\delta\cos\angle 1)}{\sin\angle 1}\times\frac{(\sin\angle 3+\delta\cos\angle 3)}{\sin\angle 3}\times\frac{(\sin\angle 5+\delta\cos\angle 5)}{\sin\angle 5}$$
$$=(1+\delta\cot\angle 1)(1+\delta\cot\angle 3)(1+\delta\cot\angle 5)=1+\frac{\Delta A}{A}$$

따라서

$$\Delta A \cong \delta(\cot\angle 1+\cot\angle 3+\cot\angle 5)A$$

같은 방법에 의하여

$$\Delta B \cong \delta(\cot\angle 2+\cot\angle 4+\cot\angle 6)B$$

조정의 조건은 $A+\Delta A=B-\Delta B$ 이므로 $\frac{B}{A}=C$이면

$$1+\delta(\cot\angle 1+\cot\angle 3+\cot\angle 5)=C-C\cdot\delta(\cot\angle 2+\cot\angle 4+\cot\angle 6) \quad \cdots ④$$

이 된다.

따라서 ④식을 정리하면 다음과 같다.

$$[(\cot\angle 1+\cot\angle 3+\cot\angle 5)+C(\cot\angle 2+\cot\angle 4+\cot\angle 6)]\delta=-\omega_6 \quad \cdots\cdots ⑤$$

오차에 대한 변방정식은 식⑤에 의하여

$$\omega_6+\sum\cot A \text{ 또는 } B=0 \quad \cdots\cdots ⑥$$

각 내각에 대해 출발방향선(변)과 도착방향선(변)의 순서로 바꾸면

$\angle 1 = -(1) + (2),\ \angle 3 = -(4) + (5),\ \angle 5 = -(7) + (8),$

$\angle 2 = -(2) + (3),\ \angle 4 = -(5) + (6),\ \angle 6 = -(8) + (9)$

가 되며, 해당 각의 cot∠1 ~ cot∠6 에 대한 계산된 값을 A1, A3, A5와 A2, A4, A6라 하고 이를 식⑥에 의하여 정리하면 변조건 오차방정식은 식(4.18)과 같이 성립된다.

$$-A1(1) + (A1 + A2)(2) - A2(3) - A3(4) + (A3 + A4)(5) \cdots\cdots (4.18)$$
$$-A4(6) - A5(7) + (A5 + A6)(8) - A6(9) + \omega_6 = 0$$

또는 대수를 이용하는 방법으로 식 (4.14)의 양변에 대수를 취하면

$$\log\sin\angle 1 + \log\sin\angle 3 + \log\sin\angle 5 - \log\sin\angle 2 - \log\sin\angle 4 - \log\sin\angle 6 = 0 \cdots\cdots (4.19)$$

실제 관측값을 $\angle 1', \angle 3', \angle 5', \angle 2', \angle 4', \angle 6'$라고 하면 오차가 발생하므로 아래 식과 같이

$$\log\sin\angle 1' + \log\sin\angle 3' + \log\sin\angle 5' - \log\sin\angle 2' - \log\sin\angle 4' - \log\sin\angle 6' = \omega_6 \cdots (4.20)$$

이 되며,

$$\angle 1 = \angle 1' + \delta_1, \angle 3 = \angle 3' + \delta_3, \angle 5 = \angle 5' + \delta_5, \angle 2 = \angle 2' + \delta_2, \angle 4 = \angle 4' + \delta_4, \angle 6 = \angle 6' + \delta_6$$

와 같은 보정값 δi가 조정되어야 하므로, 식 (4.19)는

$$\log\sin(\angle 1' + \delta_1) + \log\sin(\angle 3' + \delta_3) + \log\sin(\angle 5' + \delta_5) \cdots\cdots (4.21)$$
$$-\log\sin(\angle 2' + \delta_2) - \log\sin(\angle 4' + \delta_4) - \log\sin(\angle 6' + \delta_6) = 0$$

이 성립하고, 이 식에서 테일러급수를 차용하여 1차 미분까지 적용하여 정리하면

$$\log\sin\angle 1' + A_1\delta_1 + \log\sin\angle 3' + A_3\delta_3 + \log\sin\angle 5' + A_5\delta_5 \cdots\cdots (4.22)$$
$$-\log\sin\angle 2' - A_2\delta_2 - \log\sin\angle 4' - A_4\delta_4 - \log\sin\angle 6' - A_6\delta_6 = 0$$

여기서, A1, A3, A5와 A2, A4, A6는 해당각의 1초의 표차로서

$A_i = \frac{1}{\rho''} \times M \times \cot\angle i\ \left(M = \frac{1}{\log_e^{10}} = 0.4342944819\right)$ 로 계산된다.

식 (4.22)를 정리하면

$$A_1\delta_1 + A_3\delta_3 + A_5\delta_5 - A_2\delta_2 - A_4\delta_4 - A_6\delta_6$$
$$+\log\sin\angle 1' + \log\sin\angle 3' + \log\sin\angle 5'$$
$$-\log\sin\angle 2' - \log\sin\angle 4' - \log\sin\angle 6' = 0$$

이 되고, $A_1\delta_1 + A_3\delta_3 + A_5\delta_5 - A_2\delta_2 - A_4\delta_4 - A_6\delta_6 + \omega_6 = 0$ ························ (4.23)

이 된다.

각 오차방정식의 미지보정량과 동일하게 표현하기 위하여
각 내각에 대한 오차보정량 δi을 출발방향선(변) 각오차와 도착방향선(변) 각오차의 차이량을 나타내는 형태로 바꾸면

$$\delta_1 = -(1) + (2), \delta_3 = -(4) + (5), \delta_5 = -(7) + (8),$$
$$\delta_2 = -(2) + (3), \delta_4 = -(5) + (6), \delta_6 = -(8) + (9)$$

이 되어, 이 값을 식(4.23)에 대입하여 정리하면
변조건 오차방정식은

$$A_1(-(1)+(2)) + A_3(-(4)+(5)) + A_5(-(7)+(8))$$
$$-A_2(-(2)+(3)) - A_4(-(5)+(6)) - A_6(-(8)+(9)) + \omega_6 = 0$$

로 되고, $-A_1(1) + (A_1 + A_2)(2) - A_2(3) - A_3(4) + (A_3 + A_4)(5)$ ··············· (4.24)

$$-A_4(6) - A_5(7) + (A_5 + A_6)(8) - A_6(9) + \omega_6 = 0$$

식 (4.24) 로 정리되어, 식 (4.18)과 유사한 변조건 오차방정식이 성립된다.

이상의 도출된 오차방정식에서 파악할 수 있는 바와 같이 각조건 오차방정식에서는 미지수(관측각 오차)의 계수가 1이지만, 변조건 오차방정식에서는 미지수의 계수가 1이 아닌 A_1, A_3, A_5와 A_2, A_4, A_6가 됨을 알 수 있다. 이상의 각조건 오차방정식과 변조건 오차방정식에 대해 최소제곱법을 적용하여 관측각의 오차보정량 δi를 구하는 것이 조건방정식에 의해 최소제곱법을 적용하는 삼각망의 엄밀조정법이다.

나. 기지점 4개, 소구점 1개

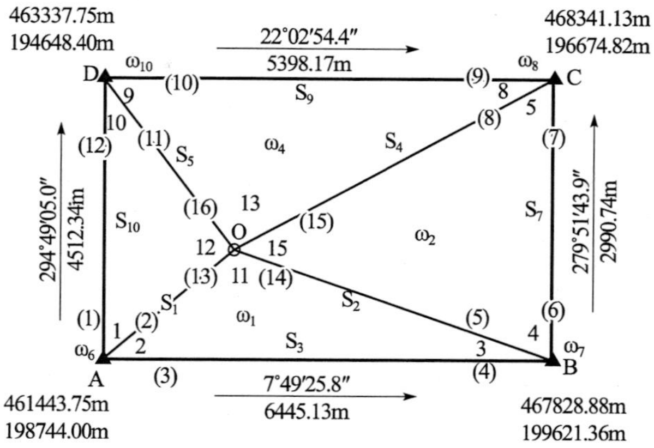

[그림 4-32] 삼각망(기지점 4개, 소구점 1개)

삼각망 조정계산부(별지 제 15호 서식)는 전부 8매의 서식으로 구분되어 있다. 이 서식의 계산에 앞서 지적삼각측량의 외업에서 수평각을 관측하여 정리된 수평각관측부(별지 제 3호 서식)/ 수평각개정계산부(별지 제 4호 서식)가 있어야 한다. 또, 이 망형에 포함된 기지점으로 기지점방위각 및 거리계산부(별지 제 2호 서식)를 완료한다.

㉠ 각도방정식

망방식에 의한 조정계산부의 첫 장에서는 계산에 필요한 여러 가지 자료가 기록된다.

㉮ 약도

망 형태를 대략 그리고, 기지점 좌표를 참고로 기재해 둔다. 가능하면 기지점간 방위각과 거리를 기재해 둠으로써 다음 계산에 편리해질 수 있다.

㉯ 삼각점위치

일반적으로 삼각점이 위치한 기본도(1/50,000 지형도, 1/25,000 지형도)의 도엽명, 도엽번호 및 좌표를 기입한다.

㉰ 관측각

망형에서 지정한 기호의 내각에 따라 관측각을 기록한다. 여백의 하단에는 삼각형 내각규약에 따른 오차 W_1, W_2, W_4와 기지각규약에 따른 오차 W_6, W_7, W_8, W_{10}을 산출하여 기록한다.

㉣ 기지각

관측각의 각명으로 기지내각에 해당하는 관측내각과 역계산에 의한 기지내각을 기재하여 앞서 기지각오차(W_6, W_7, W_8, W_{10})를 산출하는데 필요한 자료로 한다. 이 계산예에서는 $1+2=41°54'34.''1+31°05'45.''3=73°00'19.''4$가 관측내각이 되고, $7°49'25.''8-294°49'05.''0=73°00'20.''8$로 기지내각을 산출한 것이다.

㉤ 각도방정식

각도방정식은 1소구점 4기지점인 경우의 각조건식을 기입하면 된다.

㉡ 변방정식

둘째 서식으로서 상부란에는 변조건식, 하부란에는 변조건식에 따른 계산을 위하여 해당각의 sin대수와 표차(1″ 차)를 계산하여 기록한다.

대수는 6자리, 표차는 대수6자리로 하는 7자리까지로 계산하여 기록한다. 이 계산예에서는 1번각 $41°54'34.''1$ 의 sin대수값은 9.824748이 되고 표차는 계산식이 $\cot\theta\times2.1055$ 이므로 $\cot41°54'34.''1\times2.1055=+2.3458\cdots=+2.3$ 이 된다. 하부란의 두 번째 조건식의 S_9와S_{10}은 D에서 C까지의 변장, A에서 D까지의 변장을 뜻한다. 첫 번째 변조건식에 따라서 각명에 의하여 log sin 값으로 식$(1+3+5+9)-(2+4+8+10)=W_{s1}$이기 때문에 $W_{s1}=9.276385-9.276379=+6$(대수6자리로 한다)가 되고, 두 번째 변조건식에 따라서 역시 식이 $(8+12+S_9)-(1+13+S_{10})=W_{s4}$이기 때문에 $W_{s4}=3.472612-3.472634==+6$(대수6자리로 한다)

㉢ 상관방정식

셋째 서식에는 (3)상관방정식과 (4)표준방정식의 계산란으로 되어 있는데 상관방정식은 각조건식(삼각형 내각, 기지내각)과 변조건식에 따라서 열로 상관시켜 작성한다. 열의 순서는 각을 이루는 방향번호($(1),(2),(3)\cdots(n)$)이고 행(횡방향)의 순서는 조건식의 순서를 뜻한다. 즉, 1,2,3 열은 삼각형규약에 해당하는데 첫번째 조건식이 $-(2)+(3)-(4)+(5)+(13)-(14)+W_1=0$이기 때문에 각 계수를 각각 1로 보고 위식의 부호대로 나열하면

각명	(2)	(3)	(4)	(5)	(13)	(14)	1열에서
부호와 계수	−1	+1	−1	+1	+1	−1	

또 4, 5, 6, 7열은 기지내각 규약에 해당하고 8, 9열은 변규약에 해당되는 조건식에 의하여 편성된다. 다만 8열의 변규약이나, 9열의 변규약에 해당되는 표차는 변방정식의 순서와 부호대로 기재하는 것이다. 변방정식 1식의 첫항 $-A_1(1)$에서 A의 아래첨자 1은 각명이고 (1)은 측정각의 방향번호 즉, 각1의 초독(시작 읽음값)이며, (1)에는 각명 1의 표차에 -부호를 붙여서 기재하라는 뜻이 된다.

같은 1식의 두 번째 항이 $(A_1 + A_2)(2)$로 되어 있기 때문에, 이것은 방향번호 (2)에는 1번각의 표차와 2번각의 표차를 합하여 기재한다. 즉, 1번각의 표차(A_1)가 +2.3, 2번각의 표차(A_2)가 +3.5이므로 2.3+3.5=+5.8이 되는 것이다. 9열에서도 각항에는 조건식 2식에 따라야 한다.

㉣ 표준방정식

같은 셋째 서식에서는 (4)표준방정식을 편성하도록 되어 있다. 표준방정식은 상관방정식을 근거로 하여 편성하게 되는데 앞에 서술한 엄밀조정법 원리의 식(4.10)에 따르면 된다.

표준방정식의 편성요령에 대하여 자세히 살펴보겠다. 우선 상관방정식의 1, 2, 3… 열에 해당하는 각 계수(−1, +1…)를 열별로 a, b, c…i라 하면 식(4.25)에서와 같이

$$[aa]K_1+[ab]K_2+[ac]K_3+[ad]K_4+[ae]K_5+[af]K_6+[ag]K_7+[ah]K_8+[ai]K_9+W_1=0$$

$$[bb]K_2+[bc]K_3+[bd]K_4+[be]K_5+[bf]K_6+[bg]K_7+[bh]K_8+[bi]K_9+W_2=0$$

$$[cc]K_3+[cd]K_4+[ce]K_5+[cf]K_6+[cg]K_7+[ch]K_8+[ci]K_9+W_4=0$$

$$[dd]K_4+[de]K_5+[df]K_6+[dg]K_7+[dh]K_8+[di]K_9+W_6=0$$

$$[ee]K_5+[ef]K_6+[eg]K_7+[eh]K_8+[ei]K_9+W_7=0$$

$$[ff]K_6+[fg]K_7+[fh]K_8+[fi]K_9+W_8=0$$

$$[gg]K_7+[gh]K_8+[gi]K_9+W_{10}=0$$

$$[hh]K_8+[hi]K_9+W_{s1}=0$$

$$[ii]K_9+W_{s4}=0 \quad \cdots\cdots\cdots\cdots (4.25)$$

로 편성하며 이것은 9원 1차방정식이 되는 셈이다. 식(4.1)에 따라 상관방정식을 근거로 표준방정식을 편성한 것이 계산보기의 표준방정식이다. n열은 오차의 열로써 W_i의 기재란 이다.

이 표준방정식의 $\Sigma\eta$ 열은 행렬의 합인데 다음 계산시에 계산이 바르게 되었는지 검산에 필요한 란이다. 이 계산 $\Sigma\eta$의 산식은 앞의 식 (4.9)에서 상수의 합이다. 그러므로 식(4.25)의 $\Sigma\eta$가 산출된다.

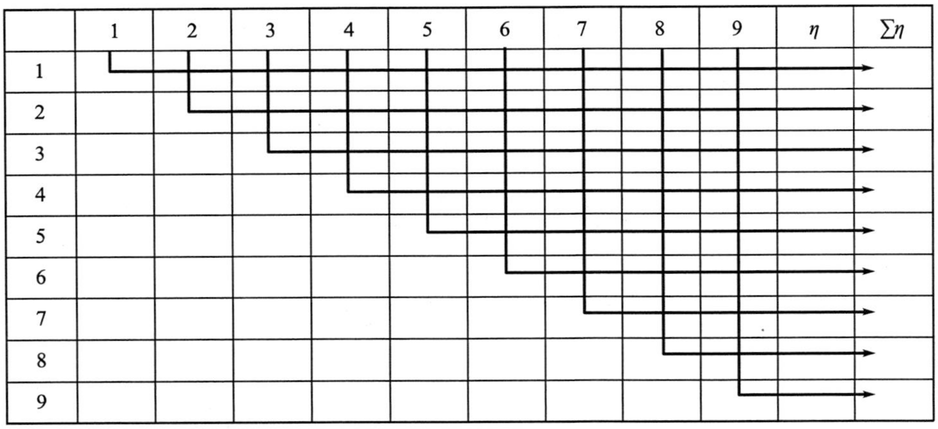

계산열의 1행식에 대해 각 항을 설명하면 식(4.25)의 1식을 참고로 하여

$$[aa]=\frac{(-1)^2}{(2)}+\frac{(+1)^2}{(3)}+\frac{(-1)^2}{(4)}+\frac{(+1)^2}{(5)}+\frac{(+1)^2}{(13)}+\frac{(-1)^2}{(14)}=+6 \text{ (1행 1열)}$$

$$[ab]=\frac{(+1)\times(-1)}{5}+\frac{(-1)\times(+1)}{14}=-2 \text{ (1행 2열)}$$

$$[ac]=0 \text{ (1행 3열)}$$

$$[ad]=\frac{(+1)\times(-1)}{3}=+1 \text{ (1행 4열)}$$

$$[ae]=\frac{(-1)\times(-1)}{4}=+1 \text{ (1행 5열)}$$

$$[af]=0 \text{ (1행 6열)}$$

$$[ag]=0 \text{ (1행 7열)}$$

$$[ah]=\frac{(-1)\times(5.8)}{(2)}+\frac{(+1)\times(-3.5)}{(3)}+\frac{(-1)\times(-4.6)}{(4)}+\frac{(+1)\times(5.5)}{(5)}=0.8 \text{ (1행 8열)}$$

$$[ai]=\frac{(-1)\times(-2.3)}{(2)}+\frac{(+1)\times(+0.1)}{(3)}=2.4 \text{ (1행 9열)}$$

$$[\eta]=w_1=-8.4 \text{ (1행 η열)}$$

위 식의 (1), (2), (3), ... , (15), (16)은 관측각의 초독, 종독에 대한 방향명을 나타낸 것이다. 이해를 돕는 뜻에서 계산열의 3행식에 대해서도 각 항을 설명하면 역시 식 (4.25)의 3식을 참고로 하여

$$[cc]=\frac{(-1^2)}{(8)}+\frac{(+1^2)}{(9)}+\frac{(-1^2)}{(10)}+\frac{(+1^2)}{(11)}+\frac{(+1^2)}{(15)}+\frac{(-1^2)}{(16)}=+6 \text{ (3행 3열)}$$

$$[cd]=0 \text{ (3행 4열)}$$

$$[ce]=0 \text{ (3행 5열)}$$

$$[cf]=\frac{(+1)\times(+1)}{(9)}=+1 \text{ (3행 6열)}$$

$$[cg]=\frac{(-1)\times(-1)}{(10)}+1 \text{ (3행 7열)}$$

$$[ch]=\frac{(-1)\times(4.0)}{(8)}+\frac{(+1)\times(-3.2)}{(9)}+\frac{(-1)\times(2.0)}{(10)}+\frac{(+1)\times(4.0)}{(11)}=-1.2 \text{ (3행 8열)}$$

$$[ci]=\frac{(-1)\times(-3.2)}{8}+\frac{(+1)\times(3.2)}{(9)}+\frac{(+1)\times(+0.4)}{(15)}+\frac{(-1)\times(-0.5)}{(16)}=+7.3 \text{ (3행 9열)}$$

$$[\eta]=w_4=-7.2'' \text{(3행 η열)}$$

표준방정식의 2행, 그리고 4행 이후도 이러한 요령에 의하여 편성한다.

ⓜ 정해

넷째 서식인 정해는 앞의 표준방정식을 풀이하는 절차이다. 미지수가 9개인 9원 1차 연립방정식을 풀이할 9개의 미지수를 계산한다는 것은 직접법의 계산으로는 힘들다. 그러므로 이러한 다원 연립방정식을 풀이하는 데는 가우스의 이체계산법 또는 슈라이버의 계산법을 사용하는데, 여기서는 이해하기 쉬운 가우스의 이체계산법을 택한다. 정해의 서식으로서 차례차례 설명하면 다음과 같다.

제 1행…이 서식의 1행에는 표준방정식의 1행(1식)을 이기한다.

제 2행…1행의 좌측수로 우측에 있는 수를 나누어 반대 부호를 부여한다.

C 1행 2열에는 $(-2)\div(+6)=-0.3333$ …… 0.33333

C 1행 3열에는 $(0)\div(+6)=+0.0000$ …… 0.0000

C 1행 4열에는 $(+1)\div(6)=+0.1667$ …… -0.1667

C 1행 5열에는 $(+1)\div(6)=+0.1667$ …… -0.1667

C 1행 6열에는 (0) ÷ (+6) = +0.0000 …… 0.0000

C 1행 7열에는 (0) ÷ (+6) = +0.0000 …… 0.0000

C 1행 8열에는 (+0.8) ÷ (+6) = +0.1333 …… −0.1333

C 1행 9열에는 (+2.4) ÷ (+6) = +0.4000 …… −0.4000

C 1행 n열에는 (−8.4) ÷ (+6) = −1.4000 …… +1.4000

C 1행 $\Sigma\eta$열에는 (+0.8) ÷ (+6) = +0.1333 …… −0.1333

그리고 이것을 상관계수라 하는데 2행 n열까지의 C_1계수를 합한 값에서 1을 뺀 값이 2행 $\Sigma\eta$열의 수와 같은 값이면 계산에 오류가 없음을 검산하게 된다.

+0.3333−0.1667−0.1667−0.1333−0.4000+1.4000−1=−0.1334

그런데 우측항의 값이 −0.1333이어야 하는데 −0.1334가 된 것은 단수처리에서 반올림에 따른 무시할 수 있는 미세오차 이므로, 끝자리에서 1 또는 2정도의 차가 나는 경우가 있더라도 이는 잘못된 계산이 아님을 유의해야 한다. 정해 서식의 3행에는 표준방정식 2행의 수들을 이기한다. 이기된 첫 항 위로 1행 2열의 수 −2와 C_1계수들을 각각 곱하여 이기한 3행의 수를 합하여 기재한다.

4행 2열의 수 +5.3334는

$$\frac{(-2)}{1\text{행 }2\text{열}} \times \frac{(+0.3333)}{2\text{행 }2\text{열}} + \frac{6}{3\text{행 }2\text{열}} = \frac{+5.3334}{4\text{행 }2\text{열}}$$

4행 3열의 수 −2는

$$\frac{(-2)}{1\text{행}2\text{열}} \times \frac{(0.0000)}{2\text{행 }3\text{열}} - \frac{-2}{3\text{행 }3\text{열}} = \frac{-2.000}{4\text{행}3\text{열}}$$

4행 4열의 수 +0.3334는

$$\frac{(-2)}{1\text{행 }2\text{열}} \times \frac{(-0.1667)}{2\text{행}4\text{열}} + \frac{0}{3\text{행}4\text{열}} = \frac{+0.3334}{4\text{행 }4\text{열}}$$

이하 4행의 각 열은 이러한 방법으로 계산한다. 5행의 C_2계수를 산출하는 것은 2행에서 C_1의 계수를 산출하듯이 4행의 좌측의 수 + 5.3334로 우측수들을 각각 나누어 반대 번호를 부여한다. 이 행에서도 2행에서와 같이 C_2계수를 n열까지 합하여 1을 뺀 값이 $\Sigma\eta$열의 값과 같으므로 검산이 된다.

6행에는 표준방정식의 3행의 수들을 이기한다.

7행에는 6행의 첫 항의 위로 C_1계수를 위한 수가 0이므로 C_1계수는 참여하지 않아도 되지만 C_2계수를 위한 수 2.0000이 있으므로 C_2계수들을 각각 곱한 수에 이기한 6행의 수를 합하여 기재한다.

7행의 3열인 수 +5.2500은

$$\frac{(-2.0000)}{4\text{행}3\text{열}}\times\frac{(+0.3750)}{5\text{행}3\text{열}}+\frac{6}{6\text{행}3\text{열}}=\frac{+5.2500}{7\text{행}3\text{열}}$$

이 되고, 7행의 4열의 수 +0.1250은

$$\frac{(-2.0000)}{4\text{행}3\text{열}}\times\frac{(-0.0625)}{5\text{행}4\text{열}}+\frac{0}{6\text{행}4\text{열}}=\frac{+0.1250}{7\text{행}4\text{열}}$$

이 된다. 이하의 열에도 마찬가지로 계산한다.

8행에는 C_3의 계수를 계산하는 것으로 2행, 5행에서와 같다. 이해를 돕기 위하여 9행, 10행에 대하여 설명을 한다.

9행에는 표준방정식의 4행을 이기한다. 이기한 첫 항의 위로 C_1계수를 위한 수 +1과 C_1계수들, C_2계수를 위한 수 +0.3334와 C_2계수들, C_3계수를 위한 수 +0.1250과 C_3계수들을 각각 곱하여 열로 합하여 9행의 수를 합하고 10행에 기재한다.

10행의 4열의 수 +1.8095는

$$\frac{(+1)}{1\text{행}4\text{열}}\times\frac{(-0.1667)}{2\text{행}4\text{열}}+\frac{(+0.3334)}{4\text{행}4\text{열}}\times\frac{(-0.0625)}{5\text{행}4\text{열}}+\frac{(+0.1250)}{7\text{행}4\text{열}}\times$$

$$\frac{(-0.0238)}{8\text{행}4\text{열}}+\frac{2}{9\text{행}4\text{열}}=\frac{+1.8095}{10\text{행}4\text{열}}$$ 로 한다.

10행의 5열의 수 −0.2620은

$$\frac{(+1)}{1\text{행}4\text{열}}\times\frac{(-0.1667)}{2\text{행}4\text{열}}+\frac{(+0.3334)}{4\text{행}4\text{열}}\times\frac{(-0.2500)}{5\text{행}5\text{열}}+\frac{(+0.1250)}{7\text{행}4\text{열}}\times$$

$$\frac{(-0.0952)}{8\text{행}5\text{열}}+\frac{0}{9\text{행}5\text{열}}=\frac{+0.2620}{10\text{행}5\text{열}}$$

10행6열 이하도 마찬가지로 계산한다.

11행에는 C_4계수를 계산하여 기재하는데 10행의 좌측수로 우측 수들을 각각 나누어 반대 번호로 기재하고 검산하는 란이 된다. 정해 계산에서는 단순계산이기는 하나 계산을 위한 숫자 개수가 많아 혼동이 되어 틀릴 수가 있으므로 조심해야 하며, 중간중간에 검산을 해보는 것이 필요하다. 이러한 번거로운 계산은 그 필산이론을 알면

엑셀프로그램이나 전산기의 프로그램을 통하여 보다 신속하고도 정확한 답을 구할 수가 있다.

㉥ 역해 (상관수 계산)

역해의 서식은 정해로서 답을 구하기가 번거롭기 때문에 이를 편하게 만들어진 서식이다. 명칭을 역해라고 한 것은 정해된 계수들을 마지막 열에서부터 순차적으로 일정한 순서의 계산을 통하여 답을 구하기 때문에 붙여진 이름이다.

정해의 열에서 n열의 $C_1, C_2, C_3, \cdots C_9$의 계수는 각각 +1.4000, −1.4625, +0.8143, +0.2132, −0.9907, −0.6939, −1.3850, +2.3601인데 이를 역해의 제 1행에 기재한다. 다음은 정해의 9열에서 $C_1, C_2, \cdots C_8$의 계수를 인수로 해야 하는데 9열의 C_9계수는 없으므로 역해의 C_9열은 계란에 내려 기록한다. 그리고 이 합계란의 계수(상관수)와 정해의 9열의 각 계수를 곱하여 차례대로 기록한다. 즉, C_9열의 상관수(계란의 수)가 +2.3601이므로

$(-0.4000)\times(+2.3601)=-0.9440(C_1$열$)$

$(+0.5250)\times(+2.3601)=+1.2391(C_2$열$)$

$(-1.1950)\times(+2.3601)=-2.8097(C_3$열$)$

$(+1.4776)\times(+2.3601)=+3.4873(C_4$열$)$

$(+0.4824)\times(+2.3601)=+1.1385(C_5$열$)$

$(+1.3139)\times(+2.3601)=-3.1009(C_6$열$)$

$(+0.5125)\times(+2.3601)=+1.2096(C_7$열$)$

$(+0.2792)\times(+2.3601)=+0.6589(C_8$열$)$

역해의 제 3행에는 정해의 8열의 각계수와 역해의 C_8의 상관수(합계란의 수)를 각각 곱하여 기록한다.

$(-0.1333)\times(+0.6345)=-0.0846(C_1$열$)$

$(+0.2500)\times(+0.6345)=+0.1586(C_2$열$)$

$(+0.3238)\times(+0.6845)=+0.2055(C_3$열$)$

$(+0.6684)\times(+0.6345)=+0.4241(C_4$열$)$

$(-2.7480)\times(+0.6345)=-1.4736(C_5$열$)$

$(+0.5114)\times(+0.6345)=+0.3245(C_6$열$)$

$(-0.2475)\times(+0.6345)=-0.1570(C_7$열$)$

역해의 C_7계수열을 합하여 합계란에 기록한다. 이처럼 역해의 계산식은 정해의 n열에서부터 역으로 순차 계산하여 정해의 2열까지에서 마친다. 이렇게 하여 역해의 각열의 합산된 값이 상관수인데 이를 앞의 상관방정식의 계수에 곱하여 보정치를 구하는 것이다.

㉦ 보정치 계산

보정치의 계산 서식에서 각명은 측정각의 시준방향 번호에 해당한다. 망도에서 볼 수 있듯이 방향번호는 모두 16개 방향에 의하여 이루어진 것이므로 이를 적는다. 역해에서 산출된 상관수와 해당열에 해당하는 상관방정식의 계수를 곱하여 보정치 계산 서식에 각각 기록한다. 보정치 계산서식의 제 1열의 예를 들면 제 2행에서 상관수 C_1이 +0.4769이기 때문에 이 수와 상관방정식의 각명 2의 계수인 −1을 곱하여 기록한다.

$(+0.4769)\times(-1)=-0.4769$

제 3 행에서는 $(+0.4769)\times(+1)=+0.4769$

제 4 행에서는 $(+0.4769)\times(-1)=-0.4769$

제 5 행, 제 13행, 제 14 행도 상관방정식의 계수의 부호에 따라 동일하게 부호를 바꾸는 셈이 된다. 보정치 계산서식의 C_9열에서는 계수가 +0.6345이므로 이 수를 상관방정식의 8열의 각 계수와 곱하여 기록하는 것이다. 예를 들면

C_8열1행 … $(+0.6345)\times(-2.3)=-1.4594$

C_8열2행 … $(+0.6345)\times(+5.8)=+3.6801$

⋮　　　⋮　　　⋮

C_8열12행 … $(+0.6345)\times(-2.0)=-1.2690$

이렇게 상관수와 상관방정식의 각 열의 계수를 곱하여 기록한 후에는 각 행별로 합산하여 합계란을 설정하여 기록한다. 이것이 방향별로 보정할 수가 되는데 당초 방향각을 자료로 하지 않고 망도의 협각을 자료로 하였기 때문에 해당각을 이루는 방향번호의 수식(각도방정식)에 따라서 내각의 보정치를 산출하여 보정하면 된다. 이에 앞서 보정할 자리수를 초(″)자리 1자리까지로 사용하는 지적 삼각측량이기 때문에 확정란을 정하여 초(″)자리 아래 1자리까지 구한 보정치를 기록해 두는 것이 다음 계산에 편리하다. 삼각형의 내각 2는 −(2)+(3)이기 때문에 이 식에 의하여 방향보정치를 대입하면 $-(-2.2)+(+1.8)=+4.0''$가 된다.

또 1삼각형의 내각11은 $+(13)-(14)$이기 때문에 이 식에 대입하면 $+(+0.7)-(+0.3)=+0.4''$가 된다. 이렇게 산정된 보정치는 서식의 첫 장에서 관측각 오른쪽, 보정각에 기입하고 조정각(확정각)을 완성한다. 이 조정각에 의하여 삼각형규약 및 기지각규약이 제대로 조정되었는지 확인하여 이상이 없으면 조정계산이 완료된 것이다. 예를 들면.

A의 조정각 : $(1+2)=41'54'31.''5+31°05'49.''3=73°00'20.''8$ (기지각과 동일)

◎ 소구점 계산

소구점의 계산서식의 란은 4개의 부분으로 나누어져 있다.

㉮ 약도

삼각망조정계산부의 첫 번째 서식의 약도와는 좀 다른 성격의 약도이다. 즉, 소구점의 좌표를 어느 기지점을 이용하여 계산할 것인가를 구상하여 약도를 그린다. 이 계산 예에서는 기지점 A와 C를 이용하여 A와 C에서 소구점을 구하는 계산식을 구상하여 약도를 그린 것이다. 그러므로 방위각은 기지방위각이어야 하는데 D에서 C를 본 방위각과 A에서 B를 본 방위각을 기록하면 된다. 거리도 마찬가지이다. 방위각과 거리는 이미 첫 번째 서식의 망도에 참고로 기재하여 두었으므로 이를 이기하면 된다.

㉯ 변장계산

변장계산은 C에서 소구점(O)까지의 거리와 A에서 소구점(O)까지의 거리를 다음 계산식으로 산정한다.

$$C\text{에서 } O=\frac{5,398.17m\times\sin 46°42'27.''3}{\sin 99°54'00.''3}=3,988.52m$$

$$A\text{에서 } O=\frac{6,445.13m\times\sin 24°38'25.''7}{\sin 124°15'45.''0}=3,251.34m$$

㉰ 방위각 계산

방위각 계산은 C에서 소구점(O)에 대한 방위각과 A에서 소구점(O)에 대한 방위각을 산출한다. 이 계산 예에서

C로부터 O방향으로의 방위각 = (C에서 D에 대한 방위각) − (내각8)

$=202°02'54.''4-33°23'32.4''=168°39'22.0''$

A에서 O에 대한 방위각 = (A에서 B에 대한 방위각) − (내각2)

$=7°49'25.8''-31°05'49.3''=336°43'36.5''$

㉣ 종횡선 좌표 계산

소구점의 좌표계산은 C와 A에서 구하는 것으로 계획하였으므로 다음과 같이 계산한다.

- C에서 O: 종선좌표 $= 46,8341.13 + 3,988.52 \times \cos 168^\circ 39'22.0''$

$$= 464,430.53m$$

횡선좌표 $= 196,674.82 + 3,988.52 \times \sin 168^\circ 39'22.0''$

$$= 197,459.35m$$

- A에서 O: 종선좌표 $= 461,443.75 + 3,251.34 \times \cos 336^\circ 43'36.5''$

$$= 464,430.53m$$

횡선좌표 $= 198,744.00 + 3,251.34 \times \sin 336^\circ 43'36.5''$

$$= 197,459.34m$$

- 평균 $\begin{cases} \text{종선좌표} = 464,430.53m \\ \text{횡선좌표} = 197,459.34m \end{cases}$

여기서 최종 좌표값에서 1cm정도의 차이는 단수처리에서 발생하는 무시할 수 있는 미세오차로 간주하며, 평균치를 계산할 때 5사5입법을 적용하도록 한다.

(3) 관측방정식을 이용한 조정

삼각망 조정에 있어 엄밀조정법으로 불리는 최소제곱법을 적용하는 방법으로 관측방정식을 적용하는 경우와 조건방정식을 적용하는 경우 두 가지가 대표적이라 할 수 있다. 우리나라에서 지금까지 출판된 대부분의 대학교 측량교재에서는 주로 조건방정식의 풀이 과정을 체계적으로 설명하고 있다. 이러한 조건방정식 적용방법은 풀이과정에서 조건방정식을 형성하는 경로에 따라 조건식의 구성이 달라질 수 있어 미세하더라도 결과의 차이가 있을 수 있다. 한편으로 관측방정식 방법은 조건방정식 방법에 비해 계산에 사용되는 방정식의 수가 적고, 방정식의 형태도 보다 단순한 경우가 많아 조건방정식 방법보다 쉽게 방정식을 구성할 수 있다. 또한 컴퓨터 프로그램에 의한 수치해석에 유리하고[102], 대단위 행렬 계산이 가능한 정보화 시대에 관측방정식을 이용하여 결과를 도출하는 것이 보다 경제적이라 판단된다.[103] 본 교재에서 관측방정식을 적용하는 방법에 대한 수학적 모델은 다음과 같다.

102) 이창경 · 박민호 · 이영진, “삼각측량 근사조정법의 유효성”, 한국지적학회지, 2017, pp.177-188.
103) 이은수, “관측방정식을 활용한 다각망도선법 조정에 관한 연구”, 한국지적학회지, 제30권 제2호, 2014, pp.45-54.

방위각 관측방정식이 식(4.26)과 같이 성립된다.

- $azimuth = \alpha + C$ .... (4.26)

여기서 $\alpha = \tan^{-1}\left(\frac{x_j - x_i}{y_j - y_i}\right)$, x_i, y_i는 측점I의 좌표, x_j, y_j는 시준점 J의 좌표

C는 평면직각좌표계 상의 4사분면의 위치에 따른 각도상수(0°, 180°, 360°)

식(4.26)를 측선 IJ의 측정방위각에 대한 매개변수형태의 관측방정식으로 표현하면 식(4.27)과 같다.

- $\tan^{-1}\left(\frac{x_j - x_i}{y_j - y_i}\right) + C = Az_{ij} + v_{Az}$ .... (4.27)

여기서 Az_{ij}는 측정방위각, v_{Az}는 측정방위각의 잔차, x_i, y_i는 측점I 좌표의 최확값, x_j, y_j는 시준점 J좌표의 최확값

식(4.28)은 변수 x_i, y_i, x_j, y_j를 포함하는 비선형함수로서 식(21)과 같이 표현될 수 있다.

- $F(x_i, y_i, x_j, y_j) = Az_{ij} + v_{Az}$ .... (4.28)

  여기서 $F(x_i, y_i, x_j, y_j) = \tan^{-1}\left(\frac{x_j - x_i}{y_j - y_i}\right) + C$

식(4.28)을 테일러급수 1차 미분까지 적용하여 선형화하면 식(4.29)와 같이 표현될 수 있다.

- $F(x_i, y_i, x_j, y_j) = F(x_{i0}, y_{i0}, x_{j0}, y_{j0}) + (\frac{\partial F}{\partial x_i})_0 dx_i + (\frac{\partial F}{\partial y_i})_0 dy_i + (\frac{\partial F}{\partial x_j})_0 dx_j + (\frac{\partial F}{\partial y_i})_0 dy_i$ .... (4.29)

여기서, $x_{i0}, y_{i0}, x_{j0}, y_{j0}$은 초기값이며,

$(\frac{\partial F}{\partial x_i})_0$, $(\frac{\partial F}{\partial y_i})_0$, $(\frac{\partial F}{\partial x_j})_0$, $(\frac{\partial F}{\partial y_i})_0$은 초기값으로 계산되는 편미분값,

그리고 dx_i, dy_i, dx_j, dy_i은

식(4.29) 선형함수에서의 미지량이며, 식(4.30)에서 반복계산에 사용되는 보정량

- $x_i = x_{i_0} + dx_i$, $y_i = y_{i_0} + dy_i$, $x_j = x_{j_0} + dx_j$, $y_j = y_{j_0} + dy_j$ .... (4.30)

- $\dfrac{d}{dx}tan^{-1}(u) = \dfrac{1}{1+u^2}\dfrac{du}{dx}$ ………………………………………………………… (4.31)이므로

- $\dfrac{\partial F}{\partial x_i} = \dfrac{1}{1+[(x_j - x_i)/(y_j - y_i)]^2}\dfrac{-1}{y_j - y_i} = \dfrac{-1(y_j - y_i)}{(x_j - x_i)^2 + (y_j - y_i)^2} = \dfrac{y_i - y_j}{IJ^2}$ … (4.32)

- $\dfrac{\partial F}{\partial y_i} = \dfrac{x_j - x_i}{IJ^2}, \quad \dfrac{\partial F}{\partial x_j} = \dfrac{y_j - y_i}{IJ^2}, \quad \dfrac{\partial F}{\partial y_j} = \dfrac{x_i - x_j}{IJ^2}$ ……………………………………… (4.33)

여기서, $IJ^2 = (x_j - x_i)^2 + (y_j - y_i)^2$

식(4.32)와 식(4.33)이 식(4.29)에 대입되고 그 결과가 식(4.28)에 대입되면 다음 식(4.34)과 같은 기본형 방위각관측 모델 방정식이 만들어진다.

- $\left(\dfrac{y_i - y_j}{IJ^2}\right)_0 dx_i + \left(\dfrac{x_j - x_i}{IJ^2}\right)_0 dy_i + \left(\dfrac{y_j - y_i}{IJ^2}\right)_0 dy_j + \left(\dfrac{x_i - x_j}{IJ^2}\right)_0 dx_j = k_{Az_{ij}} + v_{Az_{ij}}$ …· (4.34)

여기서, $k_{Az_{IJ}} = A_{z_{ij}} - [\tan^{-1}\left(\dfrac{x_j - x_i}{y_j - y_i}\right)_0 + C]$ and $IJ^2 = (x_j - x_i)_0^2 + (y_j - y_i)_0^2$

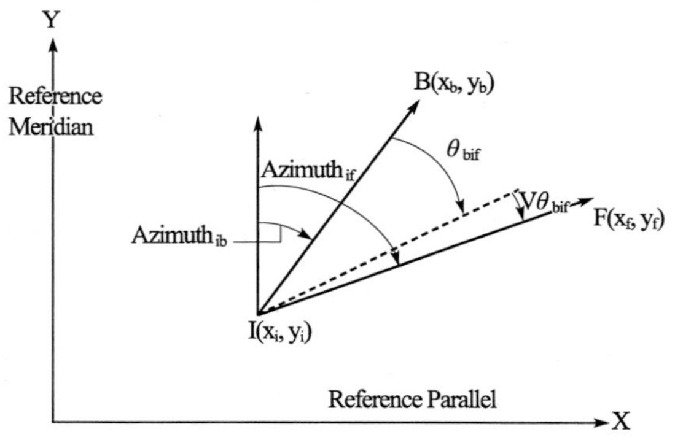

[그림 4-33] 두 개 방위각과 교각 사이의 관계

[그림 4-33]에서 B는 후시점, F는 전시점, I는 기계점이다. 그림에서 보여지는 바와 같이 각관측방정식은 두 개의 방위각 관측 사이의 차이에 의해 표현될 수 있다.

- $\angle BIF = Az_{IF} - Az_{IB} = \tan^{-1}\left(\dfrac{x_f - x_i}{y_f - y_i}\right) - \tan^{-1}\left(\dfrac{x_b - x_i}{y_b - y_i}\right) + D = \theta_{bif} + v_\theta$ …… (4.35)

여기서, θ_{bif}는 측정내각, v_θ는 측정각 잔차, x_b, y_b, x_i, y_i, x_f, y_f는 각각 후시점 B, 기계점 I, 전시점 F의 좌표의 최확값이다. D는 후시와 전시의 각 사분면에 의존한 각도상수 C의 차이로 나타낼 수 있다.

- $D = C_{if} - C_{ib}$ ……………………………………………………………………………… (4.36)

식 (4.35)는 x_b, y_b, x_i, y_i, x_f, y_f의 비선형함수로서 식 (4.37)과 같다.

- $F(x_b, y_b, x_i, y_i, x_f, y_f) = \theta_{bif} + v_\theta$ ……………………………………………………… (4.37)

여기서, $F(x_b, y_b, x_i, y_i, x_f, y_f) = \tan^{-1}\left(\dfrac{x_f - x_i}{y_f - y_i}\right) - \tan^{-1}\left(\dfrac{x_b - x_i}{y_b - y_i}\right) + D$

식(4.37)은 테일러급수 1차 미분까지 적용하여 선형화하면 식(4.38)과 같이 표현될 수 있다.

- $F(x_b, y_b, x_i, y_i, x_f, y_f) = F(x_b, y_b, x_i, y_i, x_f, y_f)_0 + \left(\dfrac{\partial F}{\partial x_b}\right)_0 dx_b + \left(\dfrac{\partial F}{\partial y_b}\right)_0 dy_b$ ……… (4.38)

$$+ \left(\frac{\partial F}{\partial x_i}\right)_0 dx_i + \left(\frac{\partial F}{\partial y_i}\right)_0 dy_i + \left(\frac{\partial F}{\partial x_f}\right)_0 dx_f + \left(\frac{\partial F}{\partial y_f}\right)_0 dy_f$$

여기서,

$(\dfrac{\partial F}{\partial x_b})_0$, $(\dfrac{\partial F}{\partial y_b})_0$, $(\dfrac{\partial F}{\partial x_i})_0$, $(\dfrac{\partial F}{\partial y_i})_0$, $(\dfrac{\partial F}{\partial x_f})_0$, $(\dfrac{\partial F}{\partial y_f})_0$은 초기값 $x_{b0}, y_{b0}\ x_{i0}, y_{i0}, x_{f0}, y_{f0}$로 계산되는 편미분값, 그리고 dx_b, dy_b, dx_i, dy_i, dx_f, dy_f는 식(38) 선형함수에서의 미지량이며, 식(4.39)에서 반복계산에 사용되는 보정량임

- $\left(\dfrac{y_i - y_b}{IB^2}\right)_0 dx_b + \left(\dfrac{x_b - x_i}{IB^2}\right)_0 dy_b + \left(\dfrac{y_b - y_i}{IB^2} - \dfrac{y_f - y_i}{IF^2}\right)_0 dx_i$ …………… (4.39)
  $+ \left(\dfrac{x_i - x_b}{IB^2} - \dfrac{x_i - x_f}{IF^2}\right)_0 dy_i + \left(\dfrac{y_f - y_i}{IF^2}\right)_0 dx_f + \left(\dfrac{x_i - x_f}{IF^2}\right)_0 dy_f = k_\theta + v_\theta$

여기서, $k_\theta = \theta_{bif} - \theta_{bif_0}$

$\theta_{bif_0} = \tan^{-1}\left(\dfrac{x_f - x_i}{y_f - y_i}\right) - \tan^{-1}\left(\dfrac{x_b - x_i}{y_b - y_i}\right) + D$

$IB^2 = (x_b - x_i)^2 + (y_b - y_i)^2$

$$IF^2 = (x_f - x_i)^2 + (y_f - y_i)^2$$

식 (4.39)는 식 (4.40)으로 정리될 수 있다.

$$\bullet \left(\frac{y_i - y_f}{IF^2}\right)_0 dx_i + \left(\frac{x_f - x_i}{IF^2}\right)_0 dy_i + \left(\frac{y_f - y_i}{IF^2}\right)_0 dx_f + \left(\frac{x_i - x_f}{IF^2}\right)_0 dy_f \quad \cdots\cdots\cdots\cdots (4.40)$$

$$- \left[\left(\frac{y_i - y_b}{IB^2}\right)_0 dx_i + \left(\frac{x_b - x_i}{IB^2}\right)_0 dy_i + \left(\frac{y_b - y_i}{IB^2}\right)_0 dx_b + \left(\frac{x_i - x_b}{IB^2}\right)_0 dyb\right]$$

$$= k_{BIF} + v_\theta$$

식 (4.40)은 삼각형에서 관측내각에 대한 관측방정식의 기본 모델식으로 사용할 수 있으며, 이러한 관측방정식을 삼각망에서의 모든 삼각형의 관측내각에 대해 구성할 수 있다. 또한 이러한 관측방정식은 모든 유형의 삼각망(유심다각망, 사각망, 삽입망, 삼각쇄 등) 조정에 활용이 가능하다. 따라서 미지점 및 기지점으로 구성된 삼각망에서 관측교각별로 관측방정식을 구성하고 미지수 개수보다 많은 관측방정식으로부터 최소제곱법을 적용하여 미지수인 미지점의 좌표를 구한다. 최소제곱법을 적용하는 계산방법으로 보편적으로 행렬을 이용한 계산을 수행하며, 이상의 모든 계산과정을 컴퓨터로 프로그래밍하여 수행함으로써 미지점의 좌표를 구한다.

6) 좌표변환

우리나라 통일원점에 대한 삼각점의 성과는 1910년 임시토지조사국에서 실시된 역사적 배경을 지니고 있다. 당시의 중축척 지형도의 제작과 지적도의 작성을 목적으로 시행되었기 때문에 지적삼각점 좌표의 상대 정확도는 낮은 데다가 측량을 이른 시일 안에 마무리하기 위하여 편법을 취하는 등의 특색을 가지고 있으며 삼각점 성과에 대한 실질적인 조사나 연구가 없는 실정으로 조선총독부의 삼각점 및 수준점 성과표와 삼각측량 결료보고서 이외에는 그 당시의 측량에 대한 기록과 자료가 남아있는 것이 없는 실정이다.

평면직각종횡선 좌표를 경위도로 등재할 필요가 있을 때 시행하는 것이며 삼각점 계산에서 2.5km 이상의 거리에 있을 때 구면에 의한 경위도 좌표로 삼각점 평균계산에 의한 것과 기타의 자료에 의한 경위도 좌표를 평면직각종횡선 좌표로 환산하는 것을 좌표변환이라고 한다. 또한, 원점계열이 다르면 평면직각종횡선 좌표는 직접 연결이 되지 않으므로 이는 원점별로 경위도좌표를 이용하여 좌표전환을 시행하여야 한다. 지적삼각점측량을 시행할 때 지적삼각점의 표고(H)와 경위도좌표(B, L)가 있어야 할 때가 있다. 이를 위해서는 평면직각종횡선 좌표(X, Y)를 경위도좌표로 변환하기 위해서는 필요한 제원을 먼저 이해하여야 한다.

1 우리나라 좌표계

(1) 일본 동경원점의 좌표

- 위도 : 35° 39′ 17.″ 5148N
- 경도 : 139° 44′ 40.″ 5020E
- 원방위 : 156° 26′ 28.″ 422(원점부터 녹야산)
- 준거타원체 : 베셀(Bessel) 타원체
- 적도반경(a) : 6,377,397.155m
- 극 반 경(b) : 6,356,078.196m

(2) 우리나라 원점 좌표

우리나라의 측량계산에 사용하고 있는 평면직각좌표는 서부(38°N, 125°E), 중부(38°N, 127°E), 동부(38°N, 129°E)원점의 좌표계이며, 측량계산을 위하여 한점에서 가우스 상사 이중투영법으로 투영하여 평면직각좌표를 계산하였다. 그러나 1934년 일본 육지측량부에서는 대삼각점은 일본의 2등 삼각점, 소삼각점은 일본의 3등 삼각점 정도의 정확도로 시행하였다.

(3) 평면직각좌표와 구면좌표의 비교

1°에 대한 평면 및 구면거리 계산은 1841년 발표한 베셀 타원체값에 의한 지구의 동일한 표면적의 평균 구의 반경은 6370289.5m, 이를 일반적인 계산에 사용하는 것은 6370km를 이용하고 있다.

$1° = \theta = \phi$를 $\sin\frac{x}{2} = \cos\theta \cdot \sin\frac{\theta}{2} = \cos 1° \sin 30'$ 식에 적용하면

$\therefore x = 59'59.452'' = 3599.452''$

1″의 호장 $= \frac{\pi \times 6370289.5}{180° \times 60 \times 60} = 30.884035\text{m}$ 이다. 이를 평면으로 취급하여 계산하면 30.884035 ×3600″ =111,182.54m이며, 구면으로 계산하면 3,599.452″ ×30.884035 - 111,165.60m이므로 이들을 비교하면 111,182.54 - 111,165.60 =16.94m이다.

이를 다른 식으로 계산하면

$\tan\mu = \tan\phi \quad \sec\frac{\theta}{2} = \tan 1^\circ \sec 30'$

$\mu = 1^\circ 00'00.137'' = 3{,}600.137''$

30.884035 ×3,600.137 ″ =111,186.77m

비교하면 111,186.77 - 111,182.54 =4.23m이다.

따라서 1°에 대한 호장 길이의 값이 상기와 같이 평면직각좌표에 동서값이 모두 포용 될 수 있으므로 횡선에 200,000m를 적용하였다.

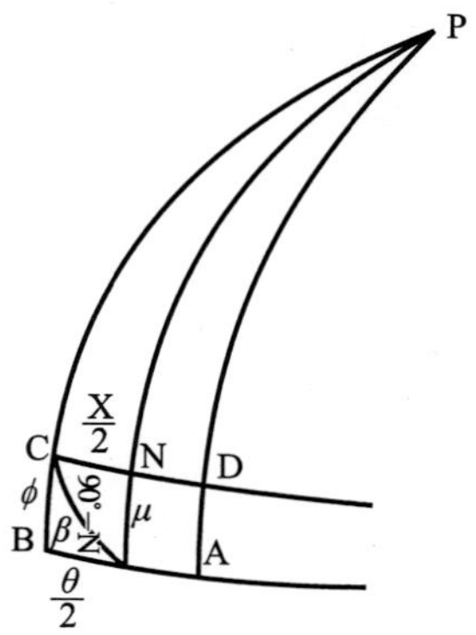

2 좌표변환공식

(1) 경위도 좌표에서 평면직각종횡선 좌표로 전환(B.L → X.Y)

① 종선좌표(X)의 계산

- 경도차(ℓ)의 계산

  -. b_0 의 계산

$$s = \sin B_0, \quad c = \cos B_0, \qquad \delta = \frac{e^2}{1-e^2}, \quad e^2 = \frac{a^2-b^2}{a^2}$$

a =6,377,397.155m

b =6,356,078.963m

$$\upsilon = \frac{1}{2}\delta c^4\left(1 - \frac{1}{2}\delta c^4 + \frac{1}{3}\delta^2 c^8 - \frac{1}{4}\delta^3 c^{12} + \frac{1}{5}\delta^4 c^{16} - \cdots\right)$$

$$V = \frac{8}{c}\upsilon\left(1 - \frac{1}{2c^2}\upsilon + \frac{1+2s^2}{6c^4}\upsilon^2 - \frac{1+10s^2+4s^4}{24c^6}\upsilon^3 + \frac{1+36s^2+60s^4+8s^6}{120c^6}\upsilon^4 - \frac{1+16s^2+516s^4+296s^6+16s^8}{720c^{10}}\upsilon^5\right)$$

$$b_0 = B_0 - \frac{V\rho}{3600}$$

-. α의 계산 : $\alpha = \dfrac{\sin B_0}{\sin b_0}$

-. ℓ의 계산 : $\ell = \alpha(L - L_0)$

- Gauss의 구체위도(b) 계산

$$b = A_1(B-B_O)'' + A_2(B-B_O)^2 + A_3(B-B_O)^3 + A_4(B-B_O)^4 + A_5(B-B_O)^5 + \cdots + b_0$$

$$\omega^2 = 1 + \delta c^2, \quad \omega^2 = 1 - e^2 s^2$$

$$A_1 = \frac{1}{\omega}, \quad A_2 = \frac{3\delta SC}{6\omega^3 \rho}$$

$$A_3 = \frac{\delta}{6\omega^5 \rho^2}[(-3+6C^2) + \delta(12C^2 - 9C^4)]$$

$$A_4 = \frac{\delta SC}{24\omega^7 \rho^3}[-16 + \delta(-45+62C^2) + \delta^2(60C^2 - 27C^4)]$$

$$A_5 = \frac{\delta}{120\omega^9 \rho^4}(12-28C^2) + \delta(45 - 480C^2 + 436C^4) + \delta^2(-540C^2 + 990C^4 - 400C^6) + \delta^3(360C^4 - 408C^6 + 81C^8)$$

- b′ 의 계산 : $b' = \tan^{-1}(\frac{\tan b}{\cos \ell})$, $\ell_0 = (1)\ell^2 + (2)\ell^4$
- x″ 의 계산 : $x'' = b' - b_O$
- V의 계산(1″에 대한 자오선 호장)

$$A = \frac{a(1-e^2)^{1/2}}{(1-e^2\sin^2 B_0)}$$: Gauss의 구체반경, $\nu = \frac{A}{\rho}$

- X 좌표의 계산: $X = \nu x''$

② 횡선좌표(Y)의 계산

- y″ 의 계산 : $y'' = \sin^{-1}(\frac{\cos b'}{\sin \ell})$
- y의 계산 : $y = y'' + m_3 y^3 + m_5 y^5 + m_7 y^7$

$$m_3 = \frac{1}{6\rho^2}, \quad m_5 = \frac{1}{24\rho^4}, \quad m_7 = \frac{1}{5040\rho^6}$$

- Y 좌표의 계산 : $Y = y''\nu = y\nu$

③ 자오선 수차(C)의 계산

$$C = \tan^{-1}(\tan b' \quad \sin y'')$$ 에서 경도 차가 5 ′ 이상일 때는 $$C_0 = \frac{\ell_0 \sin(b + \frac{B}{2})}{\cos\frac{B}{2}}$$

$$C = C_0 - [1]C_0{}^2 + [2]C_0{}^4,\ [1] = \frac{1}{12\rho^2},\ [2] = \frac{13}{1440\rho^4}$$

(2) 평면직각종횡선 좌표에서 경위도좌표로 전환(X.Y → B.L)

① 위도(B) 계산

$$x = \frac{X}{V},\ b = x + b_0,\ \tan b = \tan b' \cos\ell,\ \beta = b - b_0$$

$$B - B_O = B' = \frac{b - b_O}{A_1} - A_2(\frac{b - b_O}{A_1})^2 - A_3(\frac{b - b_O}{A_1})^3 - A_4(\frac{b - b_O}{A_1})^4 - A_5(\frac{b - b_O}{A_1})^5$$

$$B = B' + B_O$$

② 경도(L) 계산

$$y = \frac{Y}{V},\ y = y' - (\frac{1}{6\rho^2})y'^3 - (\frac{1}{24\rho^4})y'^5,\ \tan\ell = \frac{\tan y'}{\cos b'}$$

$$L - L_O = \frac{1}{\alpha}$$

$$L = (L - L_0) + L_0$$

③ 진북방향각(C) 계산

$$C = \tan^{-1}(\tan b' \quad \sin y')$$

좌표전환 계산부 (X · Y → B · L)

절영도 점 (동 부)

$X = -\ 324053.5670m$ $Y = -\ 4970.9519m$ $B_O = 38°$ $L_O = 129°\ 0'\ 0''$	$x = X/V$ $\quad$ $y = Y/V$ $b' = x + b_0$ $\quad$ $y' = y - (1/6\rho^2)y^3 - (1/24\rho^4)y^5$ $\tan b = \tan b' \cos \ell$ $\quad$ $\tan \ell = \tan y' / \cos b'$ $\beta = b - b_0$ $\quad$ $L - L_O = \ell / a$ $B - B_O = B' = (b - b_0)/A_1$ $- A_2(b - b_0/A_1)^2 - A_3(b - b_0/A_1)^3$ $\quad$ $L = (L - L_0) + L_0$ $- A_4(b - b_0/A_1)^4 - A_5(b - b_0/A_1)^5$ $\quad$ $\tan c = \tan b' \sin y'$ $B = B' + B_O$

B (위도)	
$X =$	− 324053.5670m
$V =$	30.89329572
$x =$	−10489″.4463
	−2°54′49″.4463
$+ b_0 =$	37° 56′31″.7245
$b' =$	35°01′42″.2872
$\tan b' =$	0.7009467684
$\cos \ell =$	0.9999995462
$\tan b =$	0.7009464503	$(b - b_0)/A_1 =$	−2°55′11″.3506	$y =$	160″.9071
$b =$	35°01′42″.2342	$A_2(b - b_0/A1)^2 =$	2.602937062E+00	$(1/6\rho^2)y^3 =$	1.632016070E−05
$- b_0 =$	37°56′31″.7245	$A_3(b - b_0/A1)^3 =$	−2.276606409E−02	$(1/24\rho^4)y^5 =$	2.482931981E−12
$b - b_0 = \beta =$	−2°54′49″.4903	$A_4(b - b_0/A1)^4 =$	2.987325654E−03	$y =$	1.609071250E−02
$=$	−10489″.4903	$A_5(b - b_0/A1)^5 =$	−2.321822352E−05		
		$B - B_O = B' =$	−2°55′13″.9337	$\tan y' =$	0.0007800999
$b - b_0 =$	−10489″.4903	$+ B_O =$	38°	$\cos b' =$	0.8188675308
$A_1 =$	0.997920320	$B =$	35°04′46″.0663	$\tan \ell =$	0.0009526570
$(b - b_0)/A1 =$	−10511″.3506			$\ell =$	0°03′16″.4996
$=$	−2°55′11″.3506			$=$	196″.4996
$A_2 =$	$2.35584453 \times 10^{-8}$	L (경도)		$\alpha =$	1.001294602
$(b - b_0/A1)^2 =$	110488490.6095	$Y =$	4970.9519m	$L - L_O =$	196″.2455
$A_2(b - b_0/A1)^2 =$	2″.6029	$V =$	30.89329574	$=$	0°03′16″.2455
$A_3 =$	$1.9602542 \times 10^{-14}$	$y =$	160″.9071	$+ L_O =$	129° 0′ 0″.0000
$(b - b_0/A1)^3 =$	−1.161383258E+12			$L =$	129° 03′ 16″.2455
$A_3(b - b_0/A1)^3 =$	−2″.276606409E−02	$1/6\rho^2 =$	$3.9174050 \times 10^{-12}$		
$A_4 =$	$2.4470818 \times 10^{-19}$	$y^3 =$	4.166064194E+06	C (진북 방향각)	
$(b - b_0/A1)^4 =$	−1.220770656E+16	$(1/6\rho^2)y^3 =$	0″.0000163202	$\tan b' =$	0.7009467684
$A_4(b - b_0/A1)^4 =$	2″.987325654E−03			$\sin y' =$	0.0007800997
$A_5 =$	$1.8094075 \times 10^{-25}$	$1/24\rho^4 =$	$2.3019094 \times 10^{-23}$	$\tan c =$	0.0005468083
$(b - b_0/A1)^5 =$	−1.283194832E+20	$y^5 =$	1.078640185E+11	$C =$	0°01′52″.7873
$A_5(b - b_0/A1)^5 =$	−2″.321822352E−05	$(1/24\rho^4)y^5 =$	0″.000000000		

210㎜×297㎜(보존용지(1종) 70g/㎡)

좌표전환 계산부 (B · L → X · Y)

절영도 점 (동 부)

B = 35° 04′46.″0656 L = 129° 3′16.″2455 b_O = 37°56′31.″7245 L_O = 129° 0′ 0.″0000		$\ell = a(L - L_O)$ $b - b_O = \beta = A_1(B-B_O) + A_2(B-B_O)^2 + A_3(B-B_O)^3 + A_4(B-B_O)^4 + A_5(B-B_O)^5$ $b = b_O + \beta$ $\tan b' = \tan b / \cos\ell$ $x = b' - b_O$ $X = x \cdot v (v = A/\rho)$ $\sin y' = \cos b \sin\ell$ $y = y' + (1/6\rho^2)y'^3 + (1/24\rho^4)y'^5$ $Y = y \cdot v$ $\tan c = \tan b' \sin y'$			
$B - B_O$ =	−2° 55′13.″9344				
=	− 10513.″9344				
$L - L_O$ =	0°3′ 16.″2455				
=	196.″2455				
X (종선)					
A_1 =	0.997920320				
$B - B_O$ =	−10513.″9344				
$A_1(B - B_O)$ =	−10492.″0688				
=	−2° 54′52.″0688				
A_2 =	$2.35584453 \times 10^{-8}$	b' =	35° 01′42.″2782	$-1/24\rho^4$ =	$2.3019094 \times 10^{-23}$
$(B - B_O)^2$ =	1.105428166E+08	$-b_O$ =	37°56′31″.7245	y'^5 =	1.078639651E+11
$A_2(B - B_O)^2$ =	2.″6042168974	x =	−2° 54′49.″4463	$(1/24\rho^4)y'^5$ =	2.″482930752E−12
A_3 =	$1.9602542 \times 10^{-14}$	=	−10489.″4463		
$(B - B_O)^3$ =	−1.162239922E+12	V =	30.89329574	y' =	160.″9071
$A_3(B - B_O)^3$ =	−0.″0227828569	X =	−324053.5670m	$(1/6\rho^2)y'^3$ =	0.0000163202
A_4 =	$2.4470818 \times 10^{-19}$			$(1/24\rho^4)y'^5$ =	2.482930752E−12
$(B - B_O)^4$ =	1.221971429E+16			y =	160.90714170
$A_4(B - B_O)^4$ =	−0.″0029902640			V =	30.89329572
A_5 =	$1.8094075 \times 10^{-25}$			Y =	4970.9519m
$(B - B_O)^5$ =	−1.284772745E+20	**Y (횡선)**			
$A_5(B - B_O)^5$ =	0.″0000232468	α =	1.001294602		
		$L - L_O$ =	196.″2455		
$A_1(B - B_O)$ =	−2° 54′52.″0688	ℓ =	196.″4996		
$A_2(B - B_O)^2$ =	+2.6042168974				
$A_3(B - B_O)^3$ =	−0.0227828569	cos b =	0.8188676532		
$A_4(B - B_O)^4$ =	−0.0029902640	$\sin\ell$ =	0.0009526566		
$A_5(B - B_O)^5$ =	0.0000232468	$\sin y'$ =	0° 00′0.″0008	**C (자오선 수차)**	
$b - b_O = \beta$ =	−2° 54′49.″4903	y' =	0° 02′40.″9071	$\tan b'$ =	0.7009467684
$b = b_O + \beta$ =	35° 01′42.″2342	=	160.″9071	$\sin y'$ =	0.0007800997
tan b =	0.700946503	$1/6\rho^2$ =	$3.9174050 \times 10^{-12}$	tan c =	0.0005468083
$\cos\ell$ =	0.9999995462	y'^3 =	4.166062956E+06	C =	0°01′52.″7873
$\tan b'$ =	0.7009467684	$(1/6\rho^2)y'^3$ =	0.″0000163202		

2.3 지적삼변측량

1) 개념

전자기파 거리측량기(E.D.M)의 출현으로 장거리관측의 정확도가 높아짐에 따라 변만을 관측하여 수평위치를 결정(거리관측 오차가 각 관측 오차보다 작다)하는 측량을 삼변측량이라 한다. 이는 cosine 제 2 법칙이나 반각공식을 이용하여 변으로부터 각을 구하고 계산한 각과 변에 의해 수평위치를 결정하는 측량방법이다. 관측 값에 비해 조건식수가 적은 것이 단점이나 복수로 변을 연속 관측하여 조건식의 수를 늘리고 기상보정을 하여 정확도를 향상시킬 수 있다. 다음 수식들은 삼변측량방법에 의해 위치를 결정하는데 주로 사용되는 공식 및 삼각함수 관련공식이다.

(1) cosine 제 2 법칙

$$\cos A = \frac{b^2+c^2-a^2}{2bc},\ \cos B = \frac{a^2+c^2-b^2}{2ab},\ \cos C = \frac{a^2+b^2-c^2}{2ab}$$

(2) 반각공식

$$\sin A/2 = \sqrt{\frac{(s-b)(s-c)}{bc}},\ \cos A/2 = \sqrt{\frac{s(s-a)}{bc}},\ \tan A/2 = \sqrt{\frac{(s-b)(s-c)}{s(s-a)}}$$

(3) 면적조건

$$\sin A/2 = \frac{2}{bc}\sqrt{s(s-a)(s-b)(s-c)}$$

여기서, $S = \frac{1}{2}(a+b+c)$

(4) 삼각함수의 합성

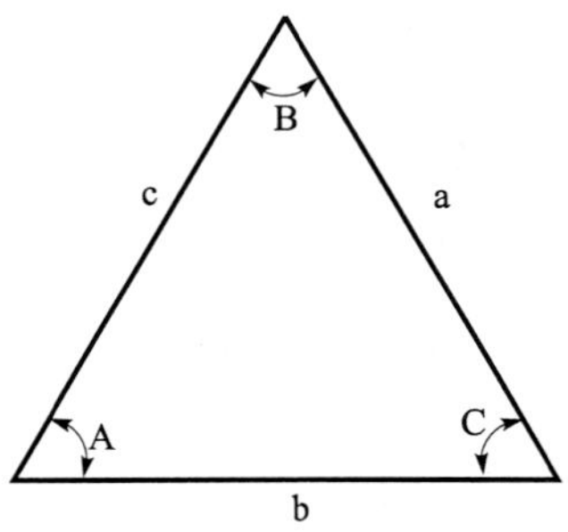

① $a sin\theta + b\cos\theta = \sqrt{a^2+b^2}\, sin(\theta+\alpha)$

단, $\cos\alpha = \frac{a}{\sqrt{a^2+b^2}},\ \sin\alpha = \frac{b}{\sqrt{a^2+b^2}}$

② $a sin\theta + b\cos\theta = \sqrt{a^2+b^2}\, cos(\theta-\beta)$

단, $\cos\beta = \frac{b}{\sqrt{a^2+b^2}},\ \sin\beta = \frac{a}{\sqrt{a^2+b^2}}$

(5) 삼각함수의 덧셈정리

① $\sin(\alpha+\beta)=\sin\alpha\cos\beta+\cos\alpha\sin\beta$

$\sin(\alpha-\beta)=\sin\alpha\cos\beta-\cos\alpha\sin\beta$

② $\cos(\alpha+\beta)=\cos\alpha\cos\beta-\sin\alpha\sin\beta$

$\cos(\alpha-\beta)=\cos\alpha\cos\beta+\sin\alpha\sin\beta$

③ $\tan(\alpha+\beta)=\dfrac{\tan\alpha+\tan\beta}{1-\tan\alpha\tan\beta}$, $\tan(\alpha-\beta)=\dfrac{\tan\alpha-\tan\beta}{1+\tan\alpha\tan\beta}$

(6) 배각의 공식

① 2배각의 공식

가. $\sin2\alpha=2\sin\alpha\cos\alpha$

나. $\cos2\alpha=\cos^2\alpha-\sin^2\alpha=2\cos^2\alpha-1=1-2\sin^2\alpha$

다. $\tan2\alpha=\dfrac{2\tan\alpha}{1-\tan^2\alpha}$

② 3배각의 공식

가. $\sin3\alpha=3\sin3\alpha-4\sin^3\alpha$

나. $\cos3\alpha=4\cos^3\alpha-3\cos\alpha$

(7) 반각의 공식

① $\sin^2\dfrac{\alpha}{2}=\dfrac{1-\cos\alpha}{2}$

② $\cos^2\dfrac{\alpha}{2}=\dfrac{1+\cos\alpha}{2}$

③ $\tan^2\dfrac{\alpha}{2}=\dfrac{1-\cos\alpha}{1+\cos\alpha}$

(8) 곱을 합, 차로 변형하는 공식

① $\sin\alpha\cos\beta=\dfrac{1}{2}\{\sin(\alpha+\beta)+\sin(\alpha-\beta)\}$

② $\cos\alpha\sin\beta=\dfrac{1}{2}\{\sin(\alpha+\beta)-\sin(\alpha-\beta)\}$

③ $\cos\alpha\cos\beta=\dfrac{1}{2}\{\cos(\alpha+\beta)+\cos(\alpha-\beta)\}$

④ $\sin\alpha\sin\beta=-\dfrac{1}{2}\{\cos(\alpha+\beta)-\cos(\alpha-\beta)\}$

(9) 합, 차를 곱으로 변형하는 공식

① $\sin A + \sin B = 2\sin\frac{A+B}{2}cos\frac{A-B}{2}$

② $\sin A - \sin B = 2\cos\frac{A+B}{2}sin\frac{A-B}{2}$

③ $\cos A + \cos B = 2\cos\frac{A+B}{2}cos\frac{A-B}{2}$

④ $\cos A - \cos B = -2\sin\frac{A+B}{2}sin\frac{A-B}{2}$

2) EDM 관측

전파 및 광파에 의한 거리측량을 할 수 있는 장비를 전자기파거리측량기(EDM: Electronic Distance Measurement)라 한다. EDM은 장거리를 높은 정밀도로 신속히 관측할 수 있으므로 여러 나라에서 각 방면에 이용되고 있다. 최근 전자기파를 이용한 토털스테이션(Total Station)은 수평거리뿐만 아니라 수직거리(높이), 경사거리, 수평각, 수직각, 경사각을 동시에 관측할 수 있고 내장된 컴퓨터에 의해 위치(거리, 수평, 수직위치), 면적을 결정할 수 있다.

(1) 전자기파거리측량기의 분류

전자기파거리측량기는 크게 다음과 같이 두가지 종류로 나뉜다.

- 전파거리측량기(Electro Wave Distance Meter)
- 광파거리측량기(Optical Wave Distance Meter)

① 전파거리측량기[텔루로미터(Tellurometer) 등]

주국(主局)과 종국(終局)으로 되어 있는 관측점에 EDM Transmitter와 Reflector를 세우고, 주국으로부터 목표점의 종국에 대하여 극초단파를 변조고주파로 하여 발사하면 이것이 종국을 지나 다시 주국으로 돌아오는데, 이때 반사파의 위상과 발사파의 위상차로부터 거리를 구하는 장치이다.

② 광파거리측량기(지오디미터(Geodimeter) 등)

전파 대신에 빛을 쓰는 것으로 강도 변조한 빛(매초 15×106회의 명암을 가한 빛)을 관측점에 세운 기계로부터 발사하여 이것이 목표점의 반사경에 대해 반사하여 돌아오는 반사파와 발사파의 위상차로부터 거리를 구하는 장치이다.

〈표 4-7〉 광파거리측량기와 전파거리측량기의 특징 비교

항 목	광파거리측량기	전파거리측량기
정확도	$\pm(5mm+5ppm \times D)$	$\pm(15mm+5ppm \times D)$이내
최소 조작인원	1명(목표지점에 반사경이 놓여 있는 것으로 하여)	2명(주국, 종국 각 1명)
관측 가능거리	약 10m~60km(원거리용) 약 1m~1km(근거리용)	약 100m~60km
반송파	가시광선, 적외선, 레이저광선	극초단파(microwave)
장비구성	기계와 반사경	주국과 종국
장점	정확도가 높음 경량, 작업신속, 트랜싯과 병용 가능, 지형이나 측정부근의 장애물의 영향을 받지 않음	장거리 관측에 적합 기상(안개, 눈, 가벼운비)이나 지형의 시통에 영향을 크게 받지 않음
단점	기상(안개, 눈, 비)이나 지형의 시통에 영향을 받음	단거리 관측시 정확도가 낮음 움직이는 장애물, 송전선 부근, 지면의 반사 등의 간섭을 받음
조작시간	한 변: 10~20분 1회 관측시간: 8초 내외	한 변: 20~30분 1회 관측시간: 30초 내외

(2) 전자기파거리측량기 원리

현재의 전자기파거리측량기는 광파나 전파를 일정파장의 주파수로 변조하여 이 변조파의 왕복 위상 변화를 관측하여 거리를 구한다. 대기 중의 전자기파 속도 v는 약 $3 \times 10^8 m/\sec$의 값을 가지고 있다. 이 전자기파를 일정한 주파수로 변조하면 v/f로 정해지는 파장을 갖는 변조파가 된다. 가령 $f=7.5 \times 10^6 Hz$라면 변조파장 λ는 40m가 된다. 이 변조파장을 거리관측의 매개체로 하여 쓴다. $2\pi f = w$로 하여 w 및 v에서 변조파의 왕복에서 위상차 $\varnothing$를 관측하면 D가 구해진다. 여기서는 위상은 파의 진동상태를 각도로 나타낸 것이므로 일반적으로 $2n\pi + \varnothing$의 형태로 표시된다. 그러므로 거리 D는 [그림 4-34]에서 $\dfrac{2D}{\lambda} = n + \dfrac{\varnothing}{2\pi}$, $D = n\dfrac{\lambda}{2} + \dfrac{\varnothing}{2\pi} \cdot \dfrac{\lambda}{2}$ (n=2D 사이에 포함된 변조파의 수)로 되며 n과 $\varnothing$를 관측하면 거리 D가 얻어진다.

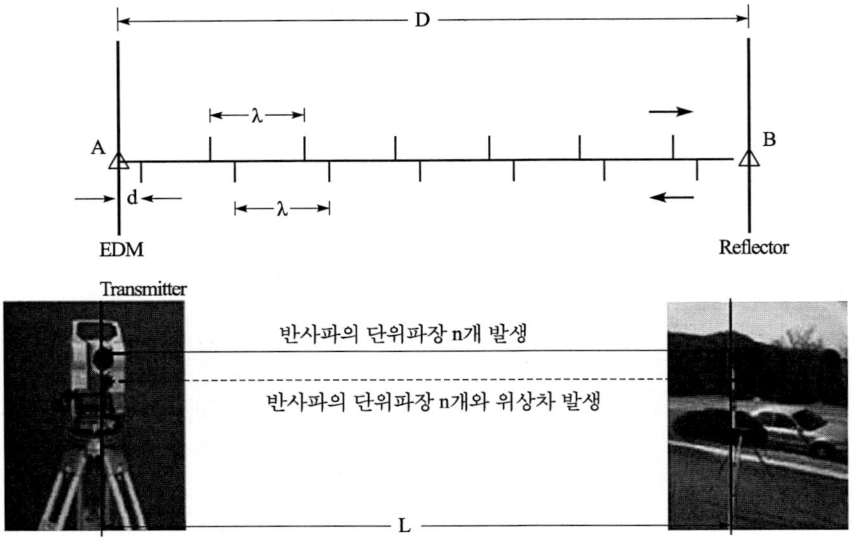

[그림 4-34] 전자기파거리측량기의 원리

3) 오차 및 보정

(1) 전자기파거리측량기에 의한 거리관측의 오차

전자기파거리측량기를 사용하는 경우에 생기는 오차에는 거리에 비례하는 것과 비례하지 않는 것이 있다.

① 거리에 비례하는 오차

가. 광속도 오차

진공 중의 광속도는 국제적으로 299,792.5km±0.4km의 값을 쓰기로 결정하였다. 이것으로부터 기인되는 오차는 일반적인 측량에는 전혀 영향이 없다. 일반적으로 진공중의 광속도 오차에 관해서는 생각하지 않는다.

나. 광변조주파수 오차

주파수 오차는 관측거리에 크게 영향을 준다. 광변조주파수를 f, 주파수 오차를 Δf라 하면 관측거리 D에 미치는 오차 dD는 $-(\Delta f/f)\times D$로 된다. 즉, 주파수의 상대오차는 같다.

다. 굴절률 오차

굴절률의 오차를 Δn이라 하면 거리의 오차는 $dD=-(\Delta n/n)\times D$ 로 된다.

관측거리가 수 km로서 1/10,000 정도의 거리관측 정밀도가 요구되어지면 관측양단의 기상 자료로부터 굴절률을 구하면 충분하다.

② 거리에 비례하지 않는 오차

가. 위상차관측의 오차

전자동적으로 위상차를 얻는 거리측량기에는 기계 그 자체가 갖고 있는 분해능, 또는 관측자가 위상차를 구하는 거리측량기에는 기계의 분해능에 가해지는 관측자의 관측오차가 있다. 이 크기는 일반적으로 1~2cm 정도이다.

나. 기계상수, 반사경상수의 오차

거리측량기에는 기계상수가 있으나 이 오차의 크기는 2~3mm 정도이다. 반사경상수도 같은 정도이다.

다. 거리측량기와 반사경의 기준점이 지상점에서 벗어남에 의한 오차

이 목적에는 일반적으로 수직추를 쓰나 1~2mm 정도의 오차가 있다. 단거리 관측에서는 이 오차에 주의할 필요가 있다.

상기의 전자기파거리측량기의 오차는 모두 주파수 및 굴절률에 의해 많은 영향을 받는다. 2~3km 정도의 거리측량에서는 주파수가 올바르게 점검된 거리측량기를 사용하면 종합오차가 1~2cm로 작아지므로 중거리 관측용에는 적당하다.

(2) 전파 및 광파거리측량기의 오차보정

전자기파(전파 및 광파)가 왕복하는 대기중의 온도·기압·습도는 전자기파의 굴절률에 영향을 주는 것으로 정밀한 거리관측에서는 이러한 요소들에 대한 보정이 필요하다. 또 관측 길이는 일반적으로 사거리이므로, 경사보정, 평균해수면에의 보정을 해야 한다. 전파는 기후 장해로는 거의 영향을 받지 않으나 전파거리측량기로부터 발사된 전파는 약 10° 의 폭으로 퍼지므로 전파장해물이 많은 시가지, 삼림 등 또는 해수면에 가까운 곳이나 지상에 기복이 있는 경우에는 불규칙한 반사 등의 영향을 받아 좋은 결과를 얻지 못한다. 광파는 어느 정도 평행광선이므로 다소의 안개나 비 등에도 영향을 받아 관측이 곤란하다.

① 기상보정(meteorological correction)

전자기파거리측량기를 사용하여 거리를 관측할 경우에 가장 기본적인 값은 '광속도'이다. 진공중에 있어서 광속도 C_0는 299,792.5km/sec로 정하였다. 그러나 관측을 실제로 행하는 것은 공기중이므로 관측할 때의 공기중의 광속도 C를 구해야한다.

C, C_0의 관계는 다음 식으로 주어진다.

$$C = C_0 / n$$

여기서 n은 대기의 굴절률(refractive index of air)이며 기압·기온·습도에 의해 결정된다. 따라서 기온·기압 등의 오차가 관측거리에 영향을 미친다.

기온에 대해서는 1℃의 관측오차, 기압에 대해서는 3mmHg의 관측오차가 각각의 관측거리에 1/1,000,000의 오차를 준다. 습도의 영향은 전파를 사용한 거리관측에는 영향을 크게 주나, 빛을 사용한 거리관측(광과거리측량기)에는 많은 영향을 주지 않으므로 일반적으로 생략된다. 보통 광파거리측량기에서는 일정한 기상조건(예 15℃, 760mmHg)에 있어서의 값을 표시하게 된다. 실제의 경우에는 기상조건을 25℃, 760mmHg로 하면 오차 ΔD는

ΔD=1km×(25−15)×10−6 = 1.0cm

로 된다. 따라서 관측에 필요한 정확도가 수 cm정도이면 기상의 보정을 전혀 행할 필요가 없다. 정확한 거리를 구하기 위해서는 관측시에 기온·기압을 관측하여 보정식·보정표 또는 보정척을 사용하여 거리의 보정값을 구하여 관측값에 가한다. 이 보정을 기상보정 (meteorological correction)이라 한다. 장거리 정밀관측 때에는 기온의 관측방법이 문제가 된다. 그러나 대개 수 km의 거리관측에서는 전혀 문제가 되지 않는다.

② 반사경(reflector)

광과거리측량기가 전파거리측량기보다도 편리한 점의 하나는 전자가 후자보다도 사용기계가 간편하다는 점이다. 즉, 전파거리측량기를 사용하는 경우는 주·종국 2대를 1조로 하여 사용하는 데 대해 광파거리측량기를 사용할 때는 관측점의 일단에 빛을 거리측량기로 되돌려 보내는 반사경을 설치하면 되고 정확도에 있어서는 광파거리측량기는 전파거리측량기보다 양호하다. 작업 능률면에서도 반사경을 사용하는 경우는 이동이 용이하며, 관측 중에는 사람의 손이 불필요하고, 여러 개를 준비하여 많은 점을 동일점에서 간단히 관측한 수 있는 점 등의 이점이 있다. 일반적으로 반사경으로는 프리즘 반사경을 사용한다. 이 반사경의 특징은 빛의 반사성에 있다. 즉, 반사된 빛은 반드시 빛의 방향(거리관측기의 방향)으로 진행하므로 프리즘의 방향을 엄밀히 하지 않고도 작업을 용이하게 할 수 있다.

4) 표고 및 평면거리계산

(1) 표고계산

지적삼각점을 설치할 때에는 표고를 산출하여 통지하도록 되어 있으며 광파기 또는 전파기측량방법으로 거리를 측정한 때에는 평면거리로 환산하기 위하여 측점의 표고를 알아야 한다. 따라서 표고를 계산하기 위해서는 연직각관측부(야장)에 의하여 연직각을 측정하여야 하며 연직각의 측정은 두 점 간의 교호 측정하도록 되어 있으며, 이것은 양차(구차와 기차)를 소거하기 위해서이다. 평면거리계산을 위한 기준점의 표고는 삼각수준측량 방법에 의하여 구한다.

① 편방향 계산

두 점 A, B 사이의 고저차 ΔH는 [그림 4-35]에서 고저각을 α, 수평거리를 S, 기계고를 i, 측표고를 f라고하면 기하학적으로 다음식과 같이 된다.

- $\Delta H = L\tan\alpha + i - f$

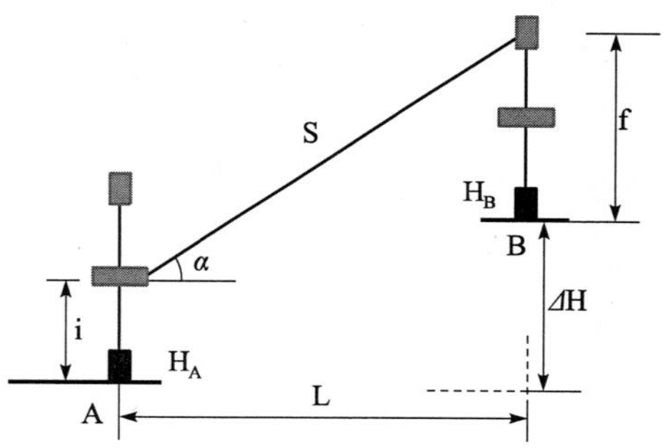

[그림 4-35] 표고계산

그렇지만 지구표면이 완곡하므로 생기는 구차와 시준선이 대기의 영향으로 굴절하여 생기는 기차를 보정하여야만 정확한 고저차를 구할 수가 있다. 이 구차와 기차를 합한 것을 양차라고 말하며, 이것을 K라고 하면 식(4.41)과 같이 양차를 고려한 수식으로 표현된다.

- $\Delta H = L\tan\alpha + i - f + K$ ······ (4.41)

기지점 및 소구점의 표고, 기계고, 측표고를 각각 H_1, i_1, f_1 및 H_2, i_2, f_2라 하고 기지점으로부터 소구점에 대한 연직각을 α_1, 소구점으로부터 기지점에 대한 연직각을 α_2라고 하면 [그림 4-36]으로부터 소구점의 표고 H_2는 다음과 같이 구해진다.

• H_1 : 기지점 표고	• α_1, α_2 : 연직각
• H_2 : 소구점 표고	• i_1, i_2 : 기계고
• ΔH : 고저차	• f_1, f_2 : 시준고
• L : 수평거리	• D : 경사거리

가. 정방향(기지점 → 소구점)의 계산

- $H_2 = H_1 + \Delta H$

$\therefore H_2 = H_1 + L\tan\alpha_1 + i_1 - f_2 + K$ ……………… (4.42)

나. 반방향(소구점 → 기지점)의 계산

- $H_1 = H_2 + \Delta H$

$H_1 = H_2 + L\tan\alpha_2 + i_2 - f_1 + K$

$\therefore H_2 = H_1 - L\tan\alpha_2 - i_2 + f_1 - K$ ……………… (4.43)

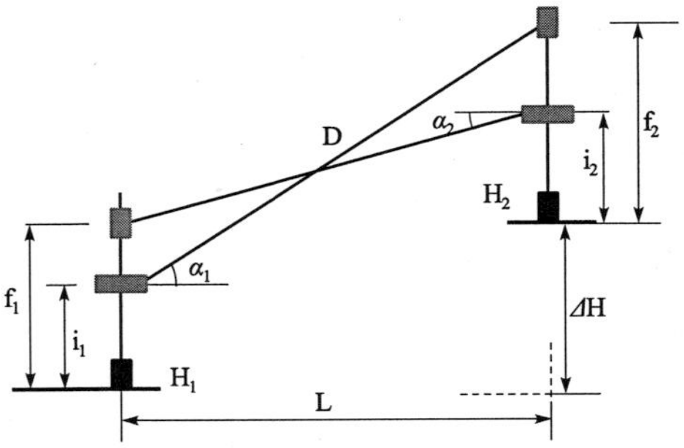

[그림 4-36] 방향별 표고 계산

② 양방향 계산

기지점과 소구점에서 연직각을 관측하여 표고를 계산하는 방법으로 식(4.42)과 식(4.43)를 더하여 산술평균하면

- $2H_2 = 2H_1 + L(\tan\alpha_1 - \tan\alpha_2) + i_1 - i_2 + f_1 - f_2$

$H_2 = H_1 + \dfrac{L}{2}(\tan\alpha_1 - \tan\alpha_2) + \dfrac{(i_1 - i_2)}{2} + \dfrac{(f_1 - f_2)}{2}$

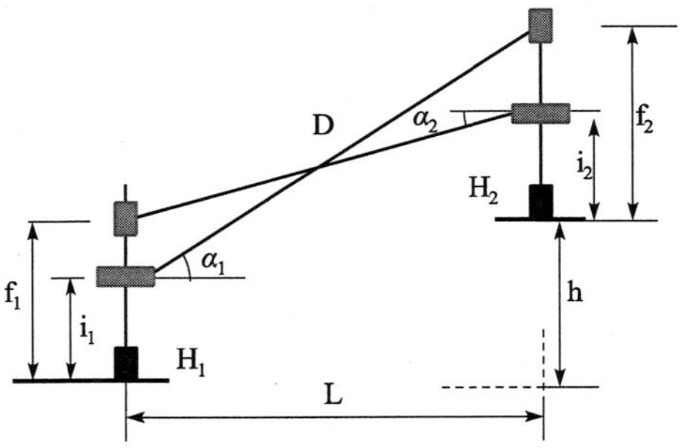

[그림 4-37] 양방향 표고 계산

여기에서 α_1, α_2가 20° 이하인 경우는 $\dfrac{1}{2}(\tan\alpha_1 - \tan\alpha_2) \fallingdotseq \tan\dfrac{1}{2}(\alpha_1 - \alpha_2)$이므로 식(4.44)로 표현할 수 있다.

- $H_2 = H_1 + \dfrac{L}{2}tan(\alpha_1 - \alpha_2) + \dfrac{(i_1 - i_2)}{2} + \dfrac{(f_1 - f_2)}{2}$ ……………… (4.44)

이상으로부터 알 수 있듯이 편방향으로 계산하면 양차를 고려하여야 하지만 양방향으로 계산하면 양차를 고려하지 않아도 된다. 실제의 표고계산은 위식에 의하여 표고계산부로서 계산한다. 그러므로 지적측량에서 표고계산은 양차를 고려하지 않은 양방향 관측법을 채택하고 있으며, 1개의 소구점에 대한 표고는 2개의 기지점에서 소구점의 표고를 계산한 결과 그 교차가 $0.05m + 0.5(S_1 + S_2)m$ 이하인 때에는 그 평균치를 표고로 한다(S_1, S_2는 기지점에서 소구점까지의 평면거리로서 km 단위로 표시할 수 있다).

참 고

- $\frac{1}{2}(\tan\alpha_1 - \tan\alpha_2) \fallingdotseq \tan\frac{1}{2}(\alpha_1 - \alpha_2)$ 의 증명

$\alpha_1 = A+B,\ \alpha_2 = A-B$ 라고 놓으면

$$\tan\alpha_1 = \tan(A+B) = \frac{\tan A + \tan B}{1 - \tan A \tan B}$$

$$\tan\alpha_2 = \tan(A-B) = \frac{\tan A - \tan B}{1 + \tan A \tan B}$$

$$\tan\alpha_1 - \tan\alpha_2 = \frac{\tan A + \tan B}{1 - \tan A \tan B} - \frac{\tan A - \tan B}{1 + \tan A \tan B}$$

$$= \frac{(\tan A + \tan B)(1 + \tan A \tan B) - (\tan A - \tan B)(1 - \tan A \tan B)}{(1 - \tan A \tan B)(1 + \tan A \tan B)}$$

$$= \frac{2\tan^2 A \tan B + 2\tan B}{1 - \tan^2 A \tan^2 B}$$

$$= \frac{2\tan B(1 + \tan^2 A)}{1 - \tan^2 A \tan^2 B} = \frac{2\tan B \sec^2 A}{1 - \tan^2 A \tan^2 B} \quad (\because \tan^2 A \tan^2 B = 0)$$

$$= \frac{2\tan B \sec^2 A}{1}$$

$\alpha_1 = A + B - (1)$
$\alpha_2 = A - B - (2)$

$(1)+(2) \quad 2A = \alpha_1 + \alpha_2 \rightarrow A = \frac{1}{2}(\alpha_1 + \alpha_2)$

$(1)-(2) \quad 2B = \alpha_1 - \alpha_2 \rightarrow B = \frac{1}{2}(\alpha_1 - \alpha_2)$

$$\tan\alpha_1 - \tan\alpha_2 = 2\tan B \sec^2 A$$

$$= 2\tan B \times \frac{1}{\cos^2 A}$$

$$= 2\tan\frac{1}{2}(\alpha_1 - \alpha_2) \times \frac{1}{\cos^2\frac{1}{2}(\alpha_1 + \alpha_2)}$$

$$= 2\tan\frac{1}{2}(\alpha_1 - \alpha_2) \times \frac{1}{1 - \sin^2\frac{1}{2}(\alpha_1 + \alpha_2)} \quad (\therefore \cos^2 A + \sin^2 A = 1)$$

$$= 2\tan\frac{1}{2}(\alpha_1 - \alpha_2) \times 1 - \sin^2\frac{1}{2}(\alpha_1 + \alpha_2)^{-1}$$

$$\fallingdotseq 2\tan\frac{1}{2}(\alpha_1 - \alpha_2) \times 1 - \sin^2\frac{1}{2}(\alpha_1 + \alpha_2)$$

$$\fallingdotseq 2\tan\frac{1}{2}(\alpha_1 - \alpha_2) 1 + \frac{1}{4}(\alpha_1 + \alpha_2)^2/\rho^2$$

$$(\therefore \textit{tayor}\text{정리} \sin x = x - \frac{x^3}{3!} + \frac{x^5}{5!} \cdots)$$

윗 식의 제 2항은 $H_2 - H_1 = 1000m$ 에서 $0.5cm$로 되는 $\alpha_1 + \alpha_2$ 값은 약 $15'$이므로 일반적으로 생략하여도 상관없다. 그러므로

$$\frac{1}{2}S(\tan\alpha_1 - \tan\alpha_2) = S\tan\frac{1}{2}(\alpha_1 - \alpha_2)$$

예제 7 **광파측거기에 의해 기지점 B1과 B2로부터 소구점 A에 대한 표고를 구하기 위해 아래와 같은 관측값을 얻었다. 주어진 표고계산부 서식을 작성하시오.**

B1점 → A점		
H_1(기지점 표고)= 459.58m	α_1(연직각) = +2° 16′53″	α_2(연직각) = −2° 17′15″
H_2(소구점 표고)= ?	i_1(기계고) = +1.65m	i_2(기계고) = +1.63m
h : 고저차 = ?	f_1(시준고) = +3.21m	f_2(시준고) = +3.14m
L(수평거리) = 4712.68m	D : 경사거리	

B2점 → A점		
H_1(기지점 표고)= 515.75m	α_1(연직각) = +1° 53′46″	α_2(연직각) = −1° 53′38″
H_2(소구점 표고)= ?	i_1(기계고) = +1.68m	i_2(기계고) = +1.64m
h : 고저차 = ?	f_1(시준고) = +3.42m	f_2(시준고) = +3.25m
L(수평거리) = 3976.93m	D : 경사거리	

표고계산부

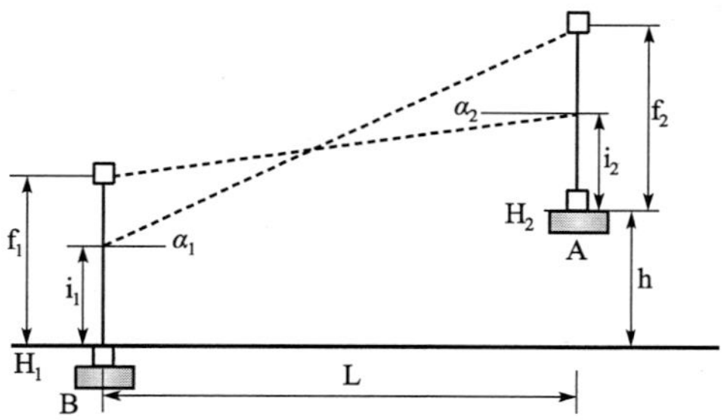

공식

$H_2 = H_1 + h$

$h = L \cdot \tan 1/2(\alpha_1 - \alpha_2) + 1/2(i_1 - i_2 + f_1 - f_2)$

$L = D \cdot \cos\alpha_1$ 또는 α_2

H_1……기지점 표고　　$\alpha_1 \alpha_2$……연직각

H_2……소구점 표고　　$i_1 i_2$……기계고

h……고저차　　$f_1 f_2$……시준고

L……수평거리　　D……경사거리

기지점명	B1 점	B2 점	점	점
소구점명	A 점		점	
L	4 7 1 2 m · 6 8	3 9 7 6 m · 9 3	m ·	m ·
α_1	+ 2 ° 16 ′ 53 ″	+ 1 ° 53 ′ 46 ″	° ′ ″	° ′ ″
α_2	− 2 17 15	− 1 53 38		
$(\alpha_1 - \alpha_2)$	+ 4 34 08	+ 3 47 24		
$\tan\frac{(\alpha_1 - \alpha_2)}{2}$	0 . 0 3 98 92	0 . 0 3 30 8 6	.	.
$L \cdot \tan\frac{(\alpha_1 - \alpha_2)}{2}$	+188 m · 00	+131 m · 58	m ·	m ·
i_1	+ 1 . 65	+ 1 . 68	.	.
i_2	+ 1 . 63	+ 1 . 64	.	.
f_1	+ 3 . 21	+ 3 . 42	.	.
f_2	+ 3 . 14	+ 3 . 25	.	.
$\frac{(i_1 - i_2 + f_1 - f_2)}{2}$	+0 . 04	+ 0 . 10	.	.
h	+ 1 8 8 . 04	+ 1 3 1 . 68	.	.
H_1	4 5 9 . 58	5 1 5 . 75	.	.
H_2	6 4 7 . 62	6 4 7 . 43	.	.
평균	6 4 7 m · 5 2		m ·	
교차	0 m · 1 9		m ·	
공차	0 m · 4 8		m ·	
계산자		검사자		

210㎜×297㎜(보존용지(1종) 70g/㎡)

(2) 평면거리계산

① 기준면상의 거리 계산

거리측정은 측량에서 가장 기본적인 측량으로서 거리란 기준면상에 대응하는 지점간의 최단거리로 정의된다. 이러한 기준면은 지구표면상에서 구해야 되지만 지구표면에는 바다, 산 등이 있으므로 평탄하지가 않다. 그러므로 평균해면으로 둘러싸인 가상적인 구체를 지구라고 간주하여 이 표면을 기준면으로 할 수 있다. 따라서 각점의 위치를 정하는 거리를 구면상의 거리(구면거리)로 표시하고 있다. 전자파측거기에 의하여 측정한 거리는 일반적으로 경사거리이므로 이것을 기준면상의 거리로 변환하는 것을 투영보정(또는 표고보정)이라고 하며, 더욱이 좌표계산에 필요한 평면직각좌표상의 거리를 계산하기 위한 중간단계로서 기준면상거리로 보정하여야 한다.

지적측량에서 사용하는 거리는 모두 평면거리로서 지적삼각점측량, 지적도근점측량, 지적세부측량시의 거리는 모두 평면상의 거리이다. 따라서 평면거리란 지구의 구면을 일정한 원점을 설정하여 지구의 표면을 평면에다 투영했을 때의 평면상의 거리를 뜻한다. 수평거리란 수평면상의 거리란 뜻으로, 고인물이 움직이지 않는 상태의 수면은 평면과는 다르다. 즉, 바닷물이 잔잔하다고 해도 둥근 지구 표면을 둘러싸고 있기 때문에 이러한 수평면은 크게 보면 구면으로 흔히 수평거리를 평면거리로 착각하여 사용하는 경우가 많다.

그러나 100m, 200m 정도의 거리에서는 수평거리와 평면거리의 차가 없기 때문에 지적측량의 도근측량 또는 세부측량에서는 수평거리를 사용하고 있다. 유의할 점은 300m 이상인 거리를 직접 측정했을 때에는 정밀을 요할 경우 평면거리로 환산하여 사용하는 것이 바람직하며, 평면거리를 계산하는 방법으로는 연직각에 의한 방법과 표고에 의한 방법이 있다.

다음 표에 표시하는 것과 같이 2점 A, B 사이의 수평거리가 1,000m, 평균표고가 500m인 기준면상거리는 수평거리보다 78㎜가 짧은 999.22m이며 표고 1,000m인 지점에서는 157㎜가 짧은 998.43m로 된다는 것을 알 수 있다. 같은 거리일지라도 표고에 따라 기준면상거리는 다르다. 즉, 표고가 높을수록 수평거리와 기준면상거리의 차이는 크다.

〈표 4-8〉 투영보정(DH/R)의 크기

Hm	300 m	500 m	500 m	1,000 m
D	300 m	500 m	1,000 m	1,000 m
$\frac{DH}{R}=(H_1+H_2)\frac{D}{2R}$	14mm	39mm	78mm	157mm

단, R = 6,370㎞, $(H_1 + H_2) / 2 = Hm$

다음은 측정거리로부터 직접 기준면상 거리를 구하는 방법에 대하여 설명하겠다.

가. 연직각에 의한 계산

- [그림 4-38]에서 P1, P2의 경사거리를 D, P1 및 P2의 표고를 각각 H1, H2, 지구의 반경을 R, S를 기준면상 거리로 한다.
- P1에서 천정각을 Z1, 기차를 γ라 하고 $\triangle OP_1P_2$에 사인법칙을 적용하면 다음 식이 얻어진다.

- $\dfrac{R+H_2}{\sin\{180° - (Z_1+\gamma)\}} = \dfrac{D}{\sin\theta}$ ······ (4.45)

$(R+H_2)\sin\theta = Dsin(Z_1+\gamma)$

$\sin\theta = \sin\dfrac{S}{R} \fallingdotseq \dfrac{S}{R} - \dfrac{S^3}{6R^3}$ 이므로

이것을 위 식에 대입하면

$$\begin{aligned}
\text{좌변} &= (R+H_2)\sin\theta \\
&= (R+H_2)\left(\frac{S}{R} - \frac{S^3}{6R^3}\right) \\
&= R\left(1+\frac{H_2}{R}\right)\frac{S}{R}\left(1-\frac{S^2}{6R^2}\right) \\
&= S\left(1+\frac{H_2}{R}\right)\left(1-\frac{S^2}{6R^2}\right)
\end{aligned}$$

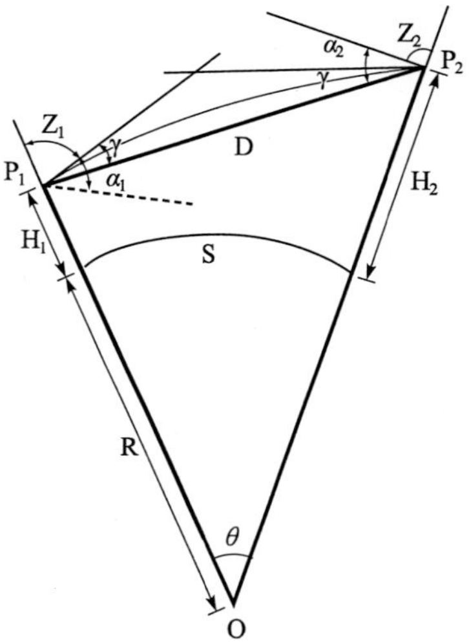

[그림 4-38] 거리계산의 개념도

다음으로 P1, P2에 있어서 서로 마주보는 점의 고도각을 각각 α_1, α_2라고 하면 $Z_1 = 90° - \alpha_1$, $Z_2 = 90° - \alpha_2$ 이므로 이것을 위 식에 대입하여

$$\begin{aligned}
\text{우변} &= D\sin(Z_1+\gamma) \\
\text{좌변} &= D\sin\{90° - (\alpha_1 - \gamma)\} \\
&= D\cos(\alpha_1 - \gamma) \\
&= D(\cos\alpha_1\cos\gamma + \sin\alpha_1\sin\gamma) \\
&\fallingdotseq D\cos\alpha_1(1+\gamma\tan\alpha_1)\ \ (\because \cos\gamma \fallingdotseq 1,\ \sin\gamma \fallingdotseq \gamma)
\end{aligned}$$

$$\therefore S(1+\frac{H_2}{R})(1-\frac{S^2}{6R^2}) = D\cos\alpha_1(1+\gamma\tan\alpha_1)$$

$$S = D\cos\alpha_1(1+\gamma\tan\alpha_1)(1+\frac{H_2}{R})^{-1}(1-\frac{S^2}{6R^2})^{-1}$$

$$\fallingdotseq D\cos\alpha_1(1+\gamma\tan\alpha_1)(1-\frac{H_2}{R})(1+\frac{S^2}{6R^2})$$

$$\fallingdotseq D\cos\alpha_1(1-\frac{H_2}{R})$$

$$\fallingdotseq D\cos\alpha_1 - \frac{DH_2}{R}cos\,\alpha_1$$

$$\therefore S = D\cos\alpha_1 - \frac{DH_2}{R} \quad \cdots\cdots (4.46)$$

Z1 대신에 Z2를 관측한 경우에는 위 식에서 α_1에 α_2, H2에 H1을 대입하면

- $S = D\cos\alpha_2 - \frac{DH_1}{R}$ ⋯⋯ (4.47)

여기서 R=6370㎞를 사용하여도 좋으며 식(4.46)와 식(4.47)을 서로 더하면

- $$2S = D(\cos\alpha_1 + \cos\alpha_2) - \frac{D}{R}(H_1 + H_2)$$
$$= 2D\cos\frac{1}{2}(\alpha_1+\alpha_2)\cos\frac{1}{2}(\alpha_1-\alpha_2) - \frac{D}{R}(H_1+H_2)$$
$$\fallingdotseq 2D\cos\frac{1}{2}(\alpha_1+\alpha_2) - \frac{D}{R}(H_1+H_2)$$

$$\therefore S = D\cos\frac{1}{2}(\alpha_1+\alpha_2) - \frac{D}{2R}(H_1+H_2) \quad \cdots\cdots (4.48)$$

식 (4.48)은 정 · 반 양방향의 연직각을 사용한 계산식이다.

나. 표고에 의한 계산(Ⅰ방법)

- [그림 4-39]의 $\triangle OP_1P_2$에 코사인 제2법칙을 적용하면

  $$D^2 = (R+H_1)^2 + (R+H_2)^2 - 2(R+H_1)(R+H_2)\cos\theta$$

  위 식에 $\cos\theta = \cos\frac{S}{R} \fallingdotseq 1 - \frac{S^2}{2R^2}$을 대입하면

$$D^2 = (R+H_1)^2 + (R+H_2)^2 - 2(R+H_1)(R+H_2)(1-\frac{S^2}{2R^2})$$

$$= \left\{(R+H_1)-(R+H_2)\right\}^2 + (1+\frac{H_1}{R})(1+\frac{H_2}{R})S^2$$

$$= (H_1-H_2)^2 + S^2(1+\frac{H_1}{R})(1+\frac{H_2}{R})$$

$$\therefore S = D^2 - \left\{(H_1-H_2)^2\right\}(1+\frac{H_1}{R})^{-1}(1+\frac{H_2}{R})^{-1}$$

$$\fallingdotseq D^2\left\{1-\frac{(H_1-H_2)^2}{D^2}\right\}(1-\frac{H_1}{R})(1-\frac{H_2}{R})$$

$$\fallingdotseq D^2\left\{1-\frac{(H_1-H_2)^2}{D^2}\right\}(1-\frac{H_1+H_2}{R})$$

$$\therefore S \fallingdotseq D\left\{1-\frac{(H_1-H_2)^2}{2D^2}\right\}(1-\frac{H_1+H_2}{2R})$$

결과적으로 다음 식이 된다.

- $S = D - \frac{(H_1-H_2)^2}{2D} - \frac{D(H_1+H_2)}{2R}$ ··························· (4.49)

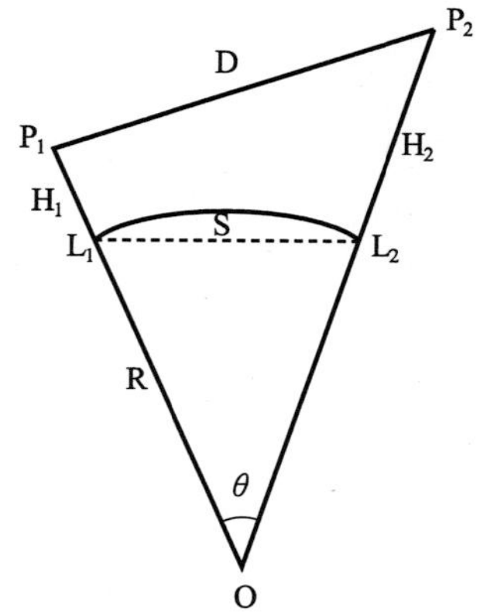

[그림 4-39] 거리계산의 개념도

다. 표고에 의한 계산(II 방법)

- [그림 4-40]에서 P_1, P_2에서 측정된 경사거리를 D, P_1과 P_2의 표고를 각각 H_1, H_2이라고 하면 $\triangle OL_1L_2$에서

$$\cos\theta = \frac{R^2 + R^2 - S^2}{2R^2} \quad \cdots\cdots (4.50)$$

$\triangle OP_1P_2$에서

$$\cos\theta = \frac{(R+H_1)^2 + (R+H_2)^2 - D^2}{2(R+H_1)(R+H_2)} \quad \cdots\cdots (4.51)$$

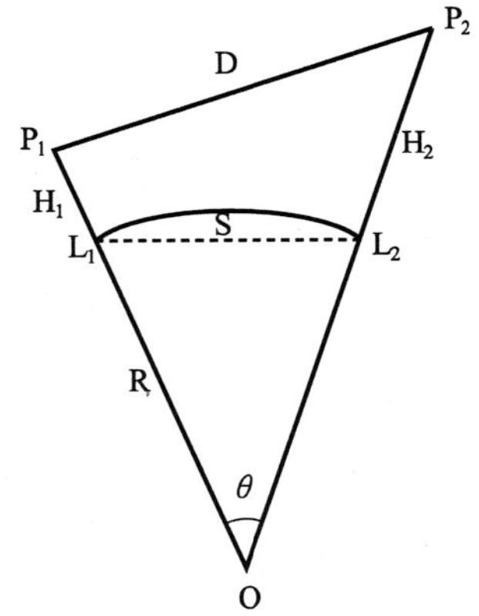

[그림 4-40] 거리계산의 개념도

이 두 식에서 $\cos\theta$가 서로 같으므로

$$\frac{R^2 + R^2 - S^2}{2R^2} = \frac{(R+H_1)^2 + (R+H_2)^2 - D^2}{2(R+H_1)(R+H_2)}$$

$$(2R^2 - S^2) \cdot 2(R+H_1)(R+H_2) = 2R^2\left[(R+H_1)^2 + (R+H_2)^2 - D^2\right]$$

$$2R^2 - S^2 = \frac{2R^2\left[(R+H_1)^2 + (R+H_2)^2 - D^2\right]}{2(R+H_1)(R+H_2)}$$

$$S^2 = 2R^2 - \frac{R^2\left[(R+H_1)^2 + (R+H_2)^2 - D^2\right]}{(R+H_1)(R+H_2)}$$

$$= \frac{2R^2\left[(R+H_1)(R+H_2)\right] - R^2\left[(R+H_1)^2 + (R+H_2)^2 - D^2\right]}{(R+H_1)(R+H_2)}$$

$$= \frac{R^2\left[D^2 - (RH_1 - RH_2)^2\right]}{(R+H_1)(R+H_2)}$$

$$= \frac{D^2 - (H_1 - H_2)^2}{(1+\frac{H_1}{R})(1+\frac{H_2}{R})} = \frac{D^2\left[1-(\frac{\Delta H}{D})^2\right]}{(1+\frac{H_1}{R})(1+\frac{H_2}{R})}$$

$$\therefore S = D\sqrt{\frac{1-(\frac{\Delta H}{D})^2}{(1+\frac{H_1}{R})(1+\frac{H_2}{R})}} \quad \cdots\cdots (4.52)$$

② 평면거리계산

회전타원체인 지표면을 평면으로 투영하는 경우 각, 거리, 면적 등을 모두 원래의 크기, 형태와 닮게 투영하는 것은 불가능하다. 그러므로 이중에서 각도 조건을 만족시키는 등각투영법이 사용된다. 이 투영법은 기준타원체에 대하여 평면좌표계의 원점을 포함하는 자오선에 접하는 원통을 씌워서 이것에 지표면을 투영한 것으로서 투영면의 거리는 좌표원점에서 동서방향으로 멀어짐에 따라 구면거리와 평면거리와의 차이는 커지기 때문에, 측량대상지역의 삼각점이 좌표원점으로부터 어느 정도 떨어져 있느냐(횡선차)에 의하여 동일 구면거리에 대한 평면거리가 달라진다.

[그림 4-40]에서 구면상에 원점 O를 취하여 점 O를 통과하는 자오선 ON과 묘유선 OQ를 구면상의 좌표축으로 하고 이것을 횡원통을 중개로 하여 평면에 투영한 평면직각좌표의 X축, Y축으로 한다. 구면상의 두 점 A, B로부터 기준자오선 ON에 직교하는 큰 원을 그려 그 교점을 A′, B′라 하고 A를 통과하고 ON에 평행한 작은 원이 BB′과 교차하는 점을 H라고 한다. 그림에서 표시하는 바와 같이 평면에 투영하는 구면상의 직각삼각형 ABH는 평면상의 직각삼각형 abh로 투영된다. 여기에서 △ABH □◬abh가 등각투영의 조건이므로 $ah/AH = bh/BH$가 성립하는 투영을 생각하면 좋다. 그림에서 구의 반경을 r, AH를 통과하는 작은 원의 반지름을 r′, $\angle A'CA = \alpha$라고 하면

$$AH = r' \angle AC'H = r' \angle A'CB' = r' \cdot \frac{d\varepsilon}{r} = \frac{r'}{r} d\varepsilon$$

$$r' = r\cos\alpha, \quad r'/r = \cos\alpha$$

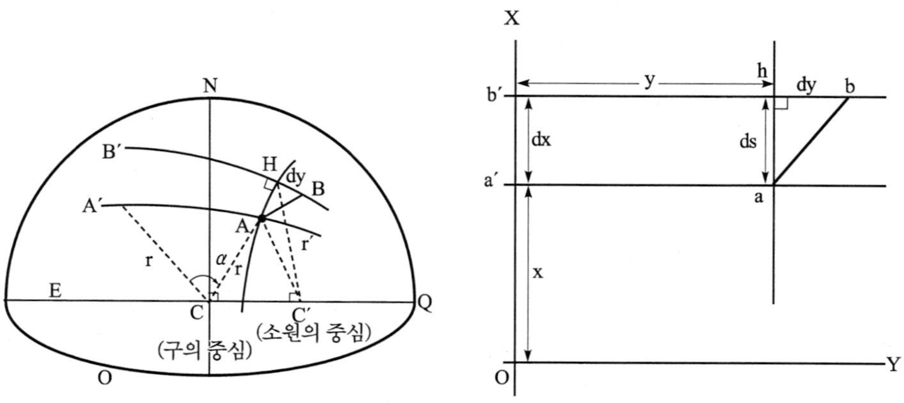

[그림 4-40] 구면좌표의 평면직각좌표

그렇지만 투영면은 횡원통투영의 성질로부터 $ah = a'b' = dx$로 되고 $a'b'$ 은 기준자오선상의 점 A′, B′의 투영에서 $a'b' = A'B'$이므로 $ab = A'B' = \delta\varepsilon$ 로 된다. 따라서 횡원통투영에서 다음식이 성립한다.

$$ah / AH = d\epsilon / (\frac{r'}{r} d\epsilon) = 1 / \cos\alpha \quad \cdots\cdots (4.53)$$

등각투영이 되기 위해서는 $ah/AH = bh/BH$가 되어야 하므로 $bh/BH = 1/\cos\alpha$이 등각의 필요조건이며 $m = 1/\cos\alpha$가 이 투영법의 증대율로 된다. 이 증대율 m은 앞에서 말한바와 같이 $m = 1/\cos\alpha$이며 등각의 조건으로부터

$$m = bh / BH = dy / d\eta = 1 / \cos\alpha = 1 / [\cos(\eta / r)] \quad \cdots\cdots (4.54)$$

기준자오선으로부터 멀리 떨어지지 않은 지점에서 η은 적은량 이므로 협소한 범위의 투영에서는 고차항을 생략하여

$$m = 1 / [\cos(\eta / r)] = (1 - \frac{\eta^2}{2r^2})^{-1} \fallingdotseq 1 + \frac{\eta^2}{2r^2} \quad \cdots\cdots (4.55)$$

여기에서 구면상의 길이 η를 평면직각좌표상의 y로 환산한다. 식(4.54) 및 식 (4.55)로부터

$dy = (1 + \frac{\eta^2}{2r^2})d\eta$ 이 된다.

이것을 적분해서

$$y = \int d\eta + \int \frac{\eta^2}{2r^2} d\eta = \eta + \frac{1}{2r^2} \cdot \frac{\eta^2}{3} = \eta + \frac{\eta^3}{6r^2}$$

따라서

$$\eta = y - \frac{\eta^3}{6r^2} \fallingdotseq y - \frac{y^3}{6r^2}$$

$\frac{y^3}{6r^2}$ 을 무시하여도 좋을 량이므로 $\eta = y$ 로 하여도 지장이 없으므로 결국

$$\mathbf{m = 1 + \frac{\eta^2}{2r^2} = 1 + \frac{y^2}{2r^2}} \quad \cdots\cdots (4.56)$$

이 m을 축척계수(Scale factor)라고 한다. 또한 이 m은 어느 지점의 증대율로서 η 또는 y에 의하여 변화하므로 2점 사이의 변장투영을 구하는 데는 그 변에 따라 y로서 적분하고 평균을 취한 증대율 $\frac{1}{y}\int mdy$를 사용하여야 한다. 평면직각좌표에 있는 P1, P2의 y 좌표를 y1, y2 라 하고 변장의 증대계수 $s/S = \frac{1}{y}\int mdy$를 구하면

$$s/S = \frac{1}{y_2 - y_1}\int_{y_1}^{y_2}\left[(1+\frac{y^2}{2r^2})dy\right] = \frac{1}{y_2 - y_1}\left[y + \frac{y^3}{6r^2}\right]_{y_1}^{y_2}$$

$$= \frac{1}{y_2 - y_1}\left\{(y_2 - y_1) + \frac{1}{6r^2}(y_2^3 - y_1^3)\right\} = 1 + \frac{1}{6r^2}(y_1^2 + y_1y_2 + y_2^2)$$

여기에서 $y_1^2 + y_1y_2 + y^2 = \frac{1}{4}\left\{3(y_1 + y_2)^2 + (y_1 - y_2)^2\right\}$으로 변형하여 위 식에 대입하면

$$s/S = 1 + \frac{1}{24r^2}\left\{3(y_1 + y_2)^2 + (y_2 - y_1)^2\right\} = 1 + \frac{1}{8r^2}(y_1 + y_2)^2 + \frac{1}{24r^2}(y_2 - y_1)^2$$

P1, P2 거리가 짧고 $(y_2 - y_1)$이 적은 경우에는 제3항을 생략하면

$$s/S = 1 + \frac{(y_1 + y_2)^2}{8r^2} \qquad (4.57)$$

더욱이 식 (4.57)에서 y1, y2의 평균값을 $\bar{y}$를 써서 $y_1 + y_2 = 2\bar{y}$를 대입하면

$$s/S = 1 + \frac{(2\bar{y})^2}{8r^2} = 1 + \frac{\bar{y}}{2r^2} \qquad (4.58)$$

그러므로 두 점의 중점에 있는 증대율 m은 측량지역이 동서로 길지 않고 각 점의 증대율에 큰 차이가 없을 경우에는 그 지역의 중앙증대율을 이용하여 계산하여도 큰 오차는 생기지 않는다.

평면거리계산부

약도

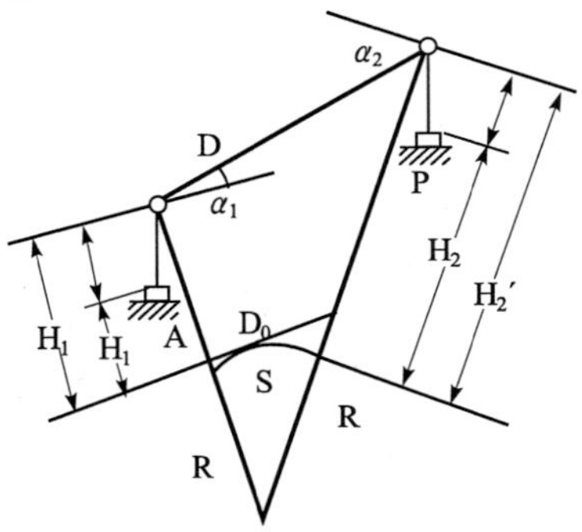

공식

• 연직각에 의한 계산

$$S = D \cdot \cos\frac{1}{2}(\alpha_1+\alpha_2) - \frac{D(H'_1+H'_2)}{2R}$$

• 표고에 의한 계산

$$S = D - \frac{(H'_1-H'_2)^2}{2D} - \frac{D(H'_1+H'_2)}{2R}$$

• 평면거리

$$D_0 = S\times K \;\left(K = 1+\frac{(Y_1+Y_2)^2}{8R^2}\right)$$

D=경사거리, S=기준면거리, H_1, H_2=표고,
R=곡률반경(6372199.7m), i=기계고, f=시준고,
α_1, α_2=연직각(절대치), K=축척계수,
Y_1, Y_2=원점에서 삼각점까지의 횡선거리(km)

연직각에 의한 계산		표고에 의한 계산	
방향	A 점 → B 점		
D	4712m·68	D	4712m·68
α_1	+ 2° 16′ 53″	$2D$	9425m·36
α_2	− 2° 17′ 15″	H'_1	461.23
$\frac{1}{2}(\alpha_1+\alpha_2)$	2° 17′ 04″	H'_2	650.83
$\cos\frac{1}{2}(\alpha_1+\alpha_2)$	0.999205	$(H'_1-H'_2)$	−189·60
$D\cdot\cos\frac{1}{2}(\alpha_1+\alpha_2)$	4708m·93	$(H'_1-H'_2)^2$	35948·16

$H'_1=H_1+i$	461.23	$\frac{(H'_1-H'_2)^2}{2D}$	3.814
$H'_2=H_2+f$	650.83	$D-\frac{(H'_1-H'_2)^2}{2D}$	4708.866
R	6372199.7	R	6372199.7
$2R$	12744399.3	$2R$	12744399.3
$\frac{D(H'_1+H'_2)}{2R}$	0.411	$\frac{D(H'_1+H'_2)}{2R}$	0.411
S	4708m·519	S	4708m·455
Y_1	13km·5	Y_1	13km·5
Y_2	15.3	Y_2	15.3
$(Y_1+Y_2)^2$	829.44	$(Y_1+Y_2)^2$	829.44
$8R^2$	324839427.7km	$8R^2$	324839427.7km
$K=1+\frac{(Y_1+Y_2)^2}{8R^2}$	1.000003	$K=1+\frac{(Y_1+Y_2)^2}{8R^2}$	1.000003
$S\times K$	4708m·53	$S\times K$	4708m·47
평균(D_0)	4708.50m		
계산자		검사자	

210㎜×297㎜(보존용지(1종) 70g/㎡)

5) 삼변망의 조정 원리 및 방법

(1) 간이조정법

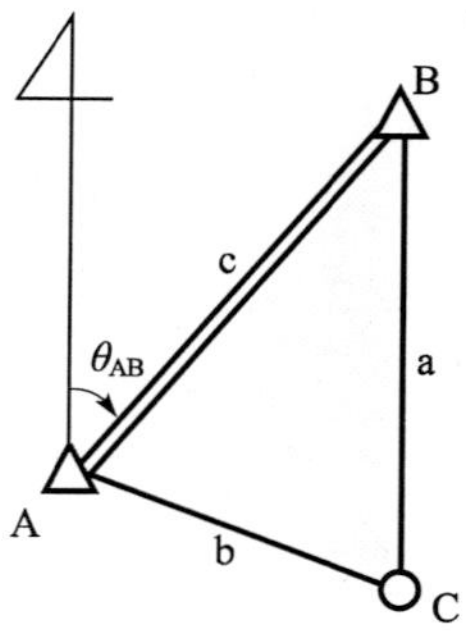

① 방법 1

가. $\overline{AB}$, θ_{AB}를 구한다.

나. cos 제 2법칙 $\cos A = \dfrac{b^2 + c^2 - a^2}{2bc}$에 의해 ∠A, ∠B, ∠C를 구한다.

다. $\overline{BC}$, $\overline{CA}$의 방위각을 구한다.

라. 방위각과 관측된 거리를 이용하여 A, B, C의 좌표를 구한다.

② 방법 2

- 2s = a +b +c, $A = \sqrt{s(s-a)(s-b)(s-c)}$ 일 때,
- $E_C = \dfrac{1}{2}(E_A + E_B) + \dfrac{1}{2C^2}(a^2 - b^2)(E_A - E_B) - \dfrac{2A}{C^2}(N_A - N_B)$
- $N_C = \dfrac{1}{2}(N_A + N_B) + \dfrac{1}{2C^2}(a^2 - b^2)(N_A - N_B) - \dfrac{2A}{C^2}(E_A - E_B)$에서 구한다.

(2) 조건방정식

$\angle A + \angle B + \angle C - 180^\circ = 0$

이때, 관측된 변을 a, b, c 변보정량을 da, db, dc라 하면

$$\angle A' = \cos^{-1}\frac{b^2 + c^2 - a^2}{2bc}$$

$$\angle B' = \cos^{-1}\frac{c^2 + a^2 - a^2}{2ca} \quad (\because \text{cosine 제 2 법칙})$$

$$\angle C' = \cos^{-1}\frac{a^2 + b^2 - c^2}{2ab}$$

$\angle A', \angle B', \angle C'$는 계산 값이므로, $\cos A = (b^2 + c^2 - a^2)/2bc$에 전미분을 취하면(관측변 a, b, c의 오차가 $\angle A, \angle B, \angle C$ 의 계산결과로 나타나므로)

$$-\sin A dA = \frac{-2a \cdot 2bcda + \{2b \cdot 2bc - 2c(b^2 + c^2 - a^2)\}db + \{2c \cdot 2bc - 2b(b^2 + c^2 - a^2)\}dc}{4b^2c^2}$$

$$= \frac{2bc(-2ada + 2bdb + 2cdc) - 2c(b^2 + c^2 - a^2)db - 2b(b^2 + c^2 - a^2)dc}{4b^2c^2} \quad \cdots\cdots\cdots (4.59)$$

$$\therefore dA = \frac{a}{bc} sinA da - \frac{a\cos c}{bc\sin A} db - \frac{a\cos B}{bc\sin A} dc$$

$(\because b^2 + c^2 - a^2 = 2bc\cos A,\ b = ccosA + a\cos C,\ c = acosB + bcosA)$

참고 : $A = \dfrac{a+c}{b}$ 〈미분법〉

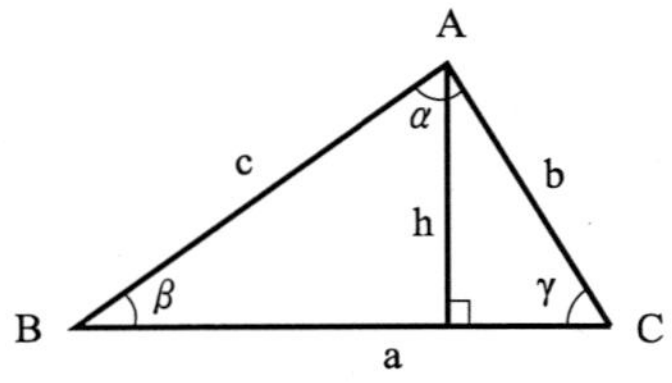

$$\frac{da}{db} = \frac{(a+c)' \cdot b - b'(a+c)}{b^2} = \frac{-(a+c)}{b^2}$$

$$S = \frac{1}{2} b \times c \times \sin A,\ S = \frac{1}{2} a \times h$$

위의 식 (4.59)를 sine 법칙에 의해 정리하면

$$\frac{a}{bc} sinA = \frac{1}{h} = \frac{1}{csinB}$$

$$\frac{acosc}{bc\sin A} = \frac{a\cos c}{bc\frac{a}{c}sinc} = \frac{\text{cotc}}{b}$$

$$S = \frac{1}{2} bc\sin A = \frac{1}{2} ab\text{sinc}$$

$$\sin A = \frac{a}{c} sinc$$

$$\frac{acosB}{bc\sin A} = \frac{\cot B}{c}$$

$\therefore dA = \dfrac{da}{csinB} - \dfrac{\text{cotc}}{b} db - \dfrac{\cot B}{c} dc$이 되며

dB, dC 에 적용하면

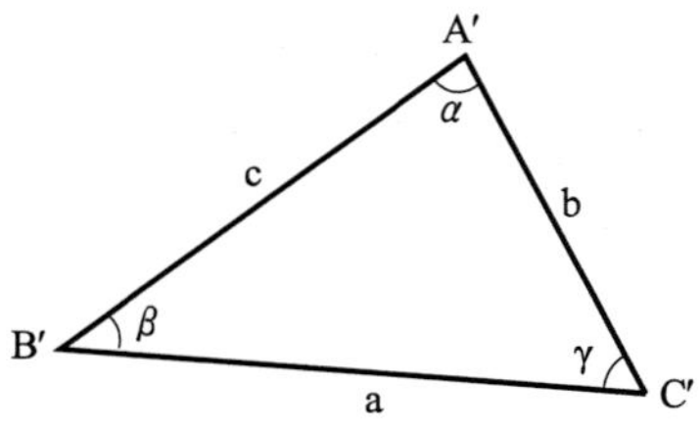

$$dB = \frac{db}{asinc} - \frac{\cot A}{c} dc - \frac{\text{cotc}}{a} da$$

$$dC = \frac{dc}{bsinA} - \frac{\cot B}{a} da - \frac{\cot A}{b} db$$

따라서, 각 조건 방정식은

$\angle A' + \angle B' + \angle C' - 180° = \epsilon$을 $dA + dB + dC + \epsilon = 0$ 에 대입하면

$$G_a \cdot da + G_b \cdot db + G_c \cdot dc + \epsilon = 0 \quad \cdots\cdots (4.60)$$

여기서, $G_a = \dfrac{1}{c\sin B'} - \dfrac{\cot C'}{a} - \dfrac{\cot B'}{a}$

$$G_b = \frac{1}{a\sin C'} - \frac{\cot A'}{b} - \frac{\cot C'}{b}$$

$$G_c = \frac{1}{b\sin A'} - \frac{\cot B'}{c} - \frac{\cot A'}{c}$$

$\epsilon = 10^5 \epsilon / \rho''$

∵ a, b, c는 km 단위,

da, db, dc는 cm 단위

윗 식을 미정계수법으로 풀면

$$F = da^2 + db^2 + dc^2 - 2K(G_a da + G_b db + G_c dc + \epsilon)$$

$$\frac{\partial F}{\partial da} = 2da - 2KG_a = 0$$

$$\frac{\partial F}{\partial db} = 2db - 2KG_b = 0$$

$$\frac{\partial F}{\partial dc} = 2dc - 2KG_c = 0$$

변보정량 d_i 는

$$d_i = K \cdot G_i \qquad (i = a, b, c)$$

d_i를 식 (4.60)에 대입하면

$$K = \frac{-\epsilon}{G_a^2 + G_b^2 + G_c^2}$$

(3) 관측방정식

① 거리 관측방정식

최소 제곱법으로 삼변측량 결과를 조정할 때, 관측된 양과 그 고유의 부정오차를 관련된 기준점의 x 및 y 좌표 (매개 변수)에 대해 가장 확률이 높은 값과 관련시키는 관측 방정식이 작성된다. [그림 4-41]를 참조하면, 관측거리 l_{ij}에 대해 다음과 같은 거리 방정식을 쓸 수 있다.

$$l_{ij} + v_{ij} = \sqrt{(x_j - x_i)^2 + (y_j - y_i)^2} \quad \cdots\cdots (4.61)$$

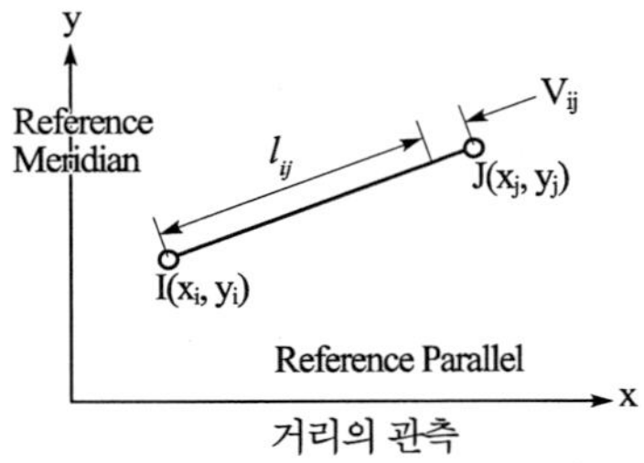

[그림 4-41] 거리의 관측

여기서 l_{ij}은 기준점 I과 J 사이의 선의 측정된 길이이다.

v_{ij}는 관측값 l_{ij}의 잔차, x_i와 y_i는 기준점 I에 대해 최확좌표 값이며 x_j와 y_j는 기준점J에 대해 최확좌표값이다. 식 (4.61)은 미지변수 x_i, y_i, x_j 및 y_j를 포함하는 비선형 함수로 다음과 같이 다시 쓸 수 있다.

$$F(x_i, y_i, x_j, y_j) = l_{ij} + v_{ij} \quad \cdots\cdots (4.62)$$

여기서 $F(x_i, y_i, x_j, y_j) = \sqrt{(x_j - x_i)^2 + (y_j - y_i)^2}$

앞의 삼각망 엄밀조정(관측방정식)에서 설명한 것처럼, 식 (4.62)와 같은 비선형 방정식 시스템은 Taylor 급수 1차 미분 근사 함수를 사용하여 선형화되고 풀이될 수 있다. 식 (4.62)의 선형화된 형태는

$$F(x_i, y_i, x_j, y_j) = F(x_{i0}, y_{i0}, x_{j0}, y_{j0}) + (\frac{\partial F}{\partial x_i})_0 dx_i + (\frac{\partial F}{\partial y_i})_0 dy_i + (\frac{\partial F}{\partial x_j})_0 dx_j + (\frac{\partial F}{\partial y_i})_0 dy_i \quad \cdots\cdots (4.63)$$

여기서 $x_{i0}, y_{i0}, x_{j0}, y_{j0}$은 대략적인 좌표값이며

$(\frac{\partial F}{\partial x_i})_0$, $(\frac{\partial F}{\partial y_i})_0$, $(\frac{\partial F}{\partial x_j})_0$, $(\frac{\partial F}{\partial y_i})_0$은 대략적인 좌표값으로 평가되는 편미분 값이고

dx_i, dy_i, dx_j, dy_i은 식 (4.63) 선형함수에서의 미지량이며, 식 (4.64)에서 반복계산에 사용되는 보정량이다.

$$x_i = x_{i_0} + dx_i \ , \ y_i = y_{i_0} + dy_i \ , \ x_j = x_{j_0} + dx_j \ , \ y_j = y_{j_0} + dy_j \quad \cdots\cdots (4.64)$$

식 (4.62)는 $F(x_i, y_i, x_j, y_j) = \ [(x_j - x_i)^2 + (y_j - y_i)^2]^{\frac{1}{2}} \quad \cdots\cdots (4.65)$

로 표현될 수 있다.

x_i에 대하여 식 (4.65)의 미분을 취하면

$$\frac{\partial F}{\partial x_i}=\frac{1}{2}[(x_j-x_i)^2+(y_j-y_i)^2]^{-\frac{1}{2}}[2(x_j-x_i)(-1)] \quad \cdots\cdots (4.66)$$

이 된다.

그리고 식 (4.66)을 단순화하면

$$\frac{\partial F}{\partial x_i}=\frac{-(x_j-x_i)}{\sqrt{(x_j-x_i)^2+(y_j-y_i)^2]}}=\frac{x_i-x_j}{IJ} \quad \cdots\cdots (4.67)$$

을 산출한다.

동일한 절차를 사용하면 나머지 편미분 값은

$$\frac{\partial F}{\partial y_i}=\frac{y_i-y_j}{IJ},\ \frac{\partial F}{\partial x_j}=\frac{x_j-x_i}{IJ},\ \frac{\partial F}{\partial y_j}=\frac{y_j-y_i}{IJ} \quad \cdots\cdots (4.68)$$

식 (4.67)과 (4.68)을 식 (4.63)으로 대치하고 그 결과를 식 (4.62)로 대치하면 다음과 같은 원형 선형 거리 관측 방정식이 얻어진다.

$$\left(\frac{x_i-x_j}{IJ}\right)_0 dx_i+\left(\frac{y_i-y_j}{IJ}\right)_0 dy_i+\left(\frac{x_j-x_i}{IJ}\right)_0 dx_j+\left(\frac{y_j-y_i}{IJ}\right)_0 dy_j=k_l+v_l \quad \cdots\cdots (4.69)$$

여기서 괄호 안의 계수는 변수의 초기값으로 평가되며

$k_l=l_{ij}-IJ_0$이고 $IJ_0=F(x_{i0},y_{i0},x_{j0},y_{j0})=\sqrt{(x_{j0}-x_{i0})^2+(y_{j0}-y_{i0})^2}$이다.

② 삼변측량 조정 예

삼변측량에 사용된 기하학적 형태는 많고 다양하지만, 매개변수조정에서 관측 방정식 방법에 동일하게 적용할 수 있다. 기지점 좌표를 가진 3개의 기준점에서 공통의 미지점 U까지의 거리가 관측되는 [그림 4-42]의 예가 있다. 미지점은 2개의 미지좌표가 있고 3개의 관측치가 있기 때문에 하나의 중복 관측치가 생성된다. 즉, 미지점 U의 좌표는 3개의 관측치 중 임의의 2개를 사용하여 결정될 수 있다. 그러나 이 세 관측 값을 기반으로 미지점 좌표의 최확값을 결정하기 위해 세 관측 값을 모두 동시에 사용하고 최소제곱법으로 조정할 수 있다.

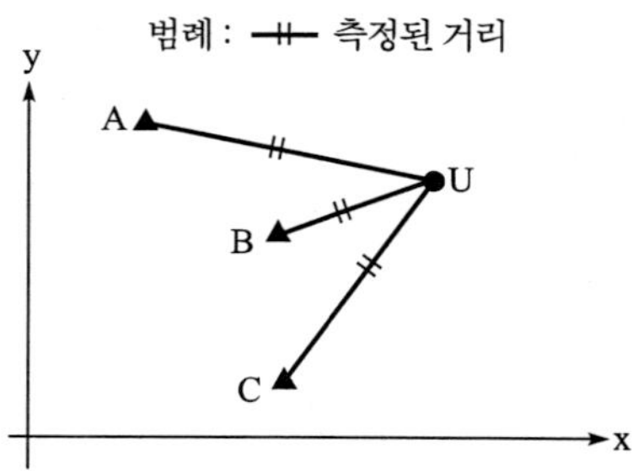

[그림 4-42] 삼변측량 예

관측방정식은 원형방정식 (9)를 사용하여 작성된다. 예를 들어, 거리 AU에 대한 방정식은 식 (9)에서 아래 첨자 I를 A로, 아래 첨자 J를 U로 교환함으로써 형성된다. 비슷한 방식으로 다음과 같이 첨자를 대체하여 각 관측거리에 대한 방정식을 만들 수 있다.

I	J
A	U
B	U
C	U

관측 된 선의 한쪽 끝이 기지점인 경우 좌표가 고정되므로 해당 항을 원형방정식 (4.69)에서 제거할 수 있다. 이것은 기준점의 dx 및 dy 보정량을 0으로 설정하는 것으로 생각할 수 있다. 이 예에서 미지점 U는 항상 원형방정식에서 J의 위치를 취하므로 dx_j 및 dy_j에 해당하는 계수만 사용된다. 적절한 치환을 사용하면 다음 3가지 선형 관측 방정식이 생성된다.

$$\frac{x_{u0}-x_a}{AU_0}dx_u+\frac{y_{u0}-y_a}{AU_0}dy_u=(l_{AU}+AU_0)+v_{AU}$$

$$\frac{x_{u0}-x_b}{BU_0}dx_u+\frac{y_{u0}-y_b}{BU_0}dy_u=(l_{BU}+BU_0)+v_{BU}$$

$$\frac{x_{u0}-x_c}{CU_0}dx_u+\frac{y_{u0}-y_c}{CU_0}dy_u=(l_{CU}+CU_0)+v_{CU} \quad \cdots\cdots (4.70)$$

방정식 (4.70)에서,

$$AU_0=\sqrt{(x_{u0}-x_a)^2+(y_{u0}-y_a)^2}$$

$$BU_0=\sqrt{(x_{u0}-x_b)^2+(y_{u0}-y_b)^2}$$

$$CU_0=\sqrt{(x_{u0}-x_c)^2+(y_{u0}-y_c)^2}$$

AU_0, BU_0 및 CU_0는 관측 된 거리, v는 잔차이고, X_{u0}과 Y_{uo}는 미지점 U의 초기 좌표값이다. 방정식 (4.70)은 다음과 같이 행렬 형태로 표현될 수 있다.

$$JX=K+V \quad \cdots\cdots (4.71)$$

여기서 J는 편미분 함수의 야코비안(Jacobian) 행렬, X는 미지 보정량 dx_u 및 dy_u의 행렬, K는 상수(즉, 관측된 길이에서 초기 좌표값으로부터 계산된 해당길이를 뺀값)의 행렬이고, V 는 잔차 행렬이다. 확장된 형태의 방정식 (4.71)은 식 (4.72)와 같이 표현된다.

$$\begin{bmatrix} \frac{x_{u0}-x_a}{AU_0} & \frac{y_{u0}-y_a}{AU_0} \\ \frac{x_{u0}-x_b}{BU_0} & \frac{x_{u0}-x_b}{BU_0} \\ \frac{x_{u0}-x_c}{CU_0} & \frac{x_{u0}-x_c}{CU_0} \end{bmatrix} \begin{bmatrix} dx_u \\ dy_u \end{bmatrix} = \begin{bmatrix} l_{AU}-AU_0 \\ l_{BU}-BU_0 \\ l_{CU}-CU_0 \end{bmatrix} + \begin{bmatrix} v_{AU} \\ v_{BU} \\ v_{CU} \end{bmatrix} \quad \cdots\cdots (4.72)$$

야코비안(Jacobian) 행렬은 다음 단계를 사용하여 체계적으로 형성된다.

- 1 단계 : 각 열을 미지값으로 설정하시오.
- 2 단계 : 모든 관측치에 대한 행을 만든다.
- 3 단계 : 열에 해당하는 적절한 계수를 각 행에 대입한다.

이 문제에 대해 이 절차를 수행하면 야코비안 행렬은

$$J = \begin{bmatrix} & dx_u & dy_u \\ AU \mid & \frac{\partial F}{dx_u} & \frac{\partial F}{dy_u} \\ BU \mid & \frac{\partial F}{dx_u} & \frac{\partial F}{dy_u} \\ CU \mid & \frac{\partial F}{dx_u} & \frac{\partial F}{dy_u} \end{bmatrix}$$

식 (4.72)가 생성되면 dx_u와 dy_u 보정량과 최확값 x_u 및 y_u가 계산될 수 있다. 물론 최종 조정된 값을 얻으려면 보정량이 거의 0이 될 때까지 계산과정을 반복해야 한다.

2.4 지적삼변삼각결합

1) 개념

삼변측량은 삼변망의 변장을 측정하여 소구점의 좌표를 구하는 것이 그의 본질이나, 때때로 삼각망의 내각과 현장을 동시에 측정하여 소구점의 좌표를 구해야 할 때도 있게 된다. 순수한 변장측정 만에 의한 경우보다 내각과 변장을 동시에 측정하여 소구점의 좌표를 구하면 정확도면에서 보다 우수한 결과를 얻을 수 있다. 여기서는 삼각망의 3내각과 변장을 동시에 측정한 경우의 조정법에 대하여 설명한다.

3내각과 변장을 동시에 측정한 경우에도 조정법은 앞서 기술된 사변망의 조정법과 같이 좌표변분에 의한 조정법을 쓰며, 먼저 소구점의 가정좌표를 구하고, 실측내각과 변장, 계산된 내각과 변장으로 관측방정식을 작성하여 좌표의 변분량을 조정하게 된다.

2) 결합망의 조정 원리 및 방법

(1) 각 방정식

결합 조정의 각 방정식은 삼각측량의 조정을 할 때와 같은 방법을 사용하여 만든다. 방정식 수는 각 조건식 수에 따르며, 각조건에 의한 조정식은 식 (4.73)과 같다.

$$\sum vs' + n = 0 \quad \cdots\cdots (4.73)$$

여기서, vs′ : 방향에 대한 보정

n : 관측각−(180°+ε)

ε : 구과량

(2) 변 방정식

모든 변 방정식은 sine 공식에서 유도된다. 변 조건에 의한 조정식은 식 (4.74)와 같다.

$$\frac{a}{\sin A} = \frac{b}{\sin B} = \frac{c}{\sin C} \quad \cdots\cdots (4.74)$$

여기서 a, b, c : 삼각형의 변 길이

A, B, C : 삼각형의 각

① 자연함수에 의한 조정

단삼각형에서 natural function을 사용하여 변 방정식을 다음과 같이 유도한다.

$$(a+v_a)\bullet\sin(B+v_b-\frac{1}{3}\epsilon)-(b+v_b)\bullet\sin(A+v_a-\frac{1}{3}\epsilon)=0 \quad\cdots\cdots (4.75)$$

여기서 $B'=B-\frac{1}{3}\epsilon$, $A'=A-\frac{1}{3}\epsilon$ 로 놓으면 다음 식(4.76)으로 된다.

$$(a+v_a)\bullet\sin(B'+v_b)-(b+v_b)\bullet\sin(A'+v_a)=0 \quad\cdots\cdots (4.76)$$

로 전개하고 작은 항을 무시하면

$a\bullet\sin B'+a\delta_B v_b+\sin B' v_a-b\bullet\sin A'-b\delta_A v_a-\sin A' v_b=0$

이 된다. 여기서 δA와 δB는 각 A′ 에서의 1″ 만큼 증가하는 sine의 자연함수 값이다.

② 대수 함수에 의한 조정

대수 함수로 조정을 할 때는 관측된 구면각은 변 방정식의 변에 대한 arc sine의 보정량 Cs′ 직접 사용할 수 있다.

즉, $C_s'(a)+\log a+\Delta a+\log\sin B+\delta_B v_B-C_s(b)-\log b-\Delta b-\log\sin A-\delta_A v_A=0$

여기서 Δa, Δb는 log길이에 대한 보정값

이들의 값에 의해 조건방정식에 따른 조정 방정식을 이용하여 좌표를 계산한다.

3 지적삼각보조점측량

3.1 개요

지적삼각보조점측량은 지적삼각점의 배치밀도가 약하여 지적도근점측량을 실시하기 곤란한 지역에 지적삼각점의 밀도를 보완하고 지적도근점측량의 정확도를 향상시키기 위하여 실시하는 측량이다. 삼각점과 지적삼각점을 기초로 하여 경위의측량방법, 전파 또는 광파기측량방법에 의하되 계산은 교회법 또는 다각망도선법에 의한다.

지적삼각보조점측량은 측량지역의 지형관계상 지적삼각점 또는 지적삼각보조점의 신설 또는 재설치가 필요할 때와 지적도근점의 신설 또는 재설치를 위하여 지적삼각점 또는 지적삼각보조점의 설치가 필요할 때 및 세부측량의 시행상 지적삼각점 또는 지적삼각보조점의 설치가 필요할 때이다.

지적삼각보조점은 교회망·교점다각망으로 구성하고 계산방법은 교회법 또는 다각망도선법에 의한다. 지적삼각보조점측량을 할 경우에는 미리 지적삼각보조점 표지를 설치할 수 있다. 지적삼각보조점의 명칭은 '보'로 하며, 지적삼각점의 번호 부여방법은 영구표지를 설치하는 경우에는 시·군·구별로 일련번호를 부여하고, 일시적인 표지를 설치하는 경우에는 측량지역별로 설치 순서에 따라 일련번호를 부여한다.

3.2 작업 절차

기초측량의 계획은 도상계획, 준비, 답사, 선점, 조표, 관측, 계산 및 성과표작성 등의 순서로 시행하며 계획은 목적과 지역, 작업량, 기간, 정밀도, 작업반의 편성, 기계, 기구, 후속측량에 미치는 영향 등을 고려하여야 한다. 택지개발지구 및 경지정리지구의 예정지측량에 따른 지구계 결정 과정과 지적측량기준점의 사용 여부를 확인하여 주변 토지와의 부합 여부를 고려하고 지구계선 결정을 확인한다.

지적삼각보조점 표지의 점간거리는 평균 1～3km로 하되 다각망도선법에 의하는 때에는 평균 0.5km 이상 1km 이하로 한다. 다각망도선법으로 지적삼각보조점측량을 시행하는 경우 3점 이상의 기지점을 포함한 결합다각방식에 의하며 1도선의 점의 수는 기지점과 교점을 포함하여 5개 이하로 하고 1도선의 거리는 4km 이하로 한다. 교회법으로 시행하는 경우에는 3방향의 교회에 의하되 지형상 부득이하여 2방향의 교회로 결정할 때는 각 내각을 관측하여 각 내각 관측값의 합계와 180°와의 차가 ±40초 이내일 때에는 이를 각 내각에 고르게 배분하여 사용할 수 있으며 삼각형의 각 내각은 30° 이상 120° 이하로 한다.

사업지구의 효율적인 업무수행과 정확한 성과를 창출하기 위해서는 지적측량 기준점 사용과 설치에 대하여 협의하고 추후 검사과정에서 발생할 수 있는 사항 등을 사전에 협의하여 측량 검사에 문제가 발생하지 않도록 한다. 소관청과 협의할 사항은 사용할 지적측량기준점, 지적삼각보조점의 매설에 관한 사항, 관측장비의 선정 및 검사 시 필요한 사항이다. 시·도지사와 협의할 사항은 사용하여야 할 삼각점과 지적측량기준점 설치방법, 해당 지역의 인접지 측량 시행지역과 관계 결정, 지적측량기준점의 설치방법(옥상, 포장도로, 비포장도로 등), 해당 지구 내의 이해관계인과 사업시행자의 의견을 청취하고 상의할 때는 소관청과 협의하여 검사에 따른 문제가 발생하지 않도록 하여야 한다.

사전에 현지에 가서 작업구역 전체를 답사하고 기준점의 망실과 변동 유무를 확인하여 시통이 잘되도록 벌목의 필요성 등을 조사한다. 또한, 선점은 후속측량에 편리하고 영구적으로 보존할 수 있는 위치로 하는데 도선점수와 점간거리 및 삼각형의 내각은 지적법령에서 규정한 여러 가지 조건을 만족하도록 선점한다.

지적삼각보조점 표석 또는 표지를 매설할 경우 암석·석재구조물·콘크리트 구조물·맨홀 및 건축물 등 견고한 고정물에 기준점을 설치할 때는 그 고정물에 기준점 표지의 규격으로 각인하거나, 그 구조물에 고정하여 설치할 수 있다. 또한, 기준점의 매설에서 설치장소에 따라 다르게 책정되며 매설방법 또한 터파기하여 설치할 경우에는 [그림 4-43]과 같다. 만약 건물 옥상에 설치할 때는 반석을 매설하는 방법과 표철을 매설하는 2가지 방법이 가능하다.

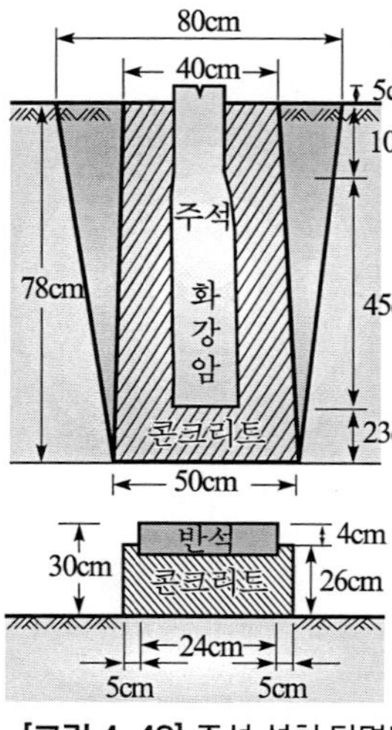

[그림 4-43] 주석 설치 단면도

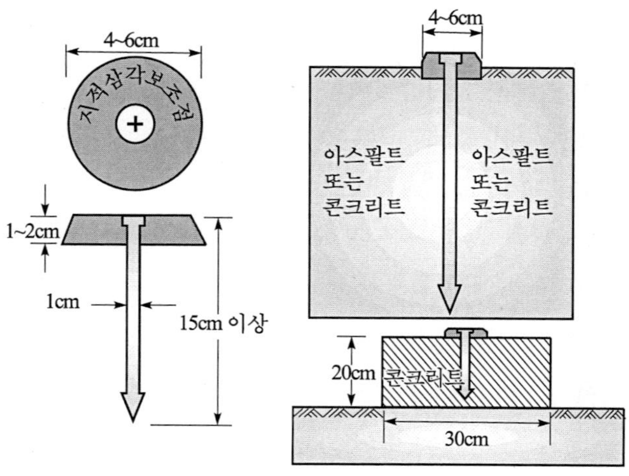

[그림 4-44] 옥상용 설치 단면도

[그림 4-44]와 같이 설치할 때는 설치할 부분의 바닥을 솔 등으로 깨끗이 청소하고, 시멘트 풀을 칠하여 보호 콘크리트가 바닥에 부착이 잘되도록 한다. 지적측량의 단수처리는 방위각의 값, 종횡선의 수치 및 거리계산에서 오사오입을 적용하고, 전자계산기기에 의하여 연산할 경우는 최종수치에 한하여 적용하며 영구표지를 설치한 지적삼각보조점의 관측 및 계산은 지적삼각점측량 방법과 같게 작성한다. 대상 지역의 현지를 답사한 후 현장여건과 계약 기간을 고려하여 소관청과 협의를 토대로 작업계획을 수립한다.

작업계획은 외업과 내업으로 구분하고 계절에 따라 기후나 현지 사정이 다르게 변화함으로 참고하여 세부적으로 정리하고 작업 인원 또한 업무수행 능력을 고려하여 적절하게 구성하여야 한다. 또한, 장비를 사용할 때는 측량 작업공정에 알맞게 사용 여부를 분석하되 되도록 최신장비를 활용하는 것이 좋다. 그리고 최신측량 장비를 사용할 때는 숙련된 직원으로 구성하고 고가의 장비임으로 취급 시에 주의하여 사고를 미리 방지하며 작업능률과 효과를 최대한 발휘하도록 한다.

측량지역에 대한 장비를 활용하기 위해서는 과거 인접지의 측량에 대한 관측장비와 선행 시행한 관측장비를 파악한다. 기준점의 종류별로 장비를 설정하는 방법과 같이 선정하는 방법을 고려한 후 장비의 이용에 대해 계획을 세워 장비의 기능을 숙지하고 부족한 부분은 보충하여 관측에 차질이 없도록 하여야 한다. 장비의 이용계획은 측량방법이나 기준점의 등급에 따라 삼각보조점 관측의 경우 위성측량 및 Total Station 등과 같이 계획을 수립한다.

관측은 20초독 이상의 정밀경위의를 사용하며 수평각관측은 2 대회(윤곽도 0°, 90°)의 방향관측법에 의한다. 계산단위는 각은 초 단위, 진수 6자리 이상, 변의 길이와 좌표는 센티미터 단위로 한다. 점간거리는 5회 측정하여 그 측정치의 최댓값과 최솟값의 교차가 평균값의 10만분의 1 이하일 때에는 그 평균값을 측정 거리로 하고, 원점에 투영된 평면거리로 계산한다. 연직각의 관측은 각 측점에서 정·반으로 2회 관측하여야 하며, 관측치의 최댓값과 최솟값의 교차가 30초 이내일 때에는 그 평균값을 연직각으로 한다. 영구표지를 설치한 경우 관측 및 계산은 지적삼각점의 관측 및 계산방법에 따른다.

2개의 기지점에서 소구점의 표고를 계산한 결과 그 교차가 0.05미터+0.05(S_1+S_2)미터 이하일 때에는 그 평균치를 표고로 한다.(S_1, S_2는 기지점에서 소구점까지의 평면거리로서 킬로미터 단위로 표시한 수임) 기지점 간 직선상의 외부에 두는 지적삼각보조점의 선점은 기지점과 직선과의 사이의 각을 30° 이내로 한다. 점간거리 및 연직각의 관측방법은 지적삼각점의 관측방법을 준용한다.

측각오차의 배분은 측선장에 반비례하여 각 측선의 관측각에 배분한다. 종선 및 횡선오차의 배분은 각 측선의 종선차 또는 횡선차의 길이에 비례하여 배분한다.

지적삼각보조점 측량부에는 측량대상 지구별로 측량 일자와 측량자의 자격등급과 성명을 기재하고 도장을 찍는다. 검사 일자와 검사자의 자격등급 및 성명을 기재하고 도장을 찍으며 지적삼각보조점 측량부의 부속서류를 확인한다. 도지사는 지적삼각점측량성과를 검사하여 그 측량성과를 인정한 때에는 지적삼각점성과표에 번호 및 위치의 약도, 좌표, 소재지와 측량연월일, 도선 등급 및 도선명, 표지의 재질, 도면번호, 조사연월일, 조사자의 직위·성명 및 조사내용(지적삼각보조점 표지의 망실 여부, 사고원인, 경계의 부합 여부 등을 기재) 등을 등재하여야 하며 사본 일부를 소관청에 보내야 한다.

지적삼각보조점 측량부는 교점다각망의 성과와 교회망에 의한 성과로 구분되며 기지점 방위각 및 거리계산부, 수평각관측부, 수평각개정계산부, 수평각측점귀심계산부, 수평각점표귀심계산부, 거리측정부, 평면거리 계산부, 삼각형 내각계산부, 연직각관측부, 표고계산부, 방위각계산부, 교회점계산부, 교점다각망 계산부(X, Y, H, A형 포함), 표석 대장은 규정된 양식에 따라 지적삼각보조점의 번호순으로 표석 대장을 작성하며 위치 약도는 전신주, 담장 또는 다른 고정물로부터 보조점까지의 거리를 cm 단위까지 측정하여 기재한다.

3.3 교회법에 따른 측량

지적삼각보조점측량의 교회점 계산은 지적삼각점측량과 지적도근점측량의 중간 정도의 정확도를 유지하고 있다. 또한, 지적삼각점측량의 삽입망에서는 망조정 방식을 이용하나 교회점 계산은 방위각 또는 내각을 관측하고 관측 방향선을 값으로 교차시켜 측점의 위치를 간단히 산술평균하는 방법을 사용한다. 그리고 교회점은 1개 또는 두 개의 삼각형에서 하나의 미지점만을 구할 수 있으며 망의 형태는 지적삼각점측량의 삽입망과 그 형태가 유사하고 또 도근측량에서도 교회점 계산이 적용되고 있으므로 혼동할 수 있다. 또한, 1개의 삼각형으로부터 두 개의 방향선을 교차시켜 위치를 결정할 수 있으나 두 개의 삼각형에 의한 3방향 교차를 원칙으로 하는 이유는 기지 삼각점 A, B, C의 오차나 각 관측에서 과대오차를 발견하기 위한 것이다.

1) 교회망의 구성

교회망에서 부호의 결정은 3개의 기지점 중에서 중간점을 B점으로 하고 측량자가 B점에서 P 점을 마주 보고 서 있을 때 왼편에 있는 기지점을 A점으로 하며 오른편에 있는 기지점을 C점으로 한다. 측량계산 방법에는 여러 가지 유형이 있지만, 측량부 용지를 사용하여 계산하는 것이므로 이상의 원칙을 벗어나서는 소정서식을 사용할 수 없다.

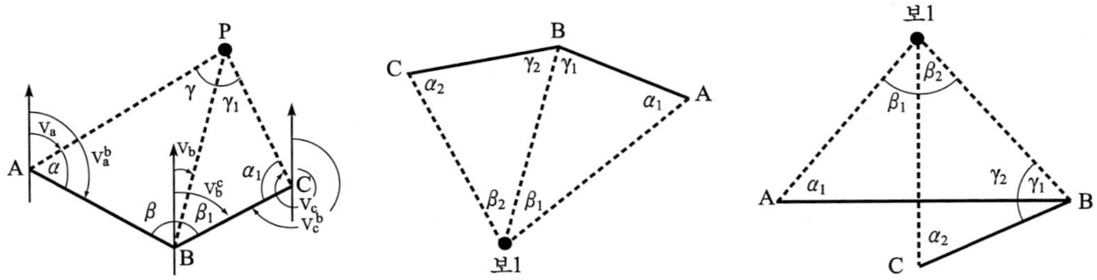

[그림 4-45] 교회망 형태

교회망 부호도	교회망 부호설명
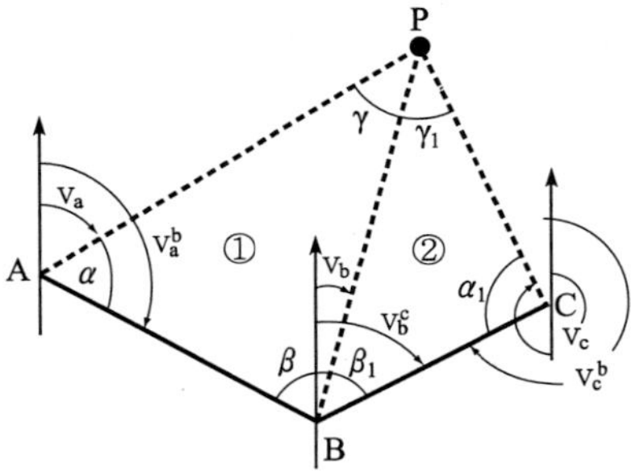	V_a : A에서 P를 관측한 방위각 V_b : B에서 P를 관측한 방위각 V_c : C에서 P를 관측한 방위각 V_a^b : A에서 B를 계산한 방위각 V_b^c : B에서 C를 계산한 방위각 $V_a^b \pm \pi = V_a^b \pm 180°$: AB의 역 방위각 $V_b^c \pm \pi = V_b^c \pm 180°$: BC의 역 방위각
A, B, C : 기지점 A : 기지점 중 미지점(P)을 향한 좌측점 B : 기지점 중 미지점(P)을 향한 중간점 C : 기지점 중 미지점(P)을 향한 우측점 P : 소구점 (또는 미지점) a : AB 간의 거리, b : BC 간의 거리	α: ① A점의 내각 β: ① B점의 내각 γ: ① P점의 내각 α' : ② C점의 내각 β' : ② B점의 내각 γ' : ② P점의 내각

2) 관측

삼각점이나 지적삼각점을 사용하며 전방교회법 또는 측방교회법에 의하고 관측은 20초독 이상의 정밀경위의를 사용하며 수평각관측은 2대회(윤곽도 0°, 90°)의 방향관측법에 따른다. 점간거리는 5회 측정하여 그 측정값의 최댓값과 최솟값의 교차가 평균값의 1/10만 이하일 때에는 그 평균값을 측정거리로 하고, 원점에 투영된 평면거리로 계산한다. 다각망도선법에 따라 지적삼각보조점측량을 할 때는 기지점 간 직선상의 외부에 두는 신설점의 선점은 기지점 간 직선과의 사잇각을 30° 이내로 선점한다. 점간거리는 평균 1킬로미터 내지 3킬로미터 정도로 한다. 3방향의 교회에 의하되 지형상 부득이한 경우 2방향의 교회로 결정하고자 할 때는 각 내각을 모두 관측하여 각 내각의 관측치의 합과 180°와의 차가 ±40초 이내일 때에는 이를 각 내각에 고르게 배분하여 사용할 수 있다. 경위의 측량에서 관측은 20초독 이상의 정밀경위의를 사용한다. 수평각관측은 2 대회(윤곽도는 0°, 90°)의 방향관측법에 의하며 삼각형의 내각은 30° 이상, 120° 이하로 한다.

연직각의 관측은 각 측점에서 정·반으로 2회 관측하여야 하며, 관측값의 최댓값과 최솟값의 교차가 30초 이내일 때에는 그 평균값을 연직각으로 한다. 전파 또는 광파 측거기는 표준편차가 ±(5㎜+5ppm)이상인 정밀측거기를 사용하고 삼각형의 내각은 세 변의 평면거리에 의하여 계산하며, 기지각과 차는 ±50초 이내로 한다.

3) 계산

도선별 연결오차는 0.05×Sm 이하(S는 기지점과 교점 간 또는 교점과 교점 간 거리의 총합계를 1천으로 나눈 수임)로 한다. 2개의 삼각형으로부터 계산한 위치의 연결 교차가 0.30m 이하일 때에는 그 평균값을 지적삼각보조점의 위치로 하며 기지점과 소구점 사이의 방위각 및 거리는 평균값에 의하여 새로이 계산하여 정한다. 계산단위는 각은 초, 변의 길이 및 좌표는 ㎝, 진수는 6자리 이상으로 하며 도선별 평균방위각과 관측방위각의 폐색오차는 $\pm 10\sqrt{n}$초 이내(n은 폐색변을 포함한 변수임)로 한다. 측각오차의 배분은 측선 길이에 반비례하여 각 측선의 관측각에 배분한다. 종선 및 횡선오차의 배분은 각 측선의 종선차 또는 횡선차의 길이에 비례하여 배분한다. 수평각의 측각공차는 공차는 1방향각은 40초 이내, 1측회의 폐색은 ±40초 이내, 삼각형 내각 관측값의 합과 180°와의 차는 ±50초 이내, 기지각과 차는 ±50초 이내로 한다. 2개의 기지점에서 소구점의 표고를 계산한 결과 그 교차가 $0.05m+0.05(S_1+S_2)m$ 이하일 때에는 그 평균값을 표고로 하고 S_1, S_2는 기지점에서 소구점까지의 평면거리로서 km 단위이며 삼각형 내각의 관측값을 합한 값과 180°와의 차는 내각을 전부 관측한 때에 적용한다.

(1) 기지점 방위각 및 거리계산

지적삼각망에서 관측 각도의 조정이 끝나면 그 값과 기선(기지변)을 이용하여 각 변의 길이를 계산할 수 있다. 기지변(b)의 대각을 β, 소구변(a)의 대각을 α, 소구변(c)의 대각을 γ라 한다. 여기서 정현 비례식인 $\frac{b}{\sin\beta}=\frac{a}{\sin\alpha}=\frac{c}{\sin\gamma}$을 이용하여 소구점과 소구점, 소구점과 기지점 간의 거리를 계산한다. 각을 이용하여 거리를 계산하는 방법은 삼각형의 내각을 관측하고 각과 기선을 이용하여 거리를 계산하는 방법은 변$(a)=\frac{b\times\sin\alpha}{\sin\beta}$, 변$(c)=\frac{a\times\sin\gamma}{\sin\beta}$이다.

좌표를 이용하여 거리를 계산하는 방법은 평면직각종횡선 좌표를 이용하여 기선을 계산하는 방법으로 피타고라스 정리에 의한 공식을 적용한다.

- 종선차 계산(Δx) $= X_B - X_A$
- 횡선차 계산(Δy) $= Y_B - Y_A$
- 거리계산은 $a = \frac{\Delta y}{\sin V}$ 또는 $\frac{\Delta x}{\cos V}$ 로 하며 검산은 $a = \sqrt{\Delta x^2 + \Delta y^2}$ 에 의한다.

교회점 계산에서 AP 거리 및 CP 거리를 sin 법칙에 따라 계산하는 공식은 다음과 같다.

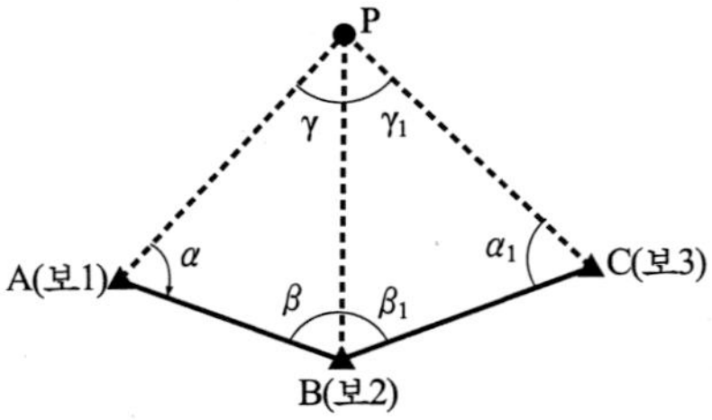

$$\frac{a}{\sin\gamma} = \frac{AP}{\sin\beta} \text{에서 } AP = \frac{a \cdot \sin\beta}{\sin\gamma}$$

$$\frac{b}{\sin\gamma_1} = \frac{CP}{\sin\beta_1} \text{에서 } CP = \frac{b \cdot \sin\beta_1}{\sin\gamma_1}$$

(2) 삼각형 내각 계산

교회점 계산에는 방위각을 이용하여 내각을 계산하는 방법과 내각을 이용하여 방위각을 계산할 수가 있으며, 또한 구하고자 하는 미지점(소구점)이 기지점의 전방에 있을 경우와 후방에 있을 경우로 구분되고 삼각형의 내각은 α, β, γ와 α', β', γ'라 하면 방법에 따라서 계산하는 공식은 다르다.

- 소구점이 전방에 있을 때 삼각형의 내각 계산
  - 삼각형의 내각 계산

    $\alpha = V_a^b - V_b$

    $\beta = V_b - (V_a^b \pm 180°)$

    $\gamma = V_a - V_b$
  - 삼각형의 내각 계산

    $\alpha' = V_c - (V_b^c \pm 180°)$

    $\beta' = V_b^c - V_b$

    $\gamma' = V_b - V_c$
  - 내각을 이용한 방위각 계산

    $V_a = V_a^b - \alpha$

    $V_b = (V_a^b \pm 180°) + \beta$ 또는 $V_b = V_b^c - \beta'$

    $V_c = (V_b^c \pm 180°) + \alpha$

여기서, V_b 각은 조정방법에 따라 일치하지 않을 수 있으나 A점과 C점에서만 계산하므로 사용되지 않는다.

내각의 계산이 끝나면 삼각형 내각의 조건이 $\alpha+\beta+\gamma=180°$, $\alpha'+\beta'+\gamma'=180°$ 와 같이 일치되는가를 반드시 검산해야 한다.

- 소구점이 후방에 있을 때 삼각형의 내각 계산

– 삼각형의 내각 계산

$\alpha = V_a - V_a^b$

$\beta = (V_a^b \pm 180°) - V_b$

$\gamma = V_b - V_a$

– 삼각형의 내각 계산

$\alpha' = (V_b^c \pm 180°) - V_c$

$\beta' = V_b - V_b^c$

$\gamma' = V_c - V_b$

– 내각을 이용한 방위각 계산

$V_a = V_a^b - \alpha$

$V_b = (V_a^b \pm 180°) + \beta$ 또는 $V_b = V_b^c - \beta'$

$V_c = (V_b^c \pm 180°) + \alpha$

내각의 계산이 끝나면 삼각형 내각의 조건이 $\alpha+\beta+\gamma=180°$, $\alpha'+\beta'+\gamma'=180°$ 와 같이 일치되는가를 반드시 검산해야 한다.

(3) 종횡선차 계산

[그림 4-47]과 같이 A에서 P 및 C에서 P까지의 종선차와 횡선차를 계산하여 좌표를 계산하기 위한 계산 방법이며, AP 및 CP 간의 종·횡선차(Δx, Δy)를 구하는 식은 다음과 같다.

$\Delta x_a = L \cdot \cos V_a$ (또는 $\Delta x_c = L' \cdot \cos V_c$)

$\Delta y_a = L \cdot \sin V_a$ (또는 $\Delta y_c = L' \cdot \sin V_c$)

여기서, L, L′: 거리, V_a, V_c : 소구점의 방위각

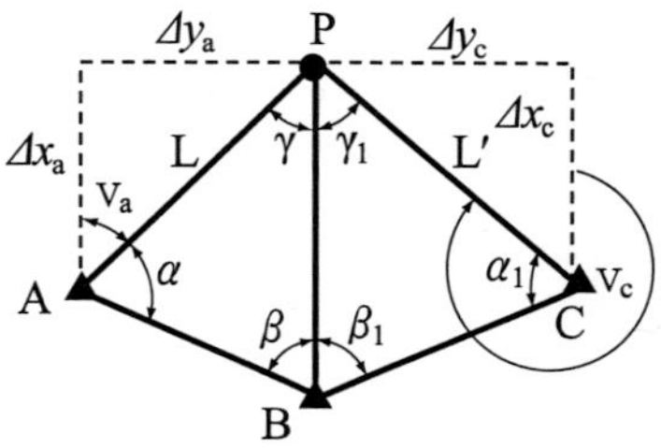

[그림 4-46] 종·횡선차

(4) 소구점 좌표의 계산

A점 및 C점에서 소구점 P까지의 종·횡선차를 구한 후 기지점(A, C)의 좌표에 각각의 종·횡선차의 계산한 값을 더하여 P점의 좌표를 계산한다.

- A점을 기준으로 한 경우

$X_P = X_A + \Delta x_a$, $Y_P = Y_A + \Delta y_a$

• C점을 기준으로 한 경우

$X_P = X_C + \Delta x_c, \ Y_P = Y_C + \Delta y_c$

위와 같이 2개의 삼각형으로부터 소구점의 좌표를 구한 후 두 점 간의 연결오차를 계산하여 0.30m 이내일 경우에는 평균값을 P점 좌표로 한다.

연결교차 = $\sqrt{\text{종선교차}^2 + \text{횡선교차}^2}$

예제 8 **구소삼각원점지역에서 지적삼각보조점측량을 교회법으로 시행하기 위하여 다음과 같이 각을 측정하였다. 보3 점에 대한 좌표를 계산하시오.**

점 명	종선좌표 (X)	횡선좌표 (Y)	관 측 내 각
경기 14	−1232.74	−185.63	γ =39°25′05″
경기 15	−0411.91	+845.72	β' =51°32′44″
경기 16	+1327.43	+21.85	γ' =59°45′52″

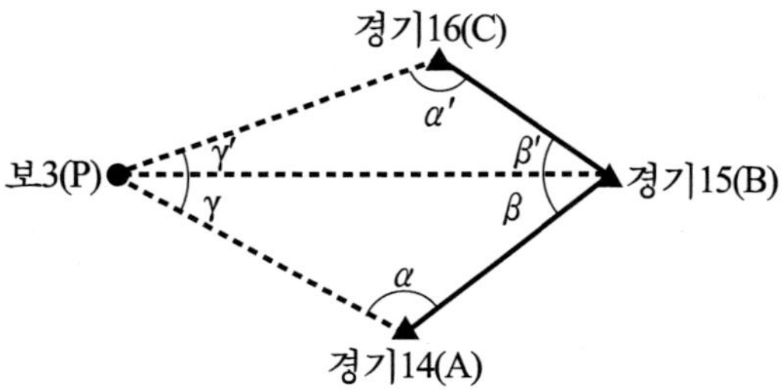

교 회 점 계 산 부

약 도

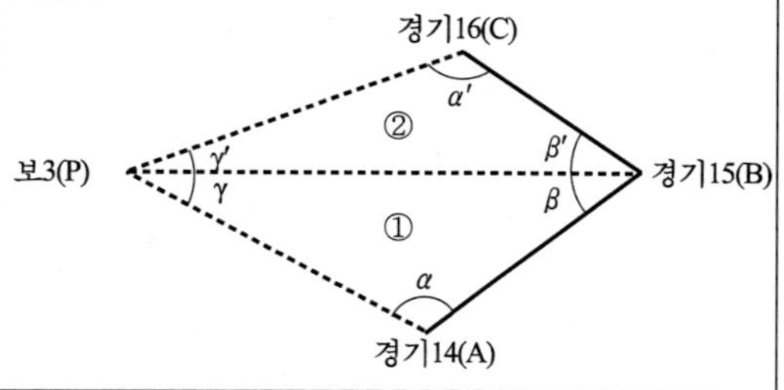

공 식

1. 방위(θ)계산 $\tan\theta = \frac{\Delta y}{\Delta x}$

2. 방위각(V) 계산

   Ⅰ상한 : $V=\theta$ Ⅱ상한 : $180° - \theta$

   Ⅲ상한 : $180° + \theta$ Ⅳ상한 : $380° - \theta$

3. 거리(a 또는 b)계산= $\sqrt{\Delta x^2 + \Delta y^2}$

4. 삼각형 내각계산

   $\alpha = V_a^b - V_a$ $\alpha' = V_c - (V_b^c \pm \pi)$

   $\beta = V_b - (V_a^b \pm \pi)$ $\beta' = V_b^c - V_b$

   $\gamma = V_a - V_b$ $\gamma' = V_b - V_c$

V_A	V_B	V_C
322°31′37″	283°06′32″	223°20′40″

점 명		X	Y	방 향		Δx	Δy
A	경기 14	−1232m74	−185m·63	A	A −B	+820m·83	+1031m·35
B	경기 15	−411.91	+845.72	B	B −C	+1739.34	−823.87
C	경기 16	+1327.43	+21.85	C	A −C	+2560.17	+207.48

방위각 계산

방 향	경기 14 → 경기 15	방 향	경기 15 → 경기 16
$\theta = \tan^{-1}\frac{\Delta y}{\Delta x}$	51° 29′ 04″	$\theta = \tan^{-1}\frac{\Delta y}{\Delta x}$	25° 20 4 4″
V_a^b	5 1 2 9 0 4	V_b^c	3 3 4 3 9 1 6

거리 계산

$a = \sqrt{\Delta x^2 + \Delta y^2}$	1318m·12	$b = \sqrt{\Delta x^2 + \Delta y^2}$	1924m59

삼각형 내각 계산

각		내 각	각		내 각
①	α	88° 57′ 27″	②	α'	68° 41′ 24″
	β	5 1 3 7 2 8		β'	5 1 3 2 4 4
	γ	3 9 2 5 0 5		γ'	5 9 4 5 5 2
	합 계	1 8 0 0 0 0 0		합 계	1 8 0 0 0 0 0

소구점 종횡선 계산

①	X_A	−1232·74	①	Y_A	−185·63
	$\Delta x_1 = \frac{a \cdot \sin\beta}{\sin\gamma} \times \cos V_a$	+1291·56		$\Delta y_1 = \frac{a \cdot \sin\beta}{\sin\gamma} \times \sin V_a$	−990·09
	X_{P1}	+58·82		Y_{P1}	−1175·72
②	X_C	+1327·43	②	Y_C	+21·85
	$\Delta x_2 = \frac{b \cdot \sin\beta'}{\sin\gamma'} \times \cos V_c$	−1268·65		$\Delta y_2 = \frac{b \cdot \sin\beta'}{\sin\gamma'} \times \sin V_c$	−1197·37
	X_{P2}	+58·78		Y_{P2}	−1175·52
소구점 X		+58·80	소구점 Y		−1175·62

종선교차 =0.04m 횡선교차 =0.20m 연결교차 =0.20m 공차 =0.30m

계 산 자 : 홍 길 동	검 사 자 : 홍 길 동

4) 후방교회법

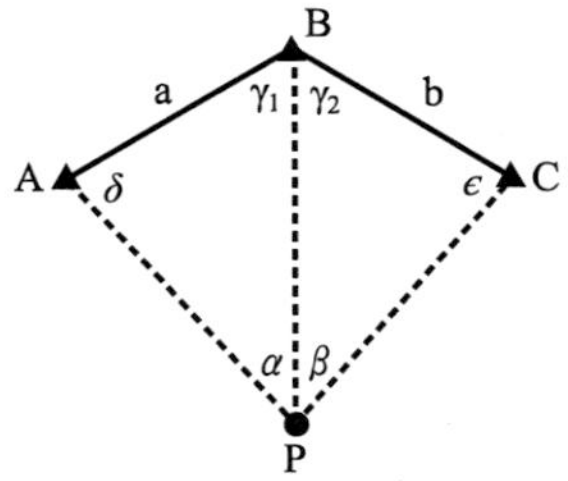

[그림 4-47] 후방교회법

후방교회법은 [그림 4-48]과 같이 미지점에 기계를 설치하고 기지점을 관측하여 미지점의 위치를 계산하는 방법으로 그림의 기지점(A, B, C)를 미지점(P)에서 내각(α, β)를 측정하여 미지의 내각(δ, γ_1, γ_2, ϵ)을 계산하고 방위각과 거리를 계산한 후 미지점의 좌표를 계산하는 것을 후방교회법이라 한다. 후방교회법에서 2내각의 관측은 2대회 이상의 방향관측 또는 3배각 이상의 배각관측으로 관측각의 정도를 높여야 한다. 기준점 측량성과의 검사는 측량에 사용한 기지점을 될수록 피하고 주위의 다른 기지점을 활용하여 망을 구성하고 검사성과로 하는 것이 좋은 방법이다. 모든 지적측량의 세부측량은 도근점에 의하여 실시하는 것을 원칙으로 하고 부득이한 경우에는 기지점에 의한 측량을 할 수 있도록 규정하고 있다.

특히, 기지점이 부족한 지역에서는 도곽선이 그려진 소도를 준비하여 현장에서 평판 점을 후방교회법으로 좌표를 결정하여 소도 상에 전개하고 평판 점으로 하여 측량을 시행하는 것이 정도를 높이는 방법이다. 그러기 위해서는 후방교회법에 따른 검사측량에서와 같이 주변 기준점을 영구표지로 설치하면 좋은 방법이 되겠지만 부득이한 경우에는 후방교회로 사용할 수 있는 명확하고 시준하기에 편리한 변경되지 않는 시설물로 철탑, 피뢰침 등을 선택하여 미리 측량(전방교회법)으로 좌표를 결정하고 관리하면 편리하다.

각의 조건은 $\delta+\gamma_1+\alpha+\epsilon+\gamma_2+\beta$가 되어야 하며 $\gamma_1=180^\circ-(\delta+\alpha)$, $\gamma_2=180^\circ-(\epsilon+\beta)$가 된다. sine 법칙을 이용할 경우 $\dfrac{S}{\sin\delta}=\dfrac{a}{\sin\alpha}$에서 $\sin\delta=\dfrac{S\cdot\sin\alpha}{a}$이며 $\dfrac{S}{\sin\epsilon}=\dfrac{b}{\sin\beta}$에서 $\sin\epsilon=\dfrac{S\cdot\sin\beta}{b}$

각 $\gamma(\gamma_1+\gamma_2)$는 기지각으로 사각형의 내각 조건에 따라 $\alpha+\beta+\gamma+\delta+\epsilon=360°$에서 $\delta+\epsilon=360^\circ-(\alpha+\beta+\gamma)$가 된다. $\dfrac{1}{2}(\delta+\epsilon)=180^\circ-\dfrac{\alpha+\beta+\gamma}{2}$을 sine 법칙에 따라

$\dfrac{BP}{\sin\delta}=\dfrac{a}{\sin\alpha}$, $\dfrac{BP}{\sin\epsilon}=\dfrac{b}{\sin\beta}$가 되므로 $\sin\delta=\dfrac{BP\cdot\sin\alpha}{a}$, $\sin\epsilon=\dfrac{BP\cdot\sin\beta}{b}$이 된다.

이를 다시 정리하면 $\frac{\sin\delta}{\sin\epsilon}=\frac{b\cdot\sin\alpha}{a\cdot\sin\beta}$이므로 $0<\delta<180$에서는 $0<\sin\delta\leq 1$이고,

$0<\epsilon<180$에서 $0<\sin\epsilon\leq 1$이므로 $0<\frac{\sin\delta}{\sin\epsilon}\leq\infty$가 된다. 또한, $0<\phi<90$이고,

$0<\tan\phi<\infty$에서 ϕ가 존재하므로 $\frac{\sin\delta}{\sin\epsilon}=\tan\phi$와 같이 변환할 수 있으며 $\frac{b\cdot\sin\alpha}{a\cdot\sin\beta}=$

$\tan\phi=\frac{\sin\delta}{\sin\epsilon}$라 하면 $\frac{1-\sin\delta}{\sin\epsilon}=1-\tan\phi$, $\frac{1+\sin\delta}{\sin\epsilon}=1+\tan\phi$가 된다.

$\frac{\sin\epsilon-\sin\delta}{\sin\epsilon}=1-\tan\phi$를 $\frac{\sin\epsilon+\sin\delta}{\sin\epsilon}=1+\tan\phi$로 나누면 $\frac{\sin\epsilon+\sin\delta}{\sin\epsilon-\sin\delta}=\frac{1+\tan\phi}{1-\tan\phi}$이

므로 두 각을 삼각함수로 정리하면 $\frac{2\sin\frac{\epsilon+\delta}{2}\cdot\cos\frac{\epsilon-\delta}{2}}{2\cos\frac{\epsilon+\delta}{2}\cdot\sin\frac{\epsilon-\delta}{2}}=\frac{\tan45^\circ+\tan\phi}{1-\tan45^\circ\cdot\tan\phi}$에서 분자

와 분모를 $2\cos\frac{\epsilon+\delta}{2}\cdot\cos\frac{\epsilon+\delta}{2}$로 나누면 $\frac{\tan\epsilon+\delta/2}{\tan\epsilon-\delta/2}=\tan(\phi+45^\circ)$가 되고

$\tan\epsilon-\frac{\delta}{2}=\tan\epsilon+\frac{\delta}{2}cot(\phi+45^\circ)$, $\frac{1}{2}(\delta+\epsilon)=180-\frac{\alpha+\beta+\gamma}{2}$이다.

후방교회법은 소구점(p)이 만약 기지 3점을 통과하는 원주상에 있을 때는 그 위치가 부정임은 물론 원주에 접근할수록 위치가 불확실하게 된다. 또한, 소구점과 기지점이 이루는 각도(α,β)가 작을 때에는 sine 값의 차이가 커서 부정확하므로 소구점에서 기지점과 이루는 각도는 각각 30° 이상 되어야 한다.

예제 9 **다음을 후방교회법(3점법)에 의하여 δ, γ_1, γ_2, ϵ 각을 구하라.**

점명	종선좌표(X)	횡선좌표(Y)	각 명	관측각
A	7829.02	8164.38	α	60°18′55″
B	5419.34	8302.58	β	58°03′15″
C	4363.00	5973.04		

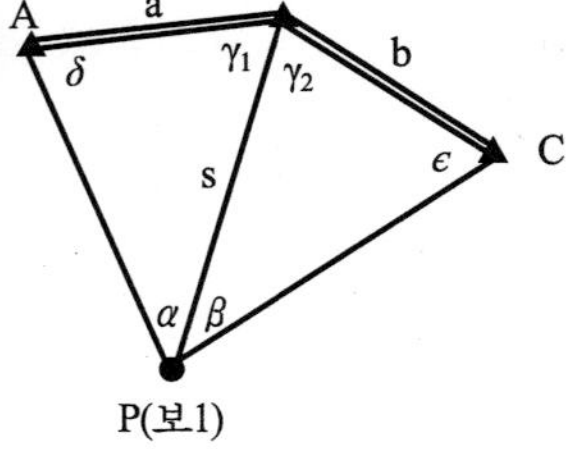

후 방 교 회 계 산 부

약 도

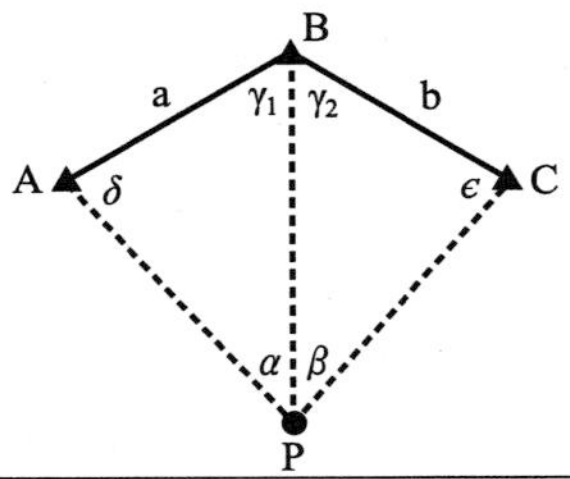

관측각	미지각
$\alpha = 60°\,18'55.0''$ $\beta = 58°\,03'15''$	$\epsilon = 70°\,18'58.3''$ $\delta = 60°\,12'16.9''$ $\gamma_1 = 49°\,12'06.8''$ $\gamma_2 = 61°\,41'28.1''$

기지점

각명	점 명	X (m)	Y (m)	방향	Δx (m)	Δy (m)
A	1	7829.02	8164.38	A→B	−2409.68	138.20
B	2	5419.34	8302.58	B→C	−1056.34	−2329.54
C	3	4363.00	5973.04	A→C	−3466.02	−2191.34

기지변 방위각계산		거리계산	
방 향	1 → 2	방 향	2 → 3
V_a^b	1 7 °6 4 ′3 0 ″3	$a = \sqrt{\Delta x^2 + \Delta y^2}$	2413·64
V_b^c	2 4 5 3 6 2 8	$b = \sqrt{\Delta x^2 + \Delta y^2}$	2557·85

소구점 종횡선 계산

①	X_A	7829·02	①	X_C	4363·00
	$AP \cdot \cos(V_a^b + \delta)$	− 822·69		$CP \cdot \cos(V_c^b + \epsilon)$	2643·33
	X_P	7006·33		X_P	7006·33
②	Y_A	8164·38	②	Y_C	5973.04
	$AP \cdot \sin(V_a^b + \delta)$	− 1941·32		$CP \cdot \sin(V_a^b + \epsilon)$	250·02
	Y_P	6223·06		Y_P	6223·06

소구점 (P 점)

X 좌표	7006·33	Y 좌표	6223·06
종선교차	0·00m	횡선교차	0·00 m
연결교차 = 0·00m		공차 = 0.30m	

3.4 다각망도선법에 의한 측량

다각망도선법은 경위의 측량에 의한 도선법의 정확도를 높이기 위해 개발된 방법이며 오차 발생 원인에 따라 각 도선에서 발생한 오차를 상호 관련이 있는 도선과의 관계를 종합하여 오차를 소거시키는 방법이다. 따라서 여러 도선일수록 조건식이 많아지는데 이를 동시에 계산함으로써 새로이 설치하는 지적삼각보조점 또는 지적 도근점들은 주변의 기지점에 부합하도록 성과를 얻을 수가 있게 한 것이다.

교점다각망에 의한 계산은 "지적삼각보조점측량"과 "지적도근점측량(배각법)"을 시행할 때에 공통으로 사용하고 있다. 따라서 계산에 관한 내용은 지적도근점측량 부분에서 함께 설명하기로 한다.

◆ 지적삼각보조점측량 :「지적측량시행규칙」제2조, 제10조

① 3점 이상의 기지점을 포함한 결합다각방식에 따를 것
② 1도선(기지점과 교점 간 또는 교점과 교점 간을 말한다)의 점의 수는 기지점과 교점을 포함하여 5점 이하로 할 것
③ 지적삼각보조점 표지의 점간거리는 다각망도선법에 따를 때는 평균 0.5킬로미터 이상 1킬로미터 이하로 한다.
④ 1도선의 거리(기지점과 교점 또는 교점과 교점 간의 점간거리 총합계를 말한다)는 4킬로미터 이하로 할 것

◆ 지적도근점측량 :「지적측량시행규칙」제2조, 제12조

① 3점 이상의 기지점을 포함한 결합다각방식에 따를 것
② 1도선(기지점과 교점 간 또는 교점과 교점 간을 말한다)의 점의 수는 기지점과 교점을 포함하여 20점 이하로 할 것
③ 지적도근점 표지의 점간거리는 평균 50미터 이상 300미터 이하로 할 것. 다만, 다각망도선법에 따를 때는 평균 500미터 이하로 한다.
④ 다각망도선법에 따른 지적도근점의 관측과 계산은 배각법에 따른다.

4 지적도근점측량

4.1 개요

지적도근점측량은 지적세부측량의 기준점이 되는 지적측량기준점인 도근점의 설치를 목적으로 시행하는 골격측량(골격측양)으로서, 지적삼각측량 및 지적삼각보조측량에 비하여 그 정도는 낮으나, 가장 많이 사용되는 지적기준점측량이다. 도근측량은 삼각측량이나 삼변측량을 시행하기 어려운 밀집한 시가지에서나 산림지역에서 시준길이가 짧은 경우에 유효하다. 도근측량은 측량의 정밀도를 높이기 위하여 일반적으로 삼각점, 지적삼각점, 지적삼각보조점 및 다른 도근점을 기초로 하여 도선법, 방사법 또는 교회법으로 실시하며, 도선법 중 시가지에서는 배각법을 실시하며 이 보다 정밀도를 낮게 하는 방법으로 방위각법이 있어 기타지역에서 혼용하여 사용하도록 되어 있으며 이들은 연결된 기준점이나 계산방법에 따라서 1등도선과 2등도선으로 구분하여 실시하게 된다.

1) 지적도근점측량의 원리

지적도근점측량은 방위각과 거리의 2가지 요소를 측정하여 노선에 따라 지적도근점의 수평위치를 점차 구해 나가는 방법이다. 아래의 [그림 4-48]와 같이 한 측선의 거리와 방위각을 측정하고 지적도근점의 위치를 순차 계산하여 구하는 원리이다.

즉, 기지점에서 다음 미지의 측점까지 종선차(⊿X), 횡선차(⊿Y)를 계산하여 기지점의 종·횡선 좌표에 각각 가감하여 좌표를 순차적으로 계산하는 방식이다.

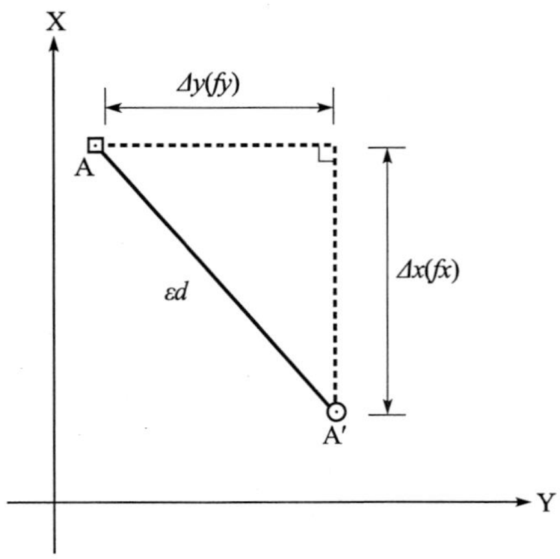

[그림 4-48] 지적도근점측량의 원리

2) 지적도근점측량의 대상

① 축척변경을 위한 측량을 하는 경우
② 도시개발사업 등으로 인하여 지적확정측량을 하는 경우
③ 국토의계획 및 이용에 관한 법률의 규정에 의한 도시지역에서 세부측량을 하는 경우
④ 측량지역의 면적이 당해 지적도 1장에 해당하는 면적이상인 경우
⑤ 세부측량 시행 상 특히 필요한 경우

4.2 도선의 종류

1) 개방도선

개방도선 (open traverse)은 가장 간단한 도선으로 기지점에서 시작되어 미지점에서 끝나는 것으로써 이러한 도근도선의 형태에서는 현지측정에 대하여 방향과 거리의 착오나 오차를 검사할 수 있는 계산 방법이 없다. 그러므로 성과에 대한 불완전성 때문에 개방도선은 높은 정확도를 요구하는 목적의 측량에는 사용되지 않으며, 지적측량에서도 사용하지 못하도록 규정하고 있다.

2) 폐합도선

폐합도선 (loop traverse)은 수평위치를 알 수 있는 일점에서 출발하여 다시 동일한 점에 되돌아와 폐합하는 도선을 말한다. 이러한 폐합도선은 각에 대한 내부점검이 가능하다. 그러나 도근도선의 표정에 따른 각과 거리의 오차 중에서 정오차만을 분리해서 알아낼 수 있으므로 보정상 문제가 있다. 따라서 이 방법은 정밀을 요하는 사업에는 적용이 부적당하며, 다른 방법으로는 해결이 곤란한 부득이한 경우를 제외하고는 사용하지 않는 것이 좋다.

3) 결합도선

결합도선(connecting traverse)은 기지점에서 시작하여 다른 수평기지점에 결합한다. 수평기지점은 평면직각종횡선 X, Y 좌표로 주어진다. 결합도선은 계산적으로 검정이 가능하며 기지방향과 거리에 있어서의 정오차의 검사도 가능하기 때문에 유리하다. 결합도선은 출발점에 다시 되돌아와 폐합시키지 않고 다른 기지점에 폐색시킴으로써 보다 더 높은 신뢰성을 가질 수 있는 것이 장점이다. 따라서 지적도근점측량에서는 결합도선에 의한 지적도근측량을 기본으로 하고 있다.

4) 왕복도선

왕복도선(double traverse)은 기지점에서 출발하여 도선의 중앙점에서 다시 같은 점을 거쳐 기지점으로 되돌아오는 원리이다. 이러한 왕복도선에서는 폐합도선과 달리 동일 도근점에 대하여 2개의 좌표가 산출되어 두 좌표의 평균치를 성과로 결정해야 한다.

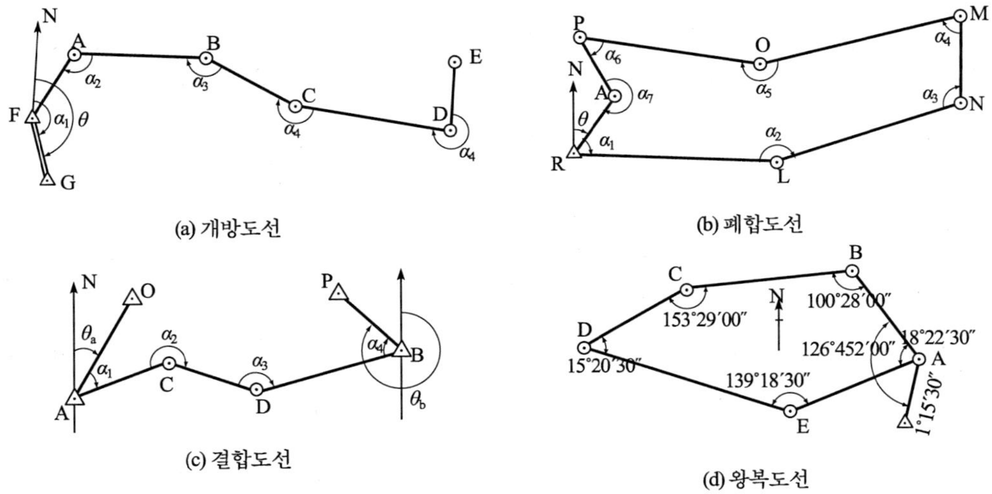

[그림 4-49] 도선의 종류

4.3 작업순서

1) 계획 및 준비

지적도근점측량의 계획은 측량지역, 지적도근점의 정밀도를 고려하여 수립해야 하며, 그 계획의 내용은 다음과 같다.

① 도근점의 밀도와 배점계획

② 작업시기와 작업일수

③ 정밀도

④ 작업방법(거리측정, 측각, 기계종류, 측량조 편성 등)

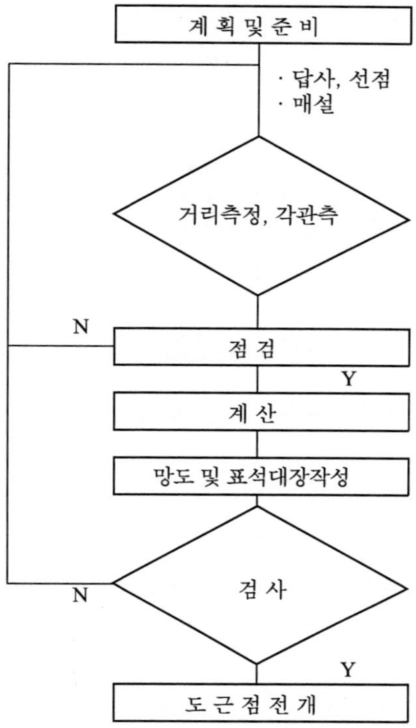

[그림 4-50] 지적도근측량 작업순서

2) 현지답사 및 선점

조사계획에 따라 현지의 작업 가능성을 재점검하고 계획을 확정시킨다. 기준점의 배치, 측량 방법 등을 결정하기 위하여 측량후보지에 답사하여 최소의 시간, 노력으로 정밀도 높일 수 있는 방법을 강구한다.

(1) 선점 계획도의 작성 및 답사

선점 계획도는 보통 당해지역의 지적도 축척의 1/10정도 크기로 작성하고, 지적도 도곽선과 종횡선 수치, 행정구역경계 및 명칭, 삼각점의 위치, 기타 지적도 일람도에 등재된 주요 도로, 하천, 제방 및 구거 등을 표시하고 도선의 편성 및 도근점의 도곽별 배치상황 등을 계획한다.

(2) 선점

현지 답사에서 얻어진 결과에 의하여 도상 계획을 수립하고 이에 따라 현장에 나아가서 실제로 측점을 확정하는 것을 선점이라 하며 선점 시 유의사항은 다음과 같다.

① 측선장은 20m ~ 100m(시가지에서의 표준거리는 50m가 적당)로 하되 등거리로 하며 시통과 거리 측정 또는 측각에 편리할 것

② 후속 측량인 세부측량에 편리할 것

③ 되도록 교통의 방해가 되지 않고 시통에 방해를 당하지 않도록 한다.

④ 기계를 세우기가 용이하고 지반이 단단한 곳을 택한다.

⑤ 도근점 표지를 매설하는데 지장이 적고 보존에 지장이 없는 장소를 택한다.

⑥ 도선의 구성은 가장 가까운 거리의 기초점간을 연결하여 되도록 도선점 수를 적게하는 동시에 일직선 방향에 가깝도록 편성하는데 노력하여야 한다.

⑦ 1도선의 점수는 40점 이하로 하고 지형상 부득이한 때에는 10점을 증가 할 수 있다.

⑧ 측선장은 당해 축척분모의 1/10m를 기준으로 하고, 지형상 부득이한 때에는 적절하게 증가 또는 감소하되 최소한 50m를 기준으로 300m 이하가 되도록 하여야 한다. 다만, 다각망 도선법에 의한 경우에는 점간거리를 500m 이하로 할 수 있다.

⑨ 도근점은 1도곽에 6점 이상을 배치하며 도선망은 정방형에 가깝도록 편성하는 것이 바람직하다.

⑩ 점의 위치는 세부측량의 기준점으로 사용함에 유리한 지점으로 한다.

⑪ 도선은 되도록 도곽선의 근처 행정구역계에 있는 도로, 하천, 구거 등을 따라 편성하여 양쪽 도면에 도근점을 전개하여 활용할 수 있도록 한다.

⑫ 도선점은 교통의 방해가 적고 운행에 따른 지역의 진동이나 시통의 방해를 피하여야 한다.

⑬ 기계를 세우기가 용이하다고 지반이 견고한 장소를 택한다.

⑭ 측점의 보존에 유리한 장소를 택한다. 일시적인 도근점의 경우에도 보존성이 양호한 노면의 수도전 뚜껑 및 차도와 보도의 경계석 등을 적절히 이용 할 수 있다.

3) 표지의 설치

선점이 끝나면 측점을 표시하기 위하여 측량의 목적에 따라 적절한 표지를 설치한다. 결정된 측점을 표시하기 위하여 콘크리트주, 석주, 나무말뚝 등을 측점에 설치하는 것으로 일시적으로 사용할 때는 나무 말뚝 등도 가능하나 영구적으로 보존할 경우에는 콘크리트나 석주를 사용하여 지하에 견고하게 설치한다. 우리나라에서 사용하는 도근점표지에는 표석, 철재 또는 플라스틱제, 금속제가 있다.

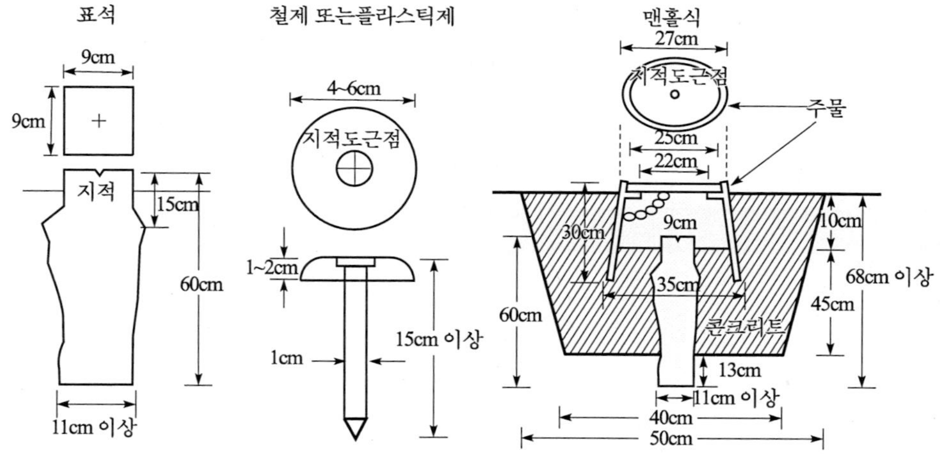

[그림 4-51] 지적도근점 표지의 유형

4) 관측

지적도근측량은 삼각점, 지적삼각점, 지적삼각보조점 및 도근점을 기초로 하여 도선법, 교회법 또는 다각망도선법으로 실시한다.

(1) 도선의 구분

① 1등도선은 위성기준점, 통합기준점, 삼각점, 지적삼각점 및 지적삼각보조점의 상호간을 연결하는 도선 또는 다각망도선으로 하고 도선명은 가, 나, 다 순으로 표기한다.

② 2등도선은 위성기준점, 통합기준점, 삼각점, 지적삼각점, 지적삼각보조점과 도근점간 또는 도근점 상호간을 연결하는 도선으로 하고 도선명은 ㄱ, ㄴ, ㄷ순으로 표기한다.

③ 지적도근점의 번호는 영구표지를 설치하는 경우에는 시·군·구별로, 영구표지를 설치하지 아니하는 경우에는 시행지역별로 설치순서에 따라 일련번호를 부여한다. 이 경우 각 도선의 교점은 지적도근점의 번호 앞에 "교"자를 붙인다.

(2) 수평각 관측

① 도선법과 다각망 도선법의 적용에 있어서 수평각의 관측은 시가지 지역, 축척변경지역 및 경계점좌표등록부 시행 지역에 대하여는 배각법에 따르고, 그 밖의 지역에 대하여는 배각법과 방위각법을 혼용한다.

② 관측은 20초독 이상의 정밀경위의를 사용하며, 연직각의 관측은 올려본 각과 내려본 각을 관측하여 그 교차가 90초 이내인 때에는 그 평균치를 연직각으로 한다.

③ 점간거리를 측정하는 경우에는 2회 측정하여 그 측정치의 교차가 평균치의 3천분의 1 이하일 때에는 그 평균치를 점간거리로 할 것. 이 경우 점간거리가 경사(傾斜)거리일 때에는 수평거리로 계산하여야 한다.

〈표 4-9〉 관측 및 계산

종 별	각	측정횟수	거리	진 수	좌 표
배 각 법	초	3배각	cm	5자리 이상	cm
방위각법	분	1 회	cm	5자리 이상	cm

④ 교회법의 관측방법은 위의 ①의 내용을 적용하며, 배각법에 의한 수평각을 관측한 경우 삼각형 내각관측치의 합과 180°와의 차 및 기지각과의 차 ±60초 이내로 하고, 2개의 삼각형으로부터 계산한 위치의 연결교차가 0.30m 이하인 때에는 그 평균치를 도근점의 위치로 한다.

(3) 도선거리의 측정

① 도근점간의 거리측정은 전파 또는 광파거리측량기에 의하여 측정한다.

② 점간거리의 측정은 2회 측정하여 그 측정치의 교차가 1/3000m 이하인 때에는 그 평균치를 점간거리로 하되, 점간거리가 경사거리인 때에는 수평거리로 계산하여야 한다.

5) 조정계산

지적도근측량의 조정계산은 도선별로 측각 오차를 산출하여 공차한계 이내일 때에는 배부하고 종횡선차를 계산한다. 또한 기지점 좌표와의 차가 있을 때는 공차 이내일 때 오차를 배부하여 종횡선 좌표를 산출하여 결정한다.

측각오차의 배부방법은 방위각법에서는 측정변수에 비례하여 배부하고 배각법에서는 측선장의 반수에 비례하여 배부한다. 종횡선차의 오차배부에서는 방위각법에서 측선장에 비례하여 배부하고, 배각법에서는 종횡선차의 길이에 비례하여 배부한다. 자세한 사항은 방위각법과 배각법으로 구분하여 설명하기로 한다.

6) 도근점망도 및 표석대장작성

(1) 도근점 망도 작성

도근망도는 지적도근점의 배치와 당해 지역을 쉽게 알아볼 수 있도록 작성하되, 도근망도의 축척은 당해지역 지적도 축척의 10분의 1정도의 크기로 작성하며 지역이 넓어서 한

장으로 작성하기 어려울 때는 크기를 축소하여 작성한다. 그러나 일반적으로 당해 지적도의 일람도에 준하여 작성하는 것이 보통이다.

(2) 도근점표석대장의 작성

계산을 마치면 관측부, 계산부, 망도 등을 합철하여 지적도근측량부를 만들고 측량에 앞서 지적도근점표석 또는 표지를 매설하였거나, 고정물에 각인 또는 고정물에 설치한 지적도근점은 표석대장을 만들어 관리한다.

표석대장을 만들기 전에 현장에 나가 조사를 하여 지상의 구조물로부터 3방향이상에서 실측거리를 측정하여 기재한다. 이러한 작업은 측량이 끝난 다음 실시하려면 많은 시간을 소비하게되므로 선점과 표지 설치시 미리 작업을 해 두면 편리하다.

7) 검사

지적도근측량을 실시한 후에는 소관청에 검사를 받아야 하며 측량성과와 검사성과의 연결교차가 다음의 허용범위 이내인 때에는 그 측량성과로 결정하여야 한다.

- 경계점좌표등록부시행지역 : 0.15 m
- 그 밖의 지역 : 0.25 m

8) 도근점 전개

계산된 좌표를 전산방식에 의해 도근점을 전개하고, 전개한 후에는 지적도근점 간의 거리를 확인하여 계산된 거리와 일치여부를 확인하여야 한다.

4.4 도선법에 의한 지적도근점측량

1) 방위각법에 의한 측량

(1) 방위각의 개념 및 구분

방위각은 북을 기준으로 하여 시계방향으로 측정한 각을 말하며 방위각에는 진북방위각, 도북방위각, 자북방위각의 세 가지로 구분한다. 진북방위각은 자오선의 북방향(북극)을 기준으로 하여 시계방향(우회)으로 측정한 각을 말한다. 자오선은 북극과 측점과 남극을 연결하는 유일한 선을 말하는 것이다.

도북방위각은 평면직각종횡선의 종축의 북방향을 기준으로 하여 우회로 측정한 각을 말한다. 즉, 도북방위는 우리나라 통일원점의 종선을 각각 기준으로 하여 구획된 지적도 도곽의 종선과 일치되며 원점상에서는 도북방위각과 진북방위각이 일치된다. 도북방위각은 각 원점에서 동 또는 서로 멀리 떨어질수록 진북방위각과의 차가 커지며 이를 자오선 수차라 하고, 삼각측량 성과표에서는 이를 α라 표시한다.

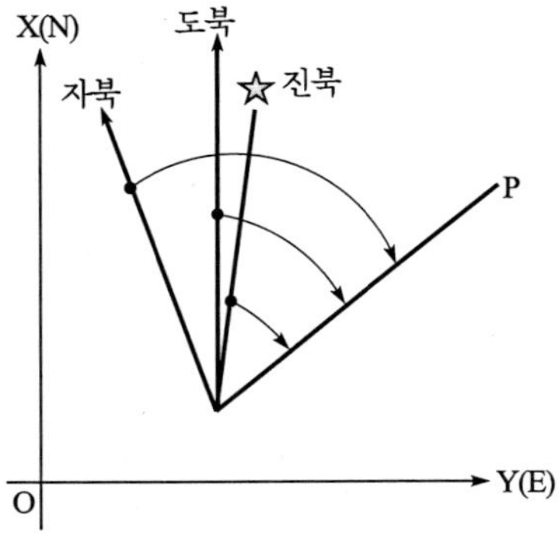

[그림 4-52] 방위각의 구분

자북방위각은 자침이 가리키는 북방향을 기준으로 하여 우회로 측정한 각을 말한다. 자북은 우리나라 위치에서 북극을 향한 때 약간 서편에 기울어져 있어 이를 서편차라 한다.

진북방위각의 측정은 측지학적측량으로서 천문측량방법에 의하여 결정한다. 도북방위각은 지적측량에서 사용되고 있고, 방법은 반전법과 부전법(고정법)이 있다. 반전법은 후시의 경우에 망원경을 반위로 하여 관측하고, 전시의 경우에는 망원경을 정위로 하여 관측하는 것이다. 부전법은 망원경을 정위의 상태에서 각 측선의 방위각을 측정한다. 이는 경위의 제 2조정인 십자선 종선이 수평축과 직교하는 평면 내에 있어야 하고 시준선은 수평축에 직교하여야 하나 이들이 불완전할 때 사용한다. 자북방위각의 측정은 경위의에 장치된 자침반을 사용하여 측정한다.

(2) 방위각관측 및 거리측정부 작성

① 측점 및 시준점 : 기계를 세울점과 시준할 점에 대하여는 선점약도에 의거 기록한다.

② 방위각 : 측량하고자 하는 도선에 대하여 미리 삼각점 성과표에 의거 산출한 기지점 방위각을 기재한다.

③ 고도 : 도선방향에서 1°를 넘는 경사가 있을 때에는 고도각 또는 천정각을 정하여 기재한다.

④ 거리측정 : 거리는 수평거리로 하며, 계산식은 다음과 같다

$L = l \cdot \cos\theta$ (고도각을 관측했을 때)

$L = l \cdot \sin\alpha$ (천정각을 관측했을 때)

여기서,

l : 경사거리

θ : 고도

α : 천정각

⑤ 기타사항 : 관측 년 · 월 · 일, 관측자, 사용기계명, 날씨, 풍력 등을 기재한다.

(3) 기지점방위각 및 거리계산

두 기지점 A(Xa, Ya)와 B(Xb, Yb)가 있을 때 두 점간의 방위각과 거리는 다음의 계산방법에 의하여 구할 수 있는데 이를 역계산이라고도 한다.

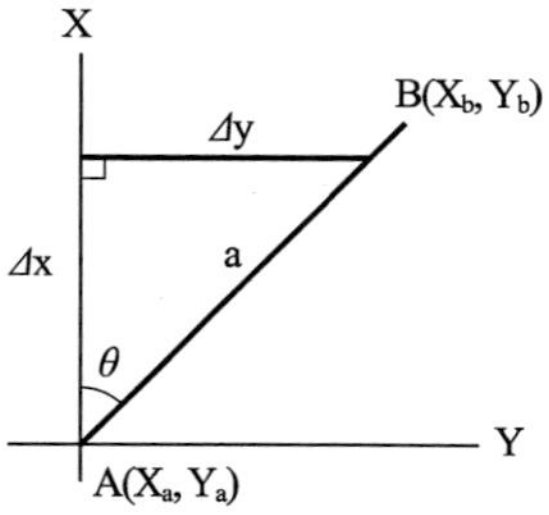

[그림 4-53] 종 · 횡선차 계산

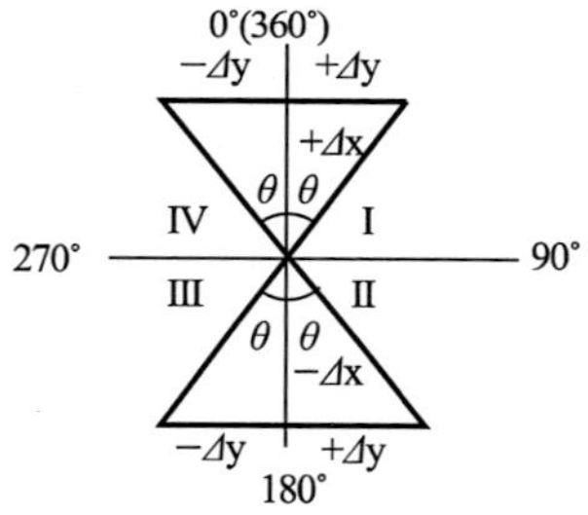

[그림 4-54] 방위각계산

① 기지점방위각계산

[그림 4-54]에서 A, B점의 좌표는 알고 있으므로 두 점간의 좌표의 차 즉 종선차(Δx)와 횡선차(Δy)는 다음 식으로 구할 수 있다.

- $\Delta x = Xb - Xa$,
- $\Delta y = Yb - Ya$

[그림 4-54]에서 Θ각을 중심으로 cosΘ, sinΘ, tanΘ는 다음의 공식으로 구할 수 가 있다.

- $\cos\theta = \dfrac{\Delta x}{a}$
- $\sin\theta = \dfrac{\Delta y}{a}$
- $\tan\Theta = \dfrac{\Delta y}{\Delta x} \quad \Leftrightarrow \quad \Theta = \tan^{-1}\left(\dfrac{\Delta y}{\Delta x}\right)$

지적측량에서 사용하는 방위각은 도북을 기준으로 하여 시계방향으로 측정한 각으로 위 Θ각은 [그림 4-55]에서처럼 Ⅰ, Ⅱ, Ⅲ, Ⅳ 상한 중 어느 한 상한의 Θ각각에 해당된다. 따라서 Ⅰ상한의 경우라면 Θ각은 그대로 방위각이 되고, Ⅱ상한의 경우라면 방위각은 180°에 Θ각만큼 못 미친 경우이므로 방위각은 180°−Θ가 된다. 마찬가지로 Ⅲ상한에서는 180°를 지나 Θ각 만큼 더 지나갔기 때문에 180°+Θ가되고, Ⅳ상한에서는 360°에 Θ각만큼 못 미친 경우가 됨으로 360°−Θ가 된다. 이를 정리하면 〈표 4-10〉과 같고 종선차(Δx)와 횡선차(Δy)에 의하여 Θ각을 구한 후 종선차(Δx)와 횡선차(Δy)의 부호에 따라 방위각을 구할 수가 있다.

〈표 4-10〉 종 · 횡선차의 부호에 따른 방위각 계산

<table>
<tr><th>상한</th><th>방위각 계산</th><th>X</th><th>Y</th><th>그 림</th><th>비 고</th></tr>
<tr><td>Ⅰ</td><td>V = θ</td><td>+</td><td>+</td><td rowspan="4">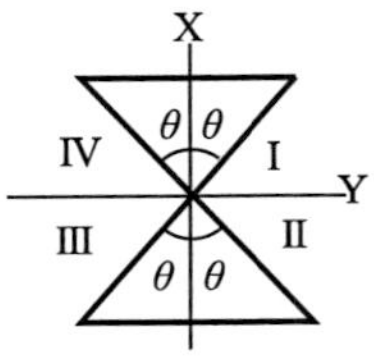</td><td rowspan="4">• 방위각의 계산은 Δx 값과 Δy 값의 부호에 의해서 결정한다.</td></tr>
<tr><td>Ⅱ</td><td>180 − θ</td><td>−</td><td>+</td></tr>
<tr><td>Ⅲ</td><td>180 + θ</td><td>−</td><td>−</td></tr>
<tr><td>Ⅳ</td><td>360 − θ</td><td>+</td><td>−</td></tr>
</table>

(4) 계산 및 오차배분

① 방위각오차의 제한 및 배부

기지삼각점에서 출발하여 순차적으로 각 측점의 방위각을 측정하여 도착삼각점에 폐색하였을 때의 방위각오차는 공차 이내여야 한다.

- 1등도선 : $\pm\sqrt{n}$ 분 ········ (4.77)

  2등도선 : $\pm 1.5\sqrt{n}$ 분

여기서,

n = 폐색변을 포함한 변수

방위각 폐색오차가 공차 이내일 경우에는 측점 수마다 오차가 동일하게 발생하였다고 보고 측정변수(폐색변을 포함)에 비례하여 배부하는 보정치를 식(4.78)에 의하여 구해 배부한다.

- $K_n = -\dfrac{e}{S} \times n$ ········ (4.78)

여기서,

K_n : 각 측선의 순서대로 배부할 분단위의 각도

e : 분단위의 오차

S : 폐색변을 포함한 변수

n : 각 측선의 순서

② 종•횡선오차의 산출 배부

가. 종횡선차의 산출

종선차(ΔX)와 횡선차(ΔY)는 기지출발점으로 부터 각 측점간의 수평거리(l)와 개정방위각(V)에 의해 다음 식으로 산출할 수 있다. Δx와 Δy의 부호는 해당방위각이 속하는 상한에 따라 붙여진다.

$$\Delta x = l \times \cos V \quad \cdots\cdots (4.79)$$

$$\Delta y = l \times \sin V$$

앞에서 계산된 종•횡선차와 출발점과 도착점간의 기지종•횡선차는 일치되어야 한다. 그러나 관측 및 거리측정 등에서 생긴 오차로 인하여 종 . 횡선오차가 발생한다.

기지종횡선차는 다음과 같이 구한다.

기지종선차 = 도착점의 X 좌표 − 출발점의 X 좌표

기지횡선차 = 도착점의 Y 좌표 − 출발점의 Y 좌표

그러므로 종(fx)•횡선오차(fy)는 다음 식에 의하여 구한다.

$fx =$ 종선차의 합 $(\Sigma \Delta x)$ − 기지종선차 (ΔX)

$fy =$ 횡선차의 합 $(\Sigma \Delta y)$ − 기지횡선차 (ΔY)

따라서 연결오차 (ϵd)는 식(4.80)과 같다.

$$\epsilon d = \sqrt{(fx)^2 + (fy)^2} \quad \cdots\cdots (4.80)$$

이 연결오차는 아래의 허용범위의 제한을 받는다.

$\epsilon d = M \cdot 1/100 \sqrt{n}\, cm$ 이하 (1등도선)

$\epsilon d = M \cdot 1.5/100 \sqrt{n}\, cm$ 이하 (2등도선)

여기서,

M : 당해지역의 지적도 또는 임야도의 축척분모

n : 각 측선의 총합계를 100으로 나눈 수

이때의 축척적용에 있어서 경계점좌표등록부를 비치하는 지역인 경우에는 1/500을 적용하고, 축척이 1/3000 이하인 지역에 있어서는 축척 1/3000 지역에 관한 제한을 적용한다. 또한, 하나의 도선내에 당해 지역의 축척이 2종 이상인 때에는 대축척의 제한을 적용한다.

나. 종・횡선오차의 배부

방위각법에 의한 도근측량은 각과 거리의 측정 정밀도가 동일한 것으로 보고, 컴퍼스법칙 (compass rule)에 의하여 각 측선에 비례하여 연결오차가 허용범위 이내일 때에는 종 . 횡선오차를 다음 식에 따라 배부한다.

$$C = -\frac{e}{L} \times l \quad \cdots\cdots (4.81)$$

여기서,

C : 각측선의 종선차 또는 횡선차에 배부할 센티미터 단위의 수치

e : 종선오차 또는 횡선오차

L : 각측선장의 총합계

l : 각측선의 길이

그러나 종횡선의 오차가 적어 위의 공식에 의하여 배부하기 곤란할 때에는 측선장이 긴 것부터 순차적으로 배부하여 종선 및 횡선의 수치를 결정할 수 있다.

다. 종횡선 좌표계산

출발기지점좌표부터 순차적으로 각 측선의 종횡선차와 보정치를 가감하여 계산한다.

$$X_i = Xa + \Delta x_i + Cx_i \quad \cdots\cdots (4.82)$$

$$Y_i = Ya + \Delta y_i + Cy_i$$

즉, 기지점의 종・횡선좌표 + 종・횡선차 + 보정치 = 다음 측점의 종・횡선좌표이다.

$$
\begin{aligned}
\text{종선좌표 } X_1 &= \text{출발기지점종선좌표} + \Delta X_1 \\
X_2 &= X_1 + \Delta x_2 \\
X_3 &= X_2 + \Delta x_3 \\
&\vdots \\
\text{횡선좌표 } Y_1 &= \text{출발기지점횡선좌표} + \Delta y_1 \\
Y_2 &= Y_1 + \Delta y_2 \\
Y_3 &= Y_2 + \Delta y_3 \\
&\vdots
\end{aligned}
$$

예제 10 **방위각관측 및 거리측정부를 이용하여 방위각법에 의한 지적도근측량 계산을 하시오. 단, 2등도선이고, 축척은 1/500지역이다.**

측점	X (m)	Y (m)
42	31,3178.53	23,9835.54
54	31,3112,70	23,9625.36

출발방위각 : 137° 37 ′

도착방위각 : 37° 35 ′

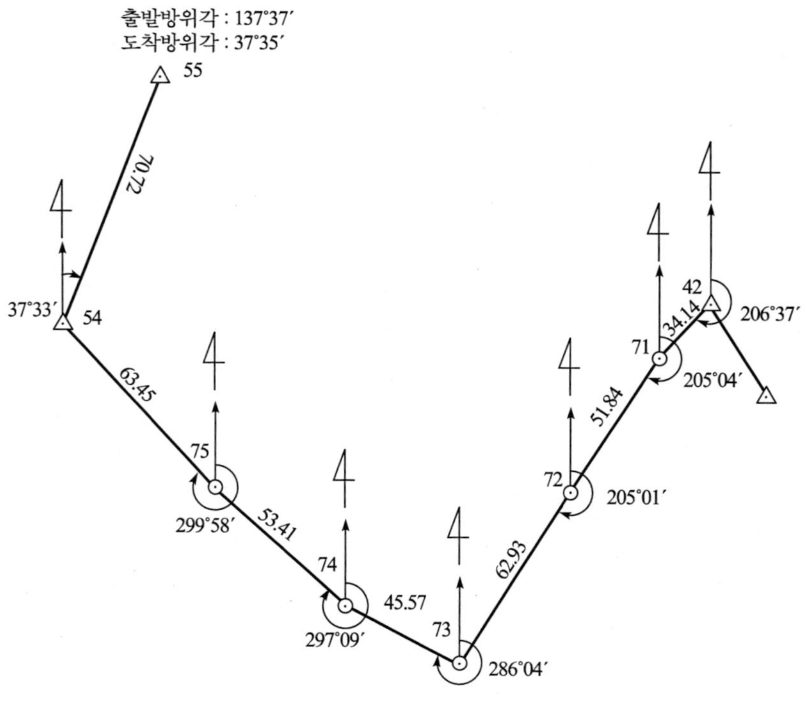

[그림 4-55] 방위각법에 의한 측량

방위각관측 및 거리측정부

측점	시준점	방위각 (° ′ ″)	고도 정/반 (° ′ ″)	고도 평균 (° ′ ″)	측정거리 1회/2회 (m)	측정거리 평균 (m)	보정거리 (m)	수평거리 (m)
ㄷ					. .	.	.	.
42	41	137 37 18			. .	.	.	.
42	71	206 37 30		90 39 12	34.140 34.138	34.139	.	34.14
71	72	205 04 38		89 55 24	51.844 51.844	51.844	.	51.84
72	73	205 01 34		89 33 30	62.933 62.932	62.932	.	62.93
73	74	286 04 06		90 09 00	45.573 45.574	45.574	.	45.57
74	75	297 09 51		91 55 30	53.415 53.414	53.414	.	53.41
75	54	299 58 09		90 46 00	63.457 63.455	63.456	.	63.45
54	55	37 33 20			. .	.	.	.

00. . . 관측	관측자: 홍길동	사용기계:	날씨: 맑음	풍력: 연풍

210㎜×297㎜(보존용지(1종) 70g/㎡)

풀 이

① 측각오차의 배부

각오차(방위각오차)는 $-2'$ 인데 방위각법에 의한 폐색오차의 제한은 1등도선의 경우 $\pm 1.5\sqrt{n}$분이다. 그러므로 $\pm 1.5\sqrt{7}$분 $= 3.9' \fallingdotseq 3'$ 이다. 계산결과에 대해서는 오차의 허용범위를 줄이기 위해 반올림을 하지 않고 절사한다.

이 오차는 공차 이내이므로 변수에 비례하여 배부하는 다음 식(4.83)으로 보정치를 산출한다.

$$\bullet\ K_n = -\frac{e}{S} \times n \qquad \cdots\cdots (4.83)$$

$$K_3 = -\frac{-2'}{7} \times 3 = +0.9 \fallingdotseq 1'$$

② 연결오차

연결오차(ϵd)의 계산은 식(4.84)와 같으므로

$$\bullet\ \epsilon d = \sqrt{(fx)^2 + (fy)^2} \qquad \cdots\cdots (4.84)$$

$$= \sqrt{(0.06)^2 + (0.01)^2} = 0.06m$$

연결오차 제한은 2등도선 이므로 $M \cdot 1.5/100\sqrt{n}\,cm$ 이하이어야 한다.

• $500 \times 1.5/100\sqrt{311.34/100} = 0.13m$ 이다.

③ 종•횡선오차의 배부

연결오차가 공차 이내이므로 식(4.81)에 의거 측선의 길이에 비례하여 배부한다.

㉠ 종선에 대한 보정

$$C = -\frac{e}{L} \times l$$

1측선 …… $-6/311.34 \times 34.14 = -0.6579 = -1$

2측선 …… $-6/311.34 \times 51.84 = -0.9990 = -1$

⋮

6측선 …… $-6/311.34 \times 63.45 = -1.2228 = -1$

위와 같은 방법으로 보정량을 계산하여 각 측선별로 −0.01씩 배부하여 준다.

㉡ 횡선에 대한 보정

횡선에 대하여도 같은 방법으로 계산한다.

1측선 …… $-1/311.34 \times 34.14 = -0.1095 = 0$

2측선 …… $-1/311.34 \times 31.84 = -0.1023 = 0$

⋮

종선에 대한 보정과는 달리 오차의 배부량이 극히 미소하므로 가장 긴 측선인 63.45m에 -0.01를 배부한다.

④ 좌표계산

㉠ 종선좌표

$X_1 = 313178.53 - 30.52 = 313148.01$

$X_2 = 313148.01 - 46.95 = 313101.06$

⋮

㉡ 횡선좌표

$Y_1 = 239835.54 - 15.30 = 239820.24$

$Y_2 = 239820.24 - 21.98 = 239798.26$

⋮

이상의 계산결과를 서식에 의하여 기록하면 〈표 4-11〉과 같다.

〈표 4-11〉 도근측량 계산부(방위각법)

측점	시준점	보정치 방위각	수평 거리	개정방위각	종선차(ΔX) 보정치 종선좌표(X)	횡선차(ΔY) 보정치 횡선좌표(Y)
ㄷ		° ′	m .	° ′	m .	m .
◎ 42	◎ 41	137 37	.	137 37	31 3178.53	23 9835.54
42	71	+0 206 37	34.14	206 37	−30.52 −1 3148.00	−15.30 0 9820.24
71	72	+1 205 04	51.84	205 05	−46.95 −1 3101.04	−21.98 0 9798.26
72	73	+1 205 01	62.93	205 02	−57.02 −1 3044.00	−26.63 0 9771.63
73	74	+1 286 04	45.57	286 05	+12.62 −1 3056.61	−43.79 0 9727.84
74	75	+1 297 09	53.41	297 10	+24.39 −1 3080.99	−47.52 0 9680.32
75	54	+2 299 58	63.45	300 00	+31.72 −2 3112.70	−54.95 −1 23 9625.36
54	55	+2 37 33	(311.34)	37 35	ΣΔx = −65.76 보정ΣΔx = −65.83 fx = +0.07	ΣΔy = −210.17 보정ΣΔy = −210.18 fy = +0.01
기지 n=7		° ′ 37 35 오차 = −2 공차 = ±3	.		오차 = 0.07 m 공차 = ±0.13 m	

210㎜×297㎜(보존용지(1종) 70g/㎡)

2) 배각법에 의한 도근측량

배각법에 의한 지적도근측량은 주로 시가지 지역과 축척변경시행지역 및 경계점좌표등록부시행지역에서 실시하며 일반측량의 다각측량과 같다. 방위각이 출발점의 기지방위각을 근거로 하여 연속적으로 방위각을 측정하는데 비하여 배각법은 각점에서의 협각을 우각 또는 좌각으로 독립하여 측정한다. 수평각을 3배각으로 측정함으로써 거리측정에 비하여 각관측의 정밀도가 비교적 높다. 배각법은 각도를 보다 정밀하게 측정하는데 있다.

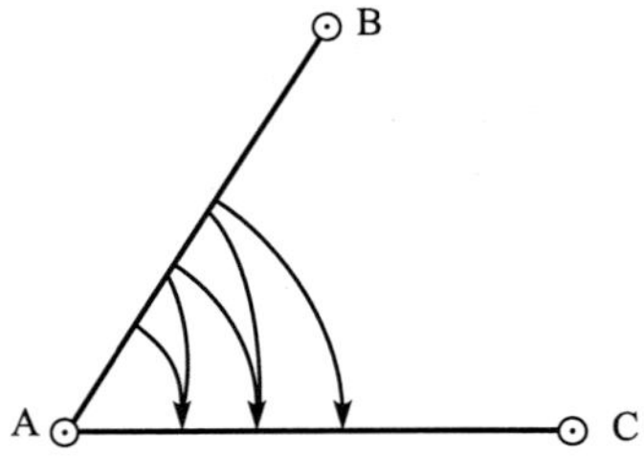

[그림 4-56] 배각법(3 배각 관측)

(1) 각 및 거리측정

① [그림 4-57]에서와 같이 측점 A에 기계를 거치하고 유표를 0°00′00″로 하며 B를 시준하고 우회하여 C까지의 협각을 관측하고 1배각을 기록한다.

② 하부고정나사를 풀고 다시 B점에 되돌아온 다음 이미 관측된 측정값에 2배각을 가산하여 측정하지만 관측부에는 기록하지 않는다.

③ 다시 3배각을 측정기록하고 이를 3으로 나누어 평균각을 얻는다. 이 때에는 3배각의 평균값과 1배각 관측값이 서로 30″ 이상 차이가 나서는 안된다.

④ 연직각의 관측은 올려다 본 각(앙각)과 내려다본 각(부각)을 관측하여 그 교차가 ±90″ 이내일 때에는 그 평균치를 연직각으로 한다.

각은 초위까지 관측하고 거리는 광파거리측량기를 이용하여 2회 cm 단위까지 측정하되 거리측정 교차는 평균치의 1/3000 이내로 한다.

(2) 측각조정 및 평균각 계산

출발 시 측각의 출발차가 발생하면 이를 각각에 가산하여 결과란에 기입한다. 이들 3배각을 3등분한 각을 평균각에 기입한다. 평균각은 0.1″ 까지 기록한다. 고도, 측정거리 및 수평거리란에 기재하는 요령은 방위각관측 및 거리측정부의 경우와 같다.

① 관측 각오차의 배부

배각법에 의할 때, 1배각과 3배각의 평균값에 대한 교차는 30″ 이내로 하고, 도선의 기지방위각 또는 평균방위각과 관측방위각의 오차는 n을 도착변을 포함한 변수로 할 때 1등도선은 $\pm 20\sqrt{n}$초 이내, 2등도선은 $\pm 30\sqrt{n}$초 이내로 한다.

가. 오차의 계산

각오차는 관측각의 합계와 출발방위각을 더하고 각규약에 도착방위각을 합한 것을 뺀 것으로 다음과 같다.

$$e = \Sigma\alpha + T_1 - \{180^\circ(n-1) + T_2\} \quad \cdots\cdots (4.85)$$

여기서,

T_1 : 출발방위각

T_2 : 도착방위각

n : 폐색변을 포함한 변수(측정횟수)

나. 오차배부

각오차는 측선장에 반비례하여 각 측선의 관측각에 배부한다. 즉, 변장반수에 비례하여 배부한다.

$$K = -\frac{e}{R} \times n \quad \cdots\cdots (4.86)$$

여기서,

K : 각측선의 배부할 초단위의 각도

e : 초단위의 오차

R : 각 측선장 반수의 총합계

n : 각 측선장의 반수

1 변장반수(n)는 변의 크기에 반비례하여 각오차를 배부하기 위하여 각변장을 1000으로 나누어 산출한다.

$$n = \frac{1000}{l_i} \quad \cdots\cdots (4.87)$$

② 방위각계산

관측각에 보정치를 가감하여 출발방위각에 계산을 하여 방위각을 산출한다. 제 1측선의 방위각은 기지방위각에 교각을 더하고 제 2측선부터는 제 1측선에 180˚ 를 가감한 후에 교각을 더해준다. 출발방위각에서 부터 시작하여 각 측선의 방위각을 산출해 나가서 최종적으로 도착기지 방위각과 일치하는가를 확인하여야 한다.

가. 우회각을 측정할 때에는 제 1측선의 방위각을 기지방위각에 교각을 더하고 제2측선부터는 제 1측선에 180° 를 가감한 후에 교각을 더해 준다.

$V_1 = T_1 + \alpha_1$

$V_2 = (V_1 \pm 180°) + \alpha_2$

⋮

$V_n = (V_{n-1} \pm 180°) + \alpha_n$

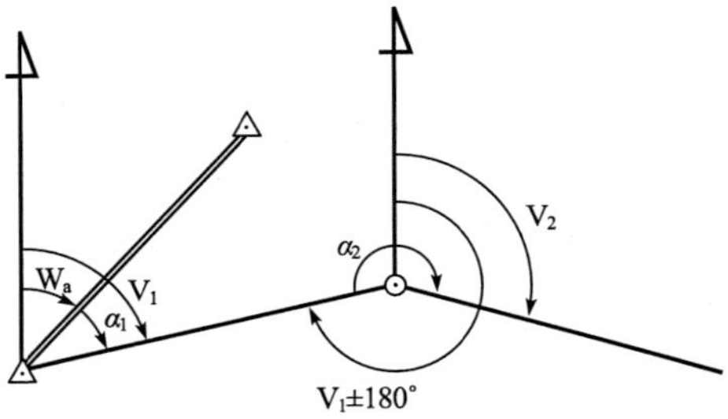

[그림 4-57] 방위각 계산 (a)

나. 좌회각을 측정할 때에는 제 1측선의 방위각을 기지방위각에서 교각(α_1)을 빼주고 제2측선부터는 제 1측선에 180° 를 가감한 후에 해당 교각을 빼 준다.

$V_1 = T_1 - \alpha_1$ ···· (4.88)

$V_2 = (V_1 \pm 180°) - \alpha_2$

⋮

$V_n = (V_{n-1} \pm 180°) - \alpha_n$

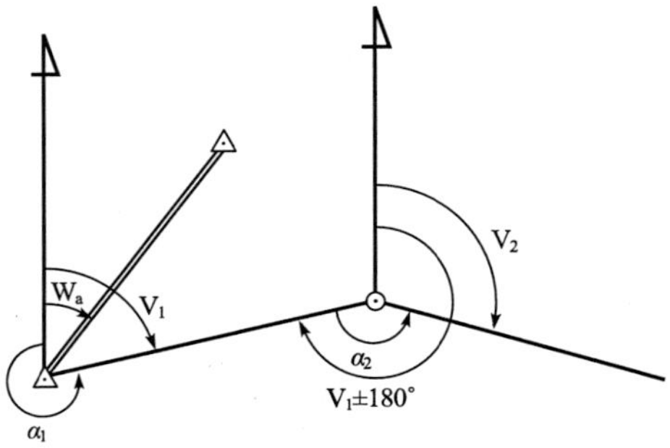

[그림 4-58] 방위각 계산 (b)

출발 방위각에서부터 시작하여 각 측선의 방위각을 산출해 나가서 최종적으로 도착기지 방위각과 일치하는가를 확인하여야 한다.

③ 종횡선좌표계산

가. 각 측선의 종횡선차의 계산은 방위각법의 산출방법과 동일하다.

즉, 종선차(Δx) $= l \cdot \cos V$ ································ (4.89)

횡선차(Δy) $= l \cdot \sin V$

나. 종횡선차가 산출되면 기지삼각점의 종횡선차와 비교하여 종횡선 오차를 계산하고 연결오차를 산출하여 허용범위 이내인가를 확인한다.

종횡선 오차를 (fx), (fy), 기지방위각의 종횡선차를 ΔX, ΔY라면,

기지 종횡선 오차의 계산은

- 기지 종선차 = 도착점의 X좌표 − 출발점의 X좌표
- 기지 횡선차 = 도착점의 Y좌표 − 출발점의 Y좌표

종횡선 오차의 계산은

- 종선오차(fx) = 종선차의 합($\Sigma\Delta x$) − 기지종선차
- 횡선오차(fy) = 종선차의 합($\Sigma\Delta y$) − 기지횡선차

다. 연결오차는

- $\epsilon d = \pm \sqrt{f(x)^2 + f(y)^2}$ 이다.

라. 종횡선오차의 허용범위(공차)는 다음 공식에 의하여 산출한다.

- 1등도선 : $M \times \frac{1}{100}\sqrt{n} = cm$ 이하

  2등도선 : $M \times \frac{1.5}{100}\sqrt{n} = cm$ 이하

  여기서, n : 수평거리 / 100 (m단위)

  M : 당해지역의 지적도 또는 임야도의 축척분모

마. 종 · 횡선오차의 배부

종·횡선오차 배부는 트랜싯트 법칙에 의한다. 즉, 거리측정에 비하여 각측정이 정확하게 측정된 경우 적용되는 방법이며, 오차배부는 종횡선차의 크기에 비례하여 배부하며, 오차가 근소한 경우 종횡선차가 긴 것부터 순차 배부한다.

$$T = -\frac{e}{L} \times l \quad \cdots\cdots (4.90)$$

여기서, T : 각 측선을 종선차 또는 횡선차에 배부할 센티미터 단위의 수치

e : 종선오차 또는 횡선오차

L : 종선차 또는 횡선차의 절대치의 합

l : 각 측선의 종선차 또는 횡선차

공식에 의하여 오차를 배부할 경우 오차와 1cm정도의 차이가 있을 때에는 종·횡선에 영향이 가장 적은 것에 가감한다.

바. 좌표계산

출발 기지점으로 부터 순차적으로 좌표계산을 실시하고 폐색 여부를 확인한 종횡선 오차의 배부에 있어서도 종·횡선차의 최소 최대값을 고려하여 불필요한 계산을 생략한다.

예제 11 배각법으로 관측한 결과를 이용하여 주어진 서식으로 지적도근측량 계산을 하시오. 단, 2등도선이고 축척은 500분의 1지역이다.

측점	X(m)	Y(m)
42	31,3178.53	23,9835.54
54	31,3112.70	23,9625.36

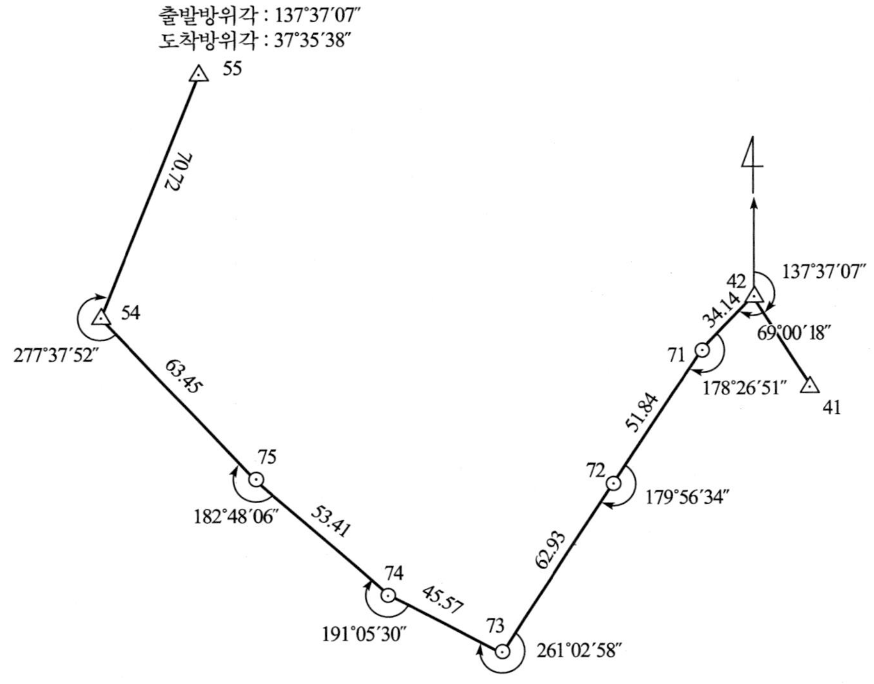

[그림 4-59] 배각법에 의한 측량

〈표 4-12〉 배각관측 및 거리측정부

측점	시준점	배수	관측각 (° ′ ″)	관측각조정 출발차 (′ ″)	관측각조정 결과 (° ′ ″)	평균각 (° ′ ″)	고도 정/반 (° ′ ″)	고도 평균 (° ′ ″)	측정거리 1회/2회	측정거리 평균	보정거리	수평거리
									m . / .	m .	m .	m .
42	41/71	0	0 0 0			690018		903912	m 34.140	34.139	m .	34.14
		1	690018									
		3	2070055						34.138			
71	42/72	0	0 0 0			1782651		895524	m 51.844	51.844	m .	51.84
		1	1782703									
		3	1752032						51.844			
72	71/73	0	0 0 0			1795634		89 3330	m 62.933	62.932	m .	62.93
		1	1795643									
		3	1794942						62.932			
73	72/74	0	0 0 0			2610258		900900	m 45.573	45.574	m .	45.57
		1	2610306									
		3	630854						45.574			
74	73/75	0	0 0 0			1910530		915530	m 53.415	53.414	m .	53.41
		1	1910530									
		3	2131630						53.414			
75	74/54	0	0 0 0			1824806		904600	m 63.452	63.454	m .	63.45
		1	1824809									
		3	1882419						63.455			
54	75/55	0	0 0 0			2773752		901044	m 70.722	70.724	m .	70.72
		1	2773752									
		3	1125336						70.725			
									m . / .	m .	m .	.

. . . 관측 | 관측자: | 사용기계: | 날씨: | 풍력:

210㎜×297㎜(보존용지(1종) 70g/㎡)

풀 이

① 각오차의 계산

오차계산은 식(4.85)를 적용하여

출발방위각 (42-41) : 137° 37′ 07″

관측각의 합 : 1339° 58′ 09″

측점수(n) : 7개

도착방위각 : 37° 35′ 38″

$$e = \Sigma\alpha + T_1 - \{180°(n-1) + T_2\}$$

$$= 1339°58'09'' + 137°37'07'' - \{180°(n-1) + 37°35'38''\}$$

$= -22''$이다.

② 공차(폐색오차의 제한)

2등도선이므로 공차는 $\pm 30\sqrt{n}$초 이내이다.

$\therefore \pm 30\sqrt{n} = \pm 79''$

따라서, 오차가 공차 내이므로 다음 계산을 시행한다.

③ 오차배부

측각오차는 거리반수에 비례하여 오차를 배부하므로 식(4.86)을 이용하여 배부하면 된다.

$$K = -\frac{e}{R}n$$

도근점 42번 $22/120.9 \times 29.3 = 5.3 \fallingdotseq 5''$

도근점 71 $22/120.9 \times 19.3 \fallingdotseq 4''$

도근점 72 $22/120.9 \times 15.9 \fallingdotseq 3''$

④ 방위각계산

관측각의 조정이 끝난 후에 보정치를 가감하여 출발방위각에 계산을 하여 방위각을 산출하면 된다.

제 1측선의 방위각은 기지방위각에 교각을 더하고 제 2측선부터는 제 1측선에 180° 를 가감한 후에 교각을 더해준다.

• 42 → 71 방위각

$V_1 = T_1 + \alpha_1$

$= 137°37'07'' + 69°00'23'' = 206°37'30''$

• 71 → 72 방위각

$V_2 = (V_1 \pm 180°) + \alpha_2$

$= 206°37'30'' + 180° + 178°26'51'' + 4'' = 205°04'25''$

• 72 → 73 방위각

$V_3 = (V_2 \pm 180°) + \alpha_3$

$= 205°04'25'' + 180° + 179°56'34'' + 3'' = 205°01'02''$

⑤ 종횡선차계산

㉠ 각 측선의 종횡선차 산출방위각법에서 계산한 방법과 동일하다.

㉡ 기지종횡선차 및 오차의 계산

㉮ 기지종횡선차 및 오차의 계산

기지종선차 = 313112.70m − 313178.53 = −65.83m

기지횡선차 = 239625.36m − 239835.54 = −210.18m

㉯ 종횡선오차

fx = −65.82 − 65.83 = 0.12

fy = −210.16 − 210.18 = 0.13

㉰ 연결오차 및 공차계산

연결오차는 $\sqrt{(0.01)^2 + (0.02)^2} = 0.02m$

2등도선이며, 축척이 1/500 이므로

공차는 $500 \times \frac{1.5}{100}\sqrt{311.34/100} = \pm 0.13m$

오차가 공차 내이므로 다음 계산을 시행한다.

⑥ 종횡선오차의 배부

종선차, 횡선차의 절대치 크기에 비례하여 배부하는 식(4.90)에 적용하여 배부한다.

⑦ 좌표계산

방위각법에서 설명한바와 동일하다. 이상의 계산결과를 서식에 기록하면 〈표 4-13〉과 같다.

〈표 4-13〉 지적도근측량 계산결과

측점	시준점	관측각 (° ′ ″)	보정치	반수 평면거리 (m)	방위각 (° ′ ″)	종선차 (⊿X) 보정치 종선좌표 (X) (m)	종선차 (⊿Y) 보정치 횡선좌표 (Y) (m)
ㄷ							
①42	①41				137 37 07	31 3178.53	23 9835.54
①42	71	69 00 18	+5	29.3 34.14	206 37 30	−30.52 3148.01	−15.30 9820.24
71	72	178 26 51	+4	19.3 51.84	205 04 25	−46.95 3101.06	−21.97 9798.27
72	73	179 56 3	+3	15.9 62.93	205 01 02	−57.03 −1 3044.02	−26.61 9771.66
73	74	261 02 58	+4	21.9 45.57	286 04 04	+12 61 3056.63	−43.79 9727.87
74	75	191 05 30	+3	18.7 53.41	297 09 37	+24.38 3081.01	−47.52 −1 9680.34
75	①54	182 48 06	+3	15.8 63.45	299 57 46	+31.69 31 3112.70	−54.97 23 −1 9625.36
①54	①55	277 37 52		(120.9) (311.34)	37 35 38		
n=7	$\Sigma\alpha=$	13 3 9 5 8 0 9		.		Σ|⊿x| = 203.18 Σ⊿x = −65.82 보정Σ⊿x = −65.83 fx = +0.01	Σ|⊿y| = 210.16 Σ⊿y = −210.16 보정Σ⊿y = −210.18 fy = +0.02
	−180 (n+1)= T_1=	14 4 0 0 0 0 0 1 3 7 3 7 0 7		.			
	T_2'= $-T_2$=	3 7 3 5 1 6 3 7 3 5 3 8		.		오 차 = 0.02 m	.
		오차 = −22 공차 = ±79		.		공 차 = ±0.13 m	.

4.5 교회법에 의한 지적도근점측량

지적도근측량에 있어서 주로 도선법에 의하여 측량을 실시한다 하더라도 지형상 도선의 연결이 곤란하거나 도선 외에 한 두점 정도의 지적도근점을 설치하고자 할 때에는 교회법에 의할 수 있다. 이때에도 각의 측정방법은 도선법에서와 같이 시가지 지역에 있어서는 배각법을 기타 지역에 있어서는 방위각법을 주로 사용한다. 교회법은 삼각점, 지적삼각점, 지적삼각보조점 및 지적도근점을 기준으로 하여 시행하며 일반적으로 계획에 따라 도선의 관측과 동시에 측정하는 것이 보통이다.

1) 시행절차

① 교회법을 시행하고자 할 때에는 먼저 현지의 점의 위치를 정하고 도상계획에서 교회망을 계획한다.

② 교회는 3방향의 교회에 의한다.

③ 기지내각과 구점에서 측정된 각과의 합은 180° 이상이 되도록 한다.

④ 방향선장은 평균 200m로 하고 각 내각은 30° 이상 120° 이하로 한다.

⑤ 수평각관측은 시가지 지역에서 배각법을, 기타 지역에서는 방위각법과 배각법을 혼용한다.

⑥ 각도는 배각법에서는 초단위, 방위각법에서는 분단위로 계산한다.

⑦ 배각법에 의한 수평각을 관측시 삼각형 내각 관측치의 합과 180°와의 차 및 기지각과의 차는 ±60초 이내가 되도록 한다.

⑧ 교회점의 계산에서 대수는 5위 이상을 사용하고 거리 및 좌표는 ㎝ 단위로 산정한다.

⑨ 2개의 삼각형으로부터 계산한 위치의 연결교차가 0.30m이하인 때에는 그 평균치를 지적도근점의 위치로 한다. 이 경우 연결교차의 계산은 $\sqrt{종선교차^2 + 횡선교차^2}$ 에 의한다.

2) 방위각 측정

방위각을 측정하는 방법은 도선의 측량방법이 방위각법 또는 배각법에 따라 달라지지만 정확한 관측을 위해서는 배각법을 사용한다. 배각법은 각 측점마다 독립하여 관측하여야 하며 [그림 4-61]과 같이 교각을 형성하여야 한다.

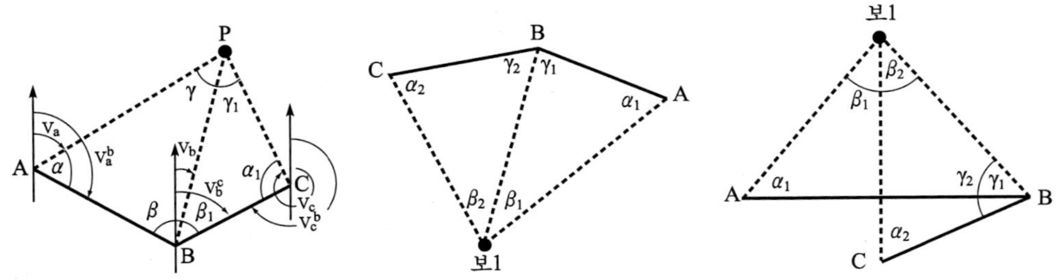

[그림 4-60] 교회법의 망형태

3) 교회법의 계산

교회법의 계산은 관측부상의 측정값을 계산부에 이기하여 계산하게 된다. 이때 교회망의 부호는 일반적으로 [그림 4-61]와 같이 지정한다.

부호를 붙이는 이유는 계산부를 작성하는데 있어서 하나의 약속이므로 잘 익혀두어야 하며 때로는 망의 형태에 따라 식의 변형을 가져오기도 한다. 따라서 계산시에는 부호의 의미를 잘 알고 있어야 한다. 또한 계산 방법은 지적삼각보조측량의 교회법 계산 방법을 준용한다.

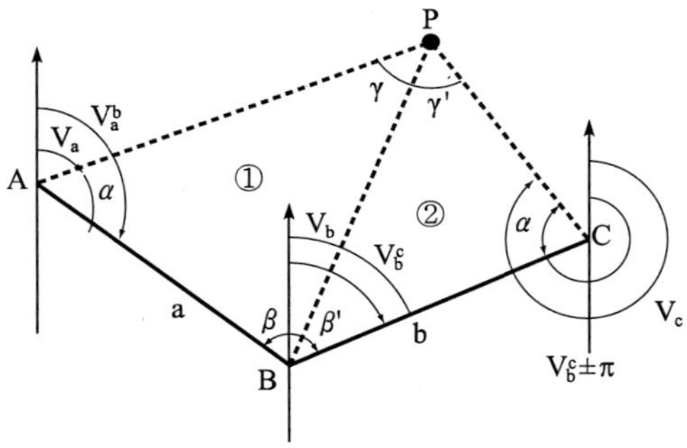

[그림 4-61] 교회망의 부호

4.6 다각망도선법에 의한 측량

다각망도선법의 근본 취지는 주변의 기지점을 될 수 있는 한 많이 포용하는 도근망을 목적으로 하고 있으므로 여러 기지점과 결합하는 망의 형태가 되고 교점을 둔 도선이 3개 이상 되도록 규정하고 있다. 망의 기본적인 형태는 X형, Y형, A형, H형을 기본형으로 하고 이러한 망을 복합하여 작업을 시행하는 방법인 복합형이 있으며 이를 총칭하여 교점다각망이라고도 한다. 도근측량에서 하나의 측선의 길이와 방향을 관측하기 위하여 데오돌라이트와 광파측거기(EDM) 또는 Total Station을 주로 사용하지만, 측량 장비의 발달에 따라 최근에는 GPS를 활용하기도 한다.

1) 작업 기준

(1) 선점계획도

망구성을 위하여 선점계획도를 작성하여 이에 의거 도선을 정하며 이에 따른 도근점을 선점 도상에 표시하고 1차 교점의 위치를 확인하여 현장 답사와 도근점 매설 작업 시 다시 교점으로 할 점의 위치와 공통시준점으로 관측에 지장이 없는지를 확인하고 변동이 있을 때는 계획도에 표시하여 관측 시 누락이 없도록 한다.

(2) 망의 구성

교점다각망의 구성은 교점으로 선택된 도근점으로부터 여러 도근점을 연결 또는 기지점과 교점 간 또는 교점과 교점 간을 상호 연결하는 망으로 구성하며 각각의 망에 적합한 다양한 노선이 형성되므로 관측을 시행할 때에는 각 노선에서의 공통 시준이 가능하도록 구성한다.

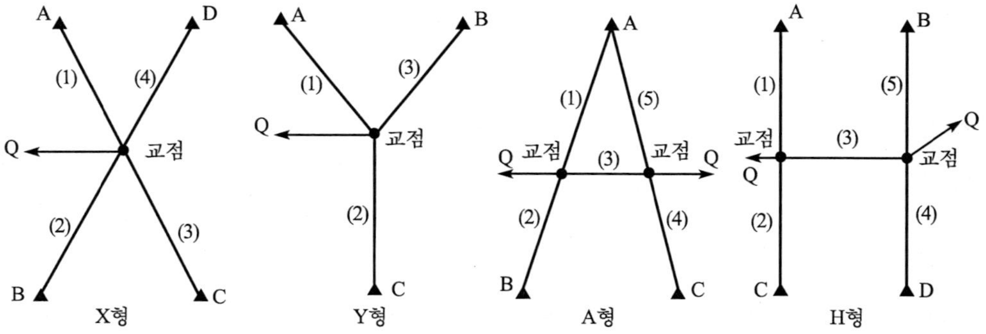

[그림 4-62] 교점다각망의 형태

도근망은 형태에 따라 [그림 4-62]와 같이 X망, Y망, A망, H망의 교점다각망은 조건식 수의 계산 공식에 따라 조건식과 관계없이 최소조건식 수만 만족하게 하면 된다. 도근망은 각 도선을 필요에 따라 그물 모양으로 연결한 것으로 A망은 H망의 2개의 기지점 A, C가 일치한 경우이며 H망과 본질에서 다른 것은 아니다.

또한, X 및 Y망은 3개의 기지점에 근거하여 교점 1개를 평균하고 A, H망은 교점 2개를 평균하는 것이다. 그리고 망형은 3개 이상의 기지점에서 교점 1개 이상을 평균하며 삼각점이나 지적삼각보조점과 거의 같은 정밀도를 유지하고 세계적으로 많이 활용되고 있으며 구획정리와 같은 망이 복잡한 곳에 이를 활용토록 하고 있다. 조정은 꼭 시행하여 항상 정확한 기계 상태로 사용하도록 하여야 한다. 데오돌라이트는 정밀기계이고 서로의 기능이 연관조립 되어있으므로 한 번에 조정하려고 하지 말고 조금씩 반복하여 확인하면서 시행하는 것이 중요하다. 또한, 점검 및 조정은 정준, 구심 및 관측을 정확히 하기 위한 것이며 오차를 최소한으로 줄이기 위하여 시행하는 것이다.

(3) 기본망의 조건식

X망은 원형에 가까운 지구의 망구성에 적합한 형태로 최대조건식 수는 4개이지만 조건식 수는 3개만 만족하면 성립되고, Y망은 가장 단순한 망으로 최대조건식 수는 3개이지만 조건식 수는 2개만 만족하면 성립된다. 또한, A, H망은 최대조건식 수는 4개이지만 일반적으로 조건식 수는 3개만 만족하게 하면 된다. 교점다각망형은 조건식 수의 계산공식에 따라 조건식과 관계없이 최소 조건식 수만 만족하게 하면 된다. 일반적으로"최소조건식 수(r) =도선수(n) -교점수(u)"와 같이 계산한다.

서로 연결이 되는 도선을 화살표 방향으로 표시하며 도선별 방정식의 부호 결정은 관측 진행 방향과 일치할 경우(+), 관측 진행 방향과 반대일 경우(-)로 한다. Y형은 가장 단순한 망으로 도선수가 3개이고 교점이 1개이므로 최대조건식 수는 3개이지만 조건식 수가 2개이면 성립된다.

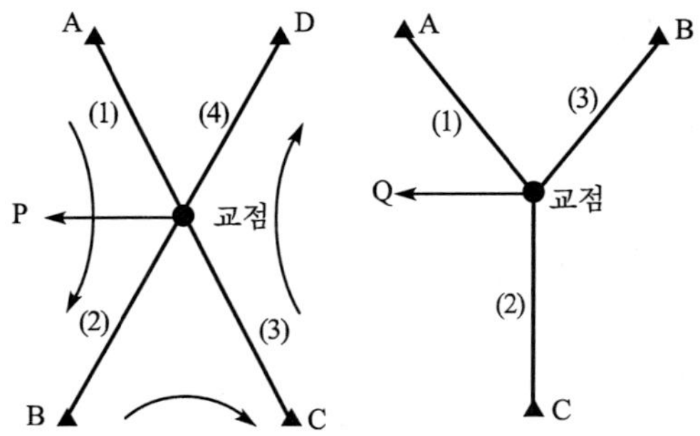

[그림 4-63] X · Y 망

• Y망의 조건식

Ⅰ : $(1)-(2)+W_1=0$

Ⅱ : $(2)-(3)+W_2=0$

여기서, W_1, W_2, W_3는 오차이다.

• X망의 조건식

Ⅰ : $(1)-(2)+W_1=0$, $W_1=(1)$도선방위각 $-$ (2)도선방위각

Ⅱ : $(2)-(3)+W_2=0$, $W_2=(2)$도선방위각 $-$ (3)도선방위각

Ⅲ : $(3)-(4)+W_3=0$, $W_3=(3)$도선방위각 $-$ (4)도선방위각

• A · H망의 조건식

Ⅰ : $(1)-(2)+W_1=0$

Ⅱ : $(2)+(3)-(4)+W_2=0$

Ⅲ : $(4)-(5)+W_3=0$

W_1, W_2, W_3: 교점의 방위각 또는 종 · 횡선의 오차

위의 조건식은 방위각과 좌표의 조정계산에 해당하는 식으로 최소조건식 수에 맞추기 위하여 생략할 수도 있다. Y망의 조건식을 설명하면

① 모든 도선에서 교점을 향하여 관측하고 계산한다.

② 각도 관측은 3배각에 의한 평균 내각을 사용한다.

③ 방위각은 교점에서 방향표(Q)에 대한 것이다.

Y망에서는 같은 교점에서 같은 방향표에 대한 관측방위각이 3개가 된 것을 알 수 있을 것이다. 즉, (1), (2), (3)의 도선을 관측한 관측방위각을 $V_{(1)}$, $V_{(2)}$, $V_{(3)}$ 라고 하면 이는 모두 같은 각이 되어야 한다는 조건식으로 성립하는 것이다.

그러므로 Ⅰ상관식 $(1)-(2)+W_1=0$에서 의미하는 것은 $V_{(1)}-V_{(2)}+W_1=0$이 되는 것이다. 즉, (1) 도선을 거쳐 교점에서 방향표를 관측한 관측방위각의 차를 보정하여 0이 되기 위한 조건식인데 이것은 $V_{(1)}$, $V_{(2)}$를 평균하여 일치하도록 하는 것이다. 그러나 Ⅱ의 상관식인 $(2)-(3)+W_2=0$에서 보면 (2)도선을 거쳐 관측한 관측방위각과 (3)도선을 거쳐 관측한 관측방위각을 평균하여야 하는데 Ⅰ상관식에서 평균한 방위각과는 다른 방위각으로 평균 될 것이다. $V_{(2)}-V_{(3)}+W_1=0$로 Ⅲ상관식의 평균방위각도 결국은 Ⅰ, Ⅱ

의 평균각과는 다르다. 그러므로 Ⅰ, Ⅱ, Ⅲ의 상관식의 모든 평균값을 일치되도록 하기 위해서는 Ⅲ의 식을 동시에 만족시키는 계산이 필요하다.

(4) 도선의 관측

교점다각망의 각 관측은 배각법에 따른 3배각의 관측방법으로 실시하며 공통 기초점(Q)은 각각의 노선에서 모두 관측할 수 있는 공통의 점을 선택한다. Q점은 평판측량에서 도선법에서 표정한 것과 같이 관측 중에 확인이 가능한 전주 등과 같은 점으로 선택하여 교회측량방법과 유사한 방법으로 실시한다. 교점다각망은 기지점과 교점 간 또는 교점과 교점 간을 상호 연결하는 망으로 구성하고, 지적삼각보조점의 관측 기준에 따라 화살표 방향으로 관측을 시행한다.

도선 관측의 진행 방향 설정은 기지점에서 교점까지 도선을 이루는 경우 기지점에서 출발하여 교점을 향해 관측을 시행하고 교점과 교점이 만나 한 도선을 이루는 경우는 방향과 관계없이 진행하여도 된다. 각각의 교점에서는 시준이 가능한 임의 점을 선택하는데 기준점 또는 피뢰침 등의 고정된 물체 또는 임의의 점은 가능한 각 교점에서 공통으로 보이는 시준점으로 선정한다. 도선이 다를지라도 같은 교점에서 각을 폐색시키는 방향은 반드시 같아야 한다.

관측은 수평각, 연직각, 기계고 및 시준고 등을 관측하며 수평각은 윤곽도를 0°, 90°로 하여 정, 반으로 배각 관측으로 수평각관측부에 기재한다. 출발차의 배분은 관측값에 가감하여 조정하며 폐색차는 1각에서 $\frac{e}{n}$, 2각에서 $\frac{2e}{n}$ 식으로 배분하며 연직각은 정반으로 2회 관측한 성과를 평균한다.

(5) 각 관측

각 관측은 숙련된 측량사일 경우에도 관측값은 근삿값으로 오차가 발생하므로 주의하여야 한다. 관측의 과실이나 정오차에 대한 것은 최소로 하거나 없애도록 하며 부정오차에 대해서는 발생 원인이 불확실하고 오차 발생은 관측할 때마다 조건이 변화하기 때문에 원인을 전부 찾을 수는 없다. 교점다각망의 각 관측은 배각법에 따른 3배각으로 관측하며 여러 가지 기계적 오차의 영향을 되도록 적게 하여 더욱 정밀한 관측을 하기 위해 사용되는 방법이다. 즉, n회 측정한 각을 n배각이라 하고 α_0은 처음 읽음값, α_n은 나중 읽음값, 구하는 평균각을 α라 하면 $\alpha = \frac{\alpha_o - \alpha_n}{n}$이다. 관측횟수는 측량 목적 및 지역에 따라 정밀도를 고려하여 대개 2~6회로 한다. 정밀도를 높이고자 할 때 망원경을 정, 반으로 하는 외에 좌회 및 우회로 측정하여 4조의 관측값을 평균한다.

(6) 거리측정

공간정보의 구축 및 관리 등에 관한 법률에는 점간거리는 2회 측정하여 그 교차가 축척 분모의 5/1,000cm 이내일 때에는 그 평균값을 점간거리로 하여 그 교차가 1/3,000 이내일 때 평균값을 점간거리로 하도록 규정하고 있어 정밀도에서 많은 향상을 보인다. 다각측량에서 측점 사이의 거리는 소요 정확도와 현지 상황 등에 따라 사용 기계, 관측방법을 변경하며 정밀한 결과를 요구할 때는 전파 거리측량기가 사용된다. 경사지에서 직접 경사 거리(L)를 관측한 경우에는 경사각(θ)을 관측하여 수평거리를 d라 하면 $d = L \cdot \cos\theta$ 식으로 구할 수 있다.

(7) 폐색오차의 제한

도선별 평균방위각과 관측방위각의 폐색오차는 $\pm 10\sqrt{n}$ 초 이내로 한다. (n은 폐색변을 포함한 변수) 도선별 연결오차는 0.05 × S미터 이하로 한다.(S는 기지점과 교점 간 또는 교점과 교점 간의 점간거리 총합계를 1,000으로 나눈 수이다.)

(8) 교점다각망의 경중률

경중률이란 여러 도선을 측정하였을 때 도선별로 관측조건이 같으면 그 결과는 단순 평균하여 구할 수 있지만, 관측조건이 다른 경우에는 그 조건을 고려하여야 정확한 값을 구하게 된다. 이처럼 각 도선의 관측조건을 비교하는 상대적인 지표, 즉 오차의 발생확률을 경중률이라 한다. 경중률은 오차를 최대한 정밀하게 소거시키기 위해 적용하는 것으로 다각망도선법에서는 도선에 따라 오차 발생이 다르다고 보아 각 도선의 각과 거리에 경중률을 적용한다.

교점다각망에서 경중률은 각 노선에서의 측점의 수와 각 노선의 거리의 합을 매개변수로 이용한다. 따라서 다각망도선법에서 경중률은 각은 측점 수에, 거리는 거리의 크기에 비례한다고 가정하고 계산한다. 도선 명이 (1), (2), (3) 도선으로 되어있는 경우 도선마다 모두 1개의 도선으로 본다. 그러나 측각오차, 거리오차의 발생은 측정횟수에 비례한다는 경험이론에 따라 1개의 도선이지만 도선마다 성격이 다를 수 있으므로 발생하는 오차에 경중률을 주어 이에 따른 조정 계산(평균계산)을 시행함이 합리적이라 볼 수 있다. 예를 들어 (1)도선은 측점 수가 3점이고, (2)도선은 측점 수가 5점인 경우 두 도선의 관측조건이 같은 조건에서 같은 장비와 같은 사람이 관측했을 때도 발생한 오차의 전체 값은 다르게 나타난다. 오차 발생은 측정횟수에 비례하기 때문에 3점을 측정한 도선과 5점을 측정한 도선의 오차는 다를 수밖에 없다. 이 경우 각 도선에 오차를 배분할 보정치를 결정하는 상대적인 지표가 경중률이다. 측정횟수가 많으면 오차의 분포는 +, − 대칭의 형태로 접근하기 때문에 오차의 평균값은 0에 가까워진다. 경중률의 부여방법에는 측점 수를 사용한 경우와 거리를 이용할 수가 있는데 이들 모두 경중률의 합이 1이 되게 하고, 측점 수와 노선의 길이에 대해 각각 4가지의 경중률을 부가할 수 있다.

- 측점 수를 사용한 경우에는 측점 수(n)를 사용하여 계산한 경중률의 기본적인 형태로서 n, $\frac{1}{n}$, $\frac{1}{n^2}$, $\frac{1}{\sqrt{n}}$의 4가지 형태를 취한다. 그러나 경중률의 합을 1로 하므로 노선별 측점 수 n_1, n_2, ⋯, n_n에 대해 $\frac{n_i}{\Sigma n_i}$, $\frac{\frac{1}{n_i}}{\Sigma\frac{1}{n_i}}$, $\frac{\frac{1}{n_i^2}}{\Sigma\frac{1}{n_i^2}}$, $\frac{\frac{1}{\sqrt{n_i}}}{\Sigma\frac{1}{\sqrt{n_i}}}$ 의 4가지 경우를 경중률로 할 수 있으며, 현재 지적측량에서는 규정상 방위각 조정은 측점 수에 반비례($\frac{1}{n}$)하는 것을 적용한다.

- 거리를 이용하는 경우에는 종선좌표와 횡선좌표의 경우에는 노선별 거리를 이용하여 경중률로 한다. 즉, 노선 거리 S_1, S_2, ⋯, S_n에 대하여 다음과 같이 할 수 있다.

  $$\frac{S_i}{\Sigma S_i},\ \frac{\frac{1}{S_i}}{\Sigma\frac{1}{S_i}},\ \frac{\frac{1}{S_i^2}}{\Sigma\frac{1}{S_i^2}},\ \frac{\frac{1}{\sqrt{S_i}}}{\Sigma\frac{1}{\sqrt{S_i}}}$$

- 분산을 이용한 경중률은 최소제곱법의 정확한 해법을 위한 관측의 분산 및 공분산 행렬을 필요로 하며 일반적인 관측값들과 상관관계가 있다. 또한, 이에 의해 매개변수의 분산은 경중률에 의해 큰 영향을 받게 된다. Hamilon은 경중률 W를 $W = \frac{\sigma^2}{\sigma_i^2}$와 같이 정의하고 있다. 여기서, σ^2: 단위 경중률인 관측값의 분산 σ_i^2: 경중률이 W인 관측값의 분산이다.

- 개략적으로 분산을 표현할 때는 $W = \frac{\sigma^2}{\sigma_i^2}$ 식을 정리하면 $W = \frac{m_o^2}{m_i^2}$이 된다. 여기서, m_i^2: 경중률이 W인 관측값의 개략적인 분산값(m_i^2)에 σ^2를 정리하면 $\sigma^2 = E(m_o^2)$이다. 여기서, $E(m_o^2)$은 기댓값으로 $W = \frac{m_o^2}{m_i^2}$를 행렬로 정리하면 $W_{Lb} = m_o^2 \Sigma Lb^{-1}$와 같다. 관측값에 대한 경중률 행렬로부터 역 경중률 행렬 또는 경중률 계수행렬의 정의가 $W_{Lb}{}^{-1} = \frac{1}{m_o^2}\Sigma Lb$와 같이 도출된다.

2) 교점다각망 계산 순서

① 망(X, Y, H, A)의 형태에 맞게 도선 번호 (1), (2), (3)를 부여하고 기재하여 교점과 교점으로 이루어진 도선은 관측각의 합만 계산한다. 도선별 관측방위각 $(T_2{}') = 기지방위각 + 관측각의 합 - 180(측점수 - 1) = T_1 + \Sigma\alpha - 180^\circ(n-1)$로 계산한다.

② 교점다각망 계산부의 각에 대한 경중률은 측점 수를 기재하고 거리에 대한 경중률은 도선 거리 합계를 1000으로 나눈 수를 기재한다.

③ 방위각 난에 도선별 산출방위각($T_2{}'$)을 옮겨서 기재하고 오차(Wn)를 계산한다.

④ 다각망도선법에는 경중률에 역수를 취하여 평균값을 계산하고 도선별 보정수를 계산하여 보정값을 방위각 보정란에 기재하고 평균방위각을 계산한다.

⑤ 평균방위각을 기재하고 도선별 방위각을 계산한다.
(도선별 각 오차 =도선별 관측방위각 - 평균방위각)

⑥ 측각오차 배분은 식에 의해 오차를 배분하고 도선별 방위각을 계산한다.

$$• 방위각 = \frac{\alpha_1 \cdot \frac{1}{N_1} + \alpha_2 \cdot \frac{1}{N_2} + \cdots}{\frac{1}{N_1} + \frac{1}{N_2} + \cdots}$$

여기서, α는 방위각으로서 초 단위, N_1, N_2는 경중률로서 측점 수이다.

⑦ 교점 수가 1개 일 경우는 도선별로 평균방위각을 산출하여 보정치를 계산하며, 교점 수가 2개 이상일 경우 방정식별로 방위각 오차를 산출하고 표준방정식을 이용하여 도선별로 오차 배분량을 계산한다.

⑧ 보정된 방위각과 수평거리에 의하여 종횡선차를 구하고 교점에 대한 종·횡선좌표를 산출한다.

- 종선좌표 = $\Sigma\Delta x + X$
- 횡선좌표 = $\Sigma\Delta y + Y$

⑨ 평균 종·횡선좌표의 산출 공식은 아래와 같다.

$$• 종선좌표 : \frac{\frac{X_1}{S_1} + \frac{X_2}{S_2} + \cdots + \frac{X_n}{S_n}}{\frac{1}{S_1} + \frac{1}{S_2} + \cdots + \frac{1}{S_n}} \qquad • 횡선좌표 : \frac{\frac{Y_1}{S_1} + \frac{Y_2}{S_2} + \cdots + \frac{Y_n}{S_n}}{\frac{1}{S_1} + \frac{1}{S_2} + \cdots + \frac{1}{S_n}}$$

여기서, X_n, Y_n은 교점의 좌푯값(cm 단위),

S_n은 경중률로서 도선별 거리의 합계(km 단위)

⑩ 조건식별 오차(Wn)를 계산

W_1 = (1)도선방위각 − (2)도선방위각

W_2 = (2)도선방위각 − (3)도선방위각

W_3 = (3)도선방위각 − (4)도선방위각

⑪ 상관방정식에 의해 종선좌표와 횡선좌표의 표준방정식을 계산하고 정해와 역해를 계산한다.

⑫ 도선별 보정수를 계산하고 보정값을 종횡선좌표 보정란에 기재하고 종・횡선평균좌표를 계산한다.

⑬ 평균좌표를 다각점계산부에 옮겨서 기재하고 도선별 종횡선오차를 계산한다.

- 종선 산출좌표 − 종선 평균좌표 = 종선오차
- 횡선 산출좌표 − 횡선 평균좌표 = 횡선오차
- 연결오차 = $\sqrt{종선오차^2 + 횡선오차^2}$

⑭ 종횡선오차 배분식에 의해 오차를 배분(각 측선의 종횡선차의 크기에 비례하여 배분)하고 도선별 각 점의 좌표를 결정한다.

배분수 =−(종횡선오차 ÷ 종・횡선차의 절댓값의 합계) × 각 측선의 종횡선차

3) X ・ Y망 조정

(1) 망구성

다각망도선법은 도근점이 있어야 하는 지역에서 여러 도선으로 이루어졌을 때 도근망의 동일 정도의 성과를 얻기 위해 망을 구성한다. X, Y망의 교점은 1개이고 실시지역은 소규모지역인 곳에 적합하다. 관측은 지적도근점측량의 배각법 관측방법과 같게 관측한다. 주의할 사항은 기지점을 출발하여 교점까지를 도선으로 하며 교점에서 기지점 P점에 폐색시킨다.

(2) 조건식의 수립 및 계산

X망은 원형에 가까운 지구의 망구성에 적합한 형태로 최대조건식 수는 4개이지만 조건식 수는 3개만 만족하면 성립되고, Y망은 가장 단순한 망으로 최대조건식 수는 3개이지만 조건식 수는 2개만 만족하면 성립된다.

- X 망의 조건식

  Ⅰ : $(1)-(2)+W_1=0$, $W_1=$ (1)도선방위각 − (2)도선방위각

  Ⅱ : $(2)-(3)+W_2=0$, $W_2=$ (2)도선방위각 − (3)도선방위각

  Ⅲ : $(3)-(4)+W_3=0$, $W_3=$ (3)도선방위각 − (4)도선방위각

- Y망의 조건식

  Ⅰ : $(1)-(2)+W_1=0$

  Ⅱ : $(2)-(3)+W_2=0$

  여기서, W_1, W_2, W_3는 오차이다.

- 망의 관측

  기지삼각점성과부에 필요한 기지점의 방위각 계산을 수행한 후 지적도, 일람도 또는 1/5,000 지형도를 이용하여 교점다각망을 구성한다. 교점다각망의 도선별로 각과 거리관측을 시행하는데 각 관측은 3배각으로 하고 거리관측은 2회 반복 관측한다. 교점에 대하여는 공통시준점을 설정하여 방위각의 일치 여부를 확인한다.

(3) 방위각의 평균계산

방위각의 평균계산은 관측한 각과 거리를 지적도근점측량계산부에 옮겨적고 공통시준점의 관측방위각을 서식에 도선별로 기재하여 계산하며 경중률은 도선별 지적도근점 수에 의한다.

- 방위각$=\dfrac{[\frac{\Sigma\alpha}{\Sigma N}]}{[\frac{1}{\Sigma N}]}$(여기서, ΣN : 도선별 점수의 합, $\Sigma\alpha$: 도선별 관측방위각의 합)

예를 들면 (1)도선의 변수(폐색변 포함)가 2이고, (2)도선의 변수가 5라고 하면 오차 보정값의 배분은 (2)도선에 많은 양을 (1)도선에 적은 양을 배분해야 할 것이다. 즉, (1)도선이 두 변이고, (2)도선이 다섯 변이라 할 때 측정값 (1)도선에서 35″, (2)도선에서 45″라 하면, 이 평균값은 변수에 반비례하여 배분하는 방법은 다음과 같다.

- 방위각 $=\dfrac{\left[\dfrac{\Sigma\alpha}{\Sigma N}\right]}{\left[\dfrac{1}{\Sigma N}\right]}=\dfrac{35''/2+45''/5}{1/2+1/5}=38''$

여기서 계산한 평균값을 참값이라 하면 오차의 보정값을 도선에 배분하는 것은 (1)도선에는 35−38=−3″, (2)도선에는 45−38=+7″가 되고, 1변수에 배분할 양은 (1)도선의

각 변에 3÷ 2=−1.5″, (2)도선의 각 변에는 7÷5=+1.4″로 균일하게 배분됨을 알 수 있다. 특히, 평균 계산식을 사용할 때의 경중률은 변수에 반비례한 것이라야 하지만 가우스 소거법에서는 변수를 그대로 경중률로 보아야 한다는 점에 유의하여야 한다.

(4) 거리계산

거리의 반수 계산은 "1000 ÷ 측정거리"로 산출하며 각 도선에서 반수의 합과 거리의 합을 계산하여 서식에 기재한다. 교점다각망 X, Y형 서식에서 (1), (2), (3), (4)도선의 경중률을 산출하여 각 난에 기재한다.

- ΣN = 측점수
- ΣS = 각도선의 거리합을 100으로 나눈 수

다각망좌표계산부 서식에 앞에서 계산된 보정량을 각 도선의 거리 반수에 비례하여 배분한다.

- 배분수 1 =±(보정량 ÷ 거리 반수 총합계 × 거리 반수 1)
- 배분수 2 =±(보정량 ÷ 거리 반수 총합계 × 거리 반수 2)

도선별 방위각 보정량은 다음의 공차 범위 내에 있어야 한다.

- 배분 수를 각 관측값에 보정한 후 방위각 산출방법에 따라 보정된 방위각을 산출한다.
- 공차는 1등 도선 : $\pm 10\sqrt{n}$ 초 이내, 2등 도선 : $\pm 20\sqrt{n}$ 초 이내 (n은 폐색변을 포함한 변수)

(5) 방위각 계산

망의 형태에 따라 도선별로 번호를 차례대로 (1), (2), (3)과 같이 부여하고 다각점좌표계산부에 기지방위각 및 종·횡선좌표와 관측각, 평균거리를 기재한다. 관측각은 배각법에 따라 도선별로 관측한 각과 거리를 기재한다. 기지점 간을 역계산 하여 출발방위각을 산출하고 도선마다 각각의 방위각을 계산하여 교점에서 P로 향하는 방위각을 산출한다.

- V_1 = 기지방위각 + 내각(1)
- V_2 = 기지방위각(V_1) ± 180° + 내각(2)
- V_3 = 기지방위각(V_2) ± 180° + 내각(3)

관측방위각 =기지방위각 +관측각의 합 - 180(측점 수 −1)

교점과 교점으로 이루어진 도선은 관측각의 합만 계산하며 관측한 각과 거리를 도근측량계산부에 옮겨적고 관측방위각(T_2)= $\Sigma\alpha + T_1 - 180°(n-1)$ 로 계산하여 도선별로 기재한다. 다음은 각 오차(교차 =W_1)를 각 상관식에 의하여 계산한다.

- Ⅰ : $W_1 = (1) - (2)$
- Ⅱ : $W_2 = (2) - (3)$

방위각 오차를 계산하여 서식에 기재한다.

- W_1 = (1)도선방위각 − (2)도선방위각
- W_2 = (2)도선방위각 − (3)도선방위각
- W_3 = (3)도선방위각 − (4)도선방위각
- Y형 망일 경우에는 W_3의 계산은 생략한다.

(6) 평균방위각 계산

동일한 교점에서 같은 방향표를 바라보는 방위각은 하나라야 하는데 위에서처럼 상관별로 교차(w_1)가 생긴다. 이러한 교차를 소거하고 하나의 방위각으로 평균하기 위하여 다음 식을 활용한다.

교점다각망 서식에서 방위각의 보정량 계산은

$$\frac{[\frac{\Sigma\alpha}{\Sigma N}]}{[\frac{1}{\Sigma N}]} = \frac{\frac{1}{\Sigma N_1}\cdot\alpha_1 + \frac{1}{\Sigma N_2}\cdot\alpha_2 + \frac{1}{\Sigma N_3}\cdot\alpha_3}{\frac{1}{\Sigma N_1} + \frac{1}{\Sigma N_2} + \frac{1}{\Sigma N_3}}$$ 식에 의한다.

여기서, ΣN_1, ΣN_2, ΣN_3는 변수에 대한 경중률이며, α_1, α_2는 각 도선의 방위각의 도(°), 분(′)값을 생략하고 초(″)값으로만 계산한다.

위의 식에 의하여 구한 값은 방위각의 평균값으로서 보정된 값을 방위각 평균 난의 초(″) 난에 기재하고 도(°), 분(′) 값은 그대로 옮겨 기재한다.

(보정량 =도착방위각 −보정된 도착방위각)

- 평균방위각$(T_2) = \frac{[\frac{\Sigma\alpha}{\Sigma N}]}{[\frac{1}{\Sigma N}]}$

위의 식에서 $\Sigma\alpha$는 도선별 관측방위각을 분 단위까지는 같게 하여 생략하고 초 단위를 사용하여 평균방위각을 도착점에서의 기지방위각으로 하여 측선별로 관측된 관측각을 보정하여 방위각을 결정한다. 단일도선의 결합도선에서는 출발점이나 도착점에서 모두 기지방위각이 있으나 다각망도선법에서는 출발점에서 기지방위각이 있으며 도착점인 교점에서 방향표에 대한 방위각은 모르고 있으므로 이를 평균방위각으로 기지방위각을 대신하는 것이다.

(7) 가상 좌표계산

가상 좌표계산은 다각점 좌표계산은 배각법 서식에서 보정된 방위각과 측정거리에 의하여 종횡선차를 계산하여 서식에 기재한 후 각 도선에서 교점의 가상좌표를 아래와 같은 방법으로 산출한다.

- $\Delta x = \ell \cdot \cos V$ $\qquad \Delta y = \ell \cdot \sin V$
- $X_1 = \Delta x_1 + X_o$ $\qquad Y_1 = \Delta y_1 + Y_o$
- $X_2 = \Delta x_2 + X_1$ $\qquad Y_2 = \Delta y_2 + Y_1$

교점다각망 서식에서 종선좌표의 오차를 아래와 같이 계산하여 서식에 기재한다.

- W_1 = (1)도선의 가상종선좌표(X_1) − (2)도선의 가상종선좌표(X_2)
- W_2 = (2)도선의 가상종선좌표(X_2) − (3)도선의 가상종선좌표(X_3)
- W_3 = (3)도선의 가상종선좌표(X_3) − (4)도선의 가상종선좌표(X_4)

교점다각망 서식에서 횡선좌표의 오차를 아래와 같이 계산하여 서식에 기재한다.

- W_1 = (1)도선의 가상횡선좌표(Y_1) − (2)도선의 가상횡선좌표(Y_2)
- W_2 = (2)도선의 가상횡선좌표(Y_2) − (3)도선의 가상횡선좌표(Y_3)
- W_3 = (3)도선의 가상횡선좌표(Y_3) − (4)도선의 가상횡선좌표(Y_4)

여기서, X_1, X_2, X_3와 Y_1, Y_2, Y_3 값은 교점의 좌푯값으로서 소수점 이상의 부분은 생략하고 소수점 이하의 값(cm 단위)으로만 계산한다.

- 종선 보정량 =가상 종선좌표 −평균 종선좌표
- 횡선 보정량 =가상 횡선좌표 −평균 횡선좌표

다각망좌표계산부 서식에는 앞에서 계산된 종횡선 보정량을 아래와 같이 각 도선의 종횡선차에 비례하여 배분수를 구한다. 단, 도선별 종횡선의 보정량은 다음의 공차 범위 내에 있어야 한다.

- Δx_1배분수 =−(종선차보정량 ÷ 종선차절대값총합계 × 종선차1)
- Δy_1배분수 =−(횡선차보정량 ÷ 횡선차절대값총합계 × 횡선차1)
- 공차 = 0.05 × S 미터 이하 (S는 점간거리의 총합계를 1000으로 나눈 수)
- 공차 = 당해 축척 분모 × $\frac{1}{100}\sqrt{n}$ 센티미터 이하

  (n는 각 측선의 수평거리 총합계를 100으로 나눈 수)

(8) 종선 및 횡선좌표의 계산

측선이 방향마다 방위각을 산정하는 것은 배각법에 따른 도근점측량계산 요령에 따라 종선차(Δx), 횡선차(Δy)에 의하여 $\Sigma\Delta x$, $\Sigma\Delta y$를 먼저 산정한다. 그리고 출발점의 종선, 횡선좌표에 각각 $\Sigma\Delta x$, $\Sigma\Delta y$를 더하여 교점의 계산좌표를 계산한다.

다각망좌표계산부 또는 지적도근점측량 배각법 서식에서 각 도선의 종횡선오차에 대한 배분과 조정된 종・횡선좌표의 계산은 아래와 같이 한다.

- $X_1 = X_o + \Delta x_1 + 배분수_1$, $Y_1 = Y_o + \Delta y_1 + 배분수_1$
- $X_2 = X_1 + \Delta x_2 + 배분수_2$, $Y_2 = Y_1 + \Delta y_2 + 배분수_2$
- $X_n = X_{n-1} + \Delta x_n + 배분수_n$, $Y_n = Y_{n-1} + \Delta Y_n + 배분수_n$

교점다각망 계산부의 종횡선좌표 난에 기재하고 상관식에 따라 교차를 계산하여 기재한다.

- 종선좌표 Ⅰ : $W_1 = (1) - (2) = 0$

  Ⅱ : $W_2 = (2) - (3) = 0$
- 횡선좌표 Ⅰ : $W_1 = (1) - (2) = 0$

  Ⅱ : $W_2 = (2) - (3) = 0$

(9) 평균 종・횡선좌표 계산

종횡선좌표의 평균계산은 도선별로 구한 교점의 좌표를 지적도근점측량 계산부에 따라 옮겨적고 도선 거리의 합계를 경중률로 평균계산 한다. 계산이 완료되면 교점다각망 계산부를 검산하고 기재한 후 프로그램을 이용하여 계산성과를 비교 확인한다.

- 종선좌표 평균값 $\dfrac{[\frac{\Sigma X}{\Sigma S}]}{[\frac{1}{\Sigma S}]} = \dfrac{\frac{X_1}{\Sigma S_1} + \frac{X_2}{\Sigma S_2} + \frac{X_3}{\Sigma S_3}}{\frac{1}{\Sigma S_1} + \frac{1}{\Sigma S_2} + \frac{1}{\Sigma S_3}}$ = 종선결정좌표

- 횡선좌표 평균값 $\dfrac{[\frac{\Sigma Y}{\Sigma S}]}{[\frac{1}{\Sigma S}]} = \dfrac{\frac{Y_1}{\Sigma S_1} + \frac{Y_2}{\Sigma S_2} + \frac{Y_3}{\Sigma S_3}}{\frac{1}{\Sigma S_1} + \frac{1}{\Sigma S_2} + \frac{1}{\Sigma S_3}}$ = 횡선결정좌표

여기서, ΣS_1, ΣS_2, ΣS_3는 거리에 대한 경중률이며 역수($\frac{1}{\Sigma S_n}$)로서 계산한다.

이 교점의 평균 종횡선좌표를 도착점의 기지점으로 보고 도근측량 계산부에 기재하여 계산하는데 이 경우에도 배각법에 따른 계산 방법으로 시행하며 오차의 배분 방법에서 각 오차는 측선장의 반수에 비례하여 배분하며 종횡선 오차의 배분은 종선차, 횡선차의 절댓값 길이에 비례하여 배분한다.

예제 12 다음 교점다각망 중 X망의 관측결과이다. 평균방위각과 평균좌표를 계산하시오.

도선	측점 수	도선거리	관측방위각	계산 종선좌표	계산 횡선좌표
남1 (1)	16	1.586	127°50′10″	45 2138.55	19 5593.69
남2 (2)	9	1.080	127°49′52″	45 2138.61	19 5593.74
남3 (3)	15	1.460	127°50′03″	45 2138.57	19 5593.68
남4 (4)	10	1.121	127°49′55″	45 2138.63	19 5593.71

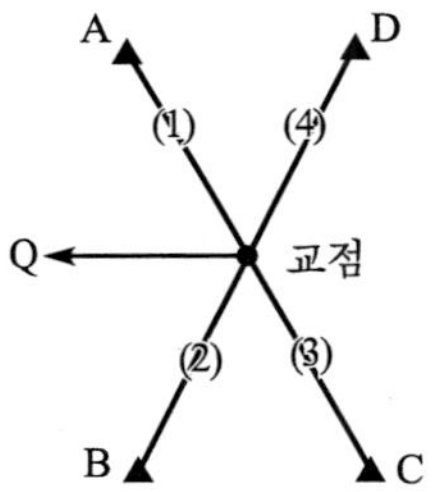

교점다각망계산부(X망)

약도

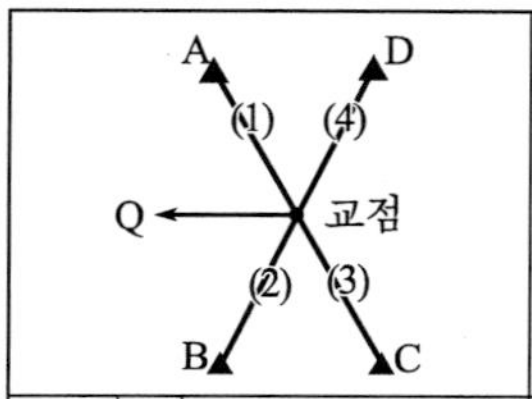

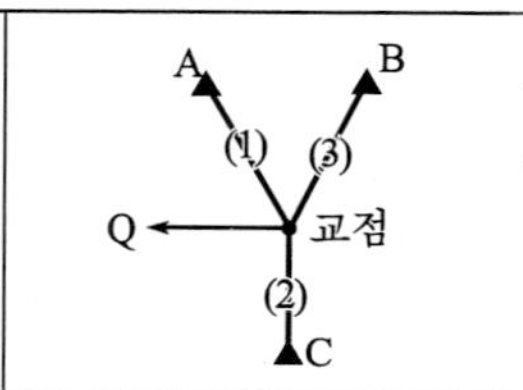

		X망			Y망	
조건식	Ⅰ	$(1)-(2)+W_1=0$		Ⅰ	$(1)-(2)+W_1=0$	
	Ⅱ	$(2)-(3)+W_2=0$		Ⅱ	$(2)-(3)+W_2=0$	
	Ⅲ	$(3)-(4)+W_3=0$				
경중률		ΣN	ΣS		ΣN	ΣS
	(1)	16	1.586	(1)		
	(2)	9	1.080	(2)		
	(3)	15	1.460	(3)		
	(4)	10	1.121	(4)		

1. 방위각

순서	도선	관측	보정	평균
Ⅰ	(1)	127°50′10″	− 12	127°49′58″
	(2)	127 49 52	+ 6	127 49 58
	W_1	+ 18		
Ⅱ	(2)	127 49 52	+ 6	127 49 58
	(3)	127 50 03	− 5	127 49 58
	W_2	− 11		
Ⅲ	(3)	127 50 03	− 5	127 49 58
	(4)	127 49 55	+ 3	127 49 58
	W_3	+ 8		

2. 종선좌표

순서	도선	관측	보정	평균
Ⅰ	(1)	2138m.55	+0.04	2138m.59
	(2)	2138.61	− 0.02	2138.59
	W_1	− 0.06		.
Ⅱ	(2)	2138.61	− 0.02	2138.59
	(3)	2138.57	+0.02	2138.59
	W_2	+ 0.04		.
Ⅲ	(3)	2138.57	+0.02	2138.59
	(4)	2138.63	− 0.04	2138.59
	W_3	− 0.06		.

3. 횡선좌표

순서	도선	관측	보정	평균
Ⅰ	(1)	5593m.69	+0.02	5593m.71
	(2)	5593.74	− 0.03	5593.71
	W_1	− 0.05		.
Ⅱ	(2)	5593.74	− 0.03	5593.71
	(3)	5593.68	+0.03	5593.71
	W_2	+ 0.06		.
Ⅲ	(3)	5593.68	+0.03	5593.71
	(4)	5593.71	0.00	5593.71
	W_3	− 0.03		.

4. 계산

1) 방위각 $= \dfrac{\left[\dfrac{\Sigma\alpha}{\Sigma N}\right]}{\dfrac{1}{\Sigma N}} = \dfrac{70/16+52/9+63/15+55/10}{1/16+1/9+1/15+1/10} = \dfrac{19.853}{0.340} = 58.4'' \to 58''$

2) 종선좌표 $= \dfrac{\left[\dfrac{\Sigma X}{\Sigma S}\right]}{\dfrac{1}{\Sigma S}} = \dfrac{55/1.586+61/1.080+57/1.460+63/1.121}{1/1.586+1/1.080+1/1.460+1/1.121} = \dfrac{186.401}{3.133} = 0.59\text{m}$

3) 횡선좌표 $= \dfrac{\left[\dfrac{\Sigma Y}{\Sigma S}\right]}{\dfrac{1}{\Sigma S}} = \dfrac{69/1.586+74/1.080+68/1.460+71/1.121}{1/1.586+1/1.080+1/1.460+1/1.121} = \dfrac{221.936}{3.133} = 0.71\text{m}$

W =오차, N =도선별점수, S =측점간거리, α =관측방위각

4) H·A망 조정

조건방정식에서 H, A망은 기지점으로부터 교점, 교점으로부터 교점에 연결되는 도선으로 2개의 교점이 있으며, 조건방정식은 관측방위각과 종·횡선좌표의 조건식이 있다. 조건방정식의 부호는 화살표의 방향(Ⅰ, Ⅱ, Ⅲ)을 기준으로 삼각점에서 교점 방향으로 향하면 (+), 교점에서 삼각점으로 방향으로 향하면 (−)로 하고, 왼쪽 교점에서 오른쪽 교점 방향으로 향하면 (+)로 한다.

- H·A망의 조건식

  Ⅰ : $(1)-(2)+W_1=0$

  Ⅱ : $(2)+(3)-(4)+W_2=0$

  Ⅲ : $(4)-(5)+W_3=0$

  W_1, W_2, W_3: 교점의 방위각 또는 종횡선의 오차

상관방정식은 계산의 편리를 위해 각 도선의 측점 합계(ΣN)를 같이 10으로 나누고, 각 도선의 거리 합계(ΣS)를 1,000으로 나누어 경중률(P)로 한다. 표준방정식의 수는 언제나 조건방정식의 수와 같고 H, A망의 교점다각망은 3개의 표준방정식이 있다.

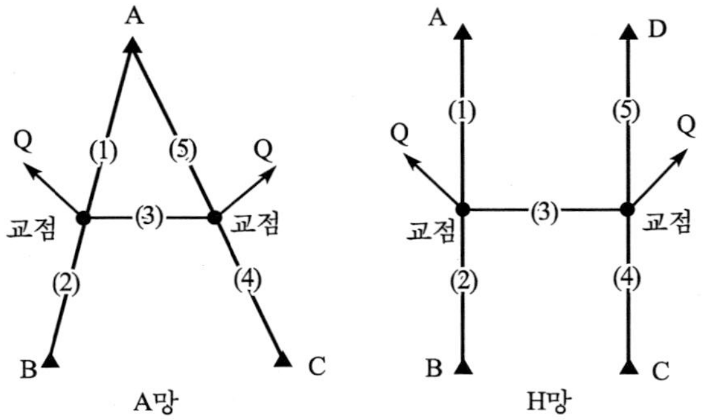

[그림 4-64] H, A망의 형태

예제 13 도근점측량에서 H망의 교점다각망으로 구성하여 다음과 같이 교점에서 방향표(Q)를 본 관측방위각과 교점에 대한 계산좌표를 산출하였다. 교점에서 방향표(Q)를 본 평균방위각과 교점에 대한 평균좌표를 주어진 서식에 따라 계산하시오

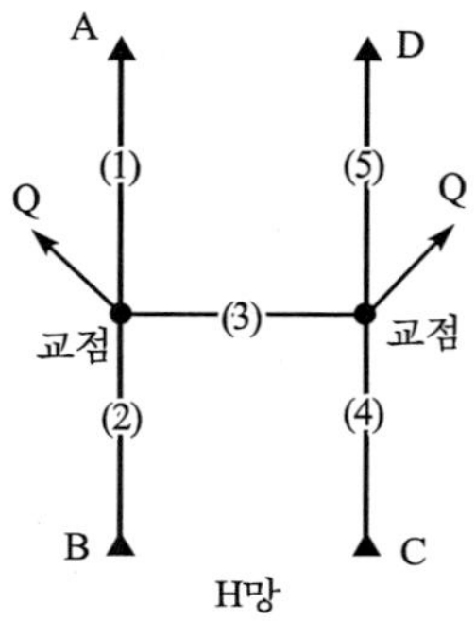

1) 경중률			2) 관측방위각	
	ΣN	ΣS	교점1에서 방향표(Q_1)	
(1)	1.9	1.280	(1)	32°55′45″
(2)	1.1	0.790	(2)	32°56′06″
(3)	0.7	0.381	교점2에서 방향표(Q_2)	
(4)	2.0	1.592	(2)+(3)	218°05′09″
(5)	1.5	1.187	(4)	218°04′43″
			(5)	218°04′58″

3) 계산 종선좌표			4) 계산 횡선좌표		
(교점 1)	(1)	5641.82m	(교점 1)	(1)	7154.26m
	(2)	5641.89m		(2)	7154.31m
(교점 2)	(2)+(3)	5716.56m	(교점 2)	(2)+(3)	7423.69m
	(4)	5716.59m		(4)	7423.65m
	(5)	5716.52m		(5)	7423.68m

5) 방위각의 평균계산

H망의 계산을 [그림 4-65]를 기준으로 설명함으로써 시행하는데 이해하기 쉽게 하고자 하였다. 가(1), 나(2), … 은 도선 명칭으로 가(1) 도선을 설명하면 기지 A점에서 기지 E점을 시준한 기지방위각(V_a^c)을 기준으로 하여 배각 관측방법으로 내각을 관측하였을 경우 도착점 교점 1에서 Q_1 점에 폐색시킨 관측방위각은 $T_1 - 180°(n-1) + \Sigma\alpha$ 식으로 계산한다. 여기서, T_1: 출발 기지방위각, n: 폐색을 포함한 변수, $\Sigma\alpha$: 관측각의 합이다.

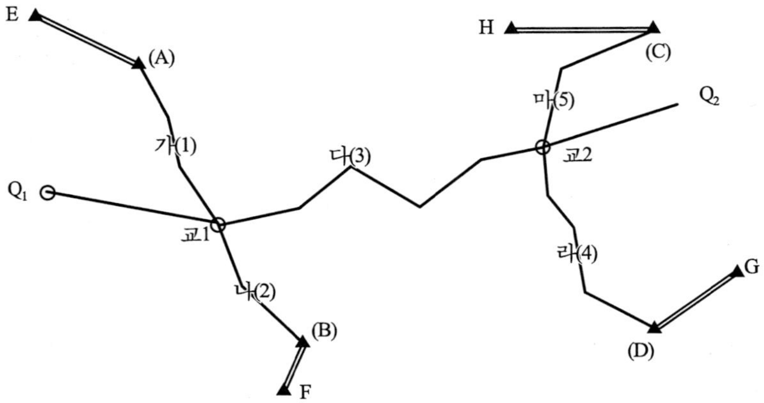

[그림 4-65] H망의 계산 순서

[그림 4-65]와 같이 출발했을 때의 기지방위각(V_a^c)은 있으나 도착했을 때는 교점 1과 Q_1은 기지가 아니므로 개방도선 방식으로 관측한 결과가 된 것이다. 방향표(Q)는 관측자가 약 1~3km의 범위에서 명확하게 보이고 변하지 않는 시준점으로 철탑, 굴뚝의 피뢰침, 삼각점 표지 등으로 현장에서 결정하여 사용한다.

나(2) 도선은 B점과 같이 기지방위각(V_b^f)을 기준으로 하여 교점 1에서 Q_1 점에 폐색시킨 관측방위각을 산출하면 가(1) 도선에서 관측된 관측방위각과 일치해야 하는 데 여러 가지 오차(우연오차)로 인하여 교차가 발생하는 것이 일반적이다. 다(3) 도선은 나(2) 도선에서 관측한 교점 1에서 Q_1을 측정한 관측방위각으로 취급하여 교점 2에서 Q_2를 측정한 관측방위각을 산출하고 라(4) 도선에서는 D 점에서 G 점을 바라본 기지방위각(V_d^g)을 기준으로 관측된 각에 의하여 역시 교점 2에서 Q_2를 측정한 관측방위각을 산출한다.

마(5) 도선은 C 점에서 기지방위각 (V_c^h)을 기준으로 교점 2에서 Q_2를 측정한 관측방위각을 계산하면 동일한 측점 간 방위각이 3개를 산출하게 되는데 이들 또한 동일할 수가 없다. 이렇게 산출된 관측방위각을 각각(1), (2), (2)+(3), (4), (5)라 할 때 다음 조건식을 수립할 수가 있다.

$(1)-(2)+W_1=0$

$(2)+(3)-(4)+W_2=0$

$(4)-(5)+W_3=0$

$-(1)-(3)+(5)+W_4=0$이다 단, W_i는 오차이다.

그러나 조건식의 경우 최소조건식이 성립하면 되므로 제4 조건식은 생략해도 된다. 최소조건식의 수는 도선 수에서 교점 수를 빼면 된다. (최소조건식의 수 =도선 수 - 교점 수)

평균계산의 순서는 오차의 계산, 상관방정식 편성, 표준방정식 수립, 표준방정식 정해, 상관계수의 계산, 보정계수의 계산 순서로 진행한다.

(1) 오차의 계산

제 1식, 제2식, 제3식에서 발생한 오차를 파악하기 위해서는 측정한 관측방위각으로 식을 예제에 의하여 수립하면 다음과 같다.

$W_1=(1)-(2)=32°55'45''-32°56'06''=-21''$

$W_2=(2)+(3)-(4)=218°05'09''-218°04'43''=+26''$

$W_3=(4)-(5)=218°04'43''-218°04'58''=-15''$

이러한 오차의 발생은 도선별로 같은 조건에서는 발생하지 않고 도선별로 관측횟수가 많고 적음에 따라 달리 발생하는 원리를 살펴보면 측점의 수에 따라 다르게 평균계산을 시행해야 하는 것을 알 수 있다. 이때 측점 수는 폐색변을 포함한 변수에 해당하는데 이것을 경중률(ΣN)이라 한다. 이 경중률을 도선별로 적용하여 평균계산을 시행한다.

(2) 상관방정식 편성

최소제곱법에 따른 평균계산을 쉽게 하려고 아래의 표와 같이 조건식을 변형하여 상관방정식을 편성한다. 아래의 계산은 교점에서 Q에 대한 방위각 평균계산 시에 사용한다.

순서	경중률	I	II	III
(1)	1.9	+1		
(2)	1.1	−1	+1	
(3)	0.7		+1	
(4)	2.0		−1	+1
(5)	1.5			−1

이때 경중률은 비율만을 적용하면 되므로 가(1) 도선의 측점 수가 19개이면 1/10로, 나(2) 도선의 측점 수가 11개이면 1/10 등으로 1.1과 같이 계산하는 것은 정수 부분이 크면 자릿수가 커지기 때문에 계산이 불편하다. 각 도선을 모두 1로 보아 Ⅰ, Ⅱ, Ⅲ열이 성립된 것이다.

(3) 표준방정식 수립

상관방정식에서 표준방정식을 수립하는 데는 다음 식에 의한다.

경중률(ΣN) =P, Ⅰ =a, Ⅱ =b, Ⅲ =c로 하면

$[Paa]K_1 + [Pab]K_2 + [Pac]K_3 + W_1 = 0$

$[Pbb]K_2 + [Pbc]K_3 + W_2 = 0$

$[Pcc]K_3 + W_3 = 0$

위의 식 중에서 []기호는 가우스 기호로 동류 계산식의 합을 뜻한다.

- 제 1식에서

  $[Paa] = (+1^2 \times 1.9) + (-1^2 \times 1.1) = +3.0$

  $[Pab] = (-1) \times (+1) \times 1.1 = -1.1$

  $[Pac] = 0$

- 제2식에서

  $[Pbb] = (+1^2 \times 1.1) + (+1^2 \times 0.7) + 1.1) + (-1^2 \times 2.0) = +3.8$

  $[Pbc] = (-1) \times (+1) \times 2.0 = -2.0$

- 제3식에서

  $[Pcc] = (+1^2 \times 2.0) + (-1^2 \times 1.5) = +3.5$

이 식 중에서 W_α는 오차이므로 앞에서 산출된 오차를 옮겨 기재하면 된다.

I	II	III	W_α	Σ
+3.0	−1.1	0.0	−2.1	−0.2
	+3.8	−2.0	+2.6	+3.3
		+3.5	−1.5	0.0

여기서 유의할 점은 오차 W_1, W_2, W_3가 각각 -21″, +26″, −15″ 인 것은 계산을 편리하게 하려고 1/10로 하여 -2.1″, +2.6″, −1.5″ 등으로 하여 산출된 보정값을 10배 하여 사용하는 것이 좋다. Σ열의 칸에는 횡으로 합하는 칸으로 각행을 합하는 방법은 그림의 화살표의 방향과 같이 실시한다.

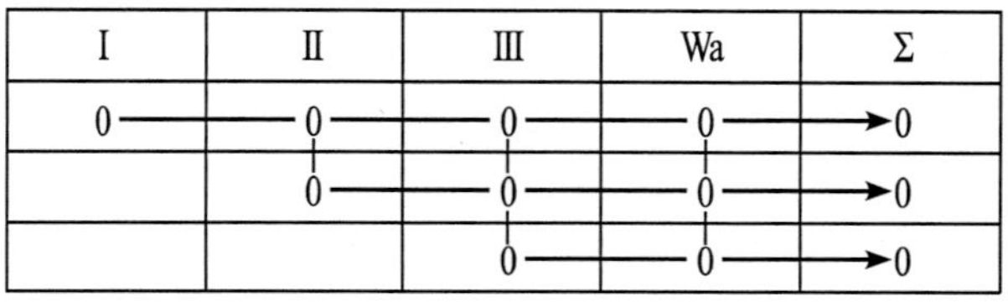

+3.0 -1.1 +0.0 -2.1 -0.2 =−0.2
-1.1 +3.8 -2.0 +2.6 =+3.3
0.0 -2.0 +3.5 -1.5 =0.0

(4) 정해(방위각) 계산

미지수가 3개인 3개의 연립방정식을 계산하면 되는데 번잡을 피하고자 행렬식의 축약법을 택하여 다음과 같이 실시한다.

제 1행에서 표준방정식 1행을 옮겨 적는다.

I	II	III	W_α	Σ
+3.0	−1.1	0.0	−2.1	−0.2

제2행에서는 좌측수(+3.0)로 우측 수들을 나누어 반대부호를 부여한다.

I	II	III	W_α	Σ
+3.0	−1.1	0.0	−2.1	−0.2
C_1	+0.3667	0.0000	+0.7000	+0.0667

제3행에서는 표준방정식 2행의 수들을 옮겨 적는다.

I	II	III	W_α	Σ
+3.0	−1.1	0.0	**−2.1**	**−0.2**
C_1	+0.3667	0.0000	+0.7000	+0.0667
	+3.8	**−2.0**	**+2.6**	**+3.3**

제4행에서는 C_1 계수 첫수의 피제수인 −1.1로 C_1의 계수를 각각 곱하여 옮겨 적는다.

I	II	III	W_α	Σ
+3.0	−1.1	0.0	**−2.1**	**−0.2**
C_1	+0.3667	0.0000	+0.7000	+0.0667
	+3.8	−2.0	+2.6	+3.3
	−0.4034	**0.0000**	**−0.7700**	**−0.0734**

제5행에서는 제3행과 제4행의 수를 합한다.

I	II	III	W_α	Σ
+3.0	−1.1	0.0	−2.1	−0.2
C_1	+0.3667	0.0000	+0.7000	+0.0667
	+3.8	−2.0	+2.6	+3.3
	−0.4034	0.0000	−0.7700	−0.0734
	+3.3966	**−2.0000**	**+1.8300**	**+3.2266**

제6행에서는 좌측 수(+3.3966)로 우측 수들을 나누어 반대부호를 부여한다.

I	II	III	W_α	Σ
+3.0	−1.1	0.0	−2.1	−0.2
C_1	+0.3667	0.0000	+0.7000	+0.0667
	+3.8	−2.0	+2.6	+3.3
	−0.4034	0.0000	−0.7700	−0.0734
	+3.3966	−2.0000	+1.8300	+3.2266
	C_2	**+0.5888**	**−0.5388**	**−0.9499**

제7행에서는 표준방정식 3행을 옮겨 적는다.

I	II	III	W_α	Σ
+3.0.0	−1.1	0.0	−2.1	−0.2
C_1	+0.3667	0.0000	+0.7000	+0.0667
	+3.8	−2.0	+2.6	+3.3
	−0.4034	0.0000	−0.7700	−0.0734
	+3.3966	−2.0000	+1.8300	+3.2266
	C_2	+0.5888	−0.5388	−0.9499
		+3.5	**−1.5**	**0.0**

제8행에서는C_2 계수 첫수의 피제수인 - 2.0으로 C_2 계수들을 각각 곱하여 옮겨 적는다.

I	II	III	W_α	Σ
+3.0	−1.1	0.0	−2.1	−0.2
C_1	+0.3667	0.0000	+0.7000	+0.0667
	+3.8	−2.0	+2.6	+3.3
	−0.4034	0.0000	−0.7700	−0.0734
	+3.3966	−2.0000	+1.8300	+3.2266
	C_2	+0.5888	−0.5388	−0.9499
		+3.5	−1.5	0.0
		−1.1776	**+1.0776**	**+1.8998**

제9행에서는 제7행과 제8행의 수를 각각 합하여 기재한다.

I	II	III	W_α	Σ
+3.0	−1.1	0.0	−2.1	−0.2
C_1	+0.3667	0.0000	+0.7000	+0.0667
	+3.8	−2.0	+2.6	+3.3
	−0.4034	0.0000	−0.7700	−0.0734
	+3.3966	−2.0000	+1.8300	+3.2266
	C_2	+0.5888	−0.5388	−0.9499
		+3.5	−1.5	0.0
		−1.1776	+1.0776	+1.8998
		+2.3224	**−0.4224**	**+1.8998**

제 10행에서는 좌측수(+2.3224)로 우측 수들을 나누어 반대부호를 부여한다.

I	II	III	W_α	Σ
+3.0	−1.1	0.0	−2.1	−0.2
C_1	+0.3667	0.0000	+0.7000	+0.0667
	+3.8	−2.0	+2.6	+3.3
	−0.4034	0.0000	−0.7700	−0.0734
	+3.3966	−2.0000	+1.8300	+3.2266
	C_2	+0.5888	−0.5388	−0.9499
		+3.5	−1.5	0.0
		−1.1776	+1.0776	+1.8998
		+2.3224	−0.4224	+1.8998
		C_3	+0.1819	−0.8180

C_1, C_2, C_3의 계수는 다음 상관계수를 산출할 때 필요한 수들이다. 이 계산에서 오류가 있었는가는 각 C행의 Σ열 앞 수까지를 합하여 -1한 값과 일치하는가로 확인할 수 있다. 때로는 계산 단수처리 관계로 ±1 정도가 끝자리에서 나는 경우가 있다. 이것은 계산이 잘못된 것은 아님을 알아야 한다.

(5) 상관계수(방위각)의 계산

상관수의 계산을 역해라고 하는데 앞의 정해 계산에서 산출된 C_1, C_2, C_3를 인수로 하여 산출한다. 정해의 W_α열의 C_1계수들을 순서대로 다음 계산 서식 제 1행에 옮겨적고 C_3를 합계란에 기재한다.

C_1	C_2	C_3
+0.7000	−0.5388	+0.1819
…	…	…
…	…	…
		+0.1819

제2행에서는 C_3열의 수(+0.1819)와 정해의 Ⅲ열 C_1, C_2계수를 곱하여 기재한다. 그리고 C_2열을 합하여 합계란에 기재한다.

C_1	C_2	C_3
+0.7000	−0.5388	+0.1819
0.0000	**+0.1071**	…
…	…	…
	−0.4317	+0.1819

제3행에서는 C_3열의 합계란의 수(−0.4317)와 정해의 II열 C_1계수를 곱하여 기재하고 합하여 합계란에 기재하며, 아래의 표에서 합계란의 수들이 상관계수이다.

C_1	C_2	C_3
+0.7000	−0.5388	+0.1819
0.0000	+0.1071	…
−0.1583	…	…
+0.5417	−0.4317	+0.1819

(6) 보정계수(방위각)의 계산

상관방정식의 각항에 상관계수를 대입하여 다음 서식으로 산출한다. C_1열에서는 상관계수 +0.5417로 상관방정식 I열의 (1)행 "+1"과 해당 경중률, (2)행 "-1"과 해당 경중률을 곱하여 각 난에 기재한다.

도선	C_1
(1)	**+1.0292**
(2)	**−0.5959**
(3)	
(4)	
(5)	

← …+0.5417 ×(+1) ×1.9 =+1.0292

← …+0.5417 ×(−1) ×1.1 =−0.5959

C_2열에서 상관계수 C_2(−0.4317)로 상관방정식 II열의 (2)행의 "+1"과 해당 경중률, (3)행의 "+1"과 해당 경중률, (4)행의 "−1"과 해당 경중률을 각각 곱하여 각 난에 기재한다.

도선	C_1	C_2
(1)	+1.0292	
(2)	−0.5959	**−0.4749**
(3)		**−0.3022**
(4)		**+0.8634**
(5)		

← …+0.4317 ×(+1) ×1.1 =−0.4749
← …+0.4317 ×(+1) ×0.7 =−0.3022
← …+0.4317 ×(−1) ×2.0 =+0.8634

C_3 열에서 상관계수 C_3(+0.1819)로 상관방정식 Ⅲ열의 (4)행의 "+1"과 해당 경중률, (5)행의 "−1"과 해당 경중률을 각각 곱하여 각 난에 기재한다.

도선	C_1	C_2	C_3
(1)	+1.0292		
(2)	−0.5959	−0.4749	
(3)		−0.3022	
(4)		+0.8634	**+0.3638**
(5)			**−0.2728**

← …+0.1819 ×(+1) ×2.0 =+0.3638
← …+0.1819 ×(−1) ×1.5 =−0.2728

Σ 열에서 각 행을 합하여 10배 한 값으로서 정수 부분으로 기재한다.

도선	C_1	C_2	C_3	Σ
(1)	+1.0292			**+10″**
(2)	−0.5959	−0.4749		**−11″**
(3)		−0.3022		**−3″**
(4)		+0.8634	+0.3638	**+12″**
(5)			−0.2728	**−3″**

Σ 열에 기재한 수를 행으로 합하여 10배 한 것은 표준방정식을 정립할 때 오차를 1/10로 하였기 때문에 본래의 값으로 환원하기 위한 것이다. 이 보정수(Σ 열)가 맞는가는 다음의 조건식에 대입해서 확인할 수 있다. 즉, 세조건 중 첫째 조건식은 $(1)-(2)+W_1=0$ 에서 $(1)-(2)$로 하면 (+10) −(−11) =+21″ 이다.

둘째 조건식은 $(2)+(3)-(4)+W_2=0$에서 $(2)+(3)-(4)$로 하면 (−11) +(−3) −(+12) =−26″이다. 셋째 조건식은 $(4)-(5)+W_3=0$에서 $(4)-(5)$로 하면 (+12) −(−3) =+15″이다. 이상과 같이 오차의 부호와 반대되는 보정수의 값으로 일치함을 알 수 있다. 이처럼 보정계수에 의해 보정수가 산출되었으면 처음 관측된 방위각에 더하고 빼서 평균방위각을 산출하게 된다.

① (1) 도선의 관측방위각에서 32°55′45″ +10″ =32°55′55″

② (2) 도선의 관측방위각에서 32°56′06″ −11″ =32°55′55″

③ (2)+(3) 도선의 관측방위각에서 218°05′09″ −14″ =218°04′55″

④ (4) 도선의 관측방위각에서 218°04′43″ +12″ =218°04′55″

⑤ (5) 도선의 관측방위각에서 218°04′58″ −3″ =218°04′55″

확정된 평균방위각은 교1 $-Q_1$ =32°52′55″, 교2 $-Q_2$ =218°04′55″로 결정되어 도착기지방위각으로 대신하고 도선별로 각 오차의 보정으로 측점간 방위각을 결정하는 것은 도근점측량계산의 배각법과 같은 방법으로 실시한다.

6) 교점(교1, 교2) 좌표의 평균계산

한 기지점에서 소구점의 좌표를 구하기 위해서는 이 측선에 대한 방위각과 측선의 길이를 알면 된다. 앞에서 방위각이 결정되었으므로 측정한 거리에 의해 각 도선의 측점에 대한 종선차(Δx), 횡선차(Δy)를 계산할 수가 있으므로 도착점에 대한 좌표를 계산할 수가 있다. 교점은 기지점이 아니므로 도선별로 구한 같은 교점이라 해도 각기 달리 산출되는데 이것은 여러 가지 측정값에 오차(우연오차)가 포함되었기 때문이다.

교점에 대한 좌표의 계산공식은 $X=X_{(기지)}+\Sigma\Delta X$, $Y=Y_{(기지)}+\Sigma\Delta Y$인데 도선별로 교1과 교2에 대한 계산좌표는 예에서 볼 수 있다. 이 교점에 대한 평균좌표를 계산함에도 방위각을 평균할 때와 같이 다음 조건식에 의한다.

$$(1)-(2)+W_1=0$$

$$(2)+(3)-(4)+W_2=0$$

$$(4)-(5)+W_3=0$$

다만, 방위각을 평균계산 할 때는 경중률을 도선별 측점 수(ΣN)로 하였으나 좌표의 결정은 거리측정에서 오차가 있었음을 원리로 하여 측선의 길이가 길면 오차가 많이 발생하고 짧으면 적게 발생한다는 이론을 근거로 도선별 측선의 길이를 경중률로 한다. 도선별로 측선 길이의 합을 경중률로 하는데 이 또한 다음의 계산에서 편리하도록 간편한 수로 고쳐서 사용하는 것이 좋다. 예를 들면 1280m는 1/1000인 1.280으로 계산한다.

(1) 계산좌표에 의한 오차 계산

- 종선좌표에서

$W_1 = (1) - (2) = 5641.82 - 5641.89 = -0.07$

$W_2 = (2) + (3) - (4) = 5716.56 - 5716.59 = -0.03$

$W_3 = (4) - (5) = 5716.59 - 5716.52 = +0.07$

- 횡선좌표에서

$W_1 = (1) - (2) = 7154.26 - 7154.31 = -0.05$

$W_2 = (2) + (3) - (4) = 7423.69 - 7423.65 = +0.04$

$W_3 = (4) - (5) = 7423.65 - 7423.68 = -0.03$

(2) 상관방정식 편성(교점의 좌표 평균계산)

순서	ΣS	I	II	III
(1)	1.280	+1		
(2)	0.790	−1	+1	
(3)	0.381		+1	
(4)	1.592		−1	+1
(5)	1.187			−1

(3) 표준방정식 수립

방위각을 평균 계산할 때의 식으로 수립하면 다음과 같다.

표준방정식(종선좌표)				
I	II	III		Σ
+2.070	−0.790	0.000	−0.07	+1.210
	+2.763	−1.592	−0.03	+0.351
		+2.779	+0.07	+1.257

표준방정식(횡선좌표)				
I	II	III	W_y	Σ
+2.070	−0.790	0.000	−0.05	+1.230
	+2.763	−1.592	+0.04	+0.421
		+2.779	−0.03	+1.157

(4) 정해(종선좌표)의 계산

방위각을 평균계산, 표준방정식을 정해하는 요령과 같으므로 여기서는 생략하고 종선좌표와 횡선좌표의 정해를 계산한다는 점이 다르다. 그 이유는 표준방정식의 Ⅰ, Ⅱ, Ⅲ열의 수는 조건식과 경중률이 같으므로 모두 같다. 종선좌표에 대한 정해를 할 때는 W_y, Σ열은 없는 것으로 보고 계산을 하고, 횡선좌표에 대한 정해를 할 때는 W_x, Σ열은 없는 것으로 보고 계산을 진행하면 하나의 서식으로 쉽게 처리될 수가 있다. 이 계산에서도 방위각의 정해와 동일하게 C_1, C_2, C_3를 계산하면 Σ열 이전까지를 합하여 "-1"을 하고, Σ열의 수와 동일한 가를 확인하면서 진행하는 것이 계산의 착오를 예방하는 방법이다.

(5) 상관계수 계산(종횡선좌표)

방위각의 상관계수를 계산하는 요령과 같은데 단지 횡선좌표에 대한 정해 부분만 (W_y, Σ열)은 없는 것으로 보고 Ⅱ, Ⅲ, W_x 열만의 C계수에 의해 계산하면 된다.

횡선좌표의 상관계수에 대한 계산을 시행할 때는 W_x, Σ열은 없는 것으로 보고 Ⅱ, Ⅲ, W_y 열만의 C계수만으로 계산하면 된다.

(6) 보정계수(종 횡선좌표)의 계산

보정계수는 보정수와 같게 쓰이고 있다. 상관방정식에 상관계수를 대입하여 산출된다. 이처럼 산출된 보정수는 도선별 계산좌표에 더하거나 빼서 교점의 좌표를 평균좌표로 결정한다.

① (1) 도선에서 교1 종선좌표 =5641.82 +0.05 =5641.87m
교1 횡선좌표 =7154.26 +0.03 =7154.29m

② (2) 도선에서 교1 종선좌표 =5641.89 −0.02 =5641.87m
교1 횡선좌표 =7154.31 −0.02 =7154.29m

③ (2) +(3) 도선에서 교2 종선좌표 =5716.56 -0.02 =5716.54m
교2 횡선좌표 =7423.69 -0.02 =7423.67m

④ (4) 도선에서 교2 종선좌표 =5716.59 -0.052 =5716.54m
교2 횡선좌표 =7423.65 +0.02 =7423.67m

⑤ (5) 도선에서 교2 종선좌표 =5716.52 +0.02 =5716.54m
교2 횡선좌표 =7423.68 -0.01 =7423.67m

교1의 평균좌표는 종선좌표 =5641.87m, 횡선좌표 =7154.29m

교2의 평균좌표는 종선좌표 =5716.54m, 횡선좌표 =7423.67m가 된다.

평균한 교점(교1, 교2)의 좌표를 기지 좌표로 하여 도선별로 종선오차, 횡선오차를 배분하여 지적도근점의 좌표를 결정하는 것은 지적 도근점측량계산 방법과 같다.

교점다각망 계산부(H · A형)

(제1면)

약도

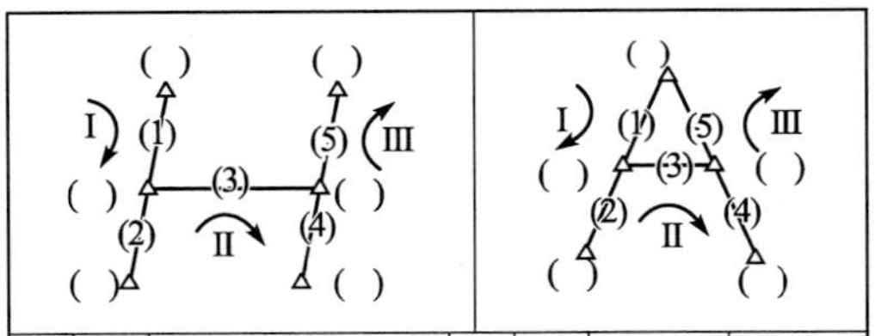

조건식			경중률		ΣN	ΣS
	I	$(1)-(2)+W_1=\theta$		(1)	1.9	1.280
	II	$(2)+(3)-(4)+W_2=\theta$		(2)	1.1	0.790
				(3)	0.7	0.381
	III	$(4)-(5)+W_3=\theta$		(4)	2.0	1.592
				(5)	1.5	1.187

1. 방위각

순서	도선	관측 (° ′ ″)	보정	평균 (° ′ ″)
I	(1)	3 2 5 5 4 5	+10	3 2 5 5 5 5
	(2)	3 2 5 6 0 6	−11	3 2 5 5 5 5
	W_1	− 2 1		
II	(2)+(3)	2 1 8 0 5 0 9	−14	2 1 8 0 4 5 5
	(4)	2 1 8 0 4 4 3	+12	2 1 8 0 4 5 5
	W_2	+ 2 6		
III	(4)	2 1 8 0 4 4 3	+12	2 1 8 0 4 5 5
	(5)	2 1 8 0 4 5 8	−3	2 1 8 0 4 5 5
	W_3	− 1 5		

2. 종선좌표

순서	도선	관측 (m)	보정	평균 (m)
I	(1)	5 6 4 1 . 8 2	+5	5 6 4 1 . 8 7
	(2)	5 6 4 1 . 8 9	−2	5 6 4 1 . 8 7
	W_1	− 0 . 0 7		5 6 4 1 . 8 7
II	(2)+(3)	5 7 1 6 . 5 6	−2	5 7 1 6 . 5 4
	(4)	5 7 1 6 . 5 9	−5	5 7 1 6 . 5 4
	W_2	− 0 . 0 3		.
III	(4)	5 7 1 6 . 5 9	−5	5 7 1 6 . 5 4
	(5)	5 7 1 6 . 5 2	+2	5 7 1 6 . 5 4
	W_3	+ 0 . 0 7		.

3. 횡선좌표

순서	도선	관측 (m)	보정	평균 (m)
I	(1)	7 1 5 4 . 2 6	+3	7 1 5 4 . 2 9
	(2)	7 1 5 4 . 3 1	−2	7 1 5 4 . 2 9
	W_1	− 0 . 0 5		.
II	(2)+(3)	7 4 2 3 . 6 9	−2	7 4 2 3 . 6 7
	(4)	7 4 2 3 . 6 5	+2	7 4 2 3 . 6 7
	W_2	+ 0 . 0 4		.
III	(4)	7 4 2 3 . 6 5	+2	7 4 2 3 . 6 7
	(5)	7 4 2 3 . 6 8	−1	7 4 2 3 . 6 7
	W_3	− 0 . 0 3		.

4. 계산

1) 상관방정식

순서	ΣN	ΣS	I	II	III
(1)	1.9	1.280	+1		
(2)	1.1	0.790	−1	+1	
(3)	0.7	0.381		+1	
(4)	2.0	1.592		−1	+1
(5)	1.5	1.187			−1

2) 표준방정식(방위각)

I	II	III	Wα	Σ
+3.0	− 1.1	0.0	− 2.1	− 0.2
	+3.8	− 2.0	+2.6	+3.3
		+3.5	− 1.5	0.0

3) 표준방정식(종선좌표)

I	II	III	Wx	Σ
+2.070	− 0.790	0.0	− 0.07	+1.210
	+2.763	− 1.592	− 0.03	+0.351
		+2.779	+0.07	+1.257

4) 표준방정식(횡선좌표)

I	II	III	Wy	Σ
+2.070	− 0.790	0.0	− 0.05	+1.230
	+2.763	− 1.592	+0.04	+0.421
		+2.779	− 0.03	+1.157

210㎜×297㎜(보존용지(1종) 70g/㎡)

(제2면)

5) 정해(방위각)

Ⅰ	Ⅱ	Ⅲ	Wα	Σ
+3	− 1.1	0.0	− 2.1	− 0.2
C_1	+0.3667	0.0000	+0.7000	+0.0667
	+3.8	− 2.0	+2.6	+3.3
	−0.4034	0.0000	− 0.7700	− 0.0734
	+3.3966	− 2.0000	+1.8300	+3.2266
	C_2	+0.5888	− 0.5388	− 0.9499
		+3.5	− 1.5	0.0
		− 1.1776	+1.0776	+1.8998
		+2.3224	−0.4224	+1.8998
		C_3	+0.1819	− 0.8180

6) 정해(종횡선좌표)

Ⅰ	Ⅱ	Ⅲ	Wx	Σ	Wy	Σ
+2.070	− 0.790	0.0	− 0.07	+1.210	− 0.05	+1.230
C_1	+0.3816	0.0000	+0.0338	− 0.5845	+0.0242	− 0.5942
	+2.763	− 1.5920	− 0.03	+0.351	+0.04	+0.421
	−0.3015	0.0000	− 0.0267	+0.4618	− 0.0191	+0.4694
	+2.4615	− 1.5920	− 0.0567	+0.8128	+0.0209	+0.8904
	C_2	+0.6468	+0.0230	−0.3302	− 0.0085	− 0.3617
		+2.7790	+0.0700	+1.2570	− 0.0300	+1.1570
		− 1.0297	−0.0366	+0.5257	+0.0135	+0.5758
		+1.7493	+0.0334	+1.7827	−0.0165	+1.7328
		C_3	− 0.0191	− 0.0191	+0.0094	− 0.9906

7) 상관계수(방위각)

C_1	C_2	C_3
+0.7000	− 0.5388	+0.1819
0.0000	+0.1071	
− 0.1583		
+0.5417	−0.4317	+0.1819

8) 상관계수(종선좌표)

C_1	C_2	C_3
+0.0338	+0.0230	− 0.0191
0.0000	− 0.0124	
+0.0040		
+0.0378	+0.0106	− 0.0191

9) 상관계수(횡선좌표)

C_1	C_2	C_3
+0.0242	− 0.0085	+0.0094
0.0000	+0.0061	
− 0.0009		
+0.0233	− 0.0024	+0.0094

10) 보정계수(방위각)

도선	C_1	C_2	C_3	Σ
(1)	+1.0292			+10 ″
(2)	−0.5959	−0.4749		−11 ″
(3)		−0.3022		−3 ″
(4)		+0.8634	+0.3638	+12 ″
(5)			−0.2728	−3 ″

11) 보정계수(종선좌표)

도선	C_1	C_2	C_3	Σ
(1)	+0.0484			+0.05
(2)	−0.0299	+0.0084		− 0.02
(3)		+0.0040		0.00
(4)		−0.0169	− 0.0304	− 0.05
(5)			+0.0227	+0.02

12) 보정계수(횡선좌표)

도선	C_1	C_2	C_3	Σ
(1)	+0.0298			+ 0.03
(2)	−0.0184	− 0.0019		− 0.02
(3)		− 0.0009		0.00
(4)		+0.0038	+0.0150	+ 0.02
(5)			− 0.0112	− 0.01

210㎜×297㎜(보존용지(1종) 70g/㎡)

참고문헌

1. 강태석,『지적측량학』, 형설출판사, 1994.
2. 강태환,『지적측량』, 한올출판사, 2001.
3. 국토지리정보원,「국토지리정보원 30년사」, 2004.
4. 국토지리정보원,「측량기준점 통합활용 방안에 관한 연구」, 2008.
5. 김재덕, 『지적측량계산문제집』, 남광출판사, 1994.
6. 김재덕 · 김정호 · 박상진 · 최막식, 『지적기준점측량(삼각편)』, 삼선출판사, 1991.
7. 김재덕,『도근측량』, 도서출판 연예, 1994.
8. 김재덕,『지적측량계산문제집』, 건웅출판사, 1989.
9. 김정호 외 3인,『지적기준점측량』, 삼선출판사, 1991.
10. 대한지적공사,「한국지적100년사(역사편)」, 2005.
11. 대한지적공사,「한국지적100년사(자료편 I: 지적관계법규)」, 2005.
12. 리진호,『삼각측량작업결료 보고서』, 도서출판 우물, 2001.
13. 리진호,『한국지적사』, 바른길, 1999.
14. 박민호 · 이창경, "지적삼각측량의 근사조정과 엄밀조정 비교분석 연구", 한국지적학회지, 제35권 제2호, 2019.
15. 박상진, "三角測量과 三邊測量에 의한 水平位置決定에 관한 比較研究", 석사학위논문, 연세대학교 산업대학원, 1985.
16. 박상진 · 강석진 · 권규태 · 손세원,『지적삼각측량』, 도서출판 바른길, 1999.
17. 원영희,『한국 지적사』, 신라출판사, 1977.
18. 유복모, 『측량공학(제5판)』, 박영사, 2005.
19. 이강원외,『지형공간정보체계 용어사전』, 구미서관, 2016.
20. 이은수, "관측방정식을 활용한 다각망도선법 조정에 관한 연구", 한국지적학회지, 제30권 제2호, 2014.
21. 이창경 · 박민호 · 이영진, "삼각측량 근사조정법의 유효성", 한국지적학회지, 2017.
22. 조규전,『측량정보공학』, 양서각, 2003.
23. 조선총독부 임시토지조사국, 「조선토지조사사업 보고서」, 1918.
24. 지적기술연수원, 「조선토지조사사업보고서」, 1993.
25. 지적기술연수원, 조선토지조사사업보고서, 우리인쇄사, 1993
26. 최한영,『지적측량실무특론』, 구미서관, 2015.
27. 최한영,『지적측량원론』, 구미서관, 2012.
28. 최한영,『지적측량특론』, 구미서관, 2013.
29. 한국건설기술연구원,「국가기준점망의 효율적인 구축 및 유지관리방안 연구」, 2001.
30. 朴雲龍 · 李正珪 · 金熙圭 · 劉煥熙, "三辺測量에 依한 水平位置解析", 대한토목학회 학술발표회 개요집, 1981.
31. 柳福模 · 朴常進 · 康仁準, "水平位置決定에 관한 3邊 및 3角測量의 比較研究", 대한토목학회논문집, 1984.
32. LX한국국토정보공사,「지적측량 성과결정 관련규정, 기초측량(도근)」, 2017.

33. LX한국국토정보공사, 「지적측량 성과결정 관련규정, 기초측량(삼각)」, 2017.
34. Charles D. Ghilani, Adjustment Computations_Spatial Data Analysis(Sixth Edition), Wiley, 2017.
35. 국가법령정보센터(http://www.law.go.kr/)
36. 국가통계포털(http://www.kosis.kr/)
37. 국토지리정보원(http://www.ngii.go.kr)

단 원 학 습 평 가

1. 국가기준점의 종류가 아닌 것은?
   ① 우주측지기준점 ② 중력점 ③ 공공삼각점 ④ 통합기준점

2. 통합기준점에 관한 설명으로 옳지 않은 것은?
   ① 개별적으로 설치·관리되어 온 국가기준점의 기능을 통합
   ② 평면, 수직, 중력 성과 제공
   ③ 2010년 시범사업을 통해 설치 시작
   ④ 3~5km 간격으로 설치

3. 근사조정법에 의한 지적삼각망 조정의 내용이 아닌 것은?
   ① 각규약 ② 순차조정 ③ 변규약 ④ 엄밀(정밀)조정

4. 교점다각망의 형태로 틀린 것은?
   ① X형 ② Y형 ③ H형 ④ F형

5. 지적도근측량 도선의 종류 중에서 기지점에서 시작하여 다른 수평기지점에 결합시키는 것은?
   ① 결합도선 ② 개방도선 ③ 왕복도선 ④ 폐합도선

6. 배각법에 의한 도근측량에서 종·횡선 오차의 배부는 (　　) 법칙에 의하여 배부한다.

7. 지적도근측량은 (　　)과 거리의 2가지 요소를 측정하여 노선에 따라 지적도근점의 수평위치를 단계적으로 구해 나간다.

8. 관측방정식에 의한 엄밀조정법으로 지적삼각망을 조정하는 방법에 대하여 설명하시오.

9. 지적삼변측량 방법에 대하여 설명하시오.

10. 지적도근측량의 작업순서에 대하여 설명하시오.

정답 1. ③ 2. ③ 3. ④ 4. ④ 5. ① 6. 트랜싯 7. 방위각 8-10. 본문 참조

CHAPTER

05

지적세부측량

CHAPTER 05

지적세부측량

1 지적세부측량의 개념

지적세부측량은 지적삼각측량과 도근측량에서 얻어진 정확한 기초점을 근거로 하여 행정구역 경계와 일필지별 토지경계와 굴곡점을 결정하여 지적도와 경계점좌표등록부에 등록하고자 하는 목적을 갖고 행하는 측량을 말한다. 즉, 기초측량의 결과물인 지적측량기준점을 기초로 하여 일필지 마다의 형상을 측량하는 것으로 일필지 경계점의 좌표를 결정하여 지적도(임야도 포함)를 작성하는 측량을 말한다.

한편, 법률에서는 기초측량을 근거로 일필지별로 경계와 면적을 정하여 지적공부에 등록하거나 등록된 경계를 지표상에 복원할 경우 실시하는 측량으로 정의하고 있다. 이러한 세부측량은 "세밀한 부분의 측량"이라는 뜻을 지니고 있으며, 이 말을 줄여 세부측량이라고 하며, 일필지별로 세밀한 사항을 측정한다고 하여 "일필지측량" 이라고도 한다.

세부측량은 위성기준점, 통합기준점, 지적기준점 및 경제점을 기초로 하여 평판측량방법, 경위의측량방법, 전자평판측량방법, 위성측량방법으로 수행된다. 평판측량은 측판을 이용하여 실시하는 측량방법으로 과거 주로 도해지역의 세부측량에 활용되었다. 경위의(經緯儀)측량은 트렌싯 또는 데오드라이트를 이용하여 실시하는 측량방법으로 기초측량과 수치지역의 세부측량에 활용된다. 전자평판측량은 경위의 이용하여 관측하고 측량성과의 결정을 전자적으로 실시하는 측량방법으로 전산화된 지적도면이 비치된 도해지역과 수치지역의 세부측량에 활용된다. 지적도면이 전산화된 이후에는 도해와 수치지역을 막론하고 전자평판측량 방법이 사용되고 있다. 위성측량은 전파기술의 발달로 인공위성으로부터 송신되는 전파신호를 수신하여 측점의 3차원 위치를 결정하는 측량방법으로 기초측량 및 세부측량에 이용된다.

다음에서는 측량 기술의 발전 단계별로 평판측량, 경위의측량, 전자평판측량을 이용한 지적세부측량에 대해 설명하기로 한다. 위성측량은 제7장(GNSS에 의한 지적측량)에서 자세히 설명하기로 한다.

2 지적세부측량의 방법

2.1 평판측량

1) 개념 및 원리

측판을 사용하여 현장에서 측량대상을 직접 관측하고 그 성과를 도해적으로 도면에 작성하는 측량방법을 말한다. 즉, 수평위치 결정의 한 방법으로 현장에서 지적측량기준점이나 결정된 측정점을 기준으로 측판에서 조준의(alidade)를 이용해 목표물을 시준하고, 방향, 고저차, 거리를 관측하여 그 결과를 직접 도면상에 일정한 축척으로 작성하는 측량방법을 말한다. 주로 세부측량에 사용되며, 위치의 결정은 측판에서 측정점까지 방향선과 거리를 측정으로 이루어진다. 측량의 정밀도가 높지 못하다는 단점이 있지만 방법이 간단하여 경비, 시간이 절약된다는 장점이 있어 전자평판이 도입되기 이전까지 널리 사용되었다.

측판측량의 기본원리를 그림으로 설명하면 다음과 같다. ∠A=∠a, ∠B=∠b, ∠C=∠c라는 조건이 성립된다. 따라서 [그림 5-1]에서 제점간의 거리와 그것에 대응하는 지상에서 제점간의 거리는 일정한 비례관계를 유지하고 있다.

즉, $\frac{\overline{ab}}{AB} = \frac{\overline{bc}}{BC} = \frac{\overline{ca}}{CA} = \frac{1}{M} = K$ (축척)

여기서, K는 일정한 상수, 1/M는 축척을 의미하며, M은 축척분모이다.

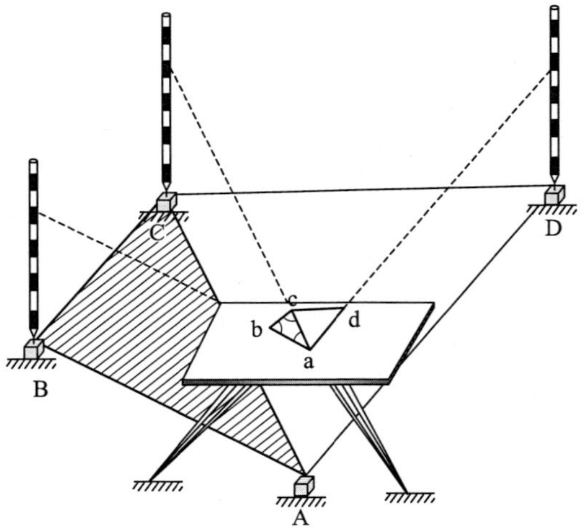

[그림 5-1] 평판측량의 원리

2) 평판측량의 장단점

(1) 장점

① 기계의 조작 및 측량방법이 간판하고 편리하다

② 각을 읽거나 야장에 기입할 필요가 없어 이에 따른 오차를 줄일 수 있다

③ 외업(현장작업)후 별도의 내업(실내작업)량이 적다

④ 현장에서 직접 측정한 결과를 도해로 표시하므로 필지현황을 정확하게 작성할 수 있고, 측정한 것이 빠지거나 잘못된 곳을 쉽게 발견할수 있다.

(2) 단점

① 기계의 부속품이 많아 운반 및 이동이 불편하고 분실할 소지가 많다.

② 건조하거나 습하면 측량원도의 신축이 발생하여 오차가 발생할 수 있는 등 전체적으로 정확도가 낮다.

③ 외업(현장작업)에 시간이 많이 소요되며, 비・눈・바람 등 수반되는 날은 측량이 곤란하다.

3) 평판측량기의 구조

(1) 측판(평판)

평판 또는 도판이라고도 하며 평판측량시 측량원도를 측판면에 깔고 측량한 결과를 도해할 수 있도록 한 사각형의 목판을 말한다. 측판의 뒷면에는 측각을 고정할 수 있도록 황동의 좌금을 붙이고 좌금에는 삼각과 연결할 수 있는 공구(孔口)가 있다. 일반적인 지적측량용 측판의 크기는 가로 56cm, 세로 46cm, 두께 2cm 인 것을 사용한다.

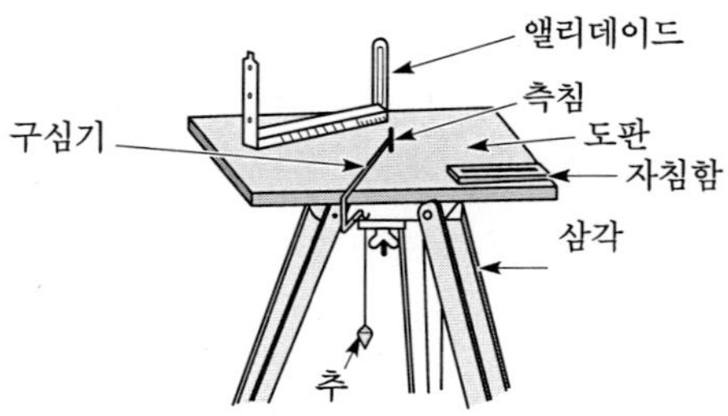

[그림 5-2] 평판측량기의 구조

(2) 측각

삼각이라고도 하며 측판의 높이와 수평을 유지하기 위한 삼각대와 좌판을 말한다. 측각은 목제와 알루미늄제가 있으며 삼각대의 하부에는 미끄럼 방지를 위한 철발톱이 부착되어 있다.

(3) 조준의(시준기)

엘리데이드라고도 하며 측판위에 놓고 목표물을 시준하여 방향선을 그리고 관측거리를

축척화하여 목표물의 위치를 도상에서 결정하는 기구이다. 조준의의 종류로는 일반조준의, 망원조준의, 광파조준의가 있으며 일반 조준의구조는 전시준판, 후시준판 시준공(상, 중, 하), 시준사, 축척자, 경사측정자, 기포관, 외심관 등으로 구성되어 있다.

이외에 보조기구로 구심기와 추, 측량침(측침), 측량연필, 작은줄 및 집게가 있다.

4) 평판 설치법

(1) 조준의

조즉의를 측판위에 올려놓고 기포관을 이용하여 측판을 수평으로 맞추는 작업을 말한다. 즉 측판위에 조준의를 상하, 좌우 두 방향으로 위치하게 하여 조준의의 기포관내에 있는 기포를 중앙에 위치하게 하는 작업을 말한다.

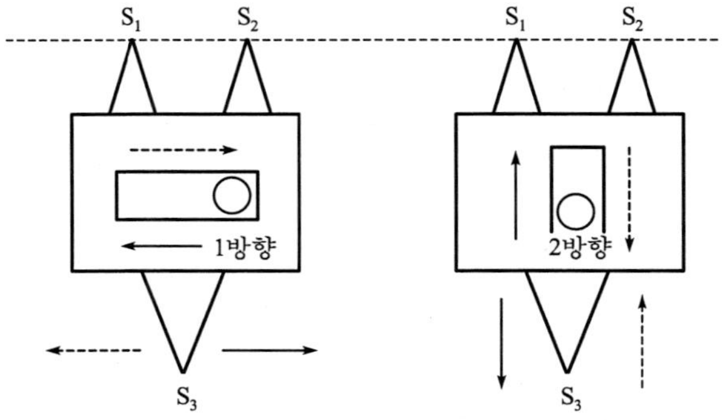

[그림 5-3] 정준

① 측각 두다리 B, C를 지면에 단단히 박는다.
② 측판위에 측각 BC와 나란하게 조준의를 놓는다.
③ 측각 A를 좌우(오른쪽, 왼쪽)으로 이동하여 조준의 기포가 중앙에 오도록 맞춘다.
④ 다음은 조준의를 BC와 수직방향으로 놓는다.
⑤ 측각 A를 앞뒤로 이동하여 조준의 기포가 중앙에 오도록 맞춘다.
⑥ 다시 조준의를 측각 BC와 나란하게 또는 수직방향으로 놓아 기포가 중앙에 위치하는지 확인한다.
⑦ 기포가 중앙에 위치하지 않을 경우 위의 방법을 반복한다.

(2) 구심(치심)

구심기와 추를 이용하여 측판위에 있는 도상의 점과 지상에 있는 점을 동일 연직선상에 있도록 하는 작업을 말한다. 먼저, 정준 상태에서 구심기와 추를 이용하여 도상의 점과 지상의 점을 일치시킬수 있도록 측판을 이동한다. 그리고 측판의 이동으로 정준이 틀린 경우 다시 구심 작업을 한다.

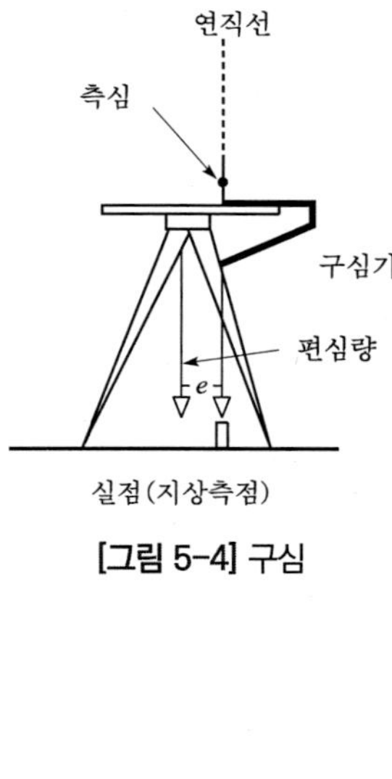

[그림 5-4] 구심

(3) 표정(정향)

정준과 구심작업 완료 후 측판의 방향과 방위를 맞추는 작업을 말한다.

① 지상에 있는 점 A에 측판을 세워 정준과 구심을 맞춘다.

② 정준과 구심이 끝난 후 조준의를 도상에 있는 방향선 AB에 정확히 일치하도록 맞춘다.

③ 측판의 하부 고정나사를 푼 다음, 조준의의 시준공과 시준사를 통하여 B점을 시준하여 중심을 맞출수 있도록 측판을 좌우로 돌린다.

④ 도상의 AB선과 지상의 AB선이 일치되면 측판을 고정시키고 하부 고정나사를 잠근다.

⑤ 표정에 따라 측판이 좌우로 이동하였으므로 도상의 점과 지상의 점이 일치하는 지 재확인한다. 만약 일치하지 않을 경우 측판을 이동하여 정준, 구심, 표정 작업을 반복한다.

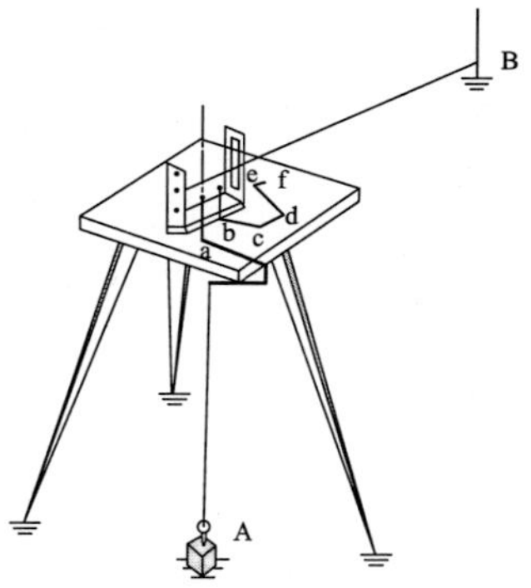

[그림 5-5] 표정

5) 위치결정방법

세부측량을 평판측량에 의하는 경우 위치결정 방법은 교회법, 도선법, 방사법, 지거법, 비례법이 있다. 지적측량에서는 현재 교회법, 도선법, 방사법을 이용하고 있으나 지적법 제 11차 개정이전까지는 지거법과 비례법도 함께 사용하였다.

(1) 교회법(交會法)

교회법이란 방향선의 교회로서 미지점의 위치를 결정하는 방법으로 이를 교차법이라고도 한다. 교회법의 종류에는 전방교회법, 측방교회법, 후방교회법이 있다. 교회법은 거리를 측정하지 않고 방향선에 의하여 점의 위치를 결정하는 특징이 있으며 토지가 절단되어 있거나 장애물이 있어 거리의 직접측정이 곤란할 경우 주로 사용하는 편리한 방법이다. 방법별 시행내용을 비교하면 다음과 같다.

① 전방교회법

전방교회법은 미지점에 대한 시준은 가능하나 장애물이 있어 직접 거리측정이 곤란한 경우 2점 이상의 기준점을 측판점으로 하여 미지점의 위치를 결정하는 방법이다. 그러나 지적측량을 교회법에 의하여 시행 할 때에는 기지점을 최소한 3개 이상 사용하는 것을 원칙으로 하고 있다. 그 이유는 두방향선이 평행이 아니면 만나게 되므로 만나는 점을 구할수 있으나 오차를 쉽게 발견하기 어렵기 때문이다. 전방교회법은 교회법 중에서 가장 정확한 결과를 얻을 수 있는 방법이다.

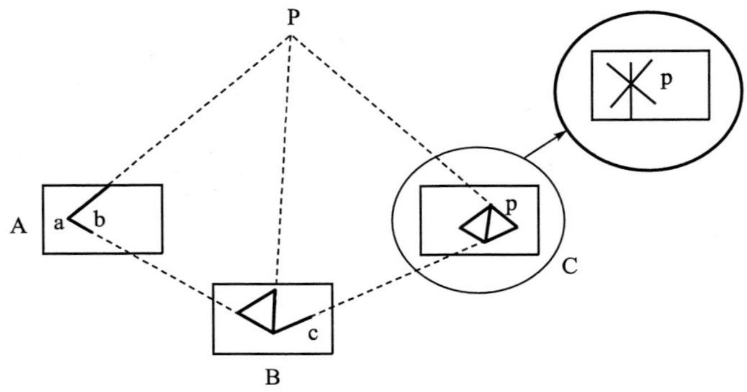

[그림 5-6] 전방교회법

가. 지상의 기지점 A, B ,C에 대한 도면상 위치를 a, b ,c로 하고 이에 의하여 지상의 소구점 P의 도면상 위치 p를 결정한다.

나. 지상기지점중 임의의 A점에 측판을 세우고 도면상의 a점에 측침을 꽂아 정준과 구심을 한다.

다. 도상의 기지점 a에서 조준의로 지상의 기지점 B, C를 시준하여 측판을 표정한다.

라. 도상의 기지점 a에서 조준의로 소구점 P를 시준하여 전방에 방향선을 긋는다

마. 다음은 지상의 기지점 B, C로 차례로 측판을 이동하여 정준, 구심, 표정을 한후 도상의 기지점 b, c에서 차례로 조준의로 소구점 P를 시준하여 전방의 방향선을 긋는다.

바. 3개의 방향선에 의하여 1곳에 교회하는 것으로서 소구점 P의 점의 위치를 결정한다.

② 측방교회법

측방교회법은 전방교회법과 후방교회법을 혼합한 방법으로 두점 또는 3점의 기지점중 한점의 기지점과 미지점에서만 기계를 세울 수 있을 때 사용하며 주로 소축척의 측량에 사용한다. 측방교회법은 정밀도 면에서 전방교회법보다 못하나 후방교회법보다는 정밀하다.

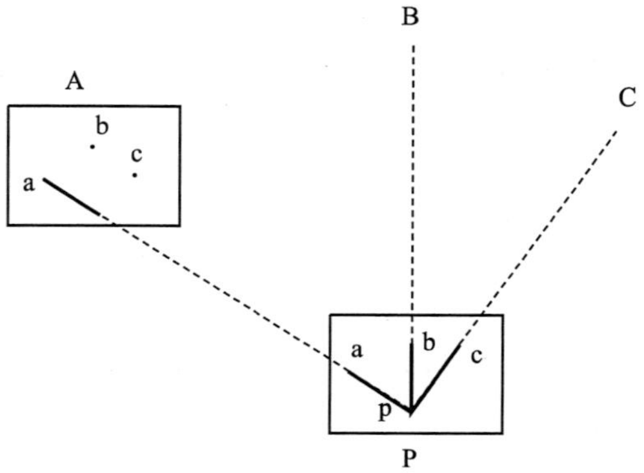

[그림 5-7] 측방교회법

가. 지상의 기지점 A, B ,C에 대한 도면상 위치를 a, b ,c로 하고 이에 의하여 지상의 소구점 P의 도면상 위치 p를 결정

나. 지상기지점중 측판을 세울수 있는 A점에 측판을 세우고 도면상의 a점에 측침을 꽂아 정준과 구심

다. 도상의 기지점 a에서 조준의로 구하고자하는 지상의 기지점 B,C 를 시준하여 측판을 표정

라. 도상의 기지점 a에서 조준의로 소구점 P를 시준하여 전방에 방향선을 긋는다

마. 다음은 지상의 소구점 P로 측판을 이동하여 정준, 구심을 맞춘 후, 먼저 그은 방향선에 의거 표정

바. 도상의 기지점 b, c에서 차례로 측침을 꽂고 조준의로 지상의 기지점 B,C를 시준하여 후방에 방향선을 긋는다.

사. 3개의 방향선에 의하여 1곳에 교회하는 것으로서 소구점 P의 위치를 결정한다.

③ 후방교회법

후방교회법은 구하고자 하는 소구점에 평판을 세우고 기지점의 방향선에 의하여 소구점을 결정하는 방법이다. 후방교회법은 지상의 기지점 어느 것에도 측판을 세울 필요가 없어 작업은 쉬우나 그 정밀도는 전방교회법이나 측방교회법에 따르지 못한다. 후방교회법에는 2점법과 3점법에 의한 방법이 있다.

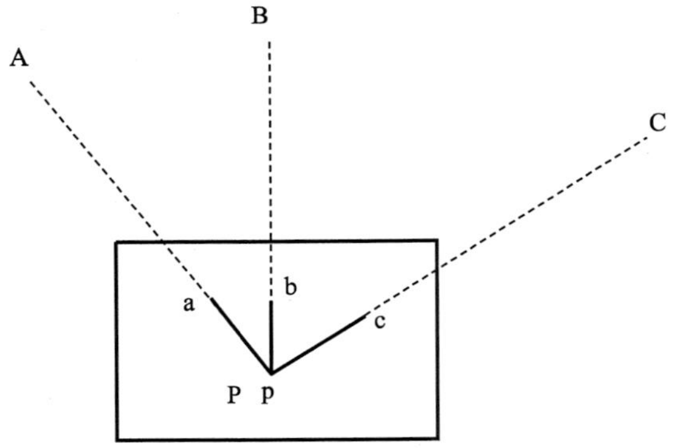

[그림 5-8] 후방교회법

2점법은 기지점이 2개이고 이들 측점에 측판을 세울 수 없을 때 사용되나, 검사할 방법이 없기 때문에 부득이 할 경우에만 사용한다. 3점법은 이미 도면에 표시되어 있는 3개의 지상기지점을 시준하여 그 방향선의 교차로서 도면위에 표시되지 않은 미지의 소구점을 도면위에서 구하는 방법으로 도근측량과 같이 정밀한 측량에 이용된다. 후방교회법에서는 일반적으로 3개의 방향선이 1점에 교회한다 하더라도 정도가 떨어져 그 위치가 실제와 일치하지 않은 경우가 많이 발생하므로 소구점에서 기지점에 이르는 거리를 실측하여 도상거리와 일치 여부를 확인하여야 한다.

교회법으로 측점을 결정하려 할 때에 세 방향선이 1점에 교차하지 않고 3각을 이룰 때가 있다. 이것을 시오삼각형(triangle of error)이라 하며 조정방법에는 투사지법, 레만법(Lehman), 벳셀법(Bessel)이 있다.

가. 투사지법(tracing paper method)

방법이 간단하여 현장에서 많이 사용되는 방법으로 미지점 P에 평판을 세우고 평판상에 투사지를 펴고 적당한 위치에 바늘을 꽂는다. 투사지의 P점에서 지상의 기지점 A, B, C를 조준하여 방향선을 긋고, 투사지를 들어내어 도면상에 이미 그려져 있는 세 점 a, b, c를 방향선이 지나도록 투사지를 맞추어 투사지상 P점에 바늘을 꼽는다. 도면상에 결정된 그 점이 측점의 도상위치가 됨으로 이 점에 의하여 평판을 표정하면 된다.

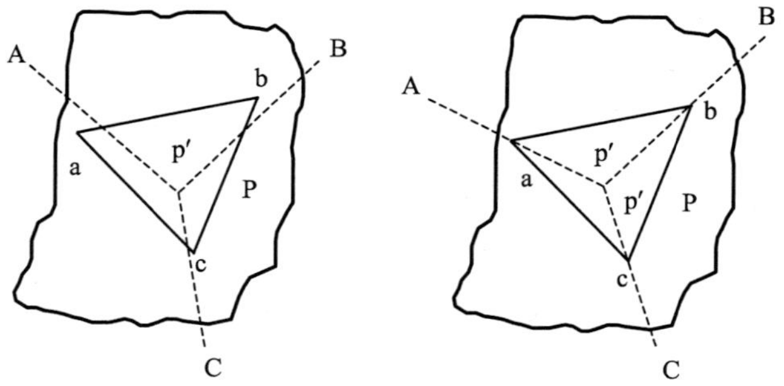

[그림 5-9] 투사지법

나. 레만법

레만법은 미지점을 구하는 데는 신속하나 숙련을 요구한다. 후방교회법을 이용할 때 대개는 시오삼각형이 생기는데 이 시오삼각형의 크기와 평판표정의 각 오차는 비례한다. 이 때에 만들어진 시오삼각형은 평판을 조금씩 회전하여 방향선을 다시 그으면 시오삼각형의 크기가 줄어들고 1점에서 만날 때까지 반복한다.

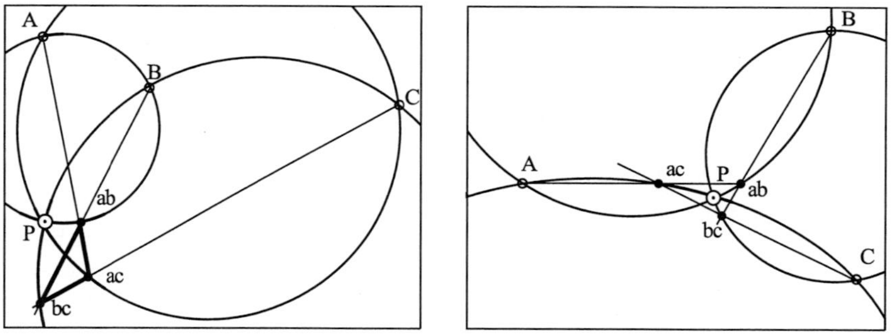

[그림 5-10] 시오삼각형에 의한 구점의 위치 추정

다. 벳셀법

벳셀법은 미지점(구하고자 하는 점)을 구하는데 많은 시간이 소요되나 원의 기하학적 성질을 이용하여 정확한 위치를 구하는 방법이다.

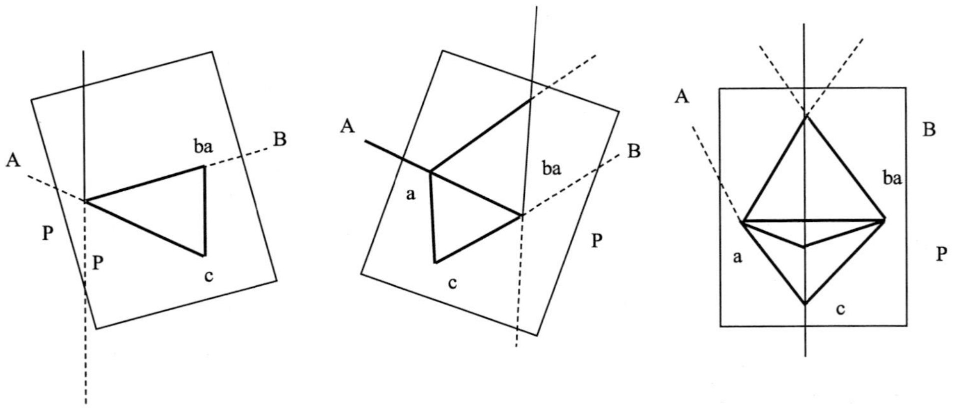

[그림 5-11] 벳셀법

※ 시오삼각형의 크기가 공차를 넘을 때에는 그 원인을 밝히기 위하여 재측량을 하여야 한다. 그러나 시오삼각형의 내접원의 지름이 도상 1mm 이내 일 때는 그 중심을 구하고자하는 점(소구점)의 위치로 한다.

(2) 도선법(전진법, 절측법)

도선법이란 시가지나 도로, 임야지역 같이 한 측점에서 많은 점이 시준이 안되거나 길고 좁은 지역의 측량에 이용되는 측량이다. 이 방법은 기지점에서 출발하여 다른 기지점에 도착시키든가 또는 출발점에 귀착시키는 다각선을 경유하여 각변의 방향과 거리로서 순차 측점의 위치를 결정하는 방법이다. 이 방법은 측량구역이 좁고 길거나 측량할 지역 안에 장애물이 많아서 방사법이 불가능한 경우에 사용하며 측량방법은 각 측점에 평판을 세우고 차례로 방향, 거리를 관측한다. 이 방법은 측량도중 오차를 즉시 발견할 수 있으나 많은 시간과 노력을 요하는 결점이 있다.

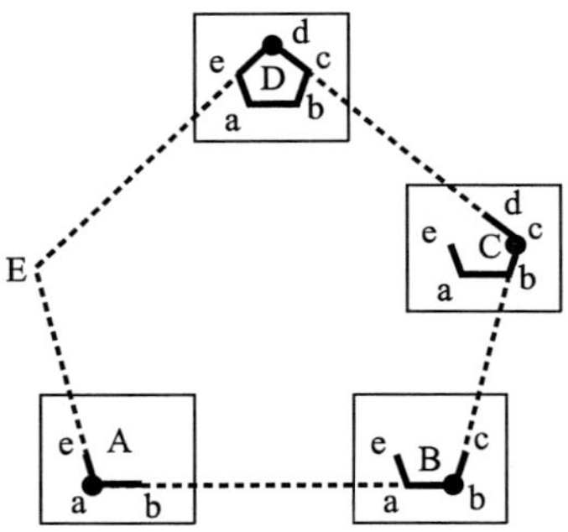

[그림 5-12] 도선법

도선법은 측정점으로부터 출발하여 다른 기지점에 폐색시키거나 또는 출발점에 복귀한 결과 도상에서 일치하여야 하나 폐색오차가 발생하는 경우가 많다. 이 경우 오차가 폐색허용오차 이내인 경우 각측점에서의 배분량을 구하여 조정하여야 한다.

도선의 폐색오차 허용범위는 $\frac{\sqrt{N}}{3}$(mm) 이하 (n : 변수)이다. 오차의 조정(배분)은 다음의 식에 의한다.

$$Mn = \frac{e}{N} \times n$$

Mn : 각 점의 순서대로 배부할 mm 단위의 도상길이

e : 밀리미터 단위의 오차

N : 변의 수

n : 변의 순서

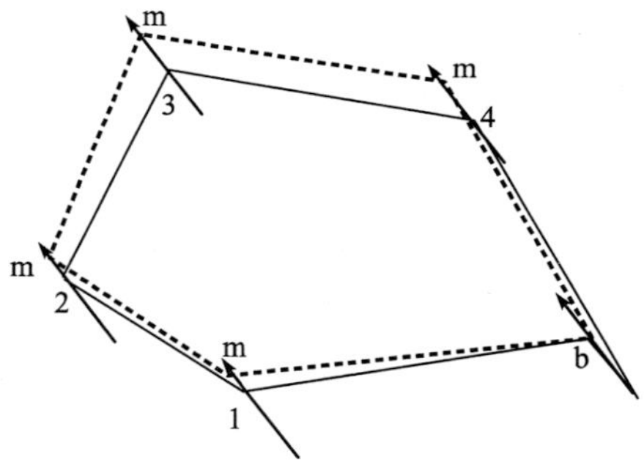

[그림 5-13] 도선법의 오차배분

(3) 방사법

방사법이란 측량지역 내에 시준에 장애물이 없는 소지역에 일반적으로 사용되는 방법으로서 기지점에 측판을 설치하고 그 주변에 있는 점의 위치를 결정하는데 사용되는 매우 간단한 방법으로서 이를 광선법, 사출법이라고도 한다. 방사법의 측량방법은 다음과 같다.

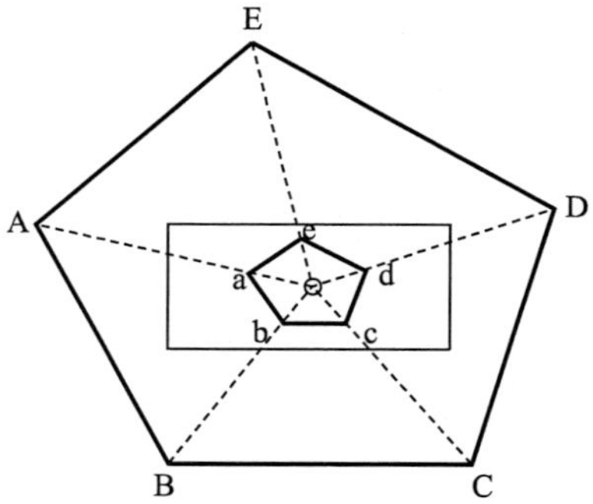

[그림 5-14] 방사법

① 구하고자 하는 지상의 점들이 전부 보이는 위치 또는 기존의 지상 기지점 위에 측판을 설치하고 정준, 구심, 표정을 한다.

② 구하고자 하는 지상의 점(A)을 시준하여 도상에서 방향선을 긋는다.

③ 측판을 설치한 지점과 구하고자 하는 지상의 점(A)까지의 거리를 실측하고, 정해진 축척으로 도상에 지상의 거리만큼 도상점(a)을 결정한다.

④ 이와 같은 방법으로 지상의 점 B, C, D, E .....를 차례로 시준하고 거리를 측정하여 도상점 b, c, d, e ....를 결정한다.

⑤ 측량이 끝난 후 처음 시준한 지상의 점 A를 다시 시준하여 도상의 점과 일치여부를 확인하여 측량도중 측판이 움직이지 않았나 확인하고, 지상의 점 AB를 거리를 실측하여 도상의 점 ab거리의 일치여부를 확인하여 측량의 정확성을 검증한다.

(4) 지거법

지거법이란 구하고자 하는 점에서 기지점 간을 연결한 직선에 내린 수선(지거)의 길이를 측정하여 야장에 기입하고 내업으로서 도면을 그려 필요한 성과를 얻는 방법으로서 기지 직선의 가까이 있는 점들의 위치를 결정할 때에 주로 사용하며 이를 종횡법이라고도 한다. 지거법의 측량방법은 다음과 같다.

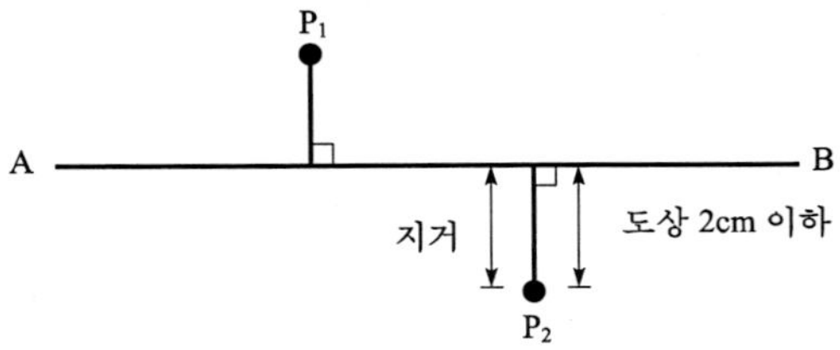

[그림 5-15] 지거법

① 지상기지점 A, B를 기지점으로 할 경우 AB의 기지점을 직선으로 연결한다.

② 구하고자 하는 지상의 점(P)에서 기지직선 AB에 직선으로 내린 수선으로 임의의 점(X)를 구한다.

③ 지상에서 임의의 점(X)에서 AX, PX의 거리를 측정한다.

④ 도상에서 기지점 A에서 AX 및 PX의 거리를 축척에 의거 표시하여 P점의 위치를 결정한다.

(5) 비례법

비례법이란 측량하고자 하는 지역내에 장애물이 있어 교회법, 방사법, 도선법, 지거법 등 어느 방법으로도 측점의 위치를 결정할 수 없는 경우 닮은꼴을 이용하여 구하고자 하는 점간거리를 결정하는 방법이다. 비례법의 측량방법은 다음과 같다.

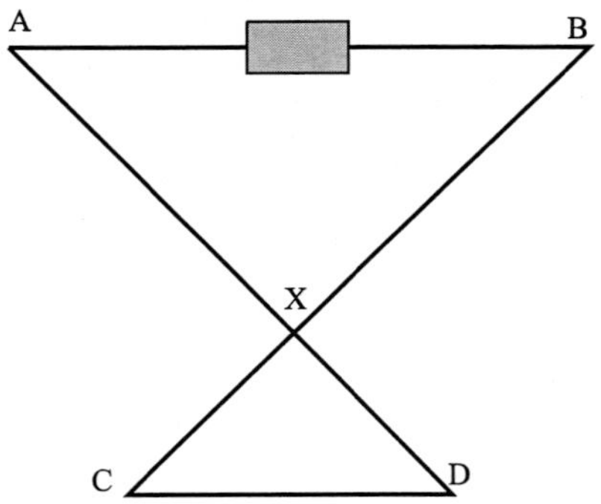

[그림5-16] 비례법

① AB 상호간 거리 측정 및 시통이 불가능한 경우 AB간 거리를 구하고자 할 경우 비례법을 사용한다.

② 지상의 점 X에서 측판을 설치하고 다른 기지점에 의하여 표정한 후 A점과 B점을 표정한 후 방향선을 X점 중심으로 길게 연장선을 긋는다.

③ AX의 거리 및 BX의 거리를 측정한 후 측정거리 이하(1/3정도)로 동일한 비율을 적용하여 CX, DX의 거리를 정하고 C점과 D점의 도상위치를 결정한 후 C점과 D점의 도상거리를 측정한다.

④ 다음 공식에 의거 점A와 점B 간 거리를 구한다.

$\triangle ABX \backsim XCD$

$AB \cdot XD = CD \cdot AX$

$AB = \dfrac{CD \cdot XA}{XC}$

$AB : CD = AX : XD$

$\therefore AB = CD \times \dfrac{XA}{XD}$ 또는 $CD \times \dfrac{XB}{XC}$

비례법에 의하여 측량하는 경우 측선장의 선정은 측판을 표정한 길이 이하로서 방향선의 길이의 3분의 1정도로 한다.

6) 수평거리 계산 방법

조준의에 의한 방법은 시준판에 표시되어 있는 눈금을 이용하여 수평거리를 구하는 방법이다. 먼저, 경사거리 l 을 측정했을 경우는 다음과 같이 계산된다.

$$100 : D = \sqrt{100^2 + n^2} : l$$

$$\therefore D = \frac{100}{\sqrt{100^2 + n^2}} \cdot l$$

$$= l \cdot \frac{1}{\sqrt{1 + (\frac{n}{100})^2}}$$

$$D' = l - l(1 - \frac{1}{\sqrt{1 + (\frac{n}{100})^2}})$$

여기서, D′는 수평보정량 계수임.

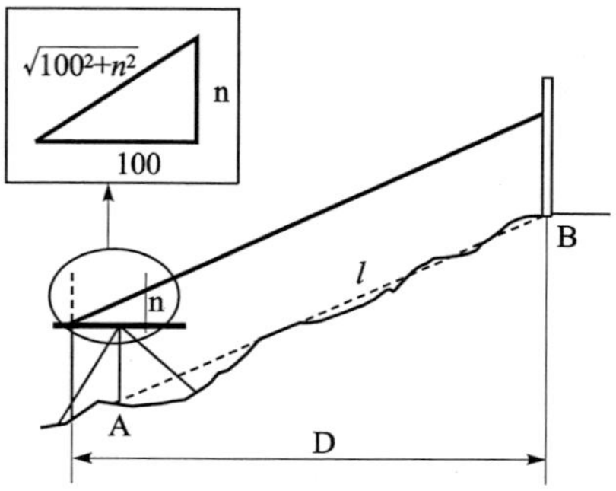

[그림 5-17] 조준의에 의한 방법 (1)

시준판의 눈금과 표척의 높이를 측정했을 경우, 간격이 l 인 상하 양측판에 낀 분획수를 $n(=n_2 - n_1)$라고 하면 2점 AB 간의 수평거리를 계산한다.

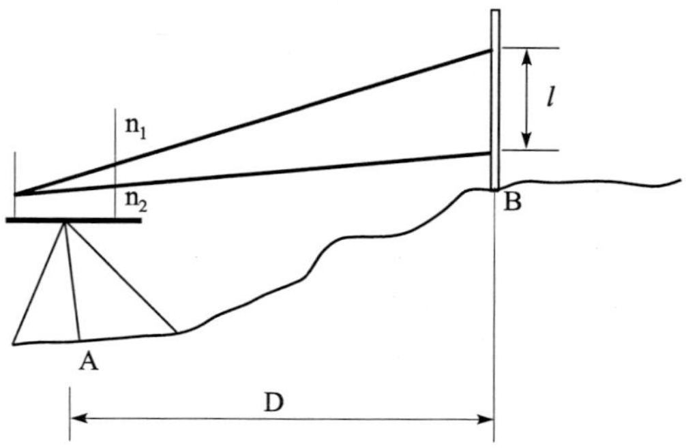

[그림 5-18] 조준의에 의한 방법 (2)

7) 평판측량의 오차

평판측량은 간편한 측량이지만 한편으로는 측량기기의 구조 때문에 충분한 조정을 할 수 없으므로 어느 정도의 오차는 허용될 수밖에 없다. 측판측량 방법에 의한 도해측량에서의 발생하는 오차는 기계오차, 측판설치오차, 측량오차 등으로 구분하고 있다.

(1) 기계오차

측판측량의 기기는 정밀하게 조정되지 않기 때문에 정밀도상으로 피할 수 없는 오차가 생기게 마련이다. 이 오차는 대부분의 경우에는 무시할 수 있는 정도로 미소한 것이지만 대축척 지적측량에서는 무시할 수 없게 될 때도 있다. 이에 대한 오차의 원인은 다음과 같다.

① 외심오차

외심오차는 조준의의 시준선이 만들면 조준의 자(scale)의 가장자리면이 일치하지 않아서 생기는 오차로 편심(e)에 따른 오차이며, 두 점간의 거리에 반비례한다.

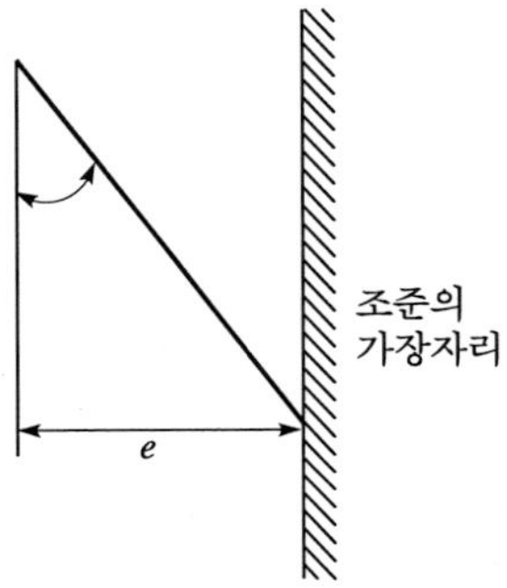

[그림 5-19] 외심오차

- $e_1 = \frac{e}{M}$ $(e = 25 \sim 30\text{mm})$

  e_1 : 도상의 허용오차(제도오차)

  M : 축척의 분모수

  e : 허용외심오차(앨리데이드의 편심량)

② 시준오차

시준오차는 앨리데이드 시준공의 크기(직경), 시준사의 굵기 및 양시준판의 간격에 따라 생기는 오차로 방향선 l 에 따른 도상허용오차(e_2)는 다음과 같으며, 평판을 설치하는 위치와 측량방법을 결정할 때 시준오차를 고려하여야 한다.

- $e_2 = \frac{\sqrt{d^2 + t^2}}{2C} \cdot l$ (mm)

  e_2 : 도상의 허용오차(제도오차)　　d : 시준공의 직경(지름)

  t : 시준사의 굵기　　C : 시준판의 간격

  l : 방향선의 길이(시준선의 기리)

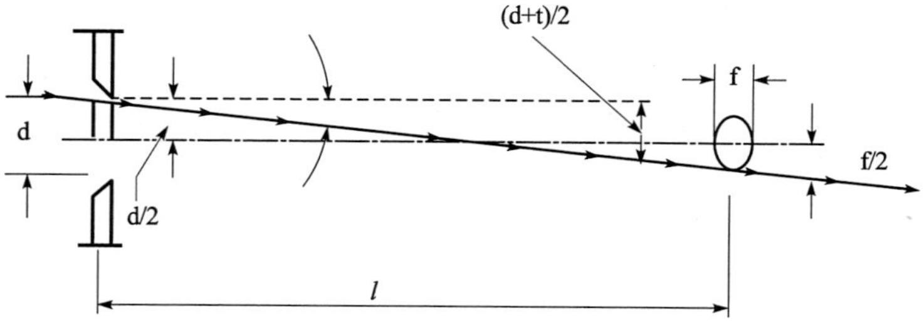

[그림 5-20] 시준오차

③ 자침오차

자침오차는 자침(나침)에 의하여 평판을 표정하는 경우에 생기는 경우와 자침의 바늘이 정확히 일치하지 않는데서 생기는 경우에 발생하는 오차이다. 일반적으로 사용하고 있는 자침의 길이는 약 7㎝ 이므로 자침에 의하여 표정을 하는 평판측량에서는 방향선의 길이가 3.5㎝ 이하가 되도록 평판설치와 측정에 고려하여야 한다.

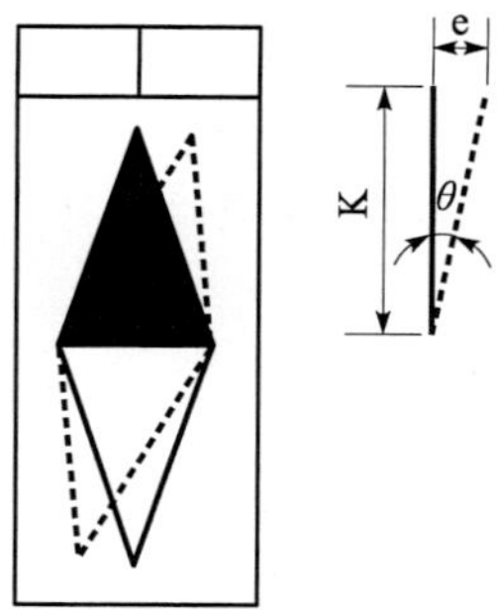

[그림 5-21] 자침오차

- $e_3 = \dfrac{0.2}{K} l$

  2K : 자침의 전길이 　l : 방향선의 길이

(2) 측판설치오차

측판설치오차는 정준오차, 구심오차, 표정오차 등이 있으며, 이들 오차는 측판측량에 가장 나쁜 영향을 미친다.

① 정준오차

정준오차는 측판이 수평이 아닌 경우에 방향 및 고저차에 의하여 생기는 오차로 측판의 경사, 시준선의 경사, 방향선의 길이에 비례하나 도면의 축척과 관계가 없다. 그리고 시준선에 대하여 직교방향으로 경사질 때 최대의 방향오차가 발생한다.

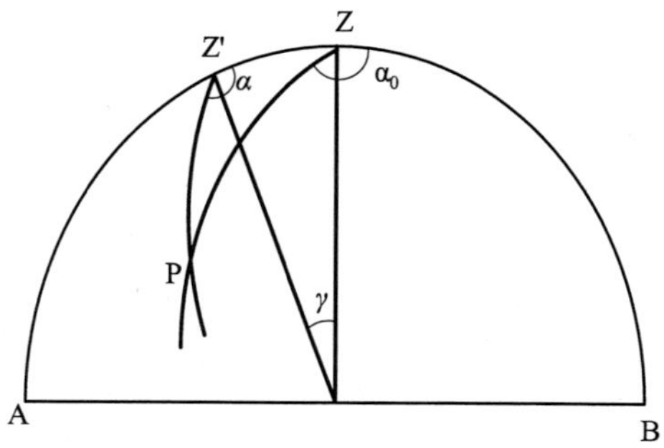

[그림 5-22] 정준오차

- $e_4 = \frac{b}{r} \cdot \frac{n}{100} \cdot l$

  e_4 : 도상허용(위치)오차(제도오차)

  b : 기포의 변위량(이동량)

  n : 눈금수

  r : 기포관의 곡률반경

  l : 방향선의 길이(시준선의 길이)

② 구심오차

구심오차는 도상의 측점과 지상의 측점이 동일연직선에 있지 않고 편위(e)되어 있는 경우 발생하는 오차로 구심편위량과 측량축척에 비례한다.

- $e_5 = \frac{2q}{M}$ (㎜)

  $q =$ 편심거리

  $M =$측량 축척분모

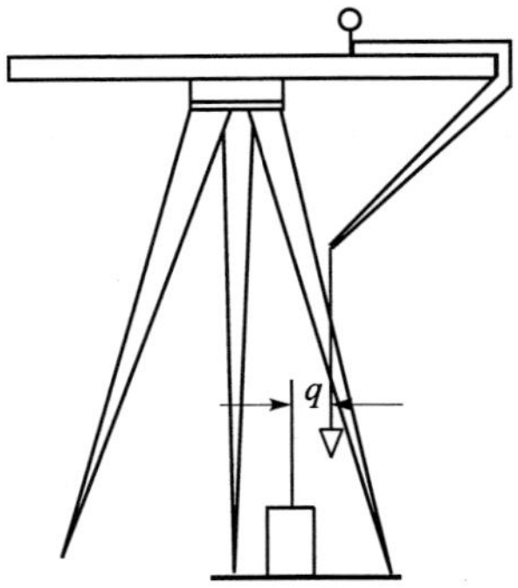

[그림 5-23] 구심오차

③ 표정오차

표정오차는 측판을 일정한 방향으로 고정시키지 않는데서 생기는 오차로 다른 오차에 비하여 그 영향이 매우 크므로 각별히 주의해야 한다.

- $e_6 = l \cdot \Delta\alpha$

  l : 도상거리

  △α : 도상측점과 이에 대응하는 지상점의 방향간의 오차

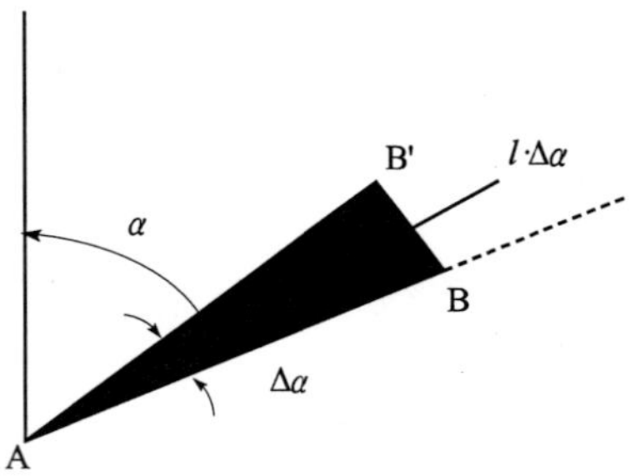

[그림 5-24] 표정오차

2.2 경위의측량

1) 개념

경위의(經緯儀)측량은 트랜싯, 데오도라이트(세오도라이트), 토털스테이션을 이용하여 실시하는 측량방법을 말한다. 지적측량에서는 지적확정측량과 기초측량과 경계점좌표등록부 비치 지역의 세부측량에 이용된다. 여기서 참고로 경위의는 경도와 위도를 재는 기계라 하여 한문으로는 "經緯儀", 영문으로는 "theodolite"로 표시되고 있음으로 트랜싯, 데오도라이트(세오도라이트)의 기능은 모두 거의 같다고 할 수 있다. 경위의측량 역시 데오도라이트측량(세오도라이트측량)으로 호칭하여도 잘못되었다고는 할 수 없을 것이다.[104)]

우리나라의 세부측량은 평판측량방법으로 실시하였으나 1975년 12월 31일 지적법의 전문개정에 따라 처음으로 수치지적측량이 도입되었다. 도시개발사업·농어촌정비사업 지역에서 새로이 지적확정측량을 할 경우에 실시하였으나 근래에는 경지정리지구나 대단위 택지개발지구 등에서도 경위의측량을 실시한다. 경위의측량에서 거리측정의 단위는 1센티미터로 한다. 측량결과도의 작성은 대상 토지의 지적도와 동일한 축척으로 작성하여야 한다. 도시개발사업 등의 시행지역과 축척변경시행지역은 500분의 1로 한다. 농지의 구획정리시행지역은 1천분의 1로 하되 필요한 경우에는 미리 시·도지사의 승인을 얻어 6천분의 1까지 작성할 수 있다. 또한 토지의 경계가 곡선인 때에는 가급적 현재상태와 다르게 되지 아니하도록 경계점을 측정하여 연결한다. 이 경우 직선으로 연결하는 곡선의 중앙종거의 길이는 5센티미터 내지 10센티미터로 한다.

2) 경위의의 조정

경위의는 많은 부분의 나사로 구성되어 있다. 운반 또는 사용 중 여러가지 원인으로 기계의 완전성을 상실할 염려가 많다. 그러므로 기계를 사용할 때에는 항상 이를 점검하고 만일 불완전한 곳이 있는 때에는 다음의 순서와 요령에 따라 이를 조정하여야 한다.

① 제 1조정: 평반수준기의 조정

- 평반수준기축은 연직축에 직교하여야 한다. 즉 기계를 어떠한 방향으로 회전하여도 기포는 항상 기포관의 중앙에 있어야 한다.

104) 한국국토정보공사, 「지적측량용어해설집」, 2018, pp.239-240.

② 제2조정: 십자종선의 조정

- 십자선의 종선은 망원경의 수평축과 직교하여야 한다.
- 시준선은 수평축과 직교하여야 한다.

③ 제3조정: 수평축의 조정

- 수평축은 연직축과 직교하여야 한다. 즉 수평축은 두지주가 떠 받치고 있으므로 지주의 높이가 같아야 한다.

④ 제4조정: 십자횡선의 조정

- 시준선(십자선의 교점과 대상물의 광심을 연결하는 직선)은 광축(대물, 접안양경의 광심을 연결하는 직선)과 일치하여야 한다.

⑤ 제5조정: 망원경부 수준기의 조정

- 망원경에 달린 수준기축과 시준선은 평행하여야 한다. 이 조정은 수평각의 측정에는 필요치 않으나 경위의로 직접 수준측량을 하는 때에는 필요한 것이다.

⑥ 제6조정: 연직분도반 유표의 조정

- 망원경의 시준선이 수평인때 연직분도반의 0°와 유표의 0은 일치하여야 한다.

⑦ 제7조정: 측거선의 조정

- 측거선의 간격은 사용할 표척에 맞도록 조정하여야 한다. 이 조정은 시거측량을 요하는 때에 필요한 것이다.

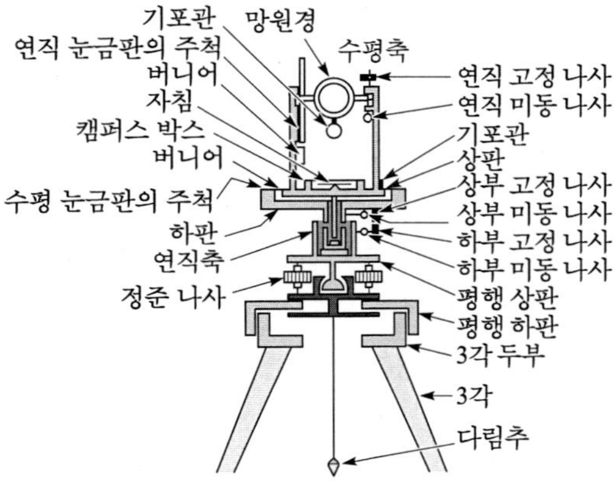

[그림 5-25] 경위의 구조

3) 측량준비도 작성

기존 경계점좌표등록부와 지적도를 기준으로 측량준비 파일을 미리 작성하여야 한다. 내용은 다음과 같다.

- 측량대상 토지의 경계와 경계점의 좌표 및 부호도·지번·지목
- 인근 토지의 경계와 경계점의 좌표 및 부호도·지번·지목
- 행정구역선과 그 명칭
- 지적기준점 및 그 번호와 지적기준점 간의 방위각 및 그 거리
- 경계점 간 계산거리
- 도곽선과 그 수치

지적측량수행자는 측량준비 파일로 지적측량성과를 결정할 수 없는 경우에는 지적소관청에 지적측량성과의 연혁 자료를 요청할 수 있다.

4) 관측

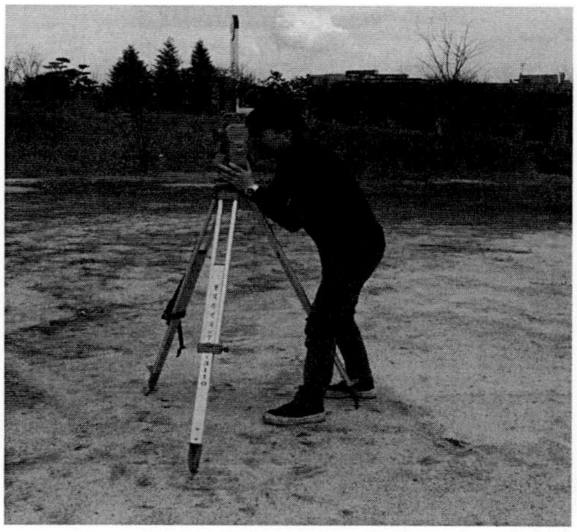

[그림 5-26] 경위의 측량

관측을 위해서는 미리 각 경계점에 표지를 설치하여야 한다. 관측방법은 도선법 또는 방사법에 의한다. 관측시 사용기계는 20초독 이상의 경위의를 사용한다. 수평각관측은 1대회 방향관측법 이나 2배각의 배각법에 의하되, 방향관측법인 경우 1측회의 폐색을 하지 아니 할 수 있다. 연직각 관측은 정반으로 1회 관측하여 그 교차가 5분 이내인 때에는 그 평균치를 연직각으로 하되, 분단위로 독정(讀定)한다. 수평각의 측각공차는 1방향각은 60초 이내로하고, 1배각과 2배각의 평균값에 대한 오차는 40초 이내로 한다.

경계점간 거리를 측정하는 경우에는 2회 측정하여 그 측정치의 교차가 평균치의 3천분의 1이하인 때에는 그 평균치를 점간 거리로 하되, 경사거리인 때에는 수평거리로 계산하여야 한다. 계산단위는 각은 초, 변의 길이 및 좌표는 cm, 진수는 5자리 이상으로 한다.

5) 좌표계산 방법

지적측량에서 사용되는 좌표는 주로 극좌표와 직교좌표를 사용하며 극좌표는 두 점 사이의 위치관계를 거리와 방위각으로 표시하는 것을 말한다. 극좌표를 직교좌표로 계산하고, 직교좌표를 극좌표로 계산하는 방법을 일반적으로 역계산이라고 한다. 평면직교좌표 계산은 평면상에서 어떤 점으로부터 다른 미지점의 위치를 측정하여 그 점의 좌표를 구하는 것으로 거리와 방위각을 측정하여 좌표를 구한다. 두 점의 좌표를 이용해 거리와 방위각을 구하기 위해서는 종선차와 횡선차를 계산해 이용하면 된다.

경계점좌표등록부를 갖춰 두는 지역에 있는 각 필지의 경계점을 측정할 때에는 도선법・방사법 또는 교회법에 따라 좌표를 산출하여야 한다. 다만, 필지의 경계점이 지형・지물에 가로막혀 경위의를 사용할 수 없는 경우에는 간접적인 방법으로 경계점의 좌표를 산출할 수 있다. 각 필지의 경계점 측점번호는 왼쪽 위에서부터 오른쪽으로 경계를 따라 일련번호를 부여한다.

기존의 경계점좌표등록부를 갖춰 두는 지역의 경계점에 접속하여 경위의측량방법 등으로 지적확정측량을 하는 경우 동일한 경계점의 측량성과가 서로 다를 때에는 경계점좌표등록부에 등록된 좌표를 그 경계점의 좌표로 본다. 이 경우 동일한 경계점의 측량성과의 차이는 10센티미터 허용범위 이내여야 한다.

2.3 전자평판측량

1) 개념

전자평판측량이란 토털스테이션과 지적측량 운영프로그램 등이 설치된 컴퓨터를 연결하여 세부측량을 수행하는 측량을 말한다. 토털스테이션과과 전자평판을 연결한 후 측량준비파일을 이용하여 지적측량업무를 수행하는 측량을 말한다. 이 방법에서 사용하는 지적측량파일은 측량준비파일, 측량현형파일 및 측량성과파일을 말한다. 측량준비파일이란 부동산종합공부시스템에서 지적측량 업무를 수행하기 위하여 도면 및 대장속성 정보를 추출한 파일을 말한다. 측량현형(現形)파일이란 전자평판측량 및 위성측량방법으로 관측한 데이터 및 지적측량에 필요한 각종 정보가 들어있는 파일을 말한다. 측량성과파일이란 전자평판측량 및 위성측량방법으로 관측 후 지적측량정보를 처리할 수 있는 시스템에 따라 작성된 측량결과도파일과 토지이동정리를 위한 지번, 지목 및 경계점의 좌표가 포함된 파일을 말한다.

2) 측량방법

전자평판측량의 설치 및 표정방법은 토털 스테이션을 지적기준점 또는 보조점 위에 거치한 후 다른 지적기준점이나 고정물을 시준하고 수평각을 전자평판에서 0° 0′ 0" 로 세팅하여 관측을 준비한다. 지적기준점이 없는 지역에서 전자평판측량을 실시할 때에는 보존이 용이한 고정물을 선점하여 보조점으로 사용할 수 있다. 이 경우 설치된 보조점은 후속측량에 사용할 수 있도록 하여야 한다. 지적기준점 간의 거리는 2회 이상 측정하여 확인한다. 연직각은 천정을 0으로 설정한다.

[그림 5-27] 전자평판측량

3) 성과작성

관측한 측정점의 오른쪽 상단에는 측정거리를 표시하여야 한다. 다만, 소축척 등으로 식별이 불가능한 때에는 방향선과 측정거리를 생략할 수 있다. 측정점의 표시는 측량자의 경우 붉은색 짧은 십자선(+)으로 표시하고, 검사자는 삼각형(△)으로 표시하며, 각 측정점은 붉은색 점선으로 연결한다. 지적측량결과도 상단 중앙에 "전자평판측량" 이라 표기하고, 상단 오른쪽에 측량성과파일명을 표기하여야 하며, 측량성과파일에는 측량성과 결정에 관한 모든 사항이 수록되어 있어야 한다. 측량결과의 파일 형식은 표준화된 공통포맷을 지원할 수 있어야 하며, 측량결과에 대한 측량파일 코드 일람표는 다음의 표와 같다. 이미 작성되어 있는 지적측량파일을 이용하여 측량할 경우에는 기존 측량파일 코드의 내용·규격·도식은 파란색으로 표시한다.

측량결과의 작성시 사용되는 측량준비파일은 반드시 해당 소관청으로부터 새로이 제공받아서 이를 이용하여 측량성과를 작성하고, 측량결과의 파일형식은 표준화된 공통포맷을 지원할 수 있어야 한다.

〈표 5-1〉 측량파일 코드 일람표

코드	내 용	규 격	도식	제도형태
1	지적경계선	기본값	————	검은색
10	지번, 지목	2㎜	1591-10 대	검은색
71	도근점	2㎜	○	검은색 원
211	현황선		— — — -	붉은색 점선
217	경계점표지	2㎜	○	붉은색 원
281	방위표정 방향선		→	파란색 실선 화살표
282	분할선	기본값	————	붉은색 실선
291	측정점		+	붉은색 십자선
292	측정점 방향선			붉은색 실선
294	평판점	1.5~3.0㎜ (규격 변동가능)	○	검은색 원 옆에 파란색 不$_1$,不$_2$ 등으로 표시
297	이동 도근점	2㎜	○	붉은색 원
298	방위각 표정거리	2㎜	000-00-00 000.000	붉은색

4) 측량검사

해당 소관청은 전자평판측량에 따른 측량성과 파일의 도형자료와 속성자료 간의 일치성과 유효성을 검증하기 위해 성과에 관한 검사를 실시한다. 여기에는 면적공차 초과 검증, 누락필지 및 원필지 중복객체 검증, 지번중복 검증 및 도곽의 적정성 여부 검사, 법정 리·동계 및 축척 간 접합 중복 검사, 폐쇄도면 중첩검사, 성과레이어 중첩검사, 이격거리 측정 및 필계점 좌표 확인, 측정점위치설명도 작성의 적정 여부, 주위필지와의 부합여부 등이 해당된다. 이후 최종적으로 종번(終番) 검사를 실시한다. 지적소관청은 지적측량검사가 완료된 때에는 해당 측량성과 파일을 부동산종합공부시스템에 등록하여야 한다.

5) 파일관리

지적측량수행자는 전자평판측량으로 측량을 하여 작성된 지적측량파일을 데이터베이스에 저장하여 후속 측량자료 및 민원업무에 활용할 수 있도록 관리하여야 하며, 지적측량파일은 월1회 이상 데이터를 백업하여 보관하여야 한다.

3 지적세부측량의 성과결정

평판측량이나 전자평판측량에 따른 세부측량에 있어 경계점의 성과는 기지점을 기준으로 하여 지상경계선과 도상경계선의 부합 여부를 현형법(現形法)・도상원호(圖上圓弧)교회법・지상원호(地上圓弧)교회법 또는 거리비교확인법 등으로 확인하여 정하도록 되어 있다. 이러한 성과결정 방법중에서 현재 현형법이 가장 많이 이용되고 있다. 원호교회법과 거리비교확인법의 경우 과거 종이도면에 의한 평판측량을 시행할 경우 많이 이용되었으나 전산파일을 이용한 도해지적측량에서는 많이 사용은 되지 않는다. 그러나 이 방법들은 현재도 국지적으로 사용이 되고 있고, 효율적으로 도상점과 지상점의 일치여부를 확인할 수 있는 중요한 방법들이다.

3.1 성과결정 방법

1) 현형법

현형법은 세부측량을 위한 기초점이 없거나 교회법 등의 기지측량 방법의 적용이 어려울 때에 사용하는 방법이다. 전자평판측량 방법이 도입된 이후에는 도근점을 이용해 현형법으로 측량을 하기도 한다. 방법은 지적도면에서 어느 특정 토지의 위치를 찾기 위해 임의의 점에 측량장비를 설치하고, 현장의 토지경계선 측량을 통해 새로운 현황 도면을 새로이 제작한다. 이후 이 두 도면을 중첩(겹침)한 후 현장 경계선 측량으로 얻어진 현황 도면을 좌우, 상하로 이동시켜 가며(회전포함) 원 지적도면과의 경계선을 일치시킴으로써 대상 토지의 위치를 찾는 방식이다. 이러한 과정을 거쳐 위치를 찾고, 이 상태로 위치를 고정 시킨 후 대상 토지에 대해 분할측량이나 경계복원 등의 실제 측량 작업을 시행하는 방식이다. 물론 이 과정에서 새로이 현황 측량으로 제작된 도면과 원 지적도면의 경계선이 완벽하게 동일하여야 하나 이러한 경우는 지적불부합 문제로 인하여 거의 없기 때문에 다수의 필지가 부합하는 지역을 기준으로 위치를 찾고 확정하게 된다. 실무에서는 이러한 작업을 기지점 사핵(查覈)이라고도 한다. 기지점 사핵이란 지적측량시행지의 실측 경계선과 삼각점, 도근점, 기타 지상위치가 명확하다고 인정되는 지적도(또는 임야도)상 기지점 및 그 기지점에 의하여 도상위치를 결정한 점과의 경계부합 여부를 조사하여 밝히는 일이다.

[그림 5-28] 현형법

2) <u>원호교회법</u>(圓弧交會法)

원호교회법에는 지상원호교회법과 도상원호교회법이 있다. 이 원호교회법은 평판측량 방법 중 전방교회법의 한 방법이다. 즉, 전방교회법에는 둘 이상의 기지점을 이용해서 미지점의 위치를 결정하는 방법으로 방향선법과 원호교회법이 있다. 방향선법은 기지 3점을 이용해 구하고자하는 미지점에 방향선을 교차해 위치를 찾는 방법이고, 원호교회법은 방향선 대신 미지점까지의 거리와 원호를 교차해 위치를 찾는 방법이다.

구체적으로 지상원호교회법은 도상에 표시된 기지점이나 측판점이 지상에 없을 경우 이의 위치를 간단하게 찾을 수 있는 방법이다. 과정은 다음과 같다.

① 도상에서는 측판점이 표시되어 있으나 동일점이 지상에 표시되어 있지 않은 경우(망실 등) 도상에서 기지점(3점)과 측판점까지의 거리를 해당 스케일로 측정한다.
② 도상에서 측정된 지상거리를 실제 지상 기지점에서부터 줄자로 측정한다.
③ 측정된 3기지점으로부터의 거리를 반지름으로 지상에 원호를 그리면 한점이 교차하게 되는데 이 점이 도상의 측판점이 되는 것이다.

지상원호교회법은 방향에 대한 정보없이 거리정보를 이용해 측판점 뿐만 아니라 기지점을 찾을 때 또는 기지점과 도상점의 일치여부를 확인할 때 편리하게 이용할 수 있는 방법이다. 도상원호교회법의 경우 지상원호교회법과 반대로 지상의 거리를 이용해 도상에서 동일한 방법으로 원호를 교차시키면 지상점과 동일한 도상점을 찾을 수 있다. 또는 지상점과 도상점의 일치여부를 확인할 수 있다. 원호교회법은 측량 준비도에 의해 측량을 실시할 때 지상경계점과 도상경계점이 서로 일치하는지를 확인할 때 주로 이용되었다.

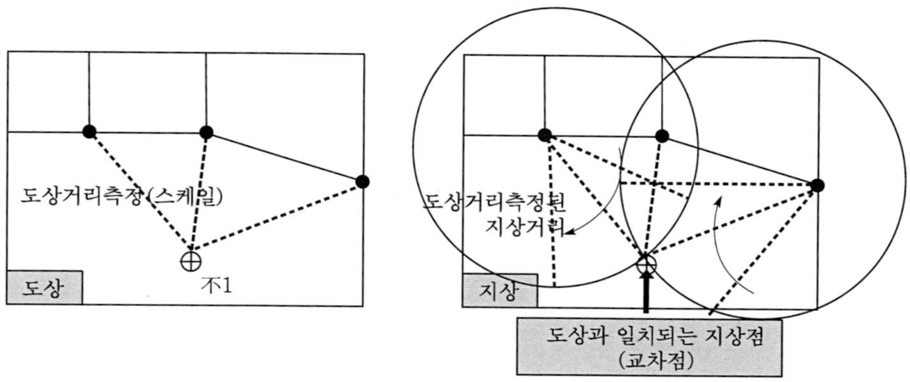

[그림 5-29] 지상원호교회법

3) 거리비교확인법

거리비교확인법은 도상경계선과 지상경계선과의 거리를 비교·확인하는 방법으로 성과를 결정하거나 확인시 이용되는 방법이다. 성과결정에 활용한 지상경계점등록부 및 측정점 위치설명도가 있는 경우 거리비교확인법을 통해 이전 성과와 부합 여부 확인 후 성과결정을 한다. 방법은 도상과 지상의 기지점과 경계점 간 거리, 경계점과 경계점 간 거리 등을 비교하여 성과결정을 한다.

3.2 성과결정 유형

현형법을 이용한 성과결정은 도근성과 가감에 의한 성과결정, 사정선에 의한 성과결정, 기존 등록선에 의한 성과결정, 지형·지물 등 현황에 의한 성과결정 그리고 기준점과 현형이 혼재된 지역의 성과결정이 있다.

1) 도근성과 가감에 의한 성과결정

도근성과 가감에 의한 성과결정 방식은 기준점에 의한 성과결정 방식으로도 볼 수 있으나 현황을 취득한 후 이의 부합정도에 따라서 도근성과를 변경하게 됨으로 실질적으로는 현형법으로 보아야 한다. 이 방법은 전자평판이 도입됨에 따라 가장 많이 이용되고 있는 방법이다.

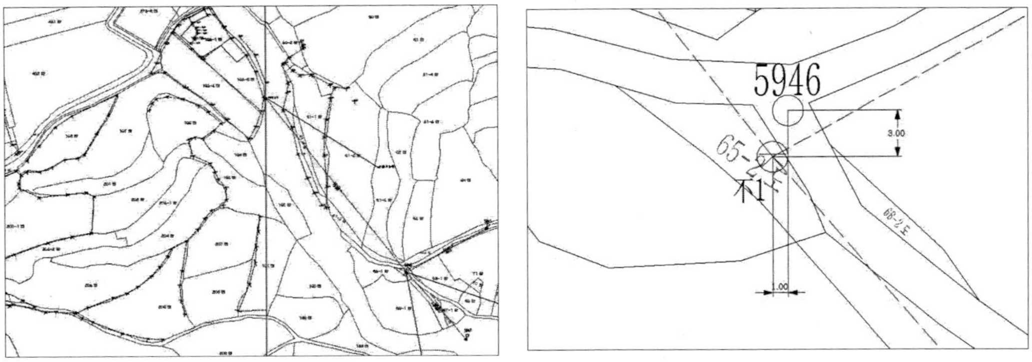

[그림 5-30] 도근성과 가감에 의한 성과결정

2) 사정선(査定線)에 의한 성과결정

사정선에 의한 성과결정은 대상 필지가 토지이동 없이 토지조사사업의 등록 당시와 동일하게 존재하고 있는 필지의 경계선을 기지선으로 하여 성과를 결정하는 방법이다.

[그림 5-31] 사정선에 의한 성과결정 사례

3) 기존 등록선에 의한 성과결정

기존 등록선을 이용한 성과결정 방법은 대상 지역에서 경계복원이나 분할 측량 등이 수행되었을 경우 인접 지역에서의 성과를 결정함에 있어 이 경계선을 기준으로 성과를 결정하는 방법이다.

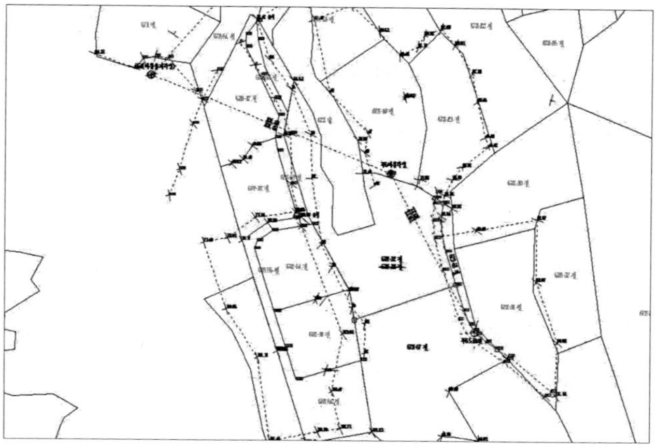

[그림 5-32] 기존 등록선에 의한 성과결정 사례

4) 지형 · 지물 등 현황에 의한 성과결정

지형 · 지물 등 현황에 의한 성과결정 방법은 대상지의 현황측량을 수행한 후 성과를 결정함에 있어 주변 담장선이나 논두렁 같은 지형 · 지물을 기지선으로 하여 성과를 결정하는 방법이다.

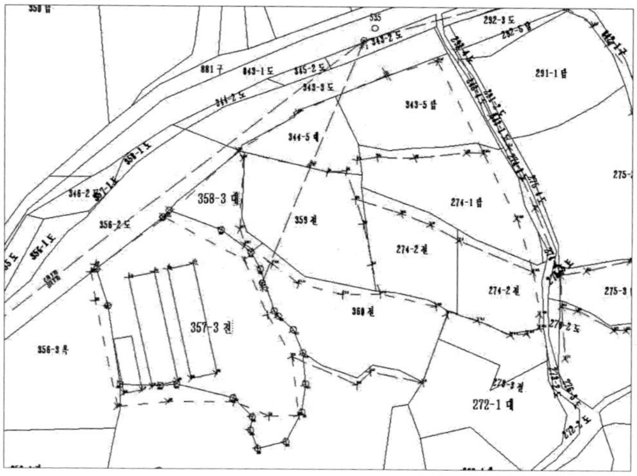

[그림 5-33] 지형 · 지물 등 현황에 의한 성과결정

5) 기준점과 현형이 혼재된 성과결정

기준점에 의한 성과결정 지역과 현형에 의한 성과결정 지역이 상호 독립적으로 존재할 수 있지만 경우에 따라서는 이 두가지의 성과결정 지역이 인접해 존재하는 지역도 있다. 이러한 지역에서는 동일한 공간상에 존재하지만 성과결정에 있어서는 기준점과 현형성과를 분리해 적용하고 있다.

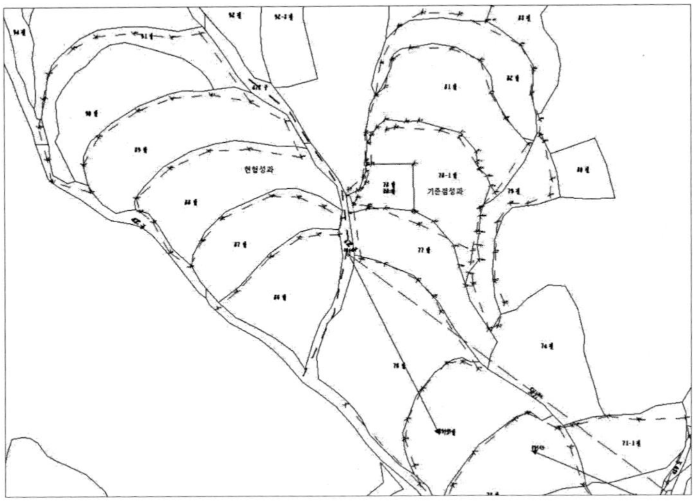

[그림 5-34] 기준점과 현형이 혼재된 지역의 성과결정 사례

3.3 성과결정의 기준 및 절차

도해지역에서 성과결정을 함에 있어 공통적으로 가장 중요한 단계는 사전 자료조사이다. 자료조사는 측량자가 대상지역에 대한 성과결정 특성에 대해 미리 조사를 시행함으로써 성과결정의 오류 발생을 방지하기 위한 가장 중요한 단계가 된다. 자료조사의 과정에서는 현황 데이터 존재 유무 파악, 기존 측량 이력 및 이용 기지점 파악, 기준점 상태 및 성과결정 방법 파악 등의 내용들이 철저하게 조사 파악되어야 한다. 자료조사가 이루어지고 대상지역에 대해 현장측량과 성과결정을 하는 과정에서 세부적인 성과결정 유형별 기준 및 절차도 중요하지만, 사전 큰 틀에서 공통된 기준의 파악이 무엇보다도 중요하다.

지적측량의 성과결정과 관련된 법률, 판례, 질의회신 내용, 적부심사사례 등에서는 성과결정을 함에 있어 지적공부에 등록 당시의 측량방법과 기지점을 이용하여야 함을 기술하고 있다. 즉, 이는 측량 이력이 있는 필지는 성과결정에 특별한 오류가 발견되지 않는 한 기존 기지점을 이용하여야 한다는 의미이다. 만일 기지점이 없다면 주위 유사 기지점을 활용한다. 유사한 기지점이 없다면 인근의 도근점을 찾아 기초측량을 시행한다. 이와 같이 성과결정을 함에 있어 큰 틀에서 적용되어야 하는 공통적인 기준과 함께 유형별 기준 및 절차를 설명하면 다음과 같다.

구분	유형	기준 및 절차
측량이력 有	현형법 성과 결정의 경우	① 기지점 파악 i) 등록경계점 방향선 길이 10cm(1/1,200 기준으로 120m이내) 내 ii) 도곽 단위 내 iii) 블록 단위 내 (블록을 설정할 경우 따로 채색을 함) iv) 부합하는 기지선이 없을 경우 등록경계점 방향선 길이를 2배 이내로 한정하여 확장(1/1,200 기준으로 300m이내) ② 사정 당시의 필지에 의한 경우 : 사정 당시의 필지를 최소 3개 이상 활용하고, 정삼각형 형태 유지 ③ 기존 등록점에 의한 경우 : 대상지 인근 기존 등록점 점검 및 적용 ④ 지형 · 지물에 의한 경우 : 관습적으로 활용하는 대상지 인근 담장, 철도, 옹벽 등 이용 ⑤ 위에서 언급한 ②, ③, ④가 중복되어 있는 경우 순위를 기준으로 전반적인 부합여부를 판단하면서 성과 결정
	지상원호 교회법 성과 결정의 경우	• 도상의 기지점 및 측판점을 지상에서 확인 • 구조물 등의 참조점을 활용하여 지상원호교회법을 통해 복원 • 방법(순서) : 도상에서 스케일로 기지3점에서 대상 점까지 거리 측정 → 도상에서 측정된 지상거리를 실제 지상 기지점에서부터 줄자로 측정 → 측정된 3기지점으로부터의 거리를 반지름으로 지상에 원호를 그려 교차점 생성 확인
	도상원호 교회법 성과결정의 경우	• 지상의 기지점 및 측판점을 도상에서 확인 • 방법(순서) : 지상원호교회법은 반대로 지상의 거리를 이용해 도상에서 동일한 방법으로 진행
	거리비교 확인법 성과결정의 경우	• 도상과 지상의 기지점과 경계점간 거리, 경계점과 경계점간 거리 등을 비교하여 성과결정 • 성과결정에 활용한 지상경계점등록부 및 측정점 위치설명도가 있는 경우 거리의 비교 확인을 통해 이전 성과와 부합 여부 확인 후 성과결정
측량이력 無		• 도근점 설치 후, 부합 여부를 확인하여 성과결정 • 부합하지 아니하는 경우에 현황에 따른 도근성과를 가감하여 성과결정 • 인근의 측량 이력이 있는 지역과의 부합 여부 확인하여 성과결정 (→ 현형법 성과 결정의 경우로 연결)
성과결정 혼재 지역		• 서로의 부합 정도를 확인하고, 성과를 분리하여 적용 • 인접지의 필지 간 중복 · 공백이 최소화 될 수 있도록 성과결정

[그림 5-35] 성과결정의 기준 및 절차

4 토지이동측량

4.1 개념

지적세부측량의 대상은 크게 토지이동지 측량과 비이동지측량으로 구분할 수 있다. 토지이동지 측량은 토지이동(土地異動)에 따라 지적공부의 정리가 수반되는 측량이고, 비이동지측량은 지적공부에 영향을 미치지 않는 측량을 말한다. 토지이동(土地異動)은 토지의 표시, 즉 지적 공부에 등록된 토지의 소재·지번·지목·경계 또는 좌표·면적 등을 새로 정하거나 변경 또는 말소하는 것을 말한다. 여기서 '새로 정한다는 것'은 과거에 없었던 것을 새롭게 만들어 내는 것이고, '변경'은 기존 것을 바꾸는 것이며, '말소'는 있었던 것을 없애 버리는 것으로 쉽게 이해될 수 있다.

토지이동지측량에는 분할측량, 등록전환측량, 신규등록측량, 축척변경측량, 지적확정측량, 지적재조사측량, 지적복구측량 등이 있다. 비이동지측량에는 경계복원측량, 지적현황측량이 있고, 이 측량종목들은 지적소관청의 성과검사를 받지 않는다.

토지이동지나 비이동지측량 절차의 경우 지적측량 전반적인 절차와 성과결정을 위한 과정은 대부분 동일하다. 다만 측량 종목의 특성에 따라 절차상 차이가 있다.

4.2 토지이동지측량

1) 분할측량

지적공부에 등록되어 있는 일필지 토지에 토지분할사유가 발생하였을 때 2필지이상으로 나누어 등록하기 위한 측량으로서, 예를 들어 토지의 일부를 매매하거나, 지목의 일부가 다르게 되거나 토지이용 상태에 따라 합리적인 경계를 재설정하는 경우에 시행한다. 토지를 분할하여야 하는 때에는 분할측량방법에 따라 새롭게 측량하여 각 필지에 대하여 경계 또는 좌표를 결정하고 지번과 면적을 다시 정한다. 토지분할은 토지이동측량 중에서 가장 빈번히 발생하는 이동사항으로서 1번지의 토지가 2번지 이상 여러 번지로 등록된다.

분할측량은 일반분할과 면적지정분할로 구분할 수 있다. 일반분할은 측량준비과정(기초자료조사)을 통해 민원인 요구에 따른 분할선(담장, 논두렁, 임의 경계 표시 등)을 결정 한다. 그리고 현황측량을 수행하고 성과결정를 결정한다. 이후 해당필지 경계선에 분할선을 표시한다. 면적지정분할은 내업으로 허가서에 부합하도록 면적을 지정해 도상분할을 하고, 현황측량 수행, 성과결정, 분할선 표시순으로 진행된다. 만일, 측량대상토지의 점유현황이

도면에 등록된 경계와 일치하지 않으면 분할 측량 시에 그 분할 등록될 경계점을 지상에 복원하여야 한다. 합병된 토지를 합병전의 경계대로 분할하려면 합병 전 각 필지의 면적을 분할 후 각 필지의 면적으로 한다. 이 경우 분할되는 토지 중 일부가 등록사항정정대상토지이면 분할정리 후 그 토지에만 등록사항정정대상토지임을 등록하여야 한다.

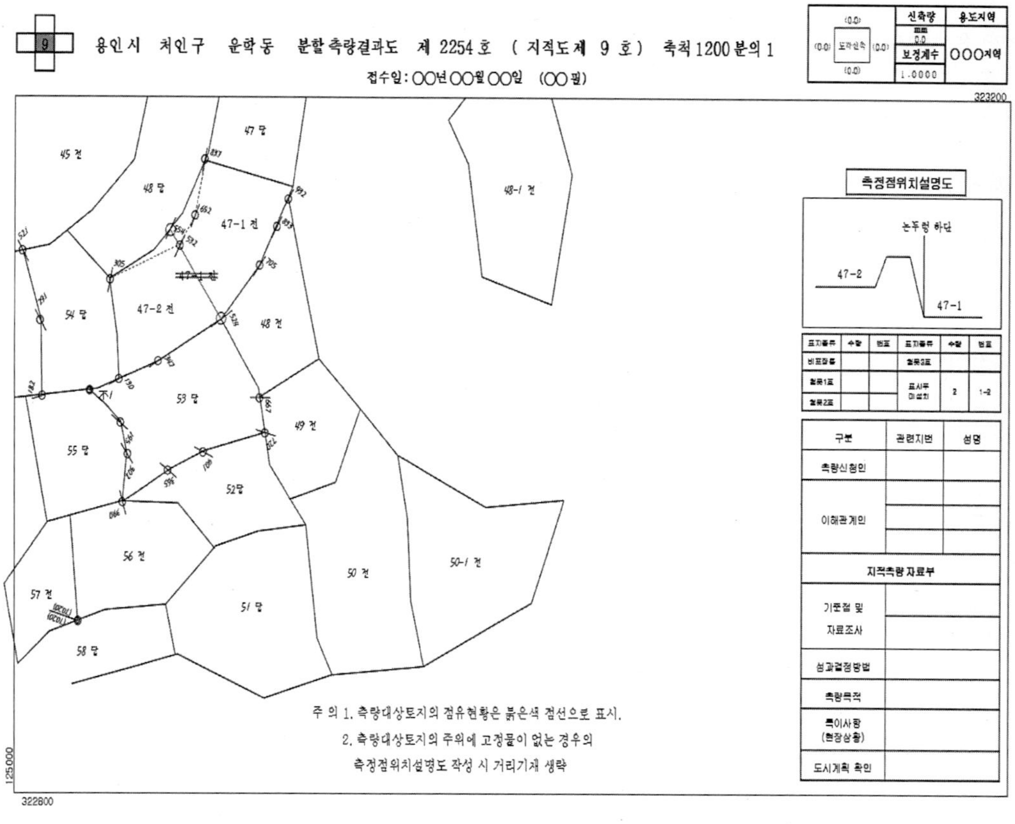

[그림 5-36] 분할측량결과도 예

2) 등록전환측량

임야대장 및 임야도에 등록된 토지가 형질이 변경되어서 토지대장 및 지적도에 등록하기 위한 측량이다. 등록전환측량은 현재 우리나라에서는 임야의 대부분은 축척이 1/3,000 또는 1/6,000 임야도에 등록하며, 일반 토지는 대부분 축척이 1/500, 1/600, 1/1,000 또는 1/1,200 지적도에 등록하고 있다. 따라서 일반적으로 임야도는 축척이 작아 부정확하고 지적도는 축척이 커서 정확하다고 할 수 있다. 그런데 임야도에 등록된 토지도 각종 산업의 발달 등으로 그 정밀도를 높일 필요가 생기게 된 것이다. 이러한 이유로 임야도 등록지를 지적도에 옮겨 등록할 때에 필요한 측량을 등록전환측량이라 한다. 즉, 지적공부의 정밀도(또는 정확도)를 높이기 위한 목적으로 임야대장 등록지(소축척)를 토지대장(대축척)에 옮겨 등록할 때에 필요한 측량이다. 과정은 측량준비과정(기초자료조사)을 거쳐 지적 및 임야도의 접합(접합이 되어있다면 생략)을 시행한다. 이후 현장측량을 실시하고, 현황 부합여부를 확인한 후 부합한다면 토지지번을 부여(1/1,200)한다. 그리고 임야도에 말소 표시를 한다.

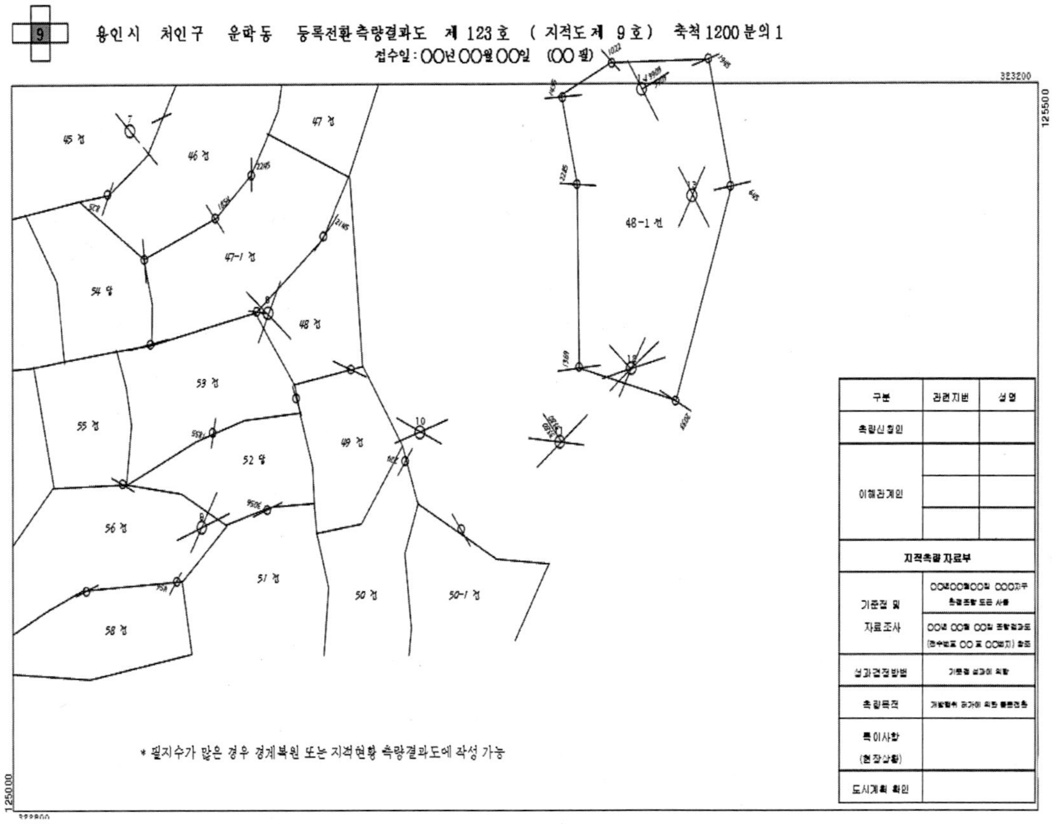

[그림 5-37] 등록전환측량결과도 예

3) 신규등록측량

지적공부에 등록되지 않은 토지를 새로이 등록하기 위하여 실시하는 측량으로 신규등록하여 할 토지가 관계 법령에 의하여 조성되었거나 지적공부에 등록이 누락된 토지인지를 확인하여야 한다. 그리고 지적공부에 등록하여야 할 대상토지가 해면 또는 수면에 접하는 경우에는 최대만조위 또는 최대만수위가 되는 선을 측정하여 경계로 하여야 한다. 공유수면매립지의 토지 중 제방 등을 토지에 편입하여 등록하는 경우에는 바깥쪽 어깨부분을 측정하여 경계로 하여야 한다. 신규등록 시 누락된 도로·하천 및 구거 등의 토지를 등록하는 경우의 경계는 도면에 등록된 인접토지의 경계를 기준으로 하여 결정한다. 이 경우 토지의 경계와 이용현황 등을 조사하기 위한 측량을 하여야 한다.

신규등록은 토지의 경계를 설정하고 소유권을 행정처분에 의해 결정함으로써 법률적으로 사정(査定: jurisdiction)의 효력을 갖으며, 민법상 토지에 관한 물권의 변동은 부동산등기에 의해 확정하도록 하고 있으나 원시취득의 경우에 최초의 소유자는 소관청의 처분에 의해 결정됨으로 가장 중요한 지적측량업무라 할 수 있다. 또한 지적공부에 새로이 등록하게 되는 토지의 면적은 그 축척에 따라 정확도를 높이기 위해서 1/500~1/600 지역에서는 0.1㎡ 단위로 등록하고, 1/1,000 이상의 소축척 지역에서는 최소 등록단위는 1㎡로 한다.

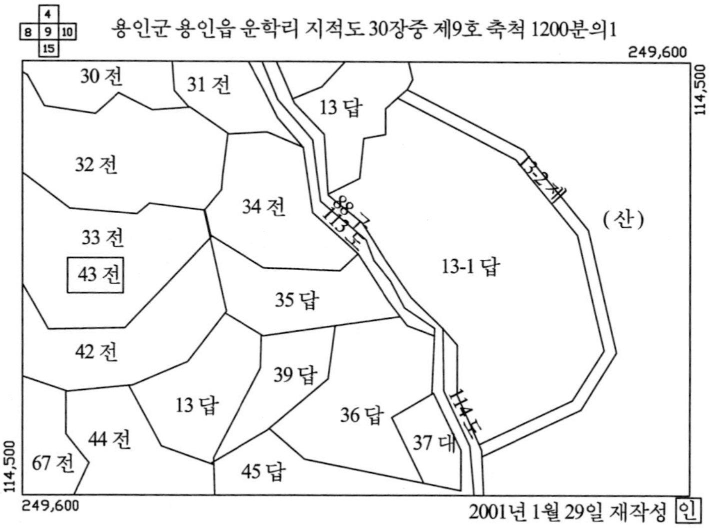

[그림 5-38] 신규등록측량결과도 예

4) 축척변경측량

지적도 또는 임야도의 축척을 변경할 때 실시하는 측량이다. 지적도(임야도 포함)의 정밀도를 높이기 위하여 임야도(소축척)를 지적도(대축척)로 축척을 변경하는 경우에 시행하는 측량으로 등록전환측량과 비슷한 개념이다.

일반적으로 도면의 축척이 클 때에는 그 정밀도가 높기 때문에 우리나라의 축척변경은 작은 축척에서 큰 축척으로 전환하는 경우만을 인정하고 어떠한 경우에도 큰 축척을 작은 축척으로 변경하는 것은 허용하지 않고 있다. 도면의 축척을 작은 것에서 큰 것으로 변경하려면 현재의 여건으로는 사진에 의한 확대방법과 실측에 의한 확대방법 등 두 가지를 들 수 있지만 실측에 의하는 편이 더 좋다. 축척종대의 원칙은 일반적인 경우 대축척도면은 소축척도면보다 정확하다는 것을 대전제로 하고 있다. 따라서 같은 경우로서 축척을 달리할 때에는 대축척으로 그려진 도면의 경계에 의하게 되어 있다. 축척변경측량에서도 이 원칙에 따라 구경계(舊境界) 및 구면적(舊面積)은 자동적으로 소멸되고 새로이 결정된 경계 및 면적을 채택하도록 되어 있다.

5) 지적확정측량

각종 토지개발사업 등을 완료하고 토지의 지번 · 지목 · 면적 및 경계 또는 좌표 등을 지적공부에 새로이 등록하기 위하여 실시하는 측량이다. 자세한 내용은 다음의 지적확정측량 부분에 설명되어 있다.

6) 지적복구측량

지적공부의 전부 또는 일부가 멸실 · 훼손되어 이를 복구할 때 실시하는 측량이다. 즉, 천재 · 지변 · 인위 등의 요인으로 인하여 멸실 · 훼손된 지적공부를 멸실 직전의 상태대로 복구함을 목적으로 하는 측량이다. 우리나라에서는 6.25사변으로 지적공부가 많이 멸실 되었기 때문에 이를 복구할 필요가 있어서 경기도, 강원도 등에 이 측량을 대규모로 하게 되었으므로 복구측량이라는 용어가 지적측량의 새로운 분야로 등장하게 되었다. 지적공부를 복구하기 위해서는 우선 그 복구자료가 있어야 하는데 복구자료로는 멸실 당시의 지적공부와 가장 부합된다고 인정되는 관계자료에 따라 토지표시에 관한 사항을 복구 등록해야 한다. 다만, 소유자에 관한 사항은 부동산등기부나 법원의 확정판결에 의하여 복구 등록해야 한다.

그런데 이와 같은 복구자료가 없거나 혹은 있다고 하더라도 불완전할 때에는 기타의 여러 수단을 동원하여 사실을 밝혀야 하지만 그렇게 하여도 밝혀지지 않을 경우에는 실지에 가서 조사 혹은 측량을 하는 수밖에 없다. 복구측량도 축척변경측량처럼 경계와 면적의 변동이 생기는데 복구측량을 한 결과 복구자료와 서로 부합하지 아니하는 때에는 토지소유자 및 이해관계인의 동의를 얻어 경계 또는 면적 등을 조정할 수 있다.

4.3 비이동지측량

1) 경계복원측량

지적공부상에 등록된 경계를 지표상에 복원하는 측량(경계점 표지설치 의무화)으로써, 건축물을 신축·증축·개축하거나 인접한 토지와의 경계를 확인하고자 할 때 주로 하는 측량이다. 경계복원측량은 종래에 지적측량으로 규정된 바가 없었으나 토지경계 복원의 중요성과 민원 발생의 다과 등을 고려하여 1976년 4월 1일부터 시행되는 새 지적법에서 처음 이를 지적측량으로 규정하였다. 하지만 이전에는 지적측량에 포함되지 아니하여 지적측량사들의 단순한 확인행위로 취급하였고, 그 쟁송(爭訟)도 민사소송법(民事訴訟法)에 의하던 것이 그 뒤부터는 행정소송법에 따르게 되었다. 이와 유사한 측량으로 경계감정측량이 있는데 이것은 토지분쟁이 있을 경우 법원이 민사사건으로 제소하면 법관의 요청에 의하여 경계확인 측량을 수행하는 것이다. 이때에는 현지에 경계를 표시하는 대신 측량성과도를 감정도로 작성하여 법원에 제출하면 소송수행의 증빙자료로서 이용된다. 또한 경계복원측량은 세부측량에 쓰이는 온갖 방법을 적당하게 혼용하여 실시하는데, 작업을 시작하기 전에 특히 현지를 답사할 필요가 있으며, 단순하게 지적공부상의 경계를 실시한 것 만으로서는 해결하기 어려운 경우가 많다.

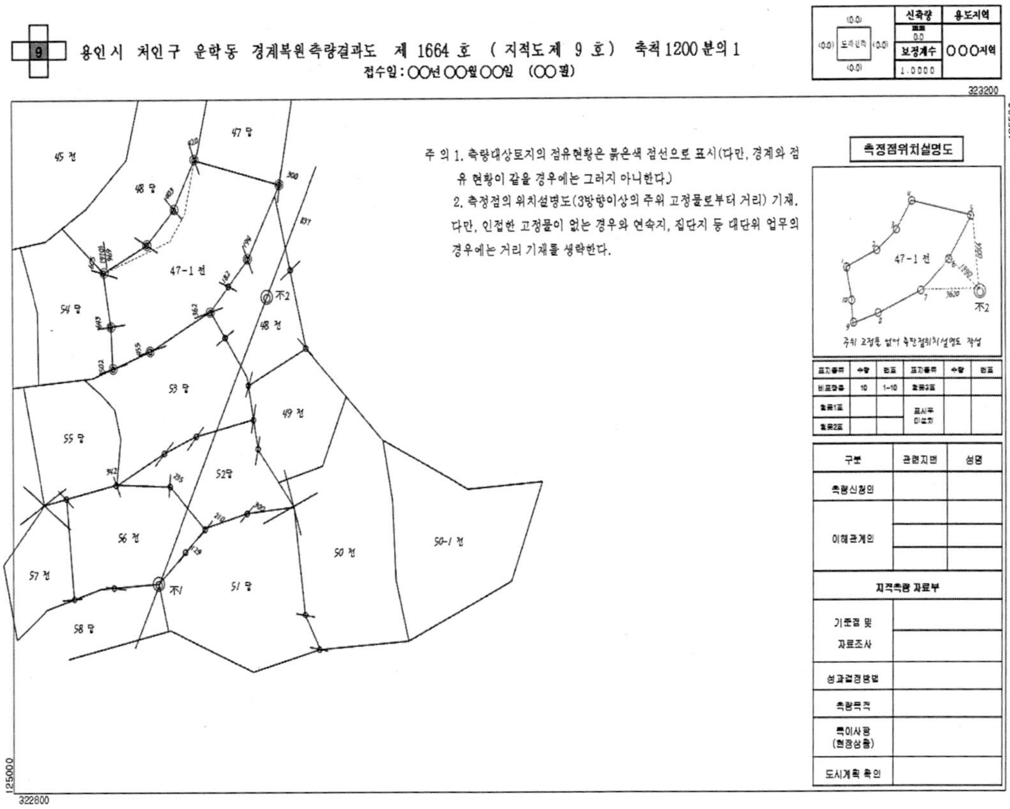

[그림 5-39] 경계복원측량결과도 예

2) 지적현황측량

지상구조물 또는 지형·지물이 점유하는 위치현황을 지적도 또는 임야도에 등록된 경계와 대비하여 그 관계 위치를 표시하기 위한 측량으로써, 건축물을 신축하고 준공검사를 신청할 때 주로 하는 측량이다. 지적현황측량은 측량 접수로부터 자료조사 과정을 거쳐 목적물에 대한 현황측량 측량을 시행하고 성과를 결정한다. 목적에 부합하도록 면적현황, 선현황, 점현황 측량 등을 시행한다. 이때 지상건축물 등에 대한 측량은 지상, 지표 및 지하에 대한 현황을 지적도, 임야도에 등록된 경계와 대비하여 표시한다. 건축허가에 따라 처음으로 시공된 옹벽, 기둥 등 측량이 가능한 건축구조물에 대한 현황을 지적도, 임야도에 등록된 경계와 대비하여 표시한다.

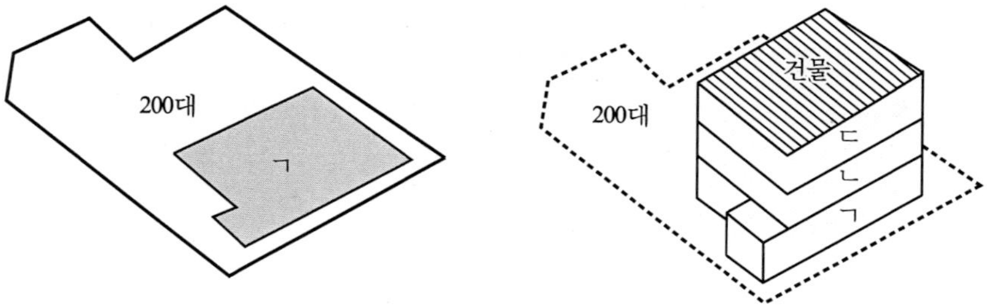

지번	부호	면적
200	ㄱ	123m^3

지번	부호	면적
200	ㄱ	123m^3
	ㄴ	123m^3
	ㄷ	123m^3

[그림 5-40] 지적현황측량 예

5 지적확정측량

5.1 지적확정측량 일반

1) 개념

도시개발사업 등 특별한 목적을 가지고 이루어지는 사업은 토지의 경계나 형상을 크게 변형시켜 지적공부에 등록된 내용에 변화를 가져오게 된다. 지적확정은 이러한 사업에 따라 기 등록된 내용은 말소시키고 법적절차에 따라 새롭게 측량을 실시하여 새로운 토지의 경계와 소재, 지번, 지목 등을 결정하고 이를 지적공부에 등록하는 것을 말한다. 확정측량 대상 지역의 지적공부를 폐쇄하고 지적확정측량을 실시하여 토지의 소재, 지번, 지목, 면적 및 좌표 등을 다시 정하여 지적공부에 등록하는 준사법적인 행정행위이다. 또한 결정된 면적에 의하여 시행자는 환지처분을 하여 청산한 후 촉탁등기를 하며, 소관청에서는 등기된 서류에 의하여 지적공부를 정리한다.

지적확정측량은 사업시행자 등이 시공한 일정한 범위 내의 토지를 지적측량에 의하여 경계와 면적을 결정하는 측량으로 이는 도시개발 사업 등에 의한 시가지 구획정리 확정측량과 농경지를 대상으로 하는 경지정리 확정측량으로 구분하여 실시한다. 지적확정측량은 초기에 경위의측량방법과 경지에 대해서는 측판측량방법에 의해 시행되었으나 1975년 지적법의 전면개정으로 수치측량방법이 도입되었다. 오늘날에는 확정측량에 필요한 지적기준점의 설치를 위하여 지적위성측량(GNSS측량)방법을 활용하여 기초측량을 실시하고 전자평판측량 방법에 의해 세부측량을 수행하고 있다[105]. 또한 확정측량에 대한 시도별 자체 지침에 의한 업무처리로 측량 절차 및 검사 등에 대한 통일성과 효율성 부족과 제반절차, 측량방법 및 경계설정 등에 대한 명확한 기준을 마련하여 업무처리의 통일성 및 효율성을 높이고자 관련 규정을 제정하여 지적확정측량을 시행하고 있다.[106]

한편, 법률에서는 지적확정측량에 대해「도시개발법」에 따른 도시개발사업, 「농어촌정비법」에 따른 농어촌정비사업, 그 밖에 대통령령으로 정하는 토지개발사업 등의 사업이 끝나 토지의 표시를 새로 정하기 위하여 실시하는 지적측량[107]으로 규정하고 있다. 도시개발사업의 종류에는「주택법」에 따른 주택건설사업,「택지개발촉진법」에 따른 택지개발사업,「산업입지 및 개발에 관한 법률」에 따른 산업단지개발사업, 「도시 및 주거환경정비법」에 따른 정비사업,「지역 개발 및 지원에 관한 법률」에 따른 지역개발사업,「체육시설의 설치·이용에 관한 법률」에 따른 체육시설 설치를 위한 토지개발사업,「관광진흥법」에 따른 관광단지 개발사업,「공유수면 관리 및 매립에 관한 법률」에 따른 매립사업,「항만법」및「신항만건설촉진법」에 따른 항만개발사업,「공공주택건설 등에 관한 특별법」에 따른 공공주택지구조성사업,「물류시설의 개발 및 운영에 관한 법률」및「경제자유구역의 지정 및 운영에 관한 특별법」에 따른 개발사업,「철도건설법」에 따른 고속철도, 일반철도 및 광역철도 건설사업,「도로법」에 따른 고속국도 및 일반국도 건설사업, 그리고 이러한 사업과 유사한 경우로서 국토교통부장관이 고시하는 요건에 해당하는 토지개발사업이 해당된다.[108]

105) 강태석,『지적확정측량』, 형설출판사, 2000, p.611.; 대한지적공사 지적연수원,『지적확정측량실무』, 우리사, 2007, pp.3-4.

106) 지적확정측량규정(국토교통부예규 제72호, 2014.4.18.제정)의 제정사유 참고.

107) 공간정보의 구축 및 관리 등에 관한 법률(법률 제15719호, 2018.12.13.) 제2조4의2.; 공간정보의 구축 및 관리 등에 관한 법률(법률 제15719호) 제86조제1항 및 동법 시행령(대통령령 제29617호, 2019.3.4) 제83조제1항 및 지적확정측량 대상요건 및 토지개발사업 고시(국토교통부고시 제2014-466호, 2014.7.31)

108) 국토교통부장관이 고시하는 요건에 해당하는 토지개발사업(대상 요건 : 토지면적 10,000㎡ 이상인 다음 각 호에 해당하는 토지개발 사업)에는「도시공원 및 녹지 등에 관한 법률」에 따른 공원시설사업,「국토의 계획 및 이용에 관한 법률」에 따른 도시·군계획사업,「공공기관 지방이전에 따른 혁신도시 건설 및 지원에 관한 특별법」에 따른 혁신도시개발사업,「전원개발촉진법」에 따른 변전소 신축사업,「산업집적활성화 및 공장설립에 관한 법률」에 따른 공장설립 사업,「도시가스사업법」에 따른 가스 공급시설 사업,「국가균형발전 특별법」에 따른 개발사업,「수도법」에 따른 정수시설부지 조성사업,「학교시설사업 촉진법」에 따른 학교시설사업 등이 있다.

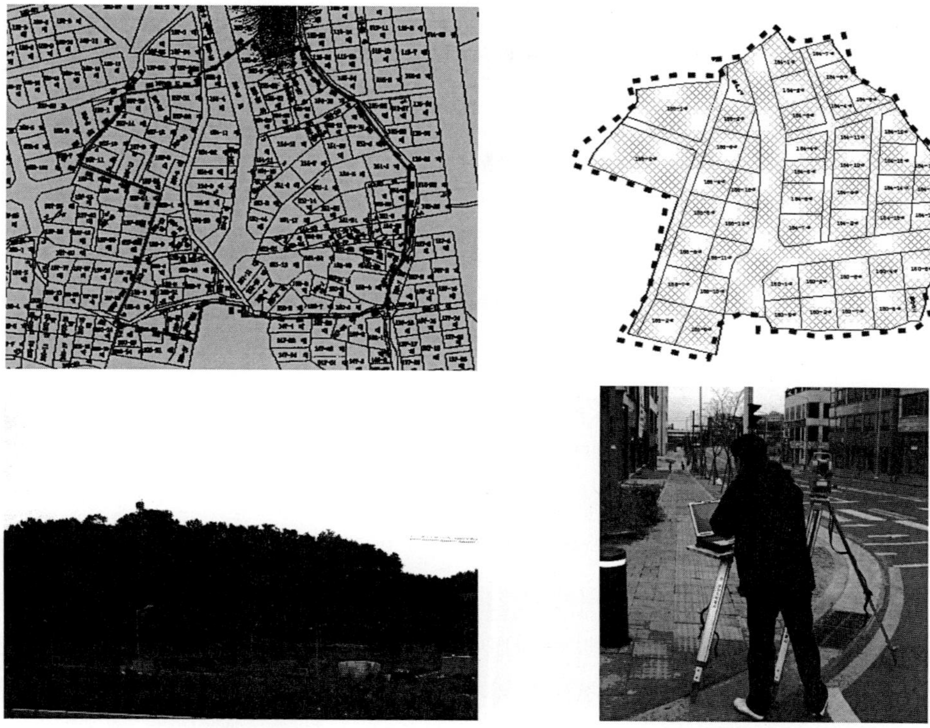

지적확정 전　　　　지적확정 후

[그림 5-41] 지적확정 전·후의 토지

2) 연혁

지적확정측량은 1891년 독일의 핫센시가 건축물법에서 처음으로 토지구획정리사업을 처음으로 법제화하였으며, 다음 해인 1892년 함브르크시, 1896년 바아덴시, 1900년 작센시, 1902년 프랑크푸르트시의 아디케스법(Lex Adickes)법이 시행되었고 1918년 독일 '연방임택법"에 의해 전 도시에 시행하였다. 동남아권에서 일본은 1897년 '토지구획개량에 관한 건'로 최초로 법제화하였으며, 1909년 경지정리법을 공포하여 최초로 시행하였으며, 1919년 도시계획법이 제정되면서 토지구획정리가 활성화 되었다. 우리나라에서는 1934년 6월 2일 조선시가지계획령을 공포한 후 11월에 나진의 100만평을 조선총독부에서 구획정리한 것이 최초[109]이며, 남한지역에서는 1937년 10월 서울 돈암동 및 영등포구지구 229만평을 시행하였다.

109) 지종덕, 『토지구획정리론』, 바른길, 2003, pp.72-73.

광복 직후에는 조선총독부에서 미완료한 지구에 대한 계속사업과 기존 시가지에 대한 전후 복구사업이 주종을 이루었으나 새로운 사업은 없었다. 정부수립 후 토지에 대한 법률의 필요로 1950년 12월 1일 지적법이 제정되었고, 이후 1961년 12월 31일 토지개량사업법과 1962년 1월 20일 도시계획법이 제정되면서 토지구획정리사업에 대한 체계가 이루어졌다. 또한 토지구획정리사업을 활성화시키기 위하여 1966년 8월 3일 도시계획법에서 토지구획정리사업을 독립적으로 법으로 분리하였다. 그러나 종전의 도시계획법의 도시계획사업에 관한 부분과 토지구획정리사업법을 통합·보완하여 도시개발에 관한 기본법으로서의 도시개발법을 2000년 7월 1일 제정하였다.[110]

1969년 12월에 농림부에서 농지의 개량, 개발, 보존 및 집단화와 농업기계화에 의한 농업생산력을 증진시키고 농가주택의 개량 등 농촌근대화 촉진을 목적으로 법률(농촌근대화 촉진법)을 제정하여 1970년 1월 12일에 공포하였으며 1975년 4월 4일에는 농지개량사업에 관한 법률에서 지적측량업무에 종사자에 대한 한계를 정하였고, 1977년 12월 31일에는 환지처분에 수반하는 지적이동 등의 정리에 관한 특례규정을 두어 별도로 운영하였으며, 농지개량과 관련한 법률은 1996년 1월 1일 농지법이 제정됨으로써 폐지되었다.

1975년 12월 31일 지적법의 전문개정으로 지적확정측량 성과를 수치로 지적공부에 등록할 수 있는 규정을 명문화 하였으며 1992년 3월 23일에는 농지개량에 따른 지적확정측량을 1995년 1월 1일부터 수치로 등록하도록 명문화 하였다.[111]

5.2 지적확정측량의 업무절차

1) 업무절차

지적확정측량은 발주담당부서의 수행자 선정과 계약을 시행한 후에 대상 지구에 대한 기준점측량과 세부측량, 성과감사가 진행된다. 이후 측량성과도 등의 납품이 이루어지고 지적확정측량 결과물을 반영한 최종 개발계획 및 실시계획변경 승인이 이루어진다. 그리고 사업준공과 지적·등기정리 순으로 진행이 이루어진다. 지적확정측량의 세무업무처리 절차는 [그림 5-42]와 같다.

110) 도시개발법(법률 제6242호, 2001.1.28.제정) 신규제정 사유 참고
111) 대한지적공사 지적연수원, 『지적확정측량실무』, 우리사, 2007, p.4.

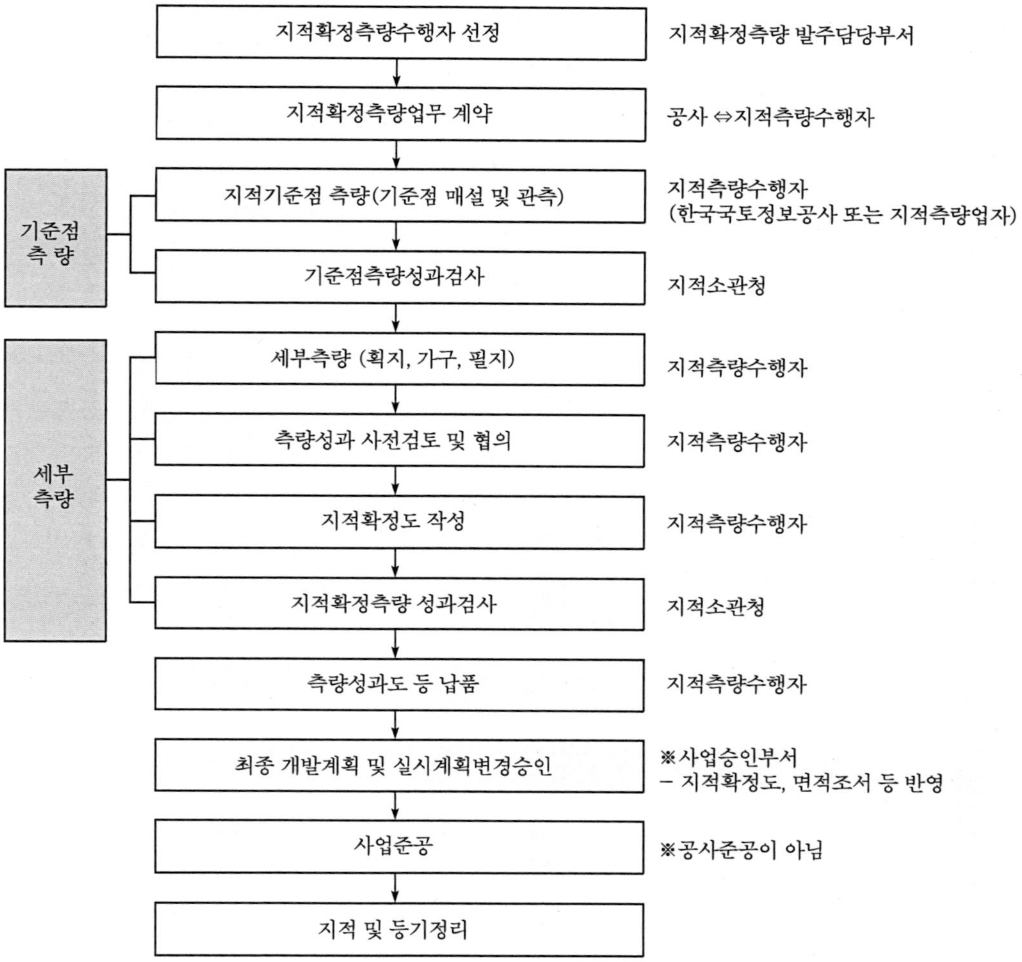

[그림 5-42] 지적확정측량의 업무 절차

2) 지구계측량

지구계측량은 지적확정측량을 수행하기 위한 사전단계에서 실시하는 측량이다. 일반적으로 지구(地區; district)란 특정한 목적을 위해 지정한 지역을 뜻한다. 토지개발사업 등 대규모의 사업을 시행하는 과정에서 사업시행자는 우선적으로 사업시행의 인・허가를 받기 위하여 사업지구가 구획된 사업계획도 등을 제출하게 되며, 인・허가를 받아 착공을 준비하면서 당해 사업지구의 경계를 현장에 특정하기 위하여 지적측량수행자에게 지적측량을 의뢰한다. 이 경우 지적측량수행자는 사업계획에서 정한 사업지구의 외곽 경계점 즉,

지구계점을 현장에 표시하고, 각각의 경계점에 대한 좌표를 산출하기 위한 지적측량을 실시하는데, 이를 실무적으로 '지구계측량'이라 부르고 있다.

이를 토대로 볼 때, 지구계측량(地區境界測量; district boundary survey)이란 "각종 개발(건설)사업을 시행하기 위하여 사업계획도에 구획한 사업지구선의 경계를 현장에 표시하는 지적측량"이라 할 수 있다. 보다 구체적으로 지구계측량은 "토지개발사업 등의 인·허가 이후에 사업시행자가 공사를 진행하기에 앞서 사업지구의 경계점을 현장에 표시하기 위해 지적측량수행자에게 의뢰하여 실시하는 지적측량"으로 설명될 수 있다. 이를 현행법의 내용에 결부시켜보면 "사업을 시행하기 위해 구획한 지구계점(사업지구의 경계점)을 (도해적인 방법으로) 측량하여 결정된 개별 경계점에 대하여 현장에 세계측지계에 따른 좌표로 산출하기 위해 실시하는 측량을 말한다." 라고 정의할 수 있다.

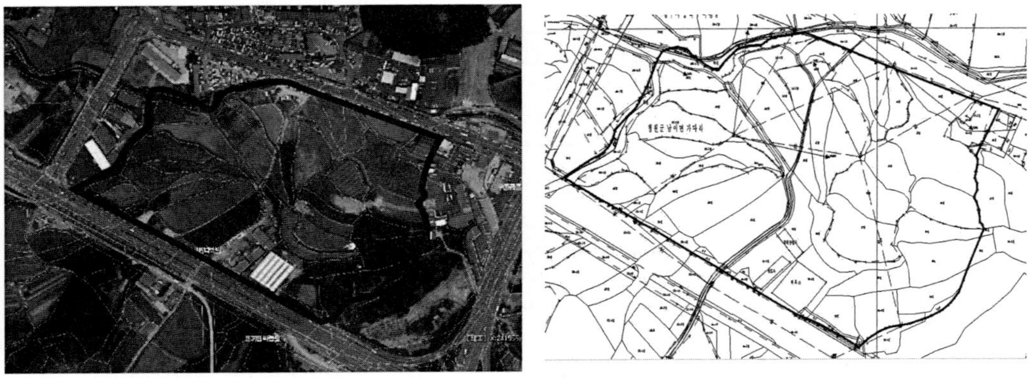

[그림 5-43] 지구계측량의 개념도

지구계측량은 사업지구 내에서 설계도면에 따라 조성(현장공사)된 개별 필지를 지적확정측량하여 경계점좌표등록부로 새로이 등록하기 위한 사전적 조치이다. 따라서 지구계측량은 법으로 정한 지적측량 종목의 하나로 보기보다는 지적확정측량에 선행되는 과정으로 이해하는 것이 바람직하다. 지구계측량은 도해적인 지적측량 성과결정방식을 수반하는 경우에 국한된다. 즉, 사업지구를 특정하기 위한 지구계측량은 도해지역에서 사업지구를 포함한 주변 지역에 대한 경계복원측량(필요에 따라 분할측량 또는 지적현황측량 수반)을 실시하고, 성과결정에 따라 설치한 사업지구의 개별 경계점표지 좌표를 산출하는 과정이다. 그렇다고 하여, 어떠한 사업지구(블록)의 외곽 경계선을 정하기 위해 실시하는 지적측량이 모두 지구계측량이 되는 것은 아니다. 예컨대, 이미 경계점좌표등록부가 비치된 지역에서 사업(예정)지구의 경계선을 결정하기 위한 지적측량은 엄밀히 말해 지구계측량이 아니라 경계복원측량에 불과하다. 또한, 도해지적으로 등록된 지역에서 소규모 필지를 합병한 후, 해당 필지를 설계도면대로 다시 분할·등록하는 과정에서의 외곽 경계선 역시 사업지구의 경계선이 될 수 없다. 합병의 경우 지적측량을 실시하지 아니하며, 합병된 필지를 다시 분할할 때에도 여전히 도해적으로 지적정리가 이루어지기 때문이다.

사업시행자가 지구계측량을 의뢰하는 것은 지적확정측량을 전제로 당해 사업지구의 경계선을 명확히 함으로써 추후에 이루어질 현장공사 및 준공검사에서의 부실을 방지하는 데 목적이 있다. 그렇기 때문에, 사업시행자가 지구계측량을 의뢰할 때에는 확정될 사업지구의 예정지적좌표를 요청하는데, 이는 ① 단순히 지구계점에 대한 예정지적좌표[112)]만을 요구하는 경우, ② 지구계점뿐만 아니라 사업지구 내의 가로중심점이나 가구점 등의 예정지적좌표까지 요구하는 경우, ③ 사업지구 바깥 지역에서의 연차별 사업(ex, 도로개설 등)이 수반될 것을 감안하여 그 예정지적좌표까지도 요구하는 경우 등 다양한 형태로 나타날 수 있다.

결국, 지구계측량은 사업이 완료됨에 따라 실시하는 지적확정측량을 통해 수치지적으로 전환되기 이전 단계에서 실시하는 지적측량으로서 그 모든 메커니즘은 도해지적측량의 기준 및 절차 등을 따를 수밖에 없다는 특징을 가진다.

5.3 가구확정측량

1) 가구의 정의 및 구성

지적확정측량에서는 사업지구의 기본설계 및 환지설계에서 정하여진 토지를 지구계로 분할 구분하고 환지하기 위하여 가구 및 획지확정측량을 실시한다. 일반적으로 가구확정측량은 기초점을 기준으로 하여 사업계획에 따라 시공된 현황과 측설된 경계점을 바탕으로 가로중심점[113)]을 계산한 다음 가구점[114)]을 구하는 것이다.

도시·군계획 시설의 결정·구조 및 설치 기준에 관한 규칙에서 정의한 가구는 도로로 둘러싸인 일단의 지역을 한다. 지적 관련 법률에서는 가구라는 용어를 별도로 정의하고 있지 않다. 지적확정 측량에서 가구를 블록(block)이라고도 한다.

---

112) 예정지적좌표도란 사업지구의 경계점(굴곡점)을 경계복원측량과 지적현황측량에 의해 지상에 복원한 경계점을 수치측량방법으로 산출한 지적좌표에 의해 작성한 도면을 말한다.

113) 가로중심점은 공사가 완료된 현황을 측정하고 사업계획선과 대조하여 중심선을 구하고 상호 교차하여 구하는 점을 말한다.

114) 가구점은 사업계획 및 현황측량성과에 의하여 결정된 가로의 각 조건에 따라 도로모퉁이 등 가구 변장 및 가구의 면적을 확정한 경계점을 말한다.

2) 가구명칭 및 가로 전제 기준

간선도로, 세로, 구획가로의 순서로 가로가 결정되고 교차중심점이 계산되며, 이들 가로에 둘러싸인 가구가 결정된다. 가구는 토지이용계획에 따라 그 크기가 다르지만 일반적으로 장방형을 표준으로 한다.

가로 교차분에 있어서는 교차로 유통의 원활을 기하고 시야의 확보를 위하여 필요할 때는 [그림 5-44]에서와 같이 가구정점부분을 AB로 잘라 도로에 편입시킨다. 잘라내는 부분은 AB를 밑변으로 하는 2등변 삼각형이어야 한다. 이 때 저변$AB(L)$를 우절장, 등변 PA, PB를 전제장, 전제삼각형 PAB의 넓이를 전제면적, 점 P를 가각점(가구정점), A, B를 전제점이라 한다. 가로 전제의 기준은 교차하는 두 가로폭의 교차 각도에 따라 정해진다.

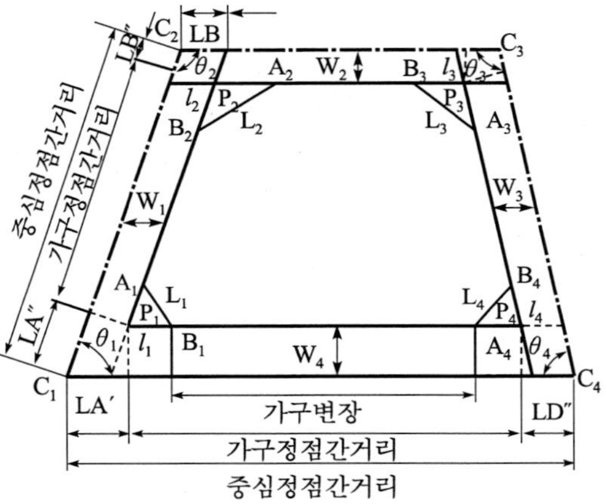

가로중심점 : C_1, C_2, C_3, C_4

가로의 반폭 : W_1, W_2, W_3, W_4

가구정점: P_1, P_2, P_3, P_4

교각(협각) : $\theta_1, \theta_2, \theta_3, \theta_4$

우절장: $L_1,\ L_2,\ L_3,\ L_4$

전제장 : $PA, PB\,(l)$

가구점 : A, B

자료: 都市整備研究會, 『土地區劃整理の確定測量』, 理工圖書, 1980, p.119.

[그림 5-44] 가구의 명칭

3) 가로 중심점 측량

(1) 개요

가로 중심점을 구하기 위해서는 우선 가로 현황에 의하여 경계점을 관측한 후 경계점들의 좌표를 구한다. 이들 경계점의 좌표를 가지고 가로 중심선에 대한 직선의 방정식을 구할 수 있으며, 이 직선의 방정식을 가지고 가로 중심점(교차점 또는 교점)을 구한다. 가로 중심점은 현장에 반드시 필요한 점은 아니고 다만 가구정점이나 가구점의 계산에 필요한 점이며, 경우에 따라서는 현장에 표시를 함으로서 측량에 효율적으로 사용 될 수도 있다.

[그림 5-45] 가로망도에서 45, 50, 51 등은 블록번호 이고 블럭별로 아라비아 숫자 1, 2, 3 … 등은 가구별로 관측한 점의 번호를 나열한 것이다. ○표시는 도근점이며, C_1, C_2 … 등은 가로 중심점의 번호이고, P_1, P_2, P_3 … 등은 가로의 중점 번호이다.

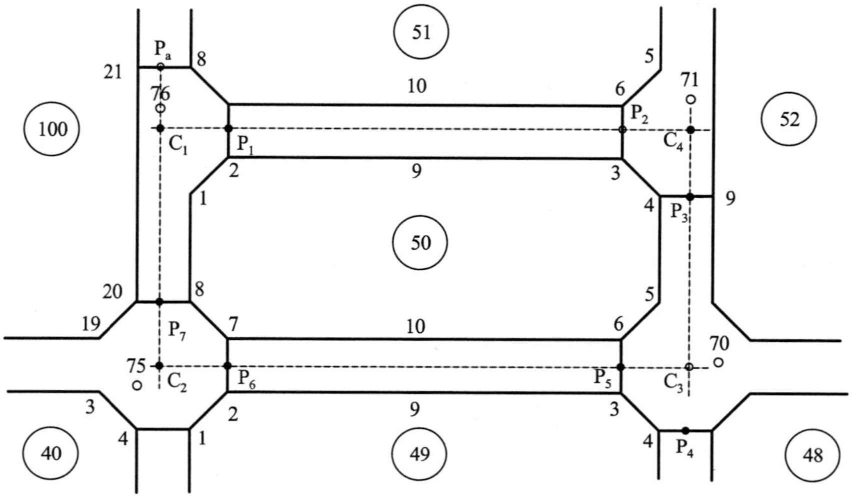

자료: 김정호·박상진·최한식, 『개정판 지적확정측량(수치편)』, 남광출판사, 1997, p.100.

[그림 5-45] 가로망도

(2) 직선과 직선가로의 교차점 계산

두 직선에 있어 각각 직선상 한 점의 좌표와 그 직선의 방위각이 주어졌을 때 그 교점의 좌표를 구하는 계산은 다음과 같다. [그림 5-46]에서 기지점 A에서의 소구방위각을 α, 기지점 B에서의 소구방위각을 β라 할 때 소구점 P의 좌표는 다음과 같은 공식에 의하여 구한다.[115]

$AP = l$, $BP = m$ 이라 할 때 P점의 좌표(P_x, P_y)는

- A점으로부터

$$P_x = A_x + l\cos\alpha$$

$$P_y = A_y + l\sin\alpha \quad \cdots\cdots ①$$

115) 高橋忠藏, 『土地區劃整理測量の實際』, 山海堂, 1972, p.77-78.

• B점으로부터

$$P_x = B_x + m\cos\beta$$

$$P_y = B_y + m\sin\beta \quad \cdots\cdots ②$$

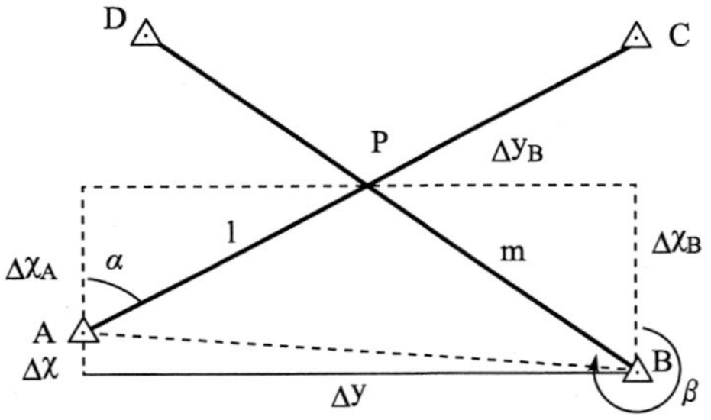

[그림 5-46] 각도를 이용한 교차점 계산

• ①, ② 식을 같이 놓으면

$$A_x + l\cos\alpha = B_x + m\cos\beta$$

$$A_y + l\sin\alpha = B_y + m\sin\beta \quad \cdots\cdots ③$$

• $l \cdot m$에 대하여 방정식을 풀면

$$l\cos\alpha - m\cos\beta = B_x - A_x = \Delta x$$

$$l\sin\alpha - m\sin\beta = B_y - A_y = \Delta y \quad \cdots\cdots ④$$

• l을 구하기 위하여 ④식에 $\sin\beta$ 또는 $\cos\beta$를 곱하면

$$\begin{array}{rl} & l\cos\alpha\sin\beta - m\cos\beta\sin\beta = \Delta x\sin\beta \\ -) & \underline{l\sin\alpha\cos\beta - m\cos\beta\sin\beta = \Delta y\cos\beta} \\ & l(\cos\alpha\sin\beta - \sin\alpha\cos\beta) = \Delta x\sin\beta - \Delta y\cos\beta \end{array}$$

$$l = \frac{\Delta x\sin\beta - \Delta y\cos\beta}{\cos\alpha\sin\beta - \sin\alpha\cos\beta} = \frac{-(\Delta y\cos\beta - \Delta x\sin\beta)}{-(\sin\alpha\cos\beta - \cos\alpha\sin\beta)}$$

$$\therefore l = S_1 = \frac{\Delta y\cos\beta - \Delta x\sin\beta}{\sin(\alpha - \beta)}$$ (∵ 가법정리[116]) ······ (5.1)

116) $\sin(\alpha \pm \beta) = \sin\alpha\cos\beta \pm \cos\alpha\sin\beta$

• 같은 방법으로 ④식에 $\sin\alpha$ 또는 $\cos\alpha$ 를 곱하면,

$$\begin{aligned} & l\cos\alpha\sin\alpha - m\sin\alpha\cos\beta = \Delta x\sin\alpha \\ -) & \underline{l\sin\alpha\cos\alpha - m\sin\beta\cos\alpha = \Delta y\cos\alpha} \\ & m(\sin\beta\cos\alpha - \sin\alpha\cos\beta) = \Delta x\sin\alpha - \Delta y\cos\alpha \end{aligned}$$

$$m = \frac{\Delta x\sin\alpha - \Delta y\cos\alpha}{\sin\beta\cos\alpha - \sin\alpha\cos\beta} = \frac{-(\Delta y\cos\alpha - \Delta x\sin\alpha)}{-(\sin\alpha\cos\beta - \cos\alpha\sin\beta)}$$

$$\therefore m = S_2 = \frac{\Delta y\cos\alpha - \Delta x\sin\alpha}{\sin(\alpha - \beta)} \quad (\because \text{가법정리}) \cdots\cdots (5.2)$$

• 교점 P는 두 점 A, B에서의 거리(S_1, S_2)와 방위각이 구해졌으므로 그 좌표(P_x, P_y)는 각각 다음 식으로 계산된다.

$$P_x = A_x + S_1\cos\alpha \qquad P_x = B_x + S_2\cos\beta$$
$$P_y = A_y + S_1\sin\alpha \qquad P_y = B_y + S_2\sin\beta$$

이 식으로 각각 P점의 좌표를 구하여 일치여부를 알 수 있다.

예제 1 **기지점 1, 4, 5, 6점의 좌표가 다음 표와 같을 때, 교차점 P의 좌표를 구하시오.**

점	X(m)	Y(m)
1(C)	5040.73	6275.26
4(A)	5011.97	6280.63
5(D)	5026.10	6278.61
6(B)	5030.42	6301.78

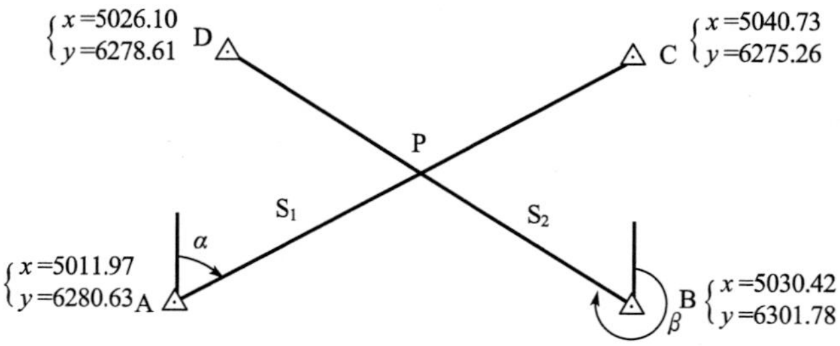

교차점 계산부

소구점
P

공식

$$S_1 = \frac{\Delta y_a^b \cos\beta - \Delta x_a^b \sin\beta}{\sin(\alpha-\beta)}$$

$$S_2 = \frac{\Delta y_a^b \cos\alpha - \Delta x_a^b \sin\alpha}{\sin(\alpha-\beta)}$$

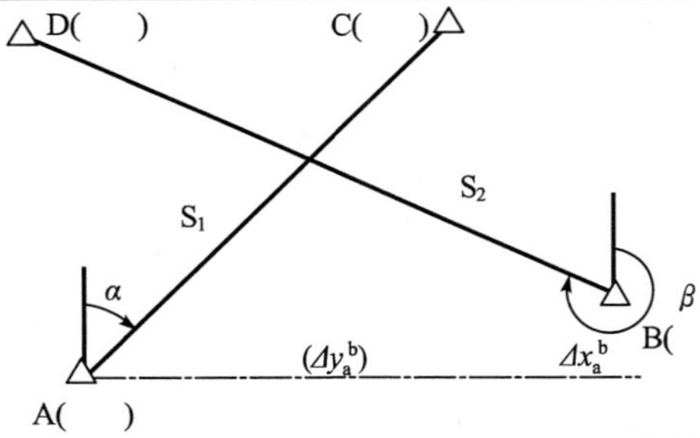

	x	y	종횡선차	
D(5)	5026.10	6278.61	Δy_b^d	−23.17
B(6)	5030.42	6301.78	Δx_b^d	−4.32
C(1)	5040.73	6275.26	Δy_a^c	−5.37
A(4)	5011.97	6280.63	Δx_a^c	+28.76
Δx_a^b	+18.45	Δy_a^b +21.15	V_a^b	48°54′02″
α	349°25′25″	V_a^c 349° 25′ 25"		
β	259°26′19″	V_b^d 259° 26′ 19"		
$\alpha-\beta$	89°59′06″			

$(\Delta y_a^b \cdot \cos\beta - \Delta x_a^b \cdot \sin\beta)/\sin(\alpha-\beta) = S_1$			14.2609
$S_1 . \cos\alpha$	14.02	$S_1 \cdot \sin\alpha$	−2.62
x_a	+)5011.97	y_a	+)6280.63
x	5025.99	y	6278.01

$(\Delta y_a^b \cdot \cos\alpha - \Delta x_a^b \cdot \sin\alpha)/\sin(\alpha-\beta) = S_2$			24.1771
$S_2 . \cos\beta$	−4.43	$S_2 \cdot \sin\beta$	−23.77
x_b	+)5030.42	y_b	+)6301.78
x	5025.99	y	6278.01

X	5025.99	Y	6278.01

210㎜×297㎜(보존용지(1종) 70g/㎡)

(3) 원과 직선가로의 교차점 계산

원곡선과 직선도로가 연결되는 부분에 중심점을 설치하기 위해서는 원과 직선의 교차점을 계산해야 한다.

[그림 5-47]과 같이 원의 중심점 좌표를 Ox, Oy, 반경을 R, 직선상의 1점의 좌표를 Px, Py, 방향각을 α라 하면 원의 중심으로부터 직선에 내린 수선장 E는 다음에 의해 구해진다.

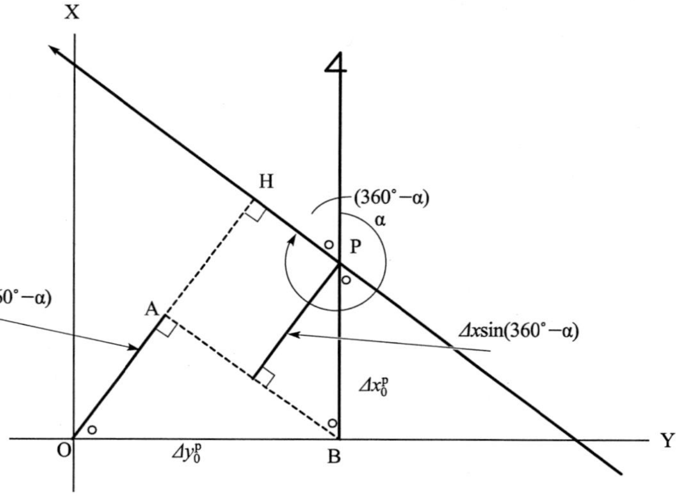

[그림 5-47] 수선장의 계산

[그림 5-47]에서

- 수선장 $OH = OA + AH$

$$= \Delta y \cos(360° - \alpha) + \Delta x \sin(360° - \alpha)$$

$$= \Delta y \cos\alpha - \Delta x \sin\alpha \quad \cdots\cdots ①$$

$\therefore$ 수선장 $E = \Delta y \cos\alpha - \Delta x \sin\alpha$ ⋯⋯ ②

[그림 5-48(a)]에서 직선 OP 와 QO의 교각을 ϕ라고 하면

- $\sin\phi = \dfrac{E}{R}$의 관계가 성립되므로 이 식으로부터 ϕ각을 구할 수가 있다.

$$\phi = \sin^{-1}\frac{E}{R} > 0 \quad \text{(중심점O가 직선PQ 방향에서 좌측에 있을 때)}$$

- 이것에 의해 OQ의 방위각 V_O^Q은

$$V_O^Q = \alpha + \phi \cdots\cdots ③$$

와 같이 된다.

[그림 5-48(b)]에서 중심점 O가 직선 PQ 방향에서 우측으로 있을 때의 방위각은 다음과 같다.

- $\sin\phi = \dfrac{E}{R}$

$$\phi = \sin^{-1}\frac{E}{R} < 0 \quad \text{(중심점 O가 직선 PQ 방향에서 우측에 있을 때)}$$

$$V_O^Q = \alpha - \phi \cdots\cdots ④$$

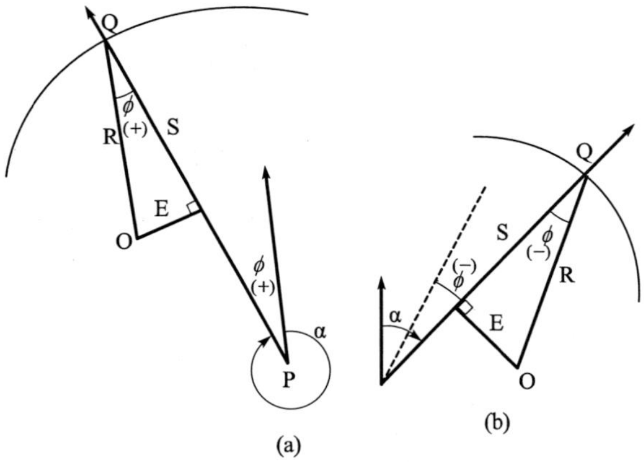

[그림 5-48] 원과 직선의 교점계산

그러므로 교점의 좌표는 식(5.3)과 같다.

$$X_Q = X_O + \Delta x_O^Q \, (\Delta x_O^Q = R\cos V_O^Q)$$

$$Y_Q = Y_O + \Delta y_O^Q \, (\Delta y_O^Q = R\sin V_O^Q) \cdots\cdots (5.3)$$

예제 2 **다음의 주어진 값을 이용하여 원과 직선의 교점좌표를 계산하시오.**

- P(6509.08m, 3542.64m)
- O(6499.22m, 3544.59m)
- R=200m, α_0=125°53′18″

원과 직선의 교점좌표계산부

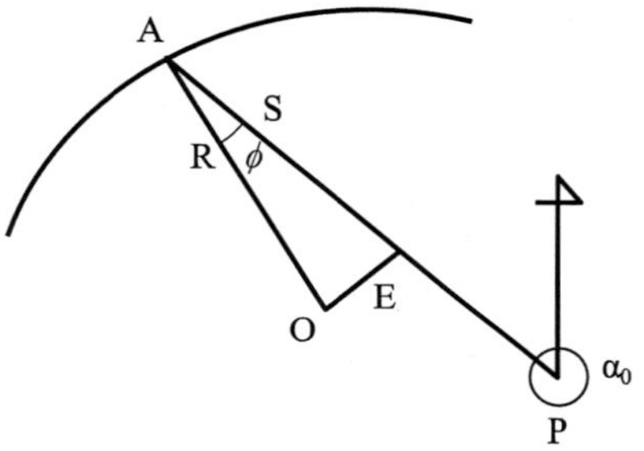

공식

$E=\Delta y_o^p \cos\alpha_o - \Delta x_o^p \sin\alpha_o$

$\sin\theta = E / R$

검산공식

$\tan\alpha_o = \Delta y_p^a / \Delta y_p^a$

$S = \Delta x_p^a / \cos\alpha_o$

$= \Delta y_p^a / \sin\alpha_o$

점 명	x	y	R	200
P	6509.08	3542.64		
O	6499.22	3544.59		
$\Delta x_o^p, \Delta y_o^p$	9.86	−1.95		

	$\Delta y_o^p \cdot \cos\alpha_o$	1.1431	α_0	125°53′18″
	$\Delta x_o^p \cdot \sin\alpha_o$	7.9882	$\phi = \sin^{-1}\frac{E}{R}$	−1°57′41″
	E	−6.8451	$V_O^A = \alpha_0 \pm \phi$	123°55′37″
	$R\cos V_O^A$	−111.6271	$R\sin V_O^A$	165.9500
	x_o	6499.22	y_o	3544.59
	x_a	6387.59	y_a	3710.54
검산	x_p	6509.08	y_p	3542.64
검산	Δx_p^a	−121.49	Δy_p^a	+167.90
검산	$\Delta x_p^a / \cos\alpha_o$	+207.24	$\Delta y_p^a / \sin\alpha_o$	+207.24
검산	$\tan^{-1}\frac{\Delta y_p^a}{\Delta x_p^a}$	θ = 54°06′40″ α_o= 180° −54°06′40″=125° 53′20″(∵ 2상한)		

4) 전제장과 전제 면적

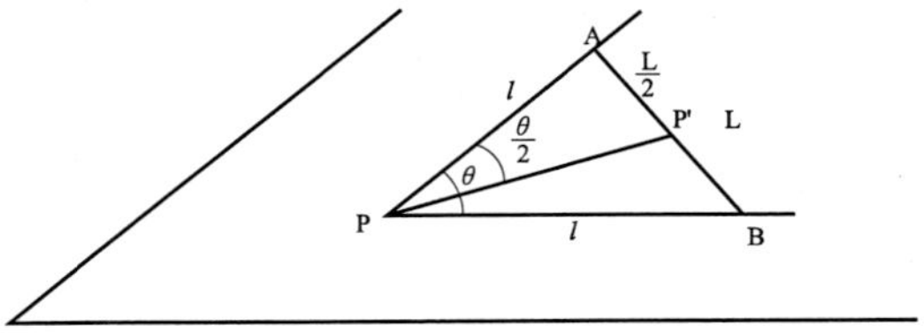

[그림 5-49] 전제장과 전제면적

[그림 5-49]와 같이 교차하는 부분에 있어서는 가각을 전제하여야 한다. 이때 전제되는 길이(도로모퉁이 길이)는 도시・군계획 시설기준에 있는 기재사항이며, 내각 Θ를 알면 전제장과 전제면적을 구할 수 있다. 전제면적은 나중에 가구에서 면적을 지정분할할 때 미리 계산하여 두면 편리하다.

가구정점 P점의 좌표가 결정되면 가구점 A, B의 좌표를 구하여야 한다. 우절장 L에 대한 전제장 l과 전제면적 A를 구하는 식은 아래와 같다.

△PAB는 $PA = PB = l$ (전제장)인 이등변삼각형으로 PP'가 내각 θ과 L(우절장; 도로모퉁이 길이)을 이등분한다.117)

[그림 5-49]의 $\triangle PP'A$에서

$$\sin\frac{\theta}{2} = \frac{\frac{L}{2}}{l} \text{ 이므로 } l\sin\frac{\theta}{2} = \frac{L}{2}$$

$$\therefore\ l = \frac{L}{2} \times \operatorname{cosec}\frac{\theta}{2} \quad \cdots\cdots (5.4)$$

또한 $\triangle PP'A$에서 PP'를 구하면 $\tan\frac{\theta}{2} = \frac{\frac{L}{2}}{PP'}$ 이므로

$$PP'\tan\frac{\theta}{2} = \frac{L}{2} \ \rightarrow PP' = \frac{L}{2} \times \cot\frac{\theta}{2} \quad \cdots\cdots ①$$

[그림 5-49]에서 △PAB의 면적은 $A = \frac{1}{2} \times PP' \times L$ ⋯⋯ ②

②식에 ①식을 대입하면

$$A = \frac{1}{2} \times L \times \frac{L}{2} \times \cot\frac{\theta}{2}$$

$$\therefore\ A = (\frac{L}{2})^2 \times \cot\frac{\theta}{2} \quad \cdots\cdots (5.5)$$

117) 이등변삼각형에서 꼭지각(내각)의 이등분선은 밑변을 수직 이등분한다(이등변삼각형 성질).

예제 3 **협각(내각)이 100°37′30″, 우절장이 10.000m 일 때 전제장(l)과 전제면적(A)을 구하시오.**

풀 이

- $\frac{L}{2} = \frac{10.000}{2} = 5.000, \quad \frac{\theta}{2} = \frac{100°37'20''}{2} = 50°18'40''$

㉠ 전제장 $l = \frac{L}{2} \times \text{cosec}\frac{\theta}{2} = 5.000 \times \text{cosec}50°18'40'' = 6.4975 ≒ 6.498\text{m}$

㉡ 전제면적 $A = (\frac{L}{2})^2 \times \cot\frac{\theta}{2} = 5.000^2 \times \cot 50°18'40'' = 20.747m^2$

5) 가구정점 계산

(1) 극좌표법 이용

[그림 5-50]에서 가로중심교차점을 O, 가구정점을 P, 가로반폭을 W_1, W_2, O를 지나 x축의 평행선에 점 M, P 및 N 에서 내린 발을 각각 R, P' 및 T 라 하고 M에서 PP'에 내린 수선의 발을 Q라 하고 $\triangle PMQ$와 $\triangle NOT$를 비교하면 $\square OMPN'$은 평행사변형이므로 다음과 같이 설명 할 수 있다.

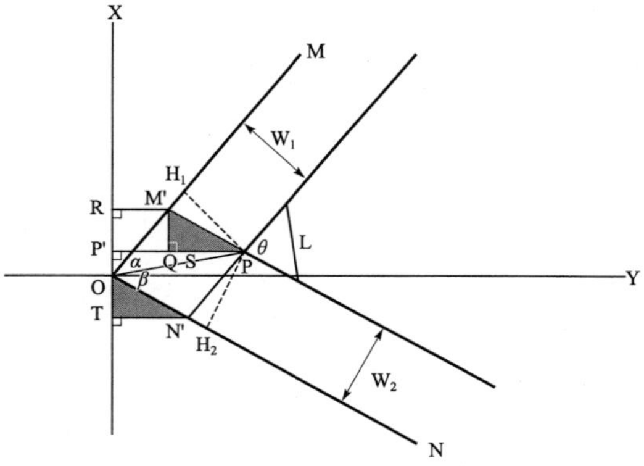

[그림 5-50] 극좌표법을 이용한 가구정점 계산

$ON' = PM'$, $OM' = PN'$

$PM' // ON'$, $QM' // OT$, $QP // TN'$ 이므로

$\angle QPM' = \angle TN'O$

$\angle QM'P = \angle TON'$

그러므로 $\triangle PM'Q = \triangle NO'P$이다.

- $\sin\theta = \frac{w_1}{PN'} = \frac{w_1}{OM'}$ 이므로

$\therefore OM' = w_1 \text{cosec}\theta$ ······························ ①

• $\sin\theta = \dfrac{w_2}{PM'} = \dfrac{w_2}{ON'}$ 이므로

$$\therefore\ ON' = w_2 \operatorname{cosec}\theta \quad \cdots\cdots ②$$

OM, ON의 방위각을 V_O^M, V_O^N이라면 $\triangle PM'Q = \triangle OTN'$ 이므로 $M'Q = OT$ 이다.

$$\begin{aligned} OP' &= OR - RP' \\ &= OR - OT \\ &= OM'\cos V_O^M + ON'\cos V_O^N \quad (\cos\text{이 - 값이므로 +}) \cdots\cdots ③ \end{aligned}$$

③ 식에 ①, ②식을 대입하면

$$OP' = w_2 \operatorname{cosec}\theta \cos V_O^M + w_1 \operatorname{cosec}\theta \cos V_O^N$$

$$\therefore\ OP' = \operatorname{cosec}\theta (w_2 \cos V_O^M + w_1 \cos V_O^N) \quad \cdots\cdots ④$$

P점의 X좌표는

$X_P = X_O + OP'$ 이므로 여기에 ④식을 대입하면

$$X_P = X_o + \operatorname{cosec}\theta (w_1 \cos V_O^M + w_2 \cos V_O^M)$$

$$\therefore\ X_P = X_o + \frac{(w_1 \cos V_O^M + w_2 \cos V_O^M)}{\sin\theta} \quad \cdots\cdots (5.6)$$

같은 방법으로 $P'P = P'Q + QP = M'R + TN'$ 이므로

$$Y_P = Y_O + \operatorname{cosec}\theta (w_1 \sin V_O^M + w_2 \sin V_O^M)$$

$$\therefore\ Y_P = Y_O + \frac{(w_1 \sin V_O^M + w_2 \sin V_O^M)}{\sin\theta} \quad \cdots\cdots (5.7)$$

이다.

(2) 직접계산법

극좌표법을 이용한 공식으로 계산이 남은 가구점 A, B의 좌표를 직접 구하기 위해서는 [그림 5-51]과 같이 h를 계산하여 A점은 w_1과 $w_2 + h$, B점은 $w_1 + h$와 w_2로 교차되는 가로로 생각하면 된다.

- h의 산출은

$\triangle PAB$에서 $\angle PAB$와 $\angle PBA$는 같고 각 ϕ라고 하면

$$2\phi = 180° - \theta \quad \cdots\cdots (5.8)$$

$$\phi = 90° - \frac{\theta}{2} \quad \cdots\cdots (5.9)$$

$\triangle PAB$에서 A에서 PB에 내린 선분을 h라 하면

$$\sin(90° - \frac{\theta}{2}) = \frac{h}{L}$$

$$\therefore h = L \times \sin(90° - \frac{\theta}{2})$$

$$= L \times \cos\frac{\theta}{2} \quad (\because \sin(90° - \theta) = \cos\theta)$$

전제장(l)과 우절면적 (A)

$$\sin\frac{\theta}{2} = \frac{\frac{L}{2}}{l}$$

$$\therefore l = \frac{L}{2} \cdot \frac{1}{\sin\frac{\theta}{2}} = \frac{L}{2} \cdot \mathrm{cosec}\frac{\theta}{2} \quad \cdots\cdots (5.10)$$

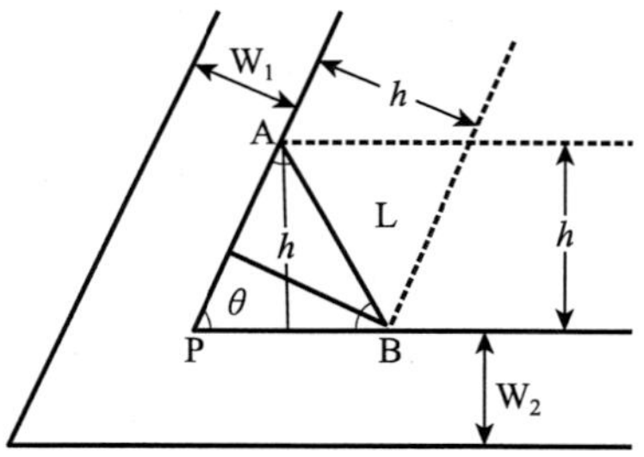

[그림 5-51] 직접법에 의한 가구정점 계산

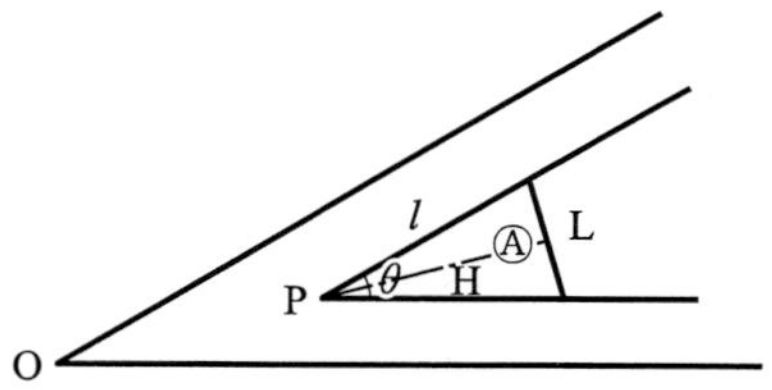

[그림 5-52] 우절면적 계산

또한,

$$\tan\frac{\theta}{2} = \frac{\frac{L}{2}}{H}$$

$$\therefore\ H = \frac{L}{2} \cdot \cot\frac{\theta}{2} \quad \cdots\cdots (5.11)$$

$$\therefore\ \text{면적}\ A = \frac{1}{2}L \cdot H = \frac{1}{2}L \cdot \frac{L}{2} \cdot \cot\frac{\theta}{2}$$

$$A = \left(\frac{L}{2}\right) \cdot \cot\frac{\theta}{2} \quad \cdots\cdots (5.12)$$

따라서, 가구정점 (P)는 다음과 같다.

$$P_x = X_0 + \frac{W_2\cos V_o^M + W_1\cos V_o^N}{\sin\theta}$$

$$P_y = Y_0 + \frac{W_2\sin V_o^M + W_1\sin V_o^N}{\sin\theta} \quad \cdots\cdots (5.13)$$

예제 4 다음 그림에서 A, B, C점 등은 중심점들이다. 주어진 조건을 이용하여 S(=$\overline{AO}$) 와 O, P, Q점의 좌표를 구하시오. (단, 각도 초단위, 거리는 소수점이하 4자리, 좌표는 0.01m까지 계산한다.)

조 건	점A점 좌표(x=5715.83m, y=4632.65m), AB방위각 = 114°43′20″ AC방위각 = 46°58′40″, 노폭 : L_1=30m, L_2=20m, PQ길이 = 15m

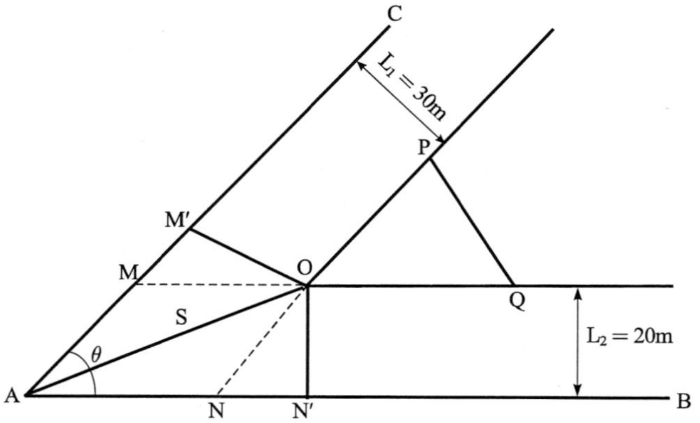

풀 이

1) θ(=∠CAB) 산출

$$\theta = V_A^B - V_A^C = 114°43'20'' - 46°58'40'' = 67°44'40''$$

2) OP=OQ(전제장) 계산

$$OP = OQ = \frac{15}{2} \times \frac{1}{\sin\frac{67°44'40''}{2}} = 13.4567m$$

3) AM(=OM)의 길이 계산

$$AM = \frac{20}{\sin 67°44'40''} = 21.6099m$$

4) MM'의 길이 계산

$$MM' = \frac{30}{\tan 67°44'40''} = 12.2767m$$

5) AM'의 길이 산출

$AM' = AM + MM' = 21.6099 + 12.2767 = 33.8866\text{m}$

6) $S(=AO)$의 길이 계산 (직각삼각형 성질 이용)

$S = \sqrt{OM(=L_1)^2 + AM'^2} = \sqrt{30^2 + 33.8866^2} = 45.2582\text{m}$

7) AO의 방위각 산출

$\angle MAO = \sin^{-1}\dfrac{OM}{S} = \sin^{-1}\dfrac{30}{45.2582} = 41°31'07''$

$V_a^o = V_a^c + \angle MAO = 46°58'40'' + 41°31'07'' = 88°29'47''$

8) O점의 좌표를 구한다.

$X_O = X_A + S\cos V_o^a = 5715.83 + (45.2582 \times \cos 88°29'47'') = 5717.02\text{m}$

$Y_O = Y_A + S\sin V_o^a = 4632.65 + (45.2582 \times \sin 88°29'47'') = 4677.89\text{m}$

9) P점의 좌표를 구한다.

$X_P = X_O + (OP \times \cos V_a^c)$

$= 5717.02 + (13.4567 \times \cos 46°58'40'') = 5726.20\text{m}$

$Y_P = Y_O + (OP \times \sin V_a^c)$

$= 4677.89 + (13.4567 \times \sin 46°58'40'') = 4687.73\text{m}$

10) Q점의 좌표를 구한다.

$X_Q = X_O + (OQ \times \cos V_a^b)$

$= 5717.02 + (13.4567 \times \cos 114°43'20'') = 5711.39\text{m}$

$Y_Q = Y_O + (OQ \times \sin V_a^b)$

$= 4677.89 + (13.4567 \times \sin 114°43'20'') = 4690.11\text{m}$

11) 검산(추가)

앞에서 구한 P점, Q점의 종횡선 좌표를 이용하여 두점 간 거리(L)를 구하여 주어진 L과 동일한지 검산한다.

$\Delta X_P^Q = X_Q - X_P = 5711.39 - 5726.20 = -14.81$

$\Delta Y_P^Q = Y_Q - Y_P = 4690.11 - 4687.73 = 2.38$

그러므로 PQ간의 거리는

$\overline{PQ} = \sqrt{(\Delta X_P^Q)^2 + (\Delta Y_P^Q)^2} = \sqrt{(-14.81)^2 + 2.38^2} = 15.00001667 = 15\text{m}$

예제 5 가구정점계산부의 서식에 있는 그림과 같은 중심점 좌표를 이용하여 가구점 ⑦, ⑧, ⑨의 좌표를 구하시오.

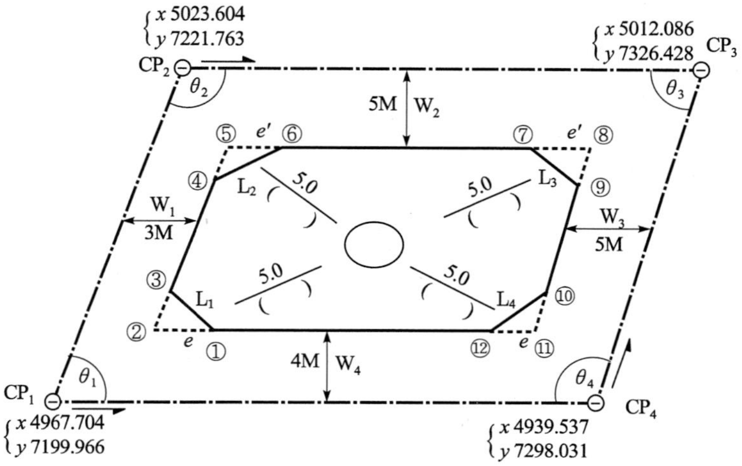

CP_3	h =3.9693		
	⑦	⑧	⑨
W_2	5.0	5.0	8.9693+h
W_3	8.9693	5.0	5.0
$W_2\cos V_3^4$	−4.6560	−4.6560	−8.3523
$W_3\cos V_3^2$	0.9811	0.5469	0.5469
Σ	−3.6749	−4.1091	−7.8054
$dy = \dfrac{\Sigma}{\sin\theta_3}$	−3.8063	−4.2560	−8.0844
$x = CP_3$	5012.086	5012.086	5012.086
X	5008.28	5007.83	5004.00
$W_2\sin V_3^4$	−1.8225	−1.8225	−3.2692
$W_2\sin V_3^2$	−8.9155	−4.9700	−4.9700
Σ	−10.7380	−6.7925	−8.2392
$dy = \dfrac{\Sigma}{\sin\theta_3}$	−11.1218	−7.0353	−8.5337
$y = CP_3$	7326.428	7326.428	7326.428
Y	7315.31	7319.39	7317.89

예제 6 다음 그림에서 w'=5m, L'=4m, α_o=315°58′13″, R=150m일 때 Q, A, B, C, D점의 좌표를 구하시오.

원과 직선의 가구정점 계산부

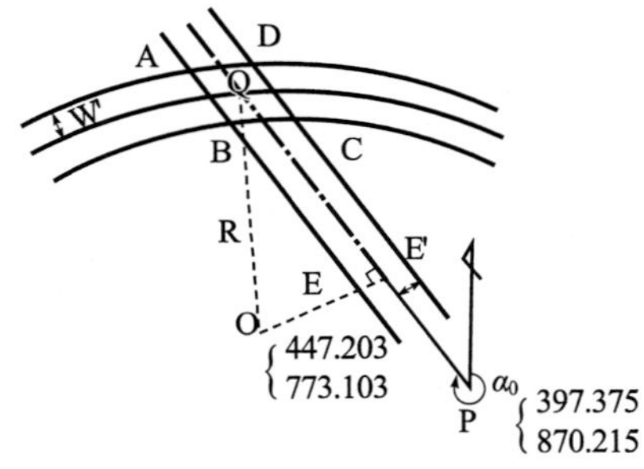

기지사항		
	L'	4.000
	W'	5.000
	E	35.1895
	R	150.000
	O_x	447.203
	O_y	773.103

방위각 계산	P_i	$\sin \varnothing_i = k$	K	$\varnothing_i + \alpha_o$ (기지)
	Q	$\sin \varnothing = \frac{E}{R}$	35.1895 150.000	13°34′04″ + 315°58′13″
	A	$\sin \alpha = \frac{E-L'}{R+W'}$	31.1895 155.000	11°36′30″ + 315°58′13″
	B	$\sin \beta = \frac{E-L'}{R-W'}$	31.1895 145.000	12°25′17″ + 315°58′13″
	C	$\sin \gamma = \frac{E+L'}{R-W'}$	39.1895 145.000	15°40′50″ + 315°58′13″
	D	$\sin \delta = \frac{E+L'}{R+W'}$	39.1895 155.000	14°38′43″ + 315°58′13″

종횡선 계산	방위각(V_o^{Pi})	O,P_i 간거리(S)	Pi x	Pi y	Pi
	329°32′17″	150.000	576.498	697.058	Q
	327°34′43″	155.000	578.043	690.001	A
	328°23′30″	145.000	570.692	697.107	B
	331°39′03″	145.000	574.813	704.251	C
	330°36′56″	155.000	582.262	697.050	D

(3) 원과 직선가구의 가구정점 계산

원곡선의 가로와 직선가로의 교차부에는 중심점 Q의 좌표 외에 도로 모서리의 교점인 4가구 정점 A, B, C, D의 좌표를 구할 필요가 있다. 이 계산은 앞서 설명한 원과 직선의 교점계산의 응용에 불과하다. [그림 5-53]과 같이 곡선가로의 폭을 W, 반폭을 W', 직선가로의 폭을 L, 반폭을 L'라고 할 때 원의 중심 0로부터 4가각점(가구정점) A, B, C, D에 이르는 곡률반경 R'는

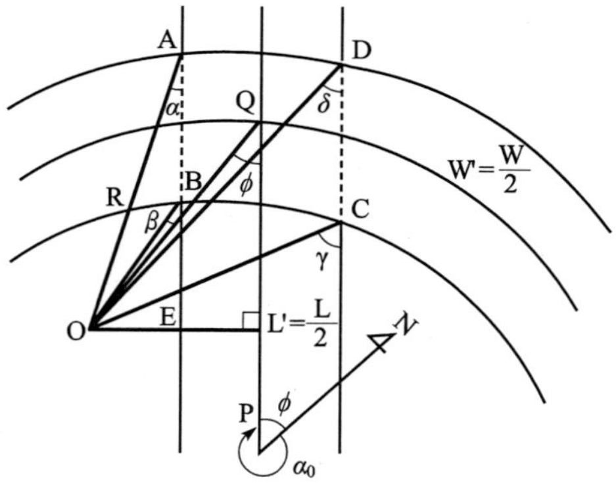

[그림 5-53] 원과 직선의 교차시 가구정점 계산

- $R' = R \pm W'$

  단, ±는 원의 바깥쪽 A, D 에서는 +, 내측 B, C 에서는 - 으로 표시된다. 또한 원의 중심으로부터 직선도로 모서리까지의 수선장E'는

- $E' = E \pm L'$

  단, ±는 점 C, D 에서는 +, 점 A, B 에서는 −이다. 점 Q, A, B, C, D 에서 중심점 O에 이르는 방향과 직선가로와 이루는 협각을 $\varnothing$, α, β, γ, δ 라고 하면

중심점 Q, $\sin\phi = \dfrac{E}{R} \qquad \therefore \phi = \sin^{-1}\dfrac{E}{R}$

A점 $\sin\alpha = \dfrac{E - L'}{R + W'}$

B 점 $\sin\beta = \dfrac{E - L'}{R - W'}$

C 점 $\sin\gamma = \dfrac{E + L'}{R - W'}$

D 점 $\sin\delta = \dfrac{E + L'}{R + W'}$

방위각 계산은 중심점 O 에서 점 $Q,\ A,\ B,\ C,\ D$에 이르는 방위각을 V_o^{pi} 라고 하면은

(단, $P_i = Q,\ A,\ B,\ C,\ D$)

$$V_O^Q = a_0 + \phi$$
$$V_O^A = a_0 + \alpha$$
$$V_O^B = a_0 + \beta$$
$$V_O^C = a_0 + \gamma$$
$$V_O^D = a_0 + \delta$$

좌표계산

$$X_Q = X_0 + R\cos V_O^Q$$
$$X_Q = Y_0 + R\sin V_O^Q$$
$$X_A = X_0 + R\cos V_O^A$$
$$X_A = Y_0 + R\sin V_O^A$$

② 두 원곡선 교차시 우절장계산부

곡선이 있으면 반경, 교각 등 제원에 의하여 중심점의 좌표는 기지사항이 된다. 즉 두곡선의 중심점 $O_{1,}\ O_2$는 기지사항으로 두 점 사이의 방위각과 거리도 기지가 된다. 즉 3변이 기지인 삼각형이 되므로 내각($\theta_{1,}\ \theta_2$)을 계산에 의하여 구할 수 있다. 그러므로 각 중심점으로부터 교점까지의 방위각과 거리를 알게 되므로 좌표를 구할 수 있게 된다. 우절이 있는 경우에는 우절교각, 우절전제장으로 계산한다.

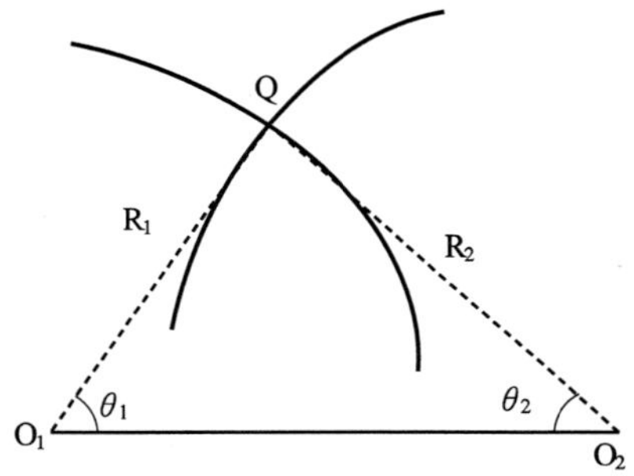

[그림 5-54] 두 원곡선 교차시 가구정점 계산

가. 두 원곡선의 교차계산

그림에서 원의 중심좌표를 $O_1(X_{1,}\ Y_1)$, $O_2(X_{1,}\ Y_2)$, 두원의 반경을 $R_{1,}\ R_2$라고 하면 두 점의 사이의 거리 d 와 방위각은 기지사항이므로 원의 중심 교각을 $\theta_{1,}\theta_2$라고 하면

$$\sin\theta_1 = \frac{2}{dR_1}\sqrt{S \cdot (S-d) \cdot (S-R_1) \cdot (S-R_2)}$$
$$\sin\theta_2 = \frac{2}{dR_2}\sqrt{S \cdot (S-d) \cdot (S-R_1) \cdot (S-R_2)}$$

여기서 $S= \frac{1}{2}(d + R_1 + R_2)$

또는 코싸인 법칙을 이용하여

- $R_2^2 = R_1^2 + d^2 - 2R_1 d \cdot \cos\theta_1$

$\cos\theta_1 = \frac{1}{2R_1 d}(R_1^2 + d^2 - R_2^2)$

$R_1^2 = R_2^2 + d^2 - 2R_2 d \cdot \cos\theta_2$

$\cos\theta_2 = \frac{1}{2R_2 d}(R_2^2 + d^2 - R_1^2)$

$V_{0^1}^{q} = V_{0^1}^{0^2} - \theta_1,\qquad V_{0^2}^{q} = V_{0^1}^{0^2} \pm 180^\circ + \theta_2$

나. 두 원곡선 가로의 교차시 가구정점 계산

두 곡선 가로의 교점을 A, B, C, D라고 하고 곡선가로의 반폭을 각각 W_1, W_2로 할 때 중심점으로부터의 거리는 다음과 같으므로 3변 기지가 되어 위와 같이 하여 θ각과 중심점으로부터 방위각을 구한다.

가각정점	$O_1 - O_2$ 거리	$Pi - O_1$ 거리	$Pi - O_2$ 거리
Q	d	R_1	R_2
A	d	$R_1 + W_1$	$R_2 + W_2$
B	d	$R_1 - W_1$	$R_2 + W_2$
C	d	$R_1 - W_1$	$R_2 - W_2$
D	d	$R_1 + W_1$	$R_2 - W_2$

다. 두 원곡선 가로의 교차시 전제계산

가구정점에서의 전제는 주어진 우절장의 양끝이 그 원호상에 있고 2등변 삼각형이 되도록 꼭지각 및 전제장을 구하는 것이다. 우선 가구정점을 지나 두 원에 대한 접전 사이의 교각을 구해야 한다.

㉠ 접선교각의 계산

접선교각 ϕ은 가구정점의 위치에 따라 달라진다. A, C점의 경우 접선교각은 $(O_1 + O_2)$, B, D점의 경우 접선교각은 $180^\circ - (O_1 + O_2)$ 또한 원의 중심 O_1, O_2의 교점에서 각 접선의 방위각을 가지고 교각을 구할 수도 있다.

㉡ 두 원의 우절계산

가각 정점에서 두 원의 접선교각을 ϕ, 우절장을 L, 전제장을 l, 전제장과 접선과의 교각을 θ라고 하면 가구정점 A, B, C, D에서 L 와 l의 관계식을 만들면

$$\frac{L}{2} = l\sin\frac{\phi \pm (\theta_1 \pm \theta_2)}{2} \quad \cdots\cdots ①$$

$$A\text{점 } \frac{L}{2} = l\sin\frac{\phi + (\theta_1 + \theta_2)}{2}$$
$$B\text{점 } \frac{L}{2} = l\sin\frac{\phi - (\theta_1 - \theta_2)}{2}$$
$$C\text{점 } \frac{L}{2} = l\sin\frac{\phi - (\theta_1 + \theta_2)}{2}$$
$$D\text{점 } \frac{L}{2} = l\sin\frac{\phi + (\theta_1 - \theta_2)}{2}$$

θ_1, θ_2는 각각 l의 길이가 현인 O_1 또는 O_2의 원주각과 같으므로

$$\sin\theta_1 = \frac{l}{2R_1} \quad \cdots\cdots ②$$

$$\sin\theta_2 = \frac{l}{2R_2} \quad \cdots\cdots ③$$

우절 이등변 삼각형의 꼭지각은 가구정점 A, C 의 경우 θ_1 과 θ_2는 같은 부호로 되며 $\phi \pm (\theta_1 + \theta_2)$ 식에서 A의 경우는 $+$, C의 경우는 $-$로 된다.

①을 변형하면

$$\frac{L}{2l} = \sin\frac{\varnothing}{2}\cos\frac{\theta_1 + \theta_2}{2} \pm \sin\frac{\theta_1 + \theta_2}{2}\cos\frac{\varnothing}{2} \quad \cdots\cdots ④$$

또 ②+③ 을 하면

$$\sin\theta_1 + \sin\theta_2 = 2\sin\frac{\theta_1 + \theta_2}{2}\cos\frac{\theta_1 - \theta_2}{2} = \frac{l}{2}\left(\frac{1}{R_1} + \frac{1}{R_2}\right) \quad \cdots\cdots ⑤$$

$$\left(\because \cos\frac{\theta_1 + \theta_2}{2} = 1 \right)$$

④, ⑤ 식으로부터 l를 소거하기 위하여 변끼리 서로 곱하여 2로 나누면

$$\pm \sin^2 \frac{\theta_1 + \theta_2}{2} \cos \frac{\phi}{2} + \sin \frac{\theta_1 + \theta_2}{2} \sin \frac{\phi}{2} = \frac{L}{8}\left(\frac{1}{R_1} + \frac{1}{R_2}\right)$$

양변을 $\cos \frac{\phi}{2}$ 로 나누면

$$\pm \sin^2 \frac{\theta_1 + \theta_2}{2} \tan \frac{\phi}{2} \sin \frac{\theta_1 + \theta_2}{2} - \frac{L}{8}\left(\frac{1}{R_1} + \frac{1}{R_2}\right) \sec \frac{\phi}{2} = 0$$

이 식을 $\sin \frac{\theta_1 + \theta_2}{2}$ 의 2차방정식으로 보고 근의 공식으로 풀면

$$2\sin \frac{\theta_1 + \theta_2}{2} = -\tan \frac{\phi}{2} + \sqrt{\tan^2 \frac{\phi}{2} \pm \frac{L}{2}\left(\frac{1}{R_1} + \frac{1}{R_2}\right) \sec \frac{\phi}{2}}$$

$$2\sin \frac{\theta_1 + \theta_2}{2} = -\tan \frac{\phi}{2} + \tan \frac{\phi}{2} \sqrt{1 \pm \frac{L}{2}\left(\frac{1}{R_1} + \frac{1}{R_2}\right) \operatorname{cosec} \frac{\phi}{2} \cot \frac{\phi}{2}}$$

$\sqrt{\ }$ 안의 $\frac{L}{2}\left(\frac{1}{R_1} + \frac{1}{R_2}\right) \operatorname{cosec} \frac{\phi}{2} \cot \frac{\phi}{2} = x$라 놓으면

$$2\sin \frac{\theta_1 + \theta_2}{2} = \tan \{-1 + \sqrt{1 \pm x}\}$$

이항 전개식에 의거 3항까지 취하면

$$\sqrt{1 \pm x} = 1 \pm \frac{1}{2}x - \frac{1}{8}x^2 \pm \frac{1}{16}x^2 \cdots$$

$$2\sin\frac{\theta_1 + \theta_2}{2} = \tan\frac{\phi}{2}\left\{\mp 1 \pm \left(\pm\frac{1}{2}x - \frac{1}{8}x^2\right)\right\}$$

$$= \tan\frac{\phi}{2}\left\{\left(\frac{1}{2}x \pm \frac{1}{8}x^2\right)\right\}$$ 와 같이 간단하게 된다.

$$\therefore \sin(\theta_1 + \theta_2) = \tan\frac{\phi}{2}\left(\frac{x}{2} + \frac{x^2}{8}\right)$$

$\pm\frac{x^2}{8}$의 부호는 A 점의 경우 $-$, C 점의 경우 $+$ 로 된다.

가구정점 B, D의 경우 θ_1, θ_2는 서로 다른 부호로 되며 우절교각은 $\phi \pm (\theta_1 - \theta_2)$ 로 된다. 이 경우 ② − ③ 을 하면

$$\sin(\theta_1 - \theta_2) = \tan\frac{\phi}{2}\left(\frac{x}{2} \pm \frac{x^2}{8}\right),\ 단\ x = \frac{L}{2}\left(\frac{1}{R_1} - \frac{1}{R_2}\right)\operatorname{cosec}\frac{\phi}{2}\cot\frac{\phi}{2}$$

으로 계산되며 $\pm\frac{x^2}{8}$의 부호는 B의 경우 $+$, D 의 경우 $-$ 로 된다. 이상을 정리하면

A점 $\sin(\theta_1 + \theta_2) = \tan\frac{\phi}{2}\left(\frac{x}{2} - \frac{x^2}{8}\right)$

단, $x = \frac{L}{2}\left(\frac{1}{R_1 + W_1} + \frac{1}{R_2 + W_2}\right)\operatorname{cosec}\frac{\phi}{2}\cot\frac{\phi}{2}$

B점 $\sin(\theta_1 - \theta_2) = \tan\frac{\phi}{2}\left(\frac{x}{2} + \frac{x^2}{8}\right)$

단, $x = \frac{L}{2}\left(\frac{1}{R_1 - W_1} - \frac{1}{R_2 + W_2}\right)\operatorname{cosec}\frac{\phi}{2}\cot\frac{\phi}{2}$

C점 $\sin(\theta_1 + \theta_2) = \tan\frac{\phi}{2}\left(\frac{x}{2} + \frac{x^2}{8}\right)$

단, $x = \frac{L}{2}\left(\frac{1}{R_1 - W_1} + \frac{1}{R_2 - W_2}\right)\operatorname{cosec}\frac{\phi}{2}\cot\frac{\phi}{2}$

D점 $\sin(\theta_1 - \theta_2) = \tan\frac{\phi}{2}\left(\frac{x}{2} - \frac{x^2}{8}\right)$

단, $x = \frac{L}{2}\left(\frac{1}{R_1 + W_1} - \frac{1}{R_2 - W_2}\right)\operatorname{cosec}\frac{\phi}{2}\cot\frac{\phi}{2}$

이들의 계산에 사용한 ϕ각은 각 정점에서 구한 접선의 교각이다.

ⓒ 우절편각 θ 와 전제장 검산

가각정점에서 구한 2개의 우절편각 θ_1, θ_2의 합 또는 차로부터 다음 관계식이 성립하므로 각각의 각을 구한다. 다시 말해서 $\sin(\theta_1 \pm \theta_2) = \sin\theta_1 \cos\theta_2 \pm \cos\theta_1 \sin\theta_2$ 에서 θ_1, θ_2각은 미소각이므로

$\cos\theta_1 \fallingdotseq 1, \cos\theta_2 \fallingdotseq 1$ 라고 놓으면 $\sin(\theta_1 \pm \theta_2) = \sin\theta_1 \pm \sin\theta_2$로 된다.

또한

$$\sin\theta_1 = \frac{1}{2(R_1 \pm W_1)} \qquad \sin\theta_2 = \frac{1}{2(R_2 \pm W_2)}$$ 이므로

$$\frac{\sin\theta_2}{\sin\theta_1} = \frac{R_1 \pm W_1}{R_2 \pm W_2}$$

으로 되므로 구하는 각도를 2점의 곡률반경의 역비례로 배분하면 된다.

우절장은 $l = 2(R_1 \pm W_1)\sin\theta_1$ $l = 2(R_2 \pm W_2)\sin\theta_2$로서 구하는 것이 일치하도록 되어 있으므로

$$l = \frac{L}{2}\operatorname{cosec}\frac{\phi \pm (\theta_1 \pm \theta_2)}{2}$$

이 식에서 일치하는지 여부를 확인할 수 있다.

이상의 공식을 종합하여 계산 서식을 만들어 좌표로 계산하면 다음과 같다.

원곡선 교차시 가구정점 및 우절장 계산부

기지사항			
W_1		12.m000	
W_2		10. 000	
R_1		300.000	
R_2		250.000	
O_1	X	447.203	
	Y	773.103	
O_2	X	813.715	
	Y	854.610	

공식

$$\cos\theta_1 = \frac{R_1^2 + d^2 - R_2^2}{2R_1 d}$$

$$\cos\theta_2 = \frac{R_2^2 + d^2 - R_1^2}{2R_2 d}$$

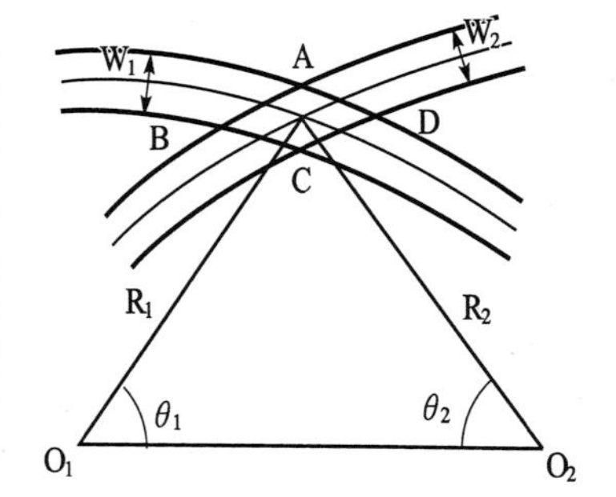

P_1	중심점간거리	R_1	O_1P_1 거리	R_2	θ_1	θ_2
Q	375.m466		300.m000		41°35′45″	52°48′39″
			250. 000			
A	375. 466	$R_1 + W_1$	306. 000		42°26′14″	54°04′13″
			255. 000	$R_2 + W_2$		
B	375. 466	$R_1 - W_1$	294. 000		42°38′53″	51°21′44″
			255. 000	$R_2 + W_2$		
C	375. 466	$R_1 - W_1$	294. 000		40°41′47″	51°29′11″
			245. 000	$R_2 - W_2$		
D	375. 466	$R_1 + W_1$	306. 000		40°33′19″	54°17′53″
			245.000	$R_2 - W_2$		

가구정점의 좌표 계산

	방위각 (V_o^{pl})	O_1P_1 거리	P_1 X	P_1 Y	P_1
O_1	12°32′16″	375.m466	447.m203	773.m103	O_1
O_2			813. 715	854. 610	O_2
$O_1 - Q$	330°56′31″	300. 000	709. 441	627. 394	Q
$O_2 - Q$	245°20′55″	250. 000			
$O_1 - A$	330°06′02″	306. 000	712. 474	620. 568	A
$O_2 - A$	246°36′29″	255. 000			
$O_1 - B$	329°53′23″	294. 000	701. 531	625. 613	B
$O_2 - B$	243°54′06″	255. 000			
$O_1 - C$	331°50′29″	294. 000	706. 407	634. 360	C
$O_2 - C$	244°01′27″	245. 000			
$O_1 - D$	331°58′57″	306. 000	717. 341	629. 362	D
$O_2 - D$	246°50′09″	245. 000			

원곡선 교차시 가구정점 및 우절장 계산부

공식

$$\text{계산원칙}\ \frac{L}{2} = \ell \cdot \sin\frac{\varnothing \pm (\theta_1 \pm \theta_2)}{2}$$

$$\sin(\theta_1 \pm \theta_2) = \tan\frac{\varnothing}{2}\left(\frac{x}{2} \pm \frac{x^2}{8}\right)$$

$$x = \frac{L}{2}\left(\frac{1}{R_1} \pm \frac{1}{R_2}\right)\text{cosec}\frac{\varnothing}{2}\cot\frac{\varnothing}{2}$$

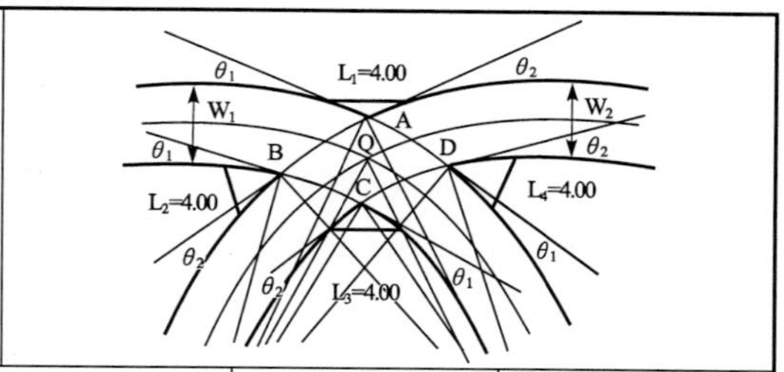

	A	*B*	*C*	*D*
접선외방위각 R_1	240°06′02″	239°53′23″	61°50′30″	61°58′57″
접선외방위각 R_2	336°36′29″	153°54′00″	154°01′27″	336°50′09″
접선교각 $\varnothing$	96°30′27″	85°59′23″	92°10′57″	85°8′48″
$\frac{\varnothing}{2}$	48°15′14″	42°59′42″	46°05′29″	42°34′24″
$\frac{L}{2}\cdot\left(\frac{1}{R_1}\pm\frac{1}{R_2}\right)$	+ 0.014379	− 0.001040	+ 0.014966	− 0.001627
$\text{cosec}\frac{\varnothing}{2}$	1.340298	1.466416	1.388627	1.478124
$\cot\frac{\varnothing}{2}$	0.892412	1.082556	0.962611	1.088508
x	0.017199	− 0.001636	0.019996	− 0.002618
$\frac{x}{2}$	0.008600	− 0.000818	0.009999	− 0.001309
$\pm\frac{x^2}{8}$	− 0.000037	0.000000	0.000005	− 0.000001
$\frac{x}{2}\pm\frac{x^2}{8}$	+ 0.008563	− 0.000818	+ 0.010049	− 0.001310
$\tan\frac{\varnothing}{2}$	1.120558	0.932352	1.038841	+ 0.918089
$\sin(\theta_1\pm\theta_2)$	+ 0.009595	− 0.000763	+ 0.010439	− 0.001203
$\theta_1\pm\theta_2$	+ 0°32′59″	+ 0°02′39″	− 0°35′53″	− 0°04′08″
$\varnothing\pm(\theta_1\pm\theta_2)$	97°03′26″	86°02′00″	91°35′06″	85°04′40″
$\frac{\varnothing\pm(\theta_1\pm\theta_2)}{2}$	48°31′43″	43°01′00″	45°47′33″	42°32′20″
$\sin\frac{\varnothing\pm(\theta_1\pm\theta_2)}{2}$				
$\text{cosec}\frac{\varnothing\pm(\theta_1\pm\theta_2)}{2}$	1.334609	1.465822	1.395058	1.479092
$\ell=\text{cosec}\frac{\varnothing\pm(\theta_1\pm\theta_2)}{2}\cdot\frac{L}{2}$	2.669	2.932	2.790	2.950
$\sin\theta_1=\frac{\ell}{2R_1}$	0.004361	0.004986	0.004745	0.004833
θ_1	0°15′00″	0°17′09″	0°16′19″	0°16′37″
$\sin\theta_2=\frac{\ell}{2R_2}$	0.005233	0.005749	0.005694	0.006037
θ_2	0°17′59″	0°19′46″	0°19′34″	0°20′45″
$L=2\ell\cdot\sin\frac{\varnothing\pm(\theta_1\pm\theta_2)}{2}$	3.997	4.000	3.998	3.998

5.4 토지이동측량

1) 개설

이동측량이라 함은 토지표시변경측량이라고도 하며, 지적공부(토지대장, 임야대장, 지적도, 임야도, 경계점좌표등록부)에 등록한 사항에 변동이 있어 그를 정리하기 위하여 하는 측량이다. 지적확정측량의 토지이동측량에는 면적지정 분할측량과 경계정정측량 등이 있다.

2) 좌표면적계산

(1) 가구 및 필지 면적 계산 방법

① 필계점 계산의 형태

가. 가구계선상에 있는 점의 계산

- 가구정점을 기준으로 계산한다.
- 직선 좌표계산 방법을 사용한다.

나. 가구 내에 있는 점의 계산

- 가구계선상에 있는 점들을 연결하는 직선 좌표 계산
- 가구계선상에 있는 점과의 수직선 계산
- 계산된 점을 이용한 교차점 계산

다. 기타

- 현장에서 측정된 경계점을 사용하는 경우는 지적도근점에서 방사식 좌표 계산
- 직선상에 경계가 있지 않을 경우는 교차점 계산 필요

② 가구 면적 계산

가. 가구 면적 계산은 가구점 번호에 맞추어 다음의 그림과 같은 경우 1-8번까지 순차적으로 적용하여 계산

나. 필계점을 계산할 때는 가구정점을 사용하지만 면적을 계산할 때는 가구점만 사용(그림에서 1, 2, 3, 4, 5, 6, 7, 8)

[그림 5-55] 가구 면적 계산 방법

③ 필지면적계산

가. 필지별 면적은 계산된 필계점을 이용하여 각 필지를 구성하고 좌표면적계산 방법으로 면적을 계산한다.

나. 좌표는 계산하는 과정에서는 mm 단위로 계산하였지만 면적을 계산할 때는 좌표등록 단위인 cm 단위로 오사오입하여 계산한다.

다. −1의 경우 필계점 1, 2, 10, 16, 9, 1을 순차적으로 연결하여 필지를 구성한다.

라. −2의 경우 필계점 10, 11, 18, 16, 10을 순차적으로 연결한다.

마. 18번과 16번 사이에 17번이 있지만 직선상에 있음으로 면적을 계산할 때는 17번을 사용하지 않음(이러한 방법으로 필지 - 7까지 면적을 계산)

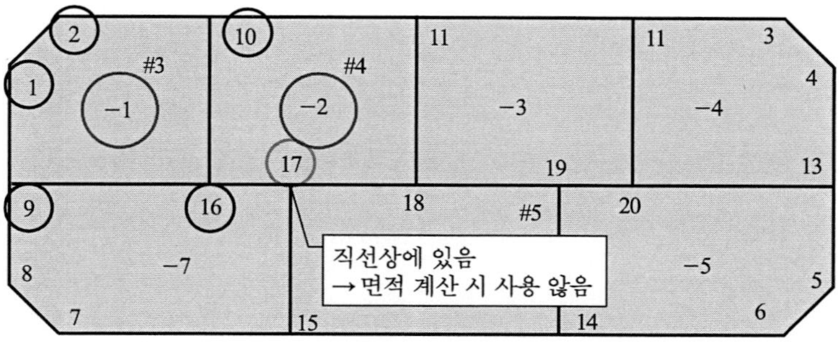

[그림 5-56] 필지 면적 계산 방법

(2) 좌표면적의 계산 원리

지적측량의 면적측정은 좌표면적계산법, 전자면적계 등에 의하게 되어있으나 경계점좌표등록부시행지역은 좌표면적계산법, 도해지역은 주로 전자면적계를 사용하고 있다.

좌표면적계산은 일반양식과 전산양식으로 되어있으며, 전산양식은 일반양식에서 좌표만 쓰고 전산 프린터용지를 붙이고 있으나 분할 등 간단한 경우는 일반양식을 많이 사용하고 있다.

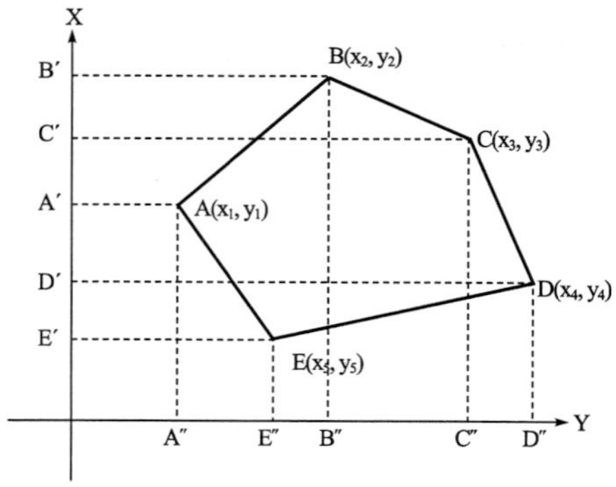

[그림 5-57] 좌표면적 계산의 원리

면적측정부는 지구면적측정부, 가구면적측정부, 필지면적측정부 등으로 구분하도록 되어 있으며, 가구면적측정부는 집계표를 만들어 지구면적과 비교하고, 필지면적 집계는 가구면적과 비교하여야 한다.

[그림 5-57]에서 다각형 ABCDE의 면적을 F라 하면

F = □ BCC'B' + □ CDD'C' + □ DEE'D' − □ BAA'B' − □ AEE'A'

상기의 식을 사변형의 변장을 이용하여 풀이 하면 다음과 같다.

$$F = \frac{1}{2}B'C'(B'B + C'C) + \frac{1}{2}C'D'(C'C + D'D) + \frac{1}{2}D'E'(D'D + E'E)$$
$$- \frac{1}{2}B'A'(A'A + B'B) - \frac{1}{2}(A'E'(A'A + E'E)$$

상기의 식의 변장을 좌표로 표현하면

$$F = \frac{1}{2}[(x_2 - x_3)(y_2 + y_3)] + \frac{1}{2}[x_3 - x_4)(y_3 + y_4) + \frac{1}{2}[(x_4 - x_5)(y_4 + y_5)]$$
$$- \frac{1}{2}[(x_2 - x_1)(y_2 + y_1)] - \frac{1}{2}[(x_1 - x_5)(y_1 + y_5)]$$

$$F = \frac{1}{2}[(x_2 - x_3)(y_2 + y_3) + (x_3 - x_4)(y_3 + y_4) + (x_4 - x_5)(y_4 + y_5)$$
$$+ (x_1 - x_2)(y_2 + y_1) + (x_5 - x_1)(y_1 + y_5)]$$

$$F = \frac{1}{2}(x_2y_2 + x_2y_3 - x_3y_2 - x_3y_3 + x_3y_3 + x_3y_4 - x_4y_3 - x_4y_4 + x_4y_4 + x_4y_4 - x_5y_4$$
$$- x_5y_5 + x_2y_2 + x_1y_1 - x_2y_2 - x_2y_1 + x5y_1 + x_5y_5 - x_1y_1 - x_1y_5)$$

$$F = \frac{1}{2}(x_2y_3 - x_3y_2 + x_3y_4 - x_4y_3 + x_4y_5 - x_5y_4 + x_1y_2 - x_2y_1 + x_5y_1 - x_1y_5)$$
$$= \frac{1}{2}[x_1(y_2 - y_5) + x_2(y_3 - y_1) + x_3(y_4 - y_2) + x_4(y_5 - y_3) + x_5(y_1 - y_4)]$$

상기 식을 일반화 하면 다음과 같다.

$$F = \frac{1}{2}\sum_{i=1}^{n} X_i(Y_{i+1} - Y_{i-1}) \quad \text{또는} \quad F = \frac{1}{2}\sum_{i=1}^{n} Y_i(X_{i+1} - X_{i-1}) \cdots\cdots (5.15)$$

이를 변형하면 다음의 식으로 간략화 된다.

$$F = \frac{1}{2}\sum_{i=1}^{n}(X_i \cdot Y_{i+1} - X_{i+1} \cdot Y_i) \cdots\cdots (5.16)$$

예제 7 그림의 토지경계점 좌표를 이용하여 좌표면적계산법으로 면적을 계산하시오. (단, 경계점좌표등록부시행지역)

점명	X(m)	Y(m)
A	320	210
B	270	260
C	240	250
D	220	230
E	270	180
F	290	180

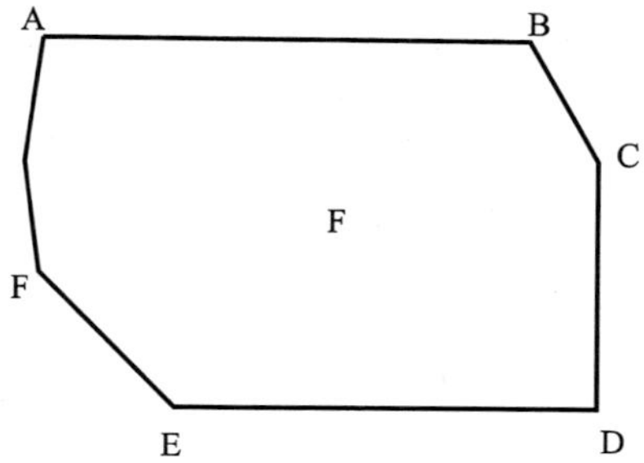

좌표면적 및 경계점간 거리 계산부

측점 번호	부호	X_n	Y_n	면 적 계 산			
				$X_{n+1}-X_{n-1}$	$Y_{n+1}-Y_{n-1}$	$X_n(Y_{n+1}-Y_{n-1})$	$Y_n(X_{n+1}-X_{n-1})$
		m	m	m	m	m²	m²
	A	320	210	−20	+80	25600	−4200
	B	270	260	−80	+40	10800	−20800
	C	240	250	−50	−30	−7200	−12500
	D	220	230	+30	−70	−15400	6900
	E	270	180	+70	−50	−13500	12600
	F	290	180	+50	+30	8700	9000
	2F					9000	−9000
						F=4,500.0m²	

3) 면적지정분할

(1) 개설

특정한 필지의 면적을 조건에 맞추어 분할하는 것을 말한다. 주로 수치이동측량에 많이 사용한다. 지적확정측량에서도 면적을 지정하여 필지를 구성할 경우도 있다. 이는 가구의 한 필지를 지정하여 분할하기 보다는 가구내 필지를 구성하는 가운데 특정필지에 대하여 면적을 맞추어야 하는 경우에 해당된다.

사각형 토지 분할의 형태는 AD변에 BC변이 평행한 경우와 AD변에 BC변이 평행하지 않은 경우 등 두 가지로 구분된다.

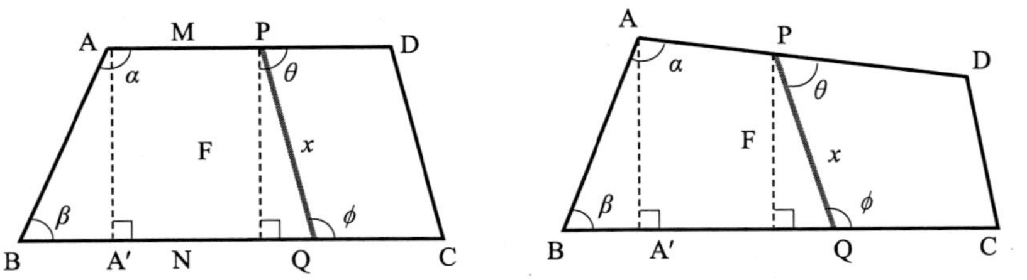

(a) AD변에 BC변이 평행한 경우 (b) AD변에 BC변이 평행하지 않은 경우

[그림 5-58] 면적지정 분할의 유형

(2) 조건 AD//BC

① 조건 : $AD // BC$, ∠PQC=ϕ일 때

다음 [그림 5-59]와 같이 점 A, P에서 직선 BC에 내린 수선을 W라 하고 A점에서 P점까지의 거리를 M, B에서 Q점까지의 거리를 N하면 $AD // BC$이므로 $\square ABQP$은 사다리꼴이다. 그러므로 $\square ABQP$의 넓이(F)는 다음과 같다.

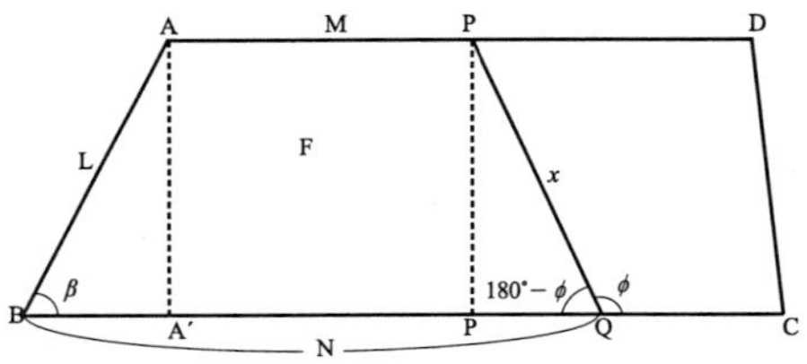

[그림 5-59] 면적지정분할 (AD//BC, ∠PQC=ϕ)

$$F = \frac{1}{2}(M+N)AA' \cdots\cdots ①$$

$\triangle BAA'$에서

$$\sin\beta = \frac{AA'}{L}$$

$$\therefore AA' = L \cdot \sin\beta \cdots\cdots ②$$

①에 ②를 대입하면

$$F= \frac{1}{2}(M+N)L\cdot\sin\beta$$

이 식을 변형하면

$$F= \frac{(M+N)}{2}L\cdot\sin\beta$$

$$\therefore M+N= \frac{2F}{L\cdot\sin\beta} \quad \cdots\cdots ③$$

또한 $N= BA' + A'P' + P'Q$ (여기서, $AP= A'P' = M$ 이다.)

$$\therefore N= BA' + M+ P'Q \quad \cdots\cdots ④$$

$\triangle BAA'$에서

$$\cos\beta = \frac{BA'}{L}$$

$$BA' = L\cdot\cos\beta \quad \cdots\cdots ⑤$$

$\triangle PP'Q$에서 $\angle PQP' = 180° - \phi$이며,

$$\cos(180° - \phi) = \frac{P'Q}{x}$$

$$P'Q= x\cos(180° - \phi) \quad \cdots\cdots ⑥$$

④에 ⑤, ⑥을 대입하면

$$N= L\cdot\cos\beta + M+ x\cos(180° - \phi)$$

$$N= L\cdot\cos\beta + M- x\cos\phi \quad \cdots\cdots ⑦$$

$$(\because \cos(180° - \theta) = -\cos\theta)$$

③에 ⑦을 대입하면

$$M+ L\cos\beta + M- x\cos\phi = \frac{2F}{L\sin\beta}$$

$$2M= \frac{2F}{L\sin\beta} - L\cos\beta + x\cos\phi$$

$$M= \frac{F}{L\sin\beta} - \frac{L}{2}\cos\beta + \frac{x}{2}\cos\phi \quad \cdots\cdots (5.17)$$

⑦에 식(5.17)을 대입하면

$$N= L\cdot\cos\beta + \frac{F}{L\sin\beta} - \frac{L}{2}\cos\beta + \frac{x}{2}\cos\phi - x\cos\phi \ (\because 1-\frac{1}{2}=\frac{1}{2})$$

$$\therefore N= \frac{F}{L\sin\beta} - \frac{x}{2}\cos\phi + \frac{L}{2}cos\beta \cdots\cdots (5.18)$$

$\triangle PP'Q$에서

$$\sin(180° - \phi) = \frac{PP'}{x}$$

$$PP' = x\sin(180° - \phi)$$

$$x = \frac{PP'}{\sin(180° - \phi)} \quad (\because AA' = PP' = L\sin\beta,\ \sin(180° - \theta) = \sin\theta)$$

$$\therefore x = \frac{L\sin\beta}{\sin\phi} \cdots\cdots (5.19)$$

기지점 A(X_a, Y_a)와 B(X_b, Y_b)에서 거리가 M, N이고 방위각이 V_a^d, V_b^c인 점 P와 Q 점의 좌표는 다음과 같이 구할 수 있다.

$$P_x = A_x + M \cdot \cos V_a^d$$

$$P_y = A_y + M \cdot \sin V_a^d$$

$$Q_x = B_x + N \cdot \cos V_b^c$$

$$Q_y = B_y + N \cdot \sin V_b^c$$

예제 8 다음 면적지정분할에서 P, Q점의 좌표를 구하시오.

가각점	X(m)	Y(m)
A	823.34	463.65
B	789.19	423.15
C	690.18	493.91
D	724.33	534.41

• 지정조건 : AD//BC, F=3,000m2, ϕ = 120°

면적지정분할계산부

(지정조건 = AD//BC, ∠PQC(ϕ)=120°, F = 3000㎡)

점 명	부호	X(m)	Y(m)
	A	823.34	463.65
	B	789.19	423.15
	C	690.18	493.91
	D	724.33	534.41
	P	787.80	489.05
	Q	732.29	463.81

부호도

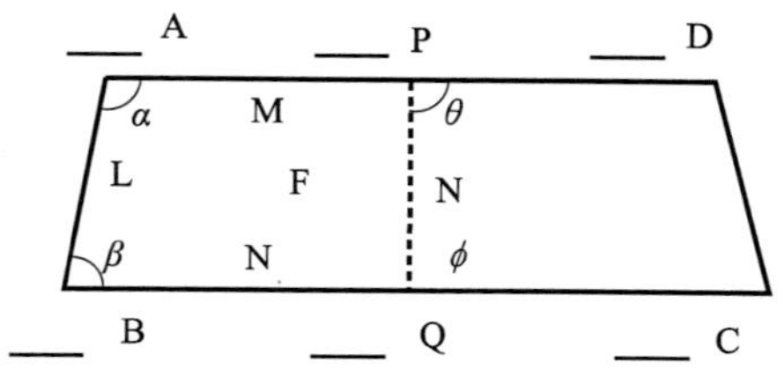

방 향	방 위 각	방 향	방 위 각	F	3000
V_a^b	229°51′43.5″	$\alpha+\beta$	° ′ ″	2F	6000
V_a^d	144°26′51.2″	ϕ		L	52.976
α	85°24′52.3″	θ		L^2	2806.457
V_b^c	144°26′51.2″			M	
V_b^a	49°51′43.5″			N	
β	94°35′07.7″	ϕ	120°00′00″	F	$\frac{1}{2}(M+N)\times L\times\sin\beta$
$\alpha+\beta$	180°	$\theta+\phi$		좌표면적 (검산)	3000

공식 x : $= \dfrac{L\sin\beta}{\sin\phi} = 60.976790\text{m}$

M : $= \dfrac{F}{L\sin\beta} - \dfrac{L}{2}\cos\beta + \dfrac{x}{2}\cos\phi = 43.684772\text{m}$

N : $= \dfrac{F}{L\sin\beta} - \dfrac{x}{2}\cos\phi + \dfrac{L}{2}cos\beta = 69.937426\text{m}$

좌 표 계 산

P		Q	
X_a	823.34	X_b	789.19
M·cos V_a^d	−35.54	N·cos V_b^c	−56.90
X	787.80	X	732.29
Y_a	463.65	Y_b	423.15
M·cos V_a^d	+25.40	N·sin V_b^c	+40.66
Y	489.05	Y	463.81

② 조건 : $AD//BC$, $\angle PQC = \phi = 90°$

$\angle PQC = \phi = 90°$이면

$\cos\phi = \cos 90° = 0$

$\sin\phi = \sin 90° = 1$

상기 조건을 앞의 식에 대입하면

$$x = L\sin\beta \qquad (5.20)$$

$$M = \frac{F}{L\sin\beta} - \frac{L}{2}\cos\beta \qquad (5.21)$$

$$N = \frac{F}{L\sin\beta} + \frac{L}{2}\cos\beta \qquad (5.22)$$

③ $AD//BC$, $AB//PQ$일 때

$AD//BC$, $AB//PQ$일 때 분할선이 대변에 평행하므로

$\beta = \phi$

$L = x$

$M = N$

④ $AD//BC$, 변장 M(또는 N)을 주어진 경우

가. M을 주었을 때

$$N = \frac{2F}{L\sin\beta} - M \qquad (5.23)$$

나. N을 주었을 때

$$M = \frac{2F}{L\sin\beta} - N \qquad (5.24)$$

(3) 조건 AD≠BC

① 조건 : $AD \neq BC$, $\angle PQC = \phi$

[그림 5-60]과 같이 AD와 BC의 연장선의 교점을 O라 하면 AD와 BC는 편행하지 않으므로

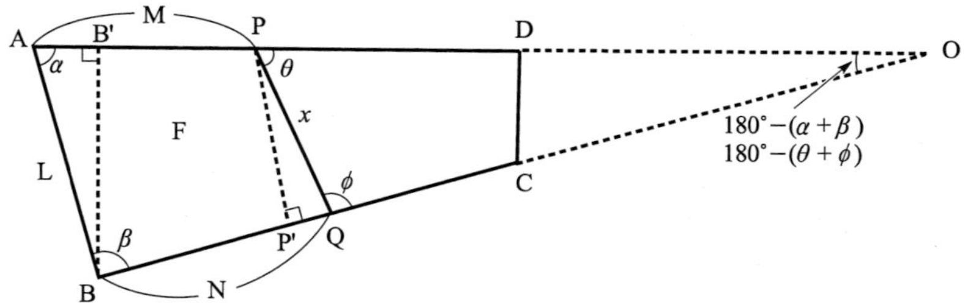

[그림 5-60] 면적지정분할($AD \neq BC$)

△ABO에서 $\angle DOC = 180° - (\alpha + \beta)$

△PQO에서 $\angle POQ = 180° - (\theta + \phi)$

그러므로 $\angle AOB = \angle POQ = \angle DOC$라면

$\alpha + \beta = \theta + \phi$

또한 $\sin[180° - (\alpha + \beta)] = \sin(\alpha + \beta)$

△AOB에서 sin법칙을 적용하면

$$\frac{BO}{\sin\alpha} = \frac{L}{\sin(\alpha + \beta)}$$

$$\therefore BO = \frac{L\sin\alpha}{\sin(\alpha + \beta)} \cdots\cdots ①$$

△POQ에서 sin법칙을 적용하면

$$\frac{QO}{\sin\theta} = \frac{x}{\sin(\theta + \phi)} \quad (\because \alpha + \beta = \theta + \phi)$$

$$\therefore BO = \frac{x\sin\theta}{\sin(\alpha + \beta)} \cdots\cdots ②$$

$$N = BO - QO \cdots\cdots ③$$

③에 ①, ②를 대입하면

$$N = \frac{L\sin\alpha}{\sin(\alpha+\beta)} - \frac{x\sin\theta}{\sin(\alpha+\beta)}$$

$$\therefore\ N = \frac{(L\sin\alpha - x\sin\theta)}{\sin(\alpha+\beta)} \quad \cdots\cdots (5.25)$$

또한 동일한 방법으로

△AOB에서 sin법칙을 적용하면

$$\frac{AO}{\sin\beta} = \frac{L}{\sin(\alpha+\beta)}$$

$$\therefore\ AO = \frac{L\sin\beta}{\sin(\alpha+\beta)} \quad \cdots\cdots ④$$

△POQ에서 sin법칙을 적용하면

$$\frac{PO}{\sin\theta} = \frac{x}{\sin(\theta+\phi)} (\because\ \theta + \phi = \alpha + \beta)$$

$$\therefore\ PO = \frac{x\sin\theta}{\sin(\alpha+\beta)} \quad \cdots\cdots ⑤$$

$$M = AO - PO \quad \cdots\cdots ⑥$$

⑥식에 ④, ⑤를 대입하면

$$M = \frac{L\sin\beta}{\sin(\alpha+\beta)} = \frac{x\sin\phi}{\sin(\alpha+\beta)}$$

$$\therefore\ M = \frac{L\sin\beta - x\sin\phi}{\sin(\alpha+\beta)} \quad \cdots\cdots (5.26)$$

한편 x를 구하기 위하여

△ABP의 면적을 이변협각법으로 구하면

$$\triangle ABP = \frac{1}{2} \times L \times M \times \sin\alpha$$

△PQB의 면적을 이변협각법으로 구하면

$$\triangle PQB = \frac{1}{2} \times N \times x \times \sin(180^\circ - \phi)$$

$$= \frac{1}{2} \times N \times x \times \sin\phi \qquad (\because \sin(180^\circ - \theta) = \sin\theta)$$

$$F = \Box ABQP = \triangle ABP + \triangle PQB$$

상기 식을 계산의 편의를 위해 양변에 2를 곱하면

$$2F = 2\triangle ABP + 2\triangle PQB$$

$$= [2 \times (\frac{1}{2} \cdot M \cdot L \cdot \sin\alpha)] + [2 \times (\frac{1}{2} \cdot N \cdot x \cdot \sin\phi)]$$

$$\therefore 2F = M \cdot L \cdot \sin\alpha + N \cdot x \cdot \sin\phi \cdots\cdots ⑦$$

⑦에 식 (5.20), (5.21)을 대입하면

$$2F = \frac{(L\sin\beta - x\sin\phi)}{\sin(\alpha+\beta)} \times L\sin\alpha + \frac{(L\sin\alpha - x\sin\theta)}{\sin(\alpha+\beta)} \times x.\sin\phi$$

$$= \frac{L^2\sin\alpha\sin\beta - xL\sin\alpha\sin\phi + xL\sin\alpha\sin\phi - x^2\sin\theta\sin\phi}{\sin(\alpha+\beta)}$$

$$= \frac{L^2\sin\alpha\sin\beta - x^2\sin\theta\sin\phi}{\sin(\alpha+\beta)}$$

$\sin(\alpha+\beta) = \sin\alpha\cos\beta + \cos\alpha\sin\beta$이므로 식을 전개하면

$$2F = \frac{L^2\sin\alpha\sin\beta}{\sin\alpha\cos\beta + \cos\alpha\sin\beta} - \frac{x^2\sin\theta\sin\phi}{\sin\theta\cos\phi + \cos\theta\sin\phi}$$

상기 식을 정리하기 위하여 우변의 1항은 $\sin\alpha\sin\beta$로, 2항은 $\sin\theta\sin\phi$로 나누면

$$2F = \frac{\frac{L^2\sin\alpha\sin\beta}{\sin\alpha\sin\beta}}{\frac{\sin\alpha\cos\beta}{\sin\alpha\sin\beta} + \frac{\cos\alpha\sin\beta}{\sin\alpha\sin\beta}} - \frac{\frac{x^2\sin\theta\sin\phi}{\sin\theta\sin\phi}}{\frac{\sin\theta\cos\phi}{\sin\theta\sin\phi} + \frac{\cos\theta\sin\phi}{\sin\theta\sin\phi}}$$

$$2F = \frac{L^2}{\cot\beta + \cot\alpha} - \frac{x^2}{\cot\theta + \cot\phi} (\because \frac{\cos\beta}{\sin\beta} = \cot\beta\ )$$

$$\frac{x^2}{\cot\theta + \cot\phi} = \frac{L^2}{\cot\alpha + \cot\beta} - 2F$$

$$x^2 = (\frac{L^2}{\cot\alpha + \cot\beta} - 2F) \cdot \ \cot\theta + \cot\theta$$

$$x = \sqrt{(\frac{L^2}{\cot\alpha + \cot\beta} - 2F)(\cot\theta + \cot\pi)} \cdots\cdots (5.27)$$

예제 9 다음 그림과 같이 분할선 PQ와 BC와의 사잇각이 ϕ=85°30′이 되고 분할 후의 필지 ABQP의 넓이가 지정면적 F=900m^2가 되도록 면적 지정 분할하는 새로운 필계점 P, Q의 좌표를 구하시오.

점	X(m)	Y(m)
A	817.58	350.92
B	787.01	350.64
C	784.96	424.42
D	809.00	425.12

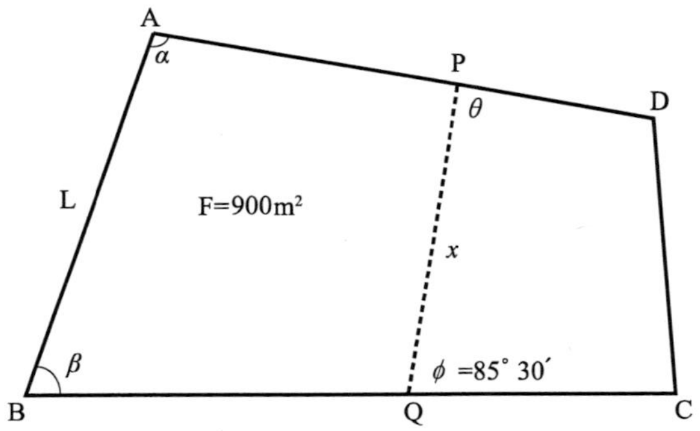

면적지정분할계산부

(지정조건 = AD≠BC, ϕ= 85°30′, F=900)

점 명	부호	X(m)	Y(m)
	A	817.58	350.92
	B	787.01	350.64
	C	784.96	424.42
	D	809.00	425.12
	P	878.56	383.04
	Q	786.19	380.08

부호도

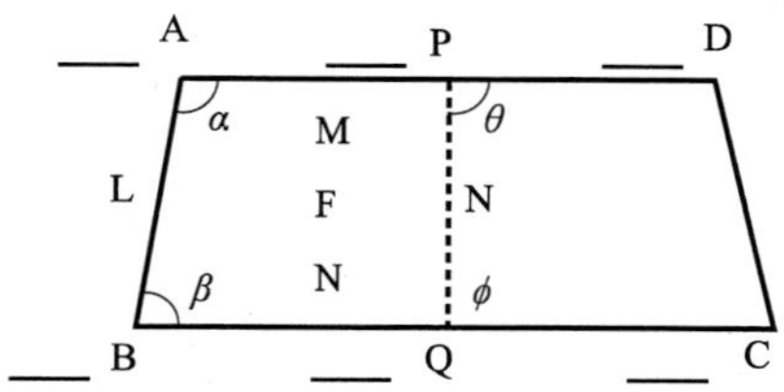

방향	방 위 각	방향	방 위 각	F	900
V_a^b	180°31′29.2″	$\alpha+\beta$	174°59′44.1″	2F	1800
V_a^d	96°35′45.6″	ϕ	85°30′	L	30.571
α	83°55′43.6″	θ	89°29′44.1″	L^2	934.586
V_b^c	91°35′29.7″				
V_b^a	0°31′29.2″				
β	91°04′00.5″	ϕ	85°30′	F	$M\times L\times\sin\beta$
$\alpha+\beta$	174°59′44.1″	$\theta+\phi$	174°59′44.1″	좌표면적 (검산)	900

공식 x : $= \sqrt{\left(\frac{L^2}{\cot\alpha+\cot\beta}-2F\right)(\cot\theta+\cot\phi)}$ = 27.831612

M : $= \frac{L\sin\beta - x\sin\phi}{\sin(\alpha+\beta)}$ = 32.329148

N := $\frac{(L\sin\alpha - x\sin\theta)}{\sin(\alpha+\beta)}$ = 29.453087

좌 표 계 산			
P		Q	
X_a	817.58	X_b	787.01
M·sin V_a^d	−3.71	N·cos V_b^c	−0.82
X	813.87	X	786.19
Y_a	350.92	Y_b	350.64
M·sin V_{α}^d	+32.12	N·sin V_b^c	+29.44
Y	383.04	Y	380.08

② 조건 : $AD \neq BC$, $\phi = 90°$

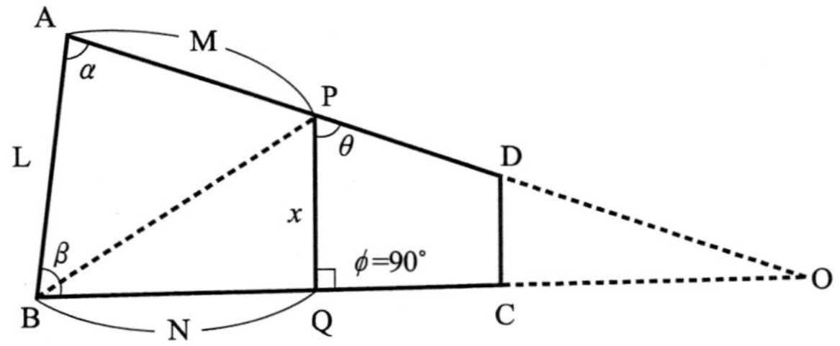

[그림 5-61] 면적지정분할($AD \neq BC$, $\phi = 90°$)

$$\angle APQ = 360° - (\alpha + \beta + 90°)$$
$$= 270° - (\alpha + \beta)$$

$$\angle QPD = \theta$$
$$= 180° - \angle APQ$$
$$= 180° - [270° - (\alpha + \beta)] = (\alpha + \beta) - 90°$$
$$= 270° + (\alpha + \beta) \quad (\because -90° + 360° = 270°)$$

$$\sin\theta = \sin[270° + (\alpha + \beta)]$$
$$= -\cos(\alpha + \beta) \quad (\because \sin(270° + \theta) = -\cos\theta)$$

$$\cot\theta = \cot[270° + (\alpha + \beta)]$$
$$= -\tan(\alpha + \beta) \quad (\because \cot(270° + \theta) = -\tan\theta)$$

$$\cot\phi = \cot 90° = 0$$

$$\sin\phi = \sin 90° = 1$$

N식에서 $\sin\theta = -\cos(\alpha + \beta)$이므로

$$N = \frac{L\sin\alpha + \cos(\alpha + \beta)}{\sin(\alpha + \beta)} \quad \cdots\cdots (5.28)$$

M식에서 $\sin\phi = \sin 90° = 1$이므로

$$M = \frac{L\sin\beta - x}{\sin(\alpha + \beta)} \quad \cdots\cdots (5.29)$$

x 식에서 $\cot\theta = -\tan(\alpha+\beta)$이므로

$$x = \sqrt{\left(\frac{L^2}{\cot\alpha + \cot\beta} - 2F\right)(-\tan(\alpha+\beta))}$$

$$\therefore\ x = \sqrt{\left(2F - \frac{L^2}{\cot\alpha + \cot\beta}\right)\tan(\alpha+\beta)} \quad \cdots\cdots (5.30)$$

③ $AD \neq BC$, $AB // PQ$일 때

$AB // PQ$이므로

$\alpha = \theta$, $\beta = \phi$ 가 된다.

이것을 앞의 공식에 대입하면

$$M = \frac{L\sin\beta - x\sin\phi}{\sin(\alpha+\beta)} = \frac{L\sin\beta - x\sin\beta}{\sin(\alpha+\beta)}$$

$$\therefore\ M = \frac{(L-x)\sin\beta}{\sin(\alpha+\beta)} \quad \cdots\cdots (5.31)$$

$$N = \frac{(L\sin\alpha - x\sin\theta)}{\sin(\alpha+\beta)} = \frac{L\sin\alpha - x\sin\alpha}{\sin(\alpha+\beta)}$$

$$\therefore\ N = \frac{(L-x)\sin\alpha}{\sin(\alpha+\beta)} \quad \cdots\cdots (5.32)$$

$$x = \sqrt{\left(\frac{L^2}{\cot\alpha + \cot\beta} - 2F\right)(\cot\theta + \cot\phi)}$$

$$= \sqrt{\left(\frac{L^2}{\cot\alpha + \cot\beta} - 2F\right)(\cot\alpha + \cot\beta)}$$

$$\therefore\ x = \sqrt{(L^2 - 2F\cdot\ (\cot\alpha + \cot\beta)} \quad \cdots\cdots (5.33)$$

④ $AD \neq BC$, M (또는 N)이 주어졌을 때

$$M = \frac{L\sin\beta - x\sin\phi}{\sin(\alpha+\beta)}$$

$$N = \frac{(L\sin\alpha - x\sin\theta)}{\sin(\alpha+\beta)}$$

상기의 식을 변형하여 보자.

우선 M식을 변형하면

$M\sin(\alpha+\beta) = L\sin\beta - x\sin\phi$

$$x\sin\phi = L\sin\beta - M\sin(\alpha+\beta) \quad \cdots\cdots ①$$

다음 N식을 변형하면

$N\sin(\alpha+\beta) = (L\sin\alpha - x\sin\theta)$

$$x\sin\theta = L\sin\alpha - N\sin(\alpha+\beta) \quad \cdots\cdots ②$$

가. 변장 M이 고정일 때

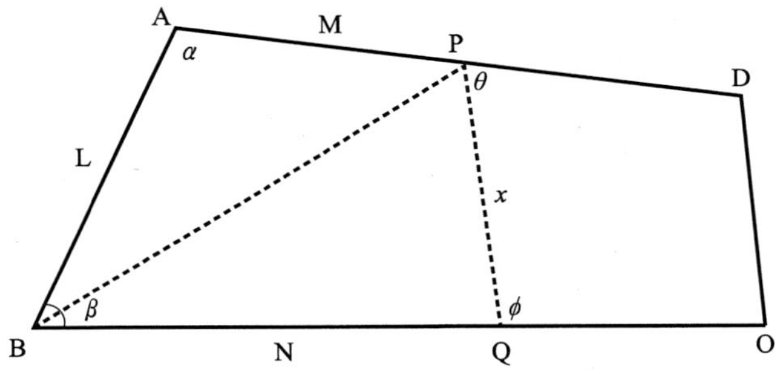

[그림 5-62] 면적지정분할($AD \neq BC$, M이 주어진 경우)

[그림 5-62]에서

$2F = 2\square ABQP$

$\quad = 2\triangle ABP + 2\triangle PBQ$

$\quad = M\cdot L\cdot\sin\alpha + N\cdot x\cdot\sin(180^\circ - \phi)$

$$\therefore\ 2F = M\cdot L\cdot\sin\alpha + N\cdot x\cdot\sin\phi \quad \cdots\cdots ③$$

③에 ②를 대입하면

$2F = M\cdot L\cdot\sin\alpha + N\cdot[L\sin\beta - M\sin(\alpha+\beta)]$

$$N = \frac{2F - ML\sin\alpha}{L\sin\beta - M\sin(\alpha+\beta)} \quad \cdots\cdots (5.34)$$

나. 변장 N이 고정일 때

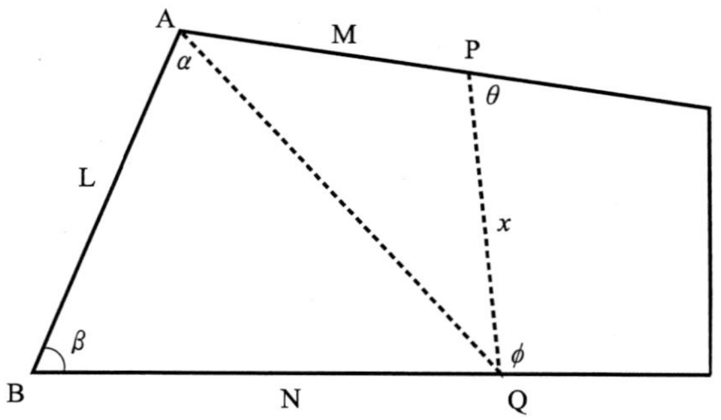

[그림 5-63] 면적지정분할($AD \neq BC$, N이 주어진 경우)

[그림 5-63]에서

$$2F = 2\square ABQP$$
$$= 2\triangle ABQ + 2\triangle AQP$$
$$\therefore\ 2F = NL\sin\beta + Mx\sin\theta \quad \cdots\cdots ④$$

④식에 ②를 대입하면

$$2F = NL\sin\beta + M[L\sin\alpha - N\sin(\alpha+\beta)]$$
$$M[L\sin\alpha - N\sin(\alpha+\beta)] = 2F - NL\sin\beta$$
$$\therefore\ M = \frac{2F - NL\sin\beta}{L\sin\alpha - N\sin(\alpha+\beta)} \quad \cdots\cdots (5.35)$$

여기서, 면적(F)을 검산하려면 아래 식을 이용한다.

$$F = \frac{1}{2}[ML\sin\alpha + NL\sin\beta - MN\sin(\alpha+\beta)]$$

4) 경계정정측량

(1) 개설

토지의 경계정정이라 함은 지적도나 임야도 또는 경계점좌표등록부에 잘못 등록된 경계를 바로 잡기 위한 측량이다. 다시 말하면 지상의 경계에도 불구하고 지적도나 임야도 또는 경계점좌표등록부상의 경계가 제대로 되어 있지 않을 때에는 이를 바로 잡는 측량이다.

(2) 조건 $AD // BC$

B에서 AD에 내린 수선의 발을 B', $AB = L$, $AP = M$, $PQ = x$, $QB = N$, $\angle PQB = \phi$라 하면

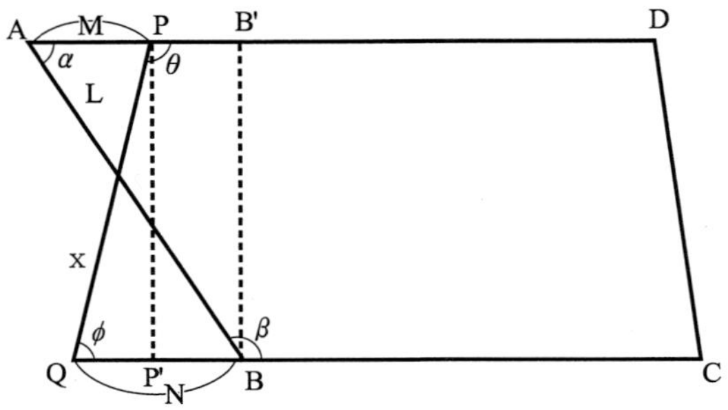

[그림 5-64] 경계정정측량(사잇각 θ인 경우)

① 변 AD 점의 일정점 P를 고정

[그림 5-64]에서 $AD // BC$ 이므로

$\triangle ABB'$ 면적 $=$ $\square PQBB'$ 면적

$\triangle ABB'$ 면적 $= \dfrac{1}{2} \times AB' \times BB'$

$\square PQBB'$ 면적 $= \dfrac{(QB + B'P)}{2} \times BB'$

$\triangle ABB'$ 면적 $=$ $\square PQBB'$ 면적 이므로

$$\frac{AB'}{2} \times BB' = \frac{(QB + B'P)}{2} \times BB' \quad \cdots\cdots ①$$

①의 양변에 $\frac{2}{BB'}$를 곱하면

$$\frac{(AB')}{2} \times BB' \times \frac{2}{BB'} = \frac{(QB + B'P)}{2} \times BB' \frac{2}{BB'}$$

$$\therefore AB' = QB + B'P \quad \cdots\cdots ②$$

$\triangle ABB'$에서

$$\cos\alpha = \frac{AB'}{L}$$

$$\therefore AB' = L\cos\alpha \quad \cdots\cdots ③$$

또한

$$AB' = AB' + PB' \quad (\because AP = M)$$

$$PB' = L\cos\alpha - M \quad \cdots\cdots ④$$

②에 ③, ④를 대입하면

$$L\cos\alpha = N + L\cos\alpha - M \quad (\because QB = N)$$

$$M + L\cos\alpha = N + L\cos\alpha$$

$$\therefore M = N \quad \cdots\cdots (5.36)$$

② 한쪽 변과 신경계선의 사이각이 ϕ 일 때

[그림 5-64]에서 B에서 직선 AD에 내린 수선의 발을 B', P에서 직선 QC에 내린 수선의 발을 P'라 하면

$$AB = L, \quad PQ = x, \quad QB = N$$

$PB' = P'B, \quad PP' = B'B$ 등이 된다.

$\triangle PQP'$에서

$$co\phi = \frac{QP'}{PP'} \quad (\because PP' = B'B)$$

$$\therefore \cot\phi = \frac{QB - P'B}{B'B} \quad \cdots\cdots ①$$

$\triangle BAB'$ 에서

$$\sin\alpha = \frac{BB'}{L}$$

$$\therefore BB' = L\sin\alpha \cdots\cdots ②$$

①에 ②를 대입하면

$$\cot\phi = \frac{QB - P'B}{L\sin\alpha} \cdots\cdots ③$$

$\triangle BAB'$ 에서

$$\cot\alpha = \frac{AB'}{L}$$

$$\therefore AB' = L\cos\alpha \cdots\cdots ④$$

$$\begin{aligned} AB' &= AP + PB' \\ &= M + PB' \quad (\because AP = M) \\ &= M + P'B \quad (\because PB' = P'B) \end{aligned}$$

$$PB' = AB' - M \cdots\cdots ⑤$$

⑤에 ④를 대입하면

$$\therefore PB' = L\cos\alpha - M \cdots\cdots ⑥$$

③에 ⑥을 대입하면 ($\because QB = N$)

$$\cot\phi = \frac{QB - P'B}{L\sin\alpha} = \frac{N - (L\cos\alpha - M)}{L\sin\alpha} \cdots\cdots ⑦$$

⑦을 변형하면

$$L\sin\alpha\cot\phi = N - (L\cos\alpha + M)$$

$$L\sin\alpha\cot\phi = 2M - L\cos\alpha \quad (\because N = M)$$

$$2M = L\sin\alpha\cot\phi + L\cos\alpha$$

$$\therefore M = \frac{L}{2}(\sin\alpha\cot\phi + \cos\alpha) \cdots\cdots (5.37)$$

또한 PQ의 거리 x를 구하려면 직각삼각형 PQP'에서

$$PQ^2 = (PP')^2 + (QP')^2 \quad \cdots\cdots ⑧$$

여기서, $QP' = QB - P'B = N - (L\cos\alpha - M)$

$PP' = B'B = L\sin\alpha$ 이므로

$$x^2 = (L\sin\alpha)^2 + (M + N - L\cos\alpha)^2$$
$$= L^2\sin^2\alpha + (M + N - L\cos\alpha)^2$$

여기서, $M = N$ 이므로

$$x^2 = L^2\sin^2\alpha + (2M - L\cos\alpha)^2$$

또한, x 를 구하기 위하여 다음 식을 유도 할 수 있다.

$$PQ^2 = PP'^2 + P'Q^2$$

$$x^2 = L^2\sin^2\alpha + \{N - (L\cos\alpha - M)\}^2$$
$$= L^2\sin^2\alpha + (M + N - L\cos\alpha)^2$$
$$= L^2\sin^2\alpha + 4M^2 - 4ML\cos\alpha + L^2\cos^2\alpha$$
$$= L^2(\sin^2\alpha + \cos^2\alpha) + 4M(M - L\cos\alpha)$$
$$x^2 = L^2 + 4M(M - L\cos\alpha) \quad (\because \sin^2\theta + \cos^2\theta = 1)$$

$$\therefore x = \sqrt{L^2 + 4M(M - L\cos\alpha)} \quad \cdots\cdots (5.38)$$

③ $\phi = 90°$ 일 때

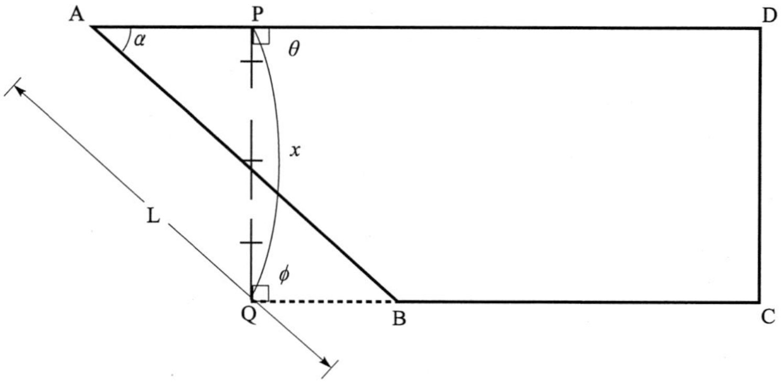

[그림 5-65] 경계정정측량($\phi = 90°$)

[그림 5-65]에서처럼 정정할 새로운 경계선 PQ가 변 CDB와 직교할 때 $\phi = 90°$ 이므로 $\cot\phi = \cot 90° = 0$이다.

식 (5.37)에 대입하면

$$M = \frac{L}{2}\cos\alpha \qquad (5.39)$$

예제 10 다음 그림에서 P, Q의 좌표를 구하시오. ($AD // BC$, $\phi = 60°$)

점	X(m)	Y(m)
A	823.34	463.65
B	789.19	423.15
C	690.18	493.91
D	724.33	534.41

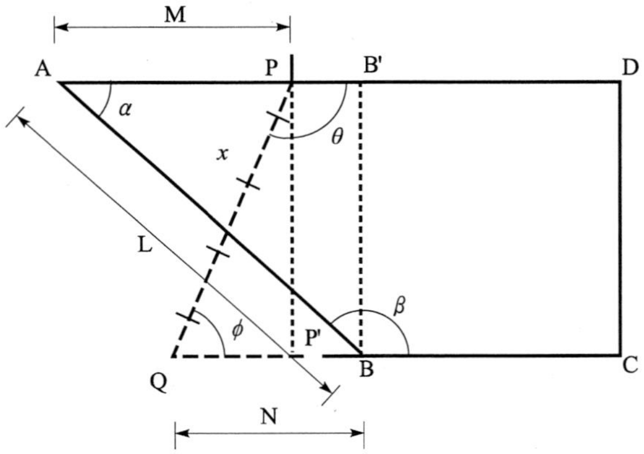

경계정정계산부

(지정조건 = (AD∥BC),(∠PQC(ϕ)=60°)

점 명	부호	X(m)	Y(m)
	A	823.34	463.65
	B	789.19	423.15
	C	690.18	493.91
	D	724.33	534.41
	P		
	Q		

부호도

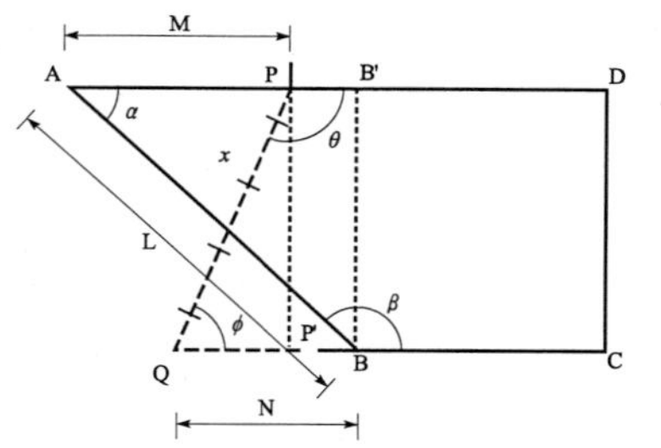

방 향	방 위 각	방 향	방 위 각	F	700
V_a^b	229°51′43.5″	$\alpha+\beta$		2F	
V_a^d	144°26′51.2″	ϕ		L	52.976
α	85°24′52.3″	θ		L^2	2806.457
V_b^c	144°26′51.2″			M	
V_b^a				N	
β		ϕ	60°00′00″	F	
$\alpha+\beta$		$\theta+\phi$		좌표면적 (검산)	700

공식 $M=\dfrac{L}{2}(\sin\alpha\cot\phi+\cos\alpha)$ = 17.36156m

$x=\sqrt{L^2+4M(M-L\cos\alpha)}$ = 60.97m

좌 표 계 산

P		Q	
X_a	823.34	X_b	784.19
M·sin V_a^d	−14.13	N·cos V_b^q	+14.13
X	809.21	X	803.32
Y_a	463.65	Y_b	423.15
M·sin V_a^d	+10.10	N·sin V_b^q	−10.10
Y	473.75	Y	413.05

(3) 조건 $AD \neq BC$

① $AD \neq BC$, $\angle PQC = \phi$ 일 때

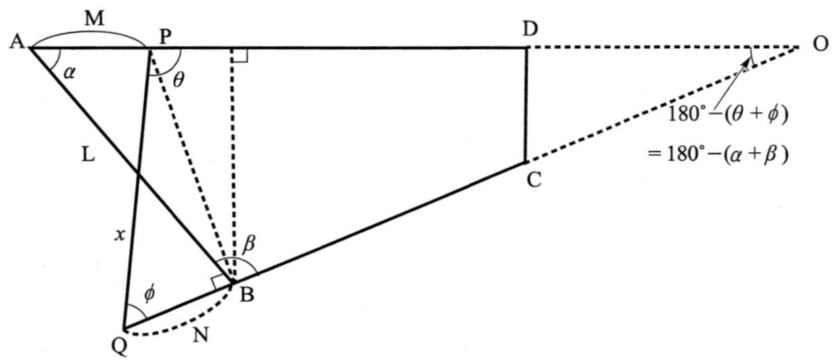

[그림 5-66] 경계정정측량($AD \neq BC$)

[그림 5-66]에서 협각 ϕ가 주어지고 AP의 길이를 M, BQ의 길이를 N, AB의 길이를 L, PQ의 길이를 x라 하며, AD의 연장선과 BC의 연장선 교점을 O라고 하면

△PQO에서

$\angle POQ = 180° - (\theta + \phi)$

△ABO에서

$\angle AOB = 180° - (\alpha + \beta)$

$\angle AOB = \angle POQ = \angle DOC = 180° - (\theta + \phi) = 180° - (\alpha + \beta)$

$\therefore \alpha + \beta = \phi + \theta$

우선 AP간의 거리 M을 구하기 위하여

$$M = AP = AO - PO \quad \cdots\cdots ①$$

△ABO에서 사인법칙을 적용하면

$$\frac{L}{\sin[180° - (\alpha + \beta)]} = \frac{AO}{\sin\beta} \quad (\because \sin(180° - \theta) = \sin\theta)$$

$$\therefore AO = \frac{L\sin\beta}{\sin(\alpha + \beta)} \quad \cdots\cdots ②$$

△PQO에서 사인법칙을 적용하면

$$\frac{x}{\sin[180^\circ - (\theta + \phi)]} = \frac{PO}{\sin\phi}$$

$$PO = \frac{x\sin\phi}{\sin(\theta + \phi)} \ (\because \theta + \phi = \alpha + \beta)$$

$$\therefore PO = \frac{x\sin\phi}{\sin(\alpha + \beta)} \cdots\cdots ③$$

①에 ②, ③을 대입하면

$$M = \frac{L\sin\beta}{\sin(\alpha + \beta)} - \frac{x\sin\phi}{\sin(\alpha + \beta)}$$

$$\therefore M = \frac{L\sin\beta - x\sin\phi}{\sin(\alpha + \beta)} \cdots\cdots (5.40)$$

같은 방법으로

$$N = QB = QO - BO \cdots\cdots ④$$

△PQO에서 사인법칙을 적용하면

$$\frac{x}{\sin(\alpha + \beta)} = \frac{QO}{\sin\theta}$$

$$\therefore QO = \frac{x\sin\theta}{\sin(\alpha + \beta)} \cdots\cdots ⑤$$

△ABO에서 사인법칙을 적용하면

$$\frac{L}{\sin(\alpha + \beta)} = \frac{BO}{\sin\alpha}$$

$$\therefore BO = \frac{L\sin\alpha}{\sin(\alpha + \beta)} \cdots\cdots ⑥$$

④에 ⑤, ⑥을 대입하면

$$\therefore N = \frac{x\sin\theta - L\sin\alpha}{\sin(\alpha + \beta)} \cdots\cdots (5.41)$$

식(5.41)에서 x의 값을 구해야 하므로
△PQO에서 이변협각법으로 △PQO의 면적을 구하면

$$A = \frac{1}{2} \times QO \times QP \times \sin\phi$$

$$= \frac{1}{2} \times QO \times x \times \sin\phi \qquad (\because PQ = x)$$

△ABO에서 이변협각법으로 △ABO의 면적을 구하면

$$A = \frac{1}{2} \times AO \times AB \times \sin\alpha$$

$$= \frac{1}{2} \times AO \times L \times \sin\alpha \qquad (\because AB = L)$$

△PQO의 면적과 △ABO의 면적이 같으므로

$$\frac{1}{2} QOx\sin\phi = \frac{1}{2} AOL\sin\alpha \qquad ⑦$$

⑦에 ②, ⑤를 대입하면

$$\frac{x\sin\theta}{\sin(\alpha + \beta)} x\sin\phi = \frac{L\sin\beta}{\sin(\alpha + \beta)} L\sin\alpha$$

$$\frac{x^2\sin\theta\sin\phi}{\sin(\alpha + \beta)} = \frac{L^2\sin\alpha\sin\beta}{\sin(\alpha + \beta)} \cdots\cdots ⑧$$

⑧식의 양변에 $\sin(\alpha + \beta)$를 곱하면

$$x^2\sin\theta\sin\phi = L^2\sin\alpha\sin\beta$$

$$x^2 = \frac{L^2\sin\alpha\sin\beta}{\sin\theta\sin\phi}$$

$$\therefore x = L\sqrt{\frac{\sin\alpha\sin\beta}{\sin\theta\sin\phi}} \cdots\cdots (5.42)$$

서식에 편리한 합의 공식으로 전환하기 위하여
$\sin(\alpha + \beta) = \sin(\theta + \phi)$ 을 전개하면

$$\sin(\alpha + \beta) = \sin\alpha\cos\beta + \cos\alpha\sin\beta \cdots\cdots ⑨$$

$$\sin(\theta + \phi) = \sin\theta\cos\phi + \cos\theta\sin\phi \cdots\cdots ⑩$$

⑧에 ⑨, ⑩을 대입하면

$$\frac{x^2 \sin\theta \sin\phi}{\sin\theta \cos\phi + \cos\theta \sin\phi} = \frac{L^2 \sin\alpha \sin\beta}{\sin\alpha \cos\beta + \cos\alpha \sin\beta}$$

상기 식에서 좌변에 $\sin\theta\sin\phi$, 우변에 $\sin\alpha\sin\beta$를 나누면

$$\frac{\dfrac{x^2 \sin\theta \sin\phi}{\sin\theta \sin\phi}}{\dfrac{\sin\theta \cos\phi}{\sin\theta \sin\phi} + \dfrac{\cos\theta \sin\phi}{\sin\theta \sin\phi}} = \frac{\dfrac{L^2 \sin\alpha \sin\beta}{\sin\alpha \sin\beta}}{\dfrac{\sin\alpha \cos\beta}{\sin\alpha \sin\beta} + \dfrac{\cos\alpha \sin\beta}{\sin\alpha \sin\beta}}$$

$$\frac{x^2}{\dfrac{\cos\phi}{\sin\phi} + \dfrac{\cos\theta}{\sin\theta}} = \frac{L^2}{\dfrac{\cos\beta}{\sin\beta} + \dfrac{\cos\alpha}{\sin\alpha}}$$

$$\frac{x^2}{\cot t\beta + \cot\phi} = \frac{L^2}{\cot\alpha + \cot\beta} \quad \left(\because \frac{\cos\theta}{\sin\theta} = \cot t\beta\right)$$

$$x^2 = L^2 \frac{\cot t\beta + \cot\phi}{\cot\alpha + \cot\beta}$$

$$x = L\sqrt{\frac{\cot t\theta + \cot\phi}{\cot\alpha + \cot\beta}} \quad \cdots\cdots (5.43)$$

이상과 같이 M, N, x 를 구하면 P 점과 Q 점의 좌표는 다음 식에 의한다.

P점
$$X_p = X_a + M\cos V_a^p$$
$$Y_p = Y_a + M\sin V_a^p$$

Q점
$$X_q = X_b + N\cos V_q^b$$
$$Y_q = X_b + N\cos V_q^b$$

② $AD \neq BC$, $\angle PQC = \phi = 90°$

[그림 5-66]에서

$$\begin{aligned} \angle QPD &= \theta \\ &= 180° - \angle APQ \\ &= 180° - [270° - (\alpha + \beta)] = (\alpha + \beta) - 90° \\ &= 270° + (\alpha + \beta) \quad (\because -90° + 360° = 270°) \end{aligned}$$

$$\sin\theta = \sin[270^\circ + (\alpha+\beta)]$$
$$= -\cos(\alpha+\beta) \quad (\because \sin(270^\circ+\theta) = -\cos\theta)$$

$$\cot\theta = \cot[270^\circ + (\alpha+\beta)]$$
$$= -\tan(\alpha+\beta) \quad (\because \cot(270^\circ+\theta) = -\tan\theta)$$

$$\cot\phi = \cot 90^\circ = 0$$

식(5.41)은 식(5.44)와 같이 변형된다.

$$N = \frac{x[-\cos(\alpha+\beta) - L\sin\alpha]}{\sin(\alpha+\beta)}$$

$$N = M = -\frac{[x\cos(\alpha+\beta) + L\sin\alpha]}{\sin(\alpha+\beta)} \quad \cdots\cdots (5.44)$$

식(5.43)은 식(5.45)와 같이 변형된다.

$$x = L\sqrt{\frac{-\tan(\alpha+\beta)}{\cot\alpha + \cot\beta}} \quad \cdots\cdots (5.45)$$

6 지적재조사측량

지적재조사사업은 '지적재조사에 관한 특별법', '지적재조사에 관한 특별법 시행령', '지적재조사에 관한 특별법 시행규칙', '지적재조사측량규정', '지적재조사업무규정' 등에 근거를 두고 추진되고 있으며 지적재조사측량이 수행되어 새로운 지적공부가 작성·등록되는 사업과 좌표변환에 의해 세계측지계 성과로 변환되는 사업으로 나뉜다. 지적재조사측량이 실시되는 지역은 지적불부합지역(542만필지)으로 전체 물량 중 약 14.4%에 해당한다. 지적확정측량지역의 경우는 도시개발사업 등이 수행되면서 실시되는 확정측량의 결과를 지적재조사 성과로 얻게 된다. 세계측지계 변환 지역은 2012년 사업계획에서 1차 변환 후 지적불부합 여부를 다시 확인하여 분류된 개별 불부합지역은 재측량하고 나머지 부합지역은 블록 단위로 선형변환하여 지적도를 정리하는 것으로 계획되어 있다.[118)]

<table>
<tr><th></th><th colspan="3">사업내용</th><th>수량</th><th></th><th>비율(%)</th></tr>
<tr><td></td><td colspan="3">합계</td><td>3,760만필</td><td></td><td>100%</td></tr>
<tr><td>지적재조사측량</td><td colspan="3">지적불부합지</td><td>542만필</td><td></td><td>14.4%</td></tr>
<tr><td>세계측지계 좌표변환</td><td rowspan="4">지적
부합지</td><td colspan="2">세계측지계 변환</td><td colspan="2">2,720만필</td><td rowspan="4">72.4%</td></tr>
<tr><td></td><td rowspan="3">개별불부합지</td><td>시가지·농경지</td><td>231만필</td><td>지적재조사측량</td></tr>
<tr><td></td><td>임야</td><td>5만필</td><td>지적재조사측량</td></tr>
<tr><td></td><td>편위형</td><td>64만필</td><td>세계측지계 좌표변환</td></tr>
<tr><td>세계측지계 좌표변환</td><td colspan="3">지적확정측량 지역
(도시개발사업 등)</td><td>498만필</td><td></td><td>13.2%</td></tr>
</table>

[그림 5-67] 지적재조사측량과 세계측지계 좌표변환 범위[119)]

118) 한국개발연구원, 「지적재조사 추진체계 개선방안 마련 연구」, 국토교통부, 2015, p.36.

119) 한국개발연구원, 「지적재조사 추진체계 개선방안 마련 연구」, 국토교통부, 2015, p.14, 개별불부합지는 지적부합지 2,720만 필지를 세계측지계 변환 수행 후 부합되지 않을 것으로 예상되는 300만 필지이며 시가지와 농경지는 직접측량, 임야는 스크린디지타이징 후 현장보완측량을 수행하고 편위형 개별불부합지는 경계좌표변환을 추가로 수행할 계획이다.

6.1 개념

직접측량으로 진행되는 지적재조사사업은 지적소관청이 시행하며 토지소유자의 동의를 얻어 사업지구 지정이 되면 대행자 선정을 통해 지적재조사측량과 조사가 수행되고 수행결과를 바탕으로 경계결정 및 경계확정이 진행되며 조정금 정산과 새로운 지적공부가 작성되고 등기정리로 사업이 마무리된다. 여기서 사업 시행자인 지적소관청은 지적재조사측량과 조사를 위한 대행자 고시를 통해 한국국토정보공사와 지적측량업을 등록한 자 들 중에 대행자를 선정하여 사업을 진행할 수 있다. 또한 좌표변환에 의해 세계측지계 성과로 변환되는 지적재조사사업은 직접 측량에 의해 경계점 성과를 산출하는 것이 아니고 좌표변환을 이용하는 방법이지만 변환계수 산출을 위한 공통점측량과 경계점에 대한 변환성과 검사를 위한 측량이 수행된다. 지적재조사측량은 지적기준점을 정하기 위한 기초측량과 일필지의 경계와 면적을 정하는 세부측량으로 구분된다. 지적기준점을 정하기 위한 기초측량의 경우 국가기준점 및 지적기준점을 기준으로 측정하며 위성측량 및 토털스테이션측량방법으로 수행한다. 일필지 경계점 결정을 위한 세부측량은 위성측량, 토털스테이션측량 및 항공사진측량 등의 방법으로 수행한다.

6.2 지적재조사측량 절차

지적재조사측량은 지적소관청이 지적재조사 측량·조사 등의 대행자 선정 고시를 통해 한국국토정보공사 또는 지적측량업의 등록을 한 자 들 중에 선정된 자들에 의해 수행된다. 지적재조사측량 및 조사의 수행자는 해당 사업에 투입되는 지적측량기술자와 측량장비, 최근 3년 내 지적재조사측량 수행실적, 지적측량수행자의 재정상태 및 신용도, 지적측량수행자의 업무중첩도, 해당 사업의 지적재조사 측량·조사 대행계획서, 기술개발 등의 평가를 통해 선정된다.

지적재조사측량 및 조사에 선정된 지적측량수행자는 측량계획 수립 → 지적기준점측량 → 사업지구의 내·외 경계측량 → 임시경계점표지 설치 → 경계점의 측정 → 측량성과의 계산 및 점검 → 측량성과의 작성 → 면적의 산정 순으로 지적재조사측량 및 조사를 수행하여야 하며 시·도지사 또는 지적소관청과 협의하여 수정할 수 있다.

1) 측량계획 수립

지적측량수행자는 사업지역에 대하여 토지소재, 면적, 측량방법, 작업여건, 측량기간,

인원, 장비 등을 조사·검토하여 지적재조사측량 수행계획서를 지적소관청에 제출하여야 한다. 수행계획서는 지구 내 블록을 나눠 계획을 작성하고 기초측량과 세부측량에 대한 단계별 작업 일정, 토지현황조사서, 지상경계점등록부 등의 성과작성 부분이 포함되어야 각 작업별 업무량과 작업기간 및 소요일 등이 명시되어야 한다. 또한 측량자는 바른땅시스템에 등록한다.

2) 지적기준점측량

지적기준점측량은 정지측량, 다중기준국실시간이동측량, 단일기준국실시간이동측량, 토털스테이션측량 방법에 의해 수행된다. 지적삼각점과 지적삼각보조점의 경우 국가기준점 또는 해당 측점에 상응한 수준 이상의 지적기준점을 고정점으로 하는 GNSS 정지측량으로 수행하며, 지적도근점의 경우 GNSS 정지측량 또는 네트워크 RTK 방법, 그리고 토털스테이션을 이용한 도선법과 다각망도선법으로 수행한다.

3) 사업지구의 내·외 경계측량

사업지구내 일필지 측량에 앞서 사업지구의 내·외 경계측량을 수행하여야 한다. 사업지구의 내·외 경계측량을 지구계측량이라고도 하는데 사업지구내 필지에 대한 확정을 통하여 원할한 사업추진을 도모하고 지구 경계를 명확하게 한다는 점에서 중요한 측량이라 할 수 있다.[120] 지적재조사사업의 경우 경계는 인접 토지와의 관계에 있어 매우 중요하기 때문에 대부분 지적재조사사업에서 사업지구의 경계를 구거 또는 도로로 한다. 이는 개인사유지를 지구계로 하였을 경우 토지소유자와의 이해관계 문제가 발생할 수 있으므로 이를 회피할 목적으로 국유지나 공유지를 경계로 한다.[121]

지적재조사사업지구의 경계는 지정된 사업지구 외곽 필지의 바깥쪽 경계로 하며, 인접지역의 기지경계선과 부합여부를 확인하여야 한다. 또한 지적재조사사업지구 지정 이전의 측량방법에 따라 현지에 경계를 복원한 후 그 경계점표지를 세계측지계기준으로 현지측량을 통하여 확정하여야 한다.[122]

120) 지구계는 사업지구의 가장 외곽지역의 경계점을 말한다.

121) 홍승한, "지적재조사사업의 효율적 추진에 관한 연구", 석사학위논문, 서울시립대학교 도시과학대학원, 2014, p.72.

122) 사업지구의 내·외를 지나는 도로·구거·하천·제방 등 국·공유지 등의 경우 사업지구 지정·고시 도면에 의한 경계를 기준(국·공유지에 인접한 필지의 바깥쪽 경계를 서로 연결)으로 사업시행자가 직권으로 분할하여 사업지구의 내·외 경계를 결정한다.

4) 임시경계점표지 설치

임시경계점표지는 지적재조사 특별법 경계설정의 기준에 따라 설치하여야 한다. 지상경계에 대하여 다툼이 없는 경우에는 토지소유자가 점유하는 토지의 현실경계, 지상경계에 대하여 다툼이 있는 경우 등록할 때의 측량기록을 조사한 경계, 지방관습에 의한 경계를 기준으로 설치한다. 위 경계 기준이 불합리하다고 인정하는 경우 지적소관청은 토지소유자들이 합의한 경계를 기준으로 지적재조사를 위한 경계를 설정할 수 있다. 또한 공공용지의 경계가 변경되지 않도록 하는 것을 원칙으로 하되 해당 토지소유자들 간에 합의한 경우에는 그러하지 아니하다. 경계를 설정하면 토지소유자협의회 위원, 토지소유자 등을 입회시킨 후 임시 경계점표지를 설치한다.

5) 경계점의 측정

경계점은 토털스테이션측량, 네트워크 RTK, 항공사진측량을 적용하여 측정한다. 해당 지구 내 담장의 안쪽과 바깥쪽 면, 둑의 상하단 경계를 측정하며 건축물(비닐하우스, 가건물 포함)과 옹벽, 정화조 등의 각종 구조물들도 측정하여 토지현황조사나 지상경계점등록부 작성시 활용할 수 있도록 한다. 건축물의 측정이 불가피할 경우 항공사진 등을 참조하여 작도한다.

6) 측량성과의 계산 및 점검

지적재조사측량의 성과 계산에서 성과의 경위도 단위는 도·분·초이며 계산 및 결정은 소수점 이하 넷째자리까지로 하고 각의 관측 및 결정은 초단위로 한다. 타원체고·안테나고·표고의 측정 및 결정은 0.001m로 하고 거리와 평면직각 좌표는 0.001m까지 계산하여 0.01m로 결정한다. 지적재조사측량성과와 지적재조사측량성과에 대한 검사의 연결교차가 지적기준점: ±0.03미터, 경계점: ±0.07미터를 초과하는 경우에는 재측하여야 한다.

7) 측량성과의 작성

지적위성측량에 대한 성과는 지적위성측량부, 관측데이터(RINEX 파일 포함), 장비별 S/W 출력물을 작성한다. 정지측량일 경우 망조정 성과파일도 추가 제출한다.

토털스테이션측량에 대한 성과는 기지점방위각 및 거리계산부, 지적도근측량부, 배각관측 또는 다각점관측 및 거리계산부, 도근측량계산부(배각법 또는 다각점), 도근점망도, 도근점성과표를 작성한다.

8) 면적의 산정

측량한 결과의 경계대로 면적 및 면적의 증감량을 산출한다. 이때 필지별 면적은 경계점좌표에 따른 좌표면적계산법으로 계산하며 산출면적은 1천분의 1제곱미터까지 계산하여 10분의 1제곱미터단위로 결정한다. 지적소관청은 기존 지적공부상의 종전 토지면적과 지적재조사를 통하여 산정된 토지면적에 대한 지번별 내역 등을 표시한 지적확정예정조서를 작성하여 토지소유자나 이해관계인에게 우편으로 통지한다. 통보를 받은 토지소유자나은 지적소관청에 의견을 제출할 수 있다. 이 경우 지적소관청은 제출된 의견이 타당하다고 인정할 때에는 경계를 다시 설정하고, 임시경계점표지를 다시 설치하는 등의 조치를 하여야 한다.

6.3 측량방법

지적재조사측량은 지적기준점측량과 경계점측량으로 나눌 수 있다. 지적기준점측량의 경우 위성측량 및 토털스테이션측량방법으로 수행하며, 경계점측량의 경우 위성측량, 토털스테이션측량 및 항공사진측량 등의 방법으로 수행한다. 지적측량수행자는 지적재조사측량 수행에 앞서 시·도지사 또는 지적소관청과 측량방법에 대해 협의하여야 한다.

1) 측량장비의 성능 기준

지적위성측량에 사용되는 위성수신기는 정지측량의 경우 ±5mm±1ppm×D이며 이동측량의 경우 ±10mm±1ppm×D이다. 여기서 D는 기선거리이며 단위는 km이고 두 측량 모두 L1, L2 주파수를 수신할 수 있어야 한다. 토털스테이션 측량기기는 각도 측정부에서 수평각: 1초 이하, 정밀도: ±2초 이하이어야 하고, 거리 측정부에서 측정거리: 6km, 정밀도 ±5mm±2ppm×D를 만족해야 한다.

위성 수신기	
정지측량	±5mm±1ppm×D
이동측량	±10mm±1ppm×D

토탈스테이션	
거리	±5mm±2ppm×D
각	수평각 1초

[그림 5-68] 지적재조사측량장비의 성능 기준

2) 지적기준점측량

지적삼각점측량 및 지적삼각보조점측량을 할 때에는 미리 사용하고자 하는 삼각점·지적삼각점 및 지적삼각보조점의 변동유무를 확인하여야 한다. 이 경우 확인결과 기지각과의 오차가 ±40초 이내인 경우에는 그 삼각점·지적삼각점 및 지적삼각보조점에 변동이 없는 것으로 본다.

지적기준점의 좌표는 세계측지계좌표로 산출한다. 다만, 사업지구의 내·외 경계를 결정하기 위하여 필요한 경우 지역측지계좌표로 산출할 수 있다.

정지측량으로 지적기준점측량을 실시할 경우 일정별 위성의 궤도정보에 따라 수신 가능한 위성들의 궤도와 밀도를 분석하여 관측일정표와 관측망도를 작성한다. 관측망도 작성시 기지점과 관측점에 위성수신기를 동시에 설치하여 관측할 수 있도록 세션을 결정하고 세션별 순서를 정하여 관측한다. 관측성과의 기선백터 점검을 위하여 다른 세션에 속하는 관측망과 1변 이상이 중복되게 측정을 실시한다. 기점과의 거리가 5km 이상시 60분 이상 정지측량 관측을 수행하고 5km 미만시 30분 이상 관측을 수행한다. 이때 데이터의 수신간격은 30초 이하로 한다.

정지측량에 대한 기선해석은 당해 관측지역의 가장 가까운 기준점(위성기준점, 통합기준점) 및 지적기준점을 기점으로 하여 인접하는 기지점 또는 소구점을 순차적으로 각 성분의 교차(ΔX, ΔY, ΔZ)를 해석한다. 기선해석의 결과는 고정해에 의하며, 그 결과를 기초로 하여 기선처리 소프트웨어에서 제공하는 형식으로 기선해석계산부를 작성한다. 기선해석 결과에 대한 점검을 위해 서로 다른 세션에 속하는 중복기선으로 최소변수의 폐합다각형을 구성하여 기선벡터 각 성분(ΔX, ΔY, ΔZ)의 폐합차 계산을 수행하고, 폐합기선장의 총합이 10km 미만인 경우 각 성분의 폐합차가 3cm이내, 10km 이상인 경우 2cm+1ppm×D 이내를 초과할 경우 재측한다.

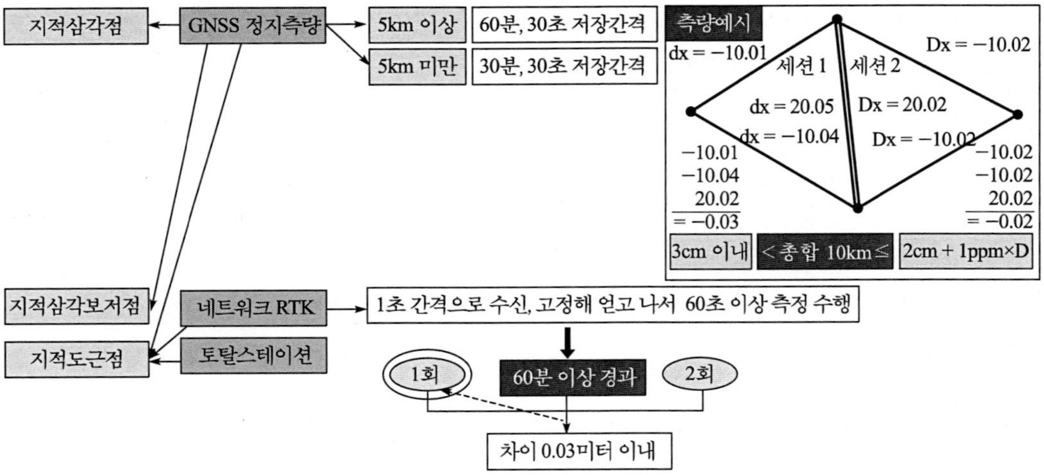

[그림 5-69] 지적재조사사업에서의 지적기준점측량

네트워크 RTK 측량방법으로 지적도근점측량을 수행할 경우 데이터 수신간격을 1초로 하고 고정해를 얻고 나서 60초 이상 측정을 수행한 후 약 60분 이상 경과한 후 다시 같은 조건으로 관측을 수행한다. 1회와 2회의 관측성과가 ±0.03미터 이내일 경우 1회 관측성과를 기준으로 측량성과를 작성한다. 토털스테이션측량방법으로 지적기준점측량을 수행하는 경우는 지적측량시행규칙 기초측량부분을 적용한다.

3) 경계점측량

네트워크 RTK 측량방법으로 경계점측량을 수행할 경우에는 네트워크 RTK에 의한 지적도근점측량 방법과 동일하게 수행한다. 다만, 측정시간은 고정해를 얻은 후 15초 이상 관측을 수행하는 부분만 다르다.

토털스테이션측량방법으로 경계점측량을 수행할 경우 도선법 및 방사법에 따라 경계점을 측정한다. 수평각은 방향관측법을 적용할 경우 1대회, 1초 측정단위, ±30초 이내(1측회 폐색), 배각법을 적용할 경우 2배각, 1초 측정단위, ±20초 이내(2배각 교차), 수평거리는 0.001미터 측정단위로 2회 측정하고, 측정치의 교차가 측정거리 평균값의 3천분의 1이하일 때 평균치를 점간거리로 한다.

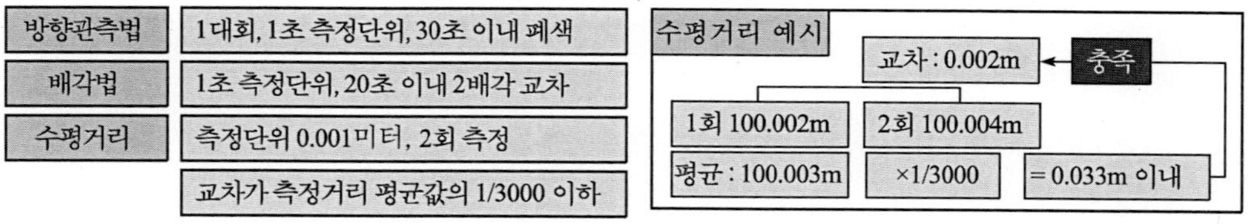

[그림 5-70] 토털스테이션에 의한 경계점측량

6.4 측량성과 검사

지적측량수행자는 지적재조사측량성과의 검사에 필요한 자료를 지적소관청에 제출하여야 하며 지적소관청은 위성측량, 토털스테이션측량 및 항공사진측량 방법 등으로 지적재조사측량성과(지적기준점측량성과는 제외한다)의 정확성을 검사하여야 한다. 시·도지사 또는 지적소관청은 지적재조사측량성과의 검사에 필요한 자료를 제출받은 때에는 제출받은 날로부터 20일 이내에 성과검사를 하여야 한다.

측량성과 검사대상은 지적기준점, 사업지구의 내·외 경계점, 경계점으로 하며, 지적재조사측량 성과검사는 측량에 사용한 기지점과 신설점, 신설점 상호간의 실측거리에 의하여 비교한다. 지적기준점측량 성과검사는 시·도지사가 하며 경계점측량 성과검사는 지적소관청이 사업지구 특성에 맞는 표본을 추출하여 검사하되 지적재조사측량을 지적소관청이 시행한 경우의 측량성과 검사는 시·도지사가 하여야 한다.

측량성과검사는 현지측량 검사를 원칙으로 한다. 기본 측량성과 검사방법은 위성측량의 경우 정지측량은 데이터 수신간격을 30초 이하로 하여 10분 이상 측정하고, 이동측량은 1초로 하여 고정해를 유지한 상태로 10초 이상 측정하여 측량성과와 비교하며, 토털스테이션측량의 경우 수평각은 방향관측법으로 관측하고 수평거리는 1회 이상 관측하여 측량성과와 비교한다.

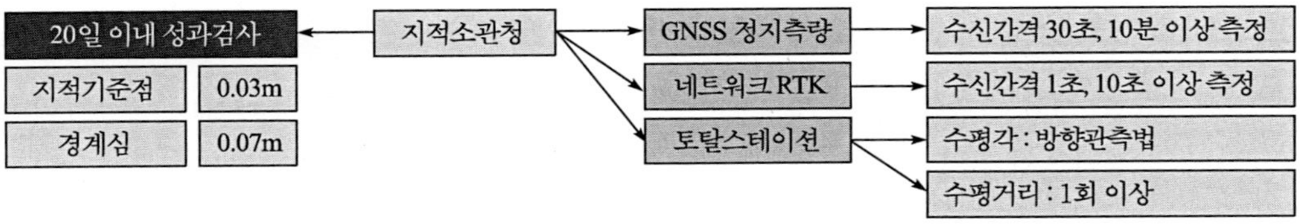

[그림 5-71] 지적재조사 측량성과 검사

6.5 경계확정

지적재조사측량이 완료되면 지적소관청은 지적확정예정조서에 토지소유자나 이해관계인의 의견을 첨부하여 경계결정위원회에 제출하여 경계결정을 신청한다. 지적소관청의 경계결정 신청을 받은 경계결정위원회는 지적확정예정조서를 제출받은 날부터 30일 이내에 경계에 관한 결정을 하고 지적소관청에 통지하여야 한다. 지적소관청은 경계결정위원회로부터 경계에 관한 결정을 통지받았을 때에는 지체 없이 토지소유자나 이해관계인에게 통지하여야 하며 60일 이내에 토지소유자나 이해관계인의 이의신청이 없으면 경계결정위원회의 결정대로 경계가 확정된다.

토지소유자나 이해관계인이 60일 이내 이의신청을 할 경우 지적소관청에 이의신청서를 제출하여야 하며 지적소관청은 이의신청서가 접수된 날부터 14일 이내에 이의신청서에 의견서를 첨부하여 경계결정위원회에 송부한다. 이의신청서를 송부받은 경계결정위원회는 송부받은 날부터 30일 이내에 이의신청에 대한 결정을 하여야 하며 그 내용을 지적소관청에 통지한다. 지적소관청은 결정내용을 통지받은 날부터 7일 이내에 결정서를 작성하여 이의신청인에게 정본을 송달하고 토지소유자와 이해관계인에게 부본을 송달한다. 토지소유자는 결정서를 송부받은 날부터 60일 이내에 경계결정위원회의 결정에 대하여 행정심판이나 행정소송을 통하여 불복할 지 여부를 지적소관청에 알려야 한다. 만약 60일 이내에 불복의사를 표명하지 않을 경우 경계는 확정된다. 또한 이의신청에 대한 결정에 불복하여 행정소송을 제기한 경우 그 판결이 확정될 경우 경계는 확정된다. 경계가 확정되었을 때 지적소관청은 지체 없이 경계점표지를 설치하여야 하며 지상경계점등록부를 작성하고 관리하여야 한다.

6.6 세계측지계 변환을 위한 측량

세계측지계 변환이란 지역측지계 기준으로 등록된 지적공부를 세계측지계 기준으로 변환하는 것을 말하며 좌표변환은 2차원 헬머트(Helmert)변환을 적용한다.[123] 세계측지계 변환은 지적부합지와 지적확정측량지역에 대해 수행하며 공통점을 선정하여 2차원 변환계수를 산정하고 산정된 변환계수를 이용하여 변환을 수행한다. 이때 변환에 적합하지 않은 경우에는 평균편차조정방법[124], 현형변환방법[125] 및 좌표재계산방법[126]으로 변환 할 수 있다.

1) 공통점 선정을 위한 측량

공통점은 지역측지계와 세계측지계 성과를 모두 가지고 있는 지적기준점 중 세계측지계 변환에 이용되는 지적기준점을 말한다. 공통점[127]은 지적기준점들 중에서 선정하나 측량

123) 2차원 헬머트 변환이란 2차원 평면상에서 이동·축척·회전을 이용하여 도형의 좌표를 변환하는 모델을 말한다.

124) 공통점들에 대한 편차량(지역측지계 평균 좌표값−세계측지계 평균 좌표값)을 구해서 좌표변환결과에 보정해주는 방법이다.

125) 변환구역에 대한 경계점, 측판점 및 가감된 지적기준점 등을 공통점으로 하여 현형법으로 조정하는 방법이다.

126) 경계점좌표등록부 시행 지역에서 지적확정측량 당시의 관측부 및 계산부가 보존되어 있는 경우 적용한다. 지적확정측량 당시 사용된 지적기준점의 세계측지계 성과를 산출하고 이들 기준점으로부터 계산부상 각과 거리를 이용하여 필지 경계를 재계산한다.

127) 공통점은 전국 지적측량기준점 정비 및 측량성과 산출사업(2009년)으로 정비된 지적삼각점과 지적삼각보조점, 시·도지사 및 지적소관청이 관리하고 있는 지적기준점, 지적확정측량이 완료되어 세계측지계 성과를 보유하고 있는 지적기준점, 성과가 상호 부합한다고 판단되어 지적소관청에서 자체적으로 활용하고 있는 지적기준점을 사용한다.

이 수행되기 어렵거나 주위 성과와 부합되지 않는 경우는 제외된다. 변환계수 산정을 위한 공통점 측량은 정지측량, 이동측량 또는 토털스테이션측량 방법으로 실시하며 지적재조사 기준점측량 방법과 동일한 기준으로 수행한다.

2) 공통점 결정

공통점 측량을 수행하여 취득된 세계측지계 좌표성과와 해당 공통점들의 지역측지계 좌표성과를 이용하여 두 좌표 성과간에 2차원 헬머트 변환을 수행하고 변환계수를 산정한다. 이때 변환성과간 연결교차가 경계점좌표등록부 시행지역인 경우 7.5cm 이내, 그 밖의 지역인 경우 12.5cm 이내인 지적기준점으로 공통점을 선정한다.

3) 변환구역 선정 및 결정

변환구역[128]은 공통점 분석 결과를 반영하여 사업지구 내에서 선정하고 구소삼각 · 특별소삼각지역은 별도의 변환구역으로 선정한다.[129] 지적소관청은 변환구역 선정 결과를 시 · 도지사에게 제출하여야 하며 시 · 도지사는 변환구역 선정결과를 검토하여 변경사항이 있는 경우에는 15일 이내에 지적소관청에 통보하여야 하며, 변경사항이 없는 경우에는 변환구역이 결정된 것으로 본다.

4) 변환 및 변환성과 검증

변환은 각각의 변환구역에 대하여 앞서 선정된 공통점을 이용하여 2차원 헬머트 변환 모델에 의해 변환계수를 산출하고 산출된 변환계수를 이용하여 좌표변환을 수행한다. 공통점을 이용한 변환방법이 변환구역 변환에 적합하지 않는 경우에는 평균편차조정방법, 현형변환방법 및 좌표재계산방법으로 변환 할 수 있다.

변환성과 검증은 위치 검증과 면적 검증으로 구분하여 실시한다.[130]

위치 검증을 위해 필지별 2개 이상의 경계점을 대상으로 공통점의 지역측지계 성과에서 변환 전 필지의 도상좌표까지 각과 거리를 계산하고 이 값을 사용하여 공통점의 세계측지계 성과를 기준으로 좌표를 산출한다. 산출된 성과와 변환성과의 차이가 경계점좌표등록부

---

128) 변환구역이란 세계측지계 변환을 위하여 동일한 변환계수 및 이동량을 사용하는 구역을 말한다.

129) 변환구역 선정기준은 지적공부 등록기준별(도해, 경계점좌표등록부)지역, 행정구역 단위인 리·동 지역, 주요 지형지물(도로, 구거, 하천 등)을 경계로 구분한 지역, 기타 지적소관청이 정하는 지역

130) 검증필지는 변환구역 내 모든 필지를 대상으로 하며, 부득이한 경우 지적소관청이 정하는 기준으로 할 수 있다.

시행지역: 5cm 이내, 그 밖의 지역: 10cm 이내인 경우 변환성과를 최종성과로 결정한다.

면적 검증을 위해 좌표면적계산법에 필지의 면적을 산출하고 1천분의 1제곱미터까지 계산하여 10분의 1제곱미터단위로 결정한다.[131] 면적 비교는 필지의 변환 전과 후의 산출면적을 비교하여 검증하며 허용면적 공차는 변환 전 산출면적$\times\frac{1}{10,000}\text{m}^2$ 이내로 한다.

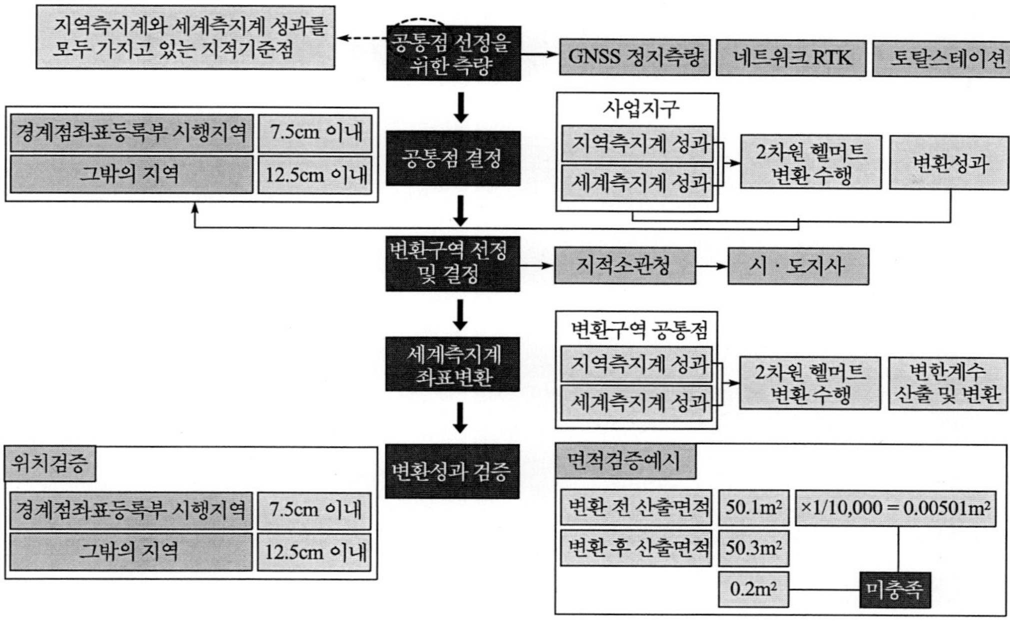

[그림 5-72] 세계측지계 좌표변환을 위한 측량 절차

6.7 지적재조사측량과 지적측량의 비교

지적측량은 토지에 대하여 지형 · 지물과 같은 자연적인 것보다는 경계, 지목, 소유자 등과 같은 인위적인 내용을 작업하게 되는 것으로 그 방법은 측량학적인 일반적인 방법들이 활용될 수 있으나, 측량 절차는 지적관련법령에 의해서 결정된다고 할 수 있다.[132] 따라서 지적재조사측량 역시 지적재조사 관련법을 근거로 측량이 수행되어져야 한다.[133]

---

131) 지적공부 세계측지계 변환규정 제17조(변환성과 검증)에는 1천분의 1제곱미터까지 계산하여 정한다라고만 규정되어 있다.

132) LX 한국국토정보공사, 『지적학 총론』, 구미서관, 2018, p.412.

133) 한국국토정보공사, 『바른땅 2030을 향한 도전: 지적재조사 40년 발자취』, 국토교통부, 2016, p.348.

〈표 5-2〉 현행지적측량과 지적재조사측량의 비교

구분	현행지적측량	지적재조사측량
근거법률	공간정보 구축 및 관리 등에 관한 법률	지적재조사에 관한 특별법
등록대상	토지	토지, 건축물(지상, 지하)
측량대상	지적재조사 사업이 아닌 지역	지적재조사 사업지구
측량수행자	한국국토정보공사 전담(도해지역) ※수치지역은 지적측량업 등록자 가능	한국국토정보공사, 지적측량업 등록자
측량기준	동경측지계	세계측지계
측량기준점	지적기준점	국가기준점, 지적기준점
측량방법	전자평판, 토털스테이션측량, 경위의측량, 위성측량-도해측량, 수치측량	토털스테이션측량, 위성측량, 항공사진측량-수치측량

〈표 5-3〉 현행지적측량과 지적재조사측량의 비교

구분	현행지적측량	지적재조사측량
측량성과결정	지적기준점: ±(0.15~0.25)m 경계점: ±0.10m(수치지역)	지적기준점: ±0.03m 경계점: ±0.07m
경계등록기준	지적 · 임야도에 등록된 경계	현실경계
지적공부정리	토지이동정리방식(분할, 등록전환, 합병 등)	신규등록(기존 지적공부 폐쇄)
공부종류	지적(임야)도, 토지(임야)대장, 공유지연명부, 대지권등록부, 경계점좌표등록부	부동산종합공부(토지, 토지+건물, 집합건물)
경계점관리	경계점좌표등록부(토지소재, 지번, 경계점좌표)	지상경계점등록부(토지소재, 지번, 경계점 좌표, 경계점 위치 사진 등)

현행지적측량과 지적재조사측량의 차이점은 측량기준(동경측지계, 세계측지계)과 측량성과결정 기준이다. 또한 경계등록기준이 현행지적측량은 지적공부에 등록된 경계인데 반해 지적재조사측량은 현실경계라는 점도 큰 차이점이다. 지적공부정리 역시 지적재조사측량은 기존의 지적공부를 폐쇄하고 새로 등록한다는 점에서 차이가 있다.

참고문헌

1. 강태석, 『지적측량학』, 형설출판사, 2000.
2. 국토교통부, 「지적확정측량 지구계 분할 민간개방을 위한 정책연구」, 2017.
3. 국토정보교육원, 『지적측량검사Ⅲ(지적확정측량)과정 교재』, 2019.
4. 김정호·박상진·최한식, 『개정판 지적확정측량(수치편)』, 남광출판사, 1997.
5. 대한지적공사 지적연수원, 『지적확정측량실무』, 우리사, 2007.
6. 이형종·최한식, 『지적확정측량』, 비도문화사, 1985.
7. 지종덕, 『토지구획정리론』, 바른길, 2003.
8. 최한식·박상진·김태훈, 『지적확정측량』, 대한지적공사연수원, 우리사, 1994.
9. 한국개발연구원, 「지적재조사 추진체계 개선방안 마련 연구」, 국토교통부, 2015.
10. 한국국토정보공사, 「바른땅 2030을 향한 도전: 지적재조사 40년 발자취」, 국토교통부, 2016.
11. 홍승한, "지적재조사사업의 효율적 추진에 관한 연구", 석사학위논문, 서울시립대학교 도시과학대학원, 2014.
12. LX 한국국토정보공사, 『지적학 총론』, 도서출판 구미서관, 2018.
13. 都市整備硏究會, 『土地區劃整備の確定測量』, 理工圖書, 1980.
14. 高橋忠藏, 『土地區劃整理測量の實際』, 山海堂, 1972.
15. 「지적공부 세계측지계 변환규정」, 국토교통부훈령 제972호, 2018.
16. 「지적업무처리규정」, 국토교통부훈령 제899호, 2017.
17. 「지적재조사에 관한 특별법」, 법률 제14800호, 2017.
18. 「지적재조사에 관한 특별법 시행규칙」, 국토교통부령 제453호, 2017.
19. 「지적재조사측량규정」, 국토교통부고시 제2017-801호, 2017.
20. 「지적재조사 측량·조사 등의 대행자 선정 평가기준」, 국토교통부고시 제2016-312호, 2016.
21. 「지적측량시행규칙, 국토교통부령 제198호, 2015.

단원학습평가

1. 평판측량 방법의 장점으로 틀린 것은?
   ① 기계의 조작 및 측량방법이 간단하고 편리하다.
   ② 외업 후 별도의 내업작업량이 적다.
   ③ 각을 읽거나 기입할 필요가 없어 이에 따른 오차를 줄일 수 있다.
   ④ 도면 신축 등에 의해 오차가 발생할 수 있으나 전반적으로 정확도가 높다.

2. 평판 조준의의 기포관을 이용하여 수평을 맞추는 작업은?
   ① 표정 ② 정준 ③ 구심 ④ 치심

3. 지적재조사측량에서 토지경계점 위치결정의 성과인정 범위로 옳은 것은?
   ① 7cm ② 10cm ③ 15cm ④ 20cm

4. 가구정점 계산 서식에서 가구점의 위치를 계산하기 위한 방법으로 옳은 것은?
   ① 극좌표법 ② sine법칙 ③ cosine법칙 ④ 직접계산법

5. 시오삼각형(3점 문제)과 관련 있는 세부측량 방법은?
   ① 교회법 ② 도선법 ③ 방사법 ④ 전진법

6. 도시·군계획 시설의 결정·구조 및 실치 기준에 관한 규칙에서 정의한 (　　)는 도로로 둘러싸인 일단의 지역을 말한다.

7. 지적확정측량에서는 사업지구의 기본설계로 정해진 토지를 (　　)로 분할한 후 확정측량을 실시한다.

8. 면적지정분할에서 AD//BC하고, ∅=90°일 때, M과 N을 구하는 식에 대하여 설명하시오.

9. 지적확정측량의 법률적 근거에 대하여 설명하시오.

10. 현행 지적측량과 지적재조사측량을 비교 설명하시오.

정답 1. ④ 2. ② 3. ① 4. ④ 5. ① 6. 가구 7. 지구계 8-10. 본문 참조

CHAPTER

06

지적제도 및 면적측정

1 제도의 기초
2 지적도의 작성(재작성)
3 면적측정

CHAPTER 06

지적제도 및 면적측정

1 제도의 기초

1.1 제도의 정의

일반적으로 제도란 측량결과를 도해적 표현을 통하여 도시하기 위해 제도기구를 사용하여 일정한 법칙과 규약에 따라 제도용지에 토지 또는 구조물의 모양과 크기를 정확히 표현한 도면을 만드는 것이라 할 수 있다.

따라서 도면의 제작은 작성자의 다른 설명 없이도 점, 선, 문자 및 부호 등을 써서 토지의 형상이나 구조물의 모양과 크기를 완전하고도 정확하게 나타내어 도면을 보는 사람으로 하여금 측량자 또는 작성자의 의사가 충분히 전달될 수 있도록 하여야 한다.

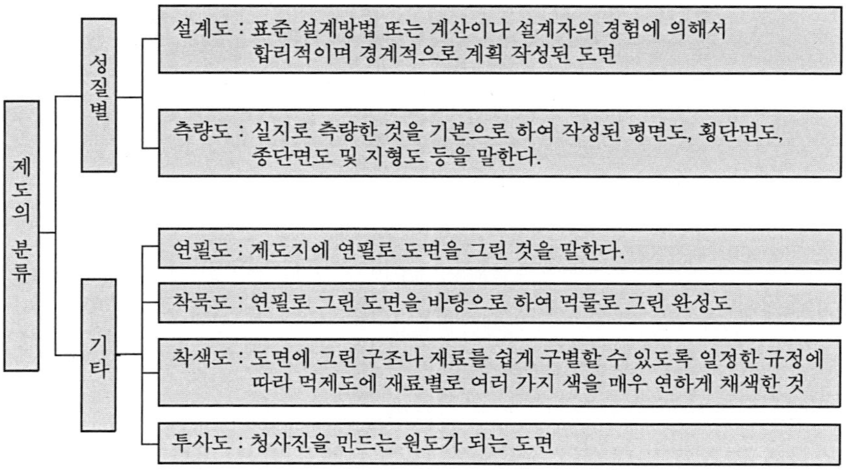

[그림 6-1] 제도의 분류

1.2 제도 부호의 종류

1) 선

선은 도면 구성에서 가장 중요한 요소가 된다. 제도의 정교함이란 선에 의해서 결정되는 것이다. 도면에 그리는 선은 명확하고 선명하게 그려져야 하며, 한 종류의 선을 그을 때에는 굵기와 농도가 일정하여야 한다. 도면에 쓰이는 선의 종류는 [그림 6-2]와 같고, 선의 굵기는 도면 또는 도형의 크기에 따라 알맞게 조절하여 써야 한다.

선의종류

실선 : 실선의 굵기는 0.1mm에서 0.6mm까지가 표준이 되고 있다.

파선 : 파선은 연장선, 가정선, 생략 또는 물체의 보이지 않는 부분을 표시하는데 쓰여진다. 실선과 같은 굵기로 실선부 3mm, 허선부 1mm가 표준 이지만 이 길이로도 그릴수가 없을 때에는 짧게 줄여서 그린다.

1점 쇄선 : 도형의 중심선, 절단선을 표시하는데 사용한다. 이는 가는 실선으로 대신 표시하는 경우도 있다
2점 쇄선 : 인접부분을 참고로 표시하거나 되풀이하는 것을 나타낼 때 사용한다. 단면의 무게 중심을 연결한 선을 표시하기도 한다.

점선 : 점선은 물체의 보이지 않는 부분을 표시하는 선으로 사용한다.

[그림 6-2] 선의 종류

2) 문자

문자나 숫자는 표제, 축척, 범례, 고유명사, 치수, 표고, 번호, 기타 각종 범례의 설명 등에 쓰여지며, 문자의 정교함은 제도의 가치에 영향을 주는바가 크기 때문에 조잡하게 되지 않도록 주의해야 한다.

3) 기호 및 채색

제도에는 많은 기호가 쓰여지며, 측량에도 지형물의 상태를 명확히 나타내기 위하여 각종 기호을 사용하고 있다. 기호에는 채색하는 것과 채색하지 않는 것이 있다.

또한 도면 전체를 각종 색으로 구분 채색하여 지형지물의 상태를 나타내기도 한다.

1.3 측량준비도 작성방법

측량준비도란 지적도를 등사하여 측량원도에 일필지별로 자사한 것과 착묵한 도면을 말한다. 토지조사사업 당시에도 일필지 측량 시 작성하였으며 1910년부터 2005년 지적도면 전산화가 되기 전까지 모든 지적측량에 대하여 측량준비도를 작성한 후 업무를 집행하였다. 1975년 이후 측량준비도로 불리다가 2009년 전자평판 도입 이후에는 측량준비도, 측량파일, 측량결과도 등이 전산화시스템으로 운영되고 있다.

[그림 6-3] 과거 측량소도 작성 모습

1) 점사법(연사법)을 이용한 측량준비도의 작성방법

① 점사법(點寫法)이란 지적도에 등사용지를 올려놓고

② 토지경계선을 등사하여 지적도 작성용지 위에 다시 펼쳐놓은 후

③ 문진으로 움직이지 않게 고정을 시킨다.

④ 경계 굴곡점을 자사하여 착묵 제도하여 작성한다.

2) 자사와 착묵

(1) 자사(刺寫)

① 지적도에서 필요한 필지를 미농지(트레이싱 페이퍼)로 등사

② 등사된 필지를 측량원도 용지상에 점사지(點寫紙)를 놓고

③ 자사침(刺寫針)으로 도곽선 및 매 필지의 각 굴곡점, 삼각점, 도근점의 위치를 자사(刺寫)하였다.

(2) 착묵(着墨)

① 자사가 완료된 측량원도에 행정구역의 방향 및 위치를 제도함

② 도로, 하천, 구거와 같은 것들은 각 종의 선체상(線體上)에 따라 제도

③ 골필(骨筆) 등으로 눌러 나가면 지적도 용지상에 그 흔적(痕跡)이 남을 것이므로 이 흔적을 좇아 자공(刺孔)을 연결하여 착묵(着墨)하였다.

(a) 자사하는 모습 (b) 주기하는 모습

[그림 6-4] 측량준비도 작성 방법

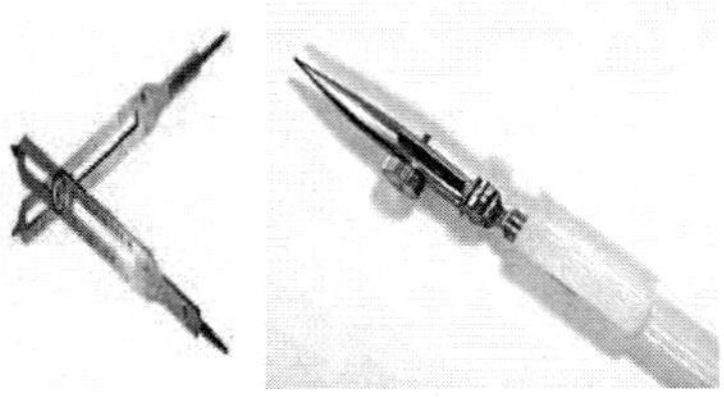

(a) 자침 (b) 오구

[그림 6-5] 소도 작성 도구

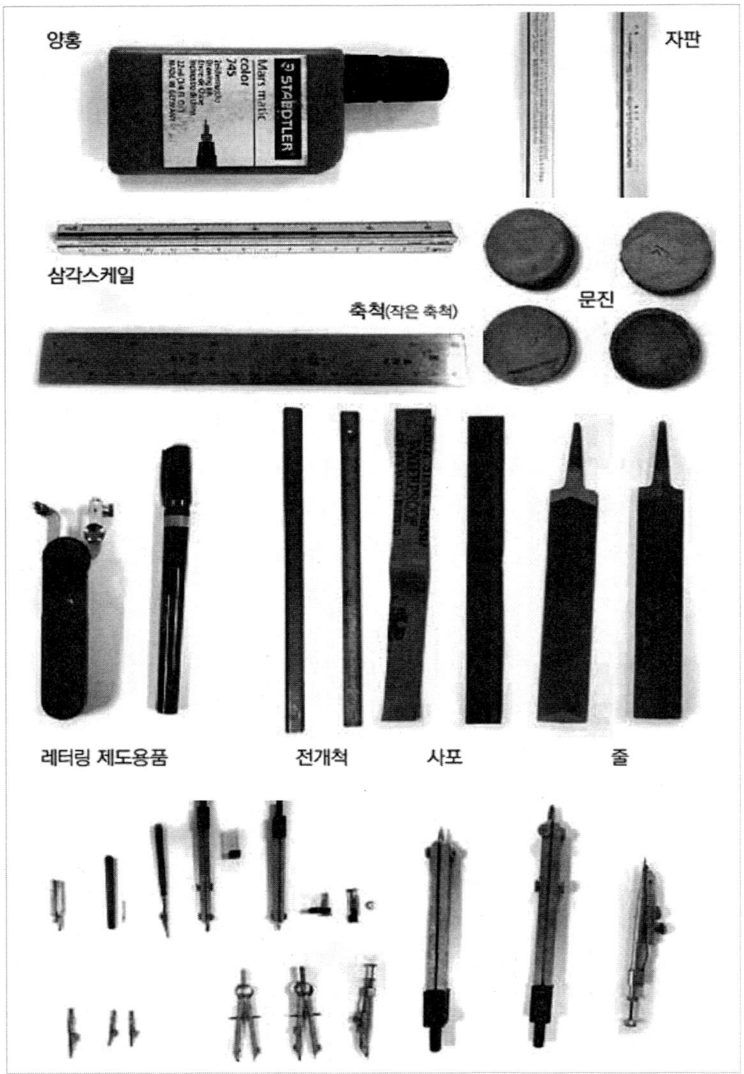

[그림 6-6] 각종 제도용 도구

2 지적도 작성 및 재작성

2.1 개요

과거 지적도 작성시 측량 결과를 기존 지적도에 등재할 수 없을 때, 또는 지번을 변경한 때, 공부를 복구한 때, 축척을 변경할 때 등에 새로이 도면을 작성하였다. 이때에는 지적도의 번호는 리, 동 별로, 증보 제○호라 기재하였다. 새로 작성된 지적도의 도곽은 기존 지적도의 도곽선 횡선의 순서에 따라야 하고, 기존 지적도의 도곽외에 걸치는 토지의 경계선은 새로이 작성된 지적도의 도곽내에 기입해야 한다.

2.2 대상

과거 지적도 재작성은 도면의 빈번한 이동 정리로 인하여 도면의 경계선 등을 식별하기 곤란한 경우, 장기간 사용으로 도면이 손상되어 토지의 등록 사항이 분명하지 아니한 경우, 도곽선의 신축량이 0.5㎜ 이상인 경우, 행정 구역의 변동 등으로 1장의 도면에 2개 이상의 리, 동이 등록되어 있는 경우, 1장의 도면에 등록된 토지의 일부가 도시개발사업 등의 시행 지역에 편입된 경우 재작성하였다.

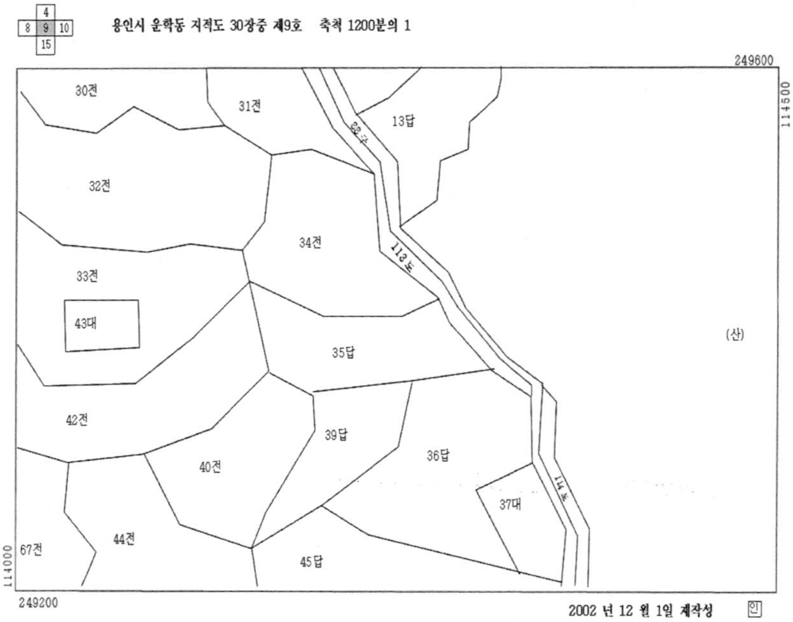

[그림 6-7] 지적도 재작성(일반지역)

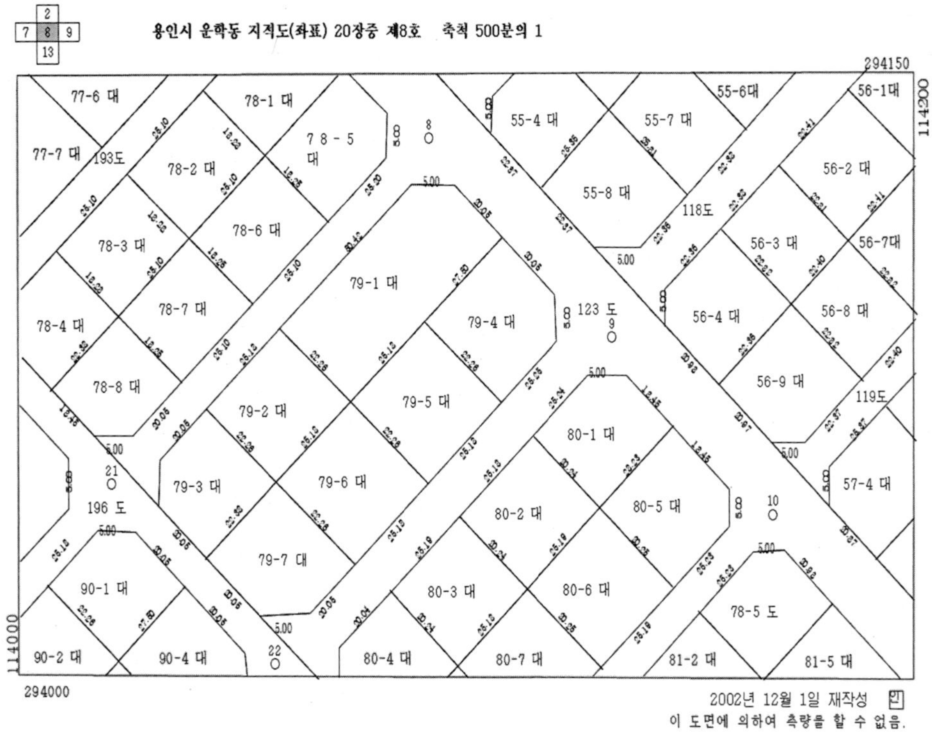

[그림 6-8] 지적도 작성(경계점좌표등록부 시행지역)

2.3 도곽선 및 도곽구획

1) 도곽선 제도

도곽선 제도에서 도면의 윗방향은 항상 북쪽이 되어야 한다. 이미 사용하고 있는 도면의 도곽 크기는 현재 구획되어 있는 도곽과 도곽선 수치가 되도록 한다. 도면에 등록하는 도곽선은 0.1mm선으로 하고 도곽좌표점을 직선으로 연결하여 홍색으로 제도한다.

도곽선은 평면직각좌표의 원점으로부터 기산하여 축척별 1도엽의 종·횡선의 지상거리로 나누어 구획한다. 새로이 도곽을 구획하는 경우 지적도의 도면은 가로 40cm, 세로 30cm의 직사각형으로 구획한다. 임야도의 도곽은 가로 50cm, 세로 40cm로 하고 있으며, 축척별 도곽의 기준거리를 보면 〈표 6-1〉과 같으며 축척별 포용면적이 다르다.

2) 도곽 수치 주기

도곽 수치는 기타 원점(특수 원점)의 도곽선 수치는 그 원점을 기준으로 한다. 도곽 수치는 도곽선의 좌측 하단부분과 우측 상단부분의 종횡선 교차점 바깥쪽에 2㎜ 크기 홍색의 아라비아 숫자로 제도한다.

3) 도곽선의 역할

지적(임야)도의 크기는 도곽선의 크기에 따라 결정된다. 즉, 도곽은 평면직각종횡선으로 구획된 것으로서 통상 일정하게 직사각형으로 구획되며, 다음과 같은 용도에 사용된다.

① 인접 도면의 접합 기준
② 측량준비파일에서의 북방향선
③ 지적측량기준점 전개시의 기준
④ 도곽 신축량을 측정하는 기준
⑤ 외업시 측량준비파일과 현황의 부합 확인의 기준

새로이 도곽을 구획할 때에는 원점으로부터 가산하여 구획하도록 규정되어 있다. 그러나 지적좌표는 원점에서 종선좌표에 500,000m의 가상수치를, 횡선좌표에 200,000m의 가상수치를 부여한다.

4) 도곽선의 규격

우리나라에서 현재 사용되는 지적(임야)도의 도곽별 규격은 통일 원점으로 다음과 같다.

〈표 6-1〉 통일원점 지역의 도곽규격

축 척	종선		횡선		비고
	지 상(m)	도상(㎜)	지 상(m)	도 상(㎜)	
1/500	150.000	300.000	200.000	400.000	지적도
1/600	200.000	333.333	250.000	416.667	
1/1,000	300.000	300.000	400.000	400.000	
1/1,200	400.000	333.333	500.000	416.667	
1/2,400	800.000	333.333	1,000.000	416.667	
1/3,000	1,200.000	400.000	1,500.000	500.000	임야도
1/6,000	2,400.000	400.000	3,000.000	500.000	

5) 도곽구획

지적 측량 기준점의 원점은 지적도와 임야도 도곽의 구획이 되는 기준이므로 새로 도곽을 구획할 때에는 원점으로부터 기산하여 구획하여야 한다. 이러한 지적측량 기준점의 좌표는 우리나라의 지형적 특성 때문에 원점으로부터 종선에 500,000m, 횡선에 200,000m의 가상 수치를 부여하여 모든 도곽선 수치가 정수(+)가 되도록 하고 있다. 도곽을 구획할 때는 대개 도곽내에 전개될 지적측량 기준점의 좌표를 알고 도곽 구획을 하게 되며 방법은 다음과 같다.

① 원점에서 종선 좌표는 얼마나 떨어져 있는가?
② 떨어져 있는 거리는 도곽선 종선의 길이로 나누어 몇 개가 되는가?(정수부분)
③ 도곽선 종선 길이로 나누어 정수를 곱하여 원점에서의 길이를 산출한다.
④ 500,000에서 산출된 길이를 뺀다(종선의 상부좌표).
⑤ 종선의 상단 좌표에서 도곽선 종선길이를 빼서 도곽선 종선 하부좌표를 결정한다.
⑥ 횡선 좌표를 도곽선의 횡선 길이로 나눈다.
⑦ 나눈 정수에 도곽선 횡선길이를 곱하여 왼쪽 횡선좌표를 결정한다.
⑧ 좌측 횡선 좌표에서 도곽선 횡선길이를 더하여 오른쪽 횡선좌표를 결정한다.

축척 : 1/500

기초점좌표 : 종선좌표= 445,416.86m

횡선좌표= 203,247.93m

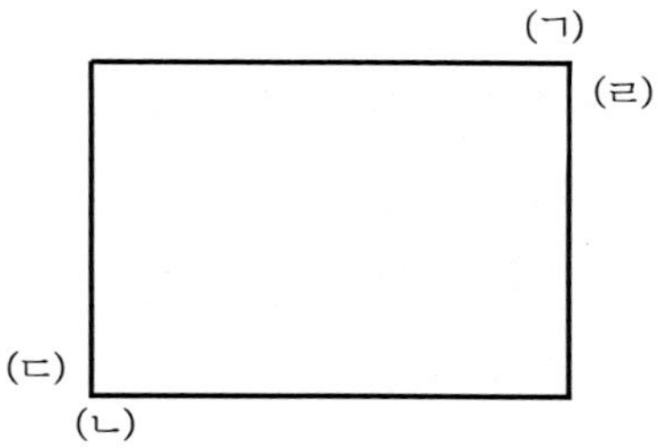

* 종선좌표에서

(1) 445416.86 - 500000 = −54583.14

(2) −54583014 ÷ 150 = −363.8876개

(3) −363 × 150 = −54450······원점에서의 거리

(4) −54450 + 500000 = 445550····종선의 상부좌표(ㄱ)

(5) 445550 − 150 = 445400····종선의 하부좌표(ㄴ)

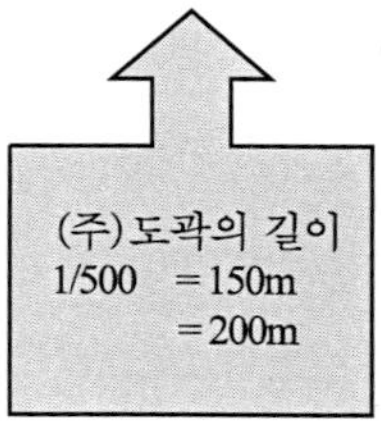

* 횡선좌표에서

(6) 203247.93 ÷ 200 = 1016.23965

(7) 1016 × 200 = 203200····횡선의 왼쪽좌표(ㄷ)

(8) 203200 + 200 = 203400····횡선의 오른쪽좌표(ㄹ)

[그림 6-9] 도곽선 수치 결정 방법

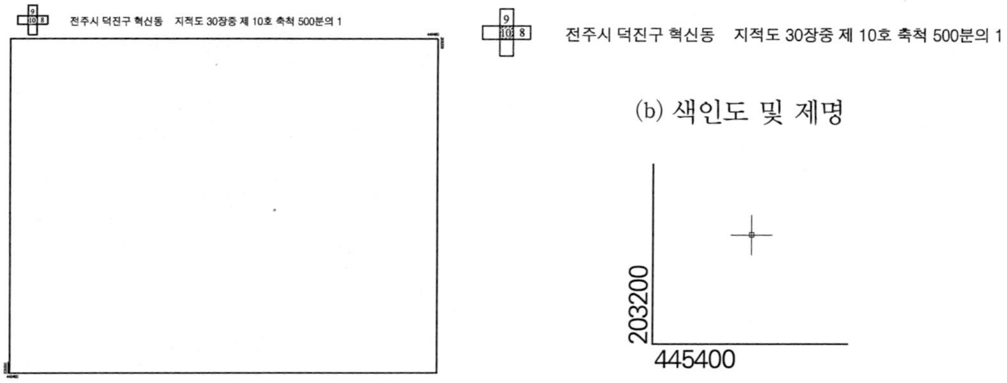

(a) 지적도 도곽 (b) 색인도 및 제명 (c) 도곽선 수치

[그림 6-10] 도곽선 및 도곽선 수치, 색인도, 제명의 제도

2.4 경계 등의 제도

1) 경계, 지번 및 지목

(1) 경계의 제도

① 경계는 0.1밀리미터 폭의 선으로 제도한다.

② 1필지의 경계가 도곽선에 걸쳐 등록되어 있으면 도곽선 밖의 여백에 경계를 제도하거나, 도곽선을 기준으로 다른 도면에 나머지 경계를 제도한다. 이 경우 다른 도면에 경계를 제도할 때에는 지번 및 지목은 붉은색으로 표시한다.

③ 규칙 제69조 제2항 제4호에 따른 경계점좌표등록부 등록지역의 도면(경계점 간의 거리등록을 하지 않은 도면을 제외한다)에 등록할 경계점 간 거리는 검은색의 1.0~1.5밀리미터 크기의 아라비아숫자로 제도한다. 다만, 경계점 간 거리가 짧거나 경계가 원을 이루는 경우에는 거리를 등록하지 아니할 수 있다.

④ 지적기준점 등이 매설된 토지를 분할할 경우 그 토지가 작아서 제도하기가 곤란한 때에는 그 도면의 여백에 그 축척의 10배로 확대하여 제도할 수 있다.

(2) 지번 및 지목의 제도

① 지번 및 지목은 경계에 닿지 않도록 필지의 중앙에 제도한다. 다만, 1필지의 토지의 형상이 좁고 길어서 필지의 중앙에 제도하기가 곤란한 때에는 가로쓰기가 되도록 도면을 왼쪽 또는 오른쪽으로 돌려서 제도할 수 있다.

② 지번 및 지목을 제도할 때에는 지번 다음에 지목을 제도한다. 이 경우 2밀리미터 이상 3밀리미터 이하 크기의 명조체로 하고, 지번의 글자 간격은 글자크기의 4분의 1정도, 지번과 지목의 글자 간격은 글자크기의 2분의 1정도 띄어서 제도한다. 다만, 부동산종합공부시스템이나 레터링으로 작성할 경우에는 고딕체로 할 수 있다.

③ 1필지의 면적이 작아서 지번과 지목을 필지의 중앙에 제도할 수 없는 때에는 ㄱ, ㄴ, ㄷ, . . . $ㄱ^1$, $ㄴ^1$, $ㄷ^1$, . . . $ㄱ^2$, $ㄴ^2$, $ㄷ^2$. . . 등으로 부호를 붙이고, 도곽선 밖에 그 부호·지번 및 지목을 제도한다. 이 경우 부호가 많아서 그 도면의 도곽선 밖에 제도할 수 없는 때에는 별도로 부호도를 작성할 수 있다.

2) 지적기준점의 제도

삼각점 및 지적기준점(지적업무처리규정 제4조에 따라 지적측량수행자가 설치하고, 그 지적기준점성과를 지적소관청이 인정한 지적기준점을 포함한다.)은 0.2밀리미터 폭의 선으로 제도한다.

① 위성기준점은 직경 2밀리미터 및 3밀리미터의 2중원 안에 십자선을 표시하여 제도한다.

② 1등 및 2등삼각점은 직경 1밀리미터, 2밀리미터 및 3밀리미터의 3중원으로 제도한다. 이 경우 1등삼각점은 그 중심원 내부를 검은색으로 엷게 채색한다.

③ 3등 및 4등삼각점은 직경 1밀리미터 및 2밀리미터의 2중원으로 제도한다. 이 경우 3등삼각점은 그 중심원 내부를 검은색으로 엷게 채색한다.

④ 지적삼각점 및 지적삼각보조점은 직경 3밀리미터의 원으로 제도한다. 이 경우 지적삼각점은 원안에 십자선을 표시하고, 지적삼각보조점은 원안에 검은색으로 엷게 채색한다.

⑤ 지적도근점은 직경 2밀리미터의 원으로 [그림 6-11]과 같이 제도한다.

⑥ 지적기준점의 명칭과 번호는 그 지적기준점의 윗부분에 2밀리미터 이상 3밀리미터 이하 크기의 명조체로 제도한다. 다만, 레터링으로 작성할 경우에는 고딕체로 할 수 있으며 경계에 닿는 경우에는 다른 위치에 제도할 수 있다.

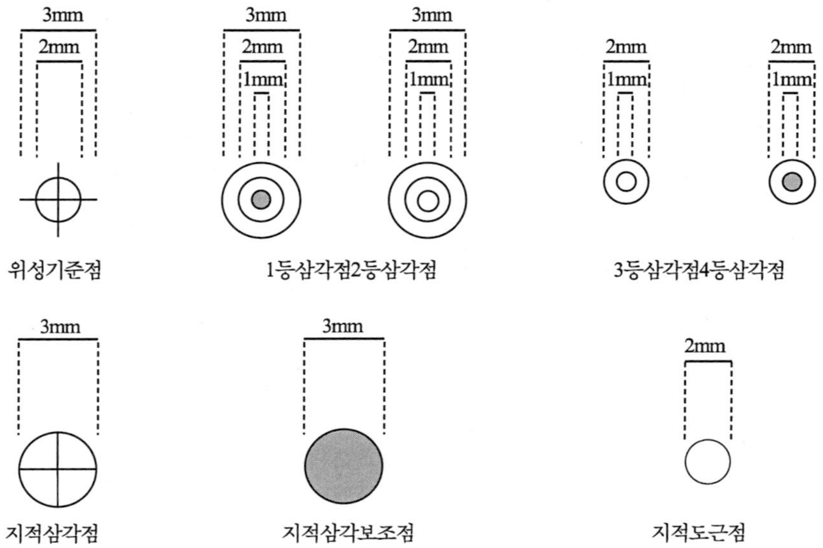

[그림 6-11] 지적측량기준점의 제도

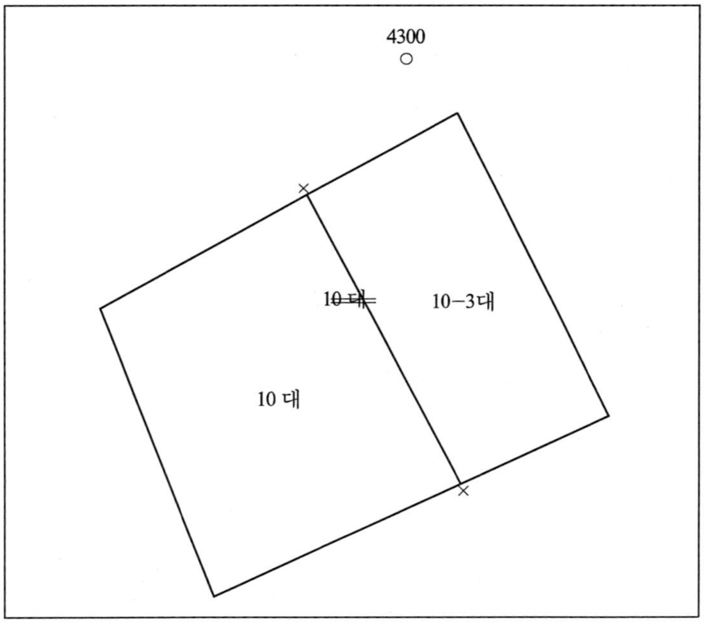

[그림 6-12] 경계 및 지번, 지목, 분할선, 도근점 제도

3) 행정구역선

① 국 계 :	실선 4mm, 호선 3mm로 하고 실선중앙에 길이 1mm를 십자로 교차시키고, 호선에는 지름 0.3mm 정도의 점을 2개로 그린다. +··+··+··+··+··+··+··+··+··+··+··
② 시.도계 :	실선 4mm 호선 2mm로 연결하고 실선중앙에 길이 1mm를 십자로 교차시키고 호선에는 지름 0.3mm 정도의 점을 2개로 그린다. +·+·+·+·+·+·+·+·+·+·+·+·+·+
③ 시군구계 :	실선과 호선에 각각 3mm로 연결하고, 호선에 지름 0.3mm 정도의 점 2개를 그린다. —··—··—··—··—··—··—··—··—··—··—··
④ 읍 면 계 :	실선 3mm, 호선 2mm로 연결하고 호선에 지름0.3mm 정도의 점 1개를 그린다. —·—·—·—·—·—·—·—·—·—·—·—·—
⑤ 리 동 계 :	실선 3mm 호선 1mm로 연결하여 그린다. 다만 리동계의 선호는 0.2mm로 한다. -

[그림 6-13] 행정구역선의 제도

4) 도곽외의 주기

(1) 색인도

색인도는 도곽선의 왼쪽 윗부분 여백의 중앙에 아래와 같이 제도한다.

① 가로 7밀리미터, 세로 6밀리미터 크기의 직사각형을 중앙에 두고 그의 4변에 접하여 같은 규격으로 4개의 직사각형을 제도한다.

② 1장의 도면을 중앙으로 하여 동일 지번부여지역안 위쪽·아래쪽·왼쪽 및 오른쪽의 인접 도면번호를 각각 3밀리미터의 크기로 제도한다.

(2) 제명 및 축척

제명 및 축척은 도곽선 윗부분 여백의 중앙에 "ㅇㅇ시·군·구 ㅇㅇ읍·면 ㅇㅇ동·리 지적도 또는 임야도 ㅇㅇ장중 제ㅇㅇ호 축척ㅇㅇㅇㅇ분의 1"이라 제도한다. 이 경우 그 제도 방법은 아래와 같다.

① 글자의 크기는 5밀리미터로 하고, 글자사이의 간격은 글자크기의 2분의 1정도 띄어쓴다.

② 축척은 제명끝에서 10밀리미터를 띄어 쓴다.

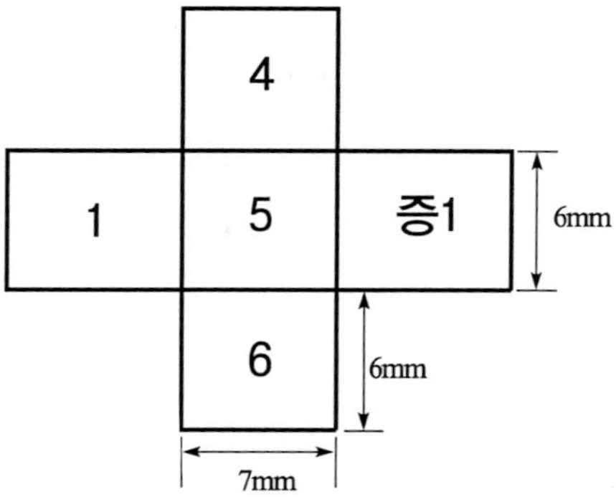

[그림 6-14] 색인도의 제도

2.5 일람도 및 지번색인표의 작성

1) 일람도의 작성

일람도는 지적(임야)도의 도곽 배치 및 도면의 접합관계 확인과 하나의 지번설정지역내에 지형·지물을 한눈에 볼 수 있도록 만든 도면이다.

(1) 축척

일람도의 축척은 당해 도면 축척의 1/10으로 한다. 다만, 도면의 장수가 많아서 1장에 작성할 수 없는 경우에는 축척을 줄여서 작성할 수 있으며, 도면의 장수가 4장 미만인 때에는 일람도의 작성을 하지 않을 수 있다.

(2) 제도방법

① 도곽선 및 도곽선 수치에 관하여는 도곽선 제도의 규정을 준용한다.

② 도면번호는 3㎜의 크기로 한다.

③ 인접 동·리 명칭은 4㎜, 기타 행정구역 명칭은 5㎜의 크기로 한다.

④ 지방도로 이상은 검은색 0.2㎜의 2선, 기타 도로는 0.1㎜의 선으로 제도한다.

⑤ 철도용지는 붉은색 0.2㎜의 2선으로 제도한다.

⑥ 수도용지중 선로는 남색 0.1㎜의 2선으로 제도한다.

⑦ 하천·구거·유지는 남색 0.1㎜의 선으로 제도하고 그 내부를 남색으로 엷게 채색한다. 다만, 적은 양의 물이 흐르는 하천 및 구거는 남색선으로 제도한다.

⑧ 취락지·건물 등은 0.1㎜의 선으로 제도하고 그 내부를 검은색으로 엷게 채색한다.

⑨ 위성기준점, 삼각점 및 지적기준점의 제도에 관하여는 지적기준점 등의 제도규정을 준용한다.

⑩ 도시개발사업, 축척변경 등이 완료된 때에는 지구 경계를 붉은색 0.1㎜의 선으로 제도한 후 지구내를 붉은색으로 엷게 채색하고 그 중앙에 사업명 및 사업완료연도를 기재한다.

(3) 주기

일람도의 제명 및 축척은 윗 부분에 “○○시・도 ○○시・군・구 ○○읍・면 ○○동・리 일람도 축척 ○○○○ 부분의 1”이라 제도한다. 이 경우 경계점좌표등록부시행지역은 제명 중 일람도 다음에 “(좌표)”라 기재하며, 그 제도방법은 다음과 같다.

① 글자의 크기는 9㎜로 하고 글자 사이의 간격은 글자 크기의 1/2 정도 띄운다.

② 축척은 제명 끝에 20㎜를 띄운다.

2) 지번색인표의 작성

지번색인표는 지번의 토지가 있는 지적도의 번호를 색인하기 위하여 지적도와 같은 크기의 도면으로 동별로 작성하며, 지번변경이나 결번이 생길 때는 순차로 다음과 같이 정리한다.

① 제명은 지번색인표 윗부분에 9밀리미터의 크기로 "ㅇㅇ시·도 ㅇㅇ시·군·구 ㅇㅇ읍·면 ㅇㅇ동·리 지번색인표"라 제도한다.

② 지번색인표에는 도면번호별로 그 도면에 등록된 지번을, 토지의 이동으로 결번이 생긴 때에는 결번란에 그 지번을 제도한다.

2.6 측량준비파일의 작성

1) 측량 방법별 준비파일

(1) 측판측량방법으로 세부측량을 할 경우

① 측량대상 토지의 경계선・지번 및 지목

② 인근 토지의 경계선・지번 및 지목

③ 임야도를 갖춰 두는 지역에서 인근 지적도의 축척으로 측량을 할 때에는 임야도에 표시된 경계점의 좌표를 구하여 지적도에 전개(展開)한 경계선. 다만, 임야도에 표시된 경계점의 좌표를 구할 수 없거나 그 좌표에 따라 확대하여 그리는 것이 부적당한 경우에는 축척비율에 따라 확대한 경계선을 말한다.

④ 행정구역선과 그 명칭
⑤ 지적기준점 및 그 번호와 지적기준점 간의 거리, 지적기준점의 좌표, 그 밖에 측량의 기점이 될 수 있는 기지점
⑥ 도곽선(圖廓線)과 그 수치
⑦ 도곽선의 신축이 0.5밀리미터 이상일 때에는 그 신축량 및 보정(補正) 계수
⑧ 그 밖에 국토교통부장관이 정하는 사항

(2) 경위의측량방법으로 세부측량을 할 경우

① 측량대상 토지의 경계와 경계점의 좌표 및 부호도 · 지번 · 지목
② 인근 토지의 경계와 경계점의 좌표 및 부호도 · 지번 · 지목
③ 행정구역선과 그 명칭
④ 지적기준점 및 그 번호와 지적기준점 간의 방위각 및 그 거리
⑤ 경계점 간 계산거리
⑥ 도곽선과 그 수치
⑦ 그 밖에 국토교통부장관이 정하는 사항

(3) 기타사항

지적측량수행자는 측판측량방법과 경위의측량방법의 측량준비 파일로 지적측량성과를 결정할 수 없는 경우에는 지적소관청에 지적측량성과의 연혁 자료를 요청할 수 있다.

2) 측량 기하적

측량 기하적은 측판측량방법에 의한 측량을 할 때에 측량준비도에 측량한 기하학적 흔적을 연필로 표시하는 것으로서 측판측량방법으로 세부측량을 하는 경우에는 측량준비도에 측량한 기하적으로 다음 각호와 같이 연필로 표시하여야 한다.

① 측판점, 측정점 및 방위 표정에 사용한 기지점 등에 방향선을 긋고 실측한 거리를 기재한다. 이 경우 측정점의 방향선 길이는 측정점을 중심으로 약 1㎝로 표시한다.
② 측판점 및 측정점의 표시는 측량자가 직경 1.5 내지 3㎜의 원으로 표시하고, 검사자는 1변의 길이가 2~4㎜의 삼각형으로 표시한다. 이 경우 측판점의 표시는 그 옆에 측판이동 순서에 따라 不1, 不2 … 으로 표시한다.

③ 측판점의 결정 및 방위 표정에 사용한 기지점은 측량자는 직경 1㎜와 2㎜의 2중 원으로 표시하고 검사자는 1변의 길이가 2㎜와 3㎜의 2중 삼각형으로 표시한다.

④ 측판점과 기지점 사이의 도상거리와 실측거리를 방향선 상에 다음과 같이 기재한다.

(측량자) (검사자)

$$\frac{\text{(도상거리)}}{\text{실측거리}} \quad \triangle \quad \frac{\text{(도상거리)}}{\text{실측거리}}$$

⑤ 측량 대상 토지에 지상 구조물 등이 있을 경우와 새로이 설정한 경계에 지상건물 등이 걸리는 경우에는 그 위치현황을 표시하여야 한다. 다만, 도시계획선을 분할하는 경우에는 그러하지 아니하다.

2.7 지적측량 결과도 작성

측량결과도는 지적측량 성과도를 작성하기 위하여 측량 준비도에 의하여 현지측량을 완료한 후 측량결과를 정리하여 나타낸 도면이다. 측량결과도에는 측량 신청인과 이해관계인의 서명 또는 날인을 받아야 하며, 소관청은 연도별, 측량 종목별, 동・리별로, 대행법인은 동・리별, 지번순으로 편철 보관하여야 한다.

1) 세부측량 결과도의 제도

(1) 측판측량에 의한 경우

① 측점의 위치, 측량의 기하적과 지상에서 측정한 거리

② 측량대상 토지의 토지 이동전 지번과 지목(붉은색 2선으로 말소)

③ 측량 결과도의 제명 및 번호(년도별)과 도면 번호

④ 신규등록, 등록전환할 경계선 및 분할 경계선

⑤ 측량대상 토지의 점유 현황선

⑥ 측량 및 검사 년원일, 측량자 및 검사자의 성명, 소속, 자격 등급

(2) 경위의 측량에 의한 경우

① 측점의 위치(측량계산부의 좌표를 전개하여 기재) 지상에서 측정한 거리 및 방위각

② 측량대상 토지의 경계점간 실측 거리

③ 측량대상 토지의 토지 이동전 지번과 지목(붉은색 2선으로 말소)

④ 측량 결과도의 제명 및 번호(년도별)과 도면 번호

⑤ 신규등록, 등록전환할 경계선 및 분할 경계선

⑥ 측량대상 토지의 점유 현황선

⑦ 측량 및 검사 년원일, 측량자 및 검사자의 성명, 소속, 자격 등급

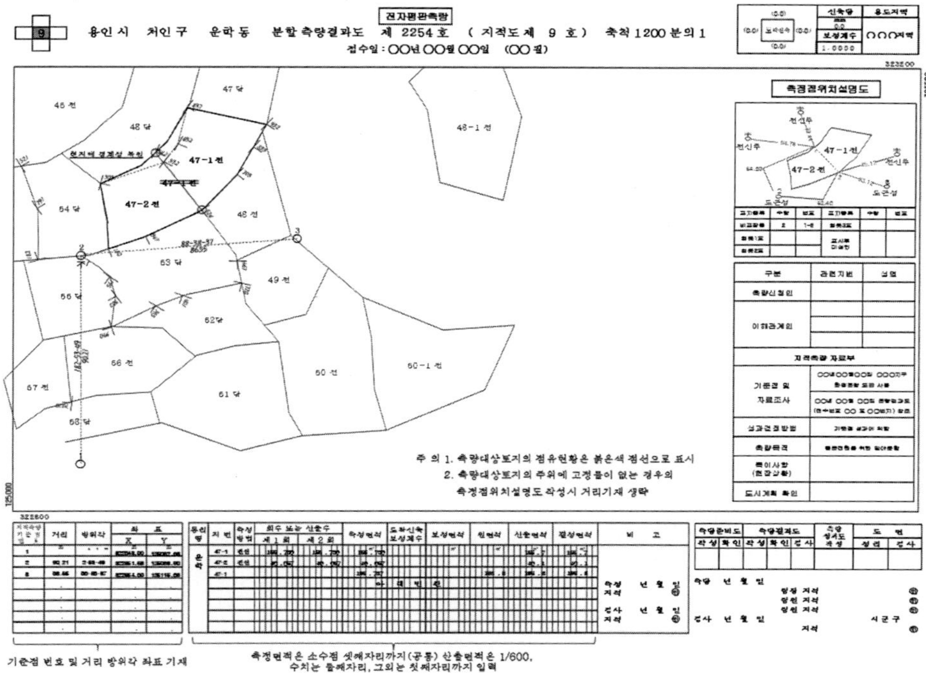

[그림 6-15] 지적전산화일에 의한 측량결과도(분할측량)

2) 지적확정 측량결과도의 제도

(1) 측판측량에 의한 경우

① 측량결과도의 제명, 축척 및 색인도

② 확정된 필지의 경계선, 지번 및 지목

③ 지적측량기준점과 그 번호

④ 행정구역선과 그 명칭

⑤ 도곽선과 도곽선 수치

⑥ 측량 기하적

⑦ 측량 및 검사 년원일, 측량자 및 검사자의 성명, 소속, 자격 등급

(2) 경위의 측량에 의한 경우

① 측량결과도의 제명, 축척 및 색인도

② 확정된 필지의 경계선(경계점 좌표를 전개하여 연결한 선), 지번, 지목

③ 경계점간 계산 거리 및 실측 거리

④ 지적측량기준점과 그 번호와 지적측량기준점간 방위각 및 거리

⑤ 행정구역선과 그 명칭

⑥ 도곽선과 도곽선 수치

⑦ 경계선에 지상 건물 등이 걸리는 경우에는 그 위치 현황

⑧ 측량 및 검사 년월일, 측량자 및 검사자의 성명, 소속, 자격 등급

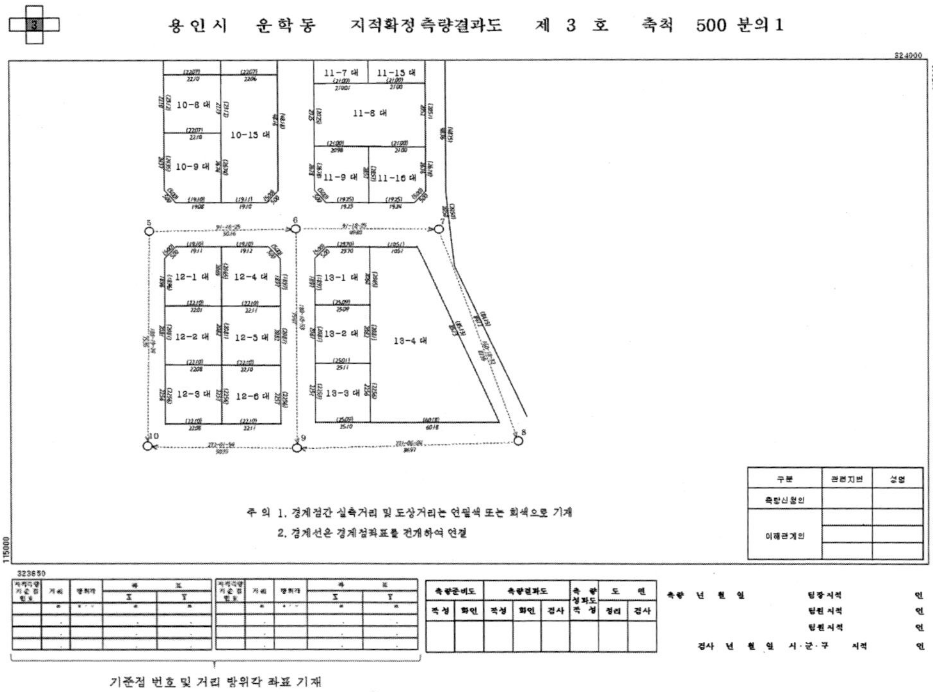

[그림 6-16] 지적확정측량 결과도(경위의측량방법)

2.8 측량성과도의 작성

측량성과는 지적측량을 실시하여 작성한 측량부, 측량결과도 및 면적측정부에 등재된 측량결과를 의미하고 측량성과도는 측량결과도에 의하여 작성된 도면이다.

3 면적측정

3.1 면적의 정의

면적은 지구표면에 접하는 지표면상의 면적이 아니고 이것을 기준면상에 투영한 것으로 평균해면(평균해면 : 평균중등해수면 ; Mean Sea Level)에 의한 수평면적을 말한다.

따라서 지적측량에서의 면적은 수평면적을 의미하며, 일필지의 경계선에 의하여 이루어지고 있는 한 지번에 대한 넓이를 도면 또는 경계점 좌표로 측정하고 이를 일정 단위로 표시하고 있는 것이며, 소유권자 입장에서 생각하면 토지소유자의 재산을 표시하여주는 지적의 주요 등록사항이다.

3.2 면적의 종류와 단위

1) 면적의 종류

(1) 성질 또는 이용면에 따른 분류

① 경사면적 : 경사면적은 경사면에 따라 측정된 면적으로 경사면에 따라 포석(舖石), 아스팔트, 잔디 등을 깔아야 할 경우 또는 성토(盛土), 절토(切土) 부분의 경사면의 면적을 알고자 할 때에 공사비 등 소요경비를 산출하기 위해 주로 사용하는 면적이다.

② 수평면적 : 수평면적은 측량에서 가장 많이 사용되는 면적으로 어떤 토지의 경계선을 수평면상에 투영하였을 때의 넓이를 말하는 것이다. 이것은 지구곡률을 고려하지 않은 측량인 평면측량(지적측량 등) 등 소규모 지역과 대축척에서는 토지의 면적을 기준면(수평선)에 투영한 수평면적으로 표시한다.

③ 평균해수면상 면적 : 평균해수면상 면적은 어떤 지역에 있는 토지의 경계선을 평균해수면에 투영하였을 때의 넓이를 말하며, 지도작성 등 넓은 지역, 소축척에서는 평균해수면의 투영한 면적을 사용한다.

(2) 측량위치에 따른 분류

① 지상면적 : 면적을 구할 수 있는 제반 요소들을 현장에서 측량기기에 의하여 구한 후 계산된 면적

② 도상면적 : 실제의 토지를 일정한 비율로 축소 또는 확대하여 이루어진 도면상에서 구한 면적

2) 면적의 단위

토지조사사업 당시 세부측량원도는 1200분의 1과 2400분의 1의 축척으로 작성하여, 축척 1200분의 1원도의 폭은 동서 500m(275間), 남북 400m(220間)의 직사각형으로 도곽선을 구획하였고, 축척 2400분의 1에 있어서는 동서1000m, 남북 800m로 하였다. 면적측정은 원도 상의 각 필지를 계적기 또는 계적척을 사용하여 측정하거나 삼사법에 의해 수회의 결과를 비교하여 그 허용오차의 제한 내에 있을 때는 중수를 택하였다. 따라서 토지조사사업 당시의 면적측정단위는 척관법에 의하여 축척 1200분의 1지역은 1평, 축척 6000분의 1지역은 1무(畝)단위로 등록하였으나 1975년 지적법의 전문 개정으로 전국 토지의 면적단위를 척관법의 평(坪 : 토지대장등록지), 무(畝 : 임야대장 등록지)에서 미터법인 제곱미터(㎡)로 고치게 되었다. 따라서 과거 평단위로 등록된 필지면적을 ㎡단위로 환산·등록함에 따라 등록당시의 면적과 환산된 면적간의 불일치로 필지면적에 대한 등록사항정정 토지가 발생하고 있다. 면적단위의 도량 변화는 다음과 같다.

미터법 계열

기본 단위 $1m^2 = 1m \times 1m$
$1km^2 = 1km \times 1km$
$1a = 100m^2$
$1ha = 100a = 10{,}000m^2$
$1km^2 = 100ha = 10{,}000a$

척관법 계열

기본 단위 1평 = 6척×6척 = 1간×1간
1홉 = $\frac{1}{10}$ 평(1평 = 10홉, 1홉 = 10작)
1보 = 1평
1무 = 30평
1단 = 300평 = 10무
1정 = 3,000평 = 100무 = 10단

척관법과 미터법 단위의 관계

1m = 0.55 간
2m = 1.1 간
20m = 11 간
$20m \times 20m = 400m^2$
11간 × 11간 = 121평
∴ $400m^2$ = 121평
① 평 또는 보 × $\frac{400}{121}$ = m^2
② $m^2 \times \frac{400}{121}$ = 평 또는 보

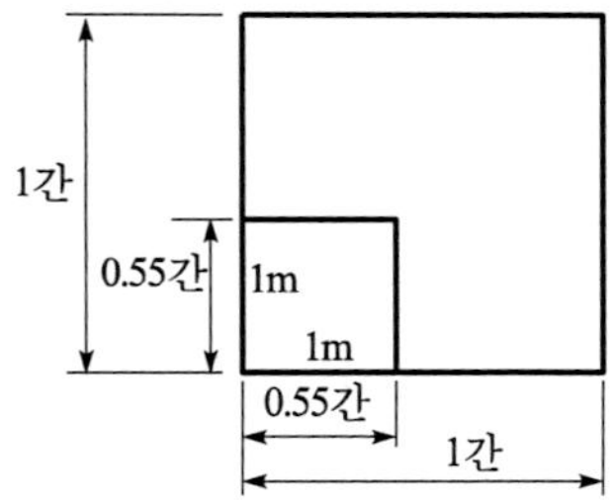

[그림 6-17] 면적의 단위

(1) 지적측량에서의 면적단위

① 1/600 축척과 경계점좌표등록부에 등록하는 지역

축척 1/500, 1/600 지역에서는 0.1m^{2}까지 표시하며, 0.1m^2 미만의 단수가 있는 때에는 0.005m^2 미만은 버리고, 0.05m^{2}를 초과하는 때에는 올리며, 0.05m^{2}인 경우에는 구하고자 하는 끝자리의 숫자가 0 또는 짝수일 때에는 버리고 홀수인 때에는 올린다. 다만, 1필지의 면적이 0.1m^2 미만인 때에는 0.1m^{2}로 한다.

② 그 외 시가지 및 농촌, 산간 지역

축척 1/1,000, 1/1,200, 1/2,400, 1/3,000, 1/6,000 지역에서는 1m^{2}까지 표시하며, 1m^2 미만의 단수가 있는 때에는 0.5m^2 미만은 버리고 0,5m^{2}를 초과하는 때에는 올리며, 0.5m^{2}인 경우에는 구하고자 하는 끝자리의 숫자가 0 또는 짝수인 때에는 버리고 홀수인 때에는 올린다. 다만, 1필지의 면적이 1m^{2}미만인 때에는 1m^{2}로 한다.

〈표 6-2〉 도면의 축척별 면적등록 단위

<table>
<tr><th>구 분</th><th>축 척</th><th>대상지역</th><th>등록단위</th><th>최소면적</th></tr>
<tr><td rowspan="3">지적도
(토지대장등록지)</td><td>1/500
1/600</td><td>경계점좌표등록부에
등록하는 지역</td><td>0.1m^2</td><td>일필지의 면적이 0.1m^2 미만인 때에는 0.1m^{2}로 등록</td></tr>
<tr><td>1/1,000</td><td>경지정리지역</td><td rowspan="3">1m^2</td><td rowspan="3">일필지의 면적이 1m^2 미만인 때에는 1m^{2}로 등록</td></tr>
<tr><td>1/1,200
1/2,400</td><td>시가지 및 농촌지역</td></tr>
<tr><td>임야도
(임야대장등록지)</td><td>1/3,000
1/6,000</td><td>산간지역</td></tr>
</table>

③ 면적의 산출단위와 계산상 단수 처리법

세부측량을 실시하고 측정치에 의하여 면적을 산출하는데 있어서는 면적의 정도와 계산의 효과를 고려하여 계산하는 수의 자리수를 어디까지 하느냐에 일정한 제한이 주어져 있다. 이 원칙에는 일반적으로 사사오입법 외에 오사오입법이 있다.

[오사오입법(Method of Discarding Five or Rounding Off Five, 五捨五入法)]

방위각의 각치(角値), 종횡선의 수치 또는 거리의 계산에서 구하고자 하는 끝자리의 다음 숫자가 5 미만일 때는 버리고 5를 초과할 때에는 올리며, 5일 때에는 구하고자 하는 끝자리의 숫자가 0 또는 짝수이면 버리고 홀수이면 올리는 끝수처리법을 말한다.

사사오입과 오사오입의 개념에 대해서 설명하면 다음과 같다.

○ **사사오입(四捨五入)**

- 일반적으로 반올림이라고 통용되며 네 게는 버리고 다섯 개는 받아들임
- 1, 2, 3, 4는 버리고 5, 6, 7, 8, 9는 올리는 것
- 반올림하고자 하는 자리에 이미 0이 있다면 반올림 할 필요가 없음
- 버림수가 4개이고 올림수가 5개로 확률로 따지면 44%, 56%가 되어 오차가 발생됨

○ **오사오입(五捨五入)**

- 1, 2, 3, 4는 버리고 6,7,8,9는 올리는 것
- 5인 경우에는 가장 근사치의 짝수값으로 반환
  예, 1.5 → 2 / 2.5 → 2 / 3.5 → 4 / 4.5 → 4 ...
- 반올림 하고자 하는 수가 5일 때 그 앞의 수가 홀수인 경우 올리고, 짝수인 경우 내림
- 어떠한 수를 반올림 할 때 그 반올림 하고자 하는 수의 앞의 수는 반드시 홀수 아니면 짝수로 50%의 확률로 횟수가 커질수록 결과값은 확률값에 수렴하게 되므로 오차가 최소화됨 [예시]

지적측량에서 오사오입을 적용하는 근거는 공간정보의 구축 및 관리 등에 관한 법률 시행령 제60조(면적의 결정 및 측량계산의 끝수 처리)에 근거한다.

○ **지적측량에서 오사오입 적용 이유**

끝수를 결정하여야 하는 측량의 계산에 있어 버리고 올리는 비율이 4:5인 사사오입을 적용하게 되면 오차가 증가하게 되므로, 오차를 최소화하기 위해 버리고 올리는 비율이 5:5인 오사오입을 적용하여야 한다.

(2) 축척과 면적의 관계

지상길이를 일정한 축척으로 도면위에 표시하였을 때 지상길이와 도면상 길이와의 관계식을 다음과 같이 구할 수 있다.

$d = D \times \frac{1}{M}$ (d: 도면상의 길이, D: 지상길이, $\frac{1}{M}$: 축척)

만일 도면상 길이와 축척을 알고 있을 때 지상길이는 다음과 같이 구할 수 있다.

$D = M \cdot d$ (M: 축척의 분모)

어느 일정한 면적의 토지를 축척을 달리하여 측량했을 경우에는 도면의 매수 또한 달라진다. 즉, 축척 1/1,200의 도면을 축척 1/600으로 바꾼 경우에 1/600 도면 매수는 1/1,200 도면매수의 몇 배인가를 살펴 보면 1/12,00: 1/600 = 1/1,200 : 2/1,200 = 1:2 면적은 길이의 제곱이 되므로 12 : 22 = 1:4가 된다. 그러므로1/1,200 도면에 비하여 1/600 도면매수는 4배가 된다.

면적의 증감비는 길이의 축척 분모수의 제곱에 비례하므로 축척 1/M인 도면을 축척 1/N인 도면으로 바꾼 경우에 축척 1/M을 기준으로 한 면적의 증감 공식은 다음과 같다.

$$M^2 : y = N^2 : x \qquad \therefore x = \frac{N^2}{M^2} y$$

(y: 축척 1/M 도면 1매의 면적, x: 증감면적)

3.3 면적측정 대상 및 절차

1) 면적측정 대상

(1) 토지를 신규로 등록할 때

① 공유수면매립지 및 미등록도서를 측량한 때에는 그의 측량성과에 의하여 결정한다.

② 이미 비치된 도면상에 누락된 도로, 하천, 구거 등의 토지를 신규등록하는 경우의 경계는 도면에 등록된 인접토지의 경계를 기준으로 하여 결정한다.

(2) 등록전환을 할 때

① 임야대장의 면적과 등록전환될 면적의 오차 허용범위는 다음의 계산식에 따른다. 이 경우 오차의 허용범위를 계산할 때 축척이 3천분의 1인 지역의 축척분모는 6천으로 한다.

$A = 0.026^2 M \sqrt{F}$

(A는 오차 허용면적, M은 임야도 축척분모, F는 등록전환 될 면적)

면적오차 허용범위의 변천과정을 살펴보면, 1912년 토지조사령에 의한 임시토지조사국측량규정 제48조를 보면, 면적 계산에서 허용해야 할 오차가 정해진 제한은 일필지의 면적이 600평에 있어서는 1/200, 100평에 있어서는 1/70을 표준으로 한다고 규정되어 있다. 이는 지적측량에 있어 면적오차에 대한 근대적 최초의 기준이라 할 것이다. 이후 임시토지조사국측량규정이 개정되어 축척 1/2,400에 있어서는 일필지의 면적이 600평에 있어서는 1/120, 100평에 있어서는 1/40을 표준으로 한다고 규정하였다. 임시토지조사국측량규정이 다시 토지측량규정으로 변경되어 이런 규정이 다시 축척별, 면적별로 세분화 되어 규정하게 되었으며, 임야측량규정 또한 개정되게 된다.

그 후 1950년에 지적법이 제정되었으며, 면적 산정식 및 면적오차 허용범위에 대한 규정이 별도로 법률로 도입된 것은 지적측량규정이다. 당시 지적측량규정 제73조에 따르면 분할지에 있어서는 계적기 또는 삼사법에 의하여 측정한 지적의 합계가 원지적과의 교차가 일정범위의 평단위 한계를 지정하고 그 교차를 각 지적에 안분 배부하여 그 면적을 결정한다고 규정되었으며, 현행 면적오차의 허용범위 산출 공식은 1976년 지적법시행령 개정시 도입되어 현재까지 사용되고 있다.

공식에서 0.026^2의 상수에 대하여 살펴보면 0.026^2=0.000676이라는 수치가 나타나는데 이 수치는 표준편차에 따른 정규 분포의 사분위 계수를 나타내는 상수라고 할 수 있다. 즉, 표준편차는 잔차의 제곱을 산술평균한 값의 제곱근을 말하며 정규분포에서 평균값의 $\pm 1\sigma$ 범위내에는 밀도함수 전체의 68.3% 확률을 가진다.

표준편차에 따른 정규분포의 표를 보면 다음과 같다.

표준편차	0.06745σ 범위내	±1σ 범위내	±1.6450σ 범위내	±1.960σ 범위내	±3σ 범위내
확률(%)	50.0	68.3	90.0	95.7	99.7

$$\sigma = \pm \sqrt{\frac{[\nu]^2}{(N-1)}}$$

여기서 $[\nu]^2$는 각측정값에서 평균값을 뺀 잔차 제곱의 합

N은 측정회수

확률오차란 오차의 어떤 특정한 값이 어떤 활률 분포에서 랜덤하게 추출되어 나타나는 것으로 간주하며 이를 랜덤오차라고 부른다. 보통 평균값±확률오차는 참값이 "평균값 + 확률오차"에서부터 "평균값 - 확률오차"사이에 존재할 확률이 50%라는 뜻이다.

따라서 확률 곡선의 밀도 함수 전체의 50%범위를 나타내는 오차 즉, 표준편차의 0.6745배수를 말하는 것이며 공식으로는 아래와 같이 표시한다.

$$\sigma = \pm 0.6745 \sqrt{\frac{[\nu]^2}{(N-1)}}$$

따라서 구법의 면적별 허용공차 범위를 최대한으로 만족하는 확률오차를 구하여 오차를 허용공차로 사용하게 된 것이다. 그러므로 현행 허용공차 공식을 분석하여 보면 다음과 같이 해석할 수 있다. 먼저 0.0262의 상수에 대한 해석이다.

0.0262 = 0.000676

0.6745 ÷ 1,000 = 0.0006745 = 0.025972 ≒ 0.0262

창시자의 공식에 계수를 맞추기 위하여 0.6745에 1,000을 나누어야만 공식으로 활용할 수 있으며, 0.0262으로 제곱을 하는 것은 부호를 없애기 위하여 제곱으로 표현한 것이다.

② 임야대장의 면적과 등록전환 될 면적의 차이가 가목의 계산식에 따른 허용범위 이내인 경우에는 등록전환 될 면적을 등록전환 면적으로 결정하고, 허용범위를 초과하는 경우에는 임야대장의 면적 또는 임야도의 경계를 지적소관청이 직권으로 정정하여야 한다.

(3) 토지를 분할하는 경우

① 분할 후의 각 필지의 면적의 합계와 분할 전 면적과의 오차의 허용범위는 제1호가목의 계산식에 따른다. 이 경우 A는 오차 허용면적, M은 축척분모, F는 원면적으로 하되, 축척이 3천분의 1인 지역의 축척분모는 6천으로 한다.

② 분할 전후 면적의 차이가 가목의 계산식에 따른 허용범위 이내인 경우에는 그 오차를 분할 후의 각 필지의 면적에 따라 나누고, 허용범위를 초과하는 경우에는 지적공부(地籍公簿)상의 면적 또는 경계를 정정하여야 한다.

③ 분할 전후 면적의 차이를 배분한 산출면적은 다음의 계산식에 따라 필요한 자리까지 계산하고, 결정면적은 원면적과 일치하도록 산출면적의 구하려는 끝자리의 다음 숫자가 큰 것부터 순차로 올려서 정하되, 구하려는 끝자리의 다음 숫자가 서로 같을 때에는 산출면적이 큰 것을 올려서 정한다.

$$r = \frac{F}{A} \times a$$

(r은 각 필지의 산출면적, F는 원면적, A는 측정면적 합계 또는 보정면적 합계, a는 각 필지의 측정면적 또는 보정면적)

(4) 도시개발사업 등으로 토지표시를 새로이 결정할 때

(5) 지적공부의 복구를 행할 때

(6) 축척변경을 시행할 때

(7) 등록된 면적 및 경계를 정정할 때

(8) 경계복원측량과 현황측량에 면적측정을 필요로 할 때

2) 면적측정의 절차

① 세부측량을 하는 경우에는 필지마다 면적을 측정하여야 한다.(경계복원측량과 현황측량은 제외)

② 필지별 면적측정은 좌표면적계산법, 전자면적측정기 등에 의한다.

③ 면적을 측정할 경우 도곽선의 길이에 0.5㎜ 이상의 신축이 있는 때에는 이를 보정하여야 한다.

④ 면적측정에 있어서 단수처리는 오사오입을 적용한다.

3.4 면적측정의 방법

1) 삼사법 의한 면적측정

삼사법은 다각형의 필지를 삼각형으로 구분하고 각각의 삼각형에 대하여 밑변과 높이를 구하여 삼각형의 면적을 산출하고 여러개의 삼각형의 면적을 합계하여 다각형의 면적을 산출하는 방법이다.

삼사법은 푸라니미터에 의한 면적측정법 다음으로 면적측정에서 많이 사용되었던 필지면적 산출방법이다. 면적을 측정하고자 하는 필지가 다각형일 때는 우선 다각형의 필지를 몇개의 삼각형으로 구분하고 각 삼각형에 대하여 밑변과 높이를 측정하여 면적을 계산한다. 지금 [그림 6-18]에서 삼각형의 밑변과 높이를 b, h 라 하면 면적 S 는 다음 식으로 구한다.

다음으로 다각형 토지의 면적(F)은 위의 공식으로 구한 각각의 삼각형의 면적을 합산하여 구한다.

즉, F = $\Sigma S = S_1 + S_2 + \cdots\cdots + S_n$

그런데 이 방법을 이용할 때 주의해야 할 것은 밑변과 높이가 비슷해지도록 하는 것이 중요하다. 그 이유는 한 변을 길고 다른 변은 매우 짧다고 하면 작은 변의 오차의 영향이 결정적으로 커지기 때문이다.

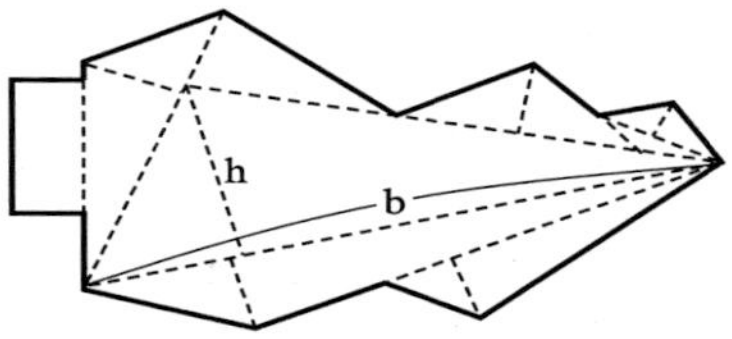

$$S = \frac{1}{2} b h$$

[그림 6-18] 삼각형의 면적

참고로 각 축척에 따라 삼사법으로 면적을 측정해야 할 면적한계를 보면 다음 〈표 6-2〉와 같다.

〈표 6-3〉 삼사법의 축척별 측정면적 한계

구 분	축 척	대상면적	계산식	비 고
지 적 도 시행지역	1 / 600	12 ㎡	600 × 1 / 50	축척분모 × 1/50
	1 / 1,200	24 ㎡	1,200 × 1 / 50	
	1 / 2,400	48 ㎡	2,400 × 1 / 50	
임 야 도 시행지역	1 / 3,000	200 ㎡		삼사법으로 측정한 면적보다 큰 경우에도 삼사법으로 면적 측정 가능
	1 / 6,000	200 ㎡		

(1) 삼사법의 산출단위 및 허용교차

삼사법에 의한 면적측정은 축척에 따라 구하고자 하는 자리수의 10분의 1까지 계산하며, 면적측정은 2회 산출하여 그 교차가 다음 식에 의한 허용면적 이하인 때에는 그 평균치를 측정면적으로 한다.

$A = 0.023^2 M \sqrt{F}$

(A : 허용면적, M : 축척분모, F : 측정면적)

(2) 삼사법의 제정

① 제도적산실시규정(製圖積算實施規程)은 임시토지조사국 훈령 제25호(1914. 6. 30)로 제정되었음.

② 면적의 측정은 계적기(푸라니메타)를 사용하여 이를 행할 것. 단 형상에 의하여 편리하다고 인정하는 경우에는 삼사법을 쓸 수 있음. 면적이 약 10평 이하의 것에 대해서는 삼사법을 사용하여 측정할 것

③ 삼사법에 의한 면적의 측정은 일필지마다 2회 이를 행할 것 단 매회 작업자를 달리하고 제1회 측정의 결과는 전부 이를 엄폐함을 요함.

④ 삼각형의 저변 및 수선의 길이는 1리까지 독기 할 것

(3) 삼사법의 폐지

① 2001. 1. 26. 도면의 전산화사업에 따라 활용도가 저조한 삼사법과 푸라니미터에 의한 면적측정방법 등을 폐지

② 지적법시행규칙을 개정하여 폐지하였음.

2) 푸라니미터에 의한 면적측정

(1) 개설

푸라니미터(구적기)는 일필지의 경계선이 수많은 다각형이나 곡선으로 불규칙한 형태인 토지의 면적을 도면상에서 면적을 측정하는 기구로서 주로 세부측량에서 많이 사용는 면적측정기이다. 사용법은 측정하는 폐곡선상(閉曲線上)을 따라 지표(指標)를 이동하여 귀착할 때 메모리에서 소요 면적을 구한다. 이 기구는 1856년 스위스의 암슬러(Jacob Amsler)가 발명하였다. 도면의 전산화사업에 따라 지적공부부본 작성 제도와 도면의 2부 작성제도를 폐지하고 활용도가 저조한 도근보조점 설치제도와 삼사법 · 푸라니미터에 의한 면적측정방법 등을 폐지함(지적법 제10차 개정, 법률 제6389호, 2001. 1)

(2) 푸라니미터의 종류 및 방법

한국에는 구한말 토지조사 때 일본에서 도래하였다. 종류는 정극식(定極式), 원반식, 회전식 등 3종류가 있는데 정극식과 원반식은 넓은 지형에, 회전식은 가늘고 긴 지형의 면적

측정에 사용된다. 수동이냐 전동이냐에 따라 2종으로 나누는데 전자는 정극식과 직선식, 후자는 디지털이다. [그림 6-19]와 같은 정극식 푸라니미터는 고정식과 보정식이 있다.

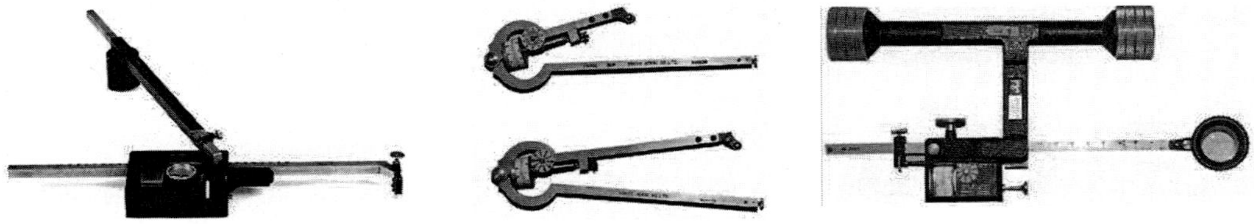

(a) 보정계적기 (b) 정극식 계적기 (c) 롤러식 푸라니미터

[그림 6-19] 푸라니미터의 종류

① 면적계산

가. 극침을 도형밖에 고정했을 때

$$A = (\frac{S}{L})^2 C n$$

여기서C : 푸라니미터의 정수 n : 측윤의 회전수,

$\frac{1}{S}$: 도형의 축척 $\frac{1}{L}$: 푸라니미터 축척(기계축척)

나, 극침을 도형안에 고정했을 때

$$A = (\frac{S}{L})^2 C (n + n_0)$$

여기서 n_0 : 영원(zero circle)의 보정에 필요한 가정수

(3) 면적측정

① 지적도시행지역에 있어서 푸라니미터 측원의 1분획은 1천분의 5로 계산한 수치의 소수점 이하를 버린 수치를 제곱미터 단위로 정한다. 다만, 축척이 2400분의 1 지역인 경우에는 1분획을 축척분모의 1000분의 10으로 계산하여 정한다.

② 임야도 시행지역에 있어서는 극식푸라니미터 측원의 1분획은 99.2 제곱미터 단위로 정한다.

〈표 6-4〉 유표눈금 단위

축 척	유포 1눈금 단위	계 산 식	비 고
1/600 지역	3㎜²	600×(5/1,000)	지적도지역
1/1,200 지역	6㎜²	1,200 ×(5/1,000)	지적도지역
1/2,400 지역	24㎡	2,400 ×(10/1,000)	지적도지역
1/3,000 지역	99.2㎡	30평 ×(1/0.3025)	임야도지역
1/6,000 지역		=99.1734	

③ 푸라니미터로 도상에 3회 측정하여 그 독수교차가 다음식의 허용범위 이내인 경우 그 평균치를 측정치로 한다. 여기서 독수교차라 함은 3회 측정시 최대치와 최소치를 의미한다. 독수교차 계산의 예시는 〈표 6-5〉와 같다.

허용범위 = $0.023^2 M \sqrt{F/C}$

(M : 축척분모, F : 측정면적, C : 측윤 1분획의 단위면적)

〈표 6-5〉 독수교차 계산 예시

축 척	회수 또는 산출수			측정면적(㎡)	독수교차	허용범위	비 교
	1회	2회	3회				
1/600	10	10	11	31	1	0.6	독수교차 초과
1/1,200	24	24	25	146	1	1.3	
1/6,000	10	10	11	1025.1	1	1.0	

④ 측정면적은 축척에 따라 구하고자 하는 자리수의 10분의 1까지 계산한다.

3) 전자면적계에 의한 면적측정

전자면적계(디지탈 푸라니미터)는 푸라니미터가 단순하게 면적만 측정하던 것을 면적, 좌표, 선길이, 변길이, 반지름 등을 측정할 수 있고 프린터도 장착할 수 있는 만능기기이다. 전자면적계의 구성과 기능은 [그림 6-20] 및 〈표 6-6〉과 같다.

[그림 6-20] 전자면적계

전자면적기는 [그림 6-20] 등과 같은 기기가 사용되고 있으며, 지적측량 시행규칙은 전자면적기를 사용할 경우 도상에서 2회 측정하여 그 교차가 다음 식에 의한 허용면적 이하인 때에는 그 평균치를 측정치로 한다.

$A = 0.023^2 M \sqrt{F}$ (A: 허용면적, M: 축척분모, F: 측정면적)

측정면적은 1000분의 1제곱미터까지 계산하여 10분의 1 제곱미터 단위로 정한다.

〈표 6-6〉 전자면적계의 구성과 기능

번 호	명 칭	기 능
①	전원스위치	올리면 "ON", 내리면 "OFF"
②	접지륜	도면상의 미끄러움을 없애고 정확한 왕복운동을 시킨다.
③	표시화면	각종 조작 메시지와 측정결과를 표시한다.
④	스타트/포인트 스위치	측정 개시의 지시와 각 측점의 플로팅을 행한다.
⑤	이동렌즈	대형 편심회전렌즈이므로 쉽게 볼 수 있다.
⑥	연속스위치	연속측정모드(곡선용)에서 포인트모드(직선용)로 바꾸어 준다.
⑦	연속계산표시등	빨간불이 들어와 있을 때에는 연속모드가 된다.
⑧	AC충전기잭	충전용 AC충전기를 꽂아 놓는다. 표시화면에 "B"라고 나타나면 충전 요망
⑨	조작판	각종 키로 구성된다.

〈표 6-7〉 산출교차계산 예시

축척	회수 또는 산출수			측정면적	산출교차	허용면적
	1회	2회	3회			
1/600	24.67	25.48		25.08	0.8	1.6
1/1,200	105.8	109.4		107.6	3.6	6.6
1/6,000	296.8	289.8		293.6	7.0	54.4

4) 좌표에 의한 면적측정

좌표면적계산에 관한 내용은 제5장 지적세부측량에서 설명한 바와 같다.

3.5 분할지의 신구면적 오차와 배부

1) 산출면적과의 오차 허용범위

토지를 분할한 후 면적측정에 있어서 분할하기 전 원필지의 면적과는 차이를 신구면적 오차라 하며, 이것은 다음 식에 의한 일정한 허용면적이하일 때에는 분할 전 면적에 증감이 없도록 오차를 각 필지의 면적에 배부하여 결정한다.

일반적으로 산출면적 합계와 원면적과의 오차허용범위는 다음 식으로 구한다.

$A = 0.026^2\ M\sqrt{F}$ (A: 허용면적, M: 축척분모, F: 원면적)

$$\text{배부수} = \frac{\text{산출면적} \times \text{오차 (교차)}}{\text{산출면적 합계}}$$

2) 신구면적 오차 배부

신구면적 오차를 배부한 산출면적은 다음 식에 따라 필요한 자리까지 계산하고 결정면적은 그 합계가 원면적에 일치하도록 산출면적의 소요자리수 미만의 수가 큰 것부터 차례로 올린다. 다만, 소요자리수 미만의 수가 서로 같을 때에는 산출면적이 큰 것을 올린다.

$$r = \frac{F}{A} \times a$$

(r: 각 필지에 산출면적, F: 원면적, A: 측정면적 합계 또는 보정면적합계,
a: 각 필지의 측정면적 또는 보정면적)

분할지의 신구면적 교차의 배부에 있어서는 배부수를 1/1,000㎡ 자리까지 산출하고 그의 합계를 오차에 일치하도록 끝자리의 수가 많은 것부터 순차 절상하여 1/10㎡ 단위로 정한다. 다만, 등록면적 단위 다음의 한자리수가 동일한 것이 2필지 이상 있을 때에는 등록면적 단위 다음의 두자리 까지 산출하여 많은 순서로부터 순차 배부한다.

등록전환에 있어서 임야대장의 면적과 등록전환 될 면적의 오차허용범위는 계산식 $A = 0.026^2\ M\sqrt{F}$ (A: 오차허용범위, M: 임야도의 축척분모, F: 등록전환될 면적)에 의한다. 이 경우 오차허용범위를 초과하는 때에는 임야대장의 면적 또는 임야도의 경계를 정정하여야 한다.

수치지적부 시행지역의 분할 후 면적결정은 구하고자 하는 끝자리의 다음 숫자가 큰 것부터 순차적으로 올리거나 버려서 정한다.

3) 도곽선 신축에 따른 신축량 계산

거리를 측정할 경우 도곽선의 길이가 0.5㎜ 이상의 신축이 있을 경우에는 이를 보정한다. 이것은 도면을 재작성 할 경우에도 마찬가지다.

$$S = \frac{\Delta X_1 + \Delta X_2 + \Delta Y_1 + \Delta Y_2}{4}$$

여기서 S: 신축량

ΔX_1 : 왼쪽 종선의 신 또는 축된 차, ΔX_2 : 오른쪽 종선의 신 또는 축된 차

ΔY_1 : 윗쪽 횡선의 신 또는 축된 차, ΔY_1 : 아래쪽 횡선의 신 또는 축된 차

이 경우 신축된 차(㎜) = $\dfrac{1000\,(L - L_0)}{M}$

(L:신・축된 도곽선 지상길이, L_0 : 도곽선 지상길이, M : 축척분모)

보정량 = $\dfrac{\text{신축량(지상)} \times 4}{\text{도곽선상의총화(지상)}} \times$ 실측거리

보정량 = 실측거리 ± 거리보정량

실측거리를 보정할 경우 도곽선의 신축에 따라서 신가축감(伸加縮減) 원리를 적용하여 계산한다.

4) 도곽선 신축에 따른 면적보정계수 계산

지적측량시행규칙 제20조에 의거하면 도곽선이 신축된 경우 면적보정계수를 계산하게 되면 식은 다음과 같으며, 도면의 축척과 도곽선 규격에 의해 모두 달라지게 된다.

$$Z = \frac{X \cdot Y}{\Delta X \cdot \Delta Y}$$

(Z: 보정계수, X: 도곽선 종선길이, Y: 도곽선 횡선길이,

ΔX: 신・축된 도곽선 총선길이합 ÷ 2, ΔY: 신・축된 도곽선 횡선길이의 합 ÷ 2)

도곽선이 늘어났을 때에는 (+) 부호를 줄었을 때에는 (-) 부호를 취하여 계산한다. 면적보정계수의 자리수는 소수점 이하 4자리까지 취해야 한다.

보정면적 = 산출면적 × 면적보정계수

참고문헌

1. 강태석, 『지적측량학』, 형설출판사, 1994
2. 강태환, 『지적측량』, 한올출판사, 2001.
3. 김재덕, 『지적측량계산문제집』, 건웅출판사, 1989.
4. 김재덕, 『도근측량』, 도서출판 연예, 1994.
5. 최한영, 『지적측량 원론』, 구미서관, 2012.
6. 최한영, 『지적측량특론』, 구미서관, 2013.
7. 최한영, 『지적측량실무특론』, 구미서관, 2015.
8. LX한국국토정보공사, 『지적측량용어해설집』, 2017.
9. LX한국국토정보공사 공간정보연구원, 「지적측량 법령의 수식 고증 연구」, 2017.

단 원 학 습 평 가

1. 지적도를 등사하여 측량원도에 일필지별로 자사한 것은?

① 소도　② 간주임야도　③ 간주지적도　④ 측량결과도

2. 도곽선의 역할로 옳지 않은 것은?

① 인접도면의 접합 기준　② 지적측량기준점 전개시의 기준

③ 도곽 신축량을 측정하는 기준　④ 지적도의 크기

3. 지적도와 임야도의 도곽 배치 및 도면의 접합관계 확인이 가능한 도면은?

① 일람도　② 지번색인표　③ 경계점좌표등록부　④ 대지권등록부

4. 등록전환될 면적의 오차 허용범위 계산식은 (　　　)이다.

5. 다각형의 필지를 삼각형을 구분하고 밑변과 높이를 구하여 삼각형의 면적을 산출하고, 여러 개의 삼각형의 면적을 합계하는 방법을 (　　　)이라 한다.

6. 색인도의 직사각형 중앙의 크기는 가로 (　　　), 세로 (　　　)이다.

7. 지적기준점의 제도에 대하여 설명하시오.

8. 면적 단위의 변천에 대하여 설명하시오.

9. 면적측정 방법 중 삼사법대하여 설명하시오.

10. 분할지의 신구면적 오차의 배부에 대하여 설명하시오.

정답 1. ① 2. ④ 3. ① 4. $A = 0.026^2 M\sqrt{F}$ 5. 삼사법 6. $7, 6\text{mm}$ 7-10. 본문 참조

CHAPTER

07

GNSS에 의한 지적측량

1 GNSS 개요
2 위치결정원리
3 오차 및 조정

CHAPTER 07

GNSS에 의한 지적측량

1 GNSS 개요

과학기술의 발달에 힘입어 지적기준점과 같은 지상기준점을 이용하는 좌표 결정방식이 아닌 우주기준점을 이용한 위치결정방법이 도입되기 시작했는데 1978년 최초의 GPS 위성이 발사되면서 시작된 미국의 GPS(Global Positioning System)가 그 대표적인 예라 할 수 있다. GPS는 움직이는 우주기준점 즉, 좌표가 사전 또는 사후 결정된 최소 3대 이상의 인공위성으로부터 위치를 구하고자 하는 지구상 측점까지의 거리를 동시에 측정하여 좌표를 결정하는 측량방식으로 미국의 GPS에 이어 러시아의 GLONASS(GLobal Orbiting NAvigation Satellite System), 유럽연합의 Galileo, 중국의 BDS(BeiDou Navigation Satellite System)가 개발 중이거나 운영되고 있으며 이들 시스템을 통틀어 GNSS(Global Navigation Satellite System)로 명명하고 있다.

1.1 GNSS 종류

GNSS는 위성항법시스템 또는 범지구적 위성항법 시스템 등의 일반명사이며, GPS, GLONASS, Galileo, BDS 등은 개별적으로 운영되는 고유한 위성항법시스템 명칭이다.

1) GPS

(1) 개발

GNSS의 대표 주자라 할 수 있는 GPS는 미국 국방성(DoD, Department of Defense)에 의해 1970년대 초기에 개발된 위성항법시스템으로 실제 명칭은 Navstar GPS이며 NAVSTAR (NAVigation System using Timing And Ranging)로 약어 표현을 하기도 하는데, 현재는 일반적으로 GPS라고 표현하고 있다.

GPS 출범 이전 이미 미국에서는 3개의 위성 시스템(U.S. Navy Navigation Satellite System, U.S. Navy's Timation, U.S. Air Force project 621B)이 실험적으로 운용되고 있었다.[134] NNSS 또는 TRANSIT system으로도 불리는 U.S. Navy Navigation Satellite System은 1964년부터 미 해군에서 운영하였으며 당시 GPS의 토대가 되는 CDMA(Code Division Multiple Access)기술과 PRN(Pseudo Random Noise) 코드 기술을 시험하고 있었다. 1967년 미 해군 주도하에 실시된 TIMAITION(TIMe navigATION) 프로그램은 위성에 원자시계를 탑재하여 위성의 궤도 예측을 향상시키고자 하였다. 또한 1960년대 중반부터 미 공군에서 수행한 621B 프로젝트는 PRN 신호를 반송파에 변조함으로써 데이터의 장거리 전송을 가능하게 하였다.[135)136]

자료: https://www.afspc.af.mil/News/Photos/igphoto/2000235127/mediaid/243647/

[그림 7-1] GPS 위성

〈표 7-1〉 현재 운영 중인 GPS 위성 현황(2019년 4월 24일 기준)

내용 \ 종류	Blcok IIA	Blcok IIR	Blcok IIR-M	Blcok IIF	Blcok III/IIIF
발사년도	1990~1997	1997~2004	2005~2009	2010~2016	2018~현재
발사위성수	19	13	8	12	2
운영위성수	1	11	7	12	2(시험 중)
신 호	C/A 코드	C/A 코드 P(Y)코드	L2C 코드추가 M 코드 추가	L5 코드 추가	L1C 코드 추가
특 징	군용 P(Y)코드		신호 방해 방지를 위해 강화된 M 코드 신호 송신	강화된 원자 시계 탑재	레이져 반사경 SA 기능 없음
시 계		류비듐 시계 3개	류비듐 시계 3개	류비듐 시계 2개 세슘 시계 1개	류비듐 시계 3개
설계수명	7.5년	7.5년	7.5년	12년	15년

134) James Bao-yen Tsui, Fundamentals of Global Positioning System Receivers : A Software Approach, New York : Wiley-Interscience, 2000, p.2.

135) Nel Samama, Global Positioning : Technologies and Performance, New York : Wiley-Interscience, 2008, p.24.

136) https://www.gps.gov/systems/gps/space/#generations, 31 operational satellites in the GPS constellation.

미 해군과 공군에서 각자 실험적으로 운영해오던 이러한 3개의 위성항법시스템들은 1973년 NAVSTAR GPS라는 이름으로 통합되었으며, 5년 후인 1978년 4대의 NAVSTAR 위성들이 발사되었다. 1978년부터 1985년까지 Block Ⅰ으로 명명된 11대의 위성들이 발사되었고, 1989년부터 1990년까지 9대의 Block Ⅱ위성들이 발사되었다. 1990년부터 1997년까지 19대의 Block ⅡA위성들이 발사되었고 Block ⅡR 위성들은 2004년까지 13대가 발사되었다. 2005년부터 2009년까지 8대의 Block ⅡR-M, 2010부터 2016년까지 12대의 Block ⅡF, 2018년부터 2019년까지 2대의 Block ⅢA가 발사되었다.137)

(2) 주요 사건

1978년 2월 22일 최초의 GPS 위성이 발사된 이래 2019년 현재 40년을 넘어서는 세월이 지나는 동안 GPS 발전에 영향을 주는 많은 중요한 일들이 발생하였다.138)

〈표 7-2〉 GPS 주요 발전사

년 도	내 용
1973	기존의 3개 위성항법시스템을 NAVSTAR GPS로 통합하여 개발하기로 결정
1974~1979	위성항법시스템 테스트
1977	지구상에 송신기를 설치하여 수신기 테스트를 수행함
1978~1985	총 11개의 GPS Block 1 위성들이 발사됨
1982	MIT에서 실험용 Macrometer 시험
1983	소련 영토를 침입했다는 이유로 대한항공 007 민간여객기가 격추됨(9월 1일)에 따라GPS의 민간 사용을 허용하기로 결정함
1985	Kinematic GPS surveying
1986	우주왕복선 첼린저 호 폭발(1월 28일)
1989	첫 번째 GPS Block Ⅱ 위성이 발사되어 작동함
1990~1991	걸프전동안 SA의 실행(1990년 3월 25일)과 일시적 비활성화(1990년 9월), 1991년 7월 1일 다시 활성화됨
1992	IGS campaign(7월21일 ~ 9월 23일)
1993	Initial Operational Capability(IOC)이 공포됨(12월 8일) Real-time kinematic GPS 전 세계적으로 무료 사용을 확실하게 결정함
1994	IGS 서비스 시작(1월 1일) GPS Block 2 위성들의 배치가 완료됨(3월)

137) https://en.wikipedia.org/wiki/GPS_satellite_blocks, GPS satellite blocks.
138) AlFred Leick, GPS satellite surveying, New Jersey : John Wiley & Sons, 2004, pp.4-5.

년 도	내 용
1995	Full Operational Capability(FOC)가 공표됨(7월 17일) Precise point positioning(PPP-JPL)
1998	JPL에서 인터넷을 통한 GPS 데이터 자동 분석 서비스 시작
2000	5월 1일 SA 사용 중단 발표 5월 2일 4시를 기점으로 100m에서 20m로 민간 사용자의 정확도가 향상됨
2004	50번째 GPS 위성이 발사됨(3월 20일)
2005	첫 번째 GPS Block ⅡR-M 위성이 발사됨(군용 M-signal, 두 번째 민간 신호 L2C, 9월 25일)
2007	GPS Block Ⅲ 위성에 SA 기능 제거 발표(9월 18일)
2010	첫 번째 GPS Block ⅡF 위성이 발사됨(세 번째 민간 신호 L5, 5월 28일)
2018	첫 번째 GPS Block Ⅲ 위성이 발사됨(네 번째 민간 신호 L1C, 12월 23일)

미국 국방성 주도하에 개발된 GPS의 초기 목적은 당연히 군사용이었지만 측량분야와 측지분야에서는 큰 변화를 불러왔다. 1982년 MIT에 재직 중이던 Charles C. Counselman은 실험용 Macrometer 수신기를 개발하였고 이를 이용한 장시간 기선 반복 관측 시험에서 1~2 ppm의 GPS 측량 정확도를 증명하였다.139)

1983년 9월 1일 소련이 우리나라 동해상에서 대한항공 007 여객기를 격추시킨 사건을 계기로 미국 레이건 대통령과 미국 의회는 GPS의 민간 사용을 미 국방성에 촉구하였고, 결국 GPS의 민간사용과 측지측량에 사용할 정도의 정밀도를 지닌 휴대용 GPS 수신기의 개발로 이어졌다.140)

GPS Block Ⅰ GPS 위성들은 대륙간 탄도 미사일이 변형된 Atlas 로켓에 탑재되어 발사되어졌는데 소모성인 로켓발사의 막대한 비용을 줄이고자 GPS 위성을 우주왕복선에 실어 우주공간에 배치하려 하였다. 불행히도 1986년 GPS 위성을 탑재한 우주왕복선 챌린저 호가 발사 이륙 후 공중 폭발함에 따라 이 계획은 폐지되고 다시 Delta Ⅱ 로켓을 이용한 발사로 전환되었다.141)

1990년 걸프전이 발발함에 따라 미군은 GPS 위성시계와 궤도력에 오차를 부여하는 SA(Selective Availability)를 실행했다. 전쟁에 따른 군용 GPS 장비의 부족으로 민간장비

139) AlFred Leick, GPS satellite surveying, New Jersey : John Wiley & Sons, 2004, p.3.

140) Hofmann-Wellenhof, Herbert Lichtenegger, Elmar Wasle, GNSS-Global Navigation Satellite Systems GPS, GLONASS, Galileo and more, Austria : SpringerWienNewYork, 2008, p.309.; Charles C. Counselman에 의해 개발된 장비는 Macrometer Interferometric Surveyor라는 이름으로 상업적 이용이 되었고, 군에서는 고정밀도 측지망 구축을 위한 실험용으로 사용되었다.

141) AlFred Leick, GPS satellite surveying, New Jersey : John Wiley & Sons, 2004, p.6.

를 사용해야하는 상황에서 그해 9월 잠시 감소되었으나 1991년 7월 1일 다시 가동되었다.[142)]

1993년 GPS Block Ⅰ, Ⅱ, ⅡA 위성들로 조합된 24대의 항법운영체계가 7월에 이루어졌고 미국방성은 12월 8일 공식적으로 IOC(Initial Operational Capability)를 선언하였다. IOC 이후 추가적으로 GPS Block ⅡA 위성들이 발사되어 6개 위성 궤도에 계획된 대로 배치되면서 군사적인 시험이 병행되었다. 1994년 3월 GPS Block Ⅱ/ⅡA 위성들로 이루어진 24대의 배치와 시험이 완료되었고, 1995년 7월 17일 공식적으로 FOC(Full Operational Capability)를 선언하였다.[143)] FOC 이후 지구상 어느 곳에서나 원하는 시간에 GPS를 이용하여 위치를 결정할 수 있는 시대가 시작되었다.

24대의 GPS 위성들의 배치 완료로 GPS의 안정적인 사용이 가능해지면서 1994년 지구관측 및 연구 등에 필요한 데이터 제공을 목적으로 하는 IGS(International GNSS Service)가 설립되었으며 100여개 국가의 관련 기관, 대학, 연구소 등으로부터 GPS 데이터를 공유하고 이를 기반으로 정밀 궤도력을 산출하여 제공함으로써 일반 사용자들이 다운로드 받아 사용할 수 있게 되었다.[144)]

걸프전 당시 SA의 문제점이 대두되면서 러시아와 유럽연합, 중국 등이 그들 나름대로의 독자적 위성항법시스템 개발에 착수하게 되자 전 세계의 민간 및 상업 사용자에 대한 자국 GPS 이용의 확실한 점유를 위해 2000년 5월 1일 빌 클린턴 대통령의 지시로 미국 정부는 SA의 사용을 중단하였다. 2000년 5월 SA의 사용중단 발표와 더불어 2007년 9월 18일 미국 정부는 전 세계 민간 GPS 사용자들이 SA로 인해 인식되었던 GPS 사용의 불확실성을 없애기 위해 차세대 위성인 GPS Ⅲ 위성에 SA 기능을 없애기로 결정하였다.[145)]

GPS 현대화의 계획에 따라 군용 M 신호와 민간용 L2C 신호가 추가된 GPS Block Ⅱ

---

142) AlFred Leick, GPS satellite surveying, New Jersey : John Wiley & Sons, 2004, p.74.; GPS는 민간인을 대상으로 하는 SPS(Standard Positioning Service)와 군인 또는 사용이 허가된 자들을 대상으로 하는 PPS(Precise Positioning Service)로 나뉘는데 SPS 사용자들은 C/A코드만 이용할 수 있는 반면에 PPP사용자들은 C/A코드 및 암호화된 P(Y)코드를 사용할 수 있다. 따라서 C/A코드에 SA를 부여할 경우 SPS 사용자들은 위치결정에 문제가 발생할 수 있지만 PPP 사용자들은 P(Y)코드를 이용하면 되기 때문에 SA의 영향을 받지 않는다.; Hofmann-Wellenhof, Herbert Lichtenegger, Elmar Wasle, GNSS-Global Navigation Satellite Systems GPS, GLONASS, Galileo and more, Austria : SpringerWienNewYork, 2008, p.320.; 미 국방부는 SA가 작동될 경우 단독측위(Stand alone positioning)에서 100m의 수평오차, 156m의 수직오차를 야기한다고 밝혔다.

143) Hofmann-Wellenhof, Herbert Lichtenegger, Elmar Wasle, GNSS-Global Navigation Satellite Systems GPS, GLONASS, Galileo and more, Austria : SpringerWienNewYork, 2008, p.310.

144) 설립 당시 International GPS Service였는데 GLONASS, Galileo 등 다양한 위성항법시스템들이 출현하면서 International GNSS Service로 명칭이 바뀌었다.

145) https://www.gps.gov/systems/gps/modernization/sa/, Selective Availability.

R-M 위성(2005년 9월 25일), L5 신호가 추가된 GPS Block ⅡF 위성(2010년 5월 28일), L1C 신호가 추가된 GPS Block Ⅲ 위성(2018년 12월 23일)들을 계속적으로 발사하고 있으며 이러한 노력을 통해 GPS를 이용한 위치결정의 정확도를 높이고 전 세계 민간 사용자들의 안정적인 이용을 제공함으로써 GLONASS, Galileo, BeiDou 등 여러 위성항법시스템과의 경쟁에서 앞서 나가고 있다.

2) GLONASS

(1) 개발

GLONASS는 러시아 우주국(Russian Space Forces)에 의해 관리되는 위성항법시스템이며 러시아 국방부의 KNITs(Coordination Scientific Information Center)에 의해 운영되고 있다. GLONASS는 데이터 전송과 위치 결정방법이 미국의 GPS와 같은 원리를 공유하지만 좌표계와 시간 체계는 다르고 각위성별 PRN 코드 대신 약간씩 다른 반송파를 사용하여 위성을 식별하는 것도 다른 점이다.[146]

미국의 GPS가 WGS84좌표계를 사용하는 반면 러시아의 GLONASS는 PZ-90 좌표계를 사용한다. 두 좌표계의 차이로 인해 발생되는 오차는 20m 이하이며 두 좌표계간의 좌표변환을 통해 해결할 수 있다.[147]

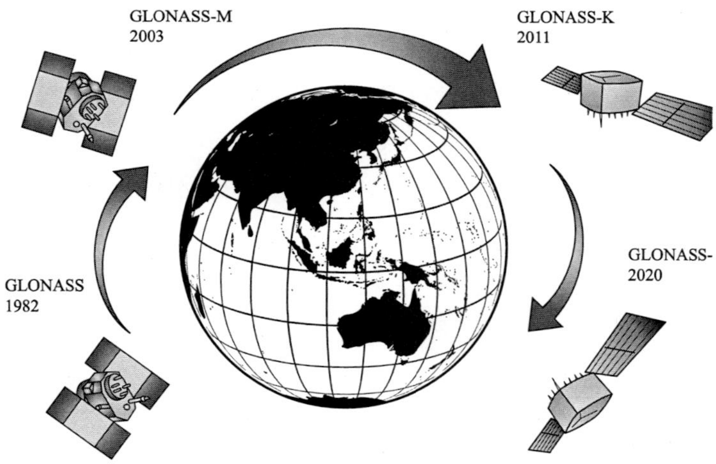

자료: https://www.everythingrf.com/community/what-is-glonass

[그림 7-2] GLONASS 위성체계

146) Guochang Xu, GPS : Theory, Algorithms and Applications, Berlin : Springer, 2007, pp.3-4.
147) 권기욱, 이성익, 이영욱, 정종철, 『위성측량의 이해』, 도서출판 동화기술, 2011, p.18.

위성을 항법에 이용하려는 계획은 1957년 V.S.Shebashevich에 의해서 제안되었으며, 날씨와 시간에 상관없이 전 세계적으로 사용이 가능한 항법의 정확도를 높이기 위한 연구들이 소련 연구기관들에 의해 수행되었다. 이러한 결과들은 1963년 최초의 저궤도 'Cicada'시스템 프로젝트에 사용되었고 1967년 최초의 소련 항법 위성 'Cosmos-192' 의 발사로 이어졌으며, 항법 위성 궤도의 매개변수들을 결정하고 예측하는 정확도의 향상을 가져왔다. 러시아 고궤도 항법위성시스템인 GLONASS의 시험은 1982년 10월 'Kosmos-1413'위성의 발사로 시작되었으며 1993년에 공식적인 운영을 선언하였다. 1995년 1세대 GLONASS 항법위성들로 구성된 24대의 궤도 배치가 완료되었다. 그러나 1990년대 우주산업에 대한 자금 지원의 축소로 인해 GLONASS 항법위성의 배치 작업은 계속적으로 진행되지 못하였고 결국 1995년 완성된 24대의 위성 궤도 배치는 2002년 7대의 위성들로 배치되는 상황에 이르게 되었다. 이는 자국 내에서의 항법을 지원하기에도 부족한 실정으로 미국의 GPS에 뒤처지는 결과를 가져왔다. 결국 2002년 연방 프로그램인 'Global Navigation System for 2002-2011'이 채택되어 진행되었는데 'GLONASS-K'위성들로 운영되는 GLONASS 시스템을 계속 유지시키고 현대적으로 변모시켰으며 우주부문과 함께 지상제어 부문의 현대화로 인해 미국의 GPS에 상응하는 수준의 정확도를 얻게 되었다. GNSS 기술의 응용 범위가 증대되고 실시간 센티미터 수준의 높은 정확도가 요구되어지면서 2012년 3월 3일 다시 'GLONASS Sustainment, Development and Use for 2012-2020' 연방 프로그램이 시작되었는데 경쟁력 있는 수준의 성능 보장, 국제 위성항법시스템과의 공조 강화, 러시아 연방과 해외지역 모두에서 사용 가능 등이 포함되었다.[148)]

〈표 7-3〉 GLONASS 위성 현황(2019년 3월 27일 기준)

종류 / 내용	GLONASS	GLONASS-M	GLONASS-K1	GLONASS-K2
발사년도	1982~2005	2003~	2011~	2019~
발사위성수	88	48	2	-
운영위성수	0	23	1	-
신호	L1OF, L1SF, L2SF	L1OF, L1SF, L2OF, L2SF, L3OC	L1OF, L1SF, L2OF, L2SF, L3OC	L1OF, L1SF, L2OF, L2SF, L1OC, L2OC, L3OC

148) https://www.glonass-iac.ru/en/guide/index.php, GLONASS history, Cosmos-192 위성은 150Mhz와 400Mhz 항법 신호를 지속적으로 전송하였다.: https://en.wikipedia.org/wiki/List_of_GLONASS_satellites, Satellites by version. 2010년까지 Proton 로켓에 의해 궤도에 올려졌고, 2013년까지는 Soyuz 로켓과 병행되어 올려졌으며, 2014년부터는 Soyuz 로켓에 의해 궤도에 올려지고 있다.

종류 / 내용	GLONASS	GLONASS-M	GLONASS-K1	GLONASS-K2
운영상태	서비스 종료 82개 종료 6개 궤도 이탈	서비스 중 17개 종료 6개 궤도 이탈 2개 미사용	서비스 중 1개 미사용	시험단계 CDMA 송출계획
시계	세슘 시계 2개	세슘 시계 3개	류비듐 시계 2개 세슘 시계 2개	류비듐 시계 2개 세슘 시계 2개
설계수명	3년	7년	10년	12년

(2) 주요 사건

미국의 GPS 위성 발사보다 4년 늦은 1982년 최초의 GLONASS Block Ⅰ 위성의 발사를 시작으로 1991년 소련이 붕괴되고 러시아가 정권을 잡게 되는 와중에도 24대 위성(1995년)이 궤도에 정착되어 미국의 GPS 시스템과 비슷한 수준을 이루게 되었다. 그러나 GLONASS 시스템의 유지를 위한 러시아 정부의 재정적인 어려움으로 인해 24대의 GLONASS 위성 배치는 유지되지 못하였고, 2001년 6대~8대의 위성밖에 남지 않는 상황에 이르렀다.[149)]

〈표 7-4〉 GLONASS 주요 발전사

년 도	내 용
1982	GLONASS Block Ⅰ 위성 최초 발사(10월 12일)
1987~1988	GLONASS Block Ⅱb 위성 12대 중 6대 발사 실패
1991	Phase Ⅰ GLONASS system 완성 : 14대 위성 배치
1993~1994	GLONASS Block Ⅱ V 위성 12대 발사
1996	Phase Ⅱ GLONASS system 완성 : 24대 위성 배치(1월 18일)
1996	최소 15년간 사용자 비용 없이 민간 비행에 GLONASS 신호 제공(7월 29일)
2001	GLONASS-M 계획 승인(8월 20일)
2003	GLONASS-M 위성 최초 발사(12월 10일)

149) Hofmann-Wellenhof, Herbert Lichtenegger, Elmar Wasle, GNSS-Global Navigation Satellite Systems GPS, GLONASS, Galileo and more, Austria : SpringerWienNewYork, 2008, p.342.; 권기욱 외3, 『전게서』, pp.16-20.; Hofmann-Wellenhof, Herbert Lichtenegger, Elmar Wasle, GNSS-Global Navigation Satellite Systems GPS, GLONASS, Galileo and more, Austria : SpringerWienNewYork, 2008, pp.341-344.

년 도	내 용
2006	Federal GLONASS Program Update(1월 18일) : 2007년 18대 위성 배치, 2009년 FOC 완성, 2010년 GPS와 Galileo에 대응할 만한 수행능력 완성목표
2007	GLONASS Federal Program(3월 17일) : 전 세계 무료사용
2011	GLONASS-K 위성 최초 발사(2월 26일)
2012	New GLONASS Program(3월 3일) : GLONASS의 지속 가능한 발전 목표

2000년대에 이르러 지구 온난화에 따라 러시아 극동지방인 시베리아의 석유 자원 개발에 힘입어 막대한 국가 재정이 확보되자 러시아 정부는 2001년 GLONASS 현대화 계획을 발표하고 2002년부터 2011년까지 재정지원을 승인하였다. 그 결과 2012년 24대의 위성을 배치하여 GLONASS는 전 지구적위치결정 기능을 회복하였으며, 미국의 GPS와 능력을 견줄 만한 상태가 되었다. GLONASS 연방 프로그램의 성공에 힘입어 2012년 새로운 프로그램의 개발을 승인하였는데, 2012년부터 2020년까지 자국의 다양한 항법기술 개발을 촉진하고 모든 사용자들에 대한 요구에 부흥하도록 GLONASS 시스템에 대한 지속적인 서비스를 보장하는 내용을 담고 있다. 러시아는 현재 GLONASS-M 위성과 GLONASS-K1 위성으로 FOC를 완성하여 운영하고 있으며, GLONASS-KM 시스템에 대한 계획이 수립되어 2015년부터 2035년까지 진행될 예정이다.[150)]

3) Galileo

(1) 개발

유럽은 위성에 기초한 항법의 전략적, 경제적, 사회적, 기술적 중요성을 일찍 인식했다. 유럽 전역에 대한 교통, 통신, 에너지 기반 시설을 안정화하고 정착시키기 위해 위성측위 및 항법에 대한 유럽 전략과 주요 행동들이 요구되었고 GNSS 1과 GNSS 2로 나뉘어 진행되었다.

GNSS 1 프로그램은 EGNOS(European Geostationary Overlay Service)로 명명되며 유럽 전역의 사용자들은 EGNOS 위성으로부터 송신된 GPS 보정신호가 위치결정에 사용되므로 보다 정확한 위치결정을 수행할 수 있게 된다.[151)] GNSS 2 프로그램은 Galileo로 명

150) 주현승, 『지오인포매틱스 개정3판』, 한국학술정보(주), 2017, pp.436-440.

151) 주현승, 상게서, pp.483-484.; 지상감시국(RIMS, Ranging and Integrity Monitoring)에서 수신한 GPS 위성신호를 주관제국(MCC, Master Control Center)에서 처리하여 보정신호를 생성하고 생성된 보정신호는 EGNOS 위성으로 전송되는데, EGNOS 위성은 유럽 전역에 이를 전송하고 사용자들은 이 보정신호를 수신하여 보다 정확한 위치를 결정하게 된다.

명되며 Galileo는 EU(European Union)와 ESA(European Space Agency)에 의해 출범된 글로벌 위성항법 시스템으로 민간 통제하에 높은 정확도의 전 지구적 위치 결정이 가능한 서비스 제공을 목적으로 하고 있다. 당시 GNSS 2의 비용이 막대했으므로 유럽의 책임자들은 미국의 GPS나 러시아의 GLONASS를 위한 공동 비용과 기술지원을 통해 시스템 제어를 꾀하려 했었는데 두 시스템 모두 군사 목적의 시스템이었기 때문에 불가능하다고 결정하고 독자적인 위성항법시스템을 개발하기로 결정하였다.152)

2005년 12월 Galileo 시스템 기술의 시험을 목적으로 하는 GIOVE(Galileo In-Orbit Validation Element)위성이 러시아의 소유즈 로켓에 실려 발사되었는데 중궤도에 발사된 유럽 최초의 위성이었다. 위성의 궤도 배치를 위한 우주 환경에 대한 자료 취득이 목적이었던 이 위성은 27개월 수명으로 제작되었지만 7년 뒤인 2012년 6월까지 작동되었다. 같은 목적으로 2008년 4월 GIOVE-B 위성이 발사되어 성공적으로 신호 송신을 시작하였으며 2012년 7월까지 작동되었다.

자료: https://galileognss.eu/category/galileo-space-segment/

[그림 7-3] Galileo 위성

2011년 10월 최초의 Galileo IOV(In-Orbit Validation)위성인 GSAT0101과 GSAT0102이 프랑스 Guiana 유럽 우주기지에서 발사되었으며 다음해인 2012년 10월 GSAT0103과 GSAT0104가 발사되었다. 이들 위성의 목적은 정해진 위성 궤도에 진입하여 궤도를 잘 유지하는지에 대한 검증이었다. Galileo IOV 위성들의 성공적인 임무 완료가 이루어진 후 본격적인 FOC를 위한 위성들이 발사되기 시작했다. 2014년 8월 최초의 Galileo FOC 위성인 GSAT0201과 GSAT0202가 발사됐는데 계획된 궤도로 발사되지 못했으나 2014년 말과 2015년 초에 정상궤도로 진입되었다. 2019년 현재 총 22대의 Galileo FOC 위성이 운영 중이며 2022년까지 12대가 추

152) Nel Samama, Global Positioning : Technologies and Performance, New York : Wiley-Interscience, 2008, p.25.

가로 발사되어 배치될 예정이다.[153)]

〈표 7-5〉 Galileo 주요 위성 발사 현황(2018년 7월 25일 기준)

내용 \ 종류	GIOVE-A, B	Galileo IOV	Galileo FOC
발사년도	2005, 2008	2011~2012	2014~
발사위성수	2	4	22
운영위성수	-	-	19
목적	위성의 우주 환경 요소 분석	위성의 궤도 진입 시험	위성항법
특징	중궤도에 진입한 최초의 유럽 위성 2012년 6월 30일까지 운영됨	GSAT01**로 위성 이름 명명	GSAT02**로 위성 이름 명명 IOV 위성보다 더 강력한 송신 기능을 구비함
시계	류비듐 시계 2개	수소 시계 류비듐 시계	수소 시계 (단, GSAT0204 : 류비듐 시계)
설계수명	27개월	12년	12년

(2) 주요 사건

1994년 12월 유럽연합협의회가 유럽이 주도하는 GNSS를 개발하기로 결정하면서 Galileo의 역사는 시작되었다. 위원회의 초기전략은 GPS와 GLONASS의 정확도를 향상시킬 목적의 EGNOS 개발과 Galileo로 알려진 새로운 위성항법시스템의 개발이었다. 1999년 유럽연합위원회와 유럽우주국은 유럽연합협의회의 Galileo Definiton phase 결정에 따라 관련 기술 연구, 사전 개발 및 실현 가능성에 대한 연구를 진행하였다.

미국 GPS 시스템의 SA가 2000년 5월 1일에 전격적으로 폐지됨에 따라 GPS 신호가 고의적으로 저하될 수 있다는 논란이 유럽 연합 내에서 사라지면서 Galileo 시스템을 개발해야하는가에 대한 확신에 혼란이 가중되었다.[154)] 그런 와중에도 2000년 11월 유럽위원회는

153) https://www.gsc-europa.eu/galileo/programme, Operational satellites, The pre-Galileo GIOVE(Galileo In-Orbit Validation Element) satellites.; https://en.wikipedia.org/wiki/List_of_Galileo_satellites,; List of Galileo satellites. GAST는 Galileo Satellite를 의미하며 IOV 위성은 GSAT01**으로 명명되고 FOC 위성은 GSAT02**으로 명명된다. 2019년 10월 현재 GSAT0222 위성이 발사되었으며 2022년까지 GSAT0234 위성까지 발사할 예정으로 있다. 즉, 2022년까지 34대의 위성이 FOC를 형성할 것임을 알 수 있다.

154) Nel Samama, Global Positioning : Technologies and Performance, New York : Wiley-Interscience, 2008, p.63.

개발 및 확인 단계(2001년~2005년), 위성 발사 및 배치 단계(2006년~2007년), 상업적 운영 단계(2008년 이후)로 이루어진 단계별 계획을 발표하였다. SA 해제에도 불구하고 새로운 위성항법시스템의 도입 여부에 대한 논란은 계속되었으며 유럽연합 소속 국가들은 Galileo 시스템의 군사적 사용과 민간 부문의 투자 참여 등을 고민하면서 앞서 발표했던 개발 및 확인 단계 프로그램이 2002년 3월까지도 착수되지 못하는 상황에 이르렀다. 2002년 5월 GJU(Galileo Joint Undertaking)가 설립되어 Galileo 프로그램의 개발 단계 관리 업무를 수행하고 많은 다양한 민간단체들의 참여를 유도하다가 2007년 GSA(GNSS Supervisory Authority)에 모든 업무가 이양되었고 GSA는 2010년 유럽 연합 기관으로 구조 조정되면서 GNSS Supervisory Agency로 변경되었다.

GPS와 GLONASS의 뒤를 이어 Galileo 시스템을 출범하려는 유럽 연합의 담당자들은 주파수 할당을 위해 2000년 터키 이스탄불에서 열린 세계전파통신회의(WRC, World Radio Conferences)에서 미국과 격렬한 토론을 거친 후 2003년 스위스 제네바에서 열린 세계전파통신회의에서 적절한 해결방안을 찾기로 합의했다. 결국 2003 WRC에서 GPS, GLONASS, Galileo 시스템에 대한 주파수와 대역폭이 결정됐는데 Galileo 시스템은 E5a/L5(1164~1188MHz), E5b(1188~1215MHz), E6(1260~1300MHz), E1/L1/E2 (1559~1587MHz)를 얻었다.[155)]

2004년 10월 유럽 의회와 이사회에서 2006년 Galileo 위성을 발사하고 배치하려던 계획은 군사, 비용, 상업적 이용에 대한 협의 등 여러 문제로 인해 약 3년 정도 연기된다는 사실이 발표되면서 2005년 완료 예정이었던 개발 및 확인 단계 프로그램인 GIOVE A, B 위성은 계획보다 늦은 2005년과 2008년에 각각 발사되어 우주 궤도에 대한 환경 조사를 수행하였으며, 2006년부터 진행하려던 Galileo 위성의 발사 및 배치 작업은 2009년에서 2011년으로 연기되었다. 결국 2011년과 2012년에 궤도 진입 시험을 위한 Galileo IOV 위성 4대를 성공적으로 발사한 후 2014년부터 Galileo FOC 위성을 쏘아 올려 현재의 위성항법시스템을 운영하기에 이르렀다.[156)]

155) Nel Samama, Global Positioning : Technologies and Performance, New York : Wiley-Interscience, 2008, p.58-60.; 세계전파통신회의는 주파수 할당 권한을 맡고 있는 국제전기통신연합(ITU, International Telecommunication Union) 주관으로 매 3년을 기본 주기로 열리고 있다.

156) Jari Nurmi, Elena Simona, Lohan, Stephan Sand, Heikki Hurskainen, Galileo Positioning Technology, NewYork, Springer, 2015, p.4.; Special Report No 7, 「The management of the Galileo programme's development and validation phase」, European court of auditors, 2009, pp.9-19.

〈표 7-6〉 Galileo 주요 발전사

년 도	내 용
1994	유럽연합협의회에 의한 GNSS 개발 결정(12월 19일)
1999	Galileo Definition phase : 새로운 위성항법 서비스의 유럽 참여를 유럽연합협의회에서 결정(7월 19일)
2000	유럽위원회는 유럽의회와 협의회에 Galileo definition phase 결과를 보고함 : (a) 2001년~2005년 : 개발 및 확인 단계 (b) 2006년~2007 : 위성 발사 및 배치 단계 (c) 2008년 이후 : 상업적 운영 단계
2000	World Radiocommunication Conference 2000(터키 이스탄불) 미국과 주파수 할당 문제에 대해 협의
2002	GJU(Galileo Joint Undertaking) 설립 : Galileo 프로그램의 개발 단계 관리(5월 21일)
2003	World Radiocommunication Conference 2003(스위스 제네바) GPS, GLONASS, Galileo 주파수 및 대역폭 결정
2004	GSA(GNSS Supervisory authority) 설립 : 유럽 연합의 GNSS 공식 기관(7월 12일)
2005	GIOVE-A 위성 발사(12월 28일)
2007	GSA : GJU의 모든 업무를 공식적으로 인수함(1월 1일)
2008	GIOVE-B 위성 발사(4월 26일)
2009	EGNOS 운영(10월 1일)
2011	Galileo IOV PFM, Galileo IOV FM2 위성 발사(10월 21일)
2012	Galileo IOV FM3, Galileo IOV FM4 위성 발사(10월 12일)
2014	Galileo FOC FM1, Galileo FOC FM2 위성 발사(8월 22일)
2010	GSA : 유럽 연합의 기관으로 구조 조정되면서 European GNSS Agency로 이름이 변경됨(4월 16일)

4) BDS

북두위성항법시스템(BDS, BeiDou Navigation Satellite System)은 중국의 안보와 경제, 사회 개발의 필요에 의해 중국이 독자적으로 구축하고 운영하는 시스템으로 지구상 모든 사용자들에게 시간과 날씨에 상관없이 높은 정확도의 위치결정 및 항법, 시간 결정 서비스 제공을 목적으로 1994년부터 자국의 상황에 알맞은 시스템 개발을 시작했으며 2000년 BDS-1(중국내 서비스), 2012년 BDS-2(아시아 태평양 지역 서비스), 2020년 BDS-3(전세계를 대상으로 하는 서비스) 전략을 세워 단계별로 추진하고 있다. 2014년 11월에는 UN 산하 국제해사기구(IMO, International Maritime Organization) 안전위원회(MSC, Maritime Safety Committee) 회의에서 BieDou 위성항법시스템이 세계무선항법시스템

(WWRNS, World-Wide Radionavigation System)의 하나로 인정받았는데 이는 중국의 BeiDou 시스템이 미국 GPS와 러시아 GLONASS를 이어 세 번째의 위성항법시스템의 지위를 얻었음을 의미하는 것이라 할 수 있다.[157] 2019년 10월 현재 세 번째 단계인 BDS-3의 기본 시스템을 구축하고 있으며 전 세계에 항법 서비스를 제공하고 있다.

BDS-1 프로젝트는 1994년에 시작되었다. 2000년 10월과 12월에 두 대의 GEO (Geostationary Equatorial Orbit) 위성이 발사되어 중국내 사용자들에게 위치결정과 시각서비스를 제공하였다. 2003년 5월 3번째 GEO 위성, 2007년 2월 4번째 GEO 위성을 발사하여 시스템 운영을 보강했으며 현재는 모두 폐기되었다.

BDS-2 프로젝트는 2004년에 시작되었다. 2007년 4월 첫 번째 BDS-2 위성 발사를 시작으로 2012년까지 총 16 대의 위성(GEO 위성 6대, IGSO 위성 5대, MEO(Medium Earth Orbit) 위성 5대)[158]이 발사되어 배치를 완료했으며 아시아 태평양 지역의 사용자들에게 서비스하고 있다. 현재 첫 번째 발사된 위성을 포함한 총 4대의 위성이 폐기되었고 12대의 BDS-2 위성들이 운영되고 있다.

BDS-3 프로젝트는 2009년에 시작되었으며 2015년 3월 첫 번째 BDS-3 위성이 발사되었으며 2019년 9월 기준 총 4대의 BDS-2 위성(GEO 위성 2대, IGSO 위성 2대)과 28대의 BDS-3 위성(GEO 위성 1대, IGSO 위성 4대, MEO 위성 23대)이 발사되었고 2020년까지 7대의 BDS-3 위성(GEO 위성 2대, IGSO 위성 1대, MEO 위성 4대)이 발사될 예정이다.[159] 2018년 12월 95% 신뢰도 기준으로 BDS-3의 위치 정확도는 수평, 수직 모두 10m, 속도 측정 정확도는 0.2m/s, 시각 정확도는 20 nanoseconds이다.[160]

---

157) Bree Feng, "A Step Forward for BeiDou, China's Satellite Navigation System", The New York Times. 2014년 12월 4일.; http://www.imo.org/en/MediaCentre/MeetingSummaries/MSC/Pages/MSC-94th-session.aspx, Maritime Safety Committee(MSC), 94th session, International Maritime Organization, 17-21 November 2014.

158) GEO는 적도 상공 35,786km 위의 궤도이며 이 궤도에 위치한 GEO 위성은 지구와 함께 회전하기 때문에 정지해 있는 것처럼 보인다. IGSO는 GEO와 같은 개념이나 GEO 궤도면과 일정한 각만큼 기울어져 있는 형태의 궤도를 말한다. MEO는 2,000km이상 35,786km 사이의 궤도이며 GNSS 위성들은 MEO 궤도에 위치하는데 BeiDou 위성은 약 21,500km에 위치한다.

159) 북두위성항법시스템 개발보고서 3.0, 「Development of the BeiDou Navigation Satellite System」, China Satellite Navigation Office, 2018. pp.18-19, 초기 발사된 5대의 BDS-3 위성들은 궤도 시험용 위성이다.; https://en.wikipedia.org/wiki/List_of_BeiDou_satellites, List of BeiDou satellites, BDS-3 단계에서 발사된 총 31대의 위성 중 5대는 BDS-2 위성이었는데 이는 BDS-2 단계에서 발사된 BDS-2 위성들 중 수명이 다한 위성들을 대체하기 위한 목적이었다.

160) China Satellite Navigation Office, 전게서, p.7.; 아시아 태평양 지역에서 수평, 수직 모두 5m(95% 신뢰도)이다.

1.2 GNSS의 지적측량 적용 연혁

지적측량은 기초측량과 세부측량으로 구분되며 기초측량은 지적기준점(지적삼각점, 지적삼각보조점, 지적도근점)을 설치하고 각 점의 위치를 파악하기 위해 국가기준점을 기준으로 측정하는 측량이며, 세부측량은 지적기준점을 기초하여 일필지마다의 형상을 측량하는 것으로 일필지 경계점의 좌표를 결정하여 지적도(임야도 포함)를 작성하는 측량이다.[161] 기초측량의 경우 GNSS 정지측량을 이용하여 지적기준점을 결정하여 왔고, 세부측량은 전자평판 시스템이 주로 적용되는 가운데 일부 네트워크 RTK를 적용하여 결정하고 있다.

1) GNSS에 의한 지적측량 기초연구와 시범사업

1990년대부터 2000년 초반까지 GPS를 이용한 지적측량 기초연구와 시범사업들이 수행되었는데 1996년 11월부터 2개월 간격으로 인천-태안-나주-부산-의성-강릉 등을 잇는 수백 km에 이르는 기선거리를 반복 관측하여 GPS 측량의 정확도가 0.5ppm 이내 임을 확인하였고 투입인력/시간면에서 대단히 효율적임을 입증하였다.[162] 1996년 대전시 지적삼각점(12점), 지적삼각보조점(8점), 지적도근점(19점)에 대해 GPS 정지측량 관측(Trimble 4000SSE 6대)을 수행하고 망 조정 및 지역좌표로 좌표 변환하여 기존 성과와 비교 하였다.[163] 분석 결과, TM X, Y좌표는 지적삼각점 16cm, 16cm, 지적삼각보조점 22cm, 10cm, 지적도근점 23cm, 4cm로 기존 성과와 차이를 보였다.[164] 또한 1994년 관측된 지적삼각점과의 TM X, Y좌표는 각각 ±10mm, 8mm의 평균편차를 보였다.[165] 1997년 경지정리지구인 염치지구(충남 아산)와 구획정리지구인 시화지구(경기도 시흥)의 도근점과 일필지경계점을 대상으로 현행측량방법과 GPS 측량방법으로 관측을 수행하고 좌표 성과를 비교한 결과, 두 방법 간의 성과차이가 10cm 이하인 점이 각각 85.6%, 73%에 달한 것으로 분석되었으며 작업능률은 GPS측량(33.5점/1일)이 현행측량방법(12.6점/1일)보다 약 2.7배 정도 높은 것으로 나타났다.[166] 1998년 양평 경지정리지구와 평택 구획정리지구 필지경계점에 대해 GPS-RTK 방법이 적용되었으며, 적용결과 현행성과와의 차이는 양평 10cm 이내 99%,

---

161) LX 한국국토정보공사, 『지적학 총론』, 구미서관, 2018, pp.425-426.

162) 지적기술연구원, 「좌표변환, 평면거리계산 S/W개발」, 대한지적공사, 1998, p.3.

163) 산업기술연구소, 「GPS의 활용에 관한 기초연구」, 충남대학교, 1996, p.7.

164) 산업기술연구소, 상게서, pp.36-42.; 좌표 변환은 충남북의 정밀 1차 기준점 6점에 대한 GPS 측량으로부터 산정된 7-변환계수를 적용하였다.

165) 산업기술연구소, 상게서, p.17.

166) 대한지적공사연수원, 「GPS를 이용한 지적측량 시범사업-구획・경지정리확정측량지구」, 내무부 대한지적공사, 1997, pp.37-45.; 도근점의 경우 rapid static, 일필지경계점의 경우 stop & go 방법 적용을 기본으로 라이카 System 200 2대, System 300 2대를 이용하여 관측하였다.

평택 97%였다.[167] 2000년 일산지역의 필지경계점 67점에 대해 무선 모뎀을 이용한 GPS-RTK 방식으로 측량이 수행되었으며 현행성과와 차이는 5cm이하가 79%, 10cm이하가 97%로 나타났다.[168]

2) GNSS 지적기준망 구축

1994년 대한지적공사가 GPS장비를 도입한 이래 각 지사 나름대로 GPS 장비를 활용하는 단계에 접어든 1998년 전국 1등~3등 삼각점 63점에 대한 1, 2차 관측을 수행하고 LEICA의 SKI-pro 프로그램으로 세계좌표를 산출하였다.[169] 2000년 행정자치부에서 설치한 GPS 상시관측소들은 당시 공식적인 성과 좌표가 없었기 때문에 임의로 국토지리정보원 GPS 상시관측소 또는 대전 천문연구원 상시관측소를 이용하여 산출하였다. 상기의 방식으로 산출된 일산과 파주 상시관측소를 고정으로 하여 경기도 양평 지역의 지적삼각점 3점과 경기도 일산(마두동, 성사동) 지역의 지적삼각점 6점의 성과를 GPS 정지측량으로 산출하였다.[170] 이러한 방식은 2001년에도 이어지는데 2001년 행정자치부 산하 30점의 GPS 상시관측소 좌표 산출을 위해 4월부터 5월 한 달 동안의 일일 자료를 처리하고, 그 평균값을 GPS 상시관측소의 좌표로 결정하였다.[171] 2002년 행정자치부는 학술용 소프트웨어인 Bernese를 이용해 GPS 상시관측소 정밀 좌표를 1차로 산출하였으며, 2005년 GIPSY/OASIS-Ⅱ(GOA Ⅱ)를 이용해 재산출하여 확정하였다.[172] 이렇게 결정된 행정자치부와 대한지적공사의 32개 상시관측소를 기반으로 2003년 7월부터 2005년 12월까지 GPS를 이용하여 관측된 삼각점과 지적기준점(2003년 461점, 2004년 881점, 2005년 1,124점)들에 대한 기선해석과 망 조정을 통해 2005년 세계측지좌표가 산출되었다.[173] 2006년 감사원 감사결과에 따라 국토지리정보원으로 이관되어 현재는 '위성기준점'으로 명

---

167) 지적기술연구원, 「GPS전국 동시관측 및 RTK 측량실험사업」, 대한지적공사, 1998, pp.48-60.; 필지경계점은 양평 172점, 평택 89점이었다.

168) 공간정보연구원, 「지적재조사 기반기술 확보를 위한 GPS 측량기법의 실용화 연구」, 행정자치부 대한지적공사, 2000, p.160.; CDMA방식을 이용한 RTK 측량을 수행하려 했으나 당시 통신환경이 지원되지 않아 무선 모뎀을 이용한 RTK 측량이 수행되었다. 총 67점 중 2점은 현행성과와 차이에서 10cm를 벗어났다. 당시 측량 장비는 Trimble 4000 SSI 및 DSNP SCORPIO였다.

169) 지적기술연구원, 전게서, pp.9-22.

170) 공간정보연구원, 전게서, p.160.; 지적삼각점 좌표 산출을 위한 고정점인 양평 상시관측소는 대전 천문연구원 상시관측소로부터 구한 용인 상시관측소를 고정점하여 산출되었고 일산 상시관측소는 파주 상시관측소를 고정점으로 하여 산출되었다.

171) 지적기술교육연구원, 「국가 GPS 지적기준망 정밀좌표 결정」, 대한지적공사, 2001, p.33.

172) 지적연구원, 「광역 VRS 및 Network RTK 연구」, 대한지적공사, 2006, p.139.

173) 지적연구원, 「전국 기준점 성과정비 및 새로운 지적기준망 구축」, 대한지적공사, 2005, pp.5-8, p.122.

칭을 개칭하여 운영되고 있다. 2012년 지적재조사 사업과 관련하여 위성기준점 72점, 통합기준점 1,200점, 정비기준점 1,600점으로 허용정확도 기준 이내의 단일망으로 구성하기 위해서는 배치밀도 약 5km×5km 간격이 요구되며 약 2,000점의 기준점 신설이 필요하다고 분석하였다.[174)]

3) GNSS 지적측량을 위한 지적 인프라 구축

한국국토정보공사의 지적측량 업무에서 GNSS의 활용이 증가하는 상황에서 2011년 기존 인프라를 보완하여 서울, 경기 지역을 대상으로 단방향 네트워크 RTK 서비스를 제공할 수 있는 인프라를 구성하고 네트워크 RTK를 적용함으로써 현재의 LX_GNSS 위성측위 인프라 구축의 발판을 마련하게 되었다.[175)] 이는 국토지리정보원이 운영하고 있는 위성기준점 기반으로 VRS(Virtual Reference Station)방식과 다른 별도의 인프라로서 회선연결방식에 따른 접속자 제한과 도서지역 등에 대한 측량 범위 확대를 위해 개발되었다. 2012년에는 전국 지사옥상에 30개 기준국을 구축하였으며, 2013년부터 기준국 고도화를 시작하였다. 특히 2015년에는 전국 30개 위성측위 관측소와 중앙운영시스템으로 이루어진 LX_GNSS(LX_Global Navigation Satellite System) 위성측위 인프라 기준국 고도화를 완료하여 전국에 단방향 통신 매체에 적합한 MAC(Master Auxiliary Concept) 기반 실시간 위성보정 서비스인 네트워크 RTK 시스템을 구축하였다. 이를 통해 GNSS 기준국 인프라 관측자료를 DB로 구축하고 TEQC(Translation, Editing, and Quality Checking) 기반 GNSS 관측데이터 공통포맷 변환 및 자료처리 자동화, 위성궤도력 모니터링 기술 등을 구현하였다.[176)]

4) 네트워크 RTK를 이용한 지적측량

2006년 대한지적공사 경기도 김포시 지사의 수해흔적조사업무에 네트워크 RTK가 적용되었다. 7개의 지적삼각보조점과 4개의 수준점을 이용하여 현장에서 직접 변환계수를 산출하고 산출된 변환계수를 바로 적용하여 수행된 네트워크 RTK 측량으로 총 84점의 도근점들이 지역좌표로 산출되었고 이를 토대로 경계를 결정하였다. 지역좌표로 산출된 84점의

174) 조만승, "세계측지계 기반 지적기준점망 구축방안 연구", 박사학위논문, 목포대학교 대학원, 2012, pp.120-121, 정비기준점은 2009년 디지털지적구축 시범사업에서 전국적으로 정비된 지적기준점을 말한다.
175) 지적연구원, 「GPS 측량 효율성 향상방안 연구 : Network-RTK 사용 확대를 위한 인프라 확장 및 측량 장비 통합」, 대한지적공사, 2011, p.186.
176) 공간정보연구원, 「LX_GNSS 위성기준망 실용화 연구」, 한국국토정보공사, 2016, p.3.

도근점은 미지점으로 정확도 분석을 수행할 수 없기 때문에 변환계수 산출에 이용된 7개의 기지점에 대해서만 측량 정확도를 분석하였는데 1개 측점을 제외한 6개 측점에서 x, y 모두 2cm이내에서 일치함을 보였다.[177] 2011년 광양시 용강지구(필지경계점 34점)에 대한 네트워크 RTK 수행결과, 연결교차 5cm 이내 28점, 7cm 이내 6점의 결과를 얻었고, 광주첨단 2지구(필지경계점 15점)에 대한 네트워크 RTK 수행결과, 연결교차 3cm 이내 13점, 5cm 이내 2점의 결과를 얻었다.[178] 2011년 경남 거제시 사등성포 불부합지구(GPS 상시관측망 안에 위치)와 아주동 도시개발지구(GPS 상시관측망 밖에 위치) 지적기준점 90점에 대한 VRS-RTK 측량 성과와 토털측량시스템 측량 성과의 연결교차는 ±0.028m이므로 허용정확도(지적도근점 0.15m)를 만족한다.[179] 2012년 지적재조사 사업이 사업지구별 좌표변환으로 진행되도록 결정되면서 전국변환과 지역변환 적용에 대한 고민은 사라지게 되었지만 변환에 따른 허용 정확도 충족은 여전히 해결해야할 문제이다.

5) GNSS 통합측량시스템 개발

2006년 위성 시통이 요구되는 GPS와 측점 시통이 요구되는 토털스테이션의 제약을 보완하기 위해 두 장비를 하나로 결합하여 기존 토털스테이션의 표정작업을 GPS로 지원하고 GPS 관측이 곤란한 지역을 무타겟 토털스테이션으로 측정하므로서 작업의 효율을 높이기 위한 통합측량시스템 개발이 수행되었으며[180], 2014년 수치지역의 필지경계점 40점에 대해 전자평판시스템(Pen Computer + Sokkia SET 530R)과 통합측량시스템(IS-Rover, VRS + 토털스테이션)으로 검사측량을 수행한 결과, 지적측량성과와의 차이에 대한 표준편차는 각각 X좌표 0.038m, Y좌표 0.037m, X좌표 0.030m, Y좌표 0.028m로 통합측량시스템에 의한 검사측량방법이 높은 정확도를 얻었다.[181]

177) 강상구, 전게서, pp.122-138.; 지역별로 좌표 변환 계수가 결정되어 있지 않은 경우 현장에서 바로 좌표 변환하여 지역좌표를 얻고자 할 때 적용되는 방법을 현장 캘리브레이션(calibration)이라 한다. 당시 현장 캘리브레이션 측량의 정확도 분석에서 1개 측점은 y값이 3cm 정도 차이를 보였다.

178) 서용수, "측량 효율성 향상을 위한 T/S와 VRS 정확도 비교·분석에 관한 연구-지적확정측량 지역을 중심으로", 석사학위논문, 전남대학교 대학원, 2012, pp.45-58.; 용강지구는 등록된 경계점 좌표와 비교를 수행했고 광주 첨단 2지구는 TS 성과와 비교하였다.

179) 최우석, "GPS 상시관측망과 VRS-RTK를 이용한 지적측량 정확도 분석 : 거제시 사례를 중심으로", 석사학위논문, 경상대학교 대학원, 2011, pp.25-42.

180) 지적연구원, 「측량통합(GPS+TS+Carback)시스템개발」, 대한지적공사, 2006, p.128.

181) 공간정보연구원, 「지적측량 성과 검사제도 개선방안 연구」, 대한지적공사, 2014, pp.27-36.

1.3 위성기준점

1) 용어의 변천

2001년 1월 26일 공포된 지적법에서 처음으로 '지적위성기준점'이 등장하였다. 당시 지적법 제2조(용어의 정의)에서 '지적측량기준점'은 지적삼각점 · 지적삼각보조점 · 지적도근점 및 지적위성기준점으로 정의하고 있다.[182] 즉, 지적위성기준점은 지적측량기준점의 종류로 정의되고 있기 때문에 지적측량기준점이 보다 상위의 개념이라고 해석할 수 있다.[183]

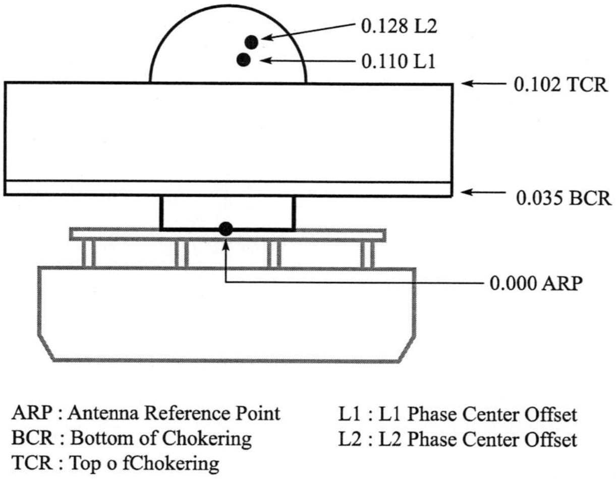

[그림 7-4]
TRM29659.00 Antenna Reference Point와 L1/L2 위상중심 오프셋

[그림 7-5]
GPS 상시관측소(진주)

2008년 9월 2일 고시된 GPS에 의한 지적측량규정 제3조(용어의 정의) 4항에서 지적위성기준점을 GPS상시관측시설의 안테나 참조점(ARP, Antenna Reference Point)으로 보다 상세히 정의하고 있다. 또한 제8조(기선해석)와 제10조(지적위성좌표의 산출)에서 '지적위성기준점과 지적위성좌표를 알고 있는 지적측량기준점'으로 기술된 부분은 지적법에서 지적측량기준점은 지적삼각점 · 지적삼각보조점 · 지적도근점 및 지적위성기준점이라고 정

182) 2009년 12월 10일 「지적법」, 법률 제6389호, 2001, 제2조(용어의 정의)가 폐지될 때가지 동일하게 유지되었다.

183) 지적연구원, 「광역 VRS 및 Network RTK 연구」, 대한지적공사, 2006, p.142.; 박관동, 원지혜, "GPS 안테나 위상중심변동 보정모델 비교", 「한국측량학회지」, 제24권 제4호, 한국측량학회, 2006, pp.319-326.; http://gnssdata.or.kr/cors/getCorsView.do, 국토지리정보원 GPS 상시관측소 안내(진주)

의하고 있으므로 'GPS에 의한 지적측량' 제3조(용어의 정의) 4항에서 분명하게 정의되고 있는 지적위성기준점을 제외하면 구성과(지역좌표계 좌표성과)와 신성과(세계측지계 좌표성과)를 모두 알고 있는 지적삼각점 · 지적삼각보조점 · 지적도근점이 바로 '지적위성좌표를 알고 있는 지적측량기준점'이 된다고 볼 수 있다.

'지적위성기준점'은 2009년 12월 10일 지적법이 폐지되면서 더 이상 사용되지 않는 용어이며 2009년 12월 14일 '측량 · 수로조사 및 지적에 관한 법률 시행령'이 제정되면서 지적 · 측량 · 수로조사 업무를 하나의 법령으로 통합하면서 기준체계를 설정하는 과정에서 GPS 상시관측소를 위성기준점으로 새롭게 정의하였다. '측량 · 수로조사 및 지적에 관한 법률 시행령'은 2015년 6월 1일 '공간정보의 구축 및 관리 등에 관한 법률 시행령'으로 변경 공포되었으나 '위성기준점'의 정의는 현재까지 동일하게 유지되고 있다.[184] 'GPS에 의한 지적측량' 규정도 '공간정보의 구축 및 관리 등에 관한 법률 시행령'에 맞게 2017년 6월 23일 'GNSS에 의한 지적측량'규정으로 대폭 변경되었는데 '지적위성기준점' 대신 '위성기준점' 용어로 대체 되어 기술되고 있다. 또한 '위성기준점 관리규정'이 2017년 7월 12일 시행되었는데 제3조(용어의 정의) 1에 '위성기준점'은 '상시관측소 중 지리학적 경위도, 직각좌표 및 지구중심 직교좌표의 측정 기준으로 사용하기 위하여 대한민국 경위도 원점을 기초로 정한 기준점을 말한다.'라고 정의되어 있다. 이는 공간정보의 구축 및 관리 등에 관한 법률 시행령에서 정의하고 있는 위성기준점을 좀 더 명확하게 정의하고 있는 것으로 위성기준점을 GNSS 상시관측소로 제한함을 의미한다.

〈표 7-7〉 위성기준점 정의 비교

법률 또는 행정규칙	내 용
지적법(2001)	제2조(용어의 정의) 19. "지적측량기준점"이라 함은 지적삼각점 · 지적삼각보조점 · 지적도근점 및 지적위성기준점을 말한다.
GPS에 의한 지적측량규정(2008) GNSS에 의한 지적측량규정(2017)	제3조(용어의 정의) 4. "지적위성기준점"이라 함은 국토해양부 장관이 설치한 GPS상시관측시설의 안테나의 참조점을 말한다.
공간정보의 구축 및 관리 등에 관한 법률 시행령(2015)	제8조 1항 1 국가기준점 나. 위성기준점 : 지리학적 경위도, 직각좌표 및 지구중심 직교좌표의 측정 기준으로 사용하기 위하여 대한민국 경위도원점을 기초로 정한 기준점
위성기준점 관리규정(2017)	제3조(용어의 정의) 1. "위성기준점"이라 함은 상시관측소 중 지리학적 경위도, 직각좌표 및 지구중심 직교좌표의 측정 기준으로 사용하기 위하여 대한민국 경위도 원점을 기초로 정한 기준점을 말한다.

184) 위성기준점은 세계측지계에 따라 측정한 지리학적 경위도와 높이로 표시된다(공간정보의 구축 및 관리 등에 관한 법률 제6조 1항)

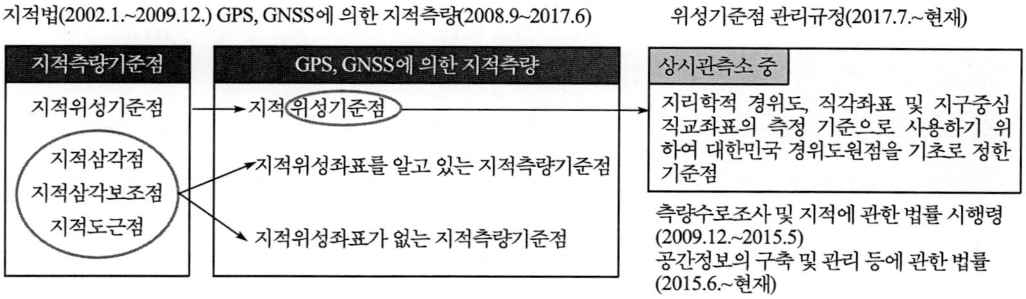

[그림 7-6] 위성기준점 용어 정립

2) 운영

위성기준점에 해당하는 GNSS 상시관측소는 1995년 국토지리정보원 구내(SUWN)에 최초로 설치되었으며 2008년까지 총 14개가 우리나라 전역에 설치 운영되어 왔다. 지적위성기준점은 행정자치부 산하 대한지적공사에서 1999년부터 구축 운영되어 왔으며 2008년 2월 정부조직개편에 따라 행정자치부 지적과가 국토해양부로 이관되면서 총 30개의 지적위성기준점도 국토해양부 산하 국토지리정보원에서 통합 관리하게 되었다. 그 후 지속적인 위성기준점 증설 사업이 수행되었으며 2019년 10월 현재 86개의 위성기준점 좌표성과가 고시되었고 국토지리정보원 국토정보플랫폼에서 60개 위성기준점 GNSS 데이터를 다운로드 할 수 있다.[185)]

3) GNSS 데이터 통합센터

GNSS 상시관측소는 측지, 측량, 지적, 교통, 해양, 지구물리, 과학기술연구 등 다양한 목적을 위해 국토교통부, 미래창조과학부, 해양수산부, 한국국토정보공사 등 여러 공공기관에서 개별적으로 구축되어 운용하여 왔다. 2014년 5월 8개 기관(국토지리정보원, 국립해양측위정보원, 한국천문연구원, 서울특별시, 한국지질자원연구원, 공간정보연구원, 국가기상위성센터, 우주전파센터)은 GNSS 데이터의 활용 효율성을 높이기 위해 업무협의체를 구성하고 각 기관에서 운영 중인 상시관측소의 데이터를 통합하여 좀 더 다양한 분야에 활용하고 있다. 업무 협약에 따라 GNSS데이터 통합체계 구축이 진행되었고(http://gnssdata.or.kr),

185) 조만승, 전게서, pp.30-31.; http://map.ngii.go.kr/ms/svcIntrcn/gnss/gnssIntro.do.

그 결과물의 하나로 통합된 GNSS 데이터를 민간에 제공하는 시스템을 구축하였으며, 2016년 12월에 개방되어 점진적으로 확대되었다.[186)]

현재 GNSS 데이터 통합센터에서는 RINEX 파일형식의 후처리 데이터와 TEQC를 이용하여 분석한 데이터 품질정보, 인터넷을 통해 기준국으로부터 이동국에 RTK 보정데이터를 전송하는 NTRIP(Networked Transport of RTCM via Internet Protocol) 서비스를 제공하고 있다.[187)]

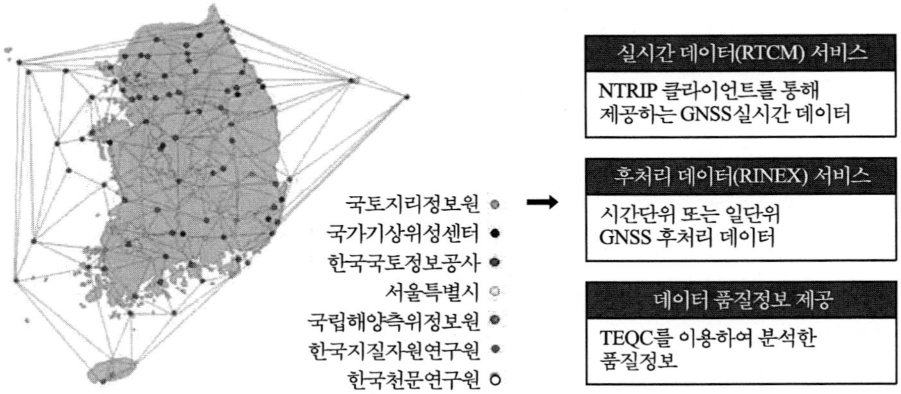

[그림 7-7] GNSS 데이터 통합센터(http://gnssdata.or.kr/info/getInfoView.do)

186) http://map.ngii.go.kr/ms/mesrInfo/gnss/dataDownload.do, GNSS 데이터 제공-GNSS 데이터 통합 서비스 소개, 2019년 10월 현재 191개 관측소의 GNSS 데이터를 제공하고 있다.

187) 공간정보연구원, 전게서, 2016, pp.21-24.

2 위치결정원리

현재의 위성항법시스템은 미국 GPS가 안정적인 시스템 운영이 이루어지고 있는 가운데 GLONASS, Galileo, BDS 등 다양한 위성항법시스템들이 일부 운영되거나 운영을 목표로 개발 중에 있다. GNSS는 이러한 다양한 위성항법시스템을 대표하여 표현되는 시스템이지만 위치를 알고 있는 여러 개의 위성으로부터 발사된 신호를 동시에 수신함으로써 취득된 위성과 사용자간의 거리정보를 이용하여 위치를 결정하는 방식에는 기본적으로 동일하다.

2.1 구성

GNSS는 위성과 관계된 우주부문(space segment), 위성을 포함한 시스템 전반을 제어하는 제어부문(control segment)[188], 그리고 이를 이용하는 사용자부문(user segment)으로 구성된다.

1) 우주부문

GNSS의 우주부분은 약 20,000km 내외의 중궤도(MEO, Medium Earth Orbit)상에 위치한 GNSS 위성을 의미하며, 6개의 궤도면에 위성을 배치하고 있는 GPS를 제외한 나머지 GNSS 시스템들은 3개의 궤도면에 위성이 배치되어 있으며, 현재 모든 GNSS 시스템은 24대 이상의 위성이 운영 중에 있다.[189]

〈표 7-8〉 GNSS 우주부문

	GPS	GLONASS	Galileo	BDS
운영주체	미국	러시아	유럽연합	중국
전송방식	CDMA	FDMA & CDMA	CDMA	CDMA

188) Control segment는 위성을 제어하는 부문이며 각 위성항법시스템별로 명칭을 다르게 정의하고 있다. Control segment(GPS), Ground segment(GLONASS, BDS), Galileo 시스템의 경우 Ground Control segment와 Ground Master segment로 나누어 구분하고 있다.

189) Nel Samama, Global Positioning : Technologies and Performance (New York : Wiley-Interscience, 2008), p.143. BDS 위성(M: Medium Earth Orbit, G: Geostationary Equatorial Orbit, I: Inclined GeoSynchronous Orbit), GTRF: Galileo Terrestrial Reference Frame, CGCS2000: China Geodetic Coordinate System)

	GPS	GLONASS	Galileo	BDS
신호	L1, L2, L5	G1, G2, G3	E1, E5, E5a, E5b, E6	B1, B2, B3
고도	20,180km	19,100km	23,222km	21,150km(MEO)
궤도	6개(경사각 55도)	3개(64.8도)	3개(56도)	3개(55.5도)
회전주기	11시간 57분 58초	11시간 15분 44초[190)	14시간 4분	12시간 38분(MEO)
최초발사	1978	1982	2005	2000
위성 (운영 또는 준비/발사)	Block Ⅰ(0/11), Ⅱ(0/9) ⅡA(1/19), ⅡR(11/13) ⅡR-M(7/8), ⅡF(12/12) ⅢA(2/2)	GLONASS(0/88) GLONASS-M(23/48) GLONASS-K1(2/2)	GIOVE_A, B(0/2) Galileo IOV FM(3/4) Galileo FOC FM(21/22)	BeiDou-1(0/4) BeiDou-2(9/16) - (M 3/5, G 4/6, I 5) BeiDou-3(28/28) - (M 23, G 1, I 4)
좌표계	WGS84	PZ-90	GTRF	

2) 제어부문

제어부문은 GNSS 위성을 관리하고 관측된 위성 신호를 기반으로 위성의 사전 궤도를 산출하여 위성에 업로딩하는 역할을 한다. 사용자에게 정확한 위성 정보를 전달하기 위한 이러한 일련의 과정을 제어하기 위해서는 엄청난 규모의 지상 시설이 요구된다.[191)] 각국의 위성항법시스템마다 명칭은 다르지만 주관제국(주제어국), 위성 추적국(감시국), 업로딩 기지국(지상안테나)으로 구성되어 있다.

190) 「Global Navigation Satellite System GLONASS, Interface Control Document. General Description of Code Division Mutiple Access Signal System. Edition 1.0」. Moscow, Russia, 2016. p.7.

191) Nel Samama, Global Positioning : Technologies and Performance (New York : Wiley-Interscience, 2008), p.131.

〈표 7-9〉 GNSS 제어부문

	GPS	GLONASS	Galileo	BDS
명칭	Control Segment[192)]	Ground segment[193)]	Ground Control Segment[194)] Mission Segment	Ground Segment[195)]
주관 제국	Master Control Station (콜로라도, 캘리포니아) 2개	System Control Center (모스크바) 1개 Tracking and Command center 5개	Ground Control Center - GCC-I(이탈리아) 위성 위치 계산 - GCC-D(독일) 위성 제어 및 관리 Tracking and Command Station 6개	Master Control Station (베이징) 1개
위성 추적국	Monitor Station 16개	Monitoring and Measuring Station 4개(6개 추가 계획)	Galileo Sensor Station 30개	Monitor Station 30개
업로딩 기지국	Ground antenna 11개	Upload Station 3개	Uplink Station 5개	Upload Station 2개

주관제국은 위성의 최적 배치 및 유지 관리를 담당하고 있으며 추적국으로부터 받은 신호를 처리하여 위성의 정밀 위치를 계산한다. GPS는 콜로라도와 캘리포니아에 각각 주관제국을 두고 있는데 캘리포니아는 긴급사태를 대비하기 위한 목적이다. Galileo의 경우 위성 배치 및 관리를 담당하는 관제국(독일)과 위성 궤도 계산 및 업로딩을 관리하는 관제국(이탈리아)으로 나누어져 있으나 향후 통합할 계획이다. 위성 추적국은 위성으로부터 신호를 수신하는 역할을 한다. GPS와 Galileo는 전 세계에 걸쳐 추적국이 배치되어 있으나 GLONASS와 BDS는 자국 영토내에만 배치되어 있다. 업로딩 기지국은 주관제국으로부터 계산된 위성 궤도 정보를 위성에 업로드하는 역할을 수행한다.

192) https://www.gps.gov/systems/gps/control/, Control Segment.
193) https://gssc.esa.int/navipedia/index.php/GLONASS_Ground_Segment, GLONASS Ground Segment.
194) Rafel Lucas, "Galileo Performance Update", United Nations/Argentina Workshop on the Applications of GNSS, Falda del Carmen, Argentina, 19-23 March 2018. p.3.
195) Cao Chong, "Status of COMPASS/BeiDou DevelopmentPerformance", Stanford's 2009 PNT Challenges and Opportunities Symposium, 21-22 October 2009. p.8.

3) 사용자부문

GNSS의 사용자 부분은 수신기와 사용자로 구성된다. 수신기는 GNSS 위성에서 송신하는 주파수를 수신할 수 있는 안테나, 정밀한 시계, 수신된 신호를 이용하여 사용자의 위치 및 속도, 그리고 시간을 계산할 수 있는 처리장치, 그리고 추정된 결과를 출력하는 출력장치 등으로 구성된다. 수신기의 성능은 수신할 수 있는 주파수 대역의 수와 시계의 정밀도에서 차이가 발생한다고 볼 수 있다. 현재 GNSS의 사용자들이 하나의 수신기만으로도 서로 다른 위성항법시스템의 신호를 수신하여 이용할 수 있는 단계에 이르렀다.

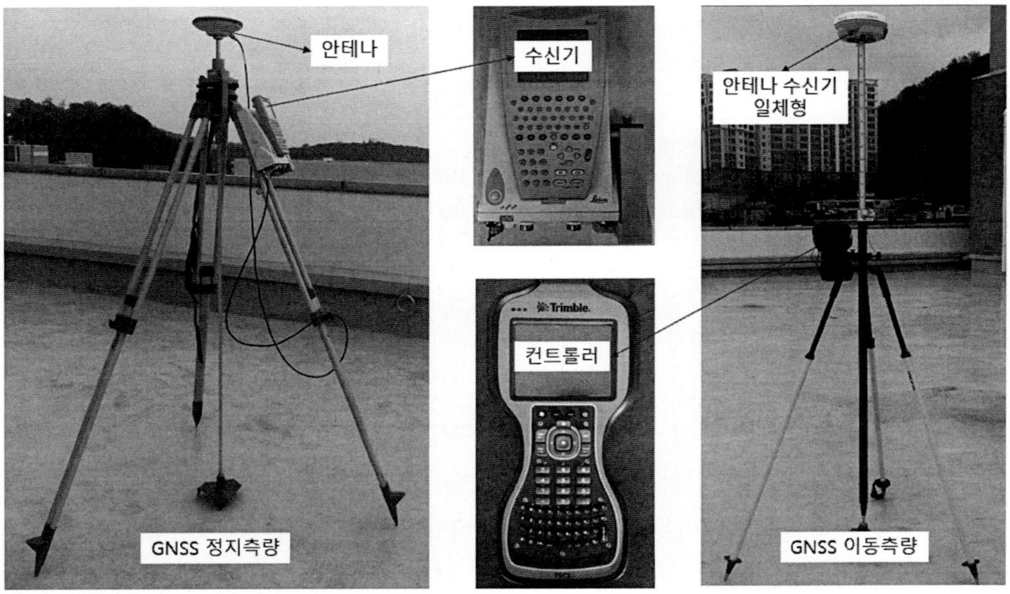

[그림 7-8] GNSS 사용자부문(수신기)

2.2 신호체계

GNSS 위성은 위성마다 부여된 코드 정보를 항법메시지(기준시각 정보와 위성의 궤도정보)와 함께 반송파에 변조하여 CDMA(Code Division Multiple Access)방식 또는 FDMA(Frequency Division Multiple Access)방식으로 지상에 송신하고 있다. 대부분의 위성항법시스템은 CDMA 방식을 이용하고 있고 FDMA방식을 고집하던 GLONASS도 CDMA방식을 사용할 계획이다.[196]

1) 주파수

주파수(Hz)는 단위 시간 동안 반복한 횟수를 말하며 1Hz는 1초에 1개의 파장이 진동한 것으로 100Hz이면 1초에 100번 진동한 것을 의미한다.

GNSS 주파수는 L 밴드 대역(1164~1610MHz)을 사용하고 있다. GPS의 경우 기본 주파수는 10.23MHz이며, 각각 154배, 120배, 115배의 L1(1575.42MHz), L2(1227.60MHz), L5(1176.45MHz) 주파수를 사용하고 있는데 높은 주파수는 전송 가능한 정보량이 많으나 낮은 주파수는 장애물이 있어도 송신에 유리하다는 장점이 있어 다중 GNSS 환경에서 낮은 주파수 대역의 신호 사용이 증가하고 있다. 전파는 1초당 299,792,458m를 이동하고 L1 주파수는 1,575,420,000회, L2 주파수는 1,227,600,000회 진동하므로 1파장의 길이는 각각 약 19.03cm, 24.42cm임을 알 수 있다.

2) PRN (Pseudo Random Noise) 코드

무질서(Random Noise)하게 보이나 실제로는 무질서를 거짓(Pseudo)으로 포장한 0과 1의 숫자 배열을 의미한다. 기본적으로 P코드와 C/A 코드가 있으며 다중 GNSS 환경에서 새로운 코드들이 추가되고 있다.

(1) P 코드

GPS의 P 코드는 0과 1이 약 37주보다 약간 긴 길이만큼 배열되는 코드이다. P 코드는 초당 10,230,000번의 속도로 0과 1을 배열할 수 있으므로 37주일 경우 총 228,922,848,000,000개의 길이가 계산된다. 이 코드는 1주 단위로 나누어져 각각의 위성에 부여되

196) GLONASS의 FDMA 방식은 코드 정보는 동일하지만 주파수를 위성별로 다르게 사용하는 방식이므로 신호 수신에 영향을 줄 수 있지만 의도적인 신호 방해에 대해서는 CDMA 방식보다 상대적으로 유연한 위치 결정을 할 수 있다는 강점이 있다.

고 L1, L2 반송파에 변조되어 송출되므로 사용자들은 P 코드를 이용하여 위성을 구분할 수 있게 된다.[197] P 코드는 10.23MHz의 속도로 정보를 기록하고 154배하여 L1 주파수에 실리게 되므로 154번의 진동동안 P코드 1개의 정보가 기록되는 셈이다. 따라서 L1 주파수 1개의 값이 약 19.03cm이므로 154배 하면 약 29.31m임을 알 수 있다.

(2) C/A 코드

GPS의 C/A 코드는 정확히 1,023개로 이루어진 0과 1의 배열 값으로 P 코드에 비해 10배 느린 초당 1,023,000번의 속도를 가지므로 1/1,000초 마다 1,023개의 배열 값이 반복 전송된다. C/A 코드는 L1 반송파에 실려 전송되는 유일한 민간용 코드였으나, GPS Block ⅡR-M 위성부터 L2 반송파에 L2C로 알려진 새로운 신호가 실려 송출되는 것으로 알려져 있다. C/A코드 1개의 정보는 P코드 정보 10개가 기록될 동안 동일한 정보이므로 P 코드 1개 정보의 길이 29.31m의 10배인 293.1m가 된다.

(3) 항법메시지

항법메시지는 위성의 궤도 정보를 계산하는 여러 정보들이 기록되어 있는 자료이다. 총 5개의 개체로 25번에 걸쳐 전송이 된다.[198] 개체 1은 위성 시계 보정량과 위성의 상태와 정확도, 개체 2와 3은 위성 궤도 변수(Ephemeris), 개체 4와 5는 위성 전체에 대한 개략적 궤도 정보(Almanac) 내용이 담겨있다.

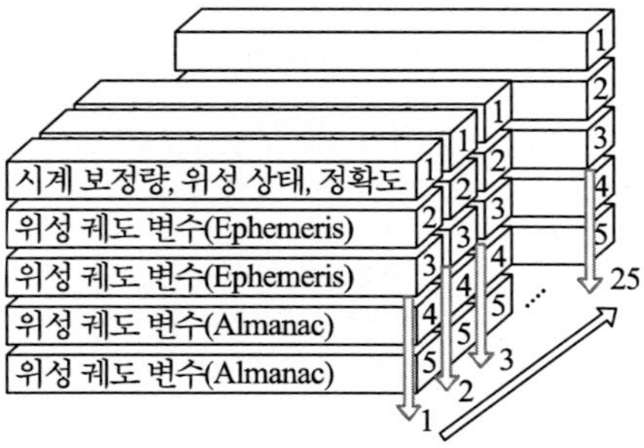

[그림 7-9] 항법메시지

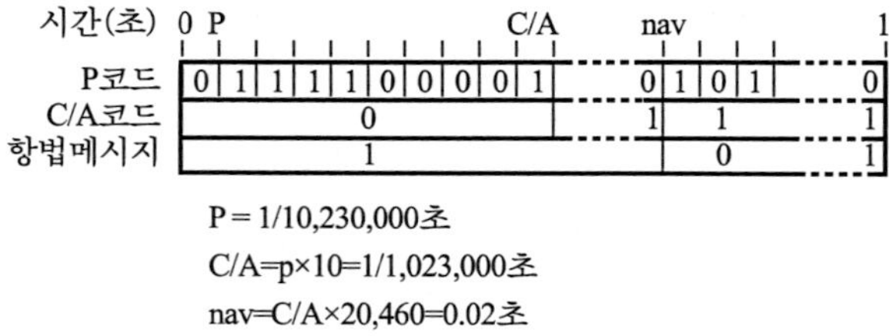

[그림 7-10] P 코드, C/A 코드, 항법메시지의 관계

197) 37주는 22,377,600초이고 P코드는 1초에 10,230,000번 속도로 0과 1을 배열할 수 있으므로 총 228,922,848,000,000개의 0과 1로 이루어진 배열을 만들 수 있다.

198) Kai Borre, Nicolaj Bertelsen, Søren Hodt Jensen, A Software-Defined GPS and Galileo Receiver: A Single-Frequency Approach, Boston : Birkhauser, 2007, pp.28-30. 개체 당 6초씩 전송되므로 6초 × 5개체 × 25회 = 750초 = 12분 30초가 소요된다.

항법메시지는 1초에 50번의 정보가 기록된다. 따라서 0.02초마다 0 또는 1이 기록된다고 할 수 있다. C/A 코드가 1초에 1,023,000번의 속도로 할당되므로 0.02초 동안에 20,460의 C/A 코드가 기록이 되어 진다. P코드는 1초에 10,230,000번의 속도로 0과 1이 배열되고, L1 반송파는 1초에 1,575,420,000번 진동하므로 1개의 P코드 구간에는 154번의 반송파가 진동하게 된다.

3) 주파수와 코드의 비교

GPS의 경우 L1, L2 주파수는 각각 1,575.42MHz, 1,227.60MHz이다. 즉 1초 구간에 1,575,420,000, 1,227,600,000개의 주파수가 놓여있다고 생각할 수 있다. P 코드는 10.23MHz이므로 1초 구간을 10,230,000으로 나누고, C/A 코드는 1.023MHz이므로 1,023,000으로 나눌 수 있다.

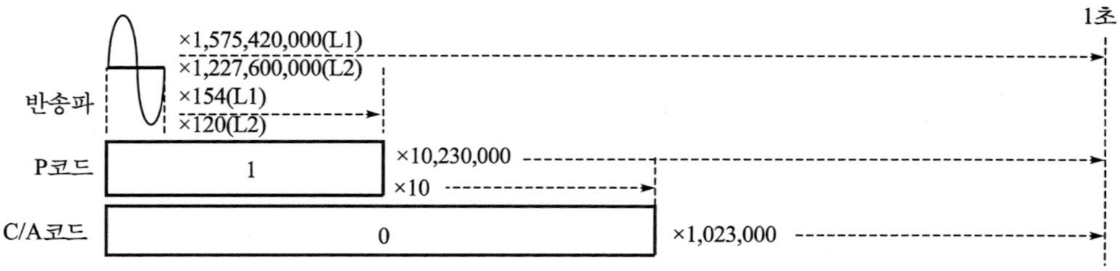

[그림 7-11] 주파수와 코드의 크기 비교

4) 코드와 항법메시지의 변조(Modulation)

0과 1로 이루어진 정보는 0 과 1 또는 0과 1의 여러 조합을 통해서 일정한 파형의 반송파를 변화시킬 수 있는데 이를 변조라 한다. GNSS에서는 0과 1로 이루어진 PRN 코드 배열 값과 항법메시지를 합쳐 새로운 0과 1의 배열 값을 생성하고 이 배열 값에 따라 위상을 변화시킴으로써 코드와 항법메시지를 사용자에게 전송할 수 있게 된다.[199)]

199) 이진 코드 0과 1을 더하면 1이 되고 1과 1을 더하면 0이 된다. 0과 0은 당연히 0이 된다.

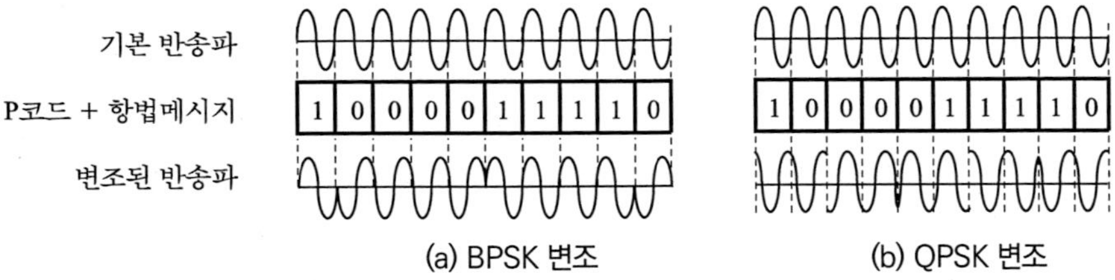

[그림 7-12] 코드와 항법메시지의 변조

[그림 7-10]의 첫 번째 C/A 코드 구간에서 P코드와 항법메시지를 더하게 되면 [그림 7-12]와 같이 1, 0, 0, 0, 0, 1, 1, 1, 1, 0이 된다.[200] 이 배열에서 1인 경우는 사인파를 표시하고 0인 경우는 180도 이동된 사인파를 표시하여 반송파를 결정하면 된다.[201] C/A 코드도 마찬가지로 적용할 수 있으며 이러한 방법을 BPSK(Binary Phase shift Keying)방식이라 하며 GPS에서 주로 사용한다. BPSK 방식이 한 개의 정보를 이용하여 반송파를 변화시키는 것인데 반해 두 개의 정보를 이용하여 반송파를 변화시킬 수도 있다. [그림 7-12]의 첫 번째 코드 값과 두 번째 코드 값의 조합 정보를 이용해서 반송파를 변화시키는 것으로 이러한 변조방식을 QPSK(Quadrature PSK)라 한다.[202] 다중 GNSS환경에서 각국의 위성항법시스템은 전통적 방식인 BPSK 변조방식 외에 QPSK와 BOC(Binary Offset Carrier) 방식[203] 등을 이용해서 신호를 변조하여 송출함으로써 다양한 신호가 송출되는 GNSS 환경에서 사용자들이 혼란 없는 신호 수신을 수행할 수 있도록 힘쓰고 있다.

5) GNSS 신호와 주파수 대역

기존의 GNSS는 높은 L 주파수 대역(1559~1610MHz)에서 주로 운용되었지만 다중 GNSS인 현재는 낮은 L 주파수 대역(1164~1300MHz)까지 확장하여 새로운 신호를 추가하고 있으며 그에 따라 코드 신호도 매우 다양하게 세분화되고 있다.[204]

---

200) 각각의 P코드 구간에는 1575.42MHz/10.23MHz=154개씩의 반송파가 배치되는데 그림 5와 6에서는 한 개의 반송파만 표현하였다.

201) 첫 번째 P코드 구간 값은 1이므로 구간 내 154개의 반송파는 파형이 변하지 않게 된다.

202) 조병찬, "GNSS 수신기에서의 초정밀 신호 추적을 위한 Correlated 다중경로 제거 기법", 석사학위논문, 한양대학교 대학원, 2010, pp.5-7.; QPSK는 두 개 코드의 조합으로 반송파를 변형시킨다. (1,0) 조합은 135도, (1, 1) 조합은 45도, (0,0) 조합은 -135도, (0, 1) 조합은 -45도에서 시작한다.

203) 조병찬, 상게서, pp.5-7.; BOC는 항법메시지와 PRN코드외에 새로운 샘플의 코드를 추가하여 반송파와 결합하는 방식이다. GPS의 BPSK는 BOC의 특별한 형태라 할 수 있다.

204) Xiang Li, Adeel Ahmed, "BGA123L4 as Low Current Low Noise Amplifier for GNSS Applications in L5/E5 bands(1164 to 1189MHz)", Infineon's GNSS MMIC:BGA123L4, 31-March, 2019. p.4.

〈표 7-10〉 GNSS Open Service 신호, 주파수(MHz), 변조방식

GPS			GLONASS			Galileo			BDS		
신호	주파수	변조	신호	주파수	변조	신호	주파수	변조	신호	주파수	변조
L5*	1176.450	BPSK	L3OC*	1202.025	BPSK	E5a	1176.450	QPSK	B2a**	1176.450	BPSK
L2C*	1227.600	BPSK	L2OF	1246.000	BPSK	E5b	1207.140	QPSK	B2I	1207.140	BPSK
L1C/A	1575.420	BPSK	L2OC**	1248.060	BOC	E6B**	1278.750	BPSK	B3I*	1268.520	BPSK
L1C**	1575.420	BOC	L1OC**	1600.995	BOC	E1b/c	1575.420	CBOC	B1I	1561.098	BPSK
			L1OF	1602.000	BPSK				B1C**	1575.420	BOC

* : 일부 위성에서만 방송되고 있는 신호, ** : 계획 단계에 있는 신호[205)]

GPS는 L1, L2, L5 주파수를 사용하고 있으며 GPS C/A 코드의 경우 GPS 현대화 계획에 따라 L2파에도 제공되고 있으며, L1은 C1C, L2는 C2C로 구분하고 있다.[206)]

GLONASS는 FDMA 방식을 이용하므로 L1 : 1602 MHz + n × 0.5625MHz, L2 : 1246 MHz + n × 0.4375MHz 식에 의해 위성별로 주파수를 할당하게 된다.[207)] GLONASS-K2 위성의 경우 CDMA 방식의 송출을 통해 Open Service를 계획하고 있다.[208)]

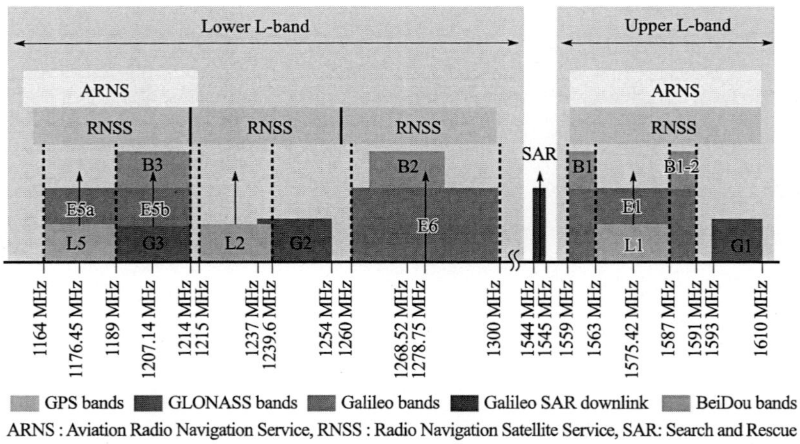

[그림 7-13] GNSS 주파수 분포

205) https://gnss-sdr.org/docs/tutorials/gnss-signals/.

206) 윤성현, "다중 GNSS 측위 성능 분석에 관한 연구", 석사학위논문, 창원대학교 대학원, 2019, pp.7-8.

207) Dinesh Manandhar, "Introduction to Global Navigation Satellite System(GNSS)", Geoinformatics Center of Asian Institute of Technology, 23-26 January, 2018, n = -7, -6, -5, …, 5, 6, 7로 위성별로 주파수를 할당하기 위한 값으로 총 15개 위성이 FDMA 방식을 이용하고 나머지 위성들은 CDMA 방식을 이용한다고 생각할 수 있다.

208) Xiang Li, Adeel Ahmed, "BGA123L4 as Low Current Low Noise Amplifier for GNSS Applications in L5/E5 bands(1164 to 1189MHz)", Infineon's GNSS MMIC:BGA123L4, 31-March, 2019. p.5.

Galileo는 E1, E6, E5, E5a, E5b 신호를 송신하고 있고, BDS의 경우 BDS Ⅱ 위성은 B3I, B1I, B2I 신호를 송신하고 있고, BDS Ⅲ 위성은 기존 신호 외에 B2a, B1c 신호를 추가로 송신하고 있다. 차세대 신호인 B2a와 B1c 신호는 GPS(L5, L1C), Galileo(E5a, E1b/c) 신호와 같은 주파수를 사용하고 있어 상호 이용이 기대 된다.[209)]

2.3 위치결정원리

GNSS를 이용하여 미지점의 위치를 결정하기 위해서는 먼저 위성 관측을 통해 위성에서 송출된 신호를 수신하여 PRN 코드와 항법메시지를 추출하고, 추출된 PRN 코드로부터 위성을 식별하고 항법메시지로부터 위성의 궤도를 계산하게 된다. 또한 코드와 반송파 위상정보를 이용하여 위성에서 수신기까지의 거리를 계산하게 된다. 이러한 과정을 거쳐 취득한 최소 3개 이상의 위성으로부터 미지점까지의 거리, 위성 좌표, 그리고 미지점의 x, y, z를 이용하여 각각의 거리 관측방정식을 구성한 후, 미지점 x, y, z에 대한 최적 해를 구하면 된다.

1) 위성과 수신기 사이의 거리

(1) 코드 의사거리(Code pseudorange)

코드 의사거리를 구하기 위해서는 먼저 수신된 반송파로부터 분리된 항법메시지로부터 미지점에서 관측될 위성정보를 취득하고 해당 위성들의 C/A 코드에 대한 수신기 복제 코드(replica)를 발생시킨다. 동일한 시각에 위성과 수신기에서 각각 같은 코드가 발생된다고 가정하면 위성 신호가 수신기까지 도달하는 데 약간의 시간이 소요되므로 수신된 위성의 코드 배열 값이 수신기에 기록될 때 이미 수신기에서 발생된 코드 배열 값은 훨씬 앞에 기록되게 된다. 반대로 생각하면 수신기 복제 코드 배열 값을 위성에서 발사된 코드 배열 값으로 생각하고 수신기에서 수신된 코드 배열 값을 복제 코드로 간주해도 같은 의미가 된다. 위성 코드 신호 배열 값과 복제 코드를 비교하여 두 배열 값의 차이를 구해야만 위성과 수신기 거리를 구할 수 있다.[210)]

수신기 복제코드 배열 값과 수신된 코드의 시간차이는 코드 상관(Correlation) 방법으로 구할 수 있다. 이때 수신기 코드의 0은 +1, 1은 -1로 계산한다. 수신기 복제코드 10개 배열 값을 기준으로 수신 코드를 1구간, 2구간, 3구간으로 나누어 코드 상관 값을 계산한다. 각 구간별 상관 값은 각각 -0.2, 0.4, 1.0으로 3구간에서 두 배열 값이 일치하고 시간차이는 1/1,023,000초 × 3 = 2.933×10−6초가 된다.[211)] 이때 두 배열 값의 이격된 차이가 바

209) 주파수 대역의 할당은 ITU(International Telecommunications Union)에서 주관하고 있다.
210) https://www.e-education.psu.edu/geog862/node/1756, Code Correlation.

로 위성으로부터 수신기까지 도달된 소요 시간이 되며 전파속도(299,792,458 m/sec)를 곱하면 위성과 수신기 사이의 거리를 얻게 된다. 그러나 위성과 수신기의 시계는 약간의 차이가 있을 수밖에 없고 전파가 대기를 통과하면서 속도도 일정하게 유지되지 못하므로 계산된 거리는 정확하지 않게 되므로 의사(pseudo, 거짓)거리라 명명한다. 코드 의사거리는 위성과 수신기간 실제거리 + 오차로 표현할 수 있다.

코드 의사거리 = 위성과 수신기간 실제거리 + 오차

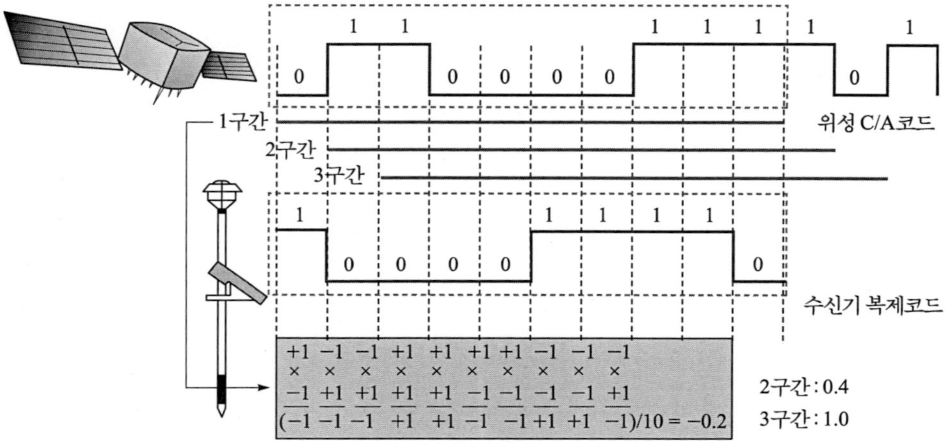

[그림 7-14] 코드 Correlation

(2) 반송파 위상차 측정치

반송파는 사인곡선과 같이 일정한 파형을 가진 연속적인 신호이다. 사인곡선은 0도=0, 90도=1, 180도=0, 270도=−1, 360도=0의 형태를 반복하는 곡선이며 0도에서 360도에 이를 때 1파장으로 생각할 수 있다. [그림 7-15]의 수신 부분을 보면 14개 파장보다 조금 더 많이 진행되었다. 문제는 최초로 도달하는 반송파의 위상(0도에서 360도 사이의 값)만 수신기에서 측정되고 나머지 14개의 파장 개수는 알 수 없다는 데에 있다.

나머지 전혀 알 수 없는 파장의 개수를 모호 정수(Integer Ambiguity)라 하는데 모호 정수를 안다면 반송파 위상거리를 취득할 수 있게 된다. 모호 정수는 보통 N으로 표현하는데 파장 거리를 λ로 표현하여 위성과 수신기간 거리 ρ를 다음과 같이 간단히 나타낼 수 있다.

$$\rho = \lambda \times (N + \text{반송파위상})$$

211) 지상에서부터 위성까지의 거리가 20,180,000m이고 전파의 속도가 299,792,458m/s이므로 수신기 도달시간은 약 0.067초정도가 된다.

위성이 정지해 있다고 가정할 때 위 식의 ρ는 위성과 수신기간 거리로 구성되어 있고 위성의 좌표를 알고 있다. 그러나 위성이 계속 정지해 있고 2회 연속 관측했다고 가정할 경우 미지측점 좌표 3개, 각 위성별 모호 정수 4개, 1, 2회 관측의 수신기 시계오차 2개로 미지값이 9개이고 식은 8개이므로 해결할 수 없다. 최소 3회 관측이 수행되어야 미지값이 10개이고 관측값이 12개가 되므로 해결할 수 있다.

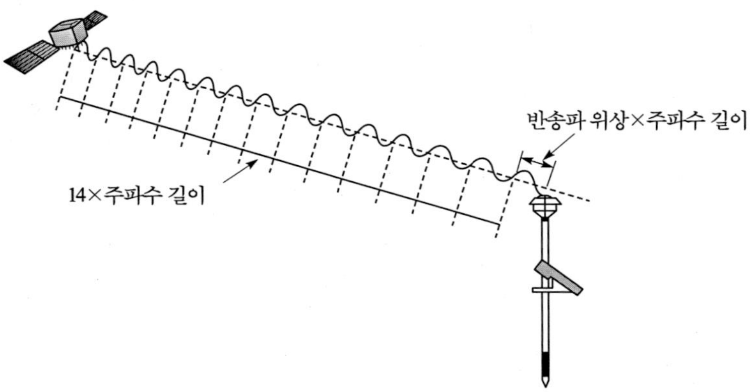

[그림 7-15] 위성과 수신기간 기하학적 관계

문제는 위성이 정지하지 않고 계속 움직이기 때문에 한 개 위성의 모호 정수 N은 N1, N2, N3로 계속 바뀌게 되므로 미지값이 증가하게 되어 해를 구할 수 없게 된다. 따라서 N값을 일정하게 유지시킬 필요가 있는데 바로 수신되는 신호의 위상과 수신기에서 자체적으로 발생시키는 반송파 위상과의 차이 즉, 위상차를 이용하면 된다.

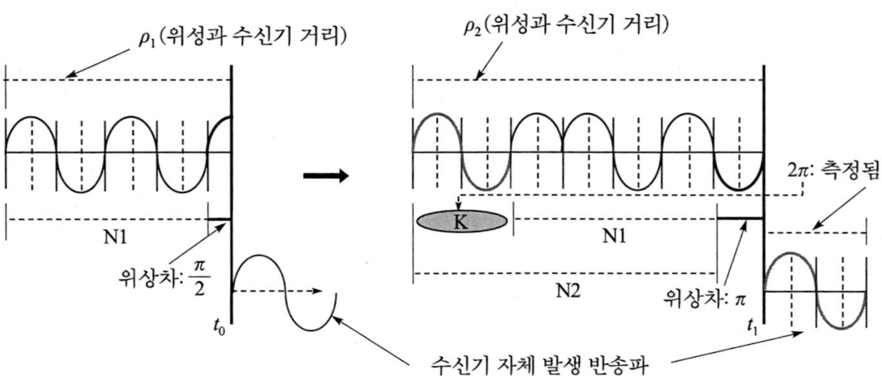

[그림 7-16] N값을 일정하게 유지하기 위한 위상차 관측

[그림 7-16]에서 t_0에 위성으로부터 수신되는 위상은 $\frac{\pi}{2}$로 측정되지만 실제 위성까지의 파장 개수는 알 수 없기 때문에 N으로 놓아야 하나 편의상 N1으로 놓으면 수신기 시계 오차만 고려한 위상차 방정식은 다음과 같다.

$\lambda\frac{\pi}{2} = \rho_1 - \lambda N_1 + c\delta_r(t)$ [212)]

t_1 에서 위성으로부터 수신되는 위상은 π이고 위성까지의 파장 개수는 모르지만 N2로 놓을 수 있다. 여기서 우리는 N1이 얼마인지는 몰라도 K값이 2π[213)]임을 알고 있으므로 N2 = N1+2π로 놓을 수 있고 위상차 방정식을 구성할 수 있다.

$\lambda\pi = \rho - \lambda(N_1 + 2\pi) + c\delta_r(t) \Rightarrow \lambda 3\pi = \rho_2 - \lambda N_1 + c\delta_r(t)$

이러한 방법으로 연속된 관측 시점의 모호 정수를 N1에 관한 미지값으로 표현할 수 있다. 이는 위성 신호가 끊어지지 않는 이상 여러 개의 모호 정수로 나타내야 하는 문제점을 완전히 해결할 수 있다는 장점이 있다.

GPS L1, L2파의 1파장의 길이는 각각 299,792,458m/1575.42MHz≒0.19m, 299,792,458m/1227.60MHz≒0.24m이다. 위성에서 수신기까지의 거리를 대략 20,180km라 했을 때 L1파는 20,180,000m/0.19m≒106,210,526개, L2파는 20,180,000m/0.24m≒84,083,333개 정도의 파장으로 구성될 수 있음을 알 수 있다. 1코드의 길이가 약 293.1m인 L1 C/A 코드 관측 시 1코드 잘못 측정 되었을 경우 약 293m정도 거리 오류를 범할 수 있는 반면 1파장의 길이가 0.19m인 L1 반송파 측정에서는 154개의 파가 1코드에 해당되므로 약 29.3cm정도의 거리 오류가 발생된다는 의미이므로 반송파 측정은 코드 관측에 비해 훨씬 정밀한 관측을 수행할 수 있다.

2) 위성의 위치

GNSS를 이용하여 위치를 결정하기 위해서는 위성으로부터 수신기까지의 거리 데이터도 필요하지만 위성의 좌표 정보도 요구된다. 임의 시각에 대한 위성의 좌표를 얻을 수 있는 궤도 정보를 궤도력(Ephemeris)이라 하는데 GNSS 위성으로부터 실시간 방송되어지는 방송궤도력(Broadcast Ephemeris)[214)]과 사후계산을 통해 기준시각마다의 정밀한 위성 좌표

212) Nel Samama, Global Positioning : Technologies and Performance, New York : Wiley-Interscience, 2008, p.226.; $-\lambda N$대신 λN으로 표현될 수 있으나 $-\lambda N$으로 표현하는 것이 이해하기 쉽다.

213) K값은 t_0 에서 t_1까지 위성이 실제로 이동한 거리이며 수신기에서 자체 발생시키는 반송파는 t_0부터 한 파장의 개수로 측정되어지므로 계속적으로 파장의 개수값은 측정이 가능하다.

가 제공되는 정밀궤도력(Precise Ephemeris)으로 나눌 수 있다.

(1) 방송궤도력(Broadcast Ephemeris)

임의 시각에 대한 위성의 위치를 계산하기 위한 궤도 정보 즉, 궤도력은 실시간으로 수신되는 항법메시지를 통해 얻을 수 있다. 대부분 위성항법시스템 궤도력에는 임의시각에 대한 위성 좌표를 계산할 수 있는 여러 변수들이 들어있어 이를 이용하여 좌표를 계산하지만, GLONASS의 경우 일정시각마다 위성 좌표 값이 직접 부여되며 임의 시각에 대한 좌표값은 보간을 통해 구해진다.[215] GPS의 경우 궤도력은 1개의 기준시각, 6개의 케플러 궤도값, 9개의 보정값[216]으로 구성된다.

(2) 정밀궤도력(Precise Ephemeris)

정밀궤도력은 전 세계의 추적국(감시국)들이 연결되어 하나의 감시망을 형성하고 여기서 얻은 관측데이터를 이용하여 여러 관련 기관(IGS 등)에 의해 계산되며 인터넷을 통하여 사용자에게 전달된다. 실시간으로 방송되는 방송궤도력과는 달리 실제 위성이 지나간 위치를 계산하는 것으로 관측일로부터 약 14일 이후에나 얻을 수 있다는 단점이 있으나, 약 1m정도의 정밀도를 가지는 방송궤도력에 비해 약 2.5cm[217]정도의 정밀도를 얻을 수 있다는 장점이 있다. GPS와 GLONASS의 정밀궤도력은 15분 간격으로 위성의 좌표가 기록되어 있다.

3) RINEX 파일

수신기 제조회사들은 각기 고유한 방식으로 위성 신호를 수신하여 파일을 생성하고 그들이 개발한 독자적인 자료처리 소프트웨어를 사용하여 위치를 결정한다. 따라서 수신기 제조회사가 다른 기종의 수신기로 관측하여 생성된 파일들은 파일의 형식을 알기 전에는 사용하기가 어렵다. 이러한 불편한 점을 없애기 위해 고안된 것이 바로 RINEX(Receiver INdependent EXchange format) 파일이다.

---

214) Hofmann-Wellenhof, Herbert Lichtenegger, Elmar Wasle, GNSS-Global Navigation Satellite Systems GPS, GLONASS, Galileo and more, Austria : SpringerWienNewYork, 2008, p.50.; 주관제국에서는 위성추적국에서 관측된 데이터를 기반으로 칼만 기법을 통한 외삽보간(extrapolation)수행을 통해 위성의 위치를 예측할 수 있다. 이로부터 추출된 궤도력은 위성에 업로드 된다.

215) Tsuchiya Atsusi, Tsuji Hromichi, 서용철, 『GNSS 측량의 기초』, 대한측량협회, 2011, p.119.

216) Hofmann-Wellenhof, Herbert Lichtenegger, Elmar Wasle, GNSS-Global Navigation Satellite Systems GPS, GLONASS, Galileo and more, Austria : SpringerWienNewYork, 2008, pp.50-51.; 9개의 보정값은 지구의 섭동, 조석 효과, 태양의 복사 압력과 관련된 값들이다.

217) https://www.igs.org/products, GLONASS의 경우에도 14일 이후에 취득할 수 있으며 3cm 정도의 정밀도를 가진다. 예전에는 사용자가 직접 IGS 사이트에 접속하여 다운로드했지만 지금은 자료처리 소프트웨어에서 자동으로 접속하여 정밀궤도력을 가져올 수 있다.

〈표 7-11〉 RINEX 2.0와 3.04버전의 관측 데이터 부분 비교

RINEX 2.0	RINEX 3.04
4 C1 L1 L2 P2 # / TYPES OF OBSERV	G 2 C1P L1P L2X C2X S2X SYS / # / OBS TYPES R 2 C1C L1C SYS / # / OBS TYPES E 2 L1B L5I SYS / # / OBS TYPES C 2 C1C L1C SYS / # / OBS TYPES
신호 C1, L1, L2, P2, 신호 개수 적음	신호 14개, 신호 개수 많음
12 6 18 0 0 0.0000000 0 2G09G12 20710335.180 7 108833497.29817 84805376.67459 20710338.85949 21620025.852 7 113613996.92317 88530433.05758 21620030.17248	> 2006 03 24 13 10 54.0000000 0 6 -0.123456789210 G06 23619095.450 -53875.632 8 -41981.375 5 23619112.008 24.158 G09 20886075.667 -28688.027 9 -22354.535 6 20886082.101 38.543 G12 20611072.689 18247.789 9 14219.770 8 20611078.410 32.326 R21 21345678.576 12345.567 5 R22 22123456.789 23456.789 5 E11 65432.123 5 48861.586 7
2G09G12 : - 2: 수신된 위성 개수 - G09: GPS 9번 위성	> : 기록부분 시작 의미, 위성표시 없음 수신기 시계 옵셋 추가됨, 위성항법시스템이 늘어남 G: GPS, R: GLONASS, E: Galileo, C: BeiDou

GPS 9번 위성의 C/A 코드 의사거리 20710335.180m를 L1 위상차 108833497.298로 나누면 약 19cm정도가 된다.

최초의 RINEX 파일은 1989년 스위스 베른대학교 천문연구소의 Werner Gurtner에 의해 제안되었고 미국 뉴멕시코 주 Las Cruces에서 개최된 제5회 위성 위치결정을 위한 국제측지심포지움에서 발표되어 채택되었다. RINEX 2 버전은 1991년 캐나다 오타와에서 개최된 GPS를 이용한 정밀 위치결정에 관한 제2회 국제심포지움에서 발표되어 채택되었다.[218] 2018년 11월 가장 최신 버전인 RINEX 3.04가 발표되었는데 다중 GNSS 환경에 맞게 굉장히 많은 신호들이 정의되어져 있다.

우리나라의 경우 국토지리정보원의 국토정보플랫폼과 GNSS 데이터 통합센터에서 RINEX 파일형식의 위성기준점 GNSS 데이터를 다운로드 할 수 있고 각 나라의 GNSS 상시관측소 RINEX 파일은 IGS에서 다운로드 할 수 있다.

218) Werner Gurtner, Lou Estey, "RINEX: The Receiver Independent Exchange Format Version 3.00", Astronomical Institute University of Bern and UNAVCO Boulder, Co., 28-November, 2007, p.2.

2.4 위치 결정 방법

위성을 이용한 위치결정방법은 단독측위, 오차 보정측위, 상대측위로 나눌 수 있다. 단독측위는 가장 기본적인 형태의 측위를 말하며 흔히 네비게이션과 같이 독립적으로 위치계산을 수행해 나가는 방법이다. 오차 보정측위는 단독측위시 발생되는 오차량을 기지국이 계산하고 계산된 보정량을 기지국으로부터 전송받아 측위에 보정하는 방법이다.[219] 상대측위는 가장 정확도가 높은 측위 방법으로 두 점 이상에서 관측된 자료로부터 생성된 방정식들을 여러 방법으로 조합하여 미지점의 위치를 결정하는 방법이다.

1) 단독측위(Point positioning)

(1) 코드 의사거리를 이용한 단독측위

코드 의사거리를 이용한 단독측위는 한 개 측점에서 최소 3대 이상의 위성으로부터 수신된 코드 의사거리를 이용하여 위치를 결정하는 방법을 말한다. 수신기 시계오차 $\delta_r(t)$까지 고려할 경우 최소 4대 이상의 위성 관측이 요구된다.[220] 위성의 좌표는 항법메시지 변수를 이용하여 산출하거나 정밀궤도력을 이용할 수 있다. 또한 위성 신호가 대기권을 통과하여 수신기에 도달하는 동안 여러 오차들이 발생되는 데 이들 오차들에 대한 경험식이 관측방정식에 포함되어 계산된다. 수신기 시계오차에 따른 거리 오차만 고려한 미지점 A와 위성 S에 대한 코드 의사거리의 관측방정식은 다음과 같다.

$$\text{코드 의사거리} = \sqrt{(X^S - X_A)^2 + (Y^S - Y_A)^2 + (Z^S - Z_A)^2} + c\,\delta_r(t)$$ [221]

위 식을 선형화하면

$$\text{코드의사거리} - \text{코드의사거리 초기값}_A = \frac{(X\text{초기값}_A - X^S)}{\text{코드의사거리 초기값}_A} * dX_A$$

$$+ \frac{(Y\text{초기값}_A - Y^S)}{\text{코드의사거리 초기값}_A} * dY_A + \frac{(Z\text{초기값}_A - Z^S)}{\text{코드의사거리 초기값}_A} * dZ_A + c\delta_r(t)$$

---

219) 네비게이션에도 오차 보정측위가 적용될 수 있다. 현재 각광받고 있는 네트워크 RTK 방법도 위치 결정 원리는 상대측위에 속하지만 넓은 의미에서는 오차 보정측위에도 포함된다고 볼 수 있다.

220) 위성시계오차 $\delta^s(t)$와 수신기 시계오차까지 포함한다면 미지값이 5개이지만 위성시계오차는 방송궤도력 시계보정상수를 이용하여 구할 수 있으므로 수신기 시계오차만 미지값이 된다.

221) $c\delta_r(t)$는 수신기 시계오차 $\delta_r(t)$에 전파 속도를 곱한 값으로 수신기 시계오차로 인한 거리오차를 의미한다.

예제 **미지점 A에서 관측된 C1 의사거리와 해당 위성 좌표가 아래의 표와 같다. 미지점 A의 위치와 정확도 및 DOP를 계산하시오.**[222)]

〈표 7-12〉 C1 의사거리 측정값과 해당 위성 좌표

위성	C1 의사거리(m)	위성 좌표(m)		
		x	y	z
1	23416619.790	5428234.240	25825821.980	5010101.510
2	24187130.610	14678756.050	16868978.910	14197750.880
3	22283401.180	−22112586.500	14519620.530	−841798.610
4	24846285.380	14573495.640	7615500.580	21051857.620
5	23934184.990	−15028815.070	−9217739.010	19827082.260
6	20725870.680	−11621484.440	10807569.830	21498504.230
7	22335159.480	174196.060	26121028.860	3512052.330

풀 이

단계 1. 관측방정식 구성

$$\sqrt{(x-54282354.240)^2+(y-25825821.980)^2+(z-5010101.510)^2}+c\delta_r(t)=23416619.790$$

$$\sqrt{(x-14678756.050)^2+(y-16868978.910)^2+(z-14197750.880)^2}+c\delta_r(t)=24187130.610$$

$$\sqrt{(x+22112586.500)^2+(y-14519620.530)^2+(z+841798.610)^2}+c\delta_r(t)=22283401.180$$

$$\sqrt{(x-14573495.640)^2+(y-7615500.580)^2+(z-21051857.620)^2}+c\delta_r(t)=24846285.380$$

$$\sqrt{(x+15028815.070)^2+(y+9217739.010)^2+(z-19827082.260)^2}+c\delta_r(t)=23934184.990$$

$$\sqrt{(x+11621484.440)^2+(y-10807569.830)^2+(z-21498504.230)^2}+c\delta_r(t)=20725870.680$$

$$\sqrt{(x-174196.060)^2+(y-26121028.860)^2+(z-3512052.330)^2}+c\delta_r(t)=22335159.480$$

222) 오재홍, 『알기 쉬운 GPS 측량』, 구미서관, 2017, pp.78-82.

단계 2. 행렬식 구성 및 dx, dy, dz 계산

초기값 x=y=z=0으로 하여 관측방정식의 선형화 형태의 행렬식을 구성한다.[223)]

A행렬 X행렬 L행렬

$$\begin{pmatrix} -0.202082356 & -0.961443947 & -0.186516107 & -1 \\ -0.554170091 & -0.636858024 & -0.536010604 & -1 \\ 0.835482166 & -0.548596339 & 0.031805765 & -1 \\ -0.545566220 & -0.285090137 & -0.788086996 & -1 \\ 0.566441832 & 0.347420136 & -0.747290372 & -1 \\ 0.434908460 & -0.404449498 & -0.804534173 & -1 \\ -0.006609188 & -0.991060274 & -0.133251089 & -1 \end{pmatrix} \begin{pmatrix} dx \\ dy \\ dz \\ cdt \end{pmatrix} = \begin{pmatrix} 26861495.212 \\ 26487817.175 \\ 26466856.386 \\ 26712606.266 \\ 26531965.359 \\ 26721679.407 \\ 26356650.101 \end{pmatrix}$$ [224)]

위 행렬식을 계산한 결과는 다음과 같다.

$dx = -3568742.124$, $dy = 4754530.713$, $dz = 4715593.863$, $c\Delta t = 1277292.867$

단계 3. 반복계산

새로운 초기값 계산

$dx = 0 - 3568742.124 = -3568742.124$, $dy = 0 + 4754530.713 = 4754530.713$,

$dz = 0 + 4715593.863 = 4715593.863$

단계 2처럼 행렬식을 구성하고 dx, dy, dz값을 구한다.

$dx = 518096.358$, $dy = -712990.205$, $dz = -790330.877$

초기값 계산

$dx = -3568742.124 + 518096.358 = -3050645.766$,

$dy = 4754530.713 - 712990.205 = 4041540.508$,

$dz = 4715593.863 - 790330.877 = 3925262.986$

위 초기값을 이용하여 다시 행렬식을 구성하고 dx, dy, dz값을 구한다.

이와 같은 순서로 dx, dy, dz값이 0.001이하로 될 때까지 반복 계산 한다.

---

223) 의사거리의 계산결과는 셋째자리까지만 반올림해서 기술했으나 실제는 계산된 값을 그대로 사용해야 한다.

224) $\sqrt{(5428234.240-0)^2+(25825821.980-0)^2+(5010101.510-0)^2} = 26861495.212$,

$\frac{(0-5428234.240)}{26861495.212} = -0.202082356$, $\frac{(0-25825821.980)}{26861495.212} = -0.961443947$,

$\frac{(0-5010101.510)}{26861495.212} = -0.186516107$

5번 반복계산시

$dx = 1.404e-5$, $dy = -2.250e-5$, $dz = -3.794e-5$, $c\delta_r(t) = 16.948$ 값이 0.001이하로 계산되었다.[225)]

단계 4. 최종 좌표 계산

앞에서 얻은 dx, dy, dz값이 모두 0.001이하이므로 좌표값을 mm까지로 자리수를 한정하면 새로운 초기값은 바로 앞 단계의 초기값과 동일하다 할 수 있다.

최종값은 다음과 같다.

$X_A = -3036985.412$, $Y_A = 4021285.655$, $Z_A = 3896976.258$

단계 5. 분산, DOP(Dilution of precision) 및 정밀도 계산

위성 좌표를 알고 있고 측점 A의 좌표도 계산되었으므로 각각의 위성들과 측점 A간 거리를 계산하여 코드 의사거리와의 분산값을 구한다.

〈표 7-13〉 관측값과 계산값의 잔차 및 표준편차

위성	관측값	계산값	잔차 : 관측값-계산값	(관측값-계산값)2
1	23416619.790	23416609.269	10.520521522	110.68137309
2	24187130.610	24187134.911	−4.300549459	18.49472565
3	22283401.180	22283409.403	−8.223066479	67.61882232
4	24846285.380	24846291.887	−6.506946765	42.34035620
5	23934184.990	23934177.261	7.729457349	59.74451090
6	20725870.680	20725871.898	−1.218438331	1.48459197
7	22335159.480	22335157.481	1.999022160	3.99608960

분산 : 101.453, 표준편차 : 10.072

DOP는 위성의 기하학적 배치를 수치로 표현한 것으로 DOP값이 낮을수록 정밀도는 높다. DOP는 최종해가 구해진 마지막 단계의 선형화된 행렬식에서 A행렬을 AT행렬에 곱하여 계산된 ATA행렬의 역행렬을 이용한다.

225) 계산시 소수점 자리수 문제로 약간 다른 값이 나올 수 있다, 16.948m는 수신기 시계오차이다.

〈표 7-14〉 (ATA) 역행렬

0.654265259	−0.581799534	−0.639526098	−0.44355
−0.581799534	1.571186491	1.432957994	1.124598
−0.639526098	1.432957994	2.320664471	1.377579
−0.443546118	1.124597754	1.37757913	1.070236

$$\text{GDOP} = \sqrt{0.654265259^2 + (-0.581799534)^2 + (-0.639526098)^2 + (-0.44355)^2} = 2.370$$

$$\text{PDOP} = \sqrt{0.654265259^2 + (-0.581799534)^2 + (-0.639526098)^2} = 2.132$$

$$\text{HDOP} = \sqrt{0.654265259^2 + (-0.581799534)^2} = 1.492$$

$$\text{VDOP} = \sqrt{2.320664471} = 1.523$$

$$\text{TDOP} = \sqrt{1.070236} = 1.035$$ [226)]

정밀도는 〈표 7-13〉에서 구한 분산값을 〈표 7-14〉의 ATA역행렬 11, 22, 33 행렬값에 각각 곱한 후 제곱근으로 표현된다. 정밀도를 고려한 최종 좌표값은 다음과 같다.

$$X_A = -3036985.412m \pm 8.147m$$

$$Y_A = 4021285.655m \pm 12.625m$$

$$Z_A = 3896976.258 \pm 15.344m$$

위성시계오차를 고려하지 않았기 때문에 수신기 시계오차에 따른 거리오차는 약 16.948m임을 알 수 있다.

226) Hofmann-Wellenhof, Herbert Lichtenegger, Elmar Wasle, GNSS-Global Navigation Satellite Systems GPS, GLONASS, Galileo and more, Austria : SpringerWienNewYork, 2008, pp.262-266.

(2) 반송파 의사거리를 이용한 단독측위

위성 4대를 이용한 반송파 의사거리를 이용하여 위치를 구할 경우 기지값은 각 위성들의 좌표와 각 위성들과 수신기까지의 위상차이다. 수신기 시계오차만 고려할 때 1회 관측시 미지값은 구하고자 하는 X, Y, Z값 3개와 각 위성들에 대한 N_1, N_2, N_3, N_4값 4개, 수신기 시계오차 1개로 총 8개이고 방정식은 4개이므로 해를 구할 수 없다. 2회 관측시 미지값은 수신기 시계오차가 2개로 되어 총 9개의 미지값이 발생되고 식은 8개이므로 해결할 수 없다. 3회 관측시 미지값은 총 10개이고 식은 총 12개가 구성되므로 최소제곱에 의한 해를 구할 수 있다. 반송파 의사거리를 이용한 단독측위에 대한 관측방정식은 코드 의사거리와 다를 바 없다. 관측시간 t_0의 1번 위성에 대한 관측방정식은 다음과 같다.

$$위상차_A^{S1} - 의사거리\ 초기값_A^{S1} = \frac{(X초기값_A - X^{S1})}{의사거리\ 초기값_A^{S1}} * dX_A$$

$$\frac{(Y초기값_A - Y^{S1})}{의사거리\ 초기값_A^{S1}} * dY_A + \frac{(Z초기값_A - Z^{S1})}{의사거리\ 초기값_A^{S1}} * dZ_A + \lambda N_1 + c\delta_r(t_0)$$ [227]

관측시간 t_0의 2, 3, 4번 위성에 대한 관측방정식도 위와 같은 방법으로 구성하면 된다. 또한 관측시간 t_1, t_2도 마찬가지로 구성하여 최소제곱으로 해를 구하면 된다.

2) 오차 보정측위(Differential positioning)

앞에서 언급한 코드 의사거리와 반송파 의사거리의 단독측위 관측방정식에는 수신기 시계오차만 포함되어 있으나 실제로는 위성 시계오차, 대류권(Troposphere) 오차, 전리층(Ionosphere) 오차 등 여러 오차들이 포함되어 진다. 위성 시계오차의 경우 항법메시지안의 보정 정보들을 이용하여 오차를 보정할 수 있고 나머지 오차들은 각각의 경험식을 이용하여 오차를 보정하게 된다. 그러나 이런 방식으로 보정된 오차들은 경험식이 적용된 것이기 때문에 정확도를 보장할 수는 없다. 오차 보정측위는 이러한 문제점을 해결하기 위한 측위방식이다.

227) B.Hofmann-Wellenhof, H.Lichtenegger, J.Collins, 서용철, 『GPS 이론과 응용』, (주)시그마프레스, 2013, p.316.; 책에서는 $-\lambda N$으로 표기되어 있으나 계산에서 N값이 '−'로 계산 될 경우 '+'로 간주하면 된다. 즉, N값을 절대값으로 생각하면 된다.

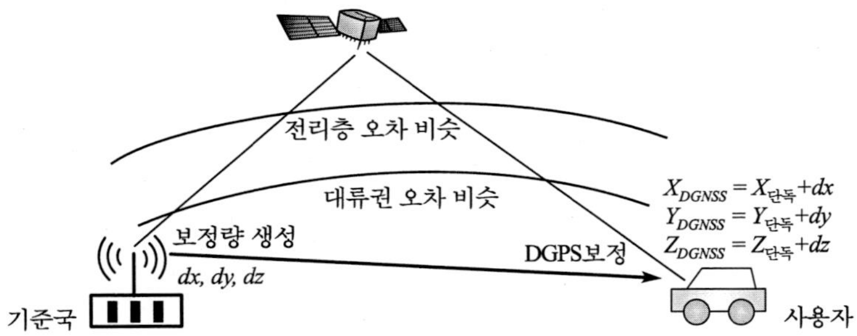

[그림 7-17] 오차 보정측위 개념도

단독측위는 1대의 수신기로 자신의 위치를 결정하지만 이미 사전에 결정된 측점 A에서 단독측위가 수행된다면 코드 의사거리 자체의 오차 때문에 측점 A의 좌표값은 기존의 좌표값과 다르게 되고 좌표의 차이값(보정량), 또는 의사거리에 포함되어 있는 오차량(보정량)을 구할 수 있다. 중요한 것은 측점 A와의 거리가 멀지 않을 경우 측점 A의 주변에서 수행되는 단독측위의 오차량은 비슷하다는 점이다. 따라서 일정한 범위 이내의 단독측위 결과값에 측점 A의 오차량을 실시간으로 전송받아 보정하게 되면 단독측위 자체의 결과값에 비해 훨씬 좋은 결과를 얻게 된다.[228)]

오차 보정측위를 구현하기 위해서는 실시간으로 오차를 사용자들에게 전송해주어야 하는데 위성 통신 시스템을 이용하는 SBAS와 지상 통신 시스템을 이용하는 GBAS로 구분된다. 대표적인 SBAS는 미국 WASS, 일본 MSAS, 유럽 EGNOS, 인도 GAGAN, 중국 SNAS 등이 있고 GBAS는 미국 LASS, 호주 GRAS[229)], 오스트리아 APOS, 유럽 EUPOS 등이 있다.[230)] 현재 국내에서 cm급 정확도를 자랑하며 널리 사용되고 있는 네트워크 RTK도 반송파 의사거리를 기반으로 하는 GBAS라 할 수 있다.

---

228) Günter Seeber, Satellite Geodesy 2nd Edition, Berlin : de Gruyter, 2003, p.327, 코드의사거리를 이용한 DGPS 정확도는 1~3m이며 기준국으로부터의 거리에 좌우된다.

229) Hofmann-Wellenhof, Herbert Lichtenegger, Elmar Wasle, GNSS-Global Navigation Satellite Systems GPS, GLONASS, Galileo and more, Austria : SpringerWienNewYork, 2008, pp.421-428.; SBAS는 수평 1~3m, 수직 2~4m 정확도를 가진다. SBAS(Space-Based Augmentation Systems, 이하 AS로 표기), GBAS(Ground-Based AS), WASS(Wide-Area AS), MSAS(Multifunctional Transport Satellite SBAS), EGNOS(European Geostationary Navigation Overlay Service), GAGAN(Geoaugmented Navigation), SBAS(Satellite Navigation AS), LASS(Local Area Augmentation System), APOS(Austrian Positioning Service), EUPOS(European Position Determination System).

230) 오재홍, 『알기 쉬운 GPS 측량』, 구미서관, 2017, p.122.; GRAS(A Ground-Based Regional Augmentation System).

3) 상대측위(Relative positioning)

오차 보정측위는 일정 반경이내에서의 동시 관측은 관측 환경이 비슷하기 때문에 관측된 의사거리에 포함된 오차들도 비슷할 것이라는 가정에서 출발하며 기준국에서 생성된 의사거리 보정량 또는 좌표 보정량을 실시간으로 수신 받아 미지측점의 위치를 결정하는데 반해 상대측위는 기준국과 미지측점의 관측 자료를 이용하여 각각의 관측방정식을 구성하고 서로 차분함으로써 새로운 관측방정식을 생성하고 최소제곱으로 좌표를 산출하는 방식이다.

상대측위는 반송파 의사거리를 이용하며 관측방정식을 차분하는 방법에 따라 단일차분(Single Difference), 이중차분(Double Difference), 삼중차분(Triple Difference) 방식이 있다. 상대측위 역시 관측 환경이 비슷하기 때문에 차분을 수행하면 반송파 의사거리에 포함된 여러 오차들이 제거될 것이라는 가정에서 출발한다.

(1) 단일차분

미지측점에서 2대의 위성으로부터 수신된 의사거리를 이용하여 관측방정식을 구성할 경우 각각의 관측방정식에는 동일한 수신기 시계오차가 포함된다. 따라서 두 관측방정식을 차분하면 수신기 시계오차가 제거된 새로운 관측방정식이 생성되는데 이를 단일 차분이라 한다. 마찬가지로 두 대의 수신기에서 동일한 위성으로부터의 의사거리를 수신할 경우 단일차분하면 위성 시계오차를 제거할 수 있다.

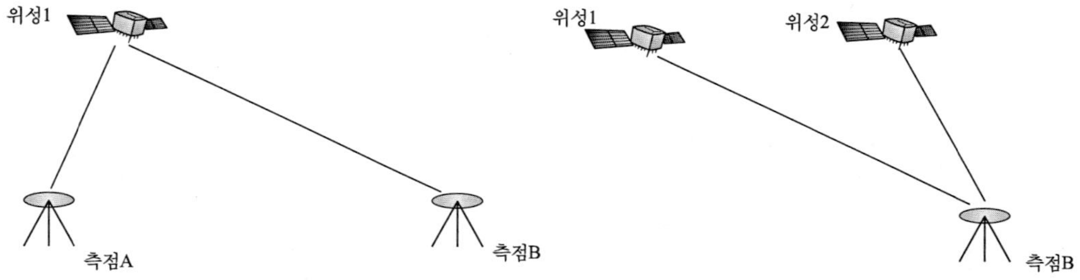

(a) 위성1 단일차분 (b) 측점B 단일차분

[그림 7-18] 단일차분의 두 가지 유형

[그림 7-18] (a) 위성 1에 대한 각각의 관측방정식은 다음과 같다.[231)]

$$\text{의사거리}_{A1} = \text{거리}_{A1} - \lambda N_{A1} + \text{위성 시계오차}_1 - \text{수신기 시계오차}_A$$

$$\text{의사거리}_{B1} = \text{거리}_{B1} - \lambda N_{B1} + \text{위성 시계오차}_1 - \text{수신기 시계오차}_B$$

231) 관측방정식에 전리층 및 대류권 오차, 다중경로 오차, 기타 오차 등은 포함시키지 않았다.

두 관측방정식을 차분하면 위성시계오차가 제거되며 관측방정식은 다음과 같다.

$$\text{의사거리단일차분값}_{A1B1} = \text{거리}_{A1} - \text{거리}_{B1} - (\lambda N_{A1} - \lambda N_{B1}) - (\text{수신기 시계오차}_A - \text{수신기 시계오차}_B)$$ 232)

같은 방법으로 [그림 7-18] (b) 측점 B에 대한 단일 차분을 수행하면 수신기 시계오차가 제거되며 관측방정식은 다음과 같다.

$$\text{의사거리단일차분값}_{B1B2} = \text{거리}_{B1} - \text{거리}_{B2} - (\lambda N_{B1} - \lambda N_{B2}) - (\text{위성 시계오차}_1 - \text{위성 시계오차}_2)$$

(2) 이중차분

단일차분을 수행하면 위성 시계오차와 수신기 시계오차가 제거된다. 그러나 각각의 단일 차분 관측방정식에는 위성 시계오차와 수신기 시계오차가 둘 다 제거되지 않고 위성 시계 오차 차분량 또는 수신기 시계오차 차분량이 남아 있게 된다. 이를 제거하기 위해서 이중 차분이 수행된다.

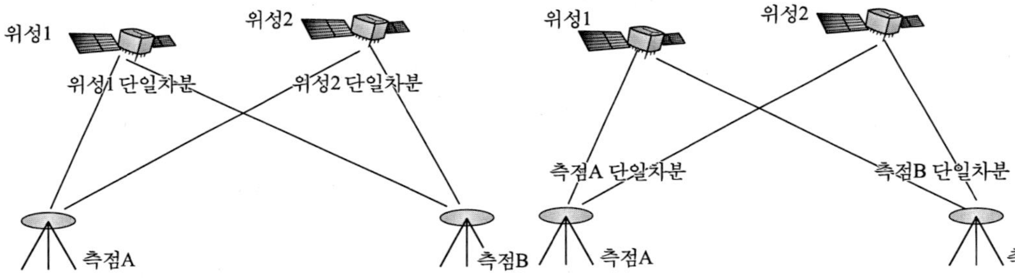

(a) 위성 단일차분 (b) 수신기 단일차분

[그림 7-19] 이중차분의 유형

이중차분은 단일차분된 관측방정식들을 다시 차분하는 것이다.

[그림 7-19] (a) 위성 단일차분의 관측방정식들은 위성 시계오차는 제거된 상태이지만 수신기 시계오차의 항들이 포함되었으므로 차분하면 수신기 시계오차를 제거할 수 있다. 위성에 대한 이중차분 관측방정식은 다음과 같다.233)

$$\text{의사거리단일차분값}_{A1B1} = \text{거리}_{A1} - \text{거리}_{B1} - (\lambda N_{A1} - \lambda N_{B1}) - (\text{수신기 시계오차}_A - \text{수신기 시계오차}_B)$$

$$-\ \text{의사거리단일차분값}_{A2B2} = \text{거리}_{A2} - \text{거리}_{B2} - (\lambda N_{A2} - \lambda N_{B2}) - (\text{수신기 시계오차}_A - \text{수신기 시계오차}_B)$$

$$=\ \text{의사거리이중차분값}_{A1B1A2B2} = (\text{거리}_{A1} - \text{거리}_{B1}) - (\text{거리}_{A2} - \text{거리}_{B2}) - (\lambda N_{A1} - \lambda N_{B1}) - (\lambda N_{A2} - \lambda N_{B2})$$

232) [그림 7-18] (a)에서 측점A가 기지점일 경우 거리 $_{A1}$은 기지값이 된다.

233) [그림 7-19] (a)에서 측점A가 기지점일 경우 거리 $_{A1}$, 거리 $_{A2}$는 기지값이 된다.

같은 방법으로 [그림 7-19] (b) 수신기 단일차분의 관측방정식들은 수신기 시계오차는 제거된 상태이지만 위성 시계오차의 항들이 포함되었으므로 차분하면 위성 시계오차를 제거할 수 있다. 수신기에 대한 이중차분 관측방정식은 다음과 같다.

$$\text{의사거리단일차분값}_{A1A2} = \text{거리}_{A1} - \text{거리}_{A2} - (\lambda N_{A1} - \lambda N_{A2}) - (\text{위성 시계오차}_1 - \text{위성 시계오차}_2)$$

$$-\ \text{의사거리단일차분값}_{B1B2} = \text{거리}_{B1} - \text{거리}_{B2} - (\lambda N_{B1} - \lambda N_{B2}) - (\text{위성 시계오차}_1 - \text{위성 시계오차}_2)$$

$$=\ \text{의사거리이중차분값}_{A1A2B1B2} = (\text{거리}_{A1} - \text{거리}_{A2}) - (\text{거리}_{B1} - \text{거리}_{B2}) - (\lambda N_{A1} - \lambda N_{A2}) - (\lambda N_{B1} - \lambda N_{B2})$$

일반적으로 기선해석은 이중차분방법을 이용한다. 그 이유는 두 가지 인데 첫 번째는 시계오차가 제거되고, 두 번째는 모호 정수가 정수라는 것을 이용해서 기선해석정확도를 향상시킬 수 있기 때문이다. 그러나 모호 정수의 해결은 쉽지 않다. 모호 정수 해결이 없다면 코드 의사거리와 같은 방정식이 구성되므로 1회의 관측으로도 해를 구할 수 있다. 정지측위에서의 장시간 관측이 단순히 오래 관측한 자료를 평균함으로써 정확도를 높이기 위한 목적이라 생각하기 쉽지만 필요한 정확도를 얻기 위한 시간은 몇 초 정도면 가능하다. 동적측위가 가능한 이유가 여기에 있으며 정지측위의 장시간 관측은 모호 정수의 해결에 있다.[234]

(3) 삼중차분

삼중차분은 이중차분된 관측방정식들간의 차분을 의미한다.

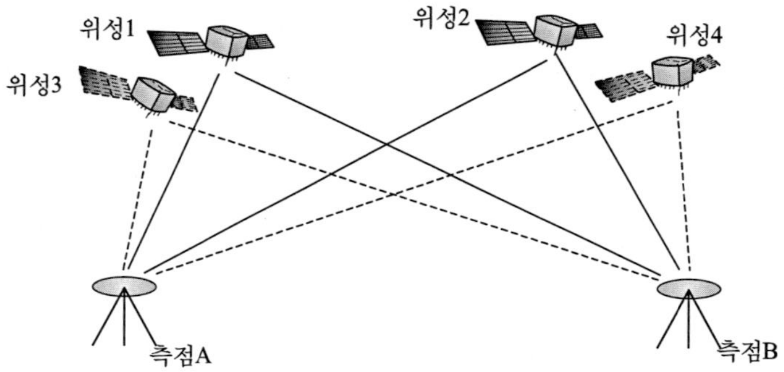

[그림 7-20] 삼중차분

234) Tsuchiya Atsusi, Tsuji Hromichi, 서용철, 전게서, pp.230-231.; 이중차분을 수행하면 수신기 시계오차와 위성 시계오차가 모두 제거되기 때문에 간단한 수신기만으로도 VLBI와 동등한 정확도를 확보할 수 있다.

$$
\begin{aligned}
& \text{의사거리이중차분값}_{A1B1A2B2} = (\text{거리}_{A1} - \text{거리}_{B1}) - (\text{거리}_{A2} - \text{거리}_{B2}) - (\lambda N_{A1} - \lambda N_{B1}) - (\lambda N_{A2} - \lambda N_{B2}) \\
- \; & \text{의사거리이중차분값}_{A1A2B1B2} = (\text{거리}_{A1} - \text{거리}_{A2}) - (\text{거리}_{B1} - \text{거리}_{B2}) - (\lambda N_{A1} - \lambda N_{A2}) - (\lambda N_{B1} - \lambda N_{B2}) \\
= \; & \text{의사거리삼중차분값}_{A1B1A2B2A1A2B1B2} = ((\text{거리}_{A1} - \text{거리}_{B1}) - (\text{거리}_{A2} - \text{거리}_{B2})) \\
& \qquad - ((\text{거리}_{A1} - \text{거리}_{A2}) - (\text{거리}_{B1} - \text{거리}_{B2})) - (2\lambda N_{A2} - 2\lambda N_{B2})
\end{aligned}
$$
[235]

이중차분된 관측방정식에는 모호 정수 부분이 포함되어 있는데 이를 삼중차분한 결과를 보면 모호 정수 부분이 일부 제거됨을 알 수 있다. 반대로 이중차분 관측방정식을 더하게 되면 제거된 모호 정수 부분이 남고 제거되지 않았던 모호 정수 부분이 제거된다. 즉, 삼중차분의 장점은 모호 정수 부분을 제거할 수 있다는 것이다. 그러나 삼중차분된 관측방정식의 미지값이 증가하기 때문에 이를 해결하기 위해서는 관측시간이 대폭 늘어나야 되고, 삼중 차분에 따른 관측값들의 왜곡이 발생되어 오히려 이중차분의 결과보다 떨어진다는 단점이 있다.[236]

2.5 정지 및 이동에 따른 GNSS 측량방법 분류

GNSS에 의한 위치결정은 반송파 의사거리를 이용한 상대측위방식으로 수행되며 관측시간에 따라 정지(Static relative positioning) 및 신속정지측량(Rapid Static), 이동측량(Kinematic), 실시간 이동측량(RTK, Real Time Kinematic), 네트워크 RTK로 나눌 수 있다.

1) 정지 및 신속정지측량

기지점과 미지점에 수신기를 설치하여 일정 시간 이상 GNSS 관측을 동시에 수행하고 기지점과 미지점의 GNSS 데이터를 이중차분방식으로 처리하여 미지점의 위치를 결정하는 방식이다. 점유시간의 차이에 따라 정지측량과 신속정지측량으로 나눌 수 있다. 점유시간은 기선길이나 관측 위성수와 배치 상황에 따라 다르나 기지점과 미지점간의 기선길이가 20km이상일 경우 정지측량은 20분+2분/km, 신속정지측량은 10분+1분/km 관측을 수행한다면 cm 수준의 정확도를 얻을 수 있다.[237]

---

235) [그림 7-20]에서 측점A가 기지점일 경우 거리 $_{A1}$, 거리 $_{A2}$는 기지값이 된다.

236) Tsuchiya Atsusi, Tsuji Hromichi, 서용철, 상게서, p.232.

237) Hofmann-Wellenhof, Herbert Lichtenegger, Elmar Wasle, GNSS-Global Navigation Satellite Systems GPS, GLONASS, Galileo and more, Austria : SpringerWienNewYork, 2008, pp.437-438.; 기선길이가 20km일 경우 정지측량은 1시간, 신속정지측량은 30분 관측시간이 계산된다.

정지측량은 일반적으로 측지측량, 국가의 기준점 측량, 사진 기준점 측량, 경계 측량, 지구물리측량 등과 같이 정밀한 위치 결정에 사용되어지며 보통 100km 또는 그 이상의 기선길이에 대해 1~0.1ppm의 정밀도를 갖는다.

정지측량은 반드시 기준점과 미지점에서의 동시 관측이 수행되어져야 하나 국내의 경우에는 전국에 골고루 분포되어 설치되어 있는 GNSS 상시관측소가 기준점 역할을 수행해주기 때문에 사용자는 미지점에 GNSS 관측을 수행하고 국토지리정보원 데이터 제공 사이트를 통해 기지점 데이터를 다운로드하여 미지점 데이터와의 이중차분해석[238)]을 통해 미지점의 위치를 결정할 수 있다.

2) 이동측량

이동측량은 신속정지측량과 그 방법이 다르지 않다. 예를 들어 5점의 위치를 결정할 때 신속정지측량은 각 측점에서 일정 시간 이상의 관측을 수행하고 측점 간 이동시에 수신기 전원을 끄고 이동하는 반면에 이동측량은 수신기 전원을 켠 상태로 이동한다는 점이 다를 뿐이다. 즉, 신속정지측량은 측점 간 거리가 자동차를 이용하여 짧은 시간 이동할 수 있는 거리일 경우 적용할 수 있고, 이동측량은 위치를 결정하려는 측점의 분포가 도보로 이동할 수 있을 정도의 범위일 경우 적용 될 수 있다.

신속정지측량이나 이동측량으로 관측이 수행될 경우 기지점의 수신기 역시 반드시 동시 관측이 수행되어야 한다. 다만, 신속정지측량에서 미지점의 수신기가 다음 측점으로 이동시 기지점의 수신기는 전원을 끌 수 있지만 이동측량의 경우 기지점 수신기에서의 관측은 계속 수행되어져야 한다는 차이점이 있다.

관측 저장의 간격 역시 신속정지측량에서는 5초 또는 10초, 30초 등 측량 범위에 맞게 여유롭게 설정할 수 있으나 이동측량의 경우 보통 1초로 저장 간격을 설정하는 점도 다르다고 할 수 있다.

3) 실시간 이동측량

이동측량은 기지점과 미지점에서 동시 관측이 수행된 수신기로부터 저장된 데이터를 컴퓨터 자료처리 프로그램으로 불러들인 후 기선해석을 통해 미지점의 좌표를 구하는 측량이다.

---

238) 이중차분해석은 학술용 또는 상업용 자료처리 프로그램을 이용한다. 대표적인 학술용 자료처리 프로그램으로는 Bernese(스위스 베른공과대학), GIPSY/OASIS(캘리포니아공과대학), GAMIT/GLOBK(메사추세츠공과대학), 상업용 프로그램을 GNSS 장비사별로 개발되어 활용되고 있다.

실시간 이동측량은 이러한 과정을 실시간으로 수행하는 측량이다. 즉, 기지점(base, 기준국)에서 관측한 데이터 또는 보정량을 계산하여 실시간으로 미지점에 전송하고 이동국(Rover, 미지점 수신기)에서 이를 수신하여 이중차분방법 또는 좌표 보정방법으로 미지점의 좌표를 결정하게 된다.

기지점의 데이터를 실시간으로 전송하기 위해 과거에는 무선 모뎀을 이용하였으나 거리 제약의 한계가 있어 짧은 구간에서만 가능하였다. 그러나 현재에는 휴대폰과 같은 이동 통신 매체들이 무선 모뎀을 대신하고 있어 실시간 이동측량은 효율성과 정확도에서 놀라운 성과를 보이고 있다. 현재 널리 이용되고 있는 네트워크 RTK 역시 실시간 이동측량의 발전된 측량 방식이라 하겠다.

4) 네트워크 RTK

네트워크 RTK는 미지점 인근에 위치한 3개 이상 GNSS 상시관측소의 관측값을 바탕으로 네트워크 모델링을 통하여 미지점의 위치에서의 가상 관측데이터를 생성하고 가상 관측데이터와 미지점 관측데이터간의 차분을 수행하여 미지점의 위치를 결정하는 방법이다. 이 방법에 의하면 미지점 위치에서 최적으로 예측된 관측값이 생성되므로 마치 가상의 기준점이 존재하는 것과 같기 때문에 이를 가상기준점(VRS, Virtual Reference Station)이라 부른다.[239)]

네트워크 RKT 방식으로는 미지점 근처에 가상의 기준국이 존재하며 GNSS 상시관측소의 데이터를 이용하여 가상의 관측데이터를 생성하고 전송하는 VRS, PRS (Pseudo-Reference Station), iMAC(individualised Master-Auxiliary corrections)등이 있으며, 상시관측소 데이터로부터 생성된 오차 모델의 매개변수를 이동국에 전송하는 FKP(Flächen Korrektur Parameter, 면보정계수법), MAC(Master-Auxiliary)등이 있다.[240)]

유럽의 경우 대부분의 국가에서 VRS 방식과 MAC 방식을 기본적으로 운영하고 있는 가운데 독일, 이탈리아, 노르웨이에서는 FKP 방식을 병행하여 운영하고 있으며, 미국의 경우 Leica의 MAC방식과 Trimble의 VRS 방식이 공존하고 있다.[241)]

---

239) 오재흥, 전게서, p.158.

240) 박진솔, "FKP와 VRS 측위정밀도 비교분석을 통한 공공측량 및 지적측량의 FKP 적용가능성 분석", 석사학위논문, 서울시립대학교 대학원, 2014, p.10.

241) 지적연구원, 「GPS측량 효율성 향상방안 연구 : Network-RTK 사용 확대를 위한 인프라 확장 및 측량장비 통합」, 대한지적공사, 2011, pp.9-10.

우리나라에서는 VRS와 FKP MAC방식으로 네트워크 RTK 서비스를 제공하고 있다. VRS 서비스는 2007년 11월부터 국토지리정보원에서 제공하고 있고 2012년 11월부터는 FKP 서비스를 제공하고 있으며, 2016년부터 한국국토정보공사에서 MAC서비스를 시범운영하고 있다.

VRS 방식의 네트워크 RTK 측량을 수행하기 위해서는 먼저 이동국에서 휴대폰과 같은 이동 통신을 통해 국토지리정보원의 VRS 서버에 접속해야 한다. 이때 이동국의 대략적인 위치가 서버로 전송되는데 서버에서는 이동국 주변의 상시관측소 데이터를 기반으로 하여 이동국 위치에서의 위성별 거리 오차 정보를 생성하고 이를 바탕으로 이동국 근처에 기준국을 가상으로 설정하여 가상의 관측값을 생성한다. 생성된 가상의 관측값은 이동국으로 전송되고 이중차분을 통해 수신기의 위치가 산출 된다.[242)]

FKP 방식의 네트워크 RTK 측량은 먼저 위성 기준점들의 GNSS 데이터가 서버로 실시간 전송되고 서버에서는 위성 기준점들의 GNSS 데이터를 이용하여 격자 형태로 이루어진 각각의 다각망에 대한 면 보정계수를 생성한다. 서버에서는 면 보정계수와 위성 기준점 보정데이터를 일방적으로 전송하고 이동국은 이를 수신 받아 위치를 결정한다. FKP 방식은 양방향 서비스를 구현할 수 있지만 국토지리정보원에서 제공하는 FKP 방식의 네트워크 RTK는 단방향 서비스이기 때문에 VRS 서비스의 단점인 동시접속자 수의 제한을 해결하고 다수의 사용자가 네트워크 RTK 서비스를 이용할 수 있는 장점이 있다.[243)]

5) 네트워크 RTK 관측 예

네트워크 RTK 관측은 수신기 제조회사별로 약간씩 방법의 차이가 있지만 기본적으로 수신기와 휴대폰의 연결, 네트워크 RTK 서버 접속환경 설정, 관측 작업 생성, 서버 연결, 측점 측정, 결과 확인 순으로 수행할 수 있다.

(1) 수신기와 휴대폰의 연결

휴대폰의 핫스팟 기능을 활성화 하고 Network-RTK 장비와의 모바일 네트워크 연결을 수행한다. 컨트롤러에 유심칩이 삽입되어 있는 경우에는 이미 통신환경이 구축되어 있는 상태이므로 이 과정은 생략된다.

---

242) 오재홍, 전게서, p.159.; VRS 방식의 네트워크 RTK 측량은 양방향 통신에 따른 서버의 접속자 수 제한으로 인해 다수의 사용자가 이용하지 못한다는 단점이 있다.

243) 최종열, "VRS와 FKP 기법을 이용한 공공측량 활용성 분석", 석사학위논문, 경북대학교 산업대학원, 2015, pp.12-13.

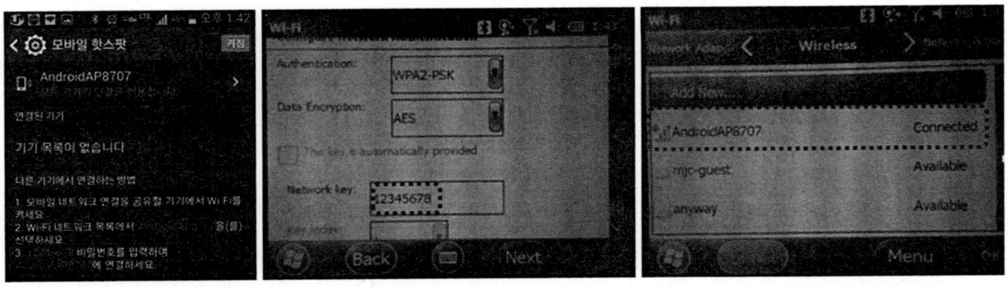

(a) 휴대폰 통신설정　　(b) 비밀번호 입력　　(c) 수신기와 휴대폰 연결

[그림 7-21] 수신기와 휴대폰의 연결

(2) 네트워크 RTK 서버 접속환경 설정

네트워크 RTK 서비스를 이용하려면 먼저 국토지리정보원 홈페이지에 접속하여 네트워크 RTK 회원에 가입하여야 한다. 네트워크 RTK 사용자명은 각각 다르고 비밀번호는 ngii로 공통이다. IP주소는 vrs3.ngii.go.kr이고 포트는 2101을 입력한다. 서버 로그인, IP 주소 및 포트 설정이 이미 되어 있다면 이 과정은 생략할 수 있다.

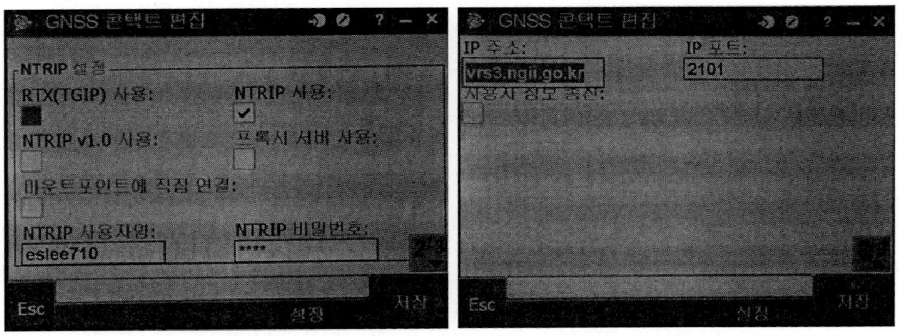

[그림 7-22] 네트워크 RTK 서버 접속환경 설정

(3) 네트워크 RTK 관측 작업 생성

네트워크 RTK 관측을 수행하기 위해 새로운 작업을 생성한다. 작업 이름은 영문자와 숫자의 조합으로 입력할 수 있다. 사전 계획에 의해 미리 정해놓은 작업 이름을 입력할 수 있고 현장에서 상황에 맞게 임의로 입력할 수도 있다. 좌표계와 평면좌표원점을 입력한다. [그림 7-23]에서는 Zone 2(new)를 선택하고 있는데 중부원점을 의미한다. 측량 지역에 따라 서부, 중부, 동부, 동해원점에 해당하는 항목을 선택하면 된다. 지오이드 모델은 수신기 제조회사에서 제공하고 있으므로 적절한 모델을 선택할 수 있다.

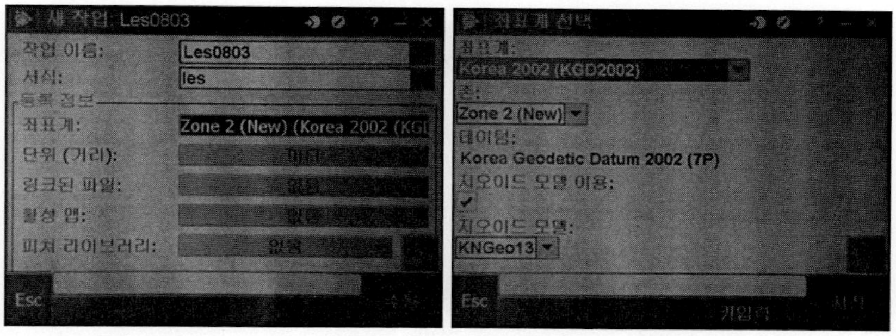

[그림 7-23] 네트워크 RTK 관측 작업 생성

(4) 네트워크 RTK 서버 연결

네트워크 관측의 첫 단계로 수신기 컨트롤러에서는 국토지리정보원 서버에 연결을 시도한다. 이때 통신 규약(protocol)을 선택하게 되는데 보통 컨트롤러에서 자동으로 선택된 것을 선택한다.[244] 잠시 후 서버 연결 진행 상황 화면이 나타나며 연결이 되고 초기화가 이루어졌다는 메시지 화면이 보이면 관측을 수행할 수 있다.

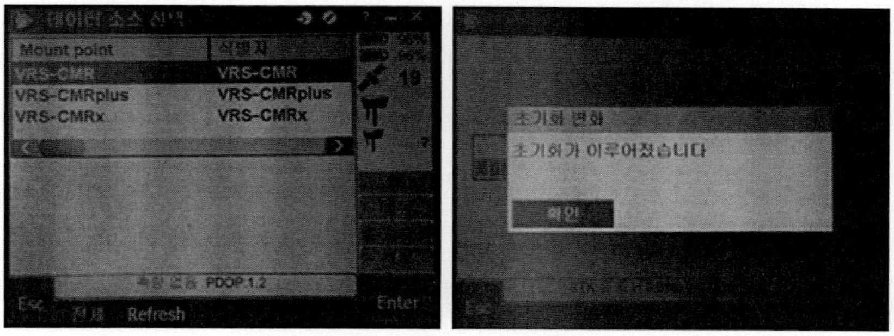

[그림 7-24] 네트워크 RTK 서버 연결

(5) 측점 측정 및 결과 확인

관측 화면은 [그림 7-24]와 같으며 안테나 높이를 입력하고 안테나 높이 지점을 안테나 마운트 하단으로 선택한 후 관측을 수행한다. 안테나 마운트 하단은 폴과 안테나가 결합된 부분을 말하는데 이때 안테나 높이는 측점과 안테나의 가장 아래 부분까지의 수직거리를 의미한다.

---

244) 기창돈·윤호·박병운, “위성항법 보정정보 표준화 동향”, TTA Journal, Vol.147, 한국정보통신기술협회, 2013, p.96.; 대부분의 수신기 제조사는 교유의 데이터 프로토콜을 보유하고 있다. CMR, CMRplus는 Trimble사의 프로토콜이고 LB2는 Leica사의 프로토콜이다.

[그림 7-25] 측점 측정 및 결과 확인

설정한 측정 횟수가 충족되면 관측 결과를 저장하고 다음 측점으로 이동하여 관측을 수행한다. 관측 수행 도중 [그림 7-25]와 같이 관측 결과를 확인할 수 있다.

2.6 좌표체계

공간상의 한 점을 표시하기 위해선 좌표계가 필요하며 좌표계는 타원체를 기반으로 하여 설정된다. 세계화 이전 시대에는 그 나라의 지역에만 기하학적으로 잘 맞는 타원체를 이용하였기 때문에 타원체 상수인 장반경과 편평율이 각각 달랐다. 따라서 한 측점에 대한 좌표는 어떤 타원체를 적용하느냐에 따라 다른 값이 나오게 된다.245)

<표 7-15> GNSS 기준 타원체 상수, 중력상수, 각속도

GNSS	장반경(km)	편평률	중력상수(m3/s2)	지구각속도(rad/s)
GPS	6378137.0	1/298.257223563	3.986005×10^{-14}	$7.2921151467\times10^{-5}$
GLONASS	6378136.0	1/298.25784	$3.986004418\times10^{-14}$	7.2921150×10^{-5}
Galileo	6378136.5	1/298.25769	$3.986004418\times10^{-14}$	$7.2921151467\times10^{-5}$
BDS	6378137.0	1/298.257222101	$3.986004418\times10^{-14}$	7.2921150×10^{-5}

245) 「Global Positioning System Directorate, Interface Specification IS-GPS-200K:Navstar GPS Space Segment/Navigation User Interfaces」, 2019, pp.99-101.; 「Global Navigation Satellite System GLONASS, Interface Control Document. General Description of Code Division Mutiple Access Signal System. Edition 1.0」. Moscow, Russia, 2016. pp.19-22.;「Europaen GNSS(Galileo) Open Service, Signal-in-Space Interface Control Document」, European Union, 2016, p.44.; 「BeiDou Navigation Satellite System Signal In Space Interface Control Document Open Service Signal B1 I (Version 3.0), China Satellite Navigation Office, 2019, pp.2-3, 중국의 BDS는 GRS80 타원체 상수들과 동일한 값을 적용하고 있다.

1980년대 GPS의 출범으로 어느 한 지역에만 잘 맞는 타원체가 아닌 지구 전체의 형상에 잘 맞는 타원체를 기반으로 위치가 표시되었는데 이 때 사용된 타원체가 바로 WGS84 타원체이다.

일반적으로 GNSS에 사용되는 좌표계는 지구 중심 좌표계(ECEF, Earth-centerd and Earth-fixed)이다. ECEF는 지구 중심을 원점, 적도면을 기준면으로 하고, 자전축을 중심을 회전하는 좌표계이다. 이때 Z축의 양의 방향은 북극(IRP, IERS Reference Pole)을 가리키며, 북극으로부터 영국의 그리니치 천문대 방향으로 본초 자오선을 따라 적도면과 만나는 지점이 X축의 양의 방향이 된다. Y축은 지구의 중심에서 X축의 양의 방향을 바라보았을 때 좌측 직각방향으로 설정된다.

ECEF의 정의는 동일하나 어떠한 타원체를 적용하느냐에 따라 좌표는 달라지게 된다. 현재 각국의 위성항법시스템에서는 타원체 상수 값이 약간씩 다르게 정의된 타원체를 사용하고 있지만 이들 타원체가 적용되어 계산되는 좌표값은 ±1m 이내의 미소한 차이를 보이고 있으며 이들 간의 변환방법도 제시 되어 있어 시스템의 이용에는 무리가 없는 실정이다. 우리나라의 경우는 GRS80 타원체를 채택하고 있다.

〈표 7-16〉 경위도 좌표를 ECEF 좌표로 변환한 결과

GNSS	X(m)	Y(m)	Z(m)
GPS	−3069129.108	4030266.862	3862480.994
GLONASS	−3069128.619	4030266.219	3862480.432
Galileo	−3069128.861	4030266.538	3862480.724
BDS	−3069129.108	4030266.862	3862480.994

변환에 사용된 경위도 좌표(위도 : 37°30′35″, 경도 : 127°17′24″, 높이 : 100m)

3 오차 및 조정

지상으로부터 약 20,000km 떨어진 위성으로부터의 신호를 수신하여 위치를 결정하는 GNSS의 특성상 수신기에 저장되는 GNSS 데이터에는 여러 가지 오차가 포함되어 있다.

위성으로부터 수신기에 도달할 때까지 고려해야 할 오차들을 살펴보면 먼저 위성의 궤도력 오차와 위성에 탑재된 시계 오차가 있다. 다음으로 위성으로부터 송출되어 전리층과 대류권을 통과하면서 발생되는 오차, 지상에 직접 도달하지 못하고 건물이나 나무 등에 반사되어 도달하면서 발생되는 오차, 안테나 위상중심 오차, 수신기에 탑재된 시계 오차, 전파잡음, 신호의 끊김 등이 있다.

3.1 위성의 궤도력 오차

GPS의 경우 지상에서 약 20,180km에서 11시간 58분의 주기로 지구 주위를 돌고 있으므로 약 2.9km/s의 속도가 계산된다.[246] 약 마하 8.7에 해당하는 속도로 이동하는 위성의 위치를 정확히 계산해 낸다는 것 자체가 어려운 일이다.

위성의 위치는 실시간 수신되는 항법메시지에 담겨 있는데 이를 통해 계산되는 오차는 약 1m정도의 정밀도를 지닌다. 최종 정밀궤도력의 경우 2.5cm 정도의 정밀도를 지니지만 관측일로부터 14일 후 이용할 수 있는 단점이 있으나 최근에는 약 5cm 정밀도의 예측 정밀궤도력[247]이 실시간으로 제공되고 있다.

3.2 위성 시계 오차

위성 시계 오차는 GPS 기준 시간과 위성에 장착된 시계간의 차이를 말한다. GNSS 위성이 아무리 높은 정확도를 가진 원자시계를 탑재했다 하더라도 차이는 항상 일어나며 지상감시국에 의해 감시되고 주관제국에서 변이를 추정하여 업로딩 기지국에 전송하여 위성으로 시계 보정 변수들을 송신한다. 송신된 시계 보정 변수들은 항법메시지를 통해 사용자에게 전달된다.

---

246) $\frac{2\pi r}{11\text{시간}58\text{분}} = \frac{2\times\pi\times 20,180,000}{(11\times 60+58)\times 60} = 2,943.238m/s \fallingdotseq 2.9km/s$

247) https://www.igs.org/products, Ultra-Rapid orbit로 불린다. GLONASS 최종 정밀궤도력의 경우 3cm 정도의 정밀도를 지닌다.

단독 측위일 경우 위성 시계 오차 보정식을 이용하여 해결하고 상대 측위일 경우 차분에 의해 제거된다.

3.3 전리층 오차

위성으로부터 송출된 반송파가 지구표면으로부터 약 50km~1000km에 위치한 전리층을 통과시 굴절률에 의해서 전파의 주파수가 변하기 때문에 속도가 느려지게 되어 발생되는 오차이다. 속도가 느려지기 때문에 지상의 수신기에서 자체 발생하는 반송파에 비해 실제 전송되는 반송파의 개수가 증가한다. 시간 지연량은 당연히 증가되므로 코드 의사거리는 길어지게 되며 실제 전송되는 반송파의 개수보다 지상의 수신기에서 자체 측정한 반송파의 개수가 더 적기 때문에 반송파 의사거리는 실제 길이보다 짧아진다고 유추할 수 있다.

전리층은 주파수에 따라 굴절률이 다르게 나타나는 성질을 가지고 있으므로 이중주파수 수신기 사용자들은 L1, L2 의사거리 방정식 조합을 통해 전리층에 따른 영향을 소거할 수 있다. 코드 의사거리의 경우 항법메시지에 실린 전리층 지연 오차에 관련된 변수들을 Klobuchar 모델에 적용하여 전리층 보정량을 구할 수 있다.[248] 또한 IGS에서 제공하고 있는 IONEX(Ionosphere EXchange format) 파일[249]을 다운받아 격자 보간 방법을 이용하여 TEC량을 산출하고 전리층 보정을 수행할 수 있다.[250]

3.4 대류권 오차

대류권은 지상으로부터 약 40km까지의 대기층을 말하며 대류권의 굴절은 중성자로 구성된 대기의 영향에 따른 것이며, 중성자의 대기는 15 GHz 이하의 주파수를 갖는 라디오파에 대해서 비확산 매개물로 존재한다.[251] 따라서 대류권을 지나는 전자파의 전달은 주파

248) GPS 위성과 GPS 수신기 사이의 총 전자수를 산출하여 전리층 지연을 추정하며, 지역에 따라 총 전리층 지연의 약 50~60%까지 제거할 수 있다.

249) https://cddis.nasa.gov/Data_and_Derived_Products/GNSS/atmospheric_products.html#iono, IONEX 파일은 IGS 분석 센터에서 이중주파수 GNSS 데이터를 이용하여 산출한 VTEC(Vertical TEC) 격자 지도이다. 최종 IONEX 파일은 11일 후 제공되지만 하루 또는 이틀 전의 VTEC를 예측할 수 있는 파일도 제공된다.

250) IGS 전리층 모델의 격자구간이 위도 2.5°, 경도 5°이므로 동경 124°~132°, 34°~38°에 속한 우리나라의 경우는 약 9개의 격자구역으로 나누어진 TEC 값을 기대할 수 있다.

251) G nter Seeber, Satellite Geodesy 2nd Edition, Berlin : de Gruyter, 2003, p.48.

수에 무관하게 되며, L1, L2를 구분할 필요가 없다. 즉 대류권 굴절은 전리층 굴절과는 달리 이주파 수신기를 이용해도 제거될 수 없다는 의미이다.

전리층 구간에서는 반송파의 속도가 지연되지만 대류권은 속도에 영향을 주는 것이 아니라 굴절만 되므로 반송파 의사거리와 코드 의사거리 모두 길게 측정되도록 영향을 주는데 지구 표면으로부터 약 11km까지는 습윤층에 의해 영향을 받으며 40km까지는 건조층의 영향을 받는다. 대류권 건조층에 의한 오차는 전체 오차의 80%정도를 차지하며 모형화 될 수 있으나, 습윤층은 대기의 수증기 양에 기인하므로 모형화하기에 대단히 어렵다. 대표적인 대류권 보정 모델은 Hopfield모델과 saastamonien 모델이 있다.

3.5 다중 경로 오차

위성으로부터 송출된 신호는 지상의 수신기로 직접 수신되어야 하나 수신기 주변의 건물이나 나무, 지면 등에 부딪혀 굴절 또는 반사되어 수신되므로 코드 의사거리나 반송파 의사거리에 오차가 포함되게 되는데 이를 다중 경로(Multipath) 오차라 한다.

다중 경로 오차는 위성의 고도각이 낮을 경우 크게 발생하며 다중경로 완화기법은 초크링(choke ring)안테나나 그라운드 플레인(ground plane)안테나를 이용하여 신호의 반사를 방지하거나, 특수한 안테나의 설계 및 배치가 효과적인 방법이다.[252] 가장 효과적인 방법은 다중 경로 오차가 발생할 수 있는 측점을 피해서 관측을 수행하는 것이다.

3.6 안테나 위상 중심 오차

대부분의 경우 GNSS 데이터 처리를 통해 산출되는 좌표는 ARP[253]의 좌표이다. 그러나 안테나에서 신호가 수신되는 지점은 ARP가 아니라 안테나 위상 중심(phase center)이다.

일반적으로 안테나의 기하학적 중심에서 신호가 수신된다고 생각되지만 실제로 신호가 수신되는 안테나의 지점은 위성의 위치가 변함에 따라 영향을 받는다. 이렇게 신호가 수신되는 지점, 즉, 위상 중심이 변하는 것을 위상 중심 변동(PCV, Phase Center Variations)라고 하며 PCV의 평균치를 위상중심 오프셋(offset)이라 한다.[254]

---

252) B.Hofmann-Wellenhof, H.Lichtenegger, J.Collins, 서용철, 전게서, p.158.

253) TRM29659.00 Antenna Reference Point와 L1/L2 위상중심 오프셋 참조

254) 박관동・원지혜, "GPS 안테나 위상중심변동 보정모델 비교", 한국측량학회지, 제24권 제4호, 2006, pp.319-326.

대부분의 GNSS 수신기 안테나에 대한 위상중심의 오프셋 값은 ANTEX(ANTenna EXchange format)파일 형태로 온라인[255]에서 다운받을 수 있으며 GNSS 자료처리 프로그램에 적용하여 위상 중심 오차를 보정할 수 있다.

3.7 수신기 시계 오차

수신기 시계 오차는 수신기에 탑재되는 시계에 기인한 오차이며 차분 방법을 통해 제거할 수 있다. 다만 단독측위의 경우에는 수신기 시계오차를 무시할 수 없기 때문에 최소 4개 이상 위성으로부터의 관측이 요구된다. 실시간 측위 중에 위성 관측값이 4개에서 3개로 줄어들었을 경우 이전까지 계산된 시계오차를 기반으로 예측된 값을 사용할 수 있다.[256]

3.8 사이클 슬립과 전파 잡음

사이클 슬립(cycle slip)은 말 그대로 사이클이 미끄러진 것이다. 즉, 위성으로부터 송출된 신호를 수신하던 중에 주변의 장애물이나 낮은 신호 강도 등에 의해 신호가 일시적으로 끊기는 현상을 말한다.

신호가 끊겼다가 다시 수신되는 순간 이전의 모호정수는 새로운 모호정수로 바뀌게 된다. 수신기 주변에서 라디오나 휴대폰의 사용은 사이클슬립이 생길 수 있으므로 사용하지 않는다.

잡음(noise)은 수신기 자체가 갖는 전기적 잡음을 말하며 보통 zero baseline 테스트[257]나 캘리브레이션 과정을 통해 수신기의 편이를 제거한다.

255) https://www.ngs.noaa.gov/ANTCAL/, IGS나 NGS 사이트에서 다운받을 수 있다.

256) 홍창기・한수희, "Least-Squares Collocation을 이용한 GPS 수신기 시계오차 보간", 한국측량학회지, 제36권 제6호, 2018, pp.621-628.

257) 신호 분배기를 이용하여 하나의 안테나에 2대 또는 그 이상의 수신기를 연결하여 관측을 수행하고 기선해석을 할 경우 안테나와 상관없이 기선의 각 성분은 모두 0이 되어야 하는 원리를 이용한 방법이다.

4 GNSS에 의한 지적측량

지적측량은 지적삼각점, 지적삼각보조점, 지적도근점을 결정하기 위한 기초측량과 일필지의 경계와 면적을 결정하기 위한 세부측량으로 나뉘며 GNSS 측량은 기초측량과 세부측량 모두에 적용된다.

4.1 정지측량에 의한 지적측량

GNSS 정지측량은 기초측량과 세부측량 모두 적용할 수 있다. 관측은 기지점과 소구점으로 이루어진 망, 즉, 세션을 구성하고 GNSS 수신기를 측점에 설치하여 동시에 수행한다. 세션은 여러 개로 계획될 수 있으며 계획에 따라 세션 별로 관측해 나간다. 기선벡터의 점검을 위해 1변 이상 중복이 되도록 세션을 구성한다. 각 측량별 기지점과의 거리, 관측시간, 데이터 취득간격은 다음과 같다.[258]

〈표 7-17〉 기초측량과 세부측량의 정지측량 기준

구분	지적삼각측량	지적삼각보조측량	지적도근측량	세부측량
기지점과의 거리	10km 미만	5km 미만	2km 미만	1km 미만
관측시간	60분 이상	30분 이상	10분 이상	5분 이상
데이터 취득간격	30초 이하	30초 이하	15초 이하	15초 이하

앞에서 언급한 cm급 정확도를 얻기 위한 20분+2분/km(정지측량), 10분+1분/km(신속정지측량) 기준으로 보면 지적삼각측량과 지적삼각보조측량은 정지측량 기준을 적용할 경우 40분과 30분, 지적도근측량과 세부측량은 신속정지측량 기준을 적용할 경우 12분과 11분으로 비슷한 값이 산출됨을 알 수 있다.[259]

관측 데이터는 RINEX 파일뿐만 아니라 원시데이터도 함께 관리하여야 하며 정밀궤도력을 사용하여 기선해석을 수행하고 mm까지 결과를 산출한다.[260] 서로 다른 세션에 속하는

258) GNSS에 의한 지적측량규정, 국토교통부예규 제 183호, 2017, 제7조(정지측량).
259) 위 기준은 20km 이상일 경우 적용되는 것으로 차이가 있을 수 있다. 또한 데이터 취득간격이 30초와 15초로 다름에도 유의해야 한다.
260) GNSS에 의한 지적측량규정에는 기지점과 소구점간의 거리가 50km를 초과하는 경우에 정밀궤도력을 사용하라고 규정하고 있으나 대부분의 결과 산출 시 기선간 거리에 상관없이 정밀궤도력을 사용하고 있다.

중복기선으로 최소변수의 폐합다각형을 구성하여 기선벡터 각 성분(ΔX, ΔY, ΔZ)의 폐합차를 계산한다. 이때 폐합기선길이의 총합이 10km 미만일 경우 3cm 이내의 폐합차를 만족해야 하며 10km 이상일 경우 2cm+1ppm×D 이내를 만족해야 한다.[261]

4.2 이동측량에 의한 지적측량

지적도근측량과 세부측량은 정지측량을 적용할 수도 있지만 이동측량을 적용할 수도 있다. 이동측량으로는 단일기준국 실시간 이동측량(Single-RTK)과 다중기준국 실시간 이동측량(Network-RTK)이 있으나 다중기준국 실시간이동측량 네트워크 RTK가 널리 활성화되어있는 통신기술이 발달한 국내 현실에서 단일기준국 실시간 이동측량은 통신 불가지역 등 비교적 소규모의 지역에서 활용되고 있다.

네트워크 RTK를 이용해서 도근측량과 세부측량을 수행시 관측은 2회 실시하며 실시 도중 수평 위치 정밀도가 ±3cm, 수직 위치 정밀도가 ±5cm 이상일 경우는 관측을 중지하였다가 다시 관측을 수행한다. 데이터 취득 간격은 1초로 설정하고 첫 번째 관측이 끝난 후 약 60분이 경과한 후 두 번째 관측을 수행한다. 모호 정수가 결정된 후부터 도근측량은 60초 이상 관측값을 취득하고 세부측량은 15초 이상 취득한다.[262]

네트워크 RTK 관측시에 소구점들은 대부분 상시관측소 네트워크 내부에 있지만 해안가의 경우에는 네트워크 외부에 위치할 수 있다. 이 경우 상시관측소간 연결된 망의 외곽으로부터 10㎞ 이내이어야 한다.

네트워크 RTK 관측에서 송수신이 불안정한 경우 초기화 시간이 오래 소요될 수 있고 신호가 끊길 경우 다시 초기화가 이루어지는데 3회 이상 3분을 초과하는 경우와 1회 결과값과 2회 결과값이 5cm를 초과하는 경우 측량방법을 달리하여 실시한다.[263]

GNSS에 의한 지적측량성과의 결정은 지적측량 시행규칙에서 규정한 지적측량성과의 결정과 동일하다.[264]

---

261) D는 기선길이이며 단위는 km이다.

262) GNSS 수신기에는 모호 정수가 결정된 후의 결과값인지 아닌지를 알 수 있으므로 관측에는 별 어려움이 없다. 이동측량의 경우 신호가 끊어지면 모호 정수를 새로 설정하여야 하므로 모호 정수가 새로 설정되기 전까지의 결과값은 ±3cm의 수평정밀도를 만족시키지 못한다. 따라서 측점의 선점 단계에서 위성에 대한 가시성을 염두에 두어야 한다.

263) 다음날 실시하여 요건을 만족시키거나 여러 번 실시하여 최적해를 결정할 수 있다.

264) 지적삼각점 : 0.20m, 지적삼각보조점 : 0.25m, 지적도근점 : 0.15m, 경계점 : 0.10m.

4.3 지적확정측량

지적확정측량에서 GNSS를 이용하여 지적삼각점과 지적삼각보조점을 결정할 경우에는 정지측량을 수행하고 지적도근점과 세부측량은 네트워크 RTK를 적용한다. 정지측량과 네트워크 RTK의 측량방법은 앞에 기술한 바와 동일하며 필지경계점의 좌표산출은 mm단위까지 계산하고 결정은 cm까지로 한다.

지적확정측량의 성과검사는 지적기준점, 지구계점, 필지경계점에 대해 실시하며 지적측량 시행규칙에서 규정한 지적측량성과의 결정과 동일하다.

4.4 지적재조사 측량

지적재조사 측량에서 지적기준점과 경계점은 정지측량, 다중기준국 실시간이동측량, 단일기준국 실시간이동측량, 토털스테이션 측량방법을 이용하여 측량하여야 한다.

정지측량은 지적기준점측량에 실시하며 기지점과의 거리가 5km이상일 경우 60분 이상, 5km미만일 경우 30분 이상으로 설정하고 데이터 수신간격을 30초 이하로 하여 관측한다. 지적도근점과 경계점의 경우 이동측량인 네트워크 RTK를 적용할 수 있으며 4.2 이동측량에 의한 지적측량에서 기술한 방법과 동일하다.

정지측량에 대한 기선해석 및 점검은 4.1 정지측량에 의한 지적측량과 동일하다. 다만, 지적재조사 사업에서의 지적기준점은 3cm 이내, 경계점은 7cm 이내를 만족해야 한다. 즉, 지적도근점은 정지측량 뿐만 아니라 네트워크 RTK로도 측량할 수 있으므로 1회 관측값과 2회 관측값의 차이가 3cm 이내를 만족해야한다는 의미가 된다.

4.5 GNSS 측량장비 기준

지적위성측량에 사용하는 GNSS 수신기는 정지측량일 경우 기선거리의 측정정도가 ±(5mm+1ppm×기선거리)이내이고 이동측량일 경우 ±(20mm+2ppm×기선거리) 이내이어야 한다. 단, 지적재조사측량의 경우 이동측량에서 ±(10mm+2ppm×기선거리) 이내이어야 한다.

안테나는 위성의 전파를 수신하여 수신기에 전달할 수 있어야 하며, 안테나 위상중심 오프셋값이 사용자에게 제공되어져야 한다.

자료처리 소프트웨어는 지적위성측량의 사전 계획수립을 위한 위성에 관련된 정보획득과 관측데이터의 점검, 기선해석, 조정계산 및 좌표변환 등의 기능을 가져야 한다.

참고문헌

1. 공간정보연구원, 「LX_GNSS 위성기준망 실용화 연구」, 한국국토정보공사, 2016.
2. 공간정보연구원, 「Network RTK 지적측량 실용화 연구 : 현장 실무적용을 통한 개선사항 도출 및 효과분석」, 대한지적공사, 2012.
3. 공간정보연구원, 「지적재조사 기반기술 확보를 위한 GPS 측량기법의 실용화 연구」, 행정자치부 대한지적공사, 2000.
4. 공간정보연구원, 「지적측량 성과 검사제도 개선방안 연구」, 대한지적공사, 2014.
5. 공간정보연구원, 「지적측량분야 GPS 효율성 향상을 위한 PPP-RTK 기술 연구」, 대한지적공사, 2014.
6. 권기욱 · 이성익 · 이영욱 · 정종철, 『위성측량의 이해』, 도서출판 동화기술, 2011.
7. 기창돈 · 윤호 · 박병운, "위성항법 보정정보 표준화 동향", 「TTA Journal」, Vol.147, 한국정보통신기술협회, 2013.
8. 대한지적공사연수원, 「GPS를 이용한 지적측량 시범사업-구획 · 경지정리확정측량지구」, 내무부 대한지적공사, 1997.
9. 박관동 · 원지혜, "GPS 안테나 위상중심변동 보정모델 비교", 한국측량학회지, 제24권 제4호, 한국측량학회, 2006.
10. 박진솔, "FKP와 VRS 측위정밀도 비교분석을 통한 공공측량 및 지적측량의 FKP 적용가능성 분석", 석사학위논문, 서울시립대학교 대학원, 2014.
11. 배재열, "지적측량을 위한 울산지역의 GPS 변환계수 결정", 석사학위논문, 부경대학교 산업대학원, 2005.
12. 북두위성항법시스템 개발보고서 3.0, 「Development of the BeiDou Navigation Satellite System」, China Satellite Navigation Office, 2018.
13. 산업기술연구소, 「GPS의 활용에 관한 기초연구」, 충남대학교, 1996.
14. 서용수, "측량 효율성 향상을 위한 T/S와 VRS 정확도 비교 · 분석에 관한 연구-지적확정측량 지역을 중심으로", 석사학위논문, 전남대학교 대학원, 2012.
15. 오재흥, 『알기 쉬운 GPS 측량』, 도서출판 구미서관, 2017.
16. 윤성현, "다중 GNSS 측위 성능 분석에 관한 연구", 석사학위논문, 창원대학교 대학원, 2019.

17. 장봉배, "정밀지적측량을 위한 전북지역 GPS 변환계수 결정에 관한 연구", 석사학위논문, 전북대학교 환경대학원, 2004.
18. 조만승, "세계측지계 기반 지적기준점망 구축방안 연구", 박사학위논문, 목포대학교 대학원, 2012.
19. 조병찬, "GNSS 수신기에서의 초정밀 신호 추적을 위한 Correlated 다중경로 제거 기법", 석사학위논문, 한양대학교 대학원, 2010.
20. 주현승, 『지오인포매틱스 개정3판』, 한국학술정보(주), 2017.
21. 지적기술교육연구원, 「국가 GPS 지적기준망 정밀좌표 결정」, 대한지적공사, 2001.
22. 지적기술연구원, 「GPS전국 동시관측 및 RTK 측량실험사업」, 대한지적공사, 1998.
23. 지적기술연구원, 「좌표변환, 평면거리계산 S/W개발」, 대한지적공사, 1998.
24. 지적연구원, 「GPS 측량 효율성 향상방안 연구 : Network-RTK 사용 확대를 위한 인프라 확장 및 측량 장비 통합」, 대한지적공사, 2011.
25. 지적기술연구원, 「광역 VRS 및 Network RTK 연구」, 대한지적공사, 2006.
26. 지적기술연구원, 「전국 기준점 성과정비 및 새로운 지적기준망 구축」, 대한지적공사, 2005.
27. 지적기술연구원, 「측량통합(GPS+TS+Carback)시스템개발」, 대한지적공사, 2006.
28. 최우석, "GPS 상시관측망과 VRS-RTK를 이용한 지적측량 정확도 분석 : 거제시 사례를 중심으로", 석사학위논문, 경상대학교 대학원, 2011.
29. 최종열, "VRS와 FKP 기법을 이용한 공공측량 활용성 분석", 석사학위논문, 경북대학교 산업대학원, 2015.
30. 홍창기 · 한수희, "Least-Squares Collocation을 이용한 GPS 수신기 시계오차 보간", 한국측량학회지, 제36권 제6호, 2018.
31. AlFred Leick, GPS satellite surveying, John Wiley & Sons, 2004.
32. B.Hofmann-Wellenhof, H.Lichtenegger, J.Collins, 서용철, 『GPS 이론과 응용』, (주)시그마프레스, 2013.
33. Bree Feng, "A Step Forward for BeiDou, China's Satellite Navigation System", The New York Times, 2014.
34. Cao Chong, "Status of COMPASS/BeiDou Development", Stanford's 2009 PNT Challenges and Opportunities Symposium, 21-22 October 2009.
35. China Satellite Navigation Office, 「BeiDou Navigation Satellite System Signal In Space Interface Control Document Open Service Signal B1 I (Version 3.0)」, China Satellite Navigation Office, 2019.
36. Dinesh Manandhar, "Introduction to Global Navigation Satellite System(GNSS)", Geoinformatics Center of Asian Institute of Technology, 23-26 January, 2018.
37. European Union, 「Europaen GNSS(Galileo) Open Service, Signal-in-Space Interface Control Document」, European Union, December, 2016.
38. Global Positioning System Directorate, Interface Specification IS-GPS-200K:Navstar GPS Space Segment/Navigation User Interfaces」, 2019.
39. G nter Seeber, Satellite Geodesy 2nd Edition, Berlin : de Gruyter, 2003.
40. Guochang Xu, GPS : Theory, Algorithms and Applications (Berlin : Springer, 2007.
41. Hofmann-Wellenhof, Herbert Lichtenegger, Elmar Wasle, GNSS-Global Navigation Satellite

Systems GPS, GLONASS, Galileo and more (Austria : SpringerWienNewYork, 2008.
42. James Bao-yen Tsui, Fundamentals of Global Positioning System Receivers : A Software Approach, Wiley-Interscience, 2000.
43. Jari Nurmi, Elena Simona, Lohan, Stephan Sand, Heikki Hurskainen, Galileo Positioning Technology , Springer, 2015.
44. Kai Borre, Nicolaj Bertelsen, Søren Hodt Jensen, A Software-Defined GPS and Galileo Receiver: A Single-Frequency Approach, Birkhauser, 2007.
45. Moscow, 「Global Navigation Satellite System GLONASS, Interface Control Document. General Description of Code Division Mutiple Access Signal System. Edition 1.0」, Russia, 2016.
46. Nel Samama, Global Positioning : Technologies and Performance, Wiley-Interscience, 2008.
47. Rafel Lucas, "Galileo Performance Update", United Nations/Argentina Workshop on the Applications of GNSS, Falda del Carmen, Argentina, 19-23 March 2018.
48. Special Report No 7, 「The management of the Galileo programme's development and validation phase」, European court of auditors, 2009.
49. Tsuchiya Atsusi, Tsuji Hromichi, 서용철, 『GNSS 측량의 기초』, 대한측량협회, 2011.
50. Werner Gurtner, Lou Estey, "RINEX: The Receiver Independent Exchange Format Version 3.00", Astronomical Institute University of Bern and UNAVCO Boulder, Co., 28-November, 2007.
51. Xiang Li, Adeel Ahmed, "BGA123L4 as Low Current Low Noise Amplifier for GNSS Applications in L5/E5 bands(1164 to 1189MHz)", Infineon's GNSS MMIC:BGA123L4, 31-March, 2019.
52. http://map.ngii.go.kr/ms/mesrInfo/gnss/dataDownload.do.
53. http://map.ngii.go.kr/ms/svcIntrcn/gnss/gnssIntro.do.
54. http://www.imo.org/en/MediaCentre/MeetingSummaries/MSC/Pages/MSC-94th-session.aspx, Maritime Safety Committee(MSC), 94th session, International Maritime Organization.
55. https://cddis.nasa.gov/Data_and_Derived_Products/GNSS/atmospheric_products.html#iono.
56. https://en.wikipedia.org/wiki/GPS_satellite_blocks, GPS satellite blocks.
57. https://en.wikipedia.org/wiki/List_of_BeiDou_satellites, List of BeiDou satellites.
58. https://en.wikipedia.org/wiki/List_of_Galileo_satellites, List of Galileo satellites.
59. https://en.wikipedia.org/wiki/List_of_GLONASS_satellites, Satellites by version.
60. https://gnss-sdr.org/docs/tutorials/gnss-signals/.
61. https://gssc.esa.int/navipedia/index.php/GLONASS_Ground_Segment, GLONASS Ground Segment.
62. https://www.e-education.psu.edu/geog862/node/1756, Code Correlation.
63. https://www.glonass-iac.ru/en/guide/index.php, GLONASS history.
64. https://www.gps.gov/systems/gps/control/, Control Segment.
65. https://www.gps.gov/systems/gps/modernization/sa/, Selective Availability.

66. https://www.gps.gov/systems/gps/space/#generations, 31 operational satellites in the GPS constellation.
67. https://www.gsc-europa.eu/galileo/programme, Operational satellites, The pre-Galileo GIOVE(Galileo In-Orbit Validation Element) satellites.
68. https://www.igs.org/products.
69. https://www.ngs.noaa.gov/ANTCAL/.

단원학습평가

1. 유럽연합에서 개발하고 있는 GNSS는?
   ① GPS ② GLONASS ③ Galileo ④ BeiDou

2. 지적삼각점의 위치를 결정하기 위한 GNSS 측량 방법으로 옳은 것은?
   ① 정지측량 ② 신속정지 측량 ③ 실시간 이동측량 ④ 가상기준점측량

3. GNSS 모호정수 제거를 위한 차분법은?
   ① 단일차분 ② 이중차분 ③ 삼중차분 ④ 사중차분

4. 위성으로부터 송출된 신호가 주변 건물이나 지면 등에 부딪혀 굴절 또는 반사되어 안테나에 수신됨으로써 발생하는 오차는?
   ① 전리층 오차 ② 위성의 궤도오차 ③ 대류권오차 ④ 다중경로오차

5. 정밀 측량에 사용되는 GNSS 위치결정 방법은?
   ① 단독측위 ② 상대측위 ③ 절대측위 ④ DGPS

6. PS에서 채택하고 있는 타원체는 (　　　　　　)이다.

7. (　　　　　　)은 위성으로부터 송출된 신호를 수시하던 중에 주변의 장애물이나 낮은 신호 강도 등으로 인하여 신호가 일시적으로 끊기는 현상을 말한다.

8. DOP 오차에 대하여 설명하시오.

9. 방송궤도력과 정밀궤도력에 대해 비교 설명하시오.

10. 지적측량을 이동측량방법으로 실시하는 방법에 대하여 서술하시오.

정답 1. ③ 2. ① 3. ③ 4. ④ 5. ② 6. WGS84, WGS84 7. 사이클 슬립 8-10. 본문 참조

CHAPTER

08

해외 지적측량 제도

1 미국
2 네덜란드
3 호주
4 일본

CHAPTER 08

해외 지적측량 제도

1 미국

1.1 지적측량 제도 개요

미국은 가장 상위 레벨에 연방정부(federal government)가 존재하고 하위에 50개 주(state)가 존재한다. 주(state) 하위에는 카운티(county)가 존재한다. 미국은 각각의 주(state)들이 형성되는데 있어 역사적, 사회적, 문화적 배경 등이 모두 다르기 때문에 지적제도 및 지적 관련 법(law)과 행정 관리 체계 방식 등에 있어서 차이가 존재하고 있다.

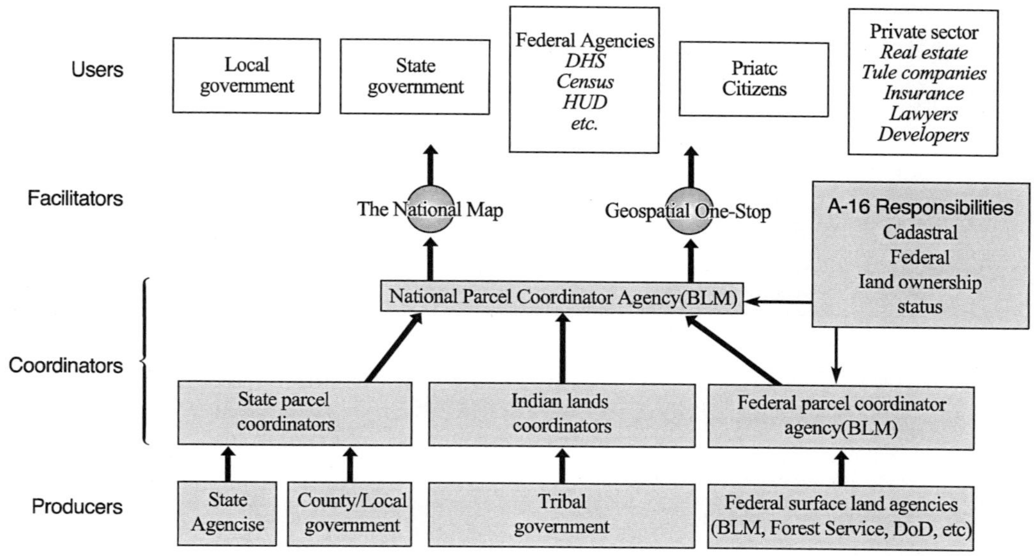

[그림 8-1] 미국 필지 관리기구 NRC의 조직

가장 상위 관리 체계인 연방정부(federal government)에는 BLM (bureau of land management)이라고 하는 미국의 국·공유지 관리 기관이 존재한다. 미국의 약 245백만 에이커에 해당하는 국·공유지를 관리하는데 대부분의 토지는 알래스카를 포함한 12개의 서부 주에 해당한다. 카운티에서 수집된 토지 데이터는 주 정부로 취합되고, 이 중 국·공유지의 데이터는 BLM으로 유통되어 활용된다.[265)]

1.2 오하이오주의 지적측량 제도

1) 오하이오 리바이스 코드

미국의 주들은 지적 업무를 수행하는데 있어서 각각의 주에서 제정한 법에 의하여 업무를 수행하고 있다. 오하이오 리바이스 코드(ohio revised code, ORC)는 오하이오 주에서 제정한 규칙이다. 따라서 오하이오 주 내에 위치하는 모든 카운티들은 ORC에 따라 지적 업무를 수행해야 한다. ORC는 지적 및 농업, 상업, 그리고 자연자원 보존 등을 담당하는 카운티 각각의 부서에서 수행해야 하는 업무, 각 부서의 역할, 부서들 간의 관계 등에 관한 전반적인 내용을 담고 있다.

이 중 델라웨어 카운티의 지적 관련 부서에 대해 정의하고 있는 조항은 [그림 8-2]와 같이 타이틀 [3] Ⅲ 자치주 중 챕터 315 : 엔지니어, 챕터 317 : 레코더, 챕터 319 : 오디터에 해당한다.

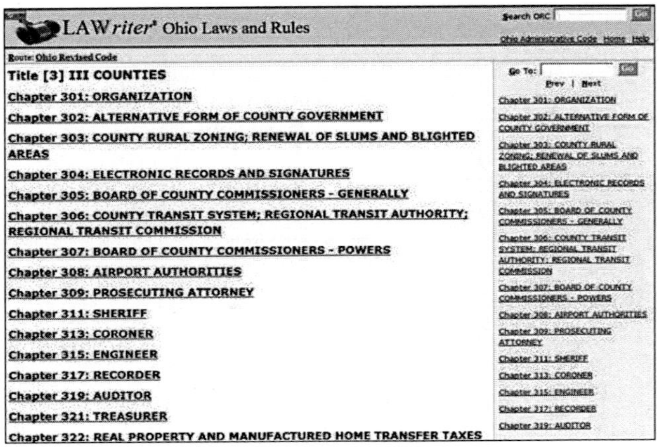

[그림 8-2] 오하이오 리바이스 코드

265) National Research Council, National Land Parcel Data, 2007

① 챕터 315 : 엔지니어의 세부 내용은 엔지니어의 선출과 엔지니어 사무실의 운영기간, 카운티 엔지니어의 유대, 민사소송에 의한 엔지니어의 자격 박탈, 카운티 엔지니어가 수행해야 하는 의무, 검사, 기록, 측량조사, 토지의 넓이 계산, 두 카운티에서 필지 측량, 과세를 위한 측량, 토지 소유자들 간에 측량 결과의 법정 분쟁조정, 경계점 측량 및 설치, 경계점 설치에 대한 필지 소유자들의 동의 등과 같이 측량과 관련된 조항

② 챕터 317 : 기록물의 경우 선거와 기간, 기록물 사무소의 운영기간 , 기록물 부서의 위원, 카운티에서 수행되는 기록물, 양도증서(Deed)와 대출 등록, 세금 기록 등에 관한 내용

③ 챕터 319 : 회계에 담긴 조항은 사무실 운영기간, 이월된 부동산에 대한 감세 비율 결정, 세금 분류 등등 주로 세금과 관련된 업무에 관해 명시가 되어 있다. 오하이오 리바이스 코드(Ohio Revised Code, ORC)는 오하이오 주 정부 홈페이지에 출판되어 누구든지 열람 및 다운로드가 가능

2) 오하이오 지적관리 체계

미국 오하이오 주 델라웨어 카운티의 지적관리 체계는 [그림 8-3]과 같다. 연방정부의 하위에는 50개의 주가 존재하는데 그 중 오하이오 주가 포함된다. 오하이오 주 하위에 델라웨어 카운티가 존재한다. 델라웨어 카운티에서 지적 관련 부서는 감사 부서의 GIS 과와 위원회의 기록물관리과, 기술과, 지도과가 있다.

감사 부서는 연속지적도의 활용과 관련된 업무를 담당한다. 특히 연속지적도를 활용하여 토지의 가치를 평가하고 이를 바탕으로 부동산 세금 업무를 담당한다. 위원회의 기술과는 필지 측량을 비롯한 델라웨어 카운티의 모든 일반적인 측량을 수행한다. 위원회의 기록물 관리과는 델라웨어 카운티에서 수행된 여러 업무 중 각각의 부서에서 합법적이라고 인정한 것에 대해서만 문서로 기록하고 보관하는 업무를 한다. 그 중 한 가지 업무로 필지와 관련된 양도증서를 기록하고 관리하는 업무를 수행한다.

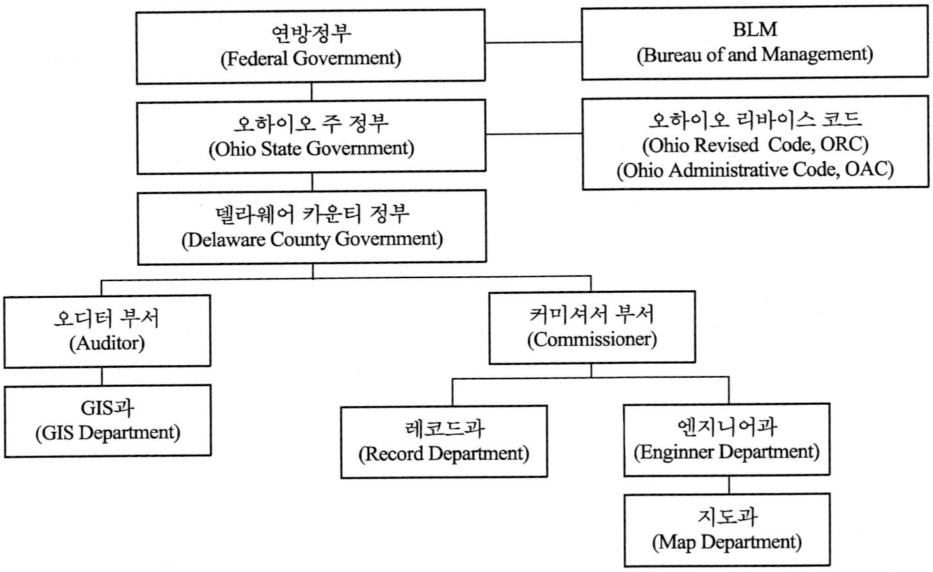

[그림 8-3] 미국 오하이오 주 델라웨어 카운티 지적 관리 체계

3) 오하이오 지적관리와 양도증서

양도증서(Deed)는 유·무형의 사물에 대한 각종 권리와 관련된 증서를 지칭하는 용어이다. 예를 들면 법적 대리, 위임, 특허, 생존자 증서, 장학증서, 졸업증명서 등이 해당한다. 양도증서는 부동산에 대한 권리 등 필지와 관련된 모든 정보가 기록되어 있는 합법적인 문서로 지칭한다. 필지와 관련한 양도증서에는 필지가 담보로서 소유권이 줄어들 경우 또는 개발지역 토지 소유자에게 다른 지역에 대한 개발권을 부여하는 개발권 이양 (TDR, transfer of development right), 필지와 관련된 재산권 등과 같이 필지와 관련된 모든 사항들을 기록한다. 특히 오하이오 리바이스 코드(ohio revised code, ORC)에 의하면 오하이오 주 내에서는 필지의 권리와 이해관계(right and interest)[266]의 일부를 타 필지 소유자에게 매매할 수 있는 권한이 주어지는데 이는 우리나라의 경우 타인의 토지에 건축물, 기타 공작물을 소유하기 위하여 지하 또는 지상 공간에 상하의 범위를 설정하는 구분지상권에 해당하는 개념이다.

266) Von Meyer, Nancy, GIS and Land Records: The Parcel Data Model, 2004

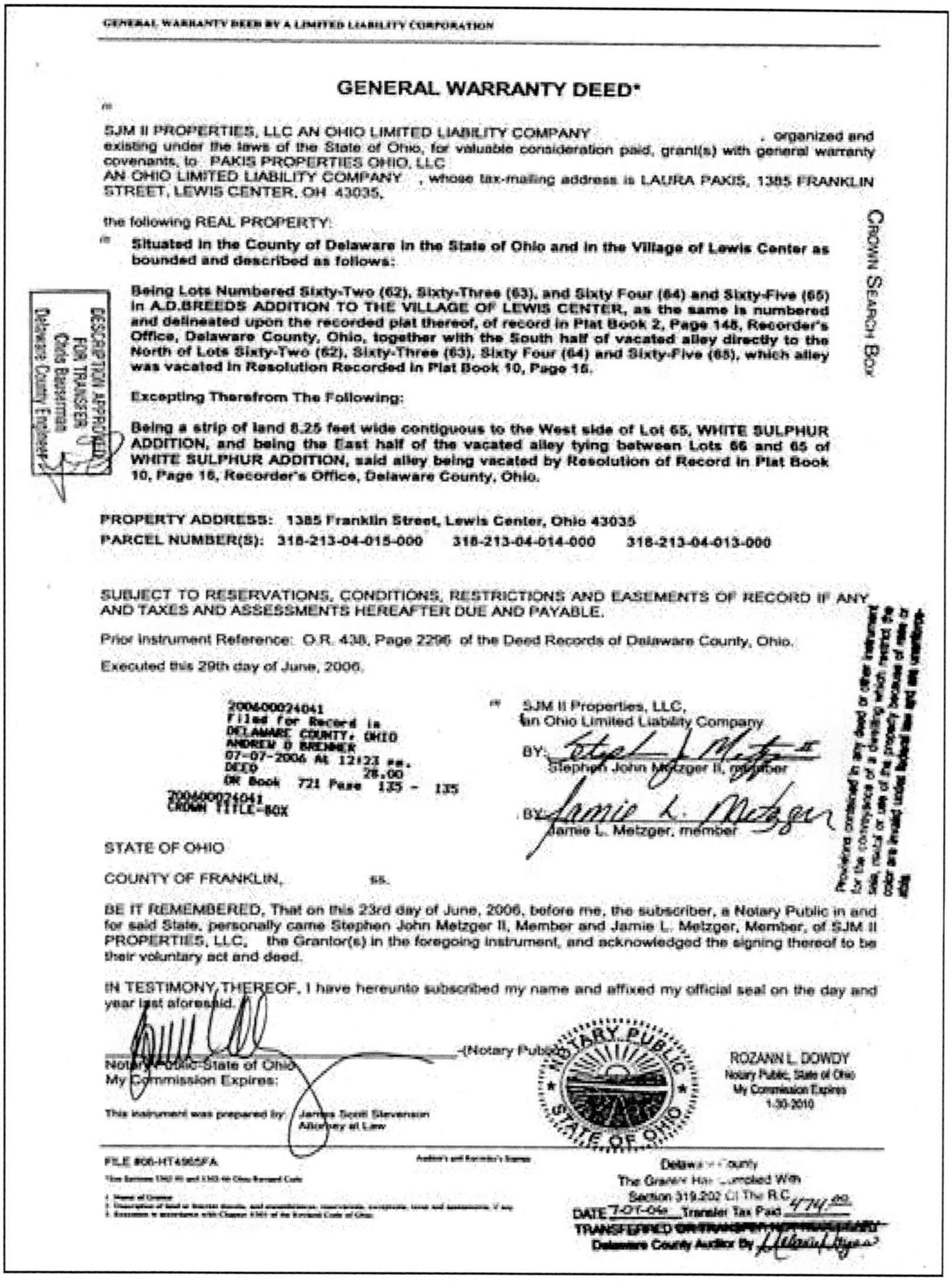

GENERAL WARRANTY DEED BY A LIMITED LIABILITY CORPORATION

GENERAL WARRANTY DEED*

SJM II PROPERTIES, LLC AN OHIO LIMITED LIABILITY COMPANY , organized and existing under the laws of the State of Ohio, for valuable consideration paid, grant(s) with general warranty covenants, to PAKIS PROPERTIES OHIO, LLC AN OHIO LIMITED LIABILITY COMPANY , whose tax-mailing address is LAURA PAKIS, 1385 FRANKLIN STREET, LEWIS CENTER, OH 43035,

the following REAL PROPERTY:

Situated in the County of Delaware in the State of Ohio and in the Village of Lewis Center as bounded and described as follows:

Being Lots Numbered Sixty-Two (62), Sixty-Three (63), and Sixty Four (64) and Sixty-Five (65) in A.D.BREEDS ADDITION TO THE VILLAGE OF LEWIS CENTER, as the same is numbered and delineated upon the recorded plat thereof, of record in Plat Book 2, Page 148, Recorder's Office, Delaware County, Ohio, together with the South half of vacated alley directly to the North of Lots Sixty-Two (62), Sixty-Three (63), Sixty Four (64) and Sixty-Five (65), which alley was vacated in Resolution Recorded in Plat Book 10, Page 16.

Excepting Therefrom The Following:

Being a strip of land 8.25 feet wide contiguous to the West side of Lot 65, WHITE SULPHUR ADDITION, and being the East half of the vacated alley lying between Lots 66 and 65 of WHITE SULPHUR ADDITION, said alley being vacated by Resolution of Record in Plat Book 10, Page 16, Recorder's Office, Delaware County, Ohio.

DESCRIPTION APPROVED FOR TRANSFER Chris Bauserman Delaware County Engineer

CROWN SEARCH BOX

PROPERTY ADDRESS: 1385 Franklin Street, Lewis Center, Ohio 43035
PARCEL NUMBER(S): 318-213-04-015-000 318-213-04-014-000 318-213-04-013-000

SUBJECT TO RESERVATIONS, CONDITIONS, RESTRICTIONS AND EASEMENTS OF RECORD IF ANY AND TAXES AND ASSESSMENTS HEREAFTER DUE AND PAYABLE.

Prior Instrument Reference: O.R. 438, Page 2296 of the Deed Records of Delaware County, Ohio.

Executed this 29th day of June, 2006.

200600024041
Filed for Record in
DELAWARE COUNTY, OHIO
ANDREW O BRENNER
07-07-2006 At 12:23 pm.
DEED 28.00
OR Book 721 Page 135 - 135

200600024041
CROWN TITLE-BOX

SJM II Properties, LLC,
an Ohio Limited Liability Company

BY: Stephen John Metzger II, member

BY: Jamie L. Metzger, member

STATE OF OHIO

COUNTY OF FRANKLIN, ss.

BE IT REMEMBERED, That on this 23rd day of June, 2006, before me, the subscriber, a Notary Public in and for said State, personally came Stephen John Metzger II, Member and Jamie L. Metzger, Member, of SJM II PROPERTIES, LLC, the Grantor(s) in the foregoing instrument, and acknowledged the signing thereof to be their voluntary act and deed.

IN TESTIMONY THEREOF, I have hereunto subscribed my name and affixed my official seal on the day and year last aforesaid.

-(Notary Public)

Notary Public-State of Ohio
My Commission Expires:

NOTARY PUBLIC STATE OF OHIO

ROZANN L. DOWDY
Notary Public, State of Ohio
My Commission Expires
1-30-2010

This instrument was prepared by: James Scott Stevenson Attorney at Law

FILE #06-HT4965FA

Delaware County
The Grantor Has Complied With
Section 319.202 Of The R.C.
DATE 7-07-06 Transfer Tax Paid 474.00
TRANSFERRED
Delaware County Auditor By

[그림 8-4] 일반 보증 양도증서

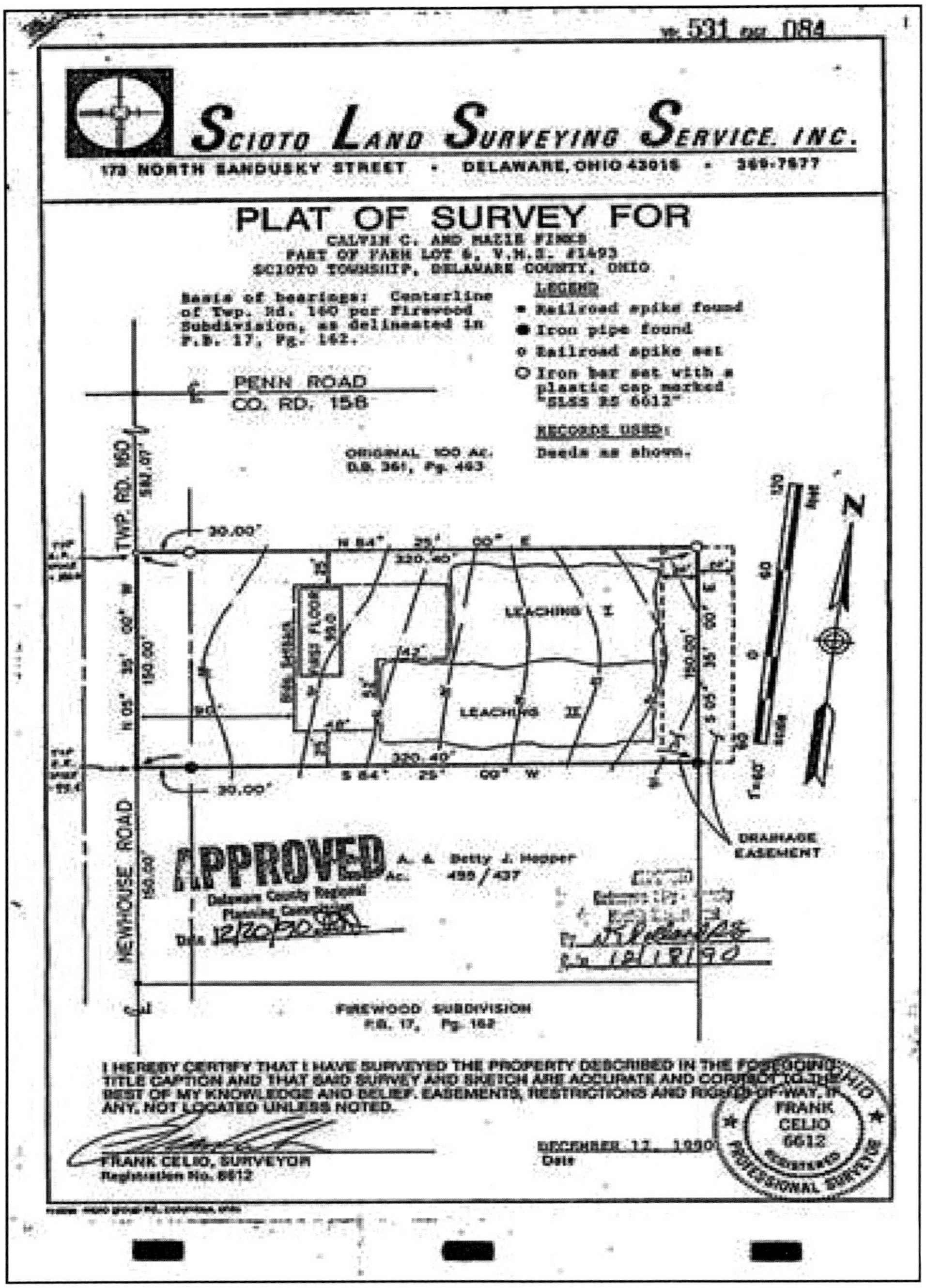

[그림 8-5] 미국 오하오이주 델라웨이 지적측량도 예시

필지와 관련된 양도증서는 [그림 8-4]의 일반 보증 양도증서가 가장 일반적이며 부동산의 위치, 거리 등에 관한 설명이 담겨 있다.

양도증서의 내용은 글로 작성된 문서로 존재 할 수 있으며, 그림으로 그린 문서로도 존재할 수 있다. 일반적으로 권리와 관련된 증서는 양도증서 외에 권리증서(Title)가 존재한다.[267)]

일반적으로 양도증서에는 [그림 8-5]의 측량도가 함께 첨부되어 관리된다. 만약 필지가 생성 되거나 기존 필지가 분할 또는 합병 될 경우와 같이 필지에 변동 사항이 있을 시에는 변경 된 필지에 대한 새로운 측량도가 제작된 후 양도증서에 첨부된다. 만약 필지는 변동 사항이 없고 소유권이 변경 된 경우에는 측량도는 새로 제작하지 않고 양도증서의 내용만 변경하여 등록한다.

카운티 엔지니어 부서에서는 오하이오 리바이스 코드(ohio revised code, ORC)에 의거해 변경된 양도증서 내용의 합법 여부를 판단하고, 이 결과를 위원회의 기록물관리과에서 등록한다. 기록물관리과에서는 이 자료를 기록하여 하드카피로 보관하고 웹사이트에 공개하여 필지 넘버 또는 이름 등등의 정보 검색을 통해 누구든지 양도증서의 속성정보를 열람 및 다운로드 하도록 관리하고 있다.

1.3 오하이오 지적경계설정 규칙

1) 경계 설정 규칙(OAC 챕터 4733-37)

오하이오 행정 코드 (ohio administrative code, OAC)는 오하이오 리바이스 코드(ohio revised code, ORC) 하위 법령에 해당한다. 오하이오 리바이스 코드(ORC)가 각 부서의 업무, 역할, 목적 등에 관한 내용을 담고 있는 조항이라면 오하이오 행정 코드 (OAC)는 그보다 좀 더 세부적인 내용을 다루고 있다. 지적과 관련한 조항은 오하이오 행정코드(OAC) 챕터 4733으로 이는 전문엔지니어와 측량사의 주 위원회 등록에 관한 조항이다. 오하이오 행정 코드(OAC)챕터 4733-37은 기술자 및 측량사가 경계측량 시 따라야 할 지침에 대한 설명으로 필지의 조사 및 재조사를 수행하는 경우에 관한 내용, 기준점 설정에 관한 내용, 구체적인 측량 방법에 관한 내용, 필지 측량, 측량도에 관한 설명서, 필지 재분할 등에 관한 내용이 제시되어 있다.

267) Walter G. Robillard, Donald A. Wilson, Curtis M. Brown, Brown's Boundary Control and Legal Principles, 2009

2) 지적측량도

오하이오 주 델라웨어 카운티에서 합법적으로 인정되는 지적도는 [그림 8-6]과 같은 일필지 측량도이다. 측량도는 일필지에 대한 측량 결과를 도면으로 표현한 지적도이다. 측량도는 오하이오 행정 코드(OAC) 챕터 4733-37 조항 의해 필지측량이 이루어진 결과를 바탕으로 작성된다.

(1) 구성요소

측량도에는 실제 필지 측량 값인 거리와 방위, 면적이 기록되고 필지 아이디가 부여된다. 이 때 측량도에서 선의 길이와 방향은 상세하게 표현되기 때문에 필지 경계의 오차 범위는 10㎞당 1m 이하의 오차범위를 허용한다.

(2) 관리방법

필지의 생성, 분할, 합병 등에 관한 사항이 있을 경우 측량사들의 필지측량 결과를 등록하기 위해 레코드 부서에 제출 할 때 양도증서에 첨부하여 제출한다.

3) 지상 경계 설정

델라웨어 카운티에서 1985년 이후부터 시행되는 필지 측량은 오하이오 행정 코드 (OAC)에 의거하여 시행된다. 오하이오 행정 코드 (OAC) 4733-37-03 '기준점'에 따르면 측량사들이 경계 기준점을 설치하도록 규정되어 있다.

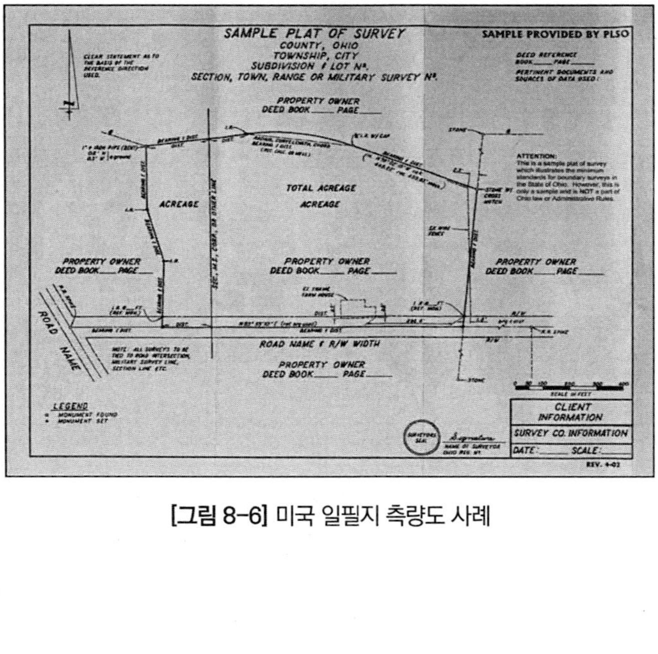

[그림 8-6] 미국 일필지 측량도 사례

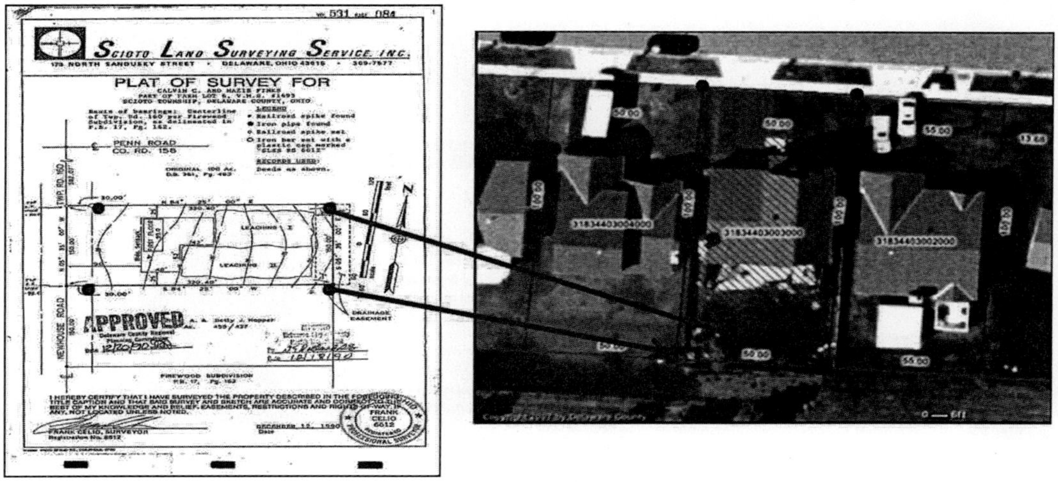

[그림 8-7] 지상경계설정과 측량도의 관계

[그림 8-7]과 같이 지상 경계 설정 시 필지 경계와 측량도에서의 경계를 서로 1:1로 매칭시키기 위해 지상에 영구적인 핀을 설치한다. 이러한 방법으로 도상경계와 지상경계를 일치시키고 한번 측량한 지역은 재측량할 필요가 없도록 한다. 또한 투영법이나 좌표계에 따른 필지 경계의 오차를 줄일 수 있도록 한다. 서로 인접한 필지의 경계 기준점은 두 필지의 공통된 경계 기준점이기 때문에 두 필지에서 모두 동일하게 공유한다.

델라웨어 카운티에는 측량을 하기 위한 하나의 통합기준점이 존재한다. 통합기준점은 카운티 엔지니어 부서에서 설정한 후 국가 좌표계 시스템을 유지 및 관리하는 기관인 국가측지국(national geodetic survey, NGS)[268]의 'Bluebook' 과정에 따라 법적인 승인이 이루어진다. 국가측지국의 웹사이트는 [그림 8-8]과 같다.

델라웨어 카운티에는 총 338개의 기준점이 관리 되고 있다. 이 중 110개는 GIS 데이터가 작성되기 이전에 설치된 기준점이고, 228개는 GPS 기술을 기반으로 설치된 기준점이다. 만약 코너에 경계 기준점 설치가 불가능하다면 측량사들은 338개의 기준점 외에 경계 기준점의 특성과 유사한 특징을 지닌 참조 기준점을 설치할 수 있다. 참조 기준점으로는 교차지점, 농장 필지, 일정한 구획, 필지 코너 및 재분할 된 필지의 코너 등을 이용할 수 있다. 필지의 각 코너에 설치된 경계 기준점과 참조 기준점은 모두 물리적인 기준점에 해당한다. 이러한 기준점들은 영구적인 물질들로 설치되고, 최소한 30인치의 길이를 갖도록 설치한다.

268) 미국 국가측지국 홈페이지 http://www.ngs.noaa.gov/

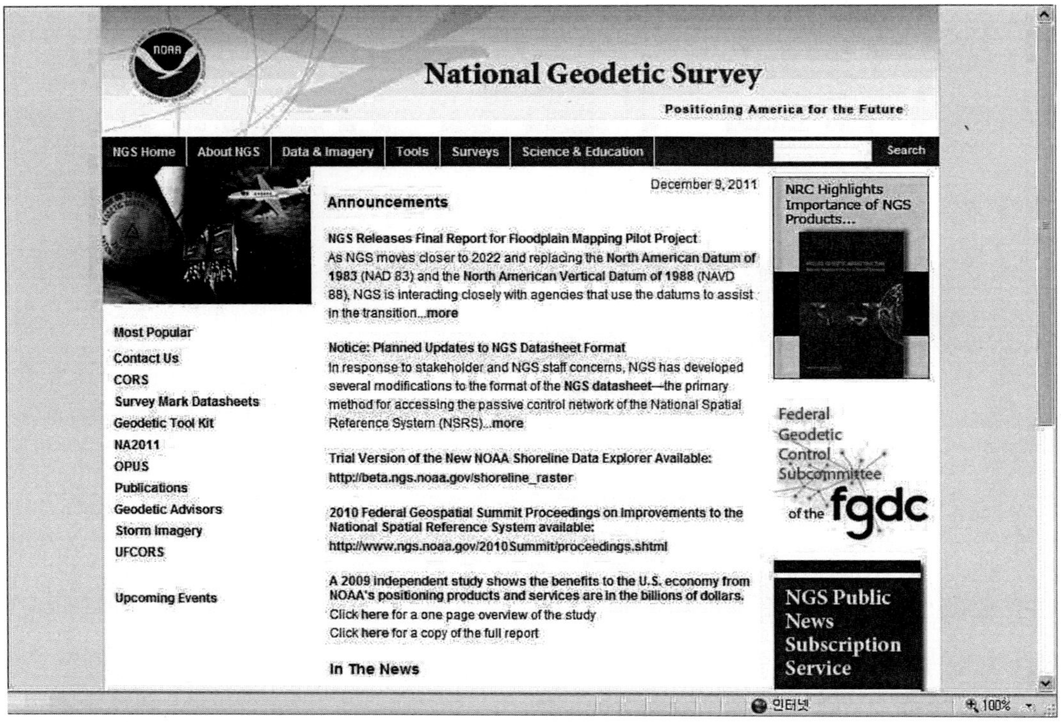

[그림 8-8] 국가측지국(National Geodetic Survey, NGS)

4) 경계 측량사

(1) 개인 측량사

[그림 8-9]와 같이 오하이오 리바이스 코드(ORC) 챕터 4733 "전문 엔지니어 및 측량사"에 의하면 개인이 오하이오 주의 전문 측량사 자격을 얻으려면 최소한의 교육을 이수하는 정규 교육과정을 졸업한 후 현장에서의 경험을 쌓아야 한다. 4년간 측량 교육을 받고 4년간 현장 경험이 있는 사람들만이 전문측량사 자격을 가질 수 있다. 전문측량사 자격을 취득하면 개인이 측량 회사를 설립할 수 있는 권한이 주어진다.

미국에서 증서의 평가 및 필지 소유권, 필지 권리를 연방정부에서 결정할 수 있는 권한은 없다. 다른 많은 국가들은 측량사에게 이 권한을 교육, 견습, 시험 후에 부여한다. 미국에서 측량사의 주요한 책임 중 하나는 서면으로 기술하거나 서면 내용에 따라 경계를 찾고 경계 불부합이나 필지 잠식지를 알리는 것이다.[269]

269) Walter G. Robillard, Donald A. Wilson, Curtis M. Brown, Brown's Boundary Control and Legal Principles, 2009

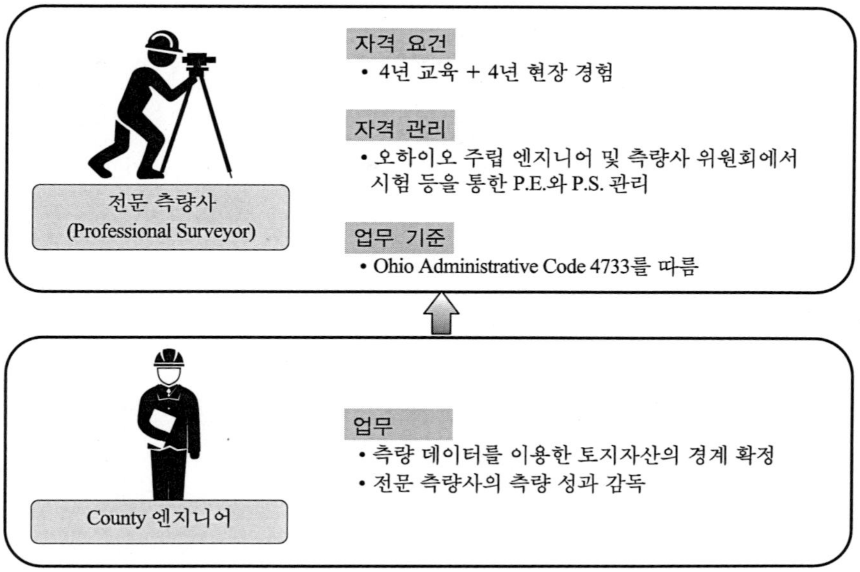

[그림 8-9] 미국 경계 측량사 자격 및 업무

[그림 8-10] 미국 전문 엔지니어 및 측량사 홈페이지

(2) 카운티 엔지니어

카운티 엔지니어는 선거에 의해 선출된 사람으로 측량 데이터를 이용한 토지 자산의 경계 확정 및 전문 측량사 (개인 측량사)의 측량 성과를 감독하는 역할을 한다. 만약 전문 측량사의 측량 결과에 대해 이웃 간에 이견이 있을 경우 카운티 엔지니어가 이를 판단한다.

카운티 엔지니어들은 오하이오 주 주립 엔지니어 및 측량사 위원회에서 실시하는 시험 등을 통해 전문 측량사가 자격을 유지하고 있는지 등을 감독하는 업무를 한다.

(3) 지상 경계 분쟁 시 해결

지상 경계 분쟁 시 해결 절차는 [그림 8-11]과 같다. 만약 이웃 간에 인접한 필지의 경계가 지적도상에서는 일치하나 실제 지상에서 일치하지 않을 경우 토지 소유자는 전문 측량사를 고용하여 측량을 시행한다. 전문 측량사는 필지 경계와 관련한 여러 증거와 기준점에 관한 자료, 과거에서부터 현재까지 토지 사용 내역 등 각종 필지 관련 자료를 바탕으로 필지의 경계를 추적한다. 그리고 이 결과를 카운티 엔지니어에게 제출하면 카운티 엔지니어가 보유하고 있는 필지 관련 데이터와의 전문 측량사의 자료와 비교·분석 한 후 카운티 엔지니어의 측량사가 합법적인 경계를 결정하게 된다. 즉 지상 경계 분쟁 시 1차적으로 카운티 엔지니어의 측량사가 판단을 내리고 이에 동의하지 않을 경우 2차적으로 법원에서 해결되는 형태이다.

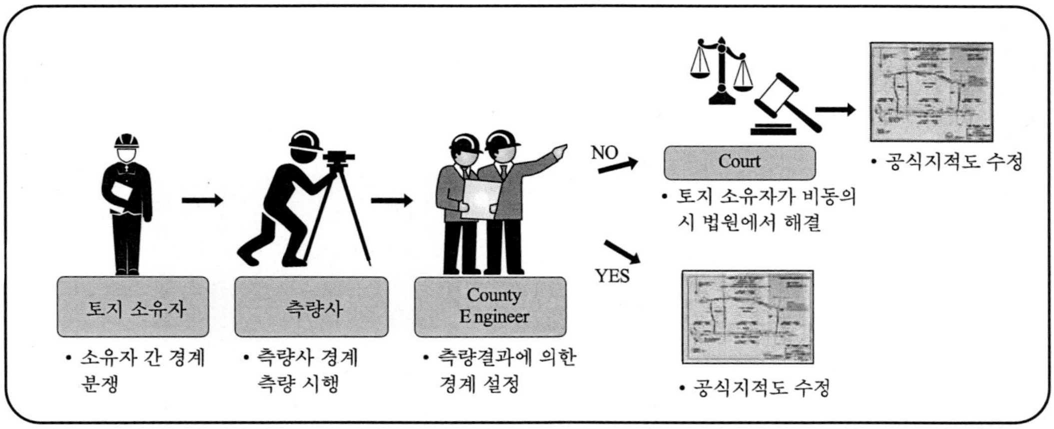

[그림 8-11] 미국 지상 경계 분쟁 시 해결 방법

2 네덜란드

2.1 개요

1810년 세지적의 소개는 프랑스에 의해서 네덜란드 왕국의 합병 후에 실행되었다. 프랑스 법률은 막강하였으며, 1810년 이전에 프랑스의 나폴레옹은 다른 나라의 점령 활동을 위한 재정확보가 필요해 세지적으로서 정밀한 토지측량으로 토지이용과 토지 소유권의 정확한 목록을 기반으로 토지세금을 위한 시스템을 설립하기로 결정하였다. 1811년에 이러한 프랑스의 영향으로 네덜란드도 세지적 구축을 추진하였다. 결과적으로 1812년 토지 필지의 사용자와 소유자를 목록화하는 측량을 시작하였으며, 지적의 행정적 구조는 다음과 같다. 국가는 지방자치단체로 구분되어 있으며 이것에 따라 지적 항목이 구분된다. 처음에 토지측량사는 지방 실행위원회와 함께 지방자치단체의 정밀한 경계를 측정하였고, 측량사는 필지별 경계를 측량하였다. 이때의 측량결과물들은 지금껏 관리되고 있는데 항목은 지방자치단체의 경계의 공식적 초안, 삼각점의 일람도, 최초의 지적도, 최초의 등기부이다.

지적정보의 갱신은 토지와 건물의 법적 상태의 변화를 기반으로 하였으며, 법적 문서는 지방 법원에 기록하도록 하였다. 법원의 서기는 등기소의 형태로서 운영되었다. 그러나 다른 나폴레옹 규칙에 의거 1811년 이러한 법적 문서들은 주로 매매와 담보의 날인증서이기 때문에 거래세금을 걷기 위하여 중앙 세제국의 지방사무소에서 관리되도록 하였다. 이러한 기록들은 1824년 의무화되었다. 따라서 토지의 법적 상태에서 변화된 것을 조사하기 위한 원천정보가 있었다. 또한 보다 편리하게 행정업무를 집행하기 위해서 1825년 재정부 중앙 세제국 안에 특별한 부서로서 등기와 지적을 함께 통합하는 것을 결정하였다. 이 결정은 단지 효율성을 도모한다는 이유를 근거로 윌리암 왕 스스로가 결정하였다. 실제로 변호사들의 거센 반발을 초래했지만 의견이 수용되지 않았다. 네덜란드 지적청이 다른 나라와 달리 지적과 등기가 하나의 조직으로 합쳐진 역사적 배경을 알려주는 이유이다. 지적은 공공등록에 핵심적 역할을 수행하며 1838년 민법이 토지거래의 공증문서와 담보의 증서에서 지적필지 번호를 포함할 것을 결정하였다. 세지적은 또한 법지적의 역할을 수행하기 위해 변화해 왔다. 민법은 1992년에 주요한 개정이 있었다. 이때 부동산 권리의 시스템을 충족하는 부분을 특별히 강조하는 지적법률도 포함되었다. 이것은 다목적시스템으로서 지적과 등기가 제정되었는데 부동산 보유권의 법적 강화, 토지개발 제한, 토지의 공공수용, 토지세, 천연자원의 관리와 같은 많은 정부 활동들을 지원하기 위한 목적이었다. 2004년 1월 1일에는 지적법을 설립하기 위해 국방부의 지형서비스와 병합체계를 채택하였다.

2.2 네덜란드 지적측량 제도

1) 지적측량 제도 개요

네덜란드는 19세기초 나폴레옹 제국시대에 프랑스 영토의 일부분이었기 때문에 프랑스 법령에 의거 약 160여년전에 근대적 지적제도가 창설되었다.

최초의 지적조사는 프랑스의 주관하에 토지에 대한 과세를 목적으로 1811년에 착수하여 1832년에 토지대장과 지적도를 작성함으로써 세지적제도로 출발하였다.[270)]

창설당시의 지적제도는 주로 토지에 대한 과세를 하기 위한 기초자료의 제공과 소유권에 대한 법적인 보호를 목적으로 소유자(owner)와 사용자(user)를 조사하여 등록하는 세지적제도로 출발하였다. 그러나 도시계획 토지정비 토지행정 및 관리 등 여러 분야에서 토지정보가 필요하게 되어 전산화를 추진하면서 다목적 지적으로 발전하게 되었다.[271)]

그러나 네덜란드의 지적제도는 소극적 지적제도를 채택하고 있어 지적공부에 등록된 내용에 대하여 국가가 책임을 지지 않는다. 그러나 공증제도를 두어 권리를 양도·양수한 계약증서 자체를 등록하는 양도증서 등록제도를 채택하여 공증인의 공증을 받은 문서는 법의 보호를 받고 있으며 문서의 진위여부에 대한 책임은 공증인에게 있다.

네덜란드의 지적도는 50%이상이 1832년 지적제도 창설당시의 수준과 형태를 가지고 있으며 축척은 도시지역은 1/1,250이고 농촌지역은 1/2,500이었다. 1928년부터 전국적으로 통일된 격자망 시스템을 사용하여 현지측량을 거쳐 재조사된 지적도의 작성업무는 1975년에 완성되었으며 축척도 도시지역은 1/1,000이고 농촌지역은 1/2,000으로 변경 작성하였다.[272)]

그리고 1975년부터 1/1,000의 대축척 기본도(GBKN)라고 불리는 지형도의 작성업무에 착수하였다. 이 기본도는 50×100㎝의 크기로 작성하였으며, 건물·차도·인도·수로·댐·하수구·제방·수문·산·울타리의 경계 등을 등록하고 있다. 그리고 도면상의 정보를 쉽게 알아볼 수 있도록 건물번호와 도로·수로·공공건물·묘지 등의 명칭을 기록하고 있으며 지하시설물 관련부서 및 지방정부 지적부서 등에서 활용하고 있다.[273)]

---

270) J.L.G. Henssen, "네덜란드의 신지적법", 「FIG 제17차 논문집」, 대한지적공사(역), 1984, p.11.
271) J.L.G. Henssen, "화란의 지적제도", 「국제지적사무소장 초청강연자료집」, 대한지적공사(역), 1984, p.6.
272) L.A. Koen, "지적제도의 개선", 「지적개선사례」 내무부, 한국전산원, 1992, pp.16-17
273) J.V. Hermert, "지적도 개선", 「지적개선사례」, 내무부, 한국전산원, 1992, pp.31-33.

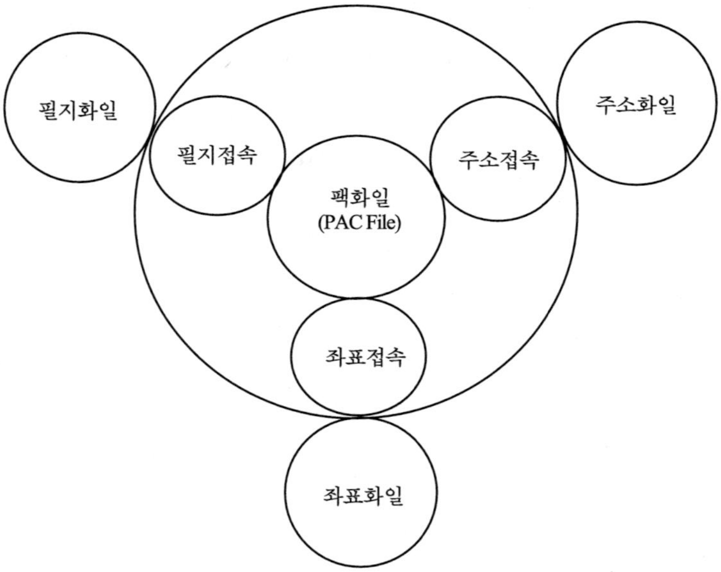

자료: J.J.G. Henssen, Administrative and Legal Aspects of Land Registration/Cadastre, (ITC. lecture note), 1987, p.Ⅷ C.4.

[그림 8-12] 네덜란드의 PAC 시스템 체계도

네덜란드의 지적정보시스템은 1975년부터 1985년까지 AKR(automatisering kadastrale registratie)이라고 불리는 부동산등록부에 등록된 문자정보에 대한 전산화 시범사업을 추진하고 1985년부터 1990년까지 ADB(alphanumeric data base)의 구축을 완료하였다.

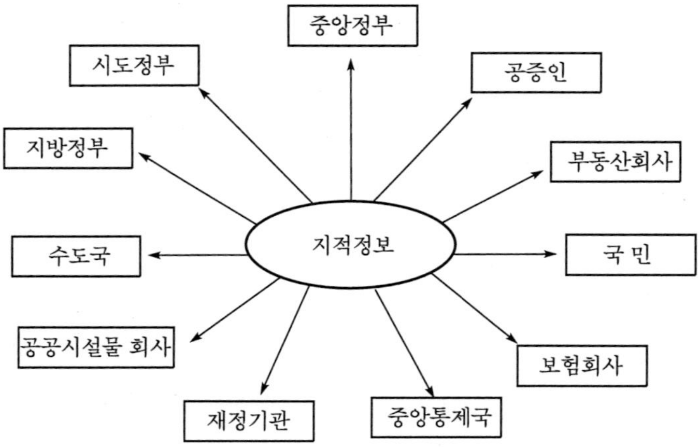

[그림 8-13] 네덜란드의 지적정보 활용 체계도

그리고 1980년부터 1988년까지 LKI(landmeetkundig en kartografish informatie)이라고 불리는 지적도에 등록된 도형정보에 대한 전산화 시범사업을 추진하고 1988년부터 도형데이터기반(graphic data base)를 구축하였다. 이어서 중앙의 지적 및 공공등기청과 시·도단위의 15개 지방지적청간을 온라인 네트워크로 연결하여 각 지방지적청에서 변경 등록한 정보를 실시간으로 중앙의 데이터 베이스에 저장하여 항상 최신 정보를 유지 관리하도록 운영하고 있다.

그리고 부동산에 관한 여러 가지 데이터를 연결하거나 통합할 수 있도록 필지(parcel)·주소(address) 및 필지별 중심점에 대한 좌표(coordinate)를 상호 연결되도록 팩 시스템(PAC system: coupling system parcel-address-coordinates)을 개발하여 부동산 관련 정보를 다목적으로 활용하고 있다.[274] 지적 및 공공등기청은 세입의 증대를 위하여 자체적으로 마케팅부서를 설치하고 부동산 관련 정보를 공공재화로 개발하여 상품화와 판매에 적극적으로 대처하고 있다.

지적정보 시스템의 외부 사용자는 중앙 및 지방정부·수도국·통계국·보험회사·부동산 소개소·공증인사무실 등에 약 2,000개의 터미널을 설치하여 공동으로 활용하고 있다.[275]

2) 지적측량 운영 현황

네덜란드의 지적측량은 지방지적청에 소속되어 있는 특별공공기관 신분의 측량사가 직접 측량을 실시하고 지적도면을 정리하는 업무를 담당하고 있으나 지적측량을 전담하여 수행할 수 있는 측량사자격은 제도화되어 있지 않다.

이 조직은 1838년 재정부의 한 부서로서 설립되었지만 토지정보가 다른 많은 토지관련 정부활동들을 위해 역할이 크다는 것을 정치적으로 판단하면서 장관 위원회는 지적전담조직을 1974년 주택, 물리적 계획 및 환경부로 옮길 것을 결정하였다. 같은 기간에 토지세를 담당하는 부서는 중앙정부에서 지방정부로 이양하였으며 현재까지 그대로 운영되고 있다. 1994년 장관 위원회에서 영리를 목적으로 할 수 있는 공공임무로서 등기 및 지적조직을 소위 공공기관으로 전환할 것을 결정하였다. 이 기관은 '지적조직법'이라는 특별법으로서 조직되었다.

측량은 주로 트랜싯이나 토털스테이션 등으로 측량을 실시하고 있다. 지적 및 공공등기청과 지방지적청은 토지이동측량 뿐만 아니라 토지구획정리사업, 환지 및 청산업무 등도

274) 대한지적공사(역), 전게서, p.310.
275) 대한지적공사, 전게서, 1997b, pp.23-24.

담당하고 있다. 그러나 토지구획정리 등 대규모의 지적측량업무는 주로 외부용역에 의하여 항공사진측량방법에 의거 처리하고 있으며, 인공위성을 이용한 GPS측량방법을 통해 정확하게 측량을 실시하고 있다.

측량의 성과를 담아 유지 관리하는 지적공부는 부동산등록부와 지적도 및 보조대장 · 대축척 지형도 등으로 구분하여 작성하고 있다. 지적도는 고립형 지적도의 형식을 채택하고 있으며, 축척은 도시 고밀도 지역은 1/500, 도시 저밀도 지역은 1/1,000, 농촌 고밀도 지역은 1/2,500, 농촌 저밀도 지역은 1/5,000 등으로 구분하여 작성하고 있다. 그리고 건물의 정 위치를 지적도에 등록·관리하고 있으며 1/1,000, 1/2,000의 대축척 지형도를 작성하여 기본도로 활용하고 있다.

네덜란드의 부동산등록부에는 토지의 소재 · 지번 · 행정구역 · 좌표 · 면적 · 구 지번과 신 지번과의 관계 · 소유자의 성명 · 종교 · 생년월일 · 직업 · 배우자의 유무 · 취득일자 · 양도일자 · 거래가격 등을 등록하고 있다. 그리고 대축척 지형도에는 도로 · 수로 · 제방 · 교량 · 건물 · 산림 · 다년생 초목 · 울타리 · 담 등 지형적인 경계와 도로명칭 · 수로명칭 · 건물의 번호 등을 등록하여 관리하고 있다.[276)]

지적측량공정은 ① 기초조사(stock monitering) ② 준비 ③ 경계설정(localise boundary) ④ 측량(survey) ⑤ 계산 및 조정(calculation and adjustment) ⑥ 지적등록의 갱신(updating cadastral registration) 순으로 이루어지며, 이는 통합된 공정관리차원에서 지적측량공정과 관련된 애플리케이션시스템과 서비스에 연계된다.[277)]

(1) 기초조사

기초조사단계에서는 정보서비스기본시스템(ISPS)과 관리시스템(MS)을 활용하여 업무처리를 수행한다. 즉 정보서비스시스템이 제공하는 서비스는 의뢰한 측량을 특정 장소에 배치하는데 이용되고 측량사례에 관련된 내용을 제공한다. 관리시스템 운영공정은 기초조사단계에서 현황조사를 위하여 활용한다.

(2) 준비

준비단계는 각 애플리케이션과 제공되는 서비스를 활용하여 업무처리를 수행한다. 날인증서(deed) 애플리케이션은 권리증의 내용을 검토하고 분석하는데 활용되고, 정보서비스

276) 행정자치부, 「지적측량대행제도의 개선방안」, 2000, pp.49-52.
277) 대한지적공사 지적연구원, 전게보고서, 2006a, pp.113-116.

기본시스템 애플리케이션은 필요한 지적, 토지 및 지형자료를 검색하는 데 활용한다. 성과처리서비스는 현장측량의 자료 및 시기를 소유자를 위한 문서화에 활용하고, 포탈서비스는 전자방식에 의한 문서 전송에 활용하며, 공정관리시스템 운영서비스는 준비단계의 갱신에 활용한다.

(3) 경계설정

경계설정단계는 토지등록 애플리케이션과 공정 관리시스템 운영서비스를 활용한다. 토지등록 애플리케이션은 새로운 지적경계에 대한 모든 행정자료를 기록하고 수립하기 위하여 활용하고, 공정관리시스템 운영서비스는 준비단계의 상황을 갱신하기 위해서 활용한다.

(4) 측량

측량단계는 지식관리 서비스, 토지등록 애플리케이션, 공정관리시스템 운영 서비스를 활용한다. 지식관리 서비스는 기술적 교육을 이해하기 위하여 활용하고, 토지등록 애플리케이션은 토지관측을 게재하기 위해 활용하며, 공정관리시스템 운영서비스는 측량단계의 상황을 갱신하기 위하여 활용한다.

(5) 계산 및 조정

계산 및 조정단계는 토지등록 애플리케이션, 정보서비스기본시스템(ISPS) 애플리케이션, 공정관리시스템 운영서비스를 활용한다. 토지등록 애플리케이션은 경계의 갱신과 향후 경계의 재설치를 위하여 관련된 자료를 갱신하는데 활용하고, ISPS 애플리케이션은 현 지적, 토지, 지형자료를 검색하는데 활용하며, 공정관리시스템 운영서비스는 측량단계의 상황을 갱신하기 위하여 활용한다.

(6) 지적등록의 갱신

지적등록의 갱신단계는 지적등록 · 토지등록 · 날인증서 · ISPS 등의 애플리케이션과 성과처리 · 공정관리시스템 운영 · 포탈 서비스 등을 활용한다. 지적등록 애플리케이션은 현장 관측을 토대로 지적객체의 권리, 인적주소, 지적경계 등 자료집단을 갱신하는데 활용하고, 토지등록 애플리케이션은 토지경계 자료의 마지막 저장 및 갱신을 위하여 활용한다.

날인증서 애플리케이션은 권리증에 관련된 자료를 포함하기 위하여 활용하고, ISPS 애플리케이션은 현 지적, 토지, 지형자료의 검색을 위하여 활용한다. 한편 성과처리 서비스는 공증인에게 변화 및 주해(annotations)에 대하여 요구되는 사항을 일반화하는데 활용하고, 포털 서비스는 전자적 방법에 의하여 의뢰사항 혹은 주해를 전송하는데 활용하며, 공정관리시스템 운영서비스는 지적등록 갱신단계의 상황을 갱신하는데 활용한다.

지적도면은 현재 수치화된 파일로 관리되지만 지적측량의 목적이 아니다. 지적도면에는 지적경계선 및 건물이 등록되어 있다. 수치지적도의 원시 자료는 기존 종이 지적도면의 디지타이징이며, 항측으로 구축한 대축척 지형도(1/1,000)에 의하여 지적도를 수정하기도 하였다. 수치도면으로 구축되어 있지만 필지 좌표는 지적측량의 목적으로 활용하지 못한다. 인터넷으로 지적정보(지적도 및 대장정보)를 신청하고 html 과 pdf 형식으로 제공하고 있다. 네덜란드에서 지적측량의 기본자료는 일필지 마다 작성된 서술식 지적측량야장(field note, field sketch)이다.

이 자료는 지적측량을 담당하는 지역사무소(regional office)에서 보관하고 관리하고 있다. 서술식 지적측량야장(field note, field sketch)에는 축척의 개념이 없으며, 서술적으로 기재하고 현장의 상황을 기술하고 있다. 기준점에서 각 필지 경계점의 거리와 각도를 기재한다. 따라서 이 자료는 시간이 지나서 신축이 생기고 노후되더라도 경계를 복원하는데는 오차를 증대시키거나 불편을 주지 않는다. 또한 경계복원측량을 할 때 가장 먼저 하는 것은 기준점을 찾는 것이며, 찾지 못할 경우 찾을 때까지 많은 시간과 모든 노력을 다해서 찾도록 한다. 기준점이 망실되면 이전의 자료부에 의하여 기준점을 복원한다. 현재는 전산 입력하여 디지털 지적측량야장(field note, field sketch)을 이용하고 있다.[278)]

278) 대한지적공사 지적연구원, 전계보고서, 2005a, pp.46-46.

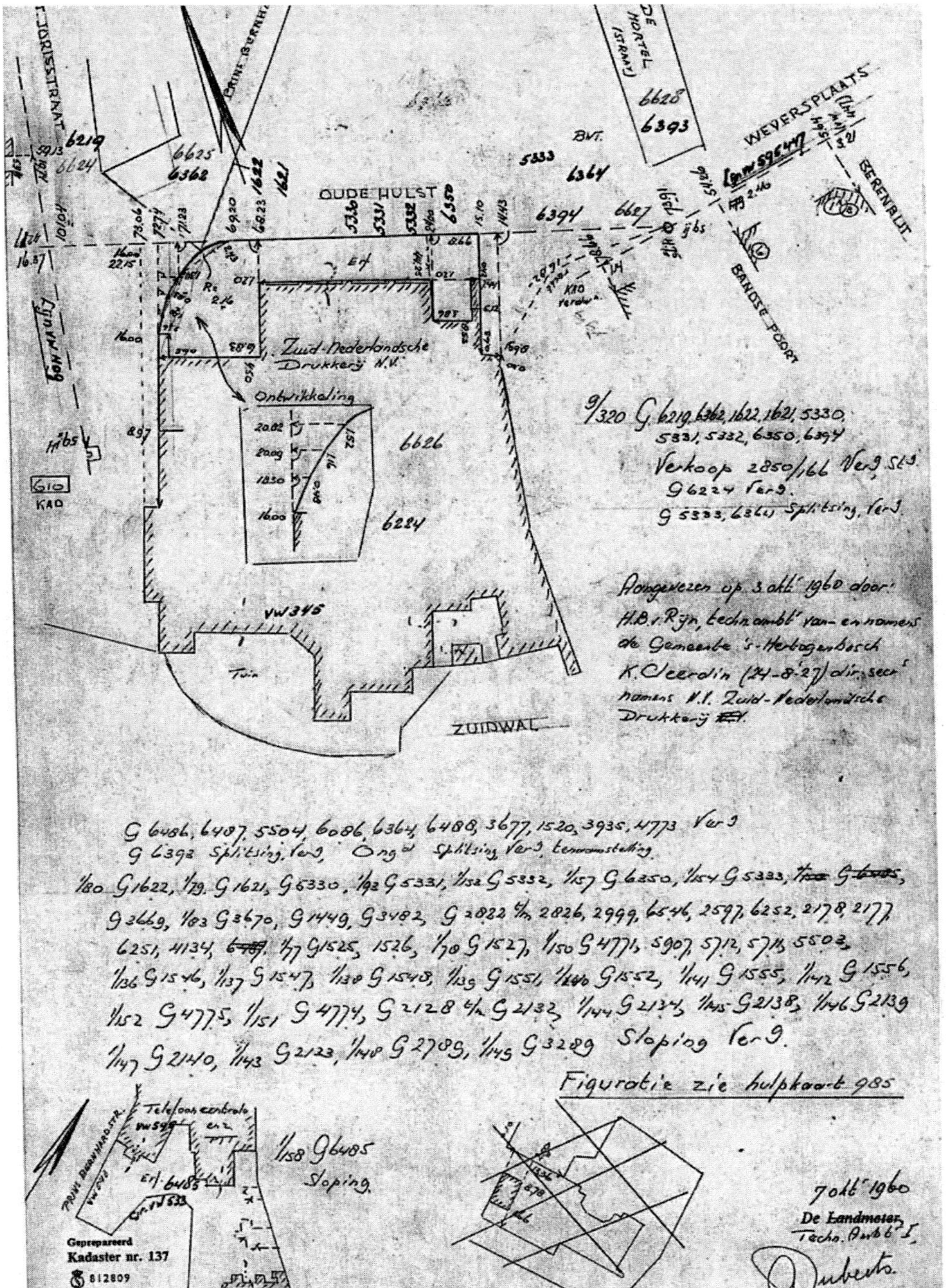

자료 : 대한지적공사 지적연구원, 「경계복원측량의 표준화 방향에 관한 연구」, 2005, p.47.

[그림 8-14] 네덜란드의 서술식 지적측량야장

3 호주

3.1 호주의 지적제도 개요

연방국가로서 호주의 지적제도는 오늘날 거의 완벽하게 전산화되어 각 주에서 중앙집중 토지행정 사무소를 유지하고 있다. 다만 모든 주에서 공동된 조직구조를 갖고 있지는 않다. 토지행정은 환경, 도시계획, 정보기술 및 토지행정과 같은 정부부서의 범주아래 주정부 책임하에 운영되고 있다. 이러한 부서들에 배속되어 토지정보 및 자원을 위한 디지털 지적도, 토지등기소 및 등기사무소, 왕실토지관리사무소, 측량협회 및 사업단위를 포함하는 주정부가 관리하는 도면이 있다. 이러한 서비스들의 화합은 중앙 사무소에서 협조를 나누고 지원을 통해 통합되는 체제를 모든 주에서 찾아볼 수 있다. 지적관련 사적조직으로 대부분의 지적측량사는 민간분야에서 종사하고 있다. 자격증의 취득 또는 측량사의 등록은 지적측량을 수행하는데 필요하지만 토목측량과 같은 측량사들에게는 반드시 필요하지 않다. 국가기준점 관리는 정부의 주요한 책임으로 남아있지만 대개 갱신과 시스템 업그레이드는 민간분야에서 아웃소싱하고 있다. 호주의 측량사 기구 중 하나는 호주 측량협회(ISA)이며 약 3,800명의 회원이 있다.[279)]

〈표 8-1〉 호주의 지적업무와 관련한 기관

주이름	기관명
서 호주	서호주 토지정보시스템
빅토리아	환경, 토지, 수자원&계획부
태즈매니아	주요 산업, 공원, 수자원&환경부
남 호주	환경, 수자원 및 환경자원부
퀸즈랜드	퀸즈랜드 공간정보위원회, 천연자원 및 광업부
북지역	북지역토지정부시스템, 토지, 계획, 환경부
뉴사우스웨일즈	토지 및 부동산정보부
호주수도지역	환경 및 계획부

오늘날 공간정보와 문자정보의 전산화를 통해 지원되고 있는데 소위 PSMA 호주기업(공공부문 지도제작 기관)이라 불리는 모든 주와 연방의 컨소시엄은 약 10.2백만 토지필지를 아우르는 국가 디지털 지적도 상품을 생산하고 있다.

279) 대한지적공사, 「선진외국의 지적제도 비교연구」, 2010, p.51

호주는 1788년 영국 식민지 이전에 원주민이 4만 년이 넘도록 거주하고 있었지만 이전의 점유에 대해서는 식민지의 설립과 정착에 따라 중요한 이슈로 다루지 않았었다. 뉴사우스 웨일즈는 전체 8개 지역의 식민지 중에서 첫 번째로 만들어진 곳이다. 1901년 영연방의 독립적 국가 회원이 되었던 호주는 현재까지 그 체제로 유지되고 있다. 영국의 엘리자베스 2세 여왕은 국가와 헌법의 형식적 대표이며 여왕의 대리인으로서 총리가 임명되고 있다. 연방정부는 국방, 외무, 무역, 이민, 우편서비스 등의 권한을 갖는다. 다른 권한으로 보건, 교육, 국토 교통망, 도시계획, 토지행정(지적시스템과 토지등기시스템)과 같은 국토관리의 책임도 갖고 있다.

밀접한 공유성을 갖고 있어야 하겠지만, 각 주와 영토는 주별 법률에 따라 토지 및 지적시스템이 달라서 심각한 특이성과 복잡성을 갖고 있다. 정부 활동과 기관이 민영화된 국가적 모멘텀 안에서 토지행정은 정부의 책임으로 존속하는 경향을 보였다. 지적측량 및 토지등록의 기능을 넘어 정부의 감독을 유지하는 네 가지 주요 논거로는 첫째로 토지 경계와 소유권의 체계적이고 정확한 기록이 공익에 부합하며, 둘째로 사유토지에 존재하는 등기(경계는 제외)를 부정할 수 없도록 정부가 보증하며, 셋째로 중요한 주정부 예산의 원천으로서 토지과세 목적을 위해 체계적이고 정확한 기록이 요구되며, 넷째로 정부는 불법침해에 대항하여 왕실 및 다른 국유지를 보호하고 관리하는 것이 필요하다.[280)]

3.2 호주 지적제도의 개발

유럽 정착민들은 초기 70년 동안 모든 주(州)는 초기에 아일랜드 날인증서등록(deed registration)으로 모델화되었던 영국 법률인 증서매매시스템에 의존하였다. 증서 양도(deed conveyancing)는 양도증서(deed) 또는 유서, 유언장과 같은 다른 법적 문서로 만들어진 등기의 교환에 필요하였다. 수집된 모든 문서들은 일련의 연속된 등기 형태였다. 그러나 이 시스템은 매우 거추장스럽고 고비용을 요구하였다.

이러한 의미에서 문서의 고의적 또는 부주의로 변조되거나 문서의 분실에 따라 등기가 양도되는 위험을 일으키는 문제를 해결할 수는 없었다. 날인증서부(chain of deed)에서 단일 문서의 단점은 등기가 무효화될 수 있다는 것이다. 이 시스템을 이용한 등록의 장점은 단지 어떤 상대편 항의에 최우선적으로 사용할 수 있는 증거라는 것이었다. 그러나 명확하

280) Dale, P. F, Cadastral Surveys within the Commonwealth, Her Majesty's Stationary Office, London, 1976

게 등록되어 있지 않은 증서의 약점은 양도 시에 문제가 되었다. 증서시스템은 뉴사우스웨일즈, 빅토리아, 태즈매니아, 서호주 등 4개 주(州)에 남아있다.

1850년 중반 남부 호주 식민지에서 로버트 토렌스(robert torrens)는 현재 유명한 토렌스시스템을 소개하였다. 그 동안 영미법에서 고비용에 복잡하고 불충분한 토지양도절차를 단순화한 시스템을 소개하였는데, 1874년 호주의 모든 주에서는 토렌스 시스템을 채택하였다. 각 주와 준주에서는 그들의 필요성과 역사 환경에 맞추어 자신들의 시스템에 적합하도록 사용하고 있다.

국유지 등기사무소에 의해 실행되는 왕실 토지의 양도로 생성된 사적 소유권의 등록은 20세기에 이르러 매우 높게 매매되었으며 규모도 점점 커졌다.[281] 유사하게 왕실 토지의 관리와 양도를 위해 개발된 시스템들은 주정부 측량사의 책임이라는 것이 일반적이었다. 이것은 각 주와 준주, 사적 토지등록과 다른 데서 관리되는 왕실 토지에서 토지등기와 토지측량시스템을 동등하게 하는 원인이 되었다.

사적 토지분할은 제2차 세계대전을 전후로 급격히 증가하기 시작하였으며 오늘날 토지측량사들은 토지시장이 지속적으로 증가하도록 지원하였다. 그 결과로 토지 측량사들의 영향은 감소했으며 자유 보유권을 갖는 토지의 중요한 필지로서 증가하는 등기의 역할은 더욱 커지게 되었다. 오늘날 왕실 토지의 양도를 제공하는 것과 반대로 사적 토지를 극대로 이용한 개발과 분할은 활성화되고 있다.

3.3 호주의 지적측량 현황

호주는 필지경계의 지적측량에서 지난 2세기동안 전문적 기술을 갖고 있다. 역사적으로 지적측량은 국가 전체의 지적도 제작 절차를 포함하고 있지는 않다. 개인적 토지필지 경계의 측량은 높은 수학적 정밀성으로 수행되었으며 최근에도 인접 토지필지에 연결될 뿐이다.

281) Williamson, I. P. and Enemark, S., Understanding Cadastral Maps, The Australian Surveyor, 41(1), 1996, p.42.

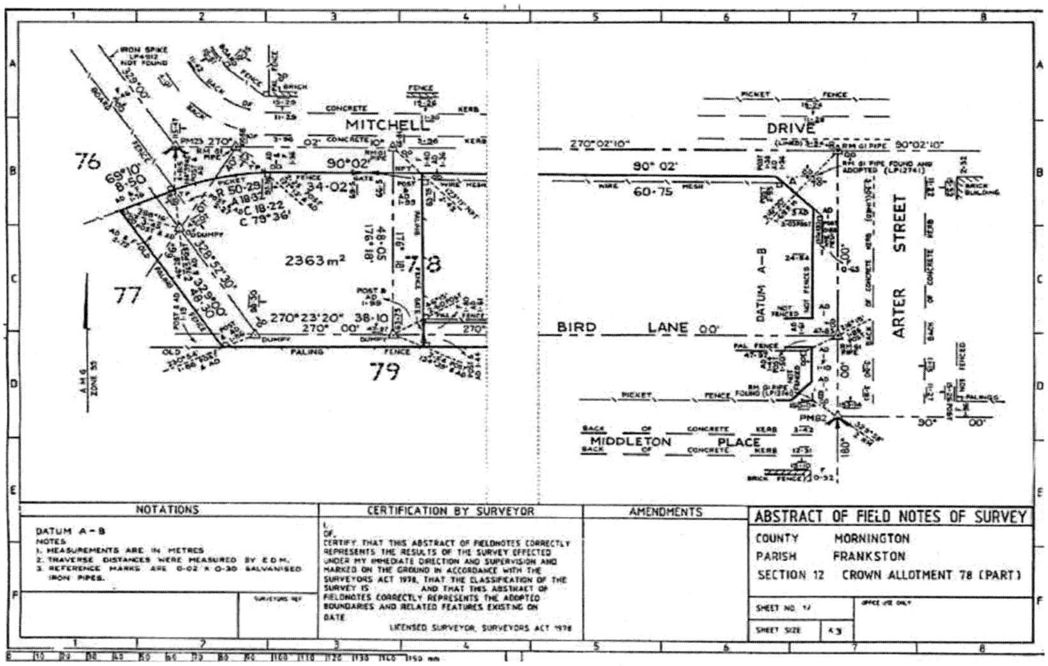

출처: 호주 멜버른공대(http://www.geom.unimelb.edu.au)

[그림 8-15] 빅토리아 주의 지적측량 결과도

전통적으로 필지의 굴곡점은 인접한 굴곡점에 참조점으로 말목을 설치하였다. 이러한 측량은 "고립된" 측량이라 불리며 대부분의 주에서는 좌표계 시스템을 기반으로 하지 않았다.

사실상 좌표는 현재까지 대개의 지적측량에서는 소개되지 않고 있으며 호주 중심지역은 좌표계를 기반으로 하는 것에서 제외되었다. 그 동안 좌표화된 시스템의 가치는 지역단체에 급속한 인식을 증가시켰으며 현재 대개의 지적측량이 좌표계에 연결되는 것이 요구되었다. 빅토리아 주에서는 호주의 중심좌표계(GDA)는 콘크리트로 설치된 상위측량점(PM)망을 이용해 공간정보를 위한 지형적 좌표계를 의미하며 호주 지도격자(MGA)는 우선적 좌표 시스템이다. 측량의 연결은 좌표화된 시스템에서 다목적 이용을 위한 호주 전역의 지도제작 시스템으로 공간정보를 추가하고 전송하기 위해서 통합하도록 하는 데 있어서 지적의 통합은 매우 중요한 역할을 수행한다.

〈표 8-2〉 서호주 주에서 제정한 지적측량 매뉴얼 내용

구분	지적측량 매뉴얼 목차
제1장	지적측량 매뉴얼 소개
제2장	랜드게이트(landgate) 자료 찾는 방법
제3장	측량 가이드라인
제4장	경계표지 가이드라인
제5장	수계 측량
제6장	GPS를 이용한 측량
제7장	지역권 측량
제8장	필드노트 작성 방법
제9장	일반 제도 실무
제10장	도면 작성 실무
제11장	특정 도면 목적
제12장	3차원 도면 작성
제13장	도로
제14장	지역권, 기부약정, 유치권 및 기타 이해권리
제15장	토지매매법 하에 점유신청과 토지 획득
제16장	디지털 데이터 요구사항
제17장	지적측량 부합 절차
제18장	도면과 문서의 진척관리
제19장	검증과 검사 실무
제20장	도면 승인 요건
제21장	분할과 프로젝트 관리 이슈

지적측량사는 지적측량 수행과 측량준비도를 작성하기 위해서 디지털 데오도라이트, GPS, "현장에서 사무실" 기술과 전산화된 시스템을 포함한 최신의 기술을 이용한다. 일부 주에서는 디지털 지적시스템의 갱신을 촉진하기 위해서 디지털 형식으로 토지등기소에 제출하는 것을 허가하고 있다. 표준화된 지적절차는 각 관할지역에서 법률과 규정에 의해 제공되고 있다.

지적측량은 등록된 전문 지적측량사에 의해 수행되고 있다. 적정한 법률과 규정에서 측량사들의 의무와 책임을 특정하고 있으며 등록을 위한 품질제고를 위해 측량사협회를 두고

있다. 현재 토지매매와 분할과 관련한 측량 절차는 지적자료의 갱신에 매우 중요하므로 허가된 지적측량사에 의해서만 수행할 수 있다.

특히 서호주의 측량매뉴얼은 지적측량에 필요한 일반적 표준과 측량의 제공을 위한 도면과 측량검사, 등록에 필요한 측량전문 사항들을 담고 있다.

도면 및 측량의 검사자는 등기부를 대신하여 측량문서의 허가를 위한 책임을 지고 있다. 지적측량과 관련된 도면의 정확성에 대한 전문적 책임성은 면허 측량사법 1909, 토지이동법 1893 및 규정에 부합하도록 면허측량사에 귀속하고 있다. 최근 완전한 디지털 등록으로 이동하는 것을 포함하여 랜드게이트(landgate)의 시스템과 절차는 지속적으로 변화를 추구하고 있다. 이 매뉴얼의 최신 버전에서는 지난 6개월간의 작은 변화도 담아내고 있다.

〈표 8-2〉는 서호주 정부에서 제정하고 실무자에게 제공하고 있는 지적측량 매뉴얼에 대한 목차를 제공하고 있다. 총 21장으로 편성되어 있으며 지적측량을 수행하면서 나타날 수 있는 다양한 절차와 사례들을 담고 있다.

특히 제4장에서 제11장 까지는 지적측량의 업무수행과 도면의 작업, 측량성과 검사에 대한 가이드라인을 제공하고 있으며, 제19장에서는 면허측량사가 수행해서 제출한 내용에 대한 검사방법을 소개하고 있다.

3.4 지적도 제작

1990년에서 2000년까지 주정부들은 토지관리, 토지행정 및 지방정부 행정에서 공간정보를 제공하기 위해 기초적 프레임워크가 연속된 지적도 작성을 완료하였다. 이러한 연속된 지적도를 작성하는 전형적 기술은 특히 농촌 지역에서 담장선, 도로선 등을 이용해 지형도를 기반으로 필지별 지적측량 결과도를 연결시키는 러버쉬트 기법을 이용하였다. 이러한 요소들의 통합은 더 나은 파악과 상호참조를 이룰 수 있어 모든 토지필지를 위한 단일한 필지식별자의 생성을 촉진한다. 전체적인 지적도제작시스템은 “전체에서 부분”으로 시작하는 보통의 측량실제와 구별되는 방식인 “부분에서 전체”로 개발되었다. 이것은 지적측량의 역사적 개발에 반영된 것으로 토지매매와 등록요구에 기반을 둔 양도 및 정착에 따른 것이다.

지도제작을 위한 국가측량의 화합을 위한 필요성은 1900년대 초 제1차 세계대전 동안 현실화되었다.[282] 최근 들어 더욱 주정부와 연방정부 수준에서 향상된 토지, 자원, 시설물

282) Barrie, J. K. The Surveying Profession in Australia: A Personal Interpretation of its Historical Development, Current and Future Trends, The Australian Surveyor, 28(1), 1976, pp.6-56.

관리를 위해 갱신되고 완벽한 지적도가 필요하여 현재의 지적은 모든 토지필지를 위한 독취절차를 완벽히 마무리하면서 모든 관할구역에서 고립된 필지들을 전산화하고 있다. "cadastrallite"라 불리는 연속적 지적데이터베이스는 각 관할지역 데이터와 국가 좌표계에 통합되어 있으며, PSMA를 통해 이용할 수 있다. 호주 지적은 개인소유권, 국공유지, 구분소유권 등을 포함한 약 10.2백만 필지를 포함하고 있다.

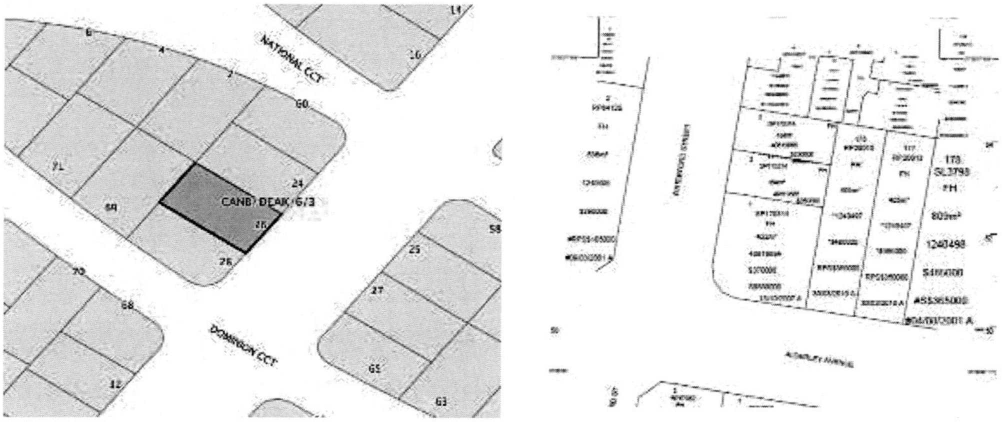

[그림 8-18] ANZLIC 지적 정의 그림 예시

각 관할구역에서 중앙 집중의 토지등기시스템이 결합되어 시스템들의 복잡성과 데이터 규모의 대량화로 등기의 전산화를 위한 주요한 자극을 제공하였다. 등기 자동화는 등기시간을 줄이고 효과를 더 높이며 등기의 양을 다양하게 처리할 수 있는 상호협동을 향상하기 위해 사업적 측면에서 중요하게 진행해 오고 있다. 모든 토지데이터의 전산화는 폭 넓은 토지 관리와 환경계획을 촉진하는 데 있어 지적도 제작의 결합을 증진한다. 일반적으로 하나의 정부기관이 등기, 토지이용관리 및 토지세금이 보관자의 시스템에 남아 있는 동안 모든 토지필지의 갱신된 지적도를 유지하기 위한 책임을 대표하고 있다.

오늘날 호주의 디지털지적도는 디지털 지적데이터베이스(DCDB)라고 알려진 전자적 형식에서 기하학적 부분의 도형적 표현을 갖고 있다. 도형 DCDB의 통합은 디지털 필지를 기반으로 하는 데이터 셋에서 법적 측정 또는 도형적 측정으로서 측량결과도와 현장 관측부에 의해 지원되고 있다. 빅토리아 주에서 지적과 측지 프레임워크 레이어, 구분된 도로, 등고선으로서 관리되는 지형자료, 수로 레이어들은 디지털 지적데이터시스템들을 위한 서로 다른 솔루션, 데이터 모델과 절차를 설립해 왔다. 지적표준의 전체적 화합은 더 나은 국가 전체 공간데이터를 위한 각 관할지역의 기본적 데이터 셋으로 조화성을 목적으로 하는 화합데이터모델의 증진을 갖는 ICSM(측량 및 지도제작 통합정부 위원회)을 통해 촉진되고 있다.

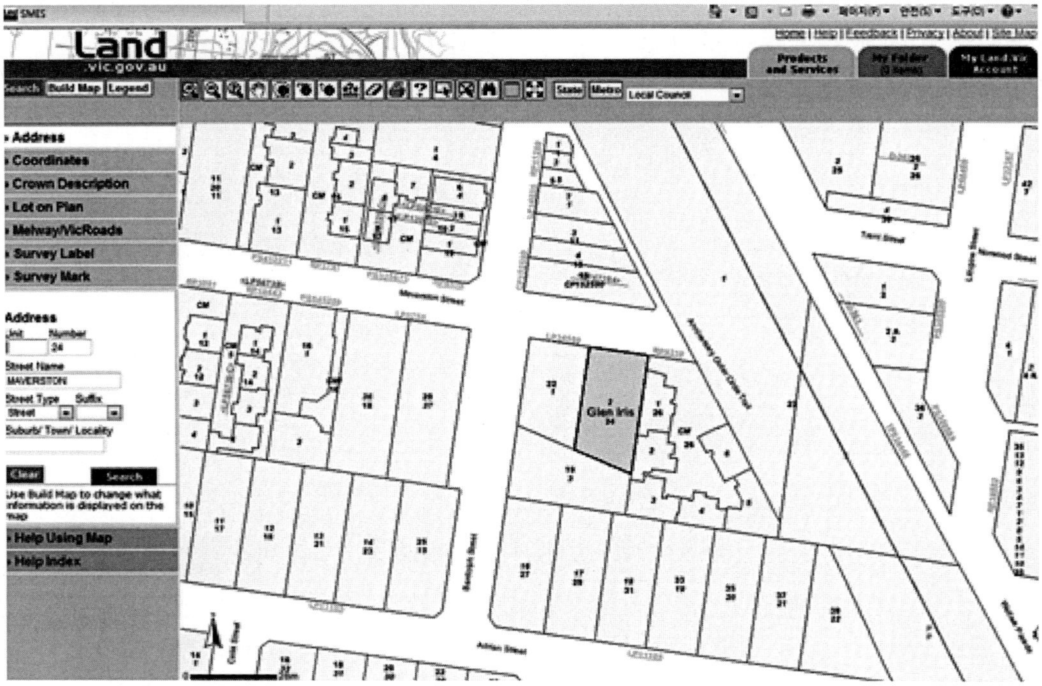

[그림 8-19] 빅토리아 주 지적 DCDB 포털(http://www.land.vic.gov.au/)

[그림 8-19]는 빅토리아 주 DCDB의 지적포털을 보여 주고 있는데, 인터넷을 통해 각종 정보를 제공받을 수 있다. 하나의 필지를 선택하면 필지와 관련된 구분지상권과 등기정보를 조회할 수 있다.

빅토리아 주 DCDB는 'vicmap' 디지털로서 알려져 있다. 이것은 멜버른 수자원(MW)에서 만들어진 멜버른광역데이터와 측량 및 지도제작 빅토리아에 의해 만들어진 농촌 빅토리아 데이터로서 두 개의 데이터베이스가 역사적으로 합쳐진 것이다. 이것은 축척 1/500에서 1/4,000까지 도시 지역의 독취된 도면에 의해 개발되었다.[283)]

283) Williamson, I. P. Establishing Coordinated Cadastres - Australian Experience. In International Conference on Cadastral Reform, 1996, 16-17 July, Korea.

농촌지역은 정사사진을 기초로 하여 분할자료, 도로필지를 독취해서 생성되었다. 출판은 조밀한 인구밀집지역에서는 1/2,500 축척으로 농촌지역에서는 1:25,000 축척으로 만들어 졌다. 이러한 디지털 지적도는 지속가능성과 환경부에 토지빅토리아의 통제 아래 있으며 독취를 위한 초기의 데이터 수집 프로젝트는 1990년에 완료되었다.

빅토리아 데이터 셋은 주로 필지와 부동산을 표현하는 자료를 포함하고 있으며 공공 및 민간분야에 의해 지리정보시스템에서 넓혀 사용되고 있다. 항목으로는 필지 폴리곤, 제안된 필지(미래 개발), 필지식별자, 지방자치 위원회 참조번호, 도로 중심선, 도로 지역권, 왕실 토지 등이다. 각 데이터 형상은 특징화되어 있고 단일하게 식별되도록 구성되어 있다.

지적도 제작은 전형적으로 도시지역에서는 1/2,000에서 1/4,000까지의 축척이며 농촌지역에서는 1/10,000에서 1/50,000의 축척을 갖고 있다. 호주의 지적도에서는 도형적 정확성을 경계에 표현하고 있다. 일부 주정부 시스템에서는 도면 축척의 1mm 정도의 정확성을 보이는데 1/2,500 축척에서 약 ±2.5m이다. 지적도의 정확성은 지속적으로 업그레이드되고 있는데 특별히 도시지역에서는 ±1m보다 더 높은 정확성을 보이고 있으며 종종 ±0.1m의 정확성을 제공한다.

민간 지적측량사와 많은 정부기관들은 지속적으로 지적자료의 철저한 검증을 거치고 있으며 콘텐츠를 향상시키고 있다. 각 주정부의 전산화된 토지등기와 DCDB는 매일 갱신되고 있다.

4 일본

4.1 일본의 지적제도 개요

총리를 중심으로 하는 내각 밑에는 각 성(省)· 청(廳)이 있다. 지방에는 광역지방자치단체인 도(都) · 도(道) · 부(府) · 현(縣)과 기초지방자치단체인 시(市) · 정(町) · 촌(村) 이 있다. 일본의 지적사무는 재무성 산하에 각 세무서에서 관장하고 있으며, 등기사무는 사법성 산하에 각 등기소에서 관장하였으나 1950년 세제개혁에 의하여 부(府), 현(縣)의 세였던 토지세를 폐지하고 같은 해 7월 토지대장법을 개정하여 토지대장 소관청이 세무서에서 등기소로 변경되었다. 현재는 법무성에서 지적 · 등기업무를 관장하고 있으며 법무성은 대신관방과 6국체계로 이루어져 있다. 법무대신 밑에 법무대신을 보좌하는 비서실 개념의 대신관방이 있으며 이에는 조세, 복지등 5개 소송관련 부서가 포함되어 있으며, 6개의 국은 일반 업무부서와 함께 다양한 특별 업무를 맡고 있다. 민사국, 형사국, 교정국, 보호국, 인권옹호국, 입국관리국이 있다. 그중 민사국의 제3과에서는 부동산등기, 사법서사, 토지가옥조사사 사무를 관장하고 있다. 도(都) · 도(道) · 부(府) · 현(縣)에서는 법무국과 지방법무국에서, 시(市) · 정(町) · 촌(村)은 지국과 출장소에서 지적과 등기가 통합된 등기사무를 수행하고 있다.

일본의 지적측량 업무는 부동산에 관한 소유권과 등기측량 등을 위하여 지적측량을 담당하는 토지가옥조사사, 국토조사법에 의한 지적측량을 담당하는 일반측량사, 토지구획정리사업 등을 통해 지적조사사업을 대신하는 측량사로 구별할 수 있으며, 이와 관련된 전문조직은 토지가옥조사사연합회, 국토조사측량협회 등이 있다.

4.2 지적측량 체계

일본에서 정확하고 새로운 토지 권리증서 및 면적, 경계, 지목 등은 안전한 토지 매매와 합리적인 과세, 토지관련 각종 권리의 확실한 보호와 토지사용의 합리적인 계획 등이 필요하다. 따라서 일본의 가장 공식적인 지적공부는 부동산등록행위에 의해 호적관서에 비치되어 있는 토지대장 및 지적도라고 할 수 있다.

토지대장에는 각 필지의 관할 행정구역, 지번, 지목, 면적, 소유자 성명 주소 및 권리의 소유 및 저당 등의 사항이 등록되어 있다. 그리고 각 필지의 지번이 지적도에 명확히 표기되어 있다.

전국에 약 1,100개소의 토지등록 사무소에서 토지의 등록 외에 건물의 등록사항도 처리하고 있다. 일본에서는 토지등록을 소유자에게 의무적으로 요구하지는 않는다. 그러나 한 사람이 적절한 토지등록을 마치지 않은 상태에서 다른 사람에게 소유권을 주장할 수 없다. 법 규정에 의하면 호적관서는 주로 부동산 과세를 위하여 토지대장 및 지적도의 변경사항을 관련 시당국 사무소에 통보해야 한다.

그러나 토지대장의 기록사항은 대부분 토지과세 체제를 대폭 개정한 100여년 전의 메이지 시대의 토지측량 결과에 의거한 것으로 그 후에 새롭게 정밀 측량한 부분을 제외하고는 당시의 측량 기술의 부족함으로 토지의 필지면적이 정확하지 않다. 게다가 대부분의 지적도는 역시 메이지 시대에 만들어진 정확도가 없는 약도에 불과하고 있다. 이는 토지필지의 측지학적 좌표 위치가 전혀 표시되어 있지 않은 정도로 정확도가 없으며 인접 부분의 접합이 불가능할 정도로 일관성이 없다. 토지대장의 이러한 결점은 관리비용을 증폭시키며 토지경계와 관련한 많은 모순이 생겨 공공사업에 필요한 토지구입에 있어 많은 시간과 노력이 필요하다.

1) 지적측량의 특징

일본의 지적측량은 국가지적조사를 위한 측량 프로젝트의 일부분으로 포함되어 있다. 국가지적조사 프로젝트의 주목적은 국가토지의 실태에 대한 과학적이고 복합적인 조사를 통해 국내 토지의 전반에 대해 보다 효과적이고 합리적으로 이용하는데 있다.

국가지적조사 측량에는 토지분류조사, 수로조사 및 지적측량이 포함되어 있다. 지적측량은 국가 지적조사측량의 가장 기본적인 부분으로서 토지소유의 조사 및 지번, 지목, 경계측량, 각 필지의 면적 등이 포함되어 있다. 지적측량은 면밀한 조사와 대축척의 지적도 측량으로 많은 비용과 시간이 소요된다.

2차대전 이후 포괄적인 지적측량이 시급하게 요구되었다. 토지에 관해 신뢰할만한 자료가 없어 전쟁으로 완전히 파괴된 국가경제의 재건설 계획 책정에 참조할만한 것이 없었기 때문이다. 따라서 경제안정이사회의 토지측량준비위원회의 준비 검토를 통해 1951년에 국가토지측량시행령(법률 No.180, 1951년 6월 1일)이 제정되었고 토지측량 프로젝트가 시작되었다.

그러나 1962년에 "국가토지측량의 추진"을 위한 특수 측량시행법(법률 제143호, 1962년 5월 19일)이 제정될 때까지 예정대로 추진되지 않았다. 그리하여 본 사업의 안정적인 추진을 위한 향후 10년 간 지적측량을 수행할 양과 토지분류 조사측량을 확정짓는 국가토지측량 10개년 계획이 1963년에 제정되었다. 나아가서 "종합국가발전계획"의 개정에 의해 1970년에는 제2차 10개년 계획, 1980년에는 제3차 10개년 계획이 출시되었다. 3,200개의 시행정기관이 참가하고 있으며 지적측량은 주로 시당국에서 국가 및 도청과 협조하여 수행하고 있다. 도청 또는 공공단체의 토지합동 프로젝트 단체가 보다 전문적인 지적측량 조직으로 되고 있는 것은 예외다.

2) 지적측량의 체계

일본에는 세 개의 행정 급, 즉 국가, 도청, 시청으로 구분되어 있다. 전국에는 47개의 도가 설치되어 있고, 각 도에는 시, 읍, 촌락 등 시행정 단위로 나뉘어져 있다. 지적측량은 관할 시청에서 관련 국가기관과 도청의 협조에 의하여 진행된다.

국가기관에 있어 총리실의 국가토지청이 국가토지측량 프로젝트를 담당한다. 비록 이 프로젝트의 시작부터 20년 동안은 경제기획청에서 담당해 왔으나 국토종합행정부에서 1974년에 설립한 국가토지청이 담당기관으로 지정되었다. 국가토지청의 주요 업무는 아래와 같다.

① 국가기관과 도청의 협조에 의한 10년 계획의 제정
② 각 연도의 적절한 측량 수행의 조정
③ 도청을 통한 시청에 대한 보조금 및 건설부 지리측량협회의 기준점측량에 관한 경비 등의 예산 및 조정
④ 기술기준의 제공
⑤ 측량결과의 승인

국가토지측량은 2차대전 이후 파괴된 경제를 재건설하는 관점에서 시작되었고 특히 식품 생산량을 증가하는 관점에서 비롯한 것으로 대부분의 도청에서는 주로 농업을 관리하는 기관에서 지적측량을 담당하게 되었다. 그러나 지적자료 등 토지에 관한 기본적 데이터의 중요성이 기타 행정기관에서 느껴짐에 따라 일부 도청에서는 지적측량의 일부분을 기획부분으로 이전시켰다. 도청의 주요업무는 다음과 같다.

① 시청과 협력하여 도청의 10년 계획을 제정
② 각 연도의 적절한 측량 수행의 조정
③ 시청에 대한 보조금의 예산 및 조정
④ 기술기준의 제공
⑤ 측량결과의 승인
⑥ 측량결과의 사본을 등록기관과 시청에 송부
⑦ 측량결과 원본의 보관

상기 설명한 바와 같이 시청이 지적측량의 수행 조직이 된다. 일반적으로 시청은 매년 2~3㎢을 측량하는데 3~4명의 인원을 배치한다. 비록 토지조사 및 면적측량은 개별적인 측량자에게 맡겨지지만 소유자들의 협조는 기타 경로로 용이하게 이루어질 수 없기 때문에 시청자체의 인원이 토지 각 필지의 소유주 및 경계를 조사할 필요가 있다. 시청 담당직원의 주요 업무는 다음과 같다.

① 측량대상지역의 주민들을 설득하여 측량에 협조하도록 한다.
② 측량대상지역의 예비조사

③ 측량계획의 수립
④ 계약측량 보고서의 품질점검
⑤ 최종 측량결과의 점검

지적측량의 비용은 비록 측량지역의 토지상태와 관계가 있지만 1995년 면적당 소비비용은 내부인원의 비용을 제외하고 1㎢당 6~7백만 엔에 달하였다. 국가기관과 도청에서 시청에 보조금으로 지급한 지적측량비용은 다음과 같다.

① 국가의 보조금 : 1/2
② 도청의 보조금 : 1/4
③ 시청의 보조금 : 1/4

여기에 도청 및 시청의 부담금의 8%는 국가의 특별보조 세입으로 충당해야 하므로 지방의 부담 할당비용은 아주 적다. 1995년 총 토지측량 비용과 면적은 각각 21,048백만 엔으로 2,243㎢에 달했다.

4.3 지적분야 자격 운영현황

국토조사를 위한 측량은 일반공공측량에 종사하는 측량사 및 측량사보가 담당하고 있으며, 토지가옥조사사는 의뢰를 받은 부동산등기에 필요한 조사 및 측량과 등기의 신청절차를 대행한다.

1) 토지가옥조사사

일본의 토지가옥조사사는 토지가옥조사사법을 근거로 하고 있으며 감독관청은 법무성이다. 토지가옥조사사 자격을 얻으려면 법무부의 직원으로서 등기사무에 관련된 경험을 바탕으로 법무장관의 인정을 받거나 법무부가 실시하는 토지가옥조사사 시험에 합격해야 한다. 토지가옥조사사 자격을 가진 자가 토지가옥조사사 사무소를 마련하고자하는 지역을 관할하는 도도부현에 설립된 '토지가옥조사사협회'에 가입하여 일본 토지가옥조사원연합회에서 토지가옥조사사 명단에 등록을 하여야 한다. 일본 토지가옥조사사 연합회의 회원 수는 약 17,804명 수준이다.

토지가옥조사사회에 입회하고 있는 토지가옥조사원 또는 토지가옥조사사 법인이 아닌 자 (공공 촉탁 등기 토지 가옥 조사 사 협회 제외), 토지가옥조사사 업무를 한 경우 1년 이하의 징역 또는 100만엔 이하의 벌금, 토지가옥조사사 또는 토지 가옥 조사 사 법인의 명칭 또는 이와 혼동하기 쉬운 명칭을 사용하거나 하면 100만 엔 이하의 벌금에 처해질 수 있다.

1950년 7월에 시작한 토지가옥조사사 제도는 토지표시에 관한 등기 절차는 권리에 관한 등기 절차의 전제로서 권리의 객체를 적격으로 등기부에 공시함으로써 국민이 가지는 권리의 명확화에 기여하는 것을 목적으로 한 제도이며, 이에 참여 토지 가옥 조사원의 업무는 매우 공공성이 높은 것이라고 할 수 있다.

2) 측량 · 측량사보

일본에서 측량을 위해 필요한 국가자격으로 측량법에 따라 국토교통성 국토지리원이 소관하는 자격이다. 측량계획, 측량수행 등을 위한 필수 자격이며, 측량업자는 사무소마다 1명 이상의 자격을 갖춘 사람을 배치하여야 하며, 측량법에 의해 규정되고 있다. 측량사보는 측량 및 지도제작의 계획에 따라 측량에 종사하는 사람의 수이며 대학 등에서 토목 관계 학과를 졸업하면 신청하는 것만으로 측량 사보의 자격은 취득 할 수 있다. 이러한 학과를 졸업하고 있지 않아도 시험에 합격하면 측량 사보의 자격을 얻을 수 있다.

〈표 8-4〉 일본의 측량사보의 자격관련

항 목	시험의 개요
자격의 종류	국가 자격
시험 내용	- 측량사 필기 시험 (1) 측량 관련 법규 및 이와 관련된 국제 조약 (2) 다각 측량 (3) 범 지구 측위 시스템 측량 (4) 수준 측량 (5) 지형 측량 (6) 사진 측량 (7)지도 편집 (8) 응용 측량 (9) 지리 정보 시스템 - 측량 사보 필기 시험 (1) 측량에 관한 법규 (2) 다각 측량 (3) 범 지구 측위 시스템 측량 (4) 수준 측량 (5) 지형 측량 (6) 사진 측량 (7)지도 편집 (8) 응용 측량
시험 시간	※ 시험 시작 30 분전까지 시험실에 들어가기 측량 시험 오전 10 시부 터 오후 4 시까 지 (오후 0시 30 분부터 오후 1시 30 분까지 휴식) 측량 사보 시험 오후 1시 30 분부터 오후 4시 30 분)
합격률	측량 6.4 %, 측량 보 26.5 % (2010 년도)

항 목	시험의 개요
응시 자격	시험은 연령, 성별, 학력 등에 관계없이 누구나 응시할 수 있다. 그러나 다음 방법으로도 얻을 수 있다. – 측량사 1. 문부 과학 대신의 허가를 받은 대학, 단기 대학 또는 고등전문학교에서 측량에 관한 과목을 수련 당해 대학 등을 졸업하고 측량에 관해 실무 경험 (대학은 1년 이상 대학·고등전문학교 3년 이상)을 가진 자. 2. 국토교통대신의 등록을 받은 측량 전문의 양성 시설에서 1년 이상 측량사보가 되는데 필요한 전문 지식과 기술을 습득하고 측량 대해 2년 이상의 실무 경험이 있는 자. 3. 측량사보에서 국토 교통 대신의 등록을 받은 측량 전문의 양성 시설에서 고도의 전문 지식과 기술을 습득 한 자. – 측량 사보 1. 문부 과학 대신의 허가를 받은 대학, 단기 대학 또는 고등전문학교에서 측량에 관한 과목을 수련 당해 대학 등을 졸업 한 자. 2. 국토교통대신의 등록을 받은 측량 전문의 양성 시설에서 1년 이상 측량사보가 되는데 필요한 전문 지식과 기술을 습득 한 자.
응시료	· 서면에 의한 경우 (수입인지에 의한) 측량 시험 4,250 원 측량 사보 시험 2,850 엔 · 전자 신청에 의한 경우 (전자 납부에 의한) 측량 시험 4,200 엔 측량 사보 시험 2,800 엔
시험 일정	5 월 중순의 일요일 (년 1 회)

3) 지적분야 자격취득 및 활용현황

지적을 전문으로 하는 교육기관이나 학교는 없다. 토지가옥조사사로 활동하고 있는 사람의 대부분은 토지가옥조사사 사무소에서의 경험과 스스로의 학습에 의하여 지적측량 및 등기업무를 익혀 국가의 자격을 취득한 사람이 대부분이다. 이외에도 법무성, 지방법무국 등에서 10년이상 등기업무에 종사한 사람으로 법무부장관이 인정하는 경우 토지가옥조사사 자격이 주어진다.

토지가옥조사사의 시험을 보면 별도의 자격제한이 없으며 필기시험과 구술시험으로 이루어진다. 또한 필기시험에 있어 측량사, 건축사 자격을 갖춘 사람은 면제된다. 구술시험은 필기시험 합격자에 대해서만 실시된다.

토지가옥조사사의 시험과목으로는 평판측량 및 지적도면과 관련한 객관식 10문제(6점×10점 = 60점)와 주관식 문제(토지측량계산 및 지적도면) 1문제(40점)으로 구분된다. 이

중에서 필기 30점 이상, 주관식 27점 이상이면 합격할 수 있다.

또한 부동산의 표시에 관한 등기에 관한 사항에서 토지 가옥 조사 사 업무를 수행에 필요한 지식을 물어보는데 오지선다형 선택문제로서 주로 민법 · 부동산등기법 및 토지가옥조사사법에서 20문항 출제된다. 부동산관련 문제는 50점 만점에서 30점 이상이어야 합격하며, 평판측량 및 지적도면 관련한 문제는 만점 100점 중 67.0점 이상, 부동산관련 문제는 만점 100점 중 70.5점 이상, 평판측량 및 지적도면 관련한 문제 면제받은 자는 부동산관련 문제 만점 100점 중 70.5점 이상이어야 합격한다.

구술시험은 부동산 관련 문제와 관련한 과목의 범위 및 토지가옥조사사 업무를 수행에 필요한 지식에 대해 진행되며 구술시험 불합격자는 다음 해의 필기시험을 면제된다. 1998년도 이후 지원자 수는 해마다 감소하고 있지만 합격률은 거의 일정한 수준이 유지되고 있다. 2005년도까지 응시자 수가 공표되지 않았기 때문에 2005년도 이전의 합격률은 (합격자/지원자 수)로 표시된다. 또한 이 표에서 수험자 수는 측량 및 지적도면 시험을 면제받은 자로서 부동산관련 문제에 응시 한 자, 또는 모두를 응시 한 사람의 수를 의미한다.

참고문헌

1. 김재명 외, “상수도 지하시설물 탐사 개선에 관한 연구”, 한국공간정보학회지, 제18권 제4호, 2010.
2. 대한측량협회, 「지하시설물 측량 실무」, 1999.
3. 미 국방장관실(OSD). “definition of 드론”. 드론로드맵, 2003.
4. 행정자치부, 「지적측량대행제도의 개선방안」, 2000.
5. Barrie, J. K., The Surveying Profession in Australia: A Personal Interpretation of its Historical Development, Current and Future Trends, The Australian Surveyor, 28(1), 1976.
6. Bevin, T., e-Cadastre-Automation of the New Zealand Survey System, FIG XXII International Congress, Washington, D.C. USA, 2002.
7. Dale, P. F., Cadastral Surveys within the Commonwealth, Her Majesty's Stationary Office, London, 1976.
8. J.L.G. Henssen, “네덜란드의 신지적법”, 「FIG 제17차 논문집」, 대한지적공사(역), 1984.
9. J.L.G. Henssen, “화란의 지적제도”, 「국제지적사무소장 초청강연자료집」, 대한지적공사(역), 1984.
10. L.A. Koen, “지적제도의 개선”, 「지적개선사례」, 내무부, 한국전산원, 1992.
11. Lemmen, OOsterom, Draft model of Land Adminstration Domain Model(LADM), ISO/TC211, 2010.
12. National Research Council, 「National Land Parcel Data」, 2007.

13. Von Meyer, Nancy, 『GIS and Land Records: The Parcel Data Model』, 2004.
14. Walter G. Robillard, Donald A. Wilson, Curtis M. Brown, 『Brown's Boundary Control and Legal Principles』, 2009.
15. Williamson, I. P. and Enemark, S. Understanding Cadastral Maps, The Australian Surveyor, 41(1), 1996.
16. Williamson, I. P., Establishing Coordinated Cadastres – Australian Experience. In International Conference on Cadastral Reform, 2002, 16–17 July, Korea.
17. UNECE, Land Administration Guideline, Geneva, Swiss, 1996.
18. http://www.ngs.noaa.gov/.

단원학습평가

1. 미국 오하이오 주의 일필지 측량도의 표시 사항과 관련이 없는 것은?
   ① 거리　② 방위　③ 면적　④ 오차범위

2. 네덜란드 지역별 지적도 축척으로 옳지 않는 것은?
   ① 도시 고밀도 지역 : 1/500　② 도시 저밀도 지역 : 1/1,000
   ③ 농촌 고밀도 지역 : 1/2,500　④ 농촌 저밀도 지역 : 1/6,000

3. 호주의 (　　　　　)는 연속지적 데이터베이스를 말하며, 이는 각 관할지역 데이터와 국가 좌표계로 통합되어 있다.

4. 일본은 국토조사를 위한 측량은 일반공공측량에 종사하는 측량사가 담당하고 있으며, (　　　　　)는 의뢰를 받은 부동산증기에 필요한 조사 및 측량과 등기의 신청절차를 대행한다.

5. 미국 오하이오 주의 지적관리 체계에 대하여 설명하시오.

6. 미국 오하이오 주 지적경계설정 규칙의 내용에 대하여 설명하시오.

7. 네덜란드의 PAC 시스템에 대하여 설명하시오.

8. 호주의 지적도 제작에 대하여 설명하시오.

9. 일본의 지적분야 자격취득 방법에 대하여 설명하시오.

10. 미국, 네덜란드, 호주, 일본의 지적측량 제도에 대해 비교 설명하시오.

정답 1. ④　2. ④　3. Cadastrallite　4. 토지가옥조사사　5-10. 본문 참조

CHAPTER

09

지적측량 신기술 및 미래발전 방향

1 최신 지적측량 기술 동향
2 지적측량 관련 표준 동향
3 지적측량 발전 방향

CHAPTER 09

지적측량 신기술 및 미래발전 방향

1 최신 지적측량 기술 동향

우리나라 토지제도 및 정책분야에서 가장 핵심적 역할을 수행하고 있는 지적제도는 현존 및 미래 환경에서 국가에게 토지정책을 실행시키는데 있어 가장 중요한 인프라이다. 국제연합에서는 지적제도가 토지관리자와 행정가들이 반드시 작동해야 하는 사회적, 법적, 기술적 프레임워크에 관계한다고 적시하고 있다.[284] 따라서 향후 지적제도를 선진화하려면 지적측량도에 선진화가 선행되어야 할 것이다.

따라서 지적측량제도를 개선하기 위한 목표를 성취하기 위해서는 지적측량 품질을 확보하고 토지분쟁을 최소화하며 지적측량사의 역량을 높일 수 있는 실행과제들을 계획하고 실천하는 것이 급선무일 것이다.

1.1 드론을 이용한 지적측량

1) 드론 개요

무인항공기 (드론: UAV, Unmanned Aerial Vehicle)는 일반적으로 “조종사가 탑승하지 않고 비행할 수 있게 제작된 장치”로 정의할 수 있다. 드론(drone)은 최초 무인 군용표적기를 지칭하였으나, 현재는 무인항공기 전체를 의미하는 용어로 일반적으로 통용되고 있다. 드론을 좀 더 구체적으로 정의하면 “조종사가 직접 탑승하지 않고 원거리에서 원격조종장치를 통해 조종하거나 또는 미리 입력된 컴퓨터 프로그램을 통해 자율적으로 비행하고 항로를 변경할 수 있는 항공기”를 말한다. 드론에 관하여는 각 나라 관련 기구마다 다른 용어와 정의를 사용하고 있다. 원격조종되는 점을 강조하여 RPV(Remote Piloted Vehicle)로

284) UNECE, Land Administration Guideline, Geneva, Swiss, 1996.

불리기도 하며, UAV라고 불리기도 한다.[285] 다양하게 사용되는 여러 명칭 중 특성을 가장 잘 나타내는 명칭은 무인항공기(UAV)로 조종사가 비행체에 직접 탑승하지 않고 지상에서 원격조종, 사전 프로그램된 경로에 따라 자동 또는 반자동 형식으로 자율 비행하거나 인공지능을 탑재하여 자체 환경 판단에 따라 임무를 수행하는 비행체와 지상통제장비 및 통신장비 등의 전체 시스템을 통칭한다.[286]

[그림 9-1] UAV를 이용한 측량절차

기존의 UAV는 군사용으로 사용 되었지만 점차 민간용으로 범위가 넓어지고 있다. 민간분야에서는 UAV의 기술 발전에 따라 기상관측, 환경감시, 산불감시, 국경·해안·도로 감시, 재난지원, 통신중계 및 원격탐사 등 비용의 절감, 편리성 및 효율성 등의 여러 가지 이유로 민간분야에서 활용이 극대화되고 있다.[287]

285) 권성현, "드론에 관한 형사법적 쟁점 연구," 석사학위논문, 서울대학교 대학원, 2018, p.4.
286) 이인수·김수정·서갑수, 「영상응용지적도 개발 및 활용」, 한국국토정보공사 공간정보연구원," 2012, p.4.
287) 김도형, "지상측량과 UAV 연계를 통한 임야지역 경계설정 방향 연구," 석사학위논문, 청주대학교 대학원, 2017, p.26.

2) 드론의 분류 및 구성

(1) UAV의 분류

① 국가표준에 의한 분류

현재 우리나라 국가기술표준원에서는 최대 이륙중량을 기준으로 한 분류와 운용 고도를 기준으로 한 분류로 나누고 있다.

최대이륙중량에 의한 분류는 〈표 9-1〉과 같이 2kg 이하부터 600kg 초과까지 5단계로 구분되고 있다. 자체중량 150kg 이하는 무인동력비행장치로, 150kg 초과 600kg 이하는 중형UAV로 600kg 초과는 대형UAV로 분류하고 있다. 항공법에는 자체중량 150kg 까지만 규정되어 있으며, 운용고도에 의한 분류는 〈표 9-2〉와 같이 저고도 무인비행체(150m)에서 성층권 무인비행체(50km)까지 4단계로 분류되고 있다.

〈표 9-1〉 최대이륙중량을 기준으로 한 UAV 분류

대분류	세분류	최대 이륙중량
대형 무인항공기 (Large UAV)	−	600kg 초과
중형 무인항공기 (Medium UAV)	−	150kg 초과 600kg 이하
무인 동력 비행 장치	중소형 무인 동력 비행 장치 (Light UAV)	25kg 초과 150kg 이하
	소형 무인 동력 비행 장치(Small UAV)	2kg 초과 25kg 이하
	초소형 무인 동력 비행 장치(Micro UAV)	2kg 이하

자료 : 산업자원통상부 국가표준원 (http://www.kats.go.kr)

〈표 9-2〉 운용고도를 기준으로 한 UAV 분류

분류	상승한도(km)
저고도 무인비행체	0.15
중고도 무인비행체	14
고고도 무인비행체	20
성층권 무인비행체	50

자료 : 산업자원통상부 국가표준원 (http://www.kats.go.kr)

② 비행형태에 의한 분류

고정익 UAV는 기존의 항공기와 가장 비슷한 형태로 고정된 날개를 이용하는 비행체를 의미하며, 군사적 목적을 위해 사용되기 시작하였다. 고정익은 이착륙 시에 넓은 활주로 및 개활지를 필요로 하며, 상공의 한 지점에서 체공하고 있는 정지비행이 사실상 불가능하여 정지비행상태에서 동영상 촬영이나 경사촬영등은 불가능하다. 하지만 비행 시 회전익 UAV와 비교해 보았을 때 연료소모가 상대적으로 적어 회전익 UAV에 비해 촬영시간이 긴 장점을 가지고 있다.

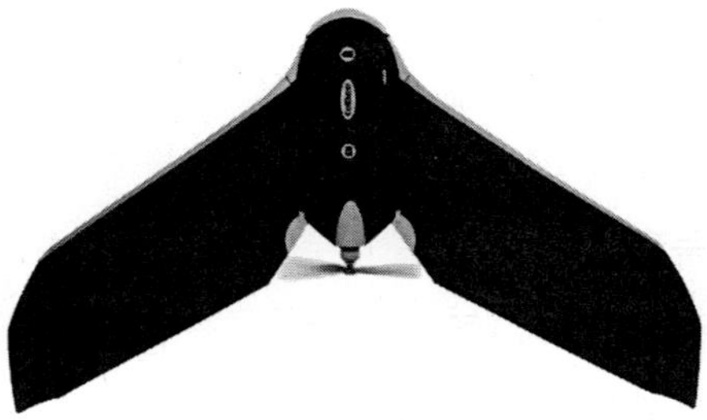

자료 : sensefly 홈페이지(www.sensefly.com)

[그림 9-2] 고정익 UAV

자료 : DJI 홈페이지(www.dji.com)

[그림 9-3] 회전익 UAV

회전익 UAV는 헬리콥터(helicopter)와 유사한 형태로 날개의 회전력을 이용하여 비행하는 UAV를 의미한다. 회전익 UAV는 고정익 UAV와는 달리 좁은 공간에서도 수직 이·착륙이 가능하며, 정지비행이 가능하여 카메라의 방향전환을 통해 수직 영상과 경사 영상을 모두 촬영할 수 있고, 후진비행 또한 가능하다. 하지만 회전익 UAV는 지속적으로 동력을 사용해야하며,[288] 연료의 소비효율이 낮아 장기체공이 제한됨으로써 산악지형 운영, 선박운용에 적합하지 않기 때문에 상대적으로 단거리 임무 및 기상의 변화가 많은 지역에 활용되고 있다.

288) 이성재, "고정익·회전익 무인항공시스템의 노천광상 현장 활용," 석사학위논문, 부경대학교 대학원, 2016, pp.6-7.

(2) UAV의 구성

UAV의 구성 체계는 크게 세가지 부분(하드웨어 부분, 영상처리 부분, 활용 부분)으로 구분되어 지는데 첫 번째 하드웨어 부분은 고정익 및 회전익 UAV와 비행체에 내장되는 부속장비와 비행을 위한 비행기능 일체를 포함한다. 둘째, 영상처리 부분은 UAV를 이용하여 취득된 영상자료의 영상정합과 정사영상 제작을 포함한다. 셋째, 활용 부분으로서 UAV 영상처리를 통하여 제작된 정사영상을 재가공하여 3D모델을 제작하고 스크린 디지타이징, 물량계산, 면적계산, VR 영상제작 등으로 구성된다.[289)]

① 하드웨어 부분

UAV의 구성에서 하드웨어 부분은 해당 비행체에 내장되어 있는 부속장비를 말한다. 이는 동체, 동력과 추친계통, 조종계통, 착륙장치, 전력공급계통, 전자 장비들로 구성되어 있다. UAV 운용 중에 비행체와 조종기 간에 통신이 두절되는 경우에는 조종사가 직접 조종하지 않아도 비행체가 이·착륙 장으로 복귀하는 리턴 투 홈 기능도 있다. 또한 비상시에는 조종사가 빠르게 비상절차를 수행하여 이·착륙장으로 복귀하게 하여 여러 가지 피해를 줄일 수 있도록 직접 조종하지 않아도 비행체 자체 착륙이 가능하며, 추락을 막을 수 있는 기능이 있다. 비행제어 컴퓨터는 기본적으로 회전익 UAV의 비행조종, 제어 및 자동 이륙 및 착륙 통제되는 소프트웨어가 구동되는 시스템이다. 이 시스템과 더불어 비행제어 컴퓨터는 비행의 정보수신, 작동기의 제어, 추친계통의 제어, 그리고 데이터링크 장비와의 인터페이스 등 비행체의 운용에 필요한 모든 부분을 담당하는 비행체의 두뇌라고 할 수 있다. 이에 UAV에는 INS와 GPS 장치를 탑재하여 비행제어유닛의 모든 항법과 항공기시스템을 감시 및 분석하는 역할을 수행 할 수 있도록 도와주고 있다. 마지막으로 촬영을 위한 촬영용 카메라가 존재하고 이 카메라는 영상 촬영에 필요하며, 촬영 목적 및 용도에 따라 쉽게 교체가 가능하다.[290)]

② 영상처리 부분

영상처리를 위해서는 컴퓨터, 모니터, 플로터 등의 하드웨어와 영상제작 및 가공을 위한 소프트웨어가 필요하며 UAV를 조종하는 지상조종사와 마찬가지로 운용을 위한 인력이 필요하다. 영상처리 소프트웨어들은 사용자들의 이용에 대한 편리성이 좋아졌기 때문에 운용

289) 김석구, "무인비행시스템을 이용한 공간정보 구축 및 활용에 관한 연구," 박사학위논문, 목포대학교 대학원, 2014, p.28.

290) 조영선, "UAV를 이용한 3차원 공간정보 구축 및 현장관리 시스템 개발," 박사학위논문, 충북대학교 대학원, 2015.

에 있어 고도의 기술을 요하진 않으나 데이터 처리의 신속성과 활용의 다양성을 높이기 위해서는 운용인력의 숙련도가 요구된다.

③ 활용 부분

UAV로 촬영한 영상을 이용하여 피사체의 정밀한 3D모델링 구축이 가능하며, UAV를 이용하여 취득한 영상의 데이터 처리를 통해 제작된 정사영상 및 DSM(Digital Surface Model)등을 활용하기 위해 사용목적에 맞는 프로그램을 사용하여야 한다. 시설 및 대상물에 대한 정밀한 3차원 모델링 영상의 구축을 위해서는 Geo Modeler 및 3D MAX 등의 프로그램을 이용하고, 지형측량에 있어서도 3차원 지형 구축, 3차원 가상측량 등이 가능한 가상 측량사(Virtual Surveyor) 및 컨텍스트 캡쳐(Context Capture)와 같은 프로그램을 활용하여 3차원 가상측량이 가능하다.

(3) UAV를 이용한 지적측량의 적용

현재 지적재조사사업에서의 경계설정은 특별법이 목적으로 하고 있는 현실과 일치하지 않는 지적공부의 경계를 바로잡기 위해 다툼이 없는 경우 현실경계대로, 다툼이 있다면 등록당시의 경계로, 지적소관청이 현실 또는 등록당시의 경계대로 설정하는 것이 불합리하다고 인정하는 경우 토지소유자들이 합의한 경계를 기준으로 경계를 설정하고 있다. 이러한 경계설정의 기준에 따라 사업이 완료된 지역의 경계결정 현황을 앞서 살펴본 결과 현실경계대로 결정 시 발생되는 면적증감에 따른 조정금에 대하여 토지소유자의 경제적 부담과 사업시행자의 행정적 부담이 맞물려 실제 현실경계의 반영률은 매우 저조하다. 이러한 문제의 근본적인 원인은 국가의 지적공부 등록·관리 및 지적측량의 문제로 발생되었던 불부합지 이외에 사인 간 이루어진 토지이용에 따른 토지소유권의 변동사항까지도 국가가 적극적으로 개입하여 발생되는 것으로 현재의 방식으로는 현실경계를 지적공부에 반영하는 것에는 분명한 한계가 있다.[291)]

따라서 이와 같은 문제를 개선하기 위해서는 지적공부의 등록·관리 및 지적측량의 과오로 발생된 불부합지에 대해서만 지적재조사사업을 적용할 필요가 있다. 지적공부의 등록·관리에 문제가 없고 언제라도 측량성과 제시가 가능한 등록 이후 토지이용상황이 변경된 토지들의 경계는 지적재조사사업에 의할 것이 아니고 그 현황에 대하여 토지소유자에게 통지를 하고, 통지를 받은 소유자 간 자체정산 하도록 하여야 한다. 궁극적으로 지적재조사

291) 박종현, "무인항공측량시스템을 이용한 지적재조사 추진방법의 개선 연구", 박사학위 논문, 청주대학교 대학원, 2016, pp.157-158.

사업에 의한 경계설정은 측량성과 제시가 불가한 토지들에 대해서만 현실경계를 원칙으로 지적재조사사업이 되어야 한다고 판단된다.

현재 지적재조사측량은 지적기준점을 정하기 위한 기초측량을 하고 이후 일필지의 경계와 면적을 정하는 세부측량을 하도록 되어 있다. 세부측량은 경계설정기준에 따라 현장에 임시경계점표지를 설치하고 위성측량 또는 토털스테이션 측량 및 항공사진측량 등의 방법으로 하여야 한다. 임시경계점표지 설치는 필지별 현재의 이용 및 점유현황을 측량하기 위한 것으로 향후 이 성과에 대하여 협의·조정을 거쳐 지적확정예정조서를 작성하고 이에 대한 의견수렴 후 경계결정위원회의 심의를 통해 경계를 결정토록 하고 있다.

경계결정 과정 중 가장 많은 시간과 노력이 소요되는 부분이 임시경계점표지 설치와 이후 경계에 대한 협의·조정 과정이다. 임시경계점표지 설치 및 경계 협의·조정에 소요되는 시간과 비용을 절감하기 위해 정확도가 검증된 고해상도 정사영상을 이용하여 임시경계점표지 설치를 대체하는 개선 방안이 요구된다.

구체적으로 무인항공측량시스템으로 제작한 영상에서 명확하게 식별이 가능한 경계점에 대해서는 「지적재조사측량규정」에서 정하고 있는 경계설정의 기준에 따라 1차적으로 영상에 지적확정예정경계점을 표시하고 나무, 건물 처마 및 그림자 등에 가려 경계점을 영상에서 식별할 수 없는 부분에 대해서는 2차적으로 위성측량 또는 토털스테이션측량의 방법으로 보완하여 영상에 지적확정예정경계점 표시를 완료한다. 지적확정예정경계점은 현실경계를 원칙으로 하여 영상에 표시하고, 그 결과에 따라 필지별 면적증감현황 등 지적확정예정조서를 작성한다. 지적확정예정조서는 기존의 작성사항에 무인항공측량시스템으로 제작한 지적확정예정경계가 표시된 영상을 추가하여 작성하며 토지소유자에게 통지 및 의견수렴 절차를 거쳐 경계설정을 완료하고 그 결과에 따라 지적확정예정경계점표지를 설치하도록 하여야 한다.

이러한 방식으로 현장에 임시경계점표지 설치 절차를 없애고 무인항공측량시스템을 이용하여 지적확정예정경계점이 표시된 지적확정예정조서를 작성하여 토지소유자에게 제공한다면 직관적인 영상정보를 통해 이해도를 높일 수 있어 경계결정을 보다 신속하고 수월하게 할 수 있을 것이다.

1.2 MMS를 이용한 지적측량

MMS는 Mobile Mapping System의 약자로 위치측위기술(GNSS), 관성측량기술(INS), 3차원 레이저측량기술(LiDAR), 카메라 등 다양한 센서들을 통합하여 차량에 탑재하고, 차량의 운행과 함께 도로 주변에 있는 지형지물의 위치측정과 시가지정보를 취득하도록 구현한 시스템이다. 하드웨어와 소프트웨어는 위치정보와 자세정보, 광학영상을 취득하고 관리하며, 어느 위치에서 취득이 되었는지 등을 기록하고 출력할 수 있도록 개발되었다. 최근 자율주행 자동차 및 무인자동차를 위한 정밀도로지도 제작, 도로 및 교통 시설물의 위치 및 속성정보를 신속하게 구축하고 수정 및 갱신할 수 있어 다양한 분야에 활용이 되고 있는 측량 시스템이다.[292)]

〈표 9-3〉 해외 MMS 개발현황

시스템명칭	개발자	위치결정센서	측량센서
IP-S2	TOPCON (미국)	GPS/IMU	디지털카메라 레이저센서
IP-S2 Lite			디지털카메라
The earthmine Mars Collection System	Earthmine	GPS/IMU	디지털카메라
Mobile 360®	Facet (미국)	GPS/IMU	디지털카메라
Lynx Mobile Mapper	Optech (캐나다)	GPS/IMU	디지털카메라(2대) 레이저센서(2대)
VISAT Van	AMS (캐나다)	GPS/IMU	디지털카메라 (6~12대)
Trident-3D	GEO-3D (캐나다)	GPS/IMU	디지털카메라 레이저센서(2D)
Mitsubishi	Mitsubishi (일본)	GPS/IMU	디지털카메라(2대) 레이저센서(2대)
StreetMapper 360	3D-Laser Mapping(영국) IGI-Systems(독일)	GPS/IMU	디지털카메라 레이저센서
RIEGL VMX-250	RIEGL (오스트리아)	GPS/IMU	디지털카메라
Rapid Surveyor	Inforterra (영국)	GPS/IMU	디지털카메라(2대) 레이저센서(2대)
South GeoInvent	GeoInvent (프랑스)	GPS/IMU	디지털카메라(4~8) 레이저센서(2대)
LD2000	Leador (중국)	GPS/IMU	디지털카메라

292) 국토교통부, MMS를 이용한 지적재조사 프레임 구축 방안 연구, 2019.

MMS를 이용한 공간정보 취득 작업절차는 계획수립, 측량, 데이터 처리, 표준자료 제작 순서로 진행한다. 계획수립과정에서는 노선을 선정하여 현장답사를 통한 물량산출 및 적합한 장비를 선정하였으며, 측량과정에서는 실제 MMS 장비를 이용한 측량을 실시한다. 데이터 처리는 전처리 과정과 후처리 과정으로 나누어 진행하며, 점군데이터 정확도 검증과정을 진행하여 정확도를 검증하고 성과에 따라 정확도가 낮을 경우 재보정을 실시한다.[293)]

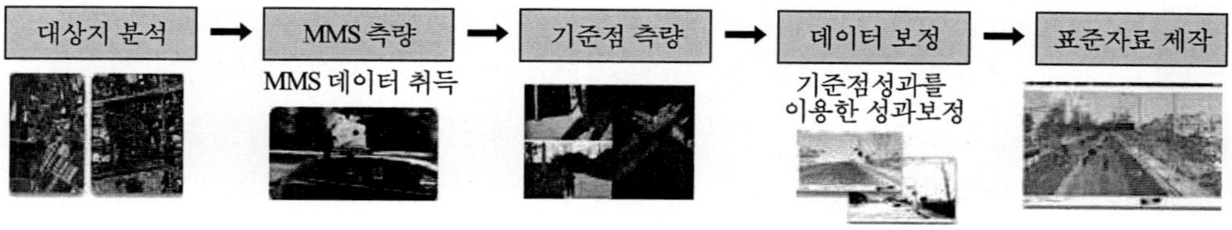

[그림 9-4] MMS 성과취득 절차

MMS 기술은 지적재조사 사업의 지적불부합지 해결을 위한 도로중심의 경계설정을 통한 국·공유지 토지에 대한 정확한 관리기반을 마련할 수 있을 뿐만 아니라 세계측지계 변환으로 취득된 정보를 검증하고 개선하는데 충분히 활용할 수 있을 것이라 판단되며, 급속도로 발전하고 있는 MMS 기술에 따라 향후 지적분야에 더 활용성 높은 기술로 적용가능할 것으로 기대된다.

이러한 MMS 기술은 도로나 철도, 하천 등 일정 노선을 따라 MMS 장비를 이동하며 현황정보를 위치기반으로 취득하는 기술이다. 특히 지적재조사 분야에 적합한 MMS를 적용하기 위해서는 장비의 성능, 취득 데이터를 활용할 수 있는 환경 등 기술적인 환경 등을 고려해야 한다. 국토지리정보원의 정밀도로 지도를 활용하기 위한 기술적 적용성 분석을 실시하였고, 기술적으로 충분히 적용가능하나 MMS를 적용하기 위한 장비의 운영방안, 정확도 기준 등의 개선점이 필요하다. 따라서 지적재조사 분야에 MMS 기술을 적용하기 위해서는 앞으로 장비의 변화에 따른 국내 도로주변의 지형지물에 대한 데이터 취득의 한계를 극복하고 대용량의 MMS데이터를 지적업무에 효율적으로 적용할 수 있는 HW나 SW 등 기술환경에 대한 기반을 마련해야 할 것이다. 또한 도로뿐만 아니라 하천, 철도 등 국·공유지 분야에 MMS 등 신기술 적용을 통한 지적재조사 프레임구축을 위한 R&D를 통한 확대 방안이 필요할 것이다.

293) 국토교통부, 전게보고서.

1.3 지하시설물측량

1) 지하시설물측량 개요

지하시설물은 상수도, 하수도, 가스, 난방, 전기, 전화 및 이에 관련된 모든 설비를 말한다. 이는 사회생활을 영위하기 위하여 지하에 설치된 전반적인 설비를 의미한다. 시설물을 표현하는데 하부시설물이란 용어가 있으며, 이는 시설물이라는 용어와 함께 사용되고 있다.[294] 한편, 관련 법률에서는 지하시설물에 대해 "상수도, 하수도, 전력시설물, 전기통신설비, 가스공급시설, 공동구, 지하차도, 지하철 등 지하를 개발·이용하는 시설물로서 대통령령으로 정하는 시설물"로 규정하고 있다.[295] 지하공간통합지도에서는 이 지하시설물을 지하에 매설된 6종의 라이프라인(상수도, 하수도, 통신, 난방, 전력, 가스)과, 지하에 구축된 6종의 지하구조물(지하철, 공동구, 지하도상가, 지하도로, 지하보도, 지하주차장)로 구분하고 있다.

지하시설물 측량은 지하에 설치된 시설물을 효율적이고, 체계적으로 유지 관리하기 위하여 지하시설물에 대한 조사, 탐사 및 위치측량과 이에 따르는 도면제작 및 데이터베이스구축까지를 말한다. 한편, 지하시설물 조사는 지하시설물과 관련된 지상 노출물 및 맨홀 등을 직접 확인하여 자료제원 및 속성을 확인하는 것을 말하며, 지하시설물 탐사는 지하시설물에 대하여 굴착하지 않고 탐사기에 의하여 지하시설물의 위치 및 심도를 측정하는 것을 말한다.[296]

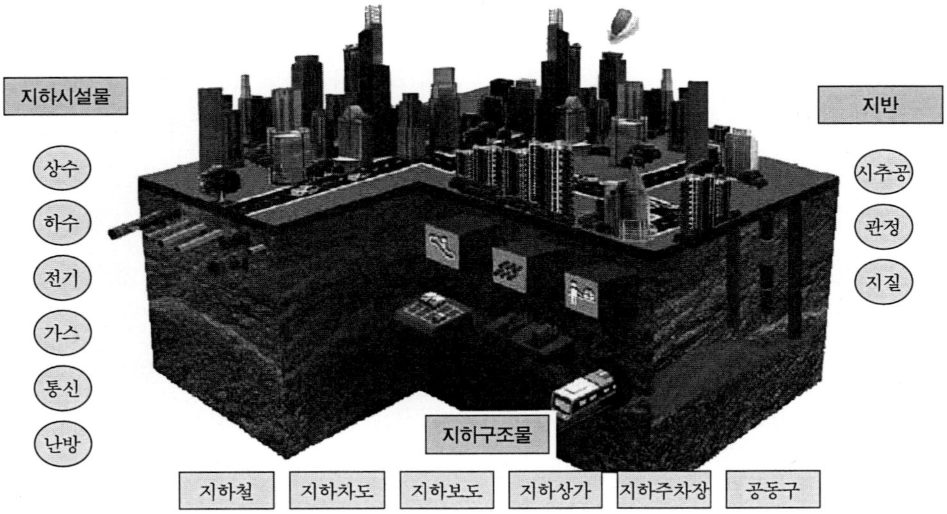

[그림 9-5] 지하시설물의 종류

294) 박운용·장상규·이동락·안상준,"GPR과 전자유도탐사장비에 대한 매설깊이의 정확도 분석", 대한토목학회 학술대회 논문집, 2002. p.3025.

295) 「지하안전관리에 관한 특별법」 제2조.

296) 김재명외, "상수도 지하시설물 탐사 개선에 관한 연구", 한국공간정보학회지, 제18권 제4호, 2010.

2) 지하시설물 작업수행절차

지하시설물 측량(조사/탐사) 작업과정을 나타낸 작업의 흐름도는 아래의 그림과 같으며, 먼저 작업계획 수립 과정을 거친다.[297] 이 단계에서는 현장 답사를 통하여 대상 및 범위를 결정하며 답사 결과에 따른 세부 작업계획을 수립한다. 두 번째 절차로 자료수집 및 편집의 단계로 기존도면(관망도) 및 관련 자료를 각 지자체 및 유관기관으로부터 수집한다.

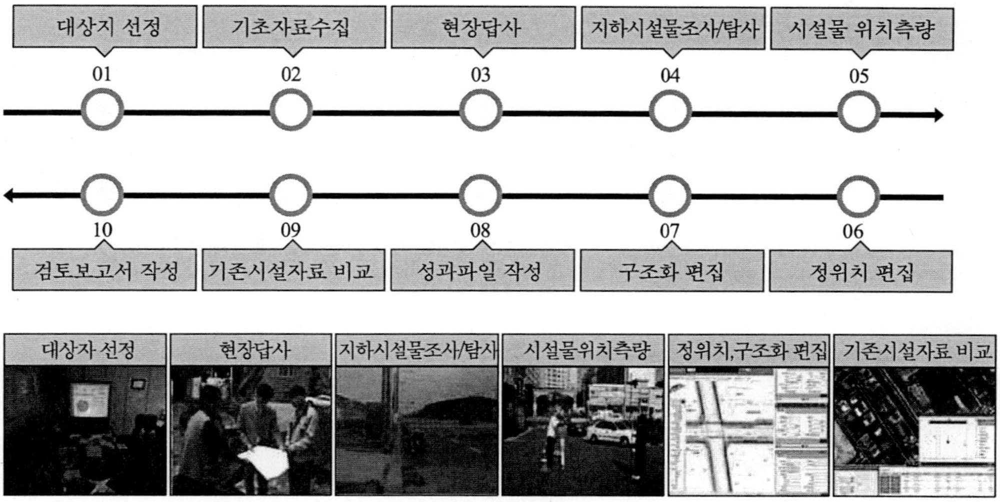

[그림 9-6] 지하시설물 자료취득 흐름도

다음의 단계로 지상시설물 조사로서 지상에 노출된 지하시설물을 조사하게 된다. 이때 관종에 따른 탐사방법을 결정을 하며, 맨홀을 조사한다. 다음의 단계로 지하시설물 탐사 및 측량의 단계로 지하시설물의 관로를 탐사 및 위치측량을 실시한다. 특히, 이 단계에서 주의사항으로 작업 안전에 유의해야 한다. 다음은 조사 탐사된 사항을 기초로 지하시설물 원도를 작성하고 현장에서 조사/탐사된 자료와 각 대장들을 근거로 대장조서 및 작업조서를 작성하게 된다. 마지막으로 정리 점검단계를 거쳐 지하시설물 조사/탐사를 마친다.

3) 조사/탐사방법

지하시설물은 시설물별로 관리주체가 다르므로 지하시설물을 탐사하기 위해서는 해당기관에 자료를 요구하여야 한다. 지하시설물의 탐사는 지하시설물의 위치와 깊이를 굴착하지

297) 배종욱, "3차원 지적 구축을 위한 지하시설물 정보의 정확도 개선 방안 연구", 석사학위논문, 청주대학교 대학원, 2020, pp.51-55.

않고 측정하는 것이다. 과거에는 굴착이 필요한 경우 사전에 시험굴착을 통하여 눈으로 직접 확인하여 시설물의 손상을 방지할 수 있었다. 그러나 도시화가 급격히 진행되고 교통량이 많아 도로를 직접 굴착하여 지하시설물을 직접 조사하는 것이 곤란하기 때문에 정확도가 높은 탐사기법이 요구된다. 지하시설물 탐사방법에는 자장탐사법, 레이더영상법, 음향탐지법 등이 있다.[298)]

(1) 자장탐사법

자장탐사법은 전도체에 전류가 흐르면 도체 주변에 자장이 형성된다는 전기장 법칙에 따라 전류가 통하는 물체는 동심원의 자장을 형성하며, 그 크기는 전류의 강도 및 거리에 따라 좌우되므로 이 자장을 수신기로 증폭시켜 음향을 전류계에 나타나도록 함으로써 탐사가 가능하도록 한다. 종류에는 직접법, 간접법, 외부코일법, 탐침법, 통선법이 있다.[299)]

① 직접법

직접법은 탐지하고자 하는 지하 시설물에 두 개의 단자중 송신기 단자(붉은색)를 한쪽에 연결시키고 다른 한쪽 단자(검은 색)를 지하시설물과 직각 방향 5~7m 지점의 땅에 접지시키는 방법으로 정도는 높으나 작업 조건이 까다로운 단점이 있다.

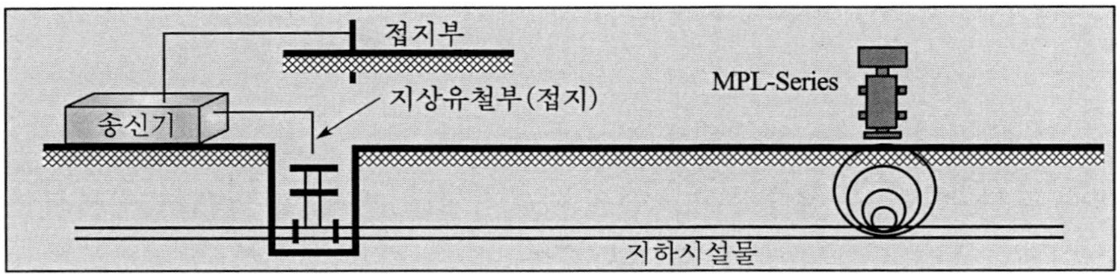

[그림 9-7] 직접법 탐사방법

298) 호영기,"공영개발지구 지하시설물 위치정확도 향상을 위한 준공도면 활용 연구(용인신갈 택지개발지구 대상으로)", 석사학위논문, 서울시립대학교 대학원, 2010, pp.25-27.

299) 대한측량협회, 『지하시설물 측량 실무』, 1999.; 강태석, 『지적측량학』, 형설출판사, 2000, pp.726-727.

② 간접법

간접법은 지하 시설물이 매설되어 있는 지상에 송신기를 평행하게 놓고 수신기를 탐지하는 방법으로 수신기에 표시되는 고유 자장수를 이용하므로 장거리 탐지가 가능하고 작업방법이 간편하므로 가장 많이 사용되는 방법이다.

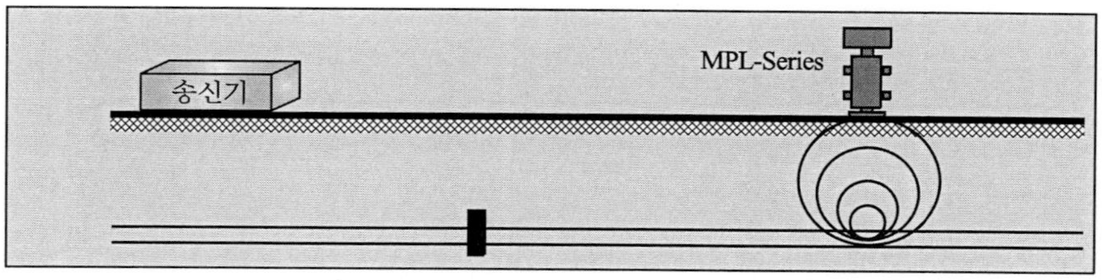

[그림 9-8] 간접법 탐사방법

③ 외부코일법

외부코일법은 외부 코일 집게를 사용하여 송신기와 지하에 매설되어 있는 Cable을 직접 연결하는 방법으로 Cable 탐지에는 가장 적합한 방법이나 상수도 탐지에는 비효율적인 방법이다.

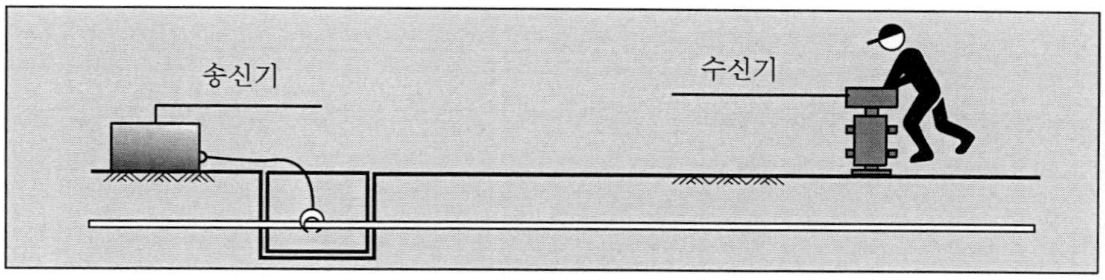

[그림 9-9] 외부코일법 탐사방법

④ 탐침법

상기 3가지 방법은 지하 시설물이 전도체일 경우 탐사가 가능한 방법이며, 비전도체일 경우 탐침에 의한 방법으로 가능하다.

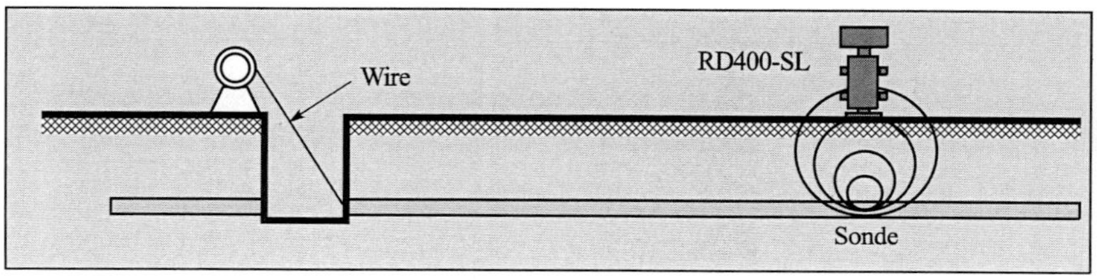

[그림 9-10] 탐침법 탐사방법

⑤ 통선법

통선법은 목적관이 공관의 경우에 이용되는데, 공관 위에 옥외선 또는 접지선 등을 배선시켜 회로를 형성 시키고 신호전류를 인가시키는 방법으로 접지법과 루프법이 존재한다.

가. 접지법

송신기의 출력단자와 도선의 한쪽을 접속하고 송신기 접지단자를 대지에 접지시키며 도선의 다른 한쪽을 대지에 접지시켜 송신기-도선-접지-대지-접지-송신기의 회로에 신호전류를 흐르게 하는 방법이다. 접지는 관로와 직각 방향으로 충분한 거리를 확보하는 것이 필요하다.

나. 루프법

송신기의 출력단자에 도선의 한쪽을 접속시키고 도선의 다른 한쪽을 크게 우회하여 송신기의 접지 단자와 접속시켜 송신기-도선-송신기의 회로에 신호전류를 흐르게 하는 방법이다. 리드선을 될 수 있는 한 멀리 떨어진 곳에 설치해야 정확한 성과를 얻을 수 있다.

(2) 레이다 영상 탐지법

① 개요

일반적으로 레이다영상 탐사 시스템의 구성은 안테나와 데이터 디스플레이로 되어 있다. 안테나는 전파의 송수신을 하며 데이터 디스플레이 부분에서는 수신한 신호를 처리하여 표시한다.

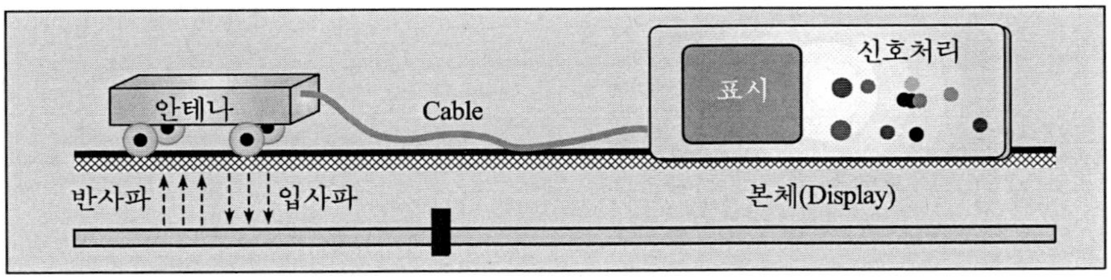

[그림 9-11] 레이다 영상 탐지법 탐사방법

안테나는 보통 한 개로 되어 있다. 안테나에서 지하에 발사된 지향성을 갖는 전자파는 대상물에 반사되어 수신되지만 이 수신 파형을 10회 정도마다 평균화하여 그 반사 강도에 대응하는 칼라 지시(8색정도)를 하여 브라운 영상면에 횡방향의 단면을 주사정으로 하여 표시된다. 안테나에 부착 되어 있는 차축에는 이동거리를 검출하는 "엔코다"가 부착되어 있어 여기에서의 신호를 브라운관 영상면의 횡방향에 대한 주기가 검색된다. 즉, 횡측을 수평 위치로, 종축을 깊이 정도로 대상물에 대응한 신호가 영상면에 표시된다.[300]

300) 대한측량협회, 전게서.

② 지중레이더 탐사법[301)]

지중레이더(ground penetration radar : GPR)란 전파와 반사파의 성질을 이용하여 지중의 각종 현상을 밝혀내는 최신의 물리탐사(geophysical survey)법의 일종인 레이더 기술로 개발되었기 때문에 GPR은 먼저 레이더파의 특성을 이해하는 것이 필요하다. 레이더 탐사는 관측용 레이더를 지하 탐사에 응용한 탐사법으로서 1980년대에 실용화 되고 급속하게 보급되었다.

[그림 9-12] GPR 탐사법를 통한 데이터 취득

레이더 탐사는 수십 MHz 이상의 고주파수 전자기파를 이용한 방법이므로 수 Hz ~ 수백 KHz의 전자기 유도 현상을 이용하는 전자탐사와는 달리 전자기파 탐사라고 함이 타당하다. 레이더 탐사는 지표에 안테나를 위치하는 지표 레이더 탐사와 안테나를 시추공에 넣어 탐사하는 시추공 레이더 탐사로 나눌 수 있다. 파동의 전파 현상을 기준으로 레이더 탐사를 분류하면 전자기파의 반사현상을 이용한 반사법 탐사와 전자기파의 투과를 이용한 탐사법으로 나눌 수 있다.

레이더 탐사 중 가장 많이 사용되는 지표 레이더 탐사는 반사법에 해당되며 시추공 레이더 탐사 중 토모그래피 탐사는 전자기파 투과를 이용한 탐사법에 해당된다. 반사법 탐사에는 송수신 안테나의 간격을 고정시키는 안테나를 측선상에서 이동하면서 측정하는 측선 탐사와 안테나 간격을 변화시키면서 측정하는 공통송신점 탐사, 공통 수신점 탐사 등이 있으며, 다수의 송수신 안테나를 이용하여 두 측정법을 병행하는 다중 채널 탐사 등이 있다. 각종 레이더 탐사 중 가장 많이 사용되는 지표 레이더 탐사는 간단히 GPR 탐사라고 부르며, 반사법 시추공 레이더 탐사는 지표 레이더 탐사와 같이 반사파를 이용한다는 측면에서 GPR 탐사에 포함시키기도 한다.

레이더는 원래 고주파인 전자파를 공기 중으로 방사시킨 후 목표물에 반사되어 온 전자파를 수신하여 목표물의 위치를 알아내는 시스템이다. 이것은 전자기파의 공기 중 전파속도가 빛의 속도인 3×108 m/sec이므로 전자파를 반사시키는 대상물의 거리는 전자파의 왕복시간에 비례한다는 사실을 이용하는 것이다. 이 방법은 1970년대 이전에는 주로 남극과 북극의 빙하 두께 측정에 사용 되었으나, 이후에 Annan과 Davis에 의하여 지반조사에 응용되기 시작하면서 1980년

301) 건설교통부, 지하시설물 조사 및 탐사방법과 비용발생요인 연구, 1997.; 호영기, 전게논문.; 박운용 · 장상규 · 이동락 · 안상준, 전게논문, pp.3025-3028.; 배종욱, 전게논문, pp.16-17.

대 이후에야 상업적 이용이 가능해진 최신 기술이다.

또한, 이 방법은 공기 중으로 전자파를 방사시키는 레이더와는 달리 전자파가 지하매질을 전파해 나갈 때 전자파는 반사를 하게 되고, 반사되어 온 전자파를 수신하여 전자파의 경로시간과 전자파의 속도로 반사가 일어난 곳의 위치를 확인하는 것이다. 그러나 지하 매질은 레이더에서의 전파 경로인 공기보다 물리적으로 매우 불균질하므로 많은 잡음을 포함하고 반사체의 형태와 위치가 매우 복잡하기 때문에 그 정보를 쉽게 알아내기가 곤란하다. 그러므로 탐사 데이터는 적절한 처리를 거쳐야 할 필요성이 있으며, 처리를 거친 자료로부터 고분해 가능한 연속적 지중단면영상을 얻게 된다. 그리고 이 탐사 방법은 지표에서 전자파를 지하에 반사시켜 탐사를 수행하는 것으로 전자파가 일차적으로 통과하게 되는 표토층의 전기 전도도가 비교적 높아 이 표토층에서 전자파의 감쇠가 많이 일어나 지표 아래 심부까지의 탐사가 불가능하며, 대략 30m 정도가 한계 심도라고 알려져 있다. 또한, 전하를 저장할 수 있는 물질의 능력인 유전상수가 매질의 다른 경계면에서 전자기파는 반사되고 강도 또한 달라지므로 이를 검측, 분석함으로서 다른 매질간의 경계면 두께, 공도의 존재 여부, 위치와 깊이 측정을 할 수 있다.

③ 전자유도탐사법

전자유도탐사법(Electromagnetic Induction Method)은 주로 전기, 전화 등의 케이블과 금속관로를 탐사하는 기법이다. 이 방법은'자기유도에 의해 생긴 전압의 크기는 자속의 변화율과 코일의 감은 수에 비례한다'는 패러데이의 전자유도법칙에 기본을 두고 있다. 즉, 전도체에 전기가 흐르면 도체 주변에 자장이 형성되는 원리를 이용하여 도선을 중심으로 발생된 전자장이 다른 전도체에 영향을 주어 2차 전자장의 발생을 유도한다. 여기서 발생한 2차 전자장을 해석하여 지하시설물의 심도를 측량하는 방법이다. 지하에 매설된 단일 전도체를 탐사하는 경우에는 쉽게 찾을 수 있지만, 일반적으로 매설된 상수도관이나 통신 케이블 등은 다른 전도체와 인접해 있는 경우가 많고, 전력선 등 다른 전원에 의해 전파를 간섭받게 된다. 전자유도탐

[그림 9-13] 전자유도탐사법를 통한 데이터 취득

사기는 동일 신호를 탐사하기 위해서 두 개의 수평안테나가 약 400m 정도 떨어져 있는 이중 안테나를 사용하여 탐사하며 그 반응도 및 심도를 측정한다.302)

전자 유도 탐사법은 지표로부터 매설된 금속관로 및 케이블을 탐지와 탐침(sonde)을 이용한 공관로나 비금속관로를 탐지할 수 있으며, 장비 가격이 비교적 저렴하고, 조작이 용이하며, 운반이 편리하여 지하시설물 탐사 기법 중 가장 많이 이용된다. 측정하는 탐사법에는 간접탐사법, 직접탐사법, 크램프 접속법, 탐침에 의한 방법이 있다. 전자유도탐사법에서 사용하는 장비는 MPL-H10S가 있으며 주요 제원은 〈표 9-5〉와 같다.

〈표 9-5〉 MPL-H10S 주요 제원

구 분	송신기	수신기
주파수	발신주파수 512Hz/9.5kHz/38kHz/80kHz (4주파수 선택) 직접법일때만 9.5kHz/38kHz를 다중송출	512Hz/850Hz/9.5kHz/38kHz/80kHz Radio: 9kHz ~ 33kHz 자동탐색 전 력: 50/60Hz (50Hz 또는 60Hz 선택식) 가 스: 100/120Hz (100Hz 또는 120Hz 선택식)
출력	최대 5W(80kHz에서 최대 1W), 자동최적출력조정기능	–
데이터 기록		400 point 저장 가능 (심도/전류지수/주파수/측정일시)
베터리	1.5V alkaline D형 8개	1.5V alkaline type AA형 6개
연속측정시간	50시간(직접법, 출력 4mA, 20℃), 20시간(간접법, 출력 50%, 20℃), 10시간(최대파워, 5W, 20℃)	24시간(20℃)
동작온도	−20℃ ~ +50℃	
크기	261㎜×314㎜×110㎜	660mm×130mm×270mm
평면위치 오차	0.0−1.2m, 1.2−2.0m, 2.0−5.0m	±10cm, ±20cm, ±50cm
깊이위치 오차	0.0−1.2m,1.2−2.0m, 2.0−5.0m	±10cm, ±30cm, ±100cm
무게	3.6kg(전지 포함)	2.1kg(전지 포함)

(3) 음파 탐지법

물이 가득 차 흐르는 관로(수도관)에 음파신호(Sound Wave Signal)를 보내 수신기로 하여금 관내에 발생된 음파를 탐지하는 방법으로 비금속(플라스틱, PVC 등)수도관로 탐지에 유용하나 음파신호를 보낼 수 있는 소화전이나 수도 미터기 등이 반드시 필요하다.

302) 신윤수,"지하시설물도의 위치정확도 비교 연구", 석사학위논문, 서울시립대학교 대학원, 2006, pp.5-7.

2 지적측량 관련 표준 동향

2.1 토지행정도메인모델 표준

1) 개요

토지관리를 지원하는 지적에 대한 중요성은 지속적으로 증가하고 있으며, 각 나라의 지적조직은 국가적 차원에서 지적시스템 기반으로 토지권리를 체계적으로 결정할 의무를 가지고 있다. 이러한 현대사회가 요구하는 지적시스템을 만들기 위해서 국제표준기구(ISO)의 토지행정 활동에 적합한 토지행정도메인모델(LADM)을 네덜란드 델프트공대와 ITC의 공동제안을 통해 2006년 ISO/TC211에 예비착수를 시작했다. 그리고 2008년부터 정식 안건으로 상정한 후, 2012년 11월 최종적으로 ISO 19152라는 제목으로 최종 국제표준으로 공포되었다.

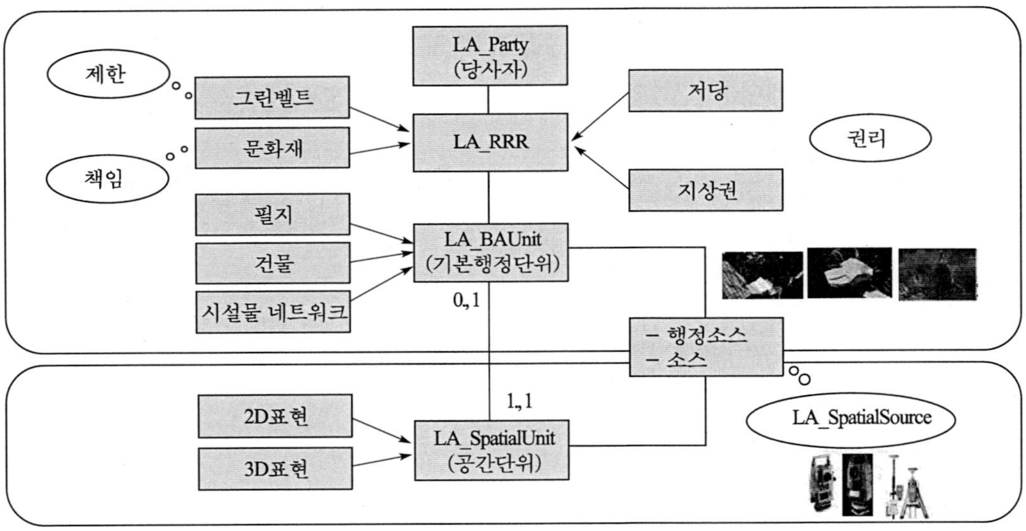

[그림 9-14] LADM의 주요 클래스들과 등록 대상 개념

LADM은 개념적 스키마로서 데이터 명세서를 명확하게 제시하고 있는데 토지에 영향을 주는 권리, 책임 및 제한과 이와 관련된 공간 요소에 관계하는 정보를 관리하고 제공할 수 있도록 다음과 같은 목적을 설정하고 있다.[303]

303) Lemmen, OOsterom, "Draft model of Land Adminstration Domain Model(LADM)", ISO/TC211, 2010.

첫 번째 목적은 반복적으로 같은 기능을 재투자하거나 재구축하는 것을 회피할 수 있도록 MDA(model driven architecture) 기반의 효율적이고 효과적인 지적시스템의 개발을 위한 확장 가능한 기초를 제공하는데 있다.

두 번째 목적은 지역 또는 국가들 사이에 공유할 수 있도록 국제적인 문맥에서 표준화된 정보서비스를 창조하는 것을 목적으로 한다. 특히 LADM은 FIG의 지적2014의 개념적 틀을 기반으로 하며, ISO 표준을 따르고 있다.

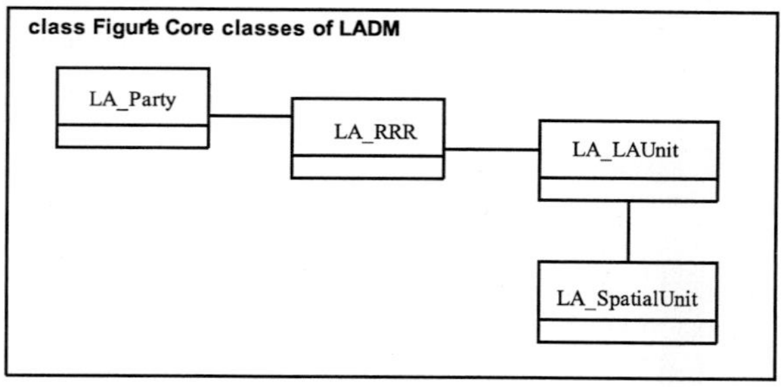

[그림 9-15] LADM의 기본 클래스

토지행정도메인모델(LADM)은 개념적 스키마를 제공하고 있으며 세 개의 패키지와 한 개의 종속패키지로 구성하고 있는데, 종속패키지는 클래스들(각각 이름 공간을 갖는다)의 집합이라고 할 수 있다. 이것은 서로 다른 조직에 의해 다른 데이터 셋을 유지 관리할 수 있도록 제공하고 있다. 완벽한 모델이 될 수 있도록 분산된 지리정보시스템에서 정보를 서비스하며 각각에 대해서 유지관리에 대한 활동을 지원하고 토지행정에 관련하여 필요한 모델의 각 요소를 제공해주고 있다.

토지행정도메인모델은 국가, 지방, 또는 지역 수준에서 작동하고 있는 하나 또는 여러 개의 조직에 의해서 실행될 수 있는데, 이것은 모델의 관련성을 강조할 수 있도록 하고 기타 관련 조직들은 그들이 보유하고 있는 데이터 유지와 제공을 위해 자신들에게 적합한 책임을 부여받을 수 있게 된다. 패키지의 개요는 UML 2.1 패키지 다이어그램으로서 [그림 8-14]에서 표현하고 있다. 패키지의 핵심 구성요소로서는 네 가지 클래스를 기반으로 하고 있는데 당사자, 행정, 공간단위가 있고, 측량과 공간표현은 공간단위패키지의 하부패키지로서 역할을 하고 있다.

- 클래스 LA_PARTY : 이 클래스의 인스턴스는 당사자들(사람들 또는 조직들), 또는 그룹 당사자들(사람들 또는 조직들의 그룹들)
- 클래스 LA_RRR : LA_RRR의 종속 클래스의 인스턴스는 권리, 제한, 책임들이다.
- 클래스 LA_BAUnit : 이 클래스의 인스턴스는 동등한 권리, 제한 또는 책임을 가진 공간 단위와 관련한 행정적 정보를 포함
- 클래스 LA_SpatialUnit : 이 클래스의 인스턴스는 공간단위, 필지, 종속필지, 건물 또는 네트워크

2) LADM 패키지 분석

LADM에서 제안하고 있는 핵심 패키지에는 party(당사자), administrative(행정), spatial unit(공간단위), surveying and representation(측량 및 표현)이라고 할 수 있다.

당사자 클래스는 행정클래스와 연결되며 행정클래스는 공간단위와 연결되는 흐름이다. 공간단위를 만드는데 필요한 원천자료는 측량 및 표현 클래스에서 이를 제공하는 형식을 취하고 있다. 아래의 [그림 8-10]은 LADM에서 제안하는 주요 핵심 패키지들을 설명하고 있으며 해당 패키지들에는 더 많은 클래스들로 구성되고 있다.

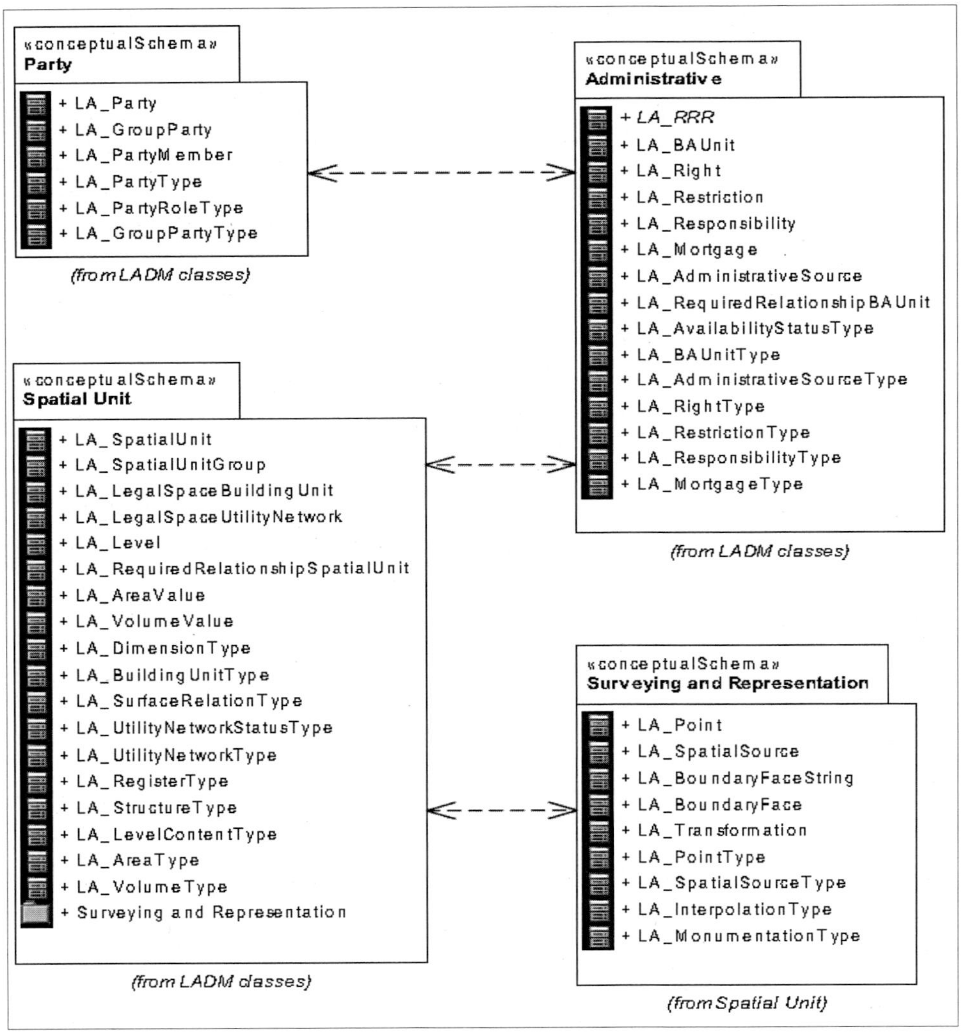

[그림 9-16] LADM의 패키지

자세한 내용은 아래 〈표 9-6〉에서 속성명과 내용을 설명하고 있다. 당사자 클래스는 개인에 해당하는 경우, 단체에 해당하는 경우 등 여러 가지 당사자 유형을 제시하고 있다. 또한 당사자가 갖고 있는 임무에 대해서도 제시하고 있다.

〈표 9-6〉 LADM 핵심 패키지별 속성명과 내용

패키지명	속성명	내용
Party (당사자)	LA_Party	당사자
	LA_GroupParty	그룹당사자
	LA_PartyMember	당사자 구성원
	LA_PartyType	당사자 유형
	LA_PartyRoleType	당사자 임무 유형
	LA_GroupPartyType	그룹 당사자 유형
Administrative (행정)	LA_RRR	RRR(권리, 책임, 제한)
	LA_BAUnit	BAUnit(기본행정단위)
	LA_Right	권리
	LA_Restriction	제한
	LA_Responsibility	책임
	LA_Mortgage	저당
	LA_AdministrativeSouce	행정소스
	LA_RequiredRelationshipBAUnit	필요한 관계 BAUnit
	LA_AvailabilityStatusType	이용가능성 상태 유형
	LA_BAUnitType	BAUnit 유형
	LA_AdministrativeSourceType	행정소스 유형
	LA_RightType	권리유형
	LA_ResponsibilityType	책임유형
	LA_MortgageType	저당유형
Spatial Unit (공간단위)	LA_SpatialUnit	공간단위
	LA_SpatialUnitGroup	공간단위그룹
	LA_LegalSpaceBuildingUnit	법적 공간 건물 단위
	LA_LegalSpaceUtilityNetwork	법적 공간 시설물 네트워크
	LA_Level	레벨(공간단위의 등록수준)
	LA_RequiredRelationshipSpaitalUnit	필요한 관계 공간 단위

패키지명	속성명	내용
	LA_AreaValue	면적 값
	LA_VolumeVale	체적 값
	LA_DimensionType	차원 유형(2차원 또는 3차원)
	LA_BuildingUnitType	건물단위 유형
	LA_SurfaceRelationType	표면 관계 유형
	LA_UtilityNetworkStatusType	시설물 네트워크 상태 유형
	LA_RegisterType	등록 유형
	LA_StructureType	구조 유형
	LA_LevelContentType	레벨 항목 유형
	LA_AreaType	면적 유형
	LA_VolumeType	체적 유형
	Surveying and Representation	측량 및 표현 클래스
Surveying and Representation (측량 및 표현)	LA_Point	경계점
	LA_SpatialSource	공간소스
	LA_BoundaryFaceString	경계면스트링
	LA_BoundaryFace	경계면
	LA_Transformation	변환
	LA_PointType	경계점유형
	LA_SpatialSourceType	공간 소스 유형
	LA_InterpolationType	인터폴레이션(보간법) 유형
	LA_MonumentationType	표지유형

행정 클래스에서는 국가에서 관리하고 보호해야 하는 다양한 권리들과 행정적으로 등록해야 하는 사항들을 제시하고 있다.

3) 측량과 관련한 SpatialUnit 클래스

공간단위 패키지의 주요 클래스는 공간단위를 가지는 LA_SpatialUnit 기본 클래스이다. 공간단위는 건물 단위(LA_LegalSpaceBuildingUnit)와 시설물망(LA_LegalSpaceUtilityNetwork)으로 특정화 할 수 있다.

측량과 표현의 하위 패키지 클래스는 LA_Point, LA_SpatialSource, LA_BoundaryFace

String, LA_BoundaryFace이다. LA_Point의 인스턴스인 점, 선, 면은 측량 등을 통해 취득할 수 있다. 개별의 점들은 LA_Point 클래스의 인스턴스이며, 점은 0개 이상[0..*] 경계면과 연관될 수 있다. 점은 0개 이상 [0..*] 공간출처가 연관되어야 한다. 클래스 LA_Spatial Source의 인스턴스도 공간출처이다. 점의 관측(거리, 각, GPS 좌표 등)으로 측정한 셋은 LA_SpatialSource의 속성이다.

우리나라의 지적시스템은 지적공부를 중심으로 지적행정 처리 및 관련 업무지원에 필요한 정보를 포함하여 구성되어 있으나 아직까지 국제표준에서 제시하는 권리, 책임, 제한에 대한 정보를 등록하지 못하고 있는 실정이며 건물 및 시설물에 대한 정보를 구축하지 않고 있고, 측정점의 경우 관측정보인 거리와 각도, 생성일 등에 대한 정보가 없는 상황이다.

LADM를 제안하였던 네덜란드에서는 이 표준을 기반으로 이미 지적측량업무에 활용하고 있는데 LADM의 클래스를 네덜란드 환경에 맞춰 새롭게 개발하였다.

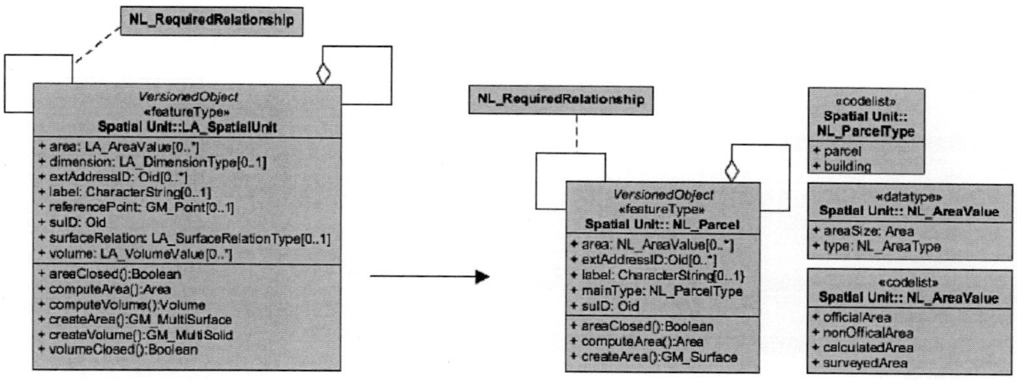

[그림 9-17] LADM을 기반으로 개발한 네덜란드 필지모델

네덜란드에서 필지의 경계 측량을 실시하는 경우 우선 원시지적도의 상황을 파악하고 이를 이용하여 현장에서 GPS 장비를 이용해 측량을 수행한다. 다음의 그림은 네덜란드 지적측량 절차를 표현하고 있다.

지적측량을 수행하는 경우 GPS에서 얻어진 측량 원시자료와 필지경계측량에서 얻어지는 현장자료를 어떻게 저장하고 관리하는 것은 지적측량 실무에서 매우 중요한 단계이다. 네덜란드에서는 토지행정도메인모델을 기반으로 더욱 측량분야를 개발함으로써 지적도와

측량데이터들이 서로 연계할 수 있도록 개발하여 사용하고 있다.[304]

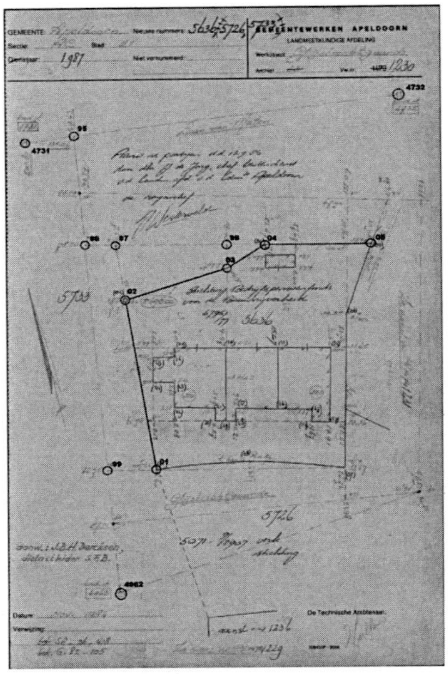

① 원시 지적필지 원도

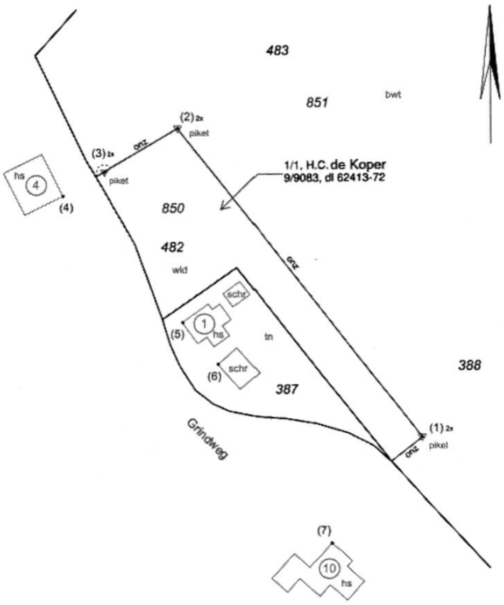

② 지적측량결과도

NL_Point					
Point	Interpolation	Monumentation	X	Y	AimOfPoint
Point 1	Mid	Piket	204000.769	500534.509	Boundary
Point 2	Mid	Piket	204046.769	500573.887	Boundary
Point 3	Indicative	Piket	203950.189	500565.990	Boundary
Point 4	Isolated	End B2 of BL4	204010.851	500497.873	Topography
Point 5	Isolated	End B10 of BL 1	204035.715	500564.498	Topography
Point 6	Isolated	End B4 of schr	204001.075	500549.707	Topography
Point 7	Isolated	End B3 of BL 10	204005.975	500543.340	Topography
NL_BoundaryFaceString					
Boundary from Boundary A to Point 3 to Point 2 to Point 1 to end Boundary B (south point parcel 387)					
Boundary is invisible					
NL_Parcel					
New (850, 851)					
Expired (482, 483, 388)					
Untouched (387, 1, 4, 10)					
Parcels (850, 851, 482, 483, 388)					
Parcel 850 is wld (Meadow)					
Parcel 387 is tn (Garden)					
Buildings (1, 4, 10)					
Building 1 is hs (House)					
Building 4 is hs (House)					
Building 10 is hs (House)					

③ 원시 지적측량 데이터

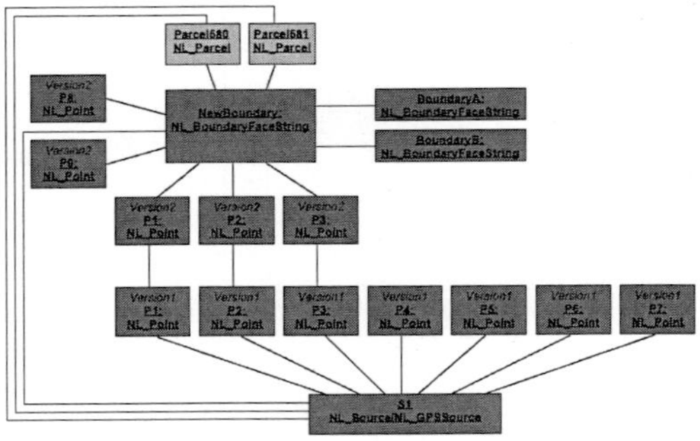

④ 지적측량DB에 저장되는 구조

[그림 9-18] LADM을 이용한 지적측량 자료의 관리 현황(네덜란드)

304) Pieter Soffers, "Designing and integrated future data model for survey data and cadastral mapping", TUDelft, 2017.

2.2 LandInfraGML 표준

국제개방형지리정보표준단체인 OGC에서 표준으로 제정된 국토 및 인프라 개념적 모델(land and infrastructure conceptual model)의 적용 범위는 국토 및 토목 인프라 시설이다. OGC의 LandInfraGML 표준은 2015년에 신규표준으로 제정하였다. LandInfraGML은 주제 영역에는 시설, 프로젝트, 조정, 도로, 철도, 측량, 국토 지형지물, 토지 분할 및 "습식" 인프라(빗물 배수, 폐수 및 배수 시스템)가 포함된다. 이 표준의 초기 버전은 습식 인프라를 제외하고 이러한 모든 영역을 지원하기 위한 것이다. OGC 국토 및 인프라 개념적 모델 표준은 국토 및 토목 인프라 시설을 지원하는 구현 독립적 개념을 제시하며 개념적 모델 주제 영역에는 시설, 프로젝트, 조정, 도로, 철도, 측량, 국토 지형지물, 토지 분할 및 습식 인프라(빗물 배수, 폐수 및 배수 시스템) 등이 포함된다. 이 표준의 초기 버전에는, 향후 확장 발표될 것으로 예상되는 습식 인프라를 제외한 상기 주제 영역이 모두 포함된다.

- 신뢰할 수 있는 공인 표준 개발 조직인 OGC의 지원을 받는다.
- 모듈 명세를 포함한 기존 OGC(및 ISO TC211 및 SQL/MM) 표준에 부합한다.
- 지형지물, 기하, 좌표 기준계, 선형 참조 및 표면 모델링(TIN)을 포함하여 GML이 이미 지원하는 기능으로부터 이점을 누릴 수 있다.
- 개발의 필요성을 식별하고 자원을 투입한 주제 영역인 조정/도로, 측량 및 토지 필지에 먼저 초점을 맞춘다.
- 모듈식 확장을 사용하여 자원을 사용할 수 있게 되면 다른 영역(예: '습식' 인프라 배관망)으로 확장할 수 있다.
- 사용 사례 중심이다.
- GML(및 기타 미래의) 인코딩 이전에 개발된 UML 개념적 모델을 기반으로 한다.
- 보다 많은 최신 기능을 보유한다.
- buildingSMART International이 현재 진행 중인 인프라 기반의 산업용 기초 등급(IFC)의 개발과 일치한다.
- CityGML 및 TransXML과 보다 쉽게 통합될 수 있다.

LandInfraDataset 클래스에는 LandInfra 데이터세트에 대한 헤더 정보(메타데이터)가 포함된다.

- datasetID: LandInfra 데이터세트를 식별하는데 사용되는 사용자 정의 고유 ID
- name: 데이터세트의 선택형 사용자 정의 이름
- description: 데이터세트의 선택형 기술사항
- dateTime: 데이터세트가 생성된 날짜와 시간 따라서 데이터가 유효한 시점
- datasetVersion: 데이터세트의 버전 번호
- application: 데이터세트 생성에 사용된 소프트웨어 응용 프로그램(버전 포함)
- author: 이 데이터세트를 생성한 사람 또는 조직
- infraVersion: 국토 및 인프라 인코딩의 버전 번호
- language: CharacterString 데이터 유형의 데이터세트에 사용되는 언어, 기본 = 영어
- defaultCRS: Alignment2DHorizontal.crs 또는 개별 SpatialRepresentation.geometry 값으로 대체된 경우를 제외하고 데이터세트 내의 모든 공간 표현에 사용되는 기본 좌표 기준계
- facility: 임의의 수의 Facility
- landFeature: 임의의 수의 LandFeature
- document: 임의의 수의 Document
- mark: 임의의 수의 SurveyMark
- survey: 임의의 수의 Survey
- set: 임의의 수의 Set
- featureAssociation: Feature 간의 임의의 수의 연관
- landDivision: 임의의 수의 LandDivision

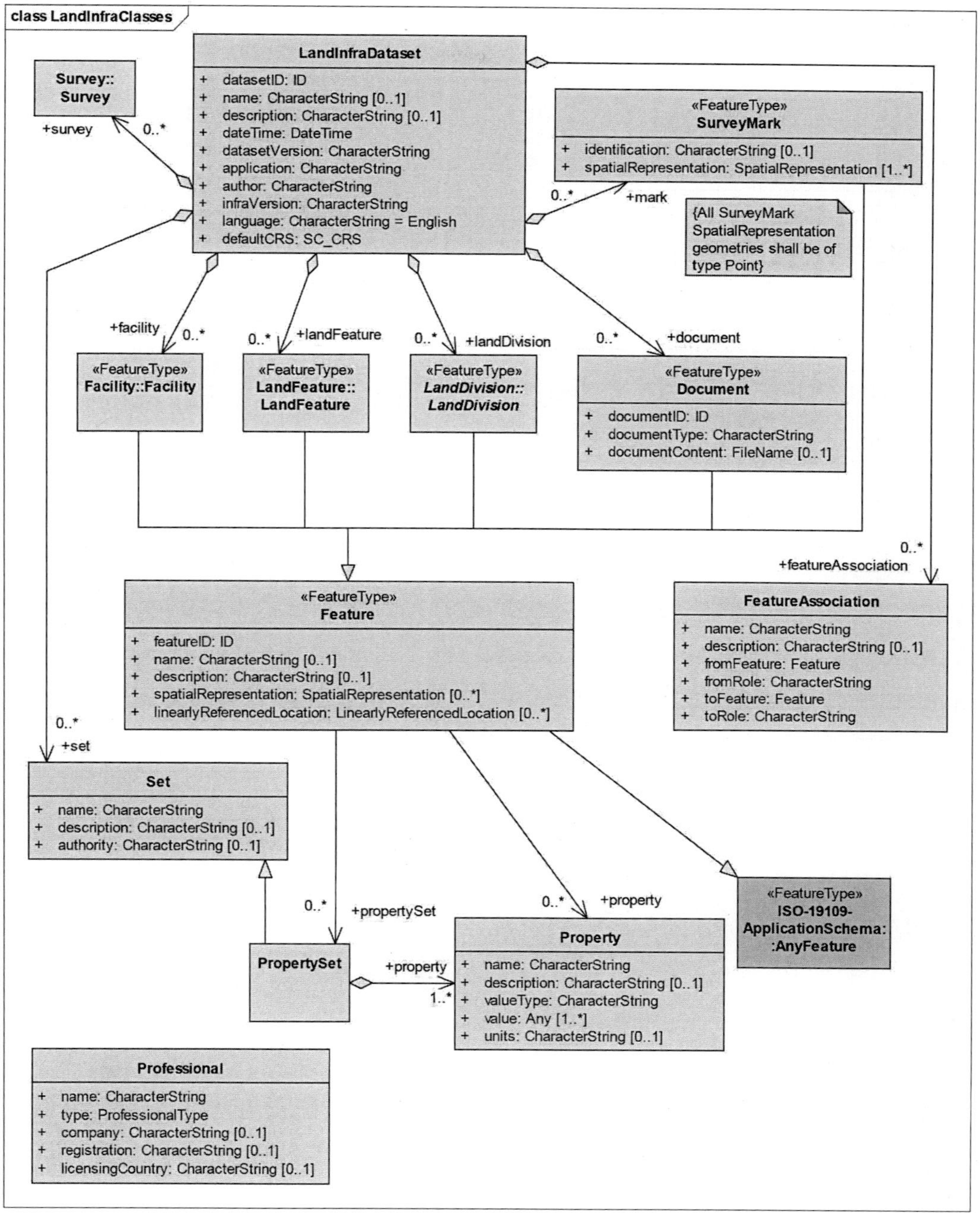

[그림 9-19] OGC LandInfra 요구사항 클래스

2.3 LandXML 표준

1) 개요

2000년 1월에 시작된 LandXML.org라는 조직은 협력자의 산업계 컨소시엄으로서 아무런 제약이 없는 데이터 표준을 제공하고자 창설되었다. 이 조직에 참여하는데 직접적 비용이 없으며 참여에 필요한 특정 단계를 요구하지 않는다. 아래의 그림은 XMLSPY 프로그램에 의해 편집된 LandXML의 작업드래프트 버전을 보여준다.

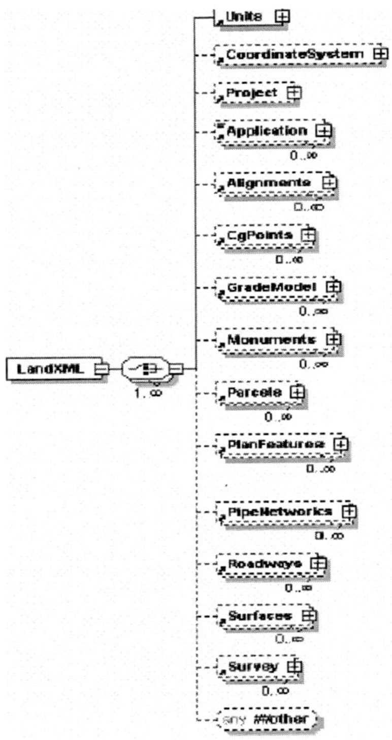

[그림 9-20] LandXML 스키마

2002년 6월에, LandXML 버전1.0은 국제적 산업표준으로서 비준되었다. 이것은 LandXML이 어떠한 확신성을 가지고 지원될 수 있는 유연하고, 인식되며, 표준을 가진다는 것으로 소프트웨어 개발자에게 보증하는 것이 가능하다. LandXML은 토지개발과 교통 산업계에서 사용하는 것으로 토목과 측정을 위한 표준화된 데이터 포맷이다. LandXML은 토지개발을 위한 토목과 측량을 포함하는 다른 소프트웨어 개발군, 업체와 사용자가 함께 토론되어서 오토데스크사에 의해 개발되었다. 뉴질랜드의 토지정보부(LINZ)는 Landonline 서비스를 통하여 필요한 데이터 요소를 혼합하기 위해서 LandXML의 개발에 참여하였다.[305) 이 모델의 주목적은 토목 설계와 측정의 데이터에 대한 XML 포맷을 명확히 하는 것이다. 주된 내용은 다음과 같다.

- 생산자와 소비자 사이에서 토목설계를 전송한다.
- 오랜 기간의 데이터 저장을 위한 적절한 데이터 포맷을 제공한다.
- 전산화된 설계 제출을 위한 표준 포맷을 제공한다.

305) Bevin, T., e-Cadastre-Automation of the New Zealand Survey System, FIG XXII International Congress, Washington, D.C. USA, 2002.

OGC에서는 GML 3.1버전과 LandXML 1.0버전을 포함할 수 있는 상호협동되는 실험을 2004년 3월에 제시하였다. LandXML은 온라인 지적 어플리케이션, 측량 현장장비, 토목 데스크톱과 CAD베이스의 어플리케이션, 3D뷰어와 3D 렌더링을 위한 어플리케이션이 지원하는 것으로 이미 널리 알려져 있다. OGC의 GML은 지리정보의 표현을 위한 공개적 특성화로 지원되어 이미 널리 알려져 있다. OGC의 상호협동 실험(IE)은 LandXML 1.0 문서를 처리하기 위한 어플리케이션 스키마를 GML3.0에서 테스트하였고, LandGML 문서가 LandXML1.0 문서로 변환되도록 개발하였다.

2) LandXML를 지적측량에 활용한 뉴질랜드

뉴질랜드 토지국인 LINZ(Land Information New Zealand)는 LandXML을 이용해서 지적측량업무에 활용하고 있다. 지적측량정보는 LandOnline이라는 서비스에서 다양한 토지정보를 제공하며 디지털측량 데이터 및 소유권 거래 정보를 저장하고 검색하는 기능을 포함하고 있으며, 측량 및 토지등록 변경을 온라인에서 쉽게 처리할 수 있도록 설계 되었다. 데이터는 도형데이터 교환을 위한 표준화된 포맷인 LandXML 형식으로 제공하고 있다.[306]

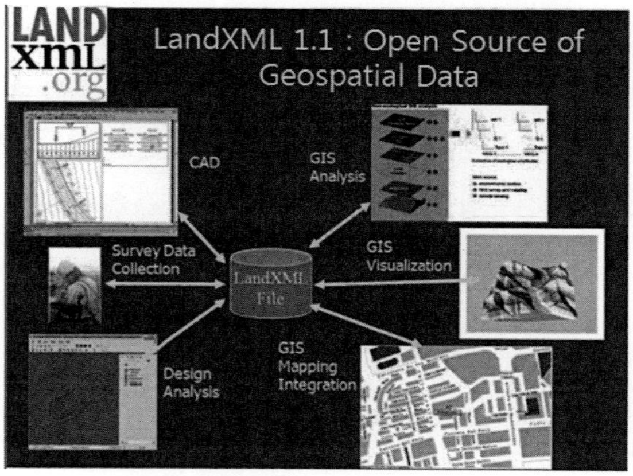

[그림 9-21] LINZ의 LandOnline 구조

해상, 위성사진 등 카테고리별로 데이터를 확인할 수 있고, 데이터에 대한 정보 및 기술적 세부사항의 확인이 가능하다. 이 시스템의 기능은 측량사, 변호사, 토지전문가 등 등록된 사용자에 한하여 제한적으로 접근이 허용되고, 데이터는 공간정보로 활용이 가능하다.

306) 공간정보연구원, 「국제표준기반의 지적측량데이터표준작성」, 2016, p.22.

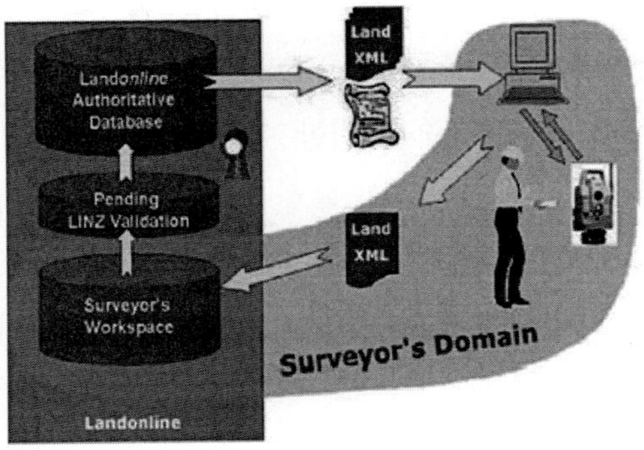

Landonline e-survey 구조

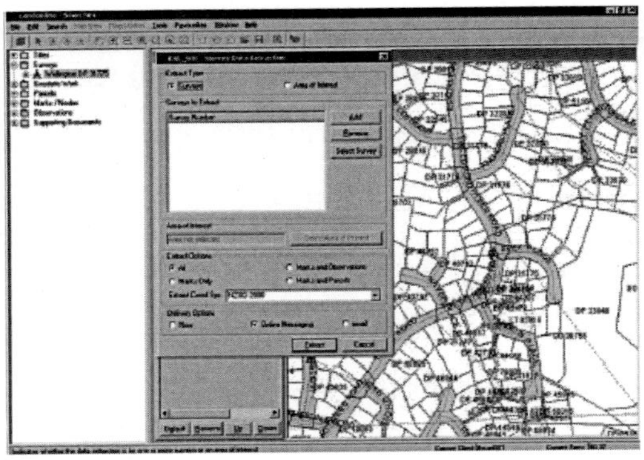

데이터 추출

[그림 9-22] 뉴질랜드 LandOnline e-Survey 프로세스

Landonline의 e-survey는 측량사들이 디지털기반으로 지적측량을 준비하고 측량결과를 제출할 수 있는 시스템으로 단계별 측량프로세스를 구성한다. 뉴질랜드 지적측량사들은 Landonline에서 신뢰할 수 있는 데이터를 추출하고, 사무실에서 측량 소프트웨어를 통해 데이터를 읽을 수 있다. 측량 소프트웨어는 토털스테이션이며 데이터 전송이 가능하다. Landonline의 데이터는 LandXML 형식으로 데이터를 추출하거나 가져올 수 있다. 이 시스템을 통해 직접 측량관련 정보를 습득하고 측량제반 프로세스를 줄임으로써 전체 업무수행시간을 절약할 수 있다. Landonline은 다양한 토지정보들을 상시적으로 구축 및 업데이트 하고, 다양한 토지정보를 제공함으로써 다목적 지적을 구현하고 있다.

3 지적측량 발전 방향

국가의 주요자원중 하나가 토지이다. 토지자원의 중요성이 날로 높아지면서 '토지의 호적' 인 지적에 관한 정확성이 요구되고 토지 소유자들은 보다 쉽게 토지권리에 접근하려 하고 있다. 더구나 우리지적계도 비규정화 및 민영화라는 세계적인 추세속에서 지금까지 일종의 독점적 형태로 다루어졌던 공공부문에서의 업무들이 속속 경쟁체제의 민간부문으로 이전되어 가고 있는 새로운 환경에 직면하게 되었다.

3.1 지적측량의 사회적 역할 기여

인류의 역사와 함께 토지에 대한 과세의 목적으로 경작자별 면적을 등록관리하기 위하여 창설된 지적은 최근 IT, GIS, telematics 등과 함께 효율적인 국토관리와 소유권보호를 기본으로 하는 지속 가능한 발전을 지향하는 미래형 지적제도 구축을 도모하기 위하여 끊임없는 변화를 추구하고 있다. 토지에 대한 다양하고 정확한 최신정보를 디지털화하여 공적장부에 등록·관리하고 이를 효율적으로 이·활용하기 위한 디지털 지적을 실현하고자 하고 있으며, 전자정부(e-government)에 의한 대민 서비스 혁신을 위하여 21세기 일류 지식정보 국가로 발전하기 위한 전자정부사업의 신동력과 함께 부동산정책의 효율성 증대 및 유비쿼터스(ubiquitous) 기반 수요자 중심의 서비스 혁신 및 시너지 효과 창출에 중점을 두고 있다. 또한 지적측량에 대한 수요의 증대와 다양화 요구 즉 지상, 지표, 지하에 대한 지적정보와 국토공간정보에 대한 수요증대 및 통합서비스 압력 가중에 부응하기 위하여 측량, 통신, 컴퓨터, 인공위성, 모바일기기 등에 의한 위치기반 및 지리정보 제공을 위한 기술의 확산이 이루어지고 있다.

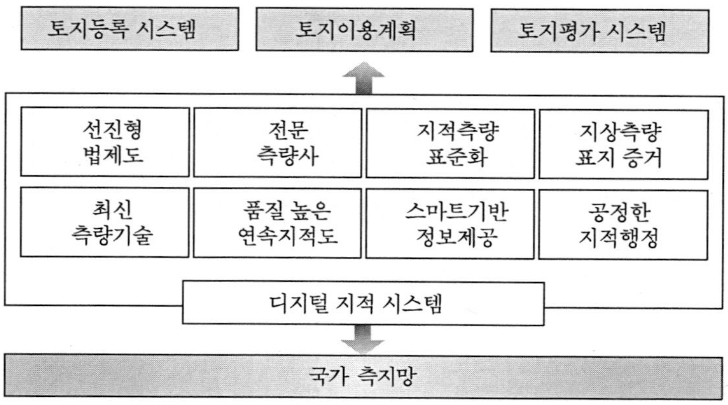

[그림 9-23] 지적측량의 사회적 역할

디지털지적을 구현하기 위해서 향후 지적제도는 현재의 세지적 수준에서 법지적의 형태로 전환할 수 있도록 선진형 법제도를 도입하고 지적측량사의 수준 또한 높여나가야 할 것이다. 경험과 주관적 판단에 따른 도해지적의 틀에서 벗어나 모든 지적측량이 객관적이고 공정한 지적측량을 하기 위해서 지적측량의 표준화를 도모하고 도상측량에서 지상측량으로의 전환이 시급하다. 국가 전체의 범위를 아우르는 품질높은 연속지적도를 제작·보급하고 언제 어디서나 지적정보를 볼 수 있도록 스마트기반의 정보서비스 제공을 준비해야 할 것이다. 세계좌표계 기반으로 디지털 지적정보체계를 구축하고 국가 및 국민에게 제공한다면 효율적 국토관리와 토지이용계획의 정확한 의사결정, 객관적 토지평가의 인프라를 제공해 나감으로써 국가의 지속가능 발전을 도모하는데 기여할 것이다.

3.2 미래 지적정보화의 변화 예측

1) 고객의 요구사항 예측 반영

오늘날 스마트폰의 보급 촉진으로 이전보다 훨씬 빠르게 지역정보에 접근이 가능한 세상이 되었다. 가상의 지식 환경에서 하나의 기준이 될 것이며 향후에는 우리가 보고 듣는 모든 것들을 기록하고 저장하며 목록화하는 장치들을 몸에 지니고 다닐 날이 멀지 않았다. 모바일 장치들은 국민 및 부동산 개발자들에게 유용하게 활용될 것이며, 규정에서 정의된 정확도보다 더 높은 수준으로 지상·지하의 정보들을 제공할 수 있을 것이다.

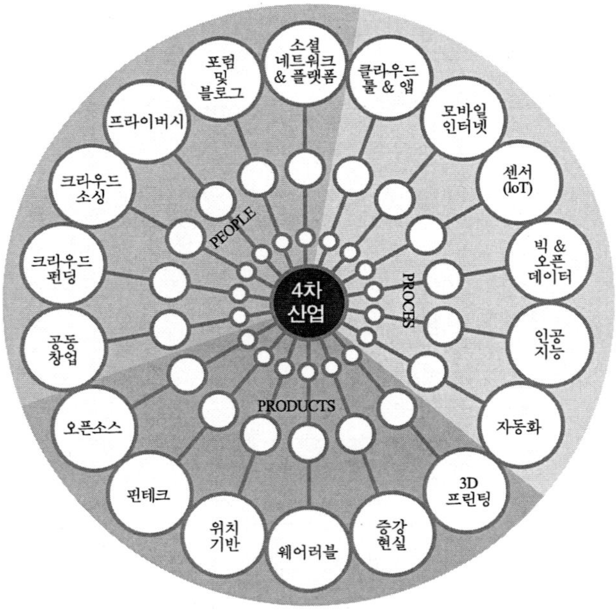

[그림 9-24] 미래 사회에서 지적정보의 다양한 역할

이러한 문화 이동은 많은 산업 분야에서 이미 통용되고 있어 사람들은 확고한 믿음으로 부동산 거래를 할 수 있기 위해 올바른 정보와 도구를 갖고 싶어 한다. 토지정보는 언제 어디서나 요구에 부합하도록 이용 가능한 환경으로 변할 것이며, 화재, 홍수, 태풍과 같은 영향으로 재산권이 위협받을 때 즉시적으로 경고해주는 정보들을 함께 제공할 수 있을 것이다.

이것은 클라우드 환경에서 디지털 지적정보와 함께 통합적으로 지식기반 정보를 제공하도록 발전되어야 할 것이며 데이터 품질과 공간데이터 정확도의 불확실성 또한 개선시킴으로써 사용자에게 만족도와 신뢰도를 높여야 가능할 것이다.

2) 디지털 경제의 변화 충족

많은 산업분야에서 새로운 정보 기술을 사업분야에 적용함으로써 디지털 경제를 발전시키고 확장시키는데 많은 영향을 주고 있다. 정부의 각종 정보들은 디지털화를 통해 인터넷 서비스를 하고 있는 실정이며, 국토교통부는 국가공간정보센터의 한국토지정보시스템, 공공보상정보지원시스템, 국가공간정보유통시스템, 온나라부동산포털의 서비스를 통합·연계해서 국가공간정보포털을 통해 2016년 1월부터 공간정보서비스를 제공하고 있다.

국내에서 국가·공공·민간에서 생산한 공간정보를 한 곳에서, 한 번에, 누구나 쉽게 활용할 수 있는 서비스는 국가공간정보포털이 유일하며 국가공간정보통합체계, 온나라 부동산 포털, 공간정보 오픈플랫폼 등 개별 채널 국가공간정보 통합 포털로 일원화하면서 66개 중앙·공공기관, 328종 정보시스템의 공간정보를 함께 제공하고 있다. 특히, 우리나라는 인터넷 속도·보급률에 있어 전세계 1위에 해당하고 속도 또한 가장 빠르게 나타나고 있으며, 스마트폰 보급률이 77.7%로서 전세계 6위에 해당하고 아시아에서는 홍콩(84.7%) 다음으로 2위에 해당하고 있어, 인터넷 경제 확산에 큰 기여를 하고 있다고 볼 수 있다.

〈표 9-7〉 국가공간정보센터의 공간정보서비스 종류 및 내용

구 분	서비스 내용	비 고
한국토지정보시스템	- 토지거래허가 관리 - 개발부담금 관리 - 부동산중개업 관리 - 부동산개발업 관리 - 공인중개사 관리	
공공보상정보지원시스템	- 기초조사(토지·건축물·지장물 및 주민정보) 자료, 행정정보 및 법률정보 등록·조회 - 현장조사(사업내역, 사업영역 등) 내역 등록·조회 - 현장지원(최근 항공사진·3D지도서비스) 조회 - 공공보상알리미(공공사업계획, 보상진행상황, 보상결과) 서비스 제공	
국가공간정보유통시스템	- 관리자(권한, 승인, 통계 및 보고 등) 관리 - 결제대행기관(결재수수료 및 판매대금 정산 등) 관리 - 공간정보 공급자(공간정보 등록, 정산내역 확인 등) 관리 - 공간정보 수요자(공간정보 구매, 서비스 이용 등) 관리	

구 분	서비스 내용	비 고
온나라 부동산포털	- 전국의 토지, 주택 등 부동산가격(실거래가/공시지가/주택공시가격), 분양정보, 토지이용규제정보를 필지별로 제공하는 부동산정보 포털서비스 - 한국토지주택공사에서 운영하며 국가공간정보포털과 연계	
국가공간 정보포털	- 공간정보 접근채널의 통합 - 공간정보의 데이터셋 및 오픈API 서비스 제공	

자료: 국토교통부 공간정보포털 http://nsdi.go.kr 참조

이러한 수준에서 지적분야는 지속적으로 변화하는 시장의 흐름을 이해하고 디지털 경제와 시장 변화에 맞게 새로운 서비스를 제시하는 도구들을 개발하여야 고객들로부터 신뢰를 받을 수 있을 것이다.

3) 스마트 시티에 참여

최근 언제 어디서나 인터넷 접속이 가능하고 영상회의 등 첨단 IT 기술을 자유롭게 사용할 수 있는 미래형 첨단도시를 일컫는 스마트시티가 화두다. 새로운 세계에서는 실시간으로 교통정보를 얻을 수 있어 이동거리가 줄어들고, 원격근무가 가능해지는 등 거주자들의 생활이 편리해질 뿐만 아니라 이산화탄소 배출량도 줄일 수 있기 때문이다. 지적정보는 스마트 시티의 개발에 있어 매우 중요한 역할을 담당하고 있다고 할 수 있다.

사회가 좀더 안전하고, 살기 좋고 쾌적한 공동사회를 만들기 위해서는 디지털 기술이 정부 기능과 상업적 서비스가 서로 통합되고 임베디드 되도록 요구하고 있다. 특히, 디지털 지적정보가 다른 정보와 연계되면 좀 더 공공성이 강화될 것인데, 시스템 통합을 통해 취득, 수집된 지식들을 스마트 교통, 구급서비스, 건강복지, 환경보호, 에너지, 상하수도와 같은 시설물 제공을 통해 국민에게 좀 더 효과적이고 활동적 지원을 이끌어 낼 수 있을 것이다.

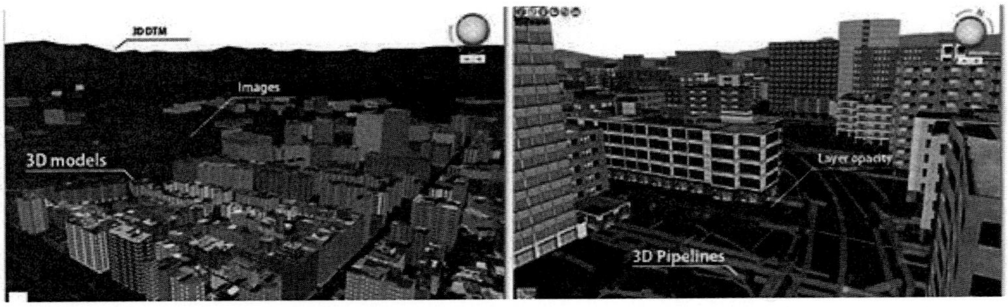

[그림 9-25] 스마트 시티와 지적측량의 연계

따라서 향후 스마트 시티에서는 다양하고 복잡한 이해관계 및 권리 등에 대한 사항들을 지적정보에 담을 수 있는 3D 지적의 요구가 더 높아질 것으로 판단된다.

4) 최신 측량기술의 보급

O2O(online to offline) 서비스, 자율주행자동차, 드론 등의 최신기술과 ICT를 기반으로 하는 사물인터넷(IoT), VR(virtual reality) 등과 같은 새로운 4차 산업혁명의 핵심 기술이지만 정밀한 측량기술 없이는 실현할 수 없을 것이다. 이러한 시대적 환경변화에 대응하기 위해서는 측량분야에 새로운 측량기술을 사용할 수 있는 법·제도적 마련과 측량관련 융·복합 산업을 아래와 같이 육성해야 할 것이다.

- 자율주행자동차 운행을 위한 정밀 도로정보의 구축, 무인항공기 활용 기반 및 공간정보와 기존산업의 융·복합 지원방안 마련 등의 측량 관련 융·복합 산업을 육성
- 멀티센서기술 고도화 및 국토영상정보 활용 확대 등 측량기술 선진화를 지원한다. 첨단기술과의 융·복합을 통한 신산업 창출은 기술적 발전이 뒷받침돼야 가능한 사항으로 위성측위(GNSS), 관성항법(INS), 3차원 레이저측량(LiDAR) 등을 통합한 멀티센서(고품질의 위치정보를 획득하기 위해 여러 개의 단일 센서들을 통합한 형태) 활용 측량기술 고도화를 통해 더욱 정밀한 위치정보를 제공

5) 지속적인 기술의 연구와 개발

그동안 측량 및 공간정보 분야에서는 기술의 변화에 반영시킴으로써 커다란 발전을 도모하여 왔고 미래의 변화 또한 마찬가지일 것이다.

지적정보의 공급 체계는 단순 행정업무 틀에서 벗어나 모바일 비즈니스와 온라인 고객 맞춤에 적합하도록 자동화된 업무절차와 통합시스템을 업무에 적극적으로 반영하는 노력이 요구되고 있다.

이러한 체계는 다양한 커뮤니티에서 쉽게 접근하고 이해가 가능하도록 복잡한 데이터를 쉽게 만들어 제공하는 시멘틱 웹 기술을 통하는 것이 가능하다. 즉, 고객맞춤형 지적정보를 컴퓨터 및 모바일 환경에서 모두 구현이 가능하면서도 고객이 요구하는 목적에 부합하도록 설계하는 것이 필요하다.

실시간으로 지적 데이터베이스의 정보를 직접적으로 전송함으로써 정확한 데이터를 정밀하고 정확한 정보를 고객에게 유연한 수단으로 제공할 수도 있어야 한다.

토지 및 건물과 관련된 다양한 빅데이터는 읽기 가능한 센서로 다량의 정보를 수집할 수 있으며, 무인 시스템을 통해 데이터를 수집하고 공유 할 수 있는 시대에 살고 있다. 앞으로 지적정보가 갖고 있는 다양한 형태의 데이터를 고객이 요구하는 수준에 맞추어 가공·편집하고 이를 실시간으로 제공하도록 개발하는 것이 시급하다.

참고문헌

1. 김재명외, "상수도 지하시설물 탐사 개선에 관한 연구", 「한국공간정보학회지」 제18권 제4호, 2010.
2. 대한측량협회, 『지하시설물 측량 실무』, 1999.
3. 미 국방장관실(OSD). "definition of 드론". 「드론로드맵」, 2003.
4. 행정자치부, 「지적측량대행제도의 개선방안」, 2000.
5. Barrie, J. K., The Surveying Profession in Australia: A Personal Interpretation of its Historical Development, Current and Future Trends, The Australian Surveyor, 28(1), 1976.
6. Bevin, T., e-Cadastre-Automation of the New Zealand Survey System, FIG XXII International Congress, Washington, D.C. USA, 2002.
7. Dale, P. F., Cadastral Surveys within the Commonwealth, Her Majesty's Stationary Office, London, 1976.
8. J.L.G. Henssen, "네덜란드의 신지적법", 「FIG 제17차 논문집」, 대한지적공 사(역), 1984.
9. J.L.G. Henssen, "화란의 지적제도", 「국제지적사무소장 초청강연자료집」, 대한지적공사(역), 1984.
10. L.A. Koen, "지적제도의 개선", 「지적개선사례」, 내무부, 한국전산원, 1992.
11. Lemmen, OOsterom, Draft model of Land Adminstration Domain Model(LADM), ISO/TC211, 2010
12. National Research Council, 「National Land Parcel Data」, 2007.
13. Von Meyer, Nancy, 『GIS and Land Records: The Parcel Data Model』, 2004.
14. Walter G. Robillard, Donald A. Wilson, Curtis M. Brown, 『Brown's Boundary Control and Legal Principles』, 2009.
15. Williamson, I. P. and Enemark, S. Understanding Cadastral Maps, The Australian Surveyor, 41(1), 1996.
16. Williamson, I. P., Establishing Coordinated Cadastres – Australian Experience. In International Conference on Cadastral Reform, 2002, 16-17 July, Korea.
17. UNECE, Land Administration Guideline, Geneva, Swiss, 1996.
18. http://www.ngs.noaa.gov/

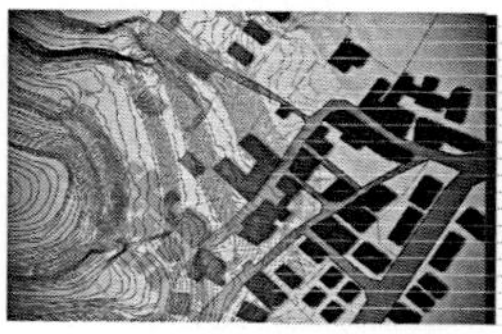

단 원 학 습 평 가

1. 드론 시스템의 구성에 관한 설명으로 옳지 않은 것은?
   ① 무인비행부　② 지상통제부　③ 영상처리부　④ 자료처리부

2. 차량을 운행하면서 도로 주변에 있는 지형지물 등의 위치를 취득하는 기술은?
   ① MMS　② LiDAR　③ INS　④ GPS

3. 2012년 ISO19152로 제정된 토지행정분야 표준과 관련 있는 것은?
   ① OGC　② LADM　③ INSPIRE　④ GML

4. LADM의 핵심 패키지는 당사자, 행정, (　　　), 측량 및 표현이다.

5. 지하시설물 레이다영상 탐사 시스템은 (　　　)와 데이터 디스플레이로 구성된다.

6. (　　　)라 함은 지하시설물과 관련된 지상 노출물 및 맨홀 등을 직접 확인하여 자료 제원 및 속성을 확인하는 것을 말한다.

7. 드론 측량의 종류에 대하여 설명하시오.

8. 지하시설물의 조사탐사 작업 절차에 대하여 설명하시오.

9. MMS 측량의 성과취득 절차에 대하여 설명하시오.

10. 우리나라 지적측량의 발전 방향에 대하여 설명하시오.

정답 1. ④　2. ①　3. ②　4. 공간단위　5. 안테나　6. 지하시설물조사　7-10. 본문 참조

찾아보기

ㄱ

ㅈ

기타

■ 집필위원

총괄책임자	(사)한국지적학회	회장	황보상원
집필책임자	청주대학교	교수	홍성언
집 필 진	한남대학교	교수	민관식
	경일대학교	교수	박기헌
	목포대학교	교수	박민호
	청주대학교	외래교수	심우섭
	신한대학교	교수	오이균
	전주비전대학교	교수	이근상
	신구대학교	교수	이용호
	명지전문대학교	교수	이은수
	경일대학교	교수	이현준
검 토 진	충남도립대학교	교수	김홍진
	대구대학교	교수	양성철
	신한대학교	교수	이효상
감 수 진	한국국토정보공사 국토정보교육원	원장	김영욱
	한국국토정보공사 국토정보교육원	실장	남윤구
	한국국토정보공사 국토정보교육원	교수	박종철
	한국국토정보공사 국토정보교육원	교수	문승주
	한국국토정보공사 국토정보교육원	교수	송원호
	한국국토정보공사 국토정보교육원	교수	이종필
	한국국토정보공사 국토정보교육원	교수	임대석
	한국국토정보공사 국토정보교육원	교수	유지훈
	한국국토정보공사 국토정보교육원	교수	안준일
	한국국토정보공사 국토정보교육원	교수	이충한
	한국국토정보공사 국토정보교육원	교수	김지항
	(사)한국지적학회	고문	강태석
	전국대학 지적학과 교수협의회	회장	박희주
	(사)한국지적정보학회	고문	심정민
자 문 진	국토교통부		손종영
	한국국토정보공사		최한영
집필 보조원	청주대학교 대학원	박사	임거배
	청주대학교 대학원	박사과정	김도형
	청주대학교 대학원	석사과정	이기훈
	청주대학교 지적학과	조교	최성원

최신 지적측량 **정가 25,000원**

저자 : 한국국토정보공사 · (사)한국지적학회

발행인 : 임해진
발행인 : 도서출판 구미서관

발행 : 2020년 9월 16일
2021년 7월 29일 초판 2쇄

등록 : 1979년 6월 29일 No. 9-6호
주소 : 서울시 마포구 신촌로 2길 5-15 구미빌딩
전화 : 02-333-1101
팩스 : 02-335-2201
http://www.goomibook.com

ISBN 979-11-6257-130-9 (93530)
